数据科学系列教材

最优化：建模、算法与理论

Optimization: Modeling, Algorithm and Theory

刘浩洋　户　将
李勇锋　文再文
编著

高等教育出版社·北京

内容简介

本书介绍了最优化的基本概念、典型案例、基本理论和优化算法。典型案例来自数据科学、机器学习、人工智能、图像和信号处理等领域，基本理论涵盖最优解的存在性和唯一性、各类优化问题的一阶或二阶最优性条件、对偶理论等，优化算法包括无约束优化算法、约束优化算法、复合优化算法。全书案例丰富，理论翔实，展现了最优化的"实践—算法—理论—实践"这一特点。书中配备了适量的习题，这些习题难易兼顾、层次分明，为正文的内容提供补充，并可检验读者的学习效果。

本书可作为高等学校数据科学专业的教材或参考书，供研究生和本科高年级学生使用，也可供从事运筹学、计算数学、图像和信号处理、机器学习、人工智能等领域的科技工作者参考。

图书在版编目（CIP）数据

最优化：建模、算法与理论 / 刘浩洋等编著. -- 北京：高等教育出版社，2020.12（2024.8重印）
ISBN 978-7-04-055035-1

Ⅰ.①最… Ⅱ.①刘… Ⅲ.①最优化算法—高等学校—教材 Ⅳ.① O242.23

中国版本图书馆 CIP 数据核字（2020）第 178964 号

Zuiyouhua: Jianmo、Suanfa yu Lilun

策划编辑	张晓丽	责任编辑	刘荣	封面设计	姜磊	版式设计	姜磊
插图绘制	于博	责任校对	胡美萍	责任印制	张益豪		

出版发行	高等教育出版社	网 址	http://www.hep.edu.cn
社 址	北京市西城区德外大街4号		http://www.hep.com.cn
邮政编码	100120	网上订购	http://www.hepmall.com.cn
印 刷	河北鹏盛贤印刷有限公司		http://www.hepmall.com
开 本	787mm×1092mm 1/16		http://www.hepmall.cn
印 张	33.75		
字 数	630千字	版 次	2020年12月第1版
购书热线	010-58581118	印 次	2024年8月第6次印刷
咨询电话	400-810-0598	定 价	65.00元

本书如有缺页、倒页、脱页等质量问题，请到所购图书销售部门联系调换
版权所有 侵权必究
物 料 号 55035-00

前言

最优化计算方法是运筹学、计算数学、机器学习和数据科学与大数据技术等专业的一门核心课程。最优化问题通常需要对实际需求进行定性和定量分析，建立恰当的数学模型来描述该问题，设计合适的计算方法来寻找问题的最优解，探索研究模型和算法的理论性质，考察算法的计算性能等。最优化算法广泛应用于科学与工程计算、数据科学、机器学习、人工智能、图像和信号处理、金融和经济、管理科学等众多领域。本书将介绍最优化的基本概念、典型案例、基本算法和理论，培养学生解决实际问题的能力。

本书可作为数学优化、运筹学、计算数学、机器学习、人工智能、计算机科学和数据科学等专业的本科生、研究生和相关研究人员的教材或参考书目。通过本书的学习，希望读者能掌握最优化的基本概念、最优性理论、一些典型的最优化问题（如凸优化，无约束优化，约束优化，复合优化，等等）的建模或判别、相关优化问题的基本计算方法，能学会调用基于 MATLAB 或 Python 等语言的典型优化软件程序求解一些标准的优化问题，可以灵活运用所讲授的算法和理论求解一些非标准的优化问题，并锻炼对实际问题建立合适最优化模型、选择合适的现有软件包和算法、遇到没有现成算法自己实现简单算法等能力。

考虑到不同层次的需求，本书另有简化版（书名：《最优化计算方法》），主要区别是简化版中不涉及一些复杂的概念、详细的例子和证明等。在第一章简要介绍最优化基本概念之后，本书从四个方面进行讲述。

- **基础知识**：第二章介绍最优化建模和算法中经常需要使用的一些基础知识，包括范数、导数、凸集、凸函数、次梯度、共轭函数等。此外为了内容的完整性，也在附录部分简要概述了一些基础知识，其中线性代数部分包含矩阵、特征值、广义逆、SMW 公式、Schur 补等，数值代数部分包含范数、方程组求解、矩阵分解、数值代数软件包等，概率论部分包含随机变量、期望、方差、条件期望等重要概念和结论。

- **优化建模**：第三章阐述一些典型的优化建模方法，并以科学工程计算和机器学习中一些典型问题为例介绍如何建立优化模型。第四章给出了最优化问题的一些典型分类和判别技巧，如线性规划、半定规划、最小二乘问题、复合优化、矩阵优化、随机优化等。一个实际问题根据其侧重点可以由不同的优化模型来描述，一种优化模型也可以对应很多不同的实际应用。

- **最优性理论**：第五章介绍最优性理论，包括最优解的存在性和唯一性，无约束可微问题、无约束不可微问题、带约束优化问题和凸优化问题的一阶或二阶最优性条件，对偶理论，带广义不等式约束（如半定规划问题）的对偶理论。

- **最优化算法**：第六章介绍无约束优化算法，包括线搜索方法、梯度类算法、次梯度算法、牛顿（Newton）类算法、拟牛顿类算法、信赖域算法、非线性最小二乘问题算法。第七章介绍约束优化算法，包括罚函数法、增广拉格朗日（Lagrange）函数法及其在典型凸优化问题的原问题和对偶问题上的具体应用、线性规划内点法。第八章介绍复合优化算法，包括近似点梯度法、Nesterov 加速算法、近似点算法、分块坐标下降法、对偶算法、交替方向乘子法、随机优化算法。

本书主要概念配有详细的例子来解释，主要优化算法的介绍包含算法描述、应用举例和收敛性分析三个方面。在算法描述方面，本书侧重于算法的基本思想和直观解释；在应用举例方面，针对几乎所有算法写出了其在稀疏优化或逻辑回归等典型问题中的具体形式和求解过程，给出了最优性度量与迭代步数关系等数值结果。相关程序也可以从作者主页下载，读者可方便地比较各种算法的特点。

本书各部分内容的难易程度有些差异，比较难的部分在小节标题标注星号。理论和算法涉及的基础知识也有较大差异，比如向量导数、凸集、凸函数、线性代数等在低年级课程中大多已经覆盖，但是矩阵函数及其导数、共轭函数、次梯度等可能讲述很少。因此讲授或阅读时可以根据具体情况进行选择，不一定要按照章节的顺序进行。例如次梯度、无约束不可微问题的最优性理论和次梯度算法等涉及非光滑函数的基础部分可以考虑放在光滑函数的梯度类算法之后再讲授或阅读。

最优化理论与算法内涵十分丰富，本书涉及的各方面仍然比较初步和浅略。更全面的应用场景，更深入的理论探讨和更详细的算法设计需读者进一步查阅相关章节给出的参考文献。由于篇幅限制，有很多重要内容没有讲述，如连续优化里的共轭梯度算法、逐步二次规划、无导数优化、线性规划单纯形法和更详细的内点法、二次锥规划和半定规划的内点法、非线性规划的内点法等。本书也没有讲述带微分方程约束优化、流形约束优化、鲁棒优化、整数规划、组合优化、次模优化、动态规划等应用广泛的知识，感兴趣的读者可以阅读相关文献。

诚挚感谢袁亚湘院士多年来的精心指导和悉心关怀，对本书的规划和内容给予的宝贵意见。特别感谢张平文院士、马志明院士、徐宗本院士等专家对本书的指导和支持。非常感谢北京大学北京国际数学研究中心和数学科学学院、国家自然科学基金、北京智源人工智能研究院等对课题组的长期资助和支持。

本书写作参考了袁亚湘院士和孙文瑜教授的《最优化理论与方法》，Jorge Nocedal 教授和 Stephen Wright 教授的 *Numerical Optimization*，Stephen

Boyd 教授和 Lieven Vandenberghe 教授的 *Convex Optimization* 等经典教材。Lieven Vandenberghe 教授在加州大学洛杉矶分校多门课程的讲义对本书的整理帮助很大。也特别感谢加州大学洛杉矶分校印卧涛教授慷慨分享稀疏优化、交替方向乘子法、坐标下降法等很多方面的内容。

本书内容在北京大学数学科学学院多次开设的"凸优化"和"大数据分析中的算法"课程中使用,感谢课题组同学在初稿整理方面的支持,如刘普凡在内容简介,金泽宇在数值代数基础和 Nesterov 加速算法,许东在数学分析基础,杨明瀚在无约束光滑函数优化方法,柳伊扬在无约束非光滑函数优化算法,柳昊明在近似点梯度法,刘德斌在罚函数法,赵明明在对偶函数方法,王金鑫在交替方向乘子法及其变形等内容上的帮助。同时也感谢高等教育出版社刘荣编辑精心细致的工作。

限于作者的知识水平,书中恐有不妥之处,恳请读者不吝批评和指正。

刘浩洋、户将、李勇锋、文再文

2020 年 10 月于北京

配套资源介绍

习题参考答案

目录

1 第一章 最优化简介 —— 1
- 1.1 最优化问题概括 / 3
  - 1.1.1 最优化问题的一般形式 / 3
  - 1.1.2 最优化问题的类型与应用背景 / 4
- 1.2 实例：稀疏优化 / 5
- 1.3 实例：低秩矩阵恢复 / 8
- 1.4 实例：深度学习 / 10
- 1.5 最优化的基本概念 / 13
  - 1.5.1 连续和离散优化问题 / 14
  - 1.5.2 无约束和约束优化问题 / 14
  - 1.5.3 随机和确定性优化问题 / 15
  - 1.5.4 线性和非线性规划问题 / 15
  - 1.5.5 凸和非凸优化问题 / 16
  - 1.5.6 全局和局部最优解 / 16
  - 1.5.7 优化算法 / 17
- 1.6 总结 / 22
- 习题 1 / 23

2 第二章 基础知识 —— 25
- 2.1 范数 / 27
  - 2.1.1 向量范数 / 27
  - 2.1.2 矩阵范数 / 28
  - 2.1.3 矩阵内积 / 29
- 2.2 导数 / 30
  - 2.2.1 梯度与海瑟矩阵 / 30
  - 2.2.2 矩阵变量函数的导数 / 33
  - 2.2.3 自动微分 / 35
- 2.3 广义实值函数 / 37
  - 2.3.1 适当函数 / 38
  - 2.3.2 闭函数 / 38
- 2.4 凸集 / 41
  - 2.4.1 凸集相关定义 / 41
  - 2.4.2 重要的凸集 / 43
  - 2.4.3 保凸的运算 / 44
  - 2.4.4 分离超平面定理 / 45
- 2.5 凸函数 / 46
  - 2.5.1 凸函数的定义 / 47
  - 2.5.2 凸函数判定定理 / 48
  - 2.5.3 保凸的运算 / 53
  - 2.5.4 凸函数的性质 / 56
- 2.6 共轭函数 / 57
  - 2.6.1 共轭函数的定义和例子 / 57
  - 2.6.2 二次共轭函数 / 59
- 2.7 次梯度 / 60
  - 2.7.1 次梯度的定义 / 60
  - 2.7.2 次梯度的性质 / 62
  - 2.7.3 凸函数的方向导数 / 64
  - 2.7.4 次梯度的计算规则 / 66
- 2.8 总结 / 72
- 习题 2 / 73

3 第三章 优化建模 —— 77
- 3.1 建模技术 / 79
  - 3.1.1 目标函数的设计 / 80
  - 3.1.2 约束的设计 / 84
- 3.2 回归分析 / 85
  - 3.2.1 概述 / 85
  - 3.2.2 线性回归模型 / 86
  - 3.2.3 正则化线性回归模型 / 87
- 3.3 逻辑回归 / 90
- 3.4 支持向量机 / 91
- 3.5 概率图模型 / 94
- 3.6 相位恢复 / 96
- 3.7 主成分分析 / 99
- 3.8 矩阵分离问题 / 100
- 3.9 字典学习 / 102
- 3.10 K-均值聚类 / 103
- 3.11 图像处理中的全变差模型 / 106
- 3.12 小波模型 / 108
- 3.13 强化学习 / 110
- 3.14 总结 / 112
- 习题 3 / 114

4 第四章 典型优化问题 —— 117
- 4.1 线性规划 / 119
  - 4.1.1 基本形式和应用背景 / 119
  - 4.1.2 应用举例 / 120
- 4.2 最小二乘问题 / 122
  - 4.2.1 基本形式和应用背景 / 122

   4.2.2 应用举例 / 123
  4.3 复合优化问题 / 127
   4.3.1 基本形式和应用背景 / 127
   4.3.2 应用举例 / 128
  4.4 随机优化问题 / 130
   4.4.1 基本形式和应用背景 / 130
   4.4.2 应用举例 / 131
  4.5 半定规划 / 132
   4.5.1 基本形式和应用背景 / 132
   4.5.2 应用举例 / 133
  4.6 矩阵优化 / 136
   4.6.1 基本形式和应用背景 / 136
   4.6.2 应用举例 / 138
  4.7 整数规划 / 140
   4.7.1 基本形式和应用背景 / 140
   4.7.2 应用举例 / 141
  4.8 典型优化算法软件介绍 / 143
  4.9 优化模型语言 / 144
   4.9.1 CVX / 144
   4.9.2 AMPL / 145
  4.10 总结 / 146
  习题 4 / 148

5 第五章 最优性理论 ——— 151

  5.1 最优化问题解的存在性 / 153
  5.2 无约束可微问题的最优性理论 / 155
   5.2.1 一阶最优性条件 / 156
   5.2.2 二阶最优性条件 / 157
   5.2.3 实例 / 158
  5.3 无约束不可微问题的最优性理论 / 159
   5.3.1 凸优化问题一阶充要条件 / 160
   5.3.2 复合优化问题的一阶必要条件 / 160
   *5.3.3 非光滑非凸问题的最优性条件 / 162
   5.3.4 实例 / 163
  5.4 对偶理论 / 164

   5.4.1 拉格朗日函数与对偶问题 / 164
   5.4.2 带广义不等式约束优化问题的对偶 / 166
   5.4.3 实例 / 168
  5.5 一般约束优化问题的最优性理论 / 173
   5.5.1 一阶最优性条件 / 173
   5.5.2 二阶最优性条件 / 182
  5.6 带约束凸优化问题的最优性理论 / 184
   5.6.1 Slater 约束品性与强对偶原理 / 184
   5.6.2 一阶充要条件 / 187
   *5.6.3 一阶充要条件：必要性的证明 / 188
  5.7 约束优化最优性理论应用实例 / 194
   5.7.1 仿射空间的投影问题 / 194
   5.7.2 线性规划问题 / 195
   5.7.3 基追踪 / 196
   5.7.4 最大割问题的半定规划松弛及其非凸分解模型 / 197
  5.8 总结 / 199
  习题 5 / 201

6 第六章 无约束优化算法 ——— 205

  6.1 线搜索方法 / 207
   6.1.1 线搜索准则 / 208
   6.1.2 线搜索算法 / 212
   6.1.3 收敛性分析 / 213
  6.2 梯度类算法 / 215
   6.2.1 梯度下降法 / 215
   6.2.2 Barzilar-Borwein 方法 / 219
   6.2.3 应用举例 / 221
  6.3 次梯度算法 / 226
   6.3.1 次梯度算法结构 / 226
   6.3.2 收敛性分析 / 226
   6.3.3 应用举例 / 230
  6.4 牛顿类算法 / 233
   6.4.1 经典牛顿法 / 234

- 6.4.2 收敛性分析 / 234
- 6.4.3 修正牛顿法 / 236
- 6.4.4 非精确牛顿法 / 238
- 6.4.5 应用举例 / 239
- 6.5 拟牛顿类算法 / 240
  - 6.5.1 割线方程 / 241
  - 6.5.2 拟牛顿矩阵更新方式 / 242
  - 6.5.3 拟牛顿法的全局收敛性 / 245
  - 6.5.4 有限内存 BFGS 方法 / 248
  - 6.5.5 应用举例 / 251
- 6.6 信赖域算法 / 253
  - 6.6.1 信赖域算法框架 / 253
  - 6.6.2 信赖域子问题求解 / 256
  - 6.6.3 收敛性分析 / 261
  - 6.6.4 应用举例 / 265
- 6.7 非线性最小二乘问题算法 / 265
  - 6.7.1 非线性最小二乘问题 / 266
  - 6.7.2 高斯-牛顿算法 / 267
  - 6.7.3 Levenberg-Marquardt 方法 / 270
  - 6.7.4 大残量问题的拟牛顿法 / 272
  - 6.7.5 应用举例 / 274
- 6.8 总结 / 276
- 习题 6 / 279

第七章 约束优化算法 —— 281

- 7.1 罚函数法 / 283
  - 7.1.1 等式约束的二次罚函数法 / 283
  - 7.1.2 收敛性分析 / 286
  - 7.1.3 一般约束问题的二次罚函数法 / 289
  - 7.1.4 应用举例 / 290
  - 7.1.5 其他类型的罚函数法 / 293
- 7.2 增广拉格朗日函数法 / 295
  - 7.2.1 等式约束优化问题的增广拉格朗日函数法 / 296
  - 7.2.2 一般约束优化问题的增广拉格朗日函数法 / 300
  - 7.2.3 凸优化问题的增广拉格朗日函数法 / 303
  - 7.2.4 基追踪问题的增广拉格朗日函数法 / 305
  - 7.2.5 半定规划问题的增广拉格朗日函数法 / 313
- 7.3 线性规划内点法 / 314
  - 7.3.1 原始-对偶算法 / 315
  - 7.3.2 路径追踪算法 / 317
- 7.4 总结 / 320
- 习题 7 / 321

第八章 复合优化算法 —— 325

- 8.1 近似点梯度法 / 327
  - 8.1.1 邻近算子 / 328
  - 8.1.2 近似点梯度法 / 332
  - 8.1.3 应用举例 / 334
  - 8.1.4 收敛性分析 / 336
  - *8.1.5 非凸函数的邻近算子与近似点梯度法 / 339
- 8.2 Nesterov 加速算法 / 341
  - 8.2.1 FISTA 算法 / 342
  - 8.2.2 其他加速算法 / 346
  - 8.2.3 应用举例 / 348
  - 8.2.4 收敛性分析 / 350
- 8.3 近似点算法 / 354
  - 8.3.1 近似点算法 / 354
  - 8.3.2 与增广拉格朗日函数法的关系 / 355
  - 8.3.3 应用举例 / 358
  - 8.3.4 收敛性分析 / 362
  - 8.3.5 Moreau-Yosida 正则化 / 364
- 8.4 分块坐标下降法 / 367
  - 8.4.1 问题描述 / 367
  - 8.4.2 算法结构 / 369
  - 8.4.3 应用举例 / 372
  - *8.4.4 收敛性分析 / 378
- 8.5 对偶算法 / 389
  - 8.5.1 对偶近似点梯度法 / 390

8.5.2 原始–对偶混合梯度算法 / 395
   8.5.3 应用举例 / 397
   8.5.4 收敛性分析 / 401
  8.6 交替方向乘子法 / 406
   8.6.1 交替方向乘子法 / 406
   8.6.2 Douglas-Rachford Splitting 算法 / 411
   8.6.3 常见变形和技巧 / 414
   8.6.4 应用举例 / 417
   *8.6.5 收敛性分析 / 429
  8.7 随机优化算法 / 434
   8.7.1 随机梯度下降算法 / 435
   8.7.2 应用举例 / 441
   8.7.3 收敛性分析 / 444
   8.7.4 方差减小技术 / 452
  8.8 总结 / 459
  习题 8 / 462

附录 A 符号表 —— 465

附录 B 数学基础 —— 471
 B.1 线性代数基础 / 473
  B.1.1 矩阵内积与迹 / 473
  B.1.2 正交矩阵与（半）正定矩阵 / 473
  B.1.3 矩阵的秩 / 473
  B.1.4 像空间和零空间 / 474
  B.1.5 行列式 / 474
  B.1.6 特征值与特征向量 / 475
  B.1.7 广义逆 / 476
  B.1.8 Sherman-Morrison-Woodbury 公式 / 477
  B.1.9 Schur 补 / 477
 B.2 数值代数基础 / 478
  B.2.1 解线性方程组 / 478
  B.2.2 系数矩阵为特殊矩阵的方程组解法 / 480
  B.2.3 特征值分解与奇异值分解 / 483
  B.2.4 数值代数软件 / 485
 B.3 概率基础 / 489
  B.3.1 概率空间 / 489
  B.3.2 随机变量 / 489
  B.3.3 条件期望 / 494
  B.3.4 随机变量的收敛性 / 498
  B.3.5 随机过程 / 499
  B.3.6 概率不等式 / 500

参考文献 —— 503

索引 —— 519

第一章
最优化简介

最优化问题（也称为优化问题）泛指定量决策问题，主要关心如何对有限资源进行有效分配和控制，并达到某种意义上的最优．它通常需要对需求进行定性和定量分析，建立恰当的数学模型来描述该问题，设计合适的计算方法来寻找问题的最优解，探索研究模型和算法的理论性质，考察算法的计算性能等．由于很多数学问题难以直接给出显式解，最优化模型就成为人们最常见的选择，计算机的高速发展也为最优化方法提供了有力辅助工具．因此最优化方法被广泛应用于科学与工程计算、金融与经济、管理科学、工业生产、图像与信号处理、数据分析与人工智能、计算物理与化学等众多领域．

本章将介绍最优化问题的一般形式和一些重要的基本概念，并通过实际应用中的例子让读者更加直观地理解最优化问题．

1.1 最优化问题概括

1.1.1 最优化问题的一般形式

最优化问题一般可以描述为

$$\begin{aligned} \min \quad & f(x), \\ \text{s.t.} \quad & x \in \mathcal{X}, \end{aligned} \tag{1.1.1}$$

其中 $x = (x_1, x_2, \cdots, x_n)^\mathrm{T} \in \mathbb{R}^n$ 是**决策变量**，$f: \mathbb{R}^n \to \mathbb{R}$ 是**目标函数**，$\mathcal{X} \subseteq \mathbb{R}^n$ 是**约束集合**或**可行域**，可行域包含的点称为**可行解**或**可行点**．记号 s.t. 是 "subject to" 的缩写，专指约束条件．当 $\mathcal{X} = \mathbb{R}^n$ 时，问题 (1.1.1) 称为无约束优化问题．集合 $\mathcal{X}$ 通常可以由约束函数 $c_i(x): \mathbb{R}^n \to \mathbb{R}, i = 1, 2, \cdots, m + l$ 表达为如下具体形式：

$$\begin{aligned} \mathcal{X} = \{ x \in \mathbb{R}^n \mid & c_i(x) \leqslant 0, i = 1, 2, \cdots, m, \\ & c_i(x) = 0, i = m+1, m+2, \cdots, m+l \}. \end{aligned}$$

在所有满足约束条件的决策变量中，使目标函数取最小值的变量 x^* 称为优化问题 (1.1.1) 的最优解，即对任意 $x \in \mathcal{X}$ 都有 $f(x) \geqslant f(x^*)$．如果我们求解在约束集合 $\mathcal{X}$ 上目标函数 $f(x)$ 的最大值，则问题 (1.1.1) 的 "min" 应相应地替换为 "max"．注意到在集合 $\mathcal{X}$ 上，函数 f 的最小（最大）值不一定存在，但是其下（上）确界 "$\inf f (\sup f)$" 总是存在的．因此，当目标函数的最小（最大）值不存在时，我们便关心其下（上）确界，即将问题 (1.1.1) 中的 "min(max)" 改为 "inf(sup)"．为了叙述简便，问题 (1.1.1) 中 x 为 $\mathbb{R}^n$ 空间中的向量．实际上，根据具体应用和需求，x 还可以是矩阵、多维数组或张量等，本书介绍的很多理论和算法可以相应推广.

> 由于本书涉及较多公式，请读者根据上下文区分公式中的标量、向量、矩阵. 在不加说明的情况下，向量一般用小写英文字母或希腊字母表示，矩阵一般用大写英文字母或希腊字母表示. 公式中的标量可能使用多种记号，需要根据上下文确定. 读者也可参考附录 A 符号表.

1.1.2 最优化问题的类型与应用背景

最优化问题 (1.1.1) 的具体形式非常丰富，我们可以按照目标函数、约束函数以及解的性质将其分类. 按照目标函数和约束函数的形式来分：当目标函数和约束函数均为线性函数时，问题 (1.1.1) 称为线性规划；当目标函数和约束函数中至少有一个为非线性函数时，相应的问题称为非线性规划；如果目标函数是二次函数而约束函数是线性函数，则称为二次规划；包含非光滑函数的问题称为非光滑优化；不能直接求导数的问题称为无导数优化；变量只能取整数的问题称为整数规划；在线性约束下极小化关于半正定矩阵的线性函数的问题称为半定规划，其广义形式为锥规划. 按照最优解的性质来分：最优解只有少量非零元素的问题称为稀疏优化；最优解是低秩矩阵的问题称为低秩矩阵优化. 此外还有几何优化、二次锥规划、张量优化、鲁棒优化、全局优化、组合优化、网络规划、随机优化、动态规划、带微分方程约束优化、微分流形约束优化、分布式优化，等等. 就具体应用而言，问题 (1.1.1) 可涵盖统计学习、压缩感知、最优运输、信号处理、图像处理、机器学习、强化学习、模式识别、金融工程、电力系统等领域的优化模型.

需要指出的是，数学建模很容易给出应用问题不同的模型，可以对应性质很不相同的问题，其求解难度和需要的算法也将差别很大. 在投资组合优化中，人们希望通过寻求最优的投资组合以降低风险、提高收益. 这时决策变量 x_i 表示在第 i 项资产上的投资额，向量 $x \in \mathbb{R}^n$ 表示整体的投资分配. 约束条件可能为总资金数、每项资产的最大（最小）投资额、最低收益等. 目标函数通常是某种风险度量. 如果是极小化收益的方差，则该问题是典型的二次规划；如果极小化风险价值（value at risk）函数，则该问题是混合整数规划；如果极小化条件风险价值（conditional value at risk）函数，则该问题是非光滑优化，也可以进一步化成线性规划.

在本章后面的三节和第三章中，我们通过一些实际应用中的例子更直观、深入地理解最优化问题. 由于篇幅限制，我们通常只简要给出它们的一些典型形式，而且叙述并不严格，主要是提供这些应用的大致形式，详细的定义和描述请读者参考本书后面的章节或者相关参考文献. 而在第四章中, 我们会将它们按优化问题分类. 本书的目标之一是使得读者通过学习本书的理论和算法, 能用算法软件包来求解这些模型, 并了解这些算法有哪些优缺点, 更进一步地, 使得读者能独立设计类似问题的算法.

1.2 实例：稀疏优化

考虑线性方程组求解问题：

$$Ax = b, \tag{1.2.1}$$

其中向量 $x \in \mathbb{R}^n, b \in \mathbb{R}^m$, 矩阵 $A \in \mathbb{R}^{m \times n}$, 且向量 b 的维数远小于向量 x 的维数, 即 $m \ll n$. 在自然科学和工程中常常遇到已知向量 b 和矩阵 A, 想要重构向量 x 的问题. 例如在信号传输过程中, 希望通过接收到长度为 m 的数字信号精确地重构原始信号. 注意到由于 $m \ll n$, 方程组 (1.2.1) 是欠定的, 因此存在无穷多个解, 重构出原始信号看似很难. 所幸的是, 这些解当中大部分是我们不感兴趣的, 真正有用的解是所谓的 "稀疏解", 即原始信号中有较多的零元素. 如果加上稀疏性这一先验信息, 且矩阵 A 以及原问题的解 u 满足某些条件, 那么我们可以通过求解稀疏优化问题把 u 与方程组 (1.2.1) 的其他解区别开. 这类技术广泛应用于压缩感知（compressive sensing）, 即通过部分信息恢复全部信息的解决方案.

先来看一个具体的例子. 在 MATLAB 环境里构造 A, u 和 b:

```
1 m = 128; n = 256;
2 A = randn(m, n);
3 u = sprandn(n, 1, 0.1);
4 b = A * u;
```

在这个例子中, 我们构造了一个 128×256 矩阵 A, 它的每个元素都服从高斯（Gauss）随机分布. 精确解 u 只有 10% 的元素非零, 每一个非零元素也服从高斯分布. 这些特征可以在理论上保证 u 是方程组 (1.2.1) 唯一的非零元素最少的解, 即 u 是如下 ℓ_0 范数①问题的最优解：

$$\begin{aligned} \min_{x \in \mathbb{R}^n} \quad & \|x\|_0, \\ \text{s.t.} \quad & Ax = b, \end{aligned} \tag{1.2.2}$$

---

① 实际上, ℓ_0 范数不是一个范数, 这里为了叙述统一而采用了这个术语, 读者应当注意这个区别.

其中 $\|x\|_0$ 是指 x 中非零元素的个数. 由于 $\|x\|_0$ 是不连续的函数, 且取值只可能是整数, 问题 (1.2.2) 实际上是 NP（non-deterministic polynomial）难的, 求解起来非常困难. 因此当 n 较大时, 通过直接求解问题 (1.2.2) 来恢复出原始信号 u 是行不通的. 那有没有替代的方法呢? 答案是有的. 若定义 ℓ_1 范数:

$$\|x\|_1 = \sum_{i=1}^{n} |x_i|,$$

并将其替换到问题 (1.2.2) 当中, 我们得到了另一个形式上非常相似的问题（又称 ℓ_1 范数优化问题, 基追踪问题）:

$$\begin{aligned} \min_{x \in \mathbb{R}^n} \quad & \|x\|_1, \\ \text{s.t.} \quad & Ax = b. \end{aligned} \quad (1.2.3)$$

令人惊讶的是, 可以从理论上证明: 若 A, b 满足一定的条件（例如使用前面随机产生的 A 和 b）, 向量 u 也是 ℓ_1 范数优化问题 (1.2.3) 的唯一最优解. 这一发现的重要之处在于, 虽然问题 (1.2.3) 仍没有显式解, 但与问题 (1.2.2) 相比难度已经大大降低. 前面我们提到 ℓ_0 范数优化问题是 NP 难的, 但 ℓ_1 范数优化问题的解可以非常容易地通过现有优化算法得到! 从这个例子不难发现, 优化学科的研究能够极大程度上帮助我们攻克现有的困难问题. 既然有如上令人兴奋的结果, 我们是否能使用其他更容易求解的范数替代 ℓ_0 范数呢? 事实并非如此. 如果简单地把 ℓ_1 范数修改为 ℓ_2 范数:

$$\|x\|_2 = \left(\sum_{i=1}^{n} x_i^2 \right)^{1/2},$$

即求解如下优化问题:

$$\begin{aligned} \min_{x \in \mathbb{R}^n} \quad & \|x\|_2, \\ \text{s.t.} \quad & Ax = b. \end{aligned} \quad (1.2.4)$$

几何学的知识表明, 问题 (1.2.4) 实际上就是原点到仿射集 $Ax = b$ 的投影, 我们可以直接写出它的显式表达式. 但遗憾的是, u 并不是问题 (1.2.4) 的解. 事实上, 图 1.1(a)—(c) 分别给出了一组随机数据下的 u, 以及问题 (1.2.3) 和问题 (1.2.4) 的数值解. 可以看出图 1.1(a) 和 (b) 是完全一样的, 而 (c) 则与 u 相去甚远, 虽然隐约能看出数据点的大致趋势, 但已经不可分辨非零元素的具体位置.

为什么会出现这种情况呢? 这要追溯到 ℓ_0, ℓ_1, ℓ_2 范数的性质. 下面用图示的方式来直观说明为什么 ℓ_1 范数优化问题的解具有稀疏性而 ℓ_2 范数优化问题的解不具有该性质. 为了方便起见, 我们在二维空间上讨论求解欠定方程组 $Ax = b$, 此时 $Ax = b$ 是一条直线. 在几何上, 三种优化问题实际上要找

图 1.1 稀疏优化的例子

到最小的 C，使得"范数球" $\{x|\|x\| \leqslant C\}$（$\|\cdot\|$ 表示任何一种范数）恰好与 $Ax = b$ 相交. 而图 1.2 里分别展示了三种范数球的几何直观：对 ℓ_0 范数，当 $C = 2$ 时 $\{x|\|x\|_0 \leqslant C\}$ 是全平面，它自然与 $Ax = b$ 相交，而当 $C = 1$ 时退化成两条直线（坐标轴），此时问题的解是 $Ax = b$ 和这两条直线的交点；对 ℓ_1 范数，根据 C 不同，$\{x|\|x\|_1 \leqslant C\}$ 为一系列正方形，这些正方形的顶点恰好都在坐标轴上，而最小的 C 对应的正方形和直线 $Ax = b$ 的交点一般都是顶点，因此 ℓ_1 范数的解有稀疏性；对 ℓ_2 范数，当 C 取值不同时，$\{x|\|x\|_2 \leqslant C\}$ 为一系列圆，而圆有光滑的边界，它和直线 $Ax = b$ 的切点可以是圆周上的任何一点，所以 ℓ_2 范数优化问题一般不能保证解的稀疏性.

问题 (1.2.3) 的理论和算法研究在 2006 年左右带来了革命性的影响. 理论上研究的课题包括什么条件下问题 (1.2.3) 的解具有稀疏性，如何改进这些条件，如何推广这些条件到其他应用. 常见的数据矩阵 A 一般由离散余弦变换、小波变换、傅里叶（Fourier）变换等生成. 虽然这些矩阵本身并没有稀疏性，但通常具有很好的分析性质，保证稀疏解的存在性. 注意到绝对值函数在零点处不可微，问题 (1.2.3) 是非光滑优化问题. 虽然它可以等价于线性规划问题，但是数据矩阵 A 通常是稠密矩阵，甚至 A 的元素未知或者不能直接存储，

图 1.2 三种范数优化问题求解示意图

(a) ℓ_0 范数　　(b) ℓ_1 范数　　(c) ℓ_2 范数

只能提供 Ax 或 $A^\mathrm{T} y$ 等运算结果. 在这些特殊情况下, 线性规划经典的单纯形法和内点法通常不太适用于求解大规模的问题 (1.2.3). 本书的一个主要目的就是根据这些问题的特点设计合适的算法进行求解. 需要强调的是, 问题 (1.2.3) 主要特点是其最优解是稀疏向量, 它是稀疏优化的一种典型形式.

本书还将考虑带 ℓ_1 范数正则项的优化问题

$$\min_{x\in\mathbb{R}^n}\quad \mu\|x\|_1 + \frac{1}{2}\|Ax-b\|_2^2, \tag{1.2.5}$$

其中 $\mu > 0$ 是给定的正则化参数. 问题 (1.2.5) 又称为 LASSO (least absolute shrinkage and selection operator), 该问题可以看成是问题 (1.2.3) 的二次罚函数形式. 由于它是无约束优化问题, 形式上看起来比问题 (1.2.3) 简单. 本书大部分数值算法都将针对问题 (1.2.3) 或问题 (1.2.5) 给出具体形式. 因此全面掌握它们的求解方法是掌握基本最优化算法的一个标志.

1.3　实例: 低秩矩阵恢复

某视频网站提供了约 48 万用户对 1 万 7 千多部电影的上亿条评级数据, 希望对用户的电影评级进行预测, 从而改进用户电影推荐系统, 为每个用户更有针对性地推荐影片.

显然每一个用户不可能看过所有的电影, 每一部电影也不可能收集到全部用户的评级. 电影评级由用户打分 1 星到 5 星表示, 记为取值 1~5 的整数. 我们将电影评级放在一个矩阵 M 中, 矩阵 M 的每一行表示不同用户, 每一列表示不同电影. 由于用户只对看过的电影给出自己的评价, 矩阵 M 中很多元素是未知的. 图 1.3 给出了用户电影评级矩阵 M 的一个简单示例.

令 Ω 是矩阵 M 中所有已知评级元素的下标的集合, 则该问题可以初步描述为构造一个矩阵 X, 使得在给定位置的元素等于已知评级元素, 即满足

图 1.3
用户电影评级矩阵
M 示例

$$\begin{array}{c}\begin{array}{cccccc}电影1 & 电影2 & 电影3 & 电影4 & \cdots & 电影n\end{array}\\\begin{array}{c}用户1\\用户2\\用户3\\用户4\\\vdots\\用户m\end{array}\left[\begin{array}{cccccc}4 & ? & ? & 3 & \cdots & ?\\? & 2 & 4 & ? & \cdots & ?\\3 & ? & ? & ? & \cdots & ?\\2 & ? & 5 & ? & \cdots & ?\\\vdots & \vdots & \vdots & \vdots & & \vdots\\? & 3 & ? & 4 & \cdots & ?\end{array}\right]\end{array}$$

$X_{ij} = M_{ij}, (i,j) \in \Omega$. 不难看出满足这个条件的矩阵 X 有无穷多个, 那么如何得到一个真正有价值的 X 呢? 这就需要分析 X 应该具有什么样的结构. 类型相似的电影获得的评分往往是类似的, 这意味着这些电影在矩阵 M 中所对应的列也是相似的, 因此矩阵 M 的列可能是亏秩的; 同样地, 相似的人群对不同电影的评分也可能是相似的, 它们在矩阵 M 中所对应的行也是相似的, 因此矩阵 M 的行也可能是亏秩的. 因此寻找一个低秩矩阵 X 可能给出很好的解. 令 rank(X) 为矩阵 X 的秩, 该问题可以表达为

$$\begin{aligned}\min_{X \in \mathbb{R}^{m \times n}} \quad & \text{rank}(X),\\\text{s.t.} \quad & X_{ij} = M_{ij}, (i,j) \in \Omega.\end{aligned} \quad (1.3.1)$$

这类问题称为低秩矩阵恢复 (low rank matrix completion), 其约束条件保证了构造的低秩矩阵 X 与 M 中的所有已知元素完全相同. 但是极小化矩阵的秩是 NP 难的问题, 如何将其化成一个容易求解的问题呢? 这里仍然沿用稀疏优化的思想. 在稀疏优化问题中, 我们将 ℓ_0 范数换成了 ℓ_1 范数. 而 rank(X) 正好是矩阵 X 所有非零奇异值的个数, 根据稀疏优化的思想, 我们将其更换成所有奇异值的和, 即矩阵 X 的核范数 (nuclear norm):

$$\|X\|_* = \sum_i \sigma_i(X).$$

因此问题 (1.3.1) 就变成

$$\begin{aligned}\min_{X \in \mathbb{R}^{m \times n}} \quad & \|X\|_*,\\\text{s.t.} \quad & X_{ij} = M_{ij}, (i,j) \in \Omega.\end{aligned} \quad (1.3.2)$$

可以证明问题 (1.3.2) 是一个凸优化问题, 并且在一定条件下它与问题 (1.3.1) 等价. 也可以将问题 (1.3.2) 转换为一个半定规划问题, 但是目前半定规划算法所能有效求解的问题规模限制了这种技术的实际应用. 同样地, 考虑到观测可能出现误差, 对于给定的参数 $\mu > 0$, 我们也写出该问题的二次罚函数形式:

$$\min_{X \in \mathbb{R}^{m \times n}} \mu \|X\|_* + \frac{1}{2} \sum_{(i,j) \in \Omega} (X_{ij} - M_{ij})^2. \quad (1.3.3)$$

类似于稀疏优化问题 (1.2.3) (1.2.5)，本书大部分数值算法都可以针对问题 (1.3.2) 或问题 (1.3.3) 给出具体形式.

1.4 实例：深度学习

深度学习（deep learning）的起源可以追溯至 20 世纪 40 年代，其雏形出现在控制论中. 近十年来深度学习又重新走入了人们的视野，深度学习问题和算法的研究也经历了一次新的浪潮. 虽然卷积网络的设计受到了生物学和神经科学的启发，但深度学习目前的发展早已超越了机器学习模型中的神经科学观点. 它用相对简单的函数来表达复杂的表示，从低层特征概括到更加抽象的高层特征，让计算机从经验中挖掘隐含的信息和价值. 本节我们将通过介绍多层感知机和卷积神经网络来了解优化模型在深度学习中的应用.

多层感知机（multi-layer perceptron, MLP）也叫作深度前馈网络（deep feedforward network）或前馈神经网络（feedforward neural network），它通过已有的信息或者知识来对未知事物进行预测. 在神经网络中，已知的信息通常用数据集来表示. 数据集一般分为训练集和测试集：训练集是用来训练神经网络，从而使得神经网络能够掌握训练集上的信息；测试集是用来测试训练完的神经网络的预测准确性. 一个常见的任务是分类问题. 假设我们有一个猫和狗的图片集，将其划分成训练集和测试集（保证集合中猫和狗图片要有一定的比例）. 神经网络是想逼近一个从图片到 $\{0,1\}$ 的函数，这里 0 表示猫，1 表示狗. 因为神经网络本身的结构和大量的训练集信息，训练得到的函数与真实结果具有非常高的吻合性.

具体地，给定训练集 $D = \{\{a_1, b_1\}, \{a_2, b_2\}, \cdots, \{a_m, b_m\}\}$，假设数据 $a_i \in \mathbb{R}^p, b_i \in \mathbb{R}^q$. 为了方便处理模型里的偏差项，我们假设 a_i 的第一个元素等于 1，即 $a_{i1} = 1$. 图 1.4 给出了一种由 p 个输入单元和 q 个输出单元构成的 $(L+2)$ 层感知机，其含有一个输入层、一个输出层和 L 个隐藏层. 该感知机的第 l 隐藏层共有 $m^{(l)}$ 个神经元，为了方便，我们用 $l = 0$ 表示输入层，$l = L+1$ 表示输出层，并定义 $m^{(0)} = p$ 和 $m^{(L+1)} = q$. 设 $y^{(l)} \in \mathbb{R}^{m^{(l)}}$ 为第 l 隐藏层的所有神经元，同样地，为了能够处理每一个隐藏层的信号偏差，除输出层外，我们令 $y^{(l)}$ 的第一个元素等于 1，即 $y_1^{(l)} = 1, 0 \leqslant l \leqslant L$，而其余的元素则是通过上一层的神经元的值进行加权求和得到.

令参数 $x = (x^{(1)}, x^{(2)}, \cdots, x^{(L+1)})$ 表示网络中所有层之间的权重，其中 $x_{i,k}^{(l)}$ 是第 $(l-1)$ 隐藏层的第 k 个单元连接到第 l 隐藏层的第 i 个单元对应的权重，则在第 l 隐藏层中，第 i 个单元（$i > 1$，当 $l = L+1$ 时可取为 $i \geqslant 1$）计算输

出信息 $y_i^{(l)}$ 为

$$y_i^{(l)} = t(z_i^{(l)}), \quad z_i^{(l)} = \sum_{k=1}^{m^{(l-1)}} x_{i,k}^{(l)} y_k^{(l-1)}. \tag{1.4.1}$$

这里函数 $t(\cdot)$ 称为激活函数，常见的有 Sigmoid 函数

$$t(z) = \frac{1}{1+\exp(-z)},$$

Heaviside 函数

$$t(z) = \begin{cases} 1, & z \geqslant 0, \\ 0, & z < 0, \end{cases}$$

以及 ReLU 函数

$$t(z) = \max\{0, z\}. \tag{1.4.2}$$

整个过程可以描述为

$$y^{(0)} \xrightarrow{x^{(1)}} z^{(1)} \xrightarrow{t} y^{(1)} \xrightarrow{x^{(2)}} \cdots \xrightarrow{t} y^{(L+1)}.$$

图 1.4
带 p 个输入单位和 q 个输出单位的 $(L+2)$ 层感知机的网络图，第 l 隐藏层包含 $m^{(l)}$ 个神经元.

容易看出，多层感知机的每一层输出实际就是由其上一层的数值作线性组合再逐分量作非线性变换得到的. 若将 $y^{(0)}$ 视为自变量，$y^{(L+1)}$ 视为因变量，则多层感知机实际上定义了一个以 x 为参数的函数 $h(a;x)\colon \mathbb{R}^p \to \mathbb{R}^q$，这里 a 为输入层 $y^{(0)}$ 的取值. 当输入数据为 a_i 时，其输出 $h(a_i;x)$ 将作为真实标签 b_i 的估计. 若选择平方误差作为损失函数，则我们得到多层感知机的优化模型：

$$\min_{x} \sum_{i=1}^{m} \|h(a_i;x) - b_i\|_2^2 + \lambda r(x), \tag{1.4.3}$$

其中 $r(x)$ 是正则项，用来刻画解的某些性质，如光滑性或稀疏性等；λ 称为正则化参数，用来平衡模型的拟合程度和解的性质：如果 λ 太小，那么对解的性质没有起到改善作用；如果 λ 太大，则模型与原问题相差很大，可能是一个糟糕的逼近.

卷积神经网络（convolutional neural network，CNN）是一种深度前馈人工神经网络，专门用来处理时间序列数据或图像等网格数据. CNN 在计算机视觉、视频分析、自然语言处理等诸多领域有大量成功的应用. 与图 1.4 对应的全连接网络（相邻两层之间的节点都是相连或相关的）不同，卷积神经网络的思想是通过局部连接以及共享参数的方式来大大减少参数量，从而减少对数据量的依赖以及提高训练的速度. 典型的 CNN 网络结构通常由一个或多个卷积层、下采样层（subsampling）①和顶层的全连接层组成. 全连接层的结构与多层感知机的结构相同. 卷积层是一种特殊的网络层，它首先对输入数据进行卷积操作产生多个特征映射，之后使用非线性激活函数（比如 ReLU 函数）对每个特征进行变换. 下采样层一般位于卷积层之后，它的作用是减小数据维数并提取数据的多尺度信息，其结果最终会输出到下一组变换.

给定一个二维图像 $I \in \mathbb{R}^{n \times n}$ 和卷积核 $K \in \mathbb{R}^{k \times k}$，我们定义一种简单的卷积操作 $S = I * K$，它的元素是

$$S_{i,j} = \langle I(i:i+k-1, j:j+k-1), K \rangle, \tag{1.4.4}$$

其中两个矩阵 X, Y 的内积是它们相应元素乘积之和，即 $\langle X, Y \rangle = \sum_{i,j} X_{ij} Y_{ij}$，$I(i:i+k-1, j:j+k-1)$ 是矩阵 I 从位置 (i,j) 开始的 $k \times k$ 子矩阵. 图 1.5 给出了一个例子. 生成的结果 S 可以根据卷积核的维数、I 的边界是否填充、卷积操作时滑动的大小等相应变化.

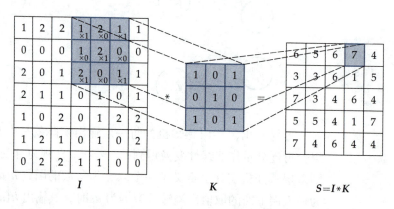

图 1.5 卷积操作

图 1.6 给出了下采样层的一个示例. 第 l 特征层是第 $(l-1)$ 特征层的下采样层. 具体地，我们先将第 $(l-1)$ 特征层的每个矩阵划分为若干子矩阵，之后将每个子矩阵的所有元素按照某种规则（例如取平均值或最大值）变换成一个元素. 因此，第 $(l-1)$ 特征层每个小框里所有元素的平均值或最大值就对应于第 l 特征层的一个元素. 容易看出，下采样层实际上是用一个数代表一个子矩阵，经过下采样层变换后，前一特征层矩阵的维数会进一步降低. 图

---

① 有时也称为"池化"（pooling）.

1.7 给出了一个简单的卷积神经网络示意图. 输入图片通过不同的卷积核生成不同的矩阵, 再经过非线性激活函数作用后生成第 1 层的特征; 第 2 层是第 1 层的下采样层; 第 3 层和第 4 层又是卷积层和下采样层; 第 5 层是全连接层; 第 6 层为输出层. 实际的卷积神经网络可达几十层甚至更多, 卷积核的大小、网络节点之间的连接方式也可以有很多变化, 从而生成不一样的模型.

图 1.6
下采样层示例

图 1.7
卷积神经网络的示意图

给定一个训练集 $D = \{\{a_1, b_1\}, \{a_2, b_2\}, \cdots, \{a_m, b_m\}\}$, 其中 a_i 是训练图片, b_i 是其对应的标签. 与之对应的优化模型 (1.4.3) 中, 函数 $h(a_i; x)$ 由卷积神经网络构成, 而 x 是卷积神经网络的参数.

1.5 最优化的基本概念

一般来说, 最优化算法研究可以分为: 构造最优化模型、确定最优化问题的类型和设计算法、实现算法或调用优化算法软件包进行求解. 最优化模型的构造和实际问题紧密相关, 比如说, 给定二维欧几里得 (Euclid) 空间的若干个离散点, 假定它们可以通过一条直线分成两部分, 也可以通过一条曲线分成两部分. 那么分别使用直线与曲线所得到的最优化模型是不同的. 在问题 (1.1.1) 中, 目标函数 f 和约束函数 c_i 都是由模型来确定的. 在确定模型之后, 我们需要对模型对应的优化问题进行分类. 这里, 分类的必要性是因为不存在对于所有优化问题的一个统一的算法. 因此我们需要针对具体优化问题所属的类别，来设计或者调用相应的算法求解器. 最后就是模型的求解过程. 同一类优化问题往往存在着不同的求解算法. 对于具体的优化问题，我们需要充分利用问题的结构，并根据问题的需求（求解精度和速度等）来设计相应的算法. 另外，根据算法得到的结果，我们可以来判别模型构造是否合理或者进一步地改进模型. 如果构造的模型比较复杂，那么算法求解起来相对困难（时间慢或者精度差）. 此时算法分析可以帮助我们设计替代模型，以确保快速且比较精确地求出问题的解.

这三个部分的研究对于形成完备的最优化体系是必要的. 实际应用导出的各种各样的最优化模型给最优化学科不断注入新鲜的血液，对现有的优化算法进行挑战并推动其向前发展. 最优化算法的设计以及理论分析帮助实际问题建立更鲁棒稳定的模型. 模型与算法相辅相成，使得最优化学科不断发展.

1.5.1 连续和离散优化问题

最优化问题可分为连续和离散优化问题两大类. 连续优化问题是指决策变量所在的可行域是连续的，比如平面、区间等. 如稀疏优化问题 (1.2.2)—(1.2.5) 的约束集合就是连续的. 离散优化问题是指决策变量能在离散集合上取值，比如离散点集、整数集等. 常见的离散优化问题有整数规划，其对应的决策变量的取值范围是整数集合.

在连续优化问题中，基于决策变量取值空间以及约束和目标函数的连续性，我们可以从一个点处目标和约束函数的取值来估计该点可行领域内的取值情况. 进一步地，可以根据邻域内的取值信息来判断该点是否最优. 离散优化问题则不具备这个性质，因为决策变量是在离散集合上取值，因此在实际中往往比连续优化问题更难求解. 实际中的离散优化问题往往可以转化为一系列连续优化问题来进行求解. 比如线性整数规划问题中著名的分支定界方法，就是松弛成一系列线性规划问题来进行求解. 因此连续优化问题的求解在最优化理论与算法中扮演着重要的角色. 本书后续的内容也将围绕连续优化问题展开介绍.

1.5.2 无约束和约束优化问题

最优化问题的另外一个重要的分类标准是约束是否存在. 无约束优化问题的决策变量没有约束条件限制，即可行域 $\mathcal{X} = \mathbb{R}^n$. 相对地，约束优化问题是指带有约束条件的问题. 在实际应用中，这两类优化问题广泛存在. 无约束优化问题对应于在欧几里得空间中求解一个函数的最小值点. 比如在 ℓ_1 正

则化问题 (1.2.5) 中，决策变量的可行域是 $\mathbb{R}^n$，其为一个无约束优化问题．在问题 (1.2.2)—(1.2.4) 中，可行域为 $\{x|Ax=b\}$，其为约束优化问题．

因为问题 (1.1.1) 可以通过将约束条件（$\mathcal{X} \neq \mathbb{R}^n$）罚到目标函数上转化为无约束问题，所以在某种程度上，约束优化问题就是无约束优化问题．很多约束优化问题的求解也是转化为一系列的无约束优化问题来做，常见方式有增广拉格朗日函数法，罚函数法，等等．尽管如此，约束优化问题的理论以及算法研究仍然是非常重要的．主要原因是，借助于约束函数，我们能够更好地描述可行域的几何性质，进而更有效地找到最优解．对于典型的约束和无约束优化模型，我们将会在第四章中介绍，相应的理论以及算法会在第五—八章中给出．

1.5.3 随机和确定性优化问题

伴随着近年来人工智能的发展，随机优化问题的研究得到了长足的发展．随机优化问题是指目标或者约束函数中涉及随机变量而带有不确定性的问题．不像确定优化问题中目标和约束函数都是确定的，随机优化问题中总是包含一些未知的参数．在实际问题中，我们往往只能知道这些参数的某些估计．随机优化问题在机器学习、深度学习以及强化学习中有着重要应用，其优化问题的目标函数是关于一个未知参数的期望的形式．因为参数的未知性，实际中常用的方法是通过足够多的样本来逼近目标函数，得到一个新的有限和形式的目标函数．由于样本数量往往非常大，我们还是将这个问题看作相对于指标随机变量的期望形式，然后通过随机优化方法来进行求解．

相比于确定性优化问题，随机优化问题的求解往往涉及更多的随机性．很多确定性优化算法都有相应的随机版本．随机性使得这些算法在特定问题上具有更低的计算复杂度或者更好的收敛性质．以目标函数为多项求和的优化问题为例，如果使用确定性优化算法，每一次计算目标函数梯度都会引入昂贵的复杂度．但是对于随机优化问题，我们每次可能只计算和式中的一项或者几项，这大大减少了计算时间．同时我们还能保证算法求解的足够精确．具体的模型介绍会在第四章中给出．确定性优化算法会在第六—八章中给出，随机优化算法会在第八章中介绍．

1.5.4 线性和非线性规划问题

线性规划是指问题 (1.1.1) 中目标函数和约束函数都是线性的．当目标函数和约束函数至少有一个是非线性的，那么对应的优化问题的称为非线性规划问题．线性规划问题在约束优化问题中具有较简单的形式．类似于连续函数可以用分片线性函数来逼近一样,线性规划问题的理论分析与数值求解可以为非线性规划问题提供很好的借鉴和基础.

线性规划问题的研究很早便得到了人们的关注. 在 1946—1947 年, George Bernard Dantzig 提出了线性规划的一般形式并提出了至今仍非常流行的单纯形方法. 虽然单纯形方法在实际问题中经常表现出快速收敛,但是其复杂度并不是多项式的. 1979 年, Leonid Khachiyan 证明了线性规划问题多项式时间算法的存在性. 1984 年, Narendra Karmarkar 提出了多项式时间的内点法. 后来,内点法也被推广到求解一般的非线性规划问题. 目前,求解线性规划问题最流行的两类方法依然是单纯形法和内点法.

1.5.5 凸和非凸优化问题

凸优化问题是指最小化问题 (1.1.1) 中的目标函数和可行域分别是凸函数和凸集. 如果其中有一个或者两者都不是凸的,那么相应的最小化问题是非凸优化问题. 因为凸优化问题的任何局部最优解都是全局最优解,其相应的算法设计以及理论分析相对非凸优化问题简单很多.

注 1.1 若问题 (1.1.1) 中的 min 改为 max,且目标函数和可行域分别为凹函数和凸集,我们也称这样的问题为凸优化问题. 这是因为对凹函数求极大等价于对其相反数(凸函数)求极小.

在实际问题的建模中,我们经常更倾向于得到一个凸优化模型. 另外,判断一个问题是否是凸问题也很重要. 比如,给定一个非凸优化问题,一种方法是将其转化为一系列凸优化子问题来求解. 此时需要清楚原非凸问题中的哪个或哪些函数导致了非凸性,之后考虑的是如何用凸优化模型来逼近原问题. 在压缩感知问题中,ℓ_0 范数是非凸的,原问题对应的解的性质难以直接分析,相应的全局收敛的算法也不容易构造. 利用 ℓ_0 范数和 ℓ_1 范数在某种意义上的等价性,我们将原非凸问题转化为凸优化问题. 在一定的假设下,我们通过求解 ℓ_1 范数对应的凸优化问题得到了原非凸优化问题的全局最优解.

1.5.6 全局和局部最优解

在求解最优化问题之前,先介绍最小化问题 (1.1.1) 的最优解的定义.

定义 1.1 (最优解) 对于可行点 $\bar{x}$(即 $\bar{x} \in \mathcal{X}$),

(1) 如果 $f(\bar{x}) \leqslant f(x), \forall x \in \mathcal{X}$,那么称 $\bar{x}$ 为问题 (1.1.1) 的**全局极小解(点)**,有时也称为(全局)最优解或最小值点;

(2) 如果存在 $\bar{x}$ 的一个 ε 邻域 $N_\varepsilon(\bar{x})$,使得 $f(\bar{x}) \leqslant f(x), \forall x \in N_\varepsilon(\bar{x}) \cap \mathcal{X}$,那么称 $\bar{x}$ 为问题 (1.1.1) 的**局部极小解(点)**,有时也称为局部最优解;

（3）进一步地，如果 $f(\overline{x}) < f(x), \forall x \in N_\varepsilon(\overline{x}) \cap \mathcal{X},\ x \neq \overline{x}$ 成立，则称 $\overline{x}$ 为问题 (1.1.1) 的**严格局部极小解（点）**.

如果一个点是局部极小解，但不是严格局部极小解，我们称之为**非严格局部极小解**. 在图 1.8 中，我们以一个简单的函数为例，指出了其全局与局部极小解.

图 1.8 函数的全局极小、严格局部极小和非严格局部极小解

在问题 (1.1.1) 的求解中，我们想要得到的是其全局最优解，但是由于实际问题的复杂性，往往只能够得到其局部最优解. 在第四章中，我们将会针对具体的优化问题来分析其全局与局部最优解.

1.5.7 优化算法

在给定优化问题之后，我们要考虑如何求解. 根据优化问题的不同形式，其求解的困难程度可能会有很大差别. 对于一个优化问题，如果我们能用代数表达式给出其最优解，那么这个解称为显式解，对应的问题往往比较简单. 例如二次函数在有界区间上的极小化问题，我们可以通过比较其在对称轴上和区间两个端点处的值得到最优解，这个解可以显式地写出. 但实际问题往往是没有办法显式求解的，因此常采用迭代算法.

迭代算法的基本思想是：从一个初始点 x^0 出发，按照某种给定的规则进行迭代，得到一个序列 $\{x^k\}$. 如果迭代在有限步内终止，那么希望最后一个点就是优化问题的解；如果迭代点列是无穷集合，那么希望该序列的极限点（或者聚点）则为优化问题的解. 为了使算法能在有限步内终止，我们一般会通过一些收敛准则来保证迭代停在问题的一定精度逼近解上. 对于无约束优化问题，常用的收敛准则有

$$\frac{f(x^k) - f^*}{\max\{|f^*|, 1\}} \leqslant \varepsilon_1, \quad \|\nabla f(x^k)\| \leqslant \varepsilon_2, \tag{1.5.1}$$

其中 $\varepsilon_1, \varepsilon_2$ 为给定的很小的正数，$\|\cdot\|$ 表示某种范数（这里可以简单理解为 ℓ_2 范数：$\|x\|_2 = \left(\sum_{i=1}^{n} x_i^2\right)^{1/2}$，第二章将会给出范数的一般定义），$f^*$ 为函数 f 的最小值（假设已知或者以某种方式估计得到）以及 $\nabla f(x^k)$ 表示函数 f 在点 x 处的梯度（光滑函数在局部最优点处梯度为零向量，第五章中会给出更多介绍）. 对于约束优化问题，还需要考虑约束违反度. 具体地，要求最后得到的点满足

$$c_i(x^k) \leqslant \varepsilon_3, \ i = 1, 2, \cdots, m,$$

$$|c_i(x^k)| \leqslant \varepsilon_4, \ i = m+1, m+2, \cdots, m+l,$$

其中 $\varepsilon_3, \varepsilon_4$ 为很小的正数，用来刻画 x^k 的可行性. 除了约束违反度之外，我们也要考虑 x^k 与最优解之间的距离，如 (1.5.1) 式中给出的函数值与最优值的相对误差. 因为约束的存在，我们不能简单地用目标函数的梯度来判断最优性，实际中采用的判别准则是点的最优性条件的违反度（关于约束优化的最优性条件会在第五章中给出）.

对于一个具体的算法，根据其设计的出发点，我们不一定能得到一个高精度的逼近解. 此时，为了避免无用的计算开销，我们还需要一些停机准则来及时停止算法的进行. 常用的停机准则有

$$\frac{\|x^{k+1} - x^k\|}{\max\{\|x^k\|, 1\}} \leqslant \varepsilon_5, \quad \frac{|f(x^{k+1}) - f(x^k)|}{\max\{|f(x^k)|, 1\}} \leqslant \varepsilon_6,$$

上面的准则分别表示相邻迭代点和其对应目标函数值的相对误差很小. 在算法设计中，这两个条件往往只能反映迭代点列接近收敛，但不能代表收敛到优化问题的最优解.

在算法设计中，一个重要的标准是算法产生的点列是否收敛到优化问题的解. 对于问题 (1.1.1)，其可能有很多局部极小解和全局极小解，但所有全局极小解对应的目标函数值，即优化问题的最小值 f^* 是一样的. 考虑无约束的情形，对于一个算法，给定初始点 x^0，记其迭代产生的点列为 $\{x^k\}$. 如果 $\{x^k\}$ 在某种范数 $\|\cdot\|$ 的意义下满足

$$\lim_{k \to \infty} \|x^k - x^*\| = 0,$$

且收敛的点 x^* 为一个局部（全局）极小解，那么我们称该点列收敛到局部（全局）极小解，相应的算法称为是**依点列收敛到局部（全局）极小解**的.

在算法的收敛分析中，初始迭代点 x^0 的选取也尤为重要. 比如一般的牛顿法，只有在初始点足够接近局部（全局）最优解时，才能收敛. 但是这样的初始点的选取往往比较困难，此时我们更想要的是一个从任何初始点出发都能收敛的算法. 因此优化算法的研究包括如何设计全局化策略，将已有的可能发散的优化算法修改得到一个新的全局收敛到局部（全局）最优解的算法.

比如通过采用合适的全局化策略，我们可以修正一般的牛顿法使得修改后的算法是全局收敛到局部（全局）最优解的．

进一步地，如果从任意初始点 x^0 出发，算法都是依点列收敛到局部（全局）极小解的，我们称该算法是**全局依点列收敛到局部（全局）极小解**的．相应地，如果记对应的函数值序列为 $\{f(x^k)\}$，我们还可以定义算法的**（全局）依函数值收敛到局部（全局）极小值**的概念．对于凸优化问题，因为其任何局部最优解都为全局最优解，算法的收敛性都是相对于其全局极小而言的．除了点列和函数值的收敛外，实际中常用的还有每个迭代点的最优性条件（如无约束优化问题中的梯度范数，约束优化问题中的最优性条件违反度，等等）的收敛．

对于带约束的情形，给定初始点 x^0，算法产生的点列 $\{x^k\}$ 不一定是可行的（即 $x^k \in \mathcal{X}$ 未必对任意 k 成立）．考虑到约束违反的情形，我们需要保证 $\{x^k\}$ 在收敛到 x^* 的时候，其违反度是可接受的．除此要求之外，算法的收敛性的定义和无约束情形相同．

在设计优化算法时，我们有一些基本的准则或技巧．对于复杂的优化问题，基本的想法是将其转化为一系列简单的优化问题（其最优解容易计算或者有显式表达式）来逐步求解．常用的技巧有：

1. **泰勒（Taylor）展开**

   对于一个非线性的目标或者约束函数，我们通过其泰勒展开用简单的线性函数或者二次函数来逼近，从而得到一个简化的问题．因为该简化问题只在小邻域内逼近原始问题，所以我们需要根据迭代点的更新来重新构造相应的简化问题．

2. **对偶**

   每个优化问题都有对应的对偶问题．当原问题比较难解的时候，其对偶问题可能很容易求解（特别是凸的情形）．通过求解对偶问题或者同时求解原问题和对偶问题，我们可以简化原始问题的求解，从而设计更有效的算法．

3. **拆分**

   对于一个复杂的优化问题，我们可以将变量进行拆分，比如

$$\min_{x} \; h(x) + r(x),$$

   可以拆分成

$$\min_{x,y} \; h(x) + r(y), \quad \text{s.t.} \quad x = y.$$

通过引入更多的变量，我们可以得到每个变量的简单问题（较易求解或者解有显式表达式），从而通过交替求解等方式来得到原问题的解．

4. 块坐标下降

对于一个 n 维空间（n 很大）的优化问题，我们可以通过逐步求解分量的方式将其转化为多个低维空间中的优化问题．比如，对于 $n=100$，我们可以先固定第 $2-100$ 个分量来求解 x_1；接着固定下标为 $1,3-100$ 的分量来求解 x_2；依次类推．

关于这些技巧的具体应用，读者可以进一步阅读本书中的算法部分．

对于同一个优化问题，其求解算法可以有很多．在设计和比较不同的算法时，另一个重要的指标是算法的渐近收敛速度．我们以点列的 **Q-收敛速度**（Q 的含义为"quotient"）为例（函数值的 Q-收敛速度可以类似地定义）．设 $\{x^k\}$ 为算法产生的迭代点列且收敛于 x^*，若对充分大的 k 有

$$\frac{\|x^{k+1}-x^*\|}{\|x^k-x^*\|} \leqslant a, \quad a \in (0,1),$$

则称算法（点列）是 **Q-线性收敛**的；若

$$\lim_{k \to \infty} \frac{\|x^{k+1}-x^*\|}{\|x^k-x^*\|} = 0,$$

则称算法（点列）是 **Q-超线性收敛**的；若

$$\lim_{k \to \infty} \frac{\|x^{k+1}-x^*\|}{\|x^k-x^*\|} = 1,$$

则称算法（点列）是 **Q-次线性收敛**的；若对充分大的 k 有

$$\frac{\|x^{k+1}-x^*\|}{\|x^k-x^*\|^2} \leqslant a, \quad a > 0,$$

则称算法（点列）是 **Q-二次收敛**的．类似地，也可定义更一般的 Q-r 次收敛（$r>1$）．我们举例来更直观地展示不同的 Q-收敛速度，参见图 1.9．（图中对所考虑的点列作了适当的变换）：点列 $\{2^{-k}\}$ 是 Q-线性收敛的，点列 $\{2^{-2^k}\}$

(a) Q-线性收敛　　　　　　　　　(b) Q-二次收敛

(c) Q-次线性收敛

图 1.9 不同 Q-收敛速度的比较

是 Q-二次收敛的（也是 Q-超线性收敛的），点列 $\left\{\dfrac{1}{k}\right\}$ 是 Q-次线性收敛的.一般来说，具有 Q-超线性收敛速度和 Q-二次收敛速度的算法是收敛较快的.

除 Q-收敛速度外，另一个常用概念是 **R-收敛速度**（R 的含义为 "root"）.以点列为例，设 $\{x^k\}$ 为算法产生的迭代点列且收敛于 x^*，若存在 Q-线性收敛于 0 的非负序列 $\{t_k\}$ 并且

$$\|x^k - x^*\| \leqslant t_k$$

对任意的 k 成立，则称算法（点列）是 **R-线性收敛**的.类似地，可定义 **R-超线性收敛**和 **R-二次收敛**等收敛速度.从 R-收敛速度的定义可以看出序列 $\{\|x^k - x^*\|\}$ 被另一个趋于 0 的序列 $\{t_k\}$ 控制.当知道 t_k 的形式时，我们也称算法（点列）的收敛速度为 $\mathcal{O}(t_k)$.

与收敛速度密切相关的概念是优化算法的**复杂度** $N(\varepsilon)$，即计算出给定精度 ε 的解所需的迭代次数或浮点运算次数.在实际应用中，这两种定义复杂度的方式均很常见.如果能较准确地估计每次迭代的运算量，则可以由算法所需迭代次数推出所需浮点运算次数.我们用具体的例子来进一步解释算法复杂度.设某一算法产生的迭代序列 $\{x^k\}$ 满足

$$f(x^k) - f(x^*) \leqslant \dfrac{c}{\sqrt{k}}, \quad \forall\, k > 0,$$

其中 $c > 0$ 为常数，x^* 为全局极小点.如果需要计算算法满足精度 $f(x^k) - f(x^*) \leqslant \varepsilon$ 的解所需的迭代次数，只需令 $\dfrac{c}{\sqrt{k}} \leqslant \varepsilon$ 则得到 $k \geqslant \dfrac{c^2}{\varepsilon^2}$，因此该优化算法对应的（迭代次数）复杂度为 $N(\varepsilon) = \mathcal{O}\left(\dfrac{1}{\varepsilon^2}\right)$.注意，渐近收敛速度更多的是考虑迭代次数充分大的情形，而复杂度给出了算法迭代有限步之后产生的解与最优解之间的定量关系，因此近年来受到人们的广泛关注.

1.6 总结

本章简要介绍了优化问题的应用背景、一般形式以及一些基本概念. 对于优化问题的更多分类、优化领域关心的热点问题, 我们会在第三、四章中进一步介绍. 对于优化算法的收敛准则、收敛性以及收敛速度, 我们会在介绍算法的时候再具体展开. 本书也会围绕上面介绍的优化算法的四个设计技巧, 针对不同类别的问题, 来具体地展示相应的算法构造以及有效性分析.

习 题 1

1.1 考虑稀疏优化问题，我们已经直观地讨论了在 ℓ_0, ℓ_1, ℓ_2 三种范数下问题的解的可能形式．针对一般的 ℓ_p "范数"：

$$\|x\|_p \stackrel{\text{def}}{=} \left(\sum_{i=1}^n |x|^p\right)^{1/p}, \quad 0 < p < 2,$$

我们考虑优化问题

$$\begin{aligned} \min \quad & \|x\|_p, \\ \text{s.t.} \quad & Ax = b. \end{aligned}$$

试着用几何直观的方式（类似于图 1.2）来说明当 $p \in (0,2)$ 取何值时，该优化问题的解可能具有稀疏性．

1.2 给定一个函数 $f(x): \mathbb{R}^n \to \mathbb{R}$ 及其一个局部最优点 x^*，则该点沿任何方向 $d \in \mathbb{R}^n$ 也是局部最优的，即 0 为函数 $\phi(\alpha) \stackrel{\text{def}}{=} f(x^* + \alpha d)$ 的一个局部最优解．反之，如果 x^* 沿任何方向 $d \in \mathbb{R}^n$ 都是局部最优解，则 x^* 是否为 $f(x)$ 的一个局部最优解？若是，请给出证明；若不是，请给出反例．

1.3 试给出如下点列的 Q-收敛速度：

(a) $x^k = \dfrac{1}{k!}, k = 1, 2, \cdots$；

(b)
$$x^k = \begin{cases} \left(\dfrac{1}{4}\right)^{2^k}, & k \text{ 为偶数}, \\ \dfrac{x^{k-1}}{k}, & k \text{ 为奇数}, \end{cases} \quad k = 1, 2, \cdots.$$

1.4 考虑函数 $f(x) = x_1^2 + x_2^2$，$x = (x_1, x_2) \in \mathbb{R}^2$，以及迭代点列

$$x^k = \left(1 + \dfrac{1}{2^k}\right)(\cos k, \sin k), \quad k = 1, 2, \cdots,$$

请说明

(a) $\{f(x^{k+1})\}$ 是否收敛？若收敛，给出 Q-收敛速度；

(b) $\{x^{k+1}\}$ 是否收敛？若收敛，给出 Q-收敛速度．

第二章
基础知识

在介绍具体的最优化模型、理论和算法之前，我们先介绍一些必备的基础知识. 本章将从范数和导数讲起，接着介绍广义实值函数、凸集、凸函数、共轭函数和次梯度等凸分析方面的重要概念和相关结论. 这一章的部分内容可能在较后的章节中才会用到，读者阅读时可按需选择，如共轭函数、次梯度等可在学习相关优化算法时再阅读. 一些更加基础的内容，例如线性代数、数值代数和概率方面的知识可参考附录 B.

2.1 范 数

和标量不同，我们不能简单地按照元素大小来比较不同的向量和矩阵. 向量范数和矩阵范数给出了一种长度计量方式. 我们首先介绍向量范数.

2.1.1 向量范数

定义 2.1 (范数) 称一个从向量空间 $\mathbb{R}^n$ 到实数域 $\mathbb{R}$ 的非负函数 $\|\cdot\|$ 为**范数**，如果它满足：

(1) 正定性：对于所有的 $v\in\mathbb{R}^n$，有 $\|v\|\geqslant 0$，且 $\|v\|=0$ 当且仅当 $v=0$；

(2) 齐次性：对于所有的 $v\in\mathbb{R}^n$ 和 $\alpha\in\mathbb{R}$，有 $\|\alpha v\|=|\alpha|\|v\|$；

(3) 三角不等式：对于所有的 $v,w\in\mathbb{R}^n$，有 $\|v+w\|\leqslant\|v\|+\|w\|$.

最常用的向量范数为 ℓ_p 范数 $(p\geqslant 1)$：

$$\|v\|_p = (|v_1|^p + |v_2|^p + \cdots + |v_n|^p)^{\frac{1}{p}};$$

当 $p=\infty$ 时，ℓ_∞ 范数定义为

$$\|v\|_\infty = \max_i |v_i|.$$

其中 $p=1,2,\infty$ 的情形最重要，分别记为 $\|\cdot\|_1, \|\cdot\|_2$ 和 $\|\cdot\|_\infty$. 在不引起歧义的情况下，我们有时省略 ℓ_2 范数的角标，即记为 $\|\cdot\|$. 在最优化问题算法构造和分析中，也常常遇到由正定矩阵 A 诱导的范数，即 $\|x\|_A \stackrel{\text{def}}{=} \sqrt{x^\mathrm{T} A x}$. 根据正定矩阵的定义，很容易验证 $\|\cdot\|_A$ 定义了一个范数.

对向量的 ℓ_2 范数，我们有常用的柯西（Cauchy）不等式：

命题 2.1 (柯西不等式) 设 $a,b\in\mathbb{R}^n$，则

$$|a^\mathrm{T} b| \leqslant \|a\|_2 \|b\|_2,$$

等号成立当且仅当 a 与 b 线性相关.

2.1.2 矩阵范数

和向量范数类似，矩阵范数是定义在矩阵空间上的非负函数，并且满足正定性、齐次性和三角不等式。向量的 ℓ_p 范数可以比较容易地推广到矩阵的 ℓ_p 范数，本书常用 $p=1,2$ 的情形。当 $p=1$ 时，矩阵 $A \in \mathbb{R}^{m \times n}$ 的 ℓ_1 范数定义为

$$\|A\|_1 = \sum_{i=1}^{m}\sum_{j=1}^{n}|a_{ij}|,$$

即 $\|A\|_1$ 为 A 中所有元素绝对值的和。当 $p=2$ 时，此时得到的是矩阵的 Frobenius 范数（下称 F 范数），记为 $\|A\|_F$。它可以看成是向量的 ℓ_2 范数的推广，即所有元素平方和开根号：

$$\|A\|_F = \sqrt{\text{Tr}(AA^{\text{T}})} = \sqrt{\sum_{i,j} a_{ij}^2}. \tag{2.1.1}$$

这里，$\text{Tr}(X)$ 表示方阵 X 的迹。矩阵的 F 范数具有正交不变性，即对于任意的正交矩阵 $U \in \mathbb{R}^{m \times m}, V \in \mathbb{R}^{n \times n}$，我们有

$$\|UAV\|_F^2 = \text{Tr}(UAVV^{\text{T}}A^{\text{T}}U^{\text{T}}) = \text{Tr}(UAA^{\text{T}}U^{\text{T}})$$
$$= \text{Tr}(AA^{\text{T}}U^{\text{T}}U) = \text{Tr}(AA^{\text{T}}) = \|A\|_F^2,$$

其中第三个等号成立是因为 $\text{Tr}(AB) = \text{Tr}(BA)$。

除了从向量范数直接推广以外，矩阵范数还可以由向量范数诱导出来，一般称这种范数为**算子范数**。给定矩阵 $A \in \mathbb{R}^{m \times n}$，以及 m 维和 n 维空间的向量范数 $\|\cdot\|_{(m)}$ 和 $\|\cdot\|_{(n)}$，其诱导的矩阵范数定义如下：

$$\|A\|_{(m,n)} = \max_{x \in \mathbb{R}^n, \|x\|_{(n)}=1} \|Ax\|_{(m)},$$

容易验证 $\|\cdot\|_{(m,n)}$ 满足范数的定义。如果将 $\|\cdot\|_{(m)}$ 和 $\|\cdot\|_{(n)}$ 都取为相应向量空间的 ℓ_p 范数，我们可以得到矩阵的 p 范数。本书经常用到的是矩阵的 2 范数，即

$$\|A\|_2 = \max_{x \in \mathbb{R}^n, \|x\|_2=1} \|Ax\|_2.$$

容易验证（见习题 2.2），矩阵的 2 范数是该矩阵的最大奇异值。根据算子范数的定义，所有算子范数都满足如下性质：

$$\|Ax\|_{(m)} \leqslant \|A\|_{(m,n)} \|x\|_{(n)}. \tag{2.1.2}$$

例如当 $m=n=2$ 时，$\|Ax\|_2 \leqslant \|A\|_2 \|x\|_2$。性质 (2.1.2) 又被称为矩阵范数的**相容性**，即 $\|\cdot\|_{(m,n)}$ 与 $\|\cdot\|_{(m)}$ 和 $\|\cdot\|_{(n)}$ 是相容的。并非所有矩阵范数都与给定的向量范数相容，在今后的应用中读者需要注意这一问题。

注 2.1 和矩阵 2 范数类似，向量的 ℓ_1 范数以及 ℓ_∞ 范数均可诱导出相应的矩阵范数（分别为矩阵的 1 范数和无穷范数），在多数数值代数教材中将它们记为 $\|\cdot\|_1$ 和 $\|\cdot\|_\infty$. 然而本书较少涉及这两个范数，因此我们将 $\|A\|_1$ 定义为矩阵 A 中所有元素绝对值的和．读者应当注意它和其他数值代数教材中定义的不同．

除了矩阵 2 范数以外，另一个常用的矩阵范数为**核范数**．给定矩阵 $A \in \mathbb{R}^{m \times n}$，其核范数定义为

$$\|A\|_* = \sum_{i=1}^{r} \sigma_i,$$

其中 σ_i, $i = 1, 2, \cdots, r$ 为 A 的所有非零奇异值，$r = \text{rank}(A)$. 类似于向量的 ℓ_1 范数的保稀疏性，我们也经常通过限制矩阵的核范数来保证矩阵的低秩性．同时，根据范数的三角不等式（下文中的凸性），相应的优化问题可以有效地求解．

2.1.3 矩阵内积

对于矩阵空间 $\mathbb{R}^{m \times n}$ 的两个矩阵 A 和 B，除了定义它们各自的范数以外，我们还可以定义它们之间的内积．范数一般用来衡量矩阵的模的大小，而内积一般用来表征两个矩阵（或其张成的空间）之间的夹角．这里，我们介绍一种常用的内积——Frobenius 内积．$m \times n$ 矩阵 A 和 B 的 Frobenius 内积定义为

$$\langle A, B \rangle = \text{Tr}(AB^{\text{T}}) = \sum_{i=1}^{m} \sum_{j=1}^{n} a_{ij} b_{ij}.$$

易知其为两个矩阵逐分量相乘的和，因而满足内积的定义．此外，当 $A = B$ 时，$\langle A, B \rangle$ 等于矩阵 A 的 F 范数的平方．

和向量范数相似，我们也有矩阵范数对应的柯西不等式：

命题 2.2 (矩阵范数的柯西不等式) 设 $A, B \in \mathbb{R}^{m \times n}$，则

$$|\langle A, B \rangle| \leqslant \|A\|_F \|B\|_F,$$

等号成立当且仅当 A 和 B 线性相关．

2.2 导数

为了分析可微最优化问题的性质,我们需要知道目标函数和约束函数的导数信息. 在算法设计中,当优化问题没有显式解时,我们也往往通过函数值和导数信息来构造容易求解的子问题. 利用目标函数和约束函数的导数信息,可以确保构造的子问题具有很好的逼近性质,从而构造各种各样有效的算法. 本节将介绍有关导数的内容.

2.2.1 梯度与海瑟矩阵

在数学分析课程中,我们已经学过多元函数微分学. 这一小节首先回顾梯度和海瑟(Hesse)矩阵的定义,之后介绍多元可微函数的一些重要性质.

定义 2.2 (梯度) 给定函数 $f: \mathbb{R}^n \to \mathbb{R}$,且 f 在点 x 的一个邻域内有意义,若存在向量 $g \in \mathbb{R}^n$ 满足

$$\lim_{p \to 0} \frac{f(x+p) - f(x) - g^{\mathrm{T}}p}{\|p\|} = 0, \tag{2.2.1}$$

其中 $\|\cdot\|$ 是任意的向量范数,就称 f 在点 x 处**可微**(或 Fréchet 可微). 此时 g 称为 f 在点 x 处的**梯度**,记作 $\nabla f(x)$. 如果对区域 D 上的每一个点 x 都有 $\nabla f(x)$ 存在,则称 f 在 D 上可微.

若 f 在点 x 处的梯度存在,在 (2.2.1) 式中令 $p = \varepsilon e_i$,e_i 是第 i 个分量为 1 的单位向量,可知 $\nabla f(x)$ 的第 i 个分量即为 $\dfrac{\partial f(x)}{\partial x_i}$. 因此,

$$\nabla f(x) = \left[\frac{\partial f(x)}{\partial x_1}, \frac{\partial f(x)}{\partial x_2}, \cdots, \frac{\partial f(x)}{\partial x_n}\right]^{\mathrm{T}}.$$

如果只关心对一部分变量的梯度,可以通过对 ∇ 加下标来表示. 例如,$\nabla_x f(x,y)$ 表示将 y 视为常数时 f 关于 x 的梯度.

对应于一元函数的二阶导数,对于多元函数我们可以定义其海瑟矩阵.

定义 2.3 (海瑟矩阵) 如果函数 $f(x): \mathbb{R}^n \to \mathbb{R}$ 在点 x 处的二阶偏导数 $\dfrac{\partial^2 f(x)}{\partial x_i \partial x_j}$, $i,j = 1, 2, \cdots, n$ 都存在,则

$$\nabla^2 f(x) = \begin{bmatrix} \dfrac{\partial^2 f(x)}{\partial x_1^2} & \dfrac{\partial^2 f(x)}{\partial x_1 \partial x_2} & \dfrac{\partial^2 f(x)}{\partial x_1 \partial x_3} & \cdots & \dfrac{\partial^2 f(x)}{\partial x_1 \partial x_n} \\ \dfrac{\partial^2 f(x)}{\partial x_2 \partial x_1} & \dfrac{\partial^2 f(x)}{\partial x_2^2} & \dfrac{\partial^2 f(x)}{\partial x_2 \partial x_3} & \cdots & \dfrac{\partial^2 f(x)}{\partial x_2 \partial x_n} \\ \vdots & \vdots & \vdots & & \vdots \\ \dfrac{\partial^2 f(x)}{\partial x_n \partial x_1} & \dfrac{\partial^2 f(x)}{\partial x_n \partial x_2} & \dfrac{\partial^2 f(x)}{\partial x_n \partial x_3} & \cdots & \dfrac{\partial^2 f(x)}{\partial x_n^2} \end{bmatrix}$$

称为 f 在点 x 处的海瑟矩阵.

当 $\nabla^2 f(x)$ 在区域 D 上的每个点 x 处都存在时,称 f 在 D 上二阶可微. 若 $\nabla^2 f(x)$ 在 D 上还连续,则称 f 在 D 上二阶连续可微,可以证明此时海瑟矩阵是对称矩阵.

当 $f: \mathbb{R}^n \to \mathbb{R}^m$ 是向量值函数时,我们可以定义它的雅可比(Jacobi)矩阵 $J(x) \in \mathbb{R}^{m \times n}$,它的第 i 行是分量 $f_i(x)$ 梯度的转置,即

$$J(x) = \begin{bmatrix} \dfrac{\partial f_1(x)}{\partial x_1} & \dfrac{\partial f_1(x)}{\partial x_2} & \cdots & \dfrac{\partial f_1(x)}{\partial x_n} \\ \dfrac{\partial f_2(x)}{\partial x_1} & \dfrac{\partial f_2(x)}{\partial x_2} & \cdots & \dfrac{\partial f_2(x)}{\partial x_n} \\ \vdots & \vdots & & \vdots \\ \dfrac{\partial f_m(x)}{\partial x_1} & \dfrac{\partial f_m(x)}{\partial x_2} & \cdots & \dfrac{\partial f_m(x)}{\partial x_n} \end{bmatrix}.$$

此外容易看出,梯度 $\nabla f(x)$ 的雅可比矩阵就是 $f(x)$ 的海瑟矩阵.

类似于一元函数的泰勒展开,对于多元函数,我们不加证明地给出如下形式的泰勒展开:

定理 2.1 设 $f: \mathbb{R}^n \to \mathbb{R}$ 是连续可微的,$p \in \mathbb{R}^n$ 为向量,那么

$$f(x + p) = f(x) + \nabla f(x + tp)^{\mathrm{T}} p,$$

其中 $0 < t < 1$. 进一步地,如果 f 是二阶连续可微的,则

$$\nabla f(x + p) = \nabla f(x) + \int_0^1 \nabla^2 f(x + tp) p \, dt,$$
$$f(x + p) = f(x) + \nabla f(x)^{\mathrm{T}} p + \frac{1}{2} p^{\mathrm{T}} \nabla^2 f(x + tp) p,$$

其中 $0 < t < 1$.

在这一小节的最后,我们介绍一类特殊的可微函数——梯度利普希茨(Lipschitz)连续的函数. 该类函数在很多优化算法收敛性证明中起着关键作用.

定义 2.4 (梯度利普希茨连续) 给定可微函数 f，若存在 $L > 0$，对任意的 $x, y \in \mathbf{dom}\, f$ 有

$$\|\nabla f(x) - \nabla f(y)\| \leqslant L\|x - y\|, \tag{2.2.2}$$

则称 f 是**梯度利普希茨连续的**，相应利普希茨常数为 L. 有时也简记为**梯度 L-利普希茨连续**或 **L-光滑**.

梯度利普希茨连续表明 $\nabla f(x)$ 的变化可以被自变量 x 的变化所控制，满足该性质的函数具有很多好的性质，一个重要的性质是其具有**二次上界**.

引理 2.1 (二次上界) 设可微函数 $f(x)$ 的定义域 $\mathbf{dom}\, f = \mathbb{R}^n$，且为梯度 L-利普希茨连续的，则函数 $f(x)$ 有二次上界：

$$f(y) \leqslant f(x) + \nabla f(x)^\mathrm{T}(y - x) + \frac{L}{2}\|y - x\|^2, \quad \forall\, x, y \in \mathbf{dom}\, f. \tag{2.2.3}$$

证明 对任意的 $x, y \in \mathbb{R}^n$，构造辅助函数

$$g(t) = f(x + t(y - x)), \quad t \in [0, 1]. \tag{2.2.4}$$

显然 $g(0) = f(x)$，$g(1) = f(y)$，以及

$$g'(t) = \nabla f(x + t(y - x))^\mathrm{T}(y - x).$$

由等式

$$g(1) - g(0) = \int_0^1 g'(t)\mathrm{d}t$$

可知

$$\begin{aligned}
&f(y) - f(x) - \nabla f(x)^\mathrm{T}(y - x) \\
&= \int_0^1 (g'(t) - g'(0))\mathrm{d}t \\
&= \int_0^1 (\nabla f(x + t(y - x)) - \nabla f(x))^\mathrm{T}(y - x)\mathrm{d}t \\
&\leqslant \int_0^1 \|\nabla f(x + t(y - x)) - \nabla f(x)\|\|y - x\|\mathrm{d}t \\
&\leqslant \int_0^1 L\|y - x\|^2 t\,\mathrm{d}t = \frac{L}{2}\|y - x\|^2,
\end{aligned}$$

其中最后一行的不等式利用了梯度利普希茨连续的条件 (2.2.2). 整理后可得 (2.2.3) 式成立. □

引理 2.1 实际上指的是 $f(x)$ 可被一个二次函数上界所控制，即要求 $f(x)$ 的增长速度不超过二次. 实际上，该引理对 $f(x)$ 定义域的要求可减弱为 $\mathbf{dom}\, f$ 是凸集（见定义 2.13），此条件的作用是保证证明中的 $g(t)$ 当 $t \in [0, 1]$ 时是有定义的.

若 f 是梯度利普希茨连续的，且有一个全局极小点 x^*，一个重要的推论就是我们能够利用二次上界 (2.2.3) 来估计 $f(x) - f(x^*)$ 的大小，其中 x 可以是定义域中的任意一点.

推论 2.1 设可微函数 $f(x)$ 的定义域为 $\mathbb{R}^n$ 且存在一个全局极小点 x^*，若 $f(x)$ 为梯度 L-利普希茨连续的，则对任意的 x 有

$$\frac{1}{2L}\|\nabla f(x)\|^2 \leqslant f(x) - f(x^*). \tag{2.2.5}$$

证明 由于 x^* 是全局极小点，应用二次上界 (2.2.3) 有

$$f(x^*) \leqslant f(y) \leqslant f(x) + \nabla f(x)^{\mathrm{T}}(y-x) + \frac{L}{2}\|y-x\|^2.$$

在这里固定 x，注意到上式对于任意的 y 均成立，因此可对上式不等号右边取下确界：

$$f(x^*) \leqslant \inf_{y \in \mathbb{R}^n} \left\{ f(x) + \nabla f(x)^{\mathrm{T}}(y-x) + \frac{L}{2}\|y-x\|^2 \right\}$$

$$= f(x) - \frac{1}{2L}\|\nabla f(x)\|^2. \qquad \square$$

推论 2.1 证明的最后一步应用了二次函数的性质：当 $y = x - \dfrac{\nabla f(x)}{L}$ 时，关于 y 的二次函数取到最小值. 有关二次函数最优性条件将在第五章中进一步讨论.

2.2.2 矩阵变量函数的导数

多元函数梯度的定义可以推广到变量是矩阵的情形. 对于以 $m \times n$ 矩阵 X 为自变量的函数 $f(X)$，若存在矩阵 $G \in \mathbb{R}^{m \times n}$ 满足

$$\lim_{V \to 0} \frac{f(X+V) - f(X) - \langle G, V \rangle}{\|V\|} = 0,$$

其中 $\|\cdot\|$ 是任意矩阵范数，就称矩阵变量函数 f 在 X 处 Fréchet 可微，称 G 为 f 在 Fréchet 可微意义下的梯度. 类似于向量情形，矩阵变量函数 $f(X)$ 的梯度可以用其偏导数表示为

$$\nabla f(X) = \begin{bmatrix} \dfrac{\partial f}{\partial x_{11}} & \dfrac{\partial f}{\partial x_{12}} & \cdots & \dfrac{\partial f}{\partial x_{1n}} \\ \dfrac{\partial f}{\partial x_{21}} & \dfrac{\partial f}{\partial x_{22}} & \cdots & \dfrac{\partial f}{\partial x_{2n}} \\ \vdots & \vdots & & \vdots \\ \dfrac{\partial f}{\partial x_{m1}} & \dfrac{\partial f}{\partial x_{m2}} & \cdots & \dfrac{\partial f}{\partial x_{mn}} \end{bmatrix},$$

其中 $\dfrac{\partial f}{\partial x_{ij}}$ 表示 f 关于 x_{ij} 的偏导数.

在实际应用中,矩阵 Fréchet 可微的定义和使用往往比较繁琐,为此我们需要介绍另一种定义——Gâteaux 可微.

定义 2.5 (Gâteaux 可微) 设 $f(X)$ 为矩阵函数,如果存在矩阵 $G \in \mathbb{R}^{m \times n}$,对任意方向 $V \in \mathbb{R}^{m \times n}$ 满足

$$\lim_{t \to 0} \frac{f(X+tV) - f(X) - t\langle G, V \rangle}{t} = 0, \tag{2.2.6}$$

那么称 f 关于 X 是 Gâteaux 可微的. 满足 (2.2.6) 式的 G 称为 f 在 X 处在 Gâteaux 可微意义下的梯度.

和 Fréchet 可微的定义进行对比不难发现,Gâteaux 可微实际上是方向导数的某种推广,它针对一元函数考虑极限,因此利用 Gâteaux 可微计算梯度是更容易实现的. 此外,从二者定义容易看出,若 f 是 Fréchet 可微的,则 f 也是 Gâteaux 可微的,且二者意义下的梯度相等. 但这一命题反过来不一定成立. 本书考虑的大多数可微函数都是 Fréchet 可微的,根据以上结论,我们无需具体区分 f 的梯度究竟是在哪个意义下的. 在不引起歧义的情况下,我们统一将矩阵函数 $f(X)$ 的导数记为 $\dfrac{\partial f}{\partial X}$ 或 $\nabla f(X)$.

在实际中,由于 Gâteaux 可微定义式更容易操作,因此通常是利用 (2.2.6) 式进行矩阵变量函数 $f(X)$ 的求导运算. 我们以下面的例子来具体说明.

例 2.1 (1) 考虑线性函数:$f(X) = \mathrm{Tr}(AX^\mathrm{T}B)$,其中 $A \in \mathbb{R}^{p \times n}, B \in \mathbb{R}^{m \times p}, X \in \mathbb{R}^{m \times n}$,对任意方向 $V \in \mathbb{R}^{m \times n}$ 以及 $t \in \mathbb{R}$,有

$$\lim_{t \to 0} \frac{f(X+tV) - f(X)}{t} = \lim_{t \to 0} \frac{\mathrm{Tr}(A(X+tV)^\mathrm{T}B) - \mathrm{Tr}(AX^\mathrm{T}B)}{t}$$
$$= \mathrm{Tr}(AV^\mathrm{T}B) = \langle BA, V \rangle.$$

因此,$\nabla f(X) = BA$.

(2) 考虑二次函数:$f(X, Y) = \dfrac{1}{2}\|XY - A\|_F^2$,其中 $X \in \mathbb{R}^{m \times p}, Y \in \mathbb{R}^{p \times n}$,对变量 Y,取任意方向 V 以及绝对值充分小的 $t \in \mathbb{R}$,有

$$f(X, Y+tV) - f(X, Y) = \frac{1}{2}\|X(Y+tV) - A\|_F^2 - \frac{1}{2}\|XY - A\|_F^2$$
$$= \langle tXV, XY - A \rangle + \frac{1}{2}t^2\|XV\|_F^2$$
$$= t\langle V, X^\mathrm{T}(XY - A) \rangle + \mathcal{O}(t^2).$$

由定义可知 $\dfrac{\partial f}{\partial Y} = X^\mathrm{T}(XY - A)$.

对变量 X,取任意方向 V 以及绝对值充分小的 $t \in \mathbb{R}$,有

$$\begin{aligned}
f(X+tV,Y) - f(X,Y) &= \frac{1}{2}\|(X+tV)Y - A\|_F^2 - \frac{1}{2}\|XY - A\|_F^2 \\
&= \langle tVY, XY - A\rangle + \frac{1}{2}t^2\|VY\|_F^2 \\
&= t\langle V, (XY-A)Y^\mathrm{T}\rangle + \mathcal{O}(t^2).
\end{aligned}$$

由定义可知 $\dfrac{\partial f}{\partial X} = (XY - A)Y^\mathrm{T}$.

(3)考虑 ln-det 函数:$f(X) = \ln(\det(X))$,$X \in \mathcal{S}_{++}^n$,给定 $X \succ 0$,对任意方向 $V \in \mathcal{S}^n$ 以及 $t \in \mathbb{R}$,有

$$\begin{aligned}
f(X+tV) - f(X) &= \ln(\det(X+tV)) - \ln(\det(X)) \\
&= \ln(\det(X^{1/2}(I + tX^{-1/2}VX^{-1/2})X^{1/2})) - \ln(\det(X)) \\
&= \ln(\det(I + tX^{-1/2}VX^{-1/2})).
\end{aligned}$$

由于 $X^{-1/2}VX^{-1/2}$ 是对称矩阵,所以它可以正交对角化,不妨设它的特征值为 $\lambda_1, \lambda_2, \cdots, \lambda_n$,则

$$\begin{aligned}
\ln(\det(I + tX^{-1/2}VX^{-1/2})) &= \ln\prod_{i=1}^n(1+t\lambda_i) \\
&= \sum_{i=1}^n \ln(1+t\lambda_i) = \sum_{i=1}^n t\lambda_i + \mathcal{O}(t^2) \\
&= t\mathrm{Tr}(X^{-1/2}VX^{-1/2}) + \mathcal{O}(t^2) \\
&= t\langle (X^{-1})^\mathrm{T}, V\rangle + \mathcal{O}(t^2).
\end{aligned}$$

上式中倒数第二个等号成立是因为 $\mathrm{Tr}(A) = \sum\limits_{i=1}^n \lambda_i(A)$. 因此,我们得到结论 $\nabla f(X) = (X^{-1})^\mathrm{T}$.

在对函数求导的过程中,应当注意函数的自变量和相应的导数应该有相同的维数. 例如自变量 $X \in \mathbb{R}^{m\times n}$,那么其矩阵导数 $\nabla f(X) \in \mathbb{R}^{m\times n}$. 这个要求在对矩阵变量函数求导时非常容易被忽略,检查一个矩阵变量函数的导数是否正确的第一步是要验证其维数是否和对应的自变量相符. 读者可利用例 2.1 的(2)来加深对矩阵变量函数导数的理解.

2.2.3 自动微分

自动微分是使用计算机计算导数的算法. 在神经网络中,我们通过前向传播的方式将输入数据 a 转化为输出 $\hat{y}$,也就是将输入数据 a 作为初始信息,将其传递到隐藏层的每个神经元,处理后得到输出 $\hat{y}$. 通过比较输出 $\hat{y}$ 与真实

标签 y, 可以定义一个损失函数 $f(x)$, 其中 x 表示所有神经元对应的参数集合并且 $f(x)$ 一般是多个函数复合的形式. 为了找到最优的参数, 我们需要通过优化算法来调整 x 使得 $f(x)$ 达到最小值. 因此, 对神经元参数 x 计算导数是不可避免的.

对于一个由很多个简单函数复合而成的函数, 根据复合函数的链式法则, 可以通过每个简单函数的导数的乘积来计算对于各层变量的导数. 我们先从一个简单的例子开始说起. 考虑函数 $f(x_1, x_2) = x_1 x_2 + \sin x_1$. 计算该函数的过程可以用计算图 2.1 来表示.

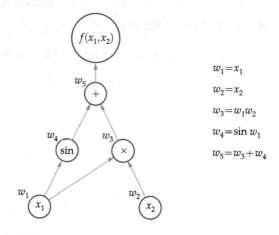

图 2.1
函数 $f(x_1, x_2)$ 的计算过程

利用计算导数的链式法则, 我们可以依次计算

$$\frac{\partial f}{\partial w_5} = 1,$$
$$\frac{\partial f}{\partial w_4} = \frac{\partial f}{\partial w_5} \frac{\partial w_5}{\partial w_4} = 1,$$
$$\frac{\partial f}{\partial w_3} = \frac{\partial f}{\partial w_5} \frac{\partial w_5}{\partial w_3} = 1,$$
$$\frac{\partial f}{\partial w_2} = \frac{\partial f}{\partial w_3} \frac{\partial w_3}{\partial w_2} = w_1 = x_1,$$
$$\frac{\partial f}{\partial w_1} = \frac{\partial f}{\partial w_3} \frac{\partial w_3}{\partial w_1} + \frac{\partial f}{\partial w_4} \frac{\partial w_4}{\partial w_1} = w_2 + \cos w_1 = \cos x_1 + x_2.$$

通过这种方式, 就求得了导数

$$\frac{\partial f}{\partial x_1} = \cos x_1 + x_2, \quad \frac{\partial f}{\partial x_2} = x_1.$$

在计算图 2.1 中, w_1 和 w_2 为自变量, w_3 和 w_4 为中间变量, w_5 代表最终的目标函数值. 容易看出, 函数 f 计算过程中涉及的所有变量 $w_1, w_2, \cdots, w_5$ 和它们之间的依赖关系构成了一个有向图: 每个变量对应图中的一个节点, 变量的依赖关系为该图的边. 如果有一条从节点 w_i 指向 w_j 的边, 则称 w_i 为 w_j

的父节点，w_j 为 w_i 的子节点. 一个节点的值由其所有的父节点的值确定，则称从父节点的值推子节点值的计算流为前向传播.

自动微分有两种方式：前向模式和后向模式. 在前向模式中，根据计算图，可以依次计算每个中间变量的取值及其对父变量的偏导数值（例如由 w_1 和 w_2 的值，可以确定 w_3 的值，并确定 $\dfrac{\partial w_3}{\partial w_1}$ 和 $\dfrac{\partial w_3}{\partial w_2}$ 的值）. 通过链式法则，可以复合得到每个中间变量对自变量的导数值. 直至传播到最后一个子节点（w_5）时，我们就得到了最终的目标函数值以及目标函数关于自变量 (x_1, x_2) 的梯度值.

不同于前向模式，后向模式的节点求值和导数计算不是同时进行的. 它是先利用前向模式计算各个节点的值，再根据计算图逆向计算函数关于中间变量的偏导数. 如前面给的计算例子，设节点 w_i 的值已经通过前向模式计算得到，为了计算梯度，我们首先计算 $f(w_5)$ 对其父节点（w_4 和 w_3）的导数. 这样依次往下展开，就可以由子节点的导数得到对当前节点的导数，即

$$\frac{\partial f}{\partial w_i} = \sum_{w_j \text{ 是 } w_i \text{ 的子节点}} \frac{\partial f}{\partial w_j} \frac{\partial w_j}{\partial w_i}.$$

对于前向模式而言，后向模式的梯度的计算复杂度更低. 具体地，后向模式的梯度计算代价至多为函数值计算代价的 5 倍，但是前向模式的可能多达函数值计算代价的 n（n 为自变量维数）倍. 这使得后向模式在实际中更加流行. 对于神经网络中的优化问题，其自动微分采用的是后向模式，具体实现可以参考 [1, 47].

2.3 广义实值函数

在数学分析课程中我们学习了函数的基本概念：函数是从向量空间 $\mathbb{R}^n$ 到实数域 $\mathbb{R}$ 的映射. 而在最优化领域，经常涉及对某个函数其中的一个变量取 inf(sup) 操作，这导致函数的取值可能为无穷. 为了能够更方便地描述优化问题，我们需要对函数的定义进行某种扩展.

定义 2.6 (广义实值函数) 令 $\overline{\mathbb{R}} \stackrel{\text{def}}{=} \mathbb{R} \cup \{\pm\infty\}$ 为广义实数空间，则映射 $f: \mathbb{R}^n \to \overline{\mathbb{R}}$ 称为**广义实值函数**.

从广义实值函数的定义可以看出，其值域多了两个特殊的值 $\pm\infty$. 和数学分析一样，我们规定

$$-\infty < a < +\infty, \quad \forall\, a \in \mathbb{R}$$

以及
$$(+\infty) + (+\infty) = +\infty, \quad (+\infty) + a = +\infty, \forall a \in \mathbb{R}.$$

2.3.1 适当函数

适当函数是一类很重要的广义实值函数，很多最优化理论都是建立在适当函数之上的.

定义 2.7 (适当函数) 给定广义实值函数 f 和非空集合 $\mathcal{X}$. 如果存在 $x \in \mathcal{X}$ 使得 $f(x) < +\infty$，并且对任意的 $x \in \mathcal{X}$，都有 $f(x) > -\infty$，那么称函数 f 关于集合 $\mathcal{X}$ 是适当的.

概括来说，适当函数 f 的特点是"至少有一处取值不为正无穷"，以及"处处取值不为负无穷". 对最优化问题 $\min_{x} f(x)$，适当函数可以帮助去掉一些我们不感兴趣的函数，从而在一个比较合理的函数类中考虑最优化问题. 我们约定：**在本书中若无特殊说明，定理中所讨论的函数均为适当函数.**

对于适当函数 f，规定其定义域
$$\mathbf{dom}\, f = \{x \mid f(x) < +\infty\}.$$

正是因为适当函数的最小值不可能在函数值为无穷处取到，因此 $\mathbf{dom}\, f$ 的定义方式是自然的.

2.3.2 闭函数

闭函数是另一类重要的广义实值函数，本书后面章节的许多定理都建立在闭函数之上. 在数学分析课程中我们接触过连续函数，本小节介绍的闭函数可以看成是连续函数的一种推广.

在介绍闭函数之前，我们先引入一些基本概念.

1. 下水平集

下水平集是描述实值函数取值情况的一个重要概念. 为此有如下定义：

定义 2.8 (α-下水平集) 对于广义实值函数 $f: \mathbb{R}^n \to \overline{\mathbb{R}}$，
$$C_\alpha = \{x \mid f(x) \leqslant \alpha\}$$

称为 f 的 α-**下水平集**.

在优化问题中，多数情况都要对函数 $f(x)$ 求极小值，通过研究 α-下水平集，可以知道具体在哪些点处 $f(x)$ 的值不超过 α. 若 C_α 非空，我们知道 $f(x)$ 的最小值点（若存在）一定落在 C_α 中，因此也就无需考虑 C_α 之外的点.

2. 上方图

上方图是从集合的角度来描述一个函数的具体性质. 我们有如下定义:

定义 2.9 (上方图) 对于广义实值函数 $f: \mathbb{R}^n \to \overline{\mathbb{R}}$,
$$\mathbf{epi}\, f = \{(x,t) \in \mathbb{R}^{n+1} \mid f(x) \leqslant t\}$$
称为 f 的**上方图**.

上方图的一个直观的例子如图 2.2 所示.

图 2.2
函数 f 与其上方图
$\mathbf{epi}\, f$

上方图将函数和集合建立了联系, f 的很多性质都可以在 $\mathbf{epi}\, f$ 上得到体现. 在后面的分析中将看到, 我们可以通过 $\mathbf{epi}\, f$ 的一些性质来反推 f 的性质.

3. 闭函数和下半连续函数

基于前面介绍的一些基本概念, 我们可以给出闭函数和下半连续函数的定义.

定义 2.10 (闭函数) 设 $f: \mathbb{R}^n \to \overline{\mathbb{R}}$ 为广义实值函数, 若 $\mathbf{epi}\, f$ 为闭集, 则称 f 为**闭函数**.

定义 2.11 (下半连续函数) 设广义实值函数 $f: \mathbb{R}^n \to \overline{\mathbb{R}}$, 若对任意的 $x \in \mathbb{R}^n$, 有
$$\liminf_{y \to x} f(y) \geqslant f(x),$$
则 $f(x)$ 为**下半连续函数**.

如图 2.3 所示, $f(x)$ 为 $\mathbb{R}$ 上的下半连续函数.

有趣的是, 虽然表面上看这两种函数的定义方式截然不同, 但闭函数和下半连续函数是等价的. 实际上我们有如下定理:

定理 2.2 (闭函数和下半连续函数的等价性 [12]) 设 $f: \mathbb{R}^n \to \overline{\mathbb{R}}$ 为广义实值函数, 则以下命题等价:

(1) $f(x)$ 的任意 α-下水平集都是闭集;

(2) $f(x)$ 是下半连续的;

(3) $f(x)$ 是闭函数.

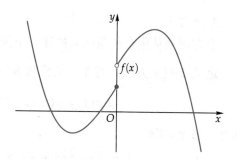

图 2.3 下半连续函数 f

证明 （2）$\Rightarrow$（3）：设 $(x_k, y_k) \in \mathbf{epi}\, f$ 且 $\lim\limits_{k\to\infty}(x_k, y_k) = (\overline{x}, \overline{y})$，根据下半连续性和极限定义，我们有

$$f(\overline{x}) \leqslant \liminf_{k\to\infty} f(x_k) \leqslant \lim_{k\to\infty} y_k = \overline{y},$$

这等价于 $(\overline{x}, \overline{y}) \in \mathbf{epi}\, f$，即 $\mathbf{epi}\, f$ 是闭集.

（3）$\Rightarrow$（1）：取 α-下水平集的元素 $x_k \to \overline{x}$，注意到 $(x_k, \alpha) \in \mathbf{epi}\, f$ 且 $(x_k, \alpha) \to (\overline{x}, \alpha)$，由 $\mathbf{epi}\, f$ 为闭集可知 $(\overline{x}, \alpha) \in \mathbf{epi}\, f$，即 $f(\overline{x}) \leqslant \alpha$. 这说明了 $f(x)$ 的任意 α-下水平集是闭集.

（1）$\Rightarrow$（2）：我们用反证法. 反设存在序列 $\{x_k\} \to \overline{x}(k\to\infty)$ 但 $f(\overline{x}) > \liminf\limits_{k\to\infty} f(x_k)$，取 t 使得

$$f(\overline{x}) > t > \liminf_{k\to\infty} f(x_k).$$

由下极限的定义，$\{x_k | f(x_k) \leqslant t\}$ 中必定含有无穷多个 x_k，不妨设 $\{x_k\}$ 中存在子列 $\{x_{k_l}\}$，使得 $f(x_{k_l}) \leqslant t$ 且 $\lim\limits_{l\to\infty} x_{k_l} = \overline{x}$. 这显然与 t-下水平集为闭集矛盾. □

以上等价性为我们之后证明定理提供了很大的方便. 由于下半连续函数也具有某种连续性，第五章会介绍其相应的最小值存在定理. 在许多文献中闭函数和下半连续函数往往只出现一种定义，读者应当注意这个等价关系.

闭（下半连续）函数间的简单运算会保持原有性质：

（1）加法：若 f 与 g 均为适当的闭（下半连续）函数，并且 $\mathbf{dom}\, f \cap \mathbf{dom}\, g \neq \varnothing$，则 $f + g$ 也是闭（下半连续）函数. 在这里添加适当函数的条件是为了避免出现未定式 $(-\infty) + (+\infty)$ 的情况；

（2）与仿射映射的复合：若 f 为闭（下半连续）函数，则 $f(Ax + b)$ 也为闭（下半连续）函数；

（3）取上确界：若每一个函数 f_α 均为闭（下半连续）函数，则 $\sup\limits_{\alpha} f_\alpha(x)$ 也为闭（下半连续）函数.

2.4 凸集

2.4.1 凸集相关定义

对于 $\mathbb{R}^n$ 中的两个点 $x_1 \neq x_2$，形如

$$y = \theta x_1 + (1-\theta) x_2$$

的点形成了过点 x_1 和 x_2 的**直线**. 当 $0 \leqslant \theta \leqslant 1$ 时，这样的点形成了连接点 x_1 与 x_2 的**线段**.

定义 2.12 如果过集合 C 中任意两点的直线都在 C 内，则称 C 为**仿射集**，即

$$x_1, x_2 \in C \Rightarrow \theta x_1 + (1-\theta) x_2 \in C, \forall \theta \in \mathbb{R}.$$

线性方程组 $Ax = b$ 的解集是仿射集. 反之，任何仿射集都可以表示成一个线性方程组的解集，读者可以自行验证.

定义 2.13 如果连接集合 C 中任意两点的线段都在 C 内，则称 C 为**凸集**，即

$$x_1, x_2 \in C \Rightarrow \theta x_1 + (1-\theta) x_2 \in C, \forall 0 \leqslant \theta \leqslant 1.$$

从仿射集的定义容易看出仿射集都是凸集. 下面给出一些凸集和非凸集的例子.

例 2.2 在图 2.4 中，(a) 为凸集，(b)(c) 为非凸集，其中 (c) 的三角形不含部分边界点.

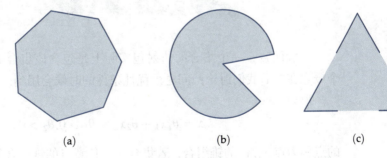

图 2.4 一个凸集和两个非凸集

(a)　　　　　　　　(b)　　　　　　　　(c)

从凸集可以引出凸组合和凸包等概念. 形如

$$x = \theta_1 x_1 + \theta_2 x_2 + \cdots + \theta_k x_k,$$
$$\theta_1 + \theta_2 + \cdots + \theta_k = 1, \theta_i \geqslant 0, i = 1, 2, \cdots, k$$

的点称为 $x_1, x_2, \cdots, x_k$ 的**凸组合**. 集合 S 的所有点的凸组合构成的点集称作 S 的**凸包**, 记作 **conv** S. 如图 2.5 所示, (a) 为离散点集的凸包, (b) 为扇形的凸包. 实际上, **conv** S 是包含 S 的最小的凸集.

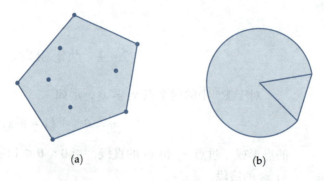

图 2.5
离散点集和扇形的凸包

若在凸组合的定义中去掉 $\theta_i \geqslant 0$ 的限制, 我们可以得到**仿射包**的概念.

定义 2.14 (仿射包) 设 $S \subseteq \mathbb{R}^n$, 称如下集合为 S 的**仿射包**:
$$\{x \mid x = \theta_1 x_1 + \theta_2 x_2 + \cdots + \theta_k x_k,$$
$$x_1, x_2, \cdots, x_k \in S, \theta_1 + \theta_2 + \cdots + \theta_k = 1\},$$

记为 **affine** S.

图 2.6 为 $\mathbb{R}^3$ 中圆盘 S 的仿射包示意图, 该仿射包为一个平面.

图 2.6
集合 S 的仿射包

一般而言, 一个集合的仿射包实际上是包含该集合的最小的仿射集, 这个概念在之后我们讨论凸问题最优性条件的时候会用到.

形如
$$x = \theta_1 x_1 + \theta_2 x_2, \quad \theta_1 > 0, \theta_2 > 0$$

的点称为点 x_1, x_2 的**锥组合**. 若集合 S 中任意点的锥组合都在 S 中, 则称 S 为**凸锥**, 如图 2.7 所示.

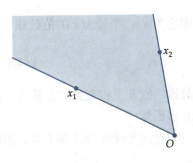

图 2.7 凸锥

2.4.2 重要的凸集

下面将介绍一些重要的凸集. 这些凸集在实际问题中常常会遇到.

1. 超平面和半空间

任取非零向量 a，形如 $\{x\,|\,a^\mathrm{T}x=b\}$ 的集合称为**超平面**，形如 $\{x\,|\,a^\mathrm{T}x\leqslant b\}$ 的集合称为**半空间**（如图 2.8）. a 是对应的超平面和半空间的法向量. 一个超平面将 $\mathbb{R}^n$ 分为两个半空间. 容易看出，超平面是仿射集和凸集，半空间是凸集但不是仿射集.

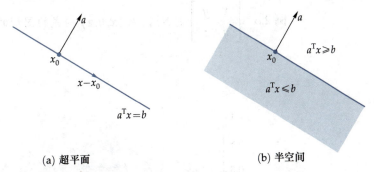

图 2.8 超平面和半空间

(a) 超平面　　(b) 半空间

2. 球、椭球、锥

球和椭球也是常见的凸集. 球是到空间中定点距离（两点之差的 2 范数）小于等于定值的点的集合，并将

$$B(x_c,r)=\{x\,|\,\|x-x_c\|_2\leqslant r\}=\{x_c+ru\,|\,\|u\|_2\leqslant 1\}$$

称为中心为 x_c，半径为 r 的（**欧几里得**）**球**. 而形如

$$\{x\,|\,(x-x_c)^\mathrm{T}P^{-1}(x-x_c)\leqslant 1\}$$

的集合称为**椭球**，其中 $P\in\mathcal{S}_{++}^n$（即 P 对称正定）. 椭球的另一种表示为 $\{x_c+Au\,|\,\|u\|_2\leqslant 1\}$，$A$ 为非奇异的方阵.

在定义一个球时，并不一定要使用欧几里得空间的距离. 对于一般的范数，同样可以定义"球". 令 $\|\cdot\|$ 是任意一个范数，

$$\{x\,|\,\|x-x_c\|\leqslant r\}$$

称为中心为 x_c，半径为 r 的**范数球**. 另外，称集合

$$\{(x,t) \mid \|x\| \leqslant t\}$$

为**范数锥**. 欧几里得范数锥也称为**二次锥**. 范数球和范数锥都是凸集.

3. 多面体

我们把满足线性等式和不等式组的点的集合称为**多面体**，即

$$\{x \mid Ax \leqslant b, Cx = d\},$$

其中 $A \in \mathbb{R}^{m \times n}, C \in \mathbb{R}^{p \times n}, x \leqslant y$ 表示向量 x 的每个分量均小于等于 y 的对应分量. 多面体是有限个半空间和超平面的交集，因此是凸集.

4.（半）正定锥

记 $\mathcal{S}^n$ 为 $n \times n$ 对称矩阵的集合，$\mathcal{S}^n_+ = \{X \in \mathcal{S}^n \mid X \succeq 0\}$ 为 $n \times n$ 半正定矩阵的集合，$\mathcal{S}^n_{++} = \{X \in \mathcal{S}^n \mid X \succ 0\}$ 为 $n \times n$ 正定矩阵的集合. 容易证明 $\mathcal{S}^n_+$ 是凸锥，因此 $\mathcal{S}^n_+$ 又称为**半正定锥**. 图 2.9 展示了二维半正定锥的几何形状.

例 2.3 $\begin{bmatrix} x & y \\ y & z \end{bmatrix} \in \mathcal{S}^2_+$，点 (x,y,z) 构成的图形的边界如图 2.9 所示.

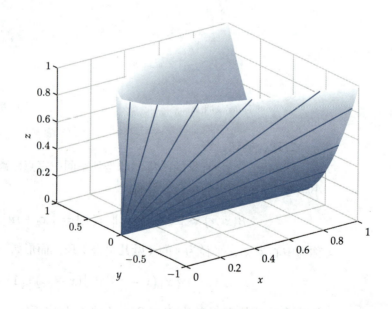

图 2.9
二维半正定锥 $\mathcal{S}^2_+$ 的边界

2.4.3 保凸的运算

下面介绍证明一个集合（设为 C）为凸集的两种方式. 第一种是利用定义

$$x_1, x_2 \in C, 0 \leqslant \theta \leqslant 1 \Rightarrow \theta x_1 + (1-\theta)x_2 \in C$$

来证明集合 C 是凸集. 第二种方法是说明集合 C 可由简单的凸集（超平面、半空间、范数球等）经过保凸的运算后得到. 为此, 我们需要掌握一些常见的保凸运算. 下面的两个定理分别说明了取交集、仿射变换运算是保凸的.

定理 2.3 任意多个凸集的交为凸集, 即若 $C_i, i \in \mathcal{I}$ 是凸集, 则

$$\bigcap_{i \in \mathcal{I}} C_i$$

为凸集. 这里 $\mathcal{I}$ 是任意指标集（不要求可列）.

定理 2.4 设 $f: \mathbb{R}^n \to \mathbb{R}^m$ 是仿射变换 ($f(x) = Ax + b, A \in \mathbb{R}^{m \times n}, b \in \mathbb{R}^m$), 则

（1）凸集在 f 下的像是凸集:

$$S \subseteq \mathbb{R}^n \text{ 是凸集} \Rightarrow f(S) \stackrel{\text{def}}{=} \{f(x) \mid x \in S\} \text{ 是凸集};$$

（2）凸集在 f 下的原像是凸集:

$$C \subseteq \mathbb{R}^m \text{ 是凸集} \Rightarrow f^{-1}(C) \stackrel{\text{def}}{=} \{x \in \mathbb{R}^n \mid f(x) \in C\} \text{ 是凸集}.$$

注意到缩放、平移和投影变换都是仿射变换, 因此凸集经过缩放、平移或投影的像仍是凸集. 利用仿射变换保凸的性质, 可以证明线性矩阵不等式的解集 $\{x \mid x_1 A_1 + x_2 A_2 + \cdots + x_m A_m \preceq B\}$ 是凸集 ($A_i, i = 1, 2, \cdots, m, B \in \mathcal{S}^p$), 双曲锥 $\{x \mid x^\mathrm{T} P x \leqslant (c^\mathrm{T} x)^2, c^\mathrm{T} x \geqslant 0\}$ ($P \in \mathcal{S}^n_+$) 是凸集.

2.4.4 分离超平面定理

这里, 我们介绍凸集的一个重要性质, 即可以用超平面分离不相交的凸集. 最基本的结果是分离超平面定理和支撑超平面定理.

定理 2.5 (分离超平面定理 [164]^{定理 11.3}) 如果 C 和 D 是不相交的两个凸集, 则存在非零向量 a 和常数 b, 使得

$$a^\mathrm{T} x \leqslant b, \forall x \in C, \quad \text{且} \quad a^\mathrm{T} x \geqslant b, \forall x \in D,$$

即超平面 $\{x \mid a^\mathrm{T} x = b\}$ 分离了 C 和 D（如图 2.10）.

严格分离（即上式成立严格不等号）需要更强的假设. 例如, 当 C 是闭凸集, D 是单点集时, 我们有如下严格分离定理:

定理 2.6 (严格分离定理 [31]^{例 2.20}) 设 C 是闭凸集, 点 $x_0 \notin C$, 则存在非零向量 a 和常数 b, 使得

$$a^\mathrm{T} x < b, \forall x \in C, \quad \text{且} \quad a^\mathrm{T} x_0 > b.$$

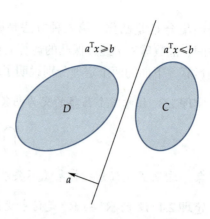

图 2.10
分离超平面

上述严格分离定理要求点 $x_0 \notin C$. 当点 x_0 恰好在凸集 C 的边界上时，我们可以构造支撑超平面.

定义 2.15 (支撑超平面) 给定集合 C 及其边界上一点 x_0，如果 $a \neq 0$ 满足 $a^{\mathrm{T}}x \leqslant a^{\mathrm{T}}x_0, \forall x \in C$，那么称集合

$$\{x \mid a^{\mathrm{T}}x = a^{\mathrm{T}}x_0\}$$

为 C 在边界点 x_0 处的支撑超平面.

因此，点 x_0 和集合 C 也被该超平面分开. 从几何上来说，超平面 $\{x \mid a^{\mathrm{T}}x = a^{\mathrm{T}}x_0\}$ 与集合 C 在点 x_0 处相切并且半空间 $\{x \mid a^{\mathrm{T}}x \leqslant a^{\mathrm{T}}x_0\}$ 包含 C. 根据凸集的分离超平面定理，我们有如下支撑超平面定理：

定理 2.7 (支撑超平面定理 [164]^推论 11.6.1) 如果 C 是凸集，则在 C 的任意边界点处都存在支撑超平面.

支撑超平面定理有非常强的几何直观：给定一个平面后，可把凸集边界上的任意一点当成支撑点将凸集放置在该平面上. 其他形状的集合一般没有这个性质，例如图 2.4 的 (b)，不可能以凹陷处为支撑点将其放置在水平面上.

2.5 凸函数

有了凸集的定义，我们来定义一类特殊的函数，即凸函数. 因在实际问题中的广泛应用，凸函数的研究得到了人们大量的关注.

2.5.1 凸函数的定义

定义 2.16 (凸函数) 设函数 f 为适当函数，如果 $\mathbf{dom}\, f$ 是凸集，且

$$f(\theta x + (1-\theta)y) \leqslant \theta f(x) + (1-\theta)f(y)$$

对所有 $x, y \in \mathbf{dom}\, f, 0 \leqslant \theta \leqslant 1$ 都成立，则称 f 是**凸函数**.

直观地来看，连接凸函数的图像上任意两点的线段都在函数图像上方（如图 2.11）.

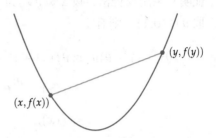

图 2.11 凸函数

相应地，我们也可以定义凹函数：若 $-f$ 是凸函数，则称 f 是**凹函数**. 只要改变一下符号，很多凸函数的性质都可以直接应用到凹函数上. 另外，如果 $\mathbf{dom}\, f$ 是凸集，且

$$f(\theta x + (1-\theta)y) < \theta f(x) + (1-\theta)f(y)$$

对所有的 $x, y \in \mathbf{dom}\, f, x \neq y, 0 < \theta < 1$ 成立，则称 f 是**严格凸函数**. 除了严格凸函数以外，还有另一类常用的凸函数：**强凸函数**.

定义 2.17 (强凸函数) 若存在常数 $m > 0$，使得

$$g(x) = f(x) - \frac{m}{2}\|x\|^2$$

为凸函数，则称 $f(x)$ 为**强凸函数**，其中 m 为**强凸参数**. 为了方便，也称 $f(x)$ 为 m-**强凸函数**.

通过直接对 $g(x) = f(x) - \frac{m}{2}\|x\|^2$ 应用凸函数的定义，我们可得到另一个常用的强凸函数定义.

定义 2.18 (强凸函数的等价定义) 若存在常数 $m > 0$，使得对任意的 $x, y \in \mathbf{dom}\, f$ 以及 $\theta \in (0,1)$，有

$$f(\theta x + (1-\theta)y) \leqslant \theta f(x) + (1-\theta)f(y) - \frac{m}{2}\theta(1-\theta)\|x-y\|^2,$$

则称 $f(x)$ 为强凸函数，其中 m 为强凸参数.

强凸函数的两种定义侧重点不同：从定义 2.17 可看出，强凸函数减去一个正定二次函数仍然是凸的；而从定义 2.18 可以看出，强凸函数一定是严格凸函数，当 $m=0$ 时退化成凸函数. 无论从哪个定义出发，容易看出和凸函数相比，强凸函数有更好的性质. 在后面很多算法的理论分析中，为了得到点列的收敛性以及更快的收敛速度，我们都要加上强凸这一条件.

此外，根据强凸函数的等价定义容易得出下面的结论：

命题 2.3 设 f 为强凸函数且存在最小值，则 f 的最小值点唯一.

证明 采用反证法. 设 $x \neq y$ 均为 f 的最小值点，根据强凸函数的等价定义，取 $\theta \in (0,1)$，则有

$$f(\theta x+(1-\theta)y) \leqslant \theta f(x)+(1-\theta)f(y)-\frac{m}{2}\theta(1-\theta)\|x-y\|^2$$
$$= f(x)-\frac{m}{2}\theta(1-\theta)\|x-y\|^2$$
$$< f(x),$$

其中严格不等号成立是因为 $x \neq y$. 这显然和 $f(x)$ 为最小值矛盾，得证. □

注 2.2 命题 2.3 中 f 存在最小值是前提. 强凸函数 f 的最小值点不一定存在，例如 $f(x)=x^2$, $\mathbf{dom}\, f=(1,2)$.

2.5.2 凸函数判定定理

凸函数的一个最基本的判定方式是：先将其限制在任意直线段上，然后判断对应的一维函数是否是凸的. 如下面的定理所述，一个函数是凸函数当且仅当将函数限制在任意直线在定义域内的部分时仍是凸的.

定理 2.8 $f(x)$ 是凸函数当且仅当对任意的 $x \in \mathbf{dom}\, f, v \in \mathbb{R}^n, g: \mathbb{R} \to \mathbb{R}$,

$$g(t)=f(x+tv), \quad \mathbf{dom}\, g=\{t\,|\,x+tv \in \mathbf{dom}\, f\}$$

是凸函数.

证明 先证必要性. 设 $f(x)$ 是凸函数，要证 $g(t)=f(x+tv)$ 是凸函数. 先说明 $\mathbf{dom}\, g$ 是凸集. 对任意的 $t_1, t_2 \in \mathbf{dom}\, g$ 以及 $\theta \in (0,1)$，

$$x+t_1 v, x+t_2 v \in \mathbf{dom}\, f,$$

由 $\mathbf{dom}\, f$ 是凸集我们可知 $x+(\theta t_1+(1-\theta)t_2)v \in \mathbf{dom}\, f$，这说明 $\theta t_1+(1-\theta)t_2 \in \mathbf{dom}\, g$，即 $\mathbf{dom}\, g$ 是凸集. 此外，我们有

$$g(\theta t_1 + (1-\theta)t_2) = f(x + (\theta t_1 + (1-\theta)t_2)v)$$
$$= f(\theta(x+t_1 v) + (1-\theta)(x+t_2 v))$$
$$\leqslant \theta f(x+t_1 v) + (1-\theta)f(x+t_2 v)$$
$$= \theta g(t_1) + (1-\theta)g(t_2).$$

结合以上两点得到函数 $g(t)$ 是凸函数.

再证充分性. 设对任意的 $x \in \mathbf{dom}\, f, v \in \mathbb{R}^n$, $g(t) = f(x+tv)$ 为凸函数, 对任意的 $x,y \in \mathbf{dom}\, f$ 以及 $\theta \in (0,1)$, 现在要说明 $\mathbf{dom}\, f$ 是凸集以及估计 $f(\theta x + (1-\theta)y)$ 的上界. 取 $v = y - x$, 以及 $t_1 = 0, t_2 = 1$, 由 $\mathbf{dom}\, g$ 是凸集可知 $\theta \cdot 0 + (1-\theta) \cdot 1 \in \mathbf{dom}\, g$, 即 $\theta x + (1-\theta)y \in \mathbf{dom}\, f$, 这说明 $\mathbf{dom}\, f$ 是凸集. 再根据 $g(t) = f(x+tv)$ 的凸性, 我们有

$$g(1-\theta) = g(\theta t_1 + (1-\theta)t_2)$$
$$\leqslant \theta g(t_1) + (1-\theta)g(t_2)$$
$$= \theta g(0) + (1-\theta)g(1)$$
$$= \theta f(x) + (1-\theta)f(y).$$

而等式左边有

$$g(1-\theta) = f(x+(1-\theta)(y-x)) = f(\theta x + (1-\theta)y),$$

这说明 $f(x)$ 是凸函数. □

这里给出实际中经常遇到的一些凸（凹）函数.

例 2.4 凸函数的例子（x 或 X 为自变量）：

（1）仿射函数: $a^{\mathrm{T}}x + b$, 其中 $a, x \in \mathbb{R}^n$ 为向量; $\langle A, X \rangle$, 其中 $A, X \in \mathbb{R}^{m \times n}$ 为矩阵, 是凸函数;

（2）指数函数: $e^{ax}, a, x \in \mathbb{R}$, 是凸函数;

（3）幂函数: $x^{\alpha}, x > 0$, 当 $\alpha \geqslant 1$ 或 $\alpha \leqslant 0$ 时是凸函数;

（4）负熵: $x \ln x, x > 0$, 是凸函数;

（5）所有范数都是凸函数（向量和矩阵版本）, 这是由于范数有三角不等式.

下面的例子说明如何利用定理 2.8 来判断一个函数是否为凸函数.

例 2.5 函数 $f(X) = -\ln \det X, X \in \mathcal{S}_{++}^n$ 是凸函数.

事实上, 任取 $X \succ 0$ 以及方向 $V \in \mathcal{S}^n$, 将 f 限制在直线段 $X + tV$（t 满足 $X + tV \succ 0$）上, 考虑函数 $g(t) = -\ln \det(X+tV)$. 那么有

$$g(t) = -\ln \det X - \ln \det(I + tX^{-1/2}VX^{-1/2})$$
$$= -\ln \det X - \sum_{i=1}^{n} \ln(1 + t\lambda_i),$$

其中 λ_i 是 $X^{-1/2}VX^{-1/2}$ 的第 i 个特征值. 对每个 $X \succ 0$ 以及方向 V, g 关于 t 是凸的. 因此 f 是凸的.

对于可微函数, 除了将其限制在直线段上之外, 还可以利用其导数信息来判断它的凸性. 具体来说, 有如下一阶条件:

定理 2.9 (一阶条件) 对于定义在凸集上的可微函数 f, f 是凸函数当且仅当
$$f(y) \geqslant f(x) + \nabla f(x)^\mathrm{T}(y-x), \quad \forall x,y \in \mathbf{dom}\, f.$$

证明 先证必要性. 设 f 是凸函数, 则对于任意的 $x,y \in \mathbf{dom}\, f$ 以及 $t \in (0,1)$, 有
$$tf(y) + (1-t)f(x) \geqslant f(x + t(y-x)).$$
将上式移项, 两边同时除以 t, 注意 $t > 0$, 则
$$f(y) - f(x) \geqslant \frac{f(x+t(y-x)) - f(x)}{t}.$$
令 $t \to 0$, 由极限保号性可得
$$f(y) - f(x) \geqslant \lim_{t \to 0} \frac{f(x+t(y-x)) - f(x)}{t} = \nabla f(x)^\mathrm{T}(y-x).$$
这里最后一个等式成立是由于方向导数的性质.

再证充分性. 对任意的 $x,y \in \mathbf{dom}\, f$ 以及任意的 $t \in (0,1)$, 定义 $z = tx + (1-t)y$, 应用两次一阶条件我们有
$$f(x) \geqslant f(z) + \nabla f(z)^\mathrm{T}(x-z),$$
$$f(y) \geqslant f(z) + \nabla f(z)^\mathrm{T}(y-z).$$
将上述第一个不等式两边同时乘 t, 第二个不等式两边同时乘 $1-t$, 相加得
$$tf(x) + (1-t)f(y) \geqslant f(z) + 0.$$
这正是凸函数的定义, 因此充分性成立. □

定理 2.9 说明可微凸函数 f 的图形始终在其任一点处切线的上方, 如图 2.12 所示. 因此, 用可微凸函数 f 在任意一点处的一阶近似可以得到 f 的一个全局下界. 另一个常用的一阶条件是所谓的梯度单调性.

定理 2.10 (梯度单调性) 设 f 为可微函数, 则 f 为凸函数当且仅当 $\mathbf{dom}\, f$ 为凸集且 ∇f 为**单调映射**, 即
$$(\nabla f(x) - \nabla f(y))^\mathrm{T}(x-y) \geqslant 0, \quad \forall\, x,y \in \mathbf{dom}\, f.$$

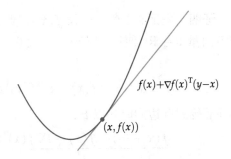

图 2.12
凸函数的全局下界

证明 先证必要性. 若 f 可微且为凸函数, 根据一阶条件, 我们有

$$f(y) \geqslant f(x) + \nabla f(x)^{\mathrm{T}}(y-x),$$
$$f(x) \geqslant f(y) + \nabla f(y)^{\mathrm{T}}(x-y).$$

将两式不等号左右两边相加即可得到结论.

再证充分性. 若 ∇f 为单调映射, 构造一元辅助函数

$$g(t) = f(x + t(y-x)), \quad g'(t) = \nabla f(x + t(y-x))^{\mathrm{T}}(y-x).$$

由 ∇f 的单调性可知 $g'(t) \geqslant g'(0), \forall\, t \geqslant 0$. 因此

$$f(y) = g(1) = g(0) + \int_0^1 g'(t)\mathrm{d}t$$
$$\geqslant g(0) + g'(0) = f(x) + \nabla f(x)^{\mathrm{T}}(y-x). \quad \Box$$

与凸函数类似, 严格凸函数和强凸函数都有对应的单调性.

推论 2.2 设 f 为可微函数, 且 $\mathbf{dom}\, f$ 是凸集, 则

(1) f 是严格凸函数当且仅当

$$(\nabla f(x) - \nabla f(y))^{\mathrm{T}}(x-y) > 0, \quad \forall\, x, y \in \mathbf{dom}\, f;$$

(2) f 是 m-强凸函数当且仅当

$$(\nabla f(x) - \nabla f(y))^{\mathrm{T}}(x-y) \geqslant m\|x-y\|^2, \quad \forall\, x, y \in \mathbf{dom}\, f.$$

进一步地, 如果函数二阶连续可微, 我们可以得到下面的二阶条件:

定理 2.11 (二阶条件) 设 f 为定义在凸集上的二阶连续可微函数, 则 f 是凸函数当且仅当

$$\nabla^2 f(x) \succeq 0, \quad \forall x \in \mathbf{dom}\, f.$$

如果 $\nabla^2 f(x) \succ 0, \forall x \in \mathbf{dom}\, f$, 则 f 是严格凸函数.

证明 先证必要性. 反设 $f(x)$ 在点 x 处的海瑟矩阵 $\nabla^2 f(x) \not\succeq 0$, 即存在非零向量 $v \in \mathbb{R}^n$ 使得 $v^T \nabla^2 f(x) v < 0$. 由带佩亚诺（Peano）余项的泰勒展开,

$$f(x+tv) = f(x) + t\nabla f(x)^T v + \frac{t^2}{2} v^T \nabla^2 f(x) v + o(t^2).$$

移项后等式两边同时除以 t^2,

$$\frac{f(x+tv) - f(x) - t\nabla f(x)^T v}{t^2} = \frac{1}{2} v^T \nabla^2 f(x) v + o(1).$$

当 t 充分小时,

$$\frac{f(x+tv) - f(x) - t\nabla f(x)^T v}{t^2} < 0,$$

这显然和一阶条件（定理 2.9）矛盾，因此必有 $\nabla^2 f(x) \succeq 0$ 成立.

再证充分性. 设 $f(x)$ 满足二阶条件 $\nabla^2 f(x) \succeq 0$, 对任意的 $x, y \in \mathbf{dom}\, f$, 根据泰勒展开（定理 2.1）,

$$f(y) = f(x) + \nabla f(x)^T (y-x) + \frac{1}{2}(y-x)^T \nabla^2 f(x + t(y-x))(y-x),$$

其中 $t \in (0,1)$ 是和 x, y 有关的常数. 由半正定性可知对任意 $x, y \in \mathbf{dom}\, f$ 有

$$f(y) \geq f(x) + \nabla f(x)^T (y-x).$$

这是凸函数判定的一阶条件，由定理 2.9 知 f 是凸函数.

进一步地，若 $\nabla^2 f(x) \succ 0$ 且 $x \neq y$, 上式中不等号严格成立. 利用定理 2.9 中充分性的证明过程可得 f 是严格凸函数. □

当函数二阶连续可微时，利用二阶条件判断凸性通常更为方便. 下面给出两个用二阶条件判断凸性的例子.

例 2.6 （1）考虑二次函数 $f(x) = \frac{1}{2} x^T P x + q^T x + r\ (P \in \mathcal{S}^n)$, 容易计算出其梯度与海瑟矩阵分别为

$$\nabla f(x) = Px + q, \quad \nabla^2 f(x) = P.$$

那么，f 是凸函数当且仅当 $P \succeq 0$.

（2）考虑最小二乘函数 $f(x) = \frac{1}{2} \|Ax - b\|_2^2$, 其梯度与海瑟矩阵分别为

$$\nabla f(x) = A^T(Ax - b), \quad \nabla^2 f(x) = A^T A.$$

注意到 $A^T A$ 恒为半正定矩阵，因此，对任意的 A, f 都是凸函数.

除了上述结果之外，还可以使用上方图 $\mathbf{epi}\, f$ 来判断 f 的凸性. 实际上我们有如下定理：

定理 2.12 函数 $f(x)$ 为凸函数当且仅当其上方图 $\mathbf{epi}\, f$ 是凸集.

定理 2.12 的证明留给读者完成.

2.5.3 保凸的运算

要验证一个函数 f 是凸函数，前面已经介绍了三种方法：一是用定义去验证凸性，通常将函数限制在一条直线上；二是利用一阶条件、二阶条件证明函数的凸性；三是直接研究 f 的上方图 $\mathbf{epi}\,f$. 而接下来要介绍的方法说明 f 可由简单的凸函数通过一些保凸的运算得到. 下面的定理说明非负加权和、与仿射函数的复合、逐点取最大值等运算，是不改变函数的凸性的.

定理 2.13 （1）若 f 是凸函数，则 αf 是凸函数，其中 $\alpha \geqslant 0$.

（2）若 f_1, f_2 是凸函数，则 $f_1 + f_2$ 是凸函数.

（3）若 f 是凸函数，则 $f(Ax + b)$ 是凸函数.

（4）若 $f_1, f_2, \cdots, f_m$ 均是凸函数，则 $f(x) = \max\{f_1(x), f_2(x), \cdots, f_m(x)\}$ 是凸函数.

（5）若对每个 $y \in \mathcal{A}$，$f(x,y)$ 关于 x 是凸函数，则

$$g(x) = \sup_{y \in \mathcal{A}} f(x,y)$$

是凸函数.

（6）给定函数 $g: \mathbb{R}^n \to \mathbb{R}$ 和 $h: \mathbb{R} \to \mathbb{R}$，令 $f(x) = h(g(x))$. 若 g 是凸函数，h 是凸函数且单调不减，那么 f 是凸函数；若 g 是凹函数，h 是凸函数且单调不增，那么 f 是凸函数.

（7）给定函数 $g: \mathbb{R}^n \to \mathbb{R}^k$，$h: \mathbb{R}^k \to \mathbb{R}$，

$$f(x) = h(g(x)) = h(g_1(x), g_2(x), \cdots, g_k(x)).$$

若 g_i 是凸函数，h 是凸函数且关于每个分量单调不减，那么 f 是凸函数；若 g_i 是凹函数，h 是凸函数且关于每个分量单调不增，那么 f 是凸函数.

（8）若 $f(x,y)$ 关于 (x,y) 整体是凸函数，C 是凸集，则

$$g(x) = \inf_{y \in C} f(x,y)$$

是凸函数.

（9）定义函数 $f: \mathbb{R}^n \to \mathbb{R}$ 的**透视函数** $g: \mathbb{R}^n \times \mathbb{R} \to \mathbb{R}$，

$$g(x,t) = tf\left(\frac{x}{t}\right), \mathbf{dom}\, g = \left\{(x,t) \,\bigg|\, \frac{x}{t} \in \mathbf{dom}\, f, t > 0\right\}.$$

若 f 是凸函数，则 g 是凸函数.

证明 我们只对其中的（4）（5）（8）进行证明，剩下的读者可自行验证.

（4）只对 $m=2$ 的情况验证，一般情况下同理可证．设

$$f(x) = \max\{f_1(x), f_2(x)\},$$

对任意的 $0 \leqslant \theta \leqslant 1$ 和 $x,y \in \mathbf{dom}f$，我们有

$$\begin{aligned}f(\theta x + (1-\theta)y) &= \max\{f_1(\theta x + (1-\theta)y), f_2(\theta x + (1-\theta)y)\} \\ &\leqslant \max\{\theta f_1(x) + (1-\theta)f_1(y), \theta f_2(x) + (1-\theta)f_2(y)\} \\ &\leqslant \theta f(x) + (1-\theta)f(y),\end{aligned}$$

其中第一个不等式是 f_1 和 f_2 的凸性，第二个不等式是将 $f_1(x)$ 和 $f_2(x)$ 放大为 $f(x)$．所以 f 是凸函数．

（5）可以直接仿照（4）的证明进行验证．也可利用上方图的性质．不难看出

$$\mathbf{epi}\,g = \bigcap_{y \in \mathcal{A}} \mathbf{epi}\,f(\cdot, y).$$

由于任意多个凸集的交集还是凸集，所以 $\mathbf{epi}\,g$ 是凸集，根据上方图的性质容易推出 g 是凸函数．

（8）仍然根据定义进行验证．任取 $\theta \in (0,1)$ 以及 x_1, x_2，要证

$$g(\theta x_1 + (1-\theta)x_2) \leqslant \theta g(x_1) + (1-\theta)g(x_2).$$

由 g 的定义知对任意 $\varepsilon > 0$，存在 $y_1, y_2 \in C$，使得

$$f(x_i, y_i) < g(x_i) + \varepsilon, \quad i = 1, 2.$$

因此

$$\begin{aligned}g(\theta x_1 + (1-\theta)x_2) &= \inf_{y \in C} f(\theta x_1 + (1-\theta)x_2, y) \\ &\leqslant f(\theta x_1 + (1-\theta)x_2, \theta y_1 + (1-\theta)y_2) \\ &\leqslant \theta f(x_1, y_1) + (1-\theta)f(x_2, y_2) \\ &\leqslant \theta g(x_1) + (1-\theta)g(x_2) + \varepsilon,\end{aligned}$$

其中第一个不等号是利用了 C 的凸性，第二个不等号利用了 $f(x,y)$ 的凸性．最后令 ε 趋于 0 可以得到最终结论． □

下面是一些利用保凸运算证明函数是凸函数的例子．

例 2.7 利用与仿射函数的复合函数保凸，可以证明：

（1）线性不等式的对数障碍函数：

$$f(x) = -\sum_{i=1}^{m} \ln(b_i - a_i^{\mathrm{T}}x), \quad \mathbf{dom}f = \{x \mid a_i^{\mathrm{T}}x < b_i, i = 1,2,\cdots,m\}$$

是凸函数.

（2）仿射函数的（任意）范数：$f(x) = \|Ax + b\|$ 都是凸函数.

例 2.8 利用逐点取最大值保凸，可以证明：

（1）分段线性函数：$f(x) = \max\limits_{i=1,2,\cdots,m} (a_i^T x + b_i)$ 是凸函数.

（2）$x \in \mathbb{R}^n$ 的前 r 个最大分量之和：

$$f(x) = x_{[1]} + x_{[2]} + \cdots + x_{[r]}$$

是凸函数（$x_{[i]}$ 为 x 的从大到小排列的第 i 个分量）. 事实上，$f(x)$ 可以写成如下多个线性函数取最大值的形式：

$$f(x) = \max\{x_{i_1} + x_{i_2} + \cdots + x_{i_r} | 1 \leqslant i_1 < i_2 < \cdots < i_r \leqslant n\}.$$

例 2.9 利用逐点取上确界保凸，可以证明：

（1）集合 C 的**支撑函数**：$S_C(x) = \sup\limits_{y \in C} y^T x$ 是凸函数.

（2）集合 C 的点到给定点 x 的最远距离：$f(x) = \sup\limits_{y \in C} \|x - y\|$ 是凸函数.

（3）对称矩阵的最大特征值：

$$\lambda_{\max}(X) = \sup\limits_{\|y\|_2 = 1} y^T X y, \quad X \in \mathcal{S}^n$$

是凸函数.

例 2.10 利用复合函数的保凸性质，可以证明：

（1）如果 $g(x)$ 是凸函数，则 $\exp(g(x))$ 是凸函数；

（2）如果 g 是正值凹函数，则 $\dfrac{1}{g(x)}$ 是凸函数；

（3）如果 g_i 是正值凹函数，则 $\sum\limits_{i=1}^{m} \ln(g_i(x))$ 是凹函数；

（4）如果 g_i 是凸函数，则 $\ln \sum\limits_{i=1}^{m} \exp(g_i(x))$ 是凸函数.

例 2.11 利用取下确界保凸，可以证明：

（1）考虑函数 $f(x,y) = x^T A x + 2 x^T B y + y^T C y$，其中 $A \in \mathcal{S}^m, B \in \mathbb{R}^{m \times n}, C \in \mathcal{S}^n$. 其海瑟矩阵若满足

$$\begin{bmatrix} A & B \\ B^T & C \end{bmatrix} \succeq 0, \quad C \succ 0,$$

则 $f(x,y)$ 为凸函数. 对 y 求最小值得

$$g(x) = \inf_y f(x,y) = x^T (A - BC^{-1}B^T) x,$$

因此 g 是凸函数. 进一步地，根据凸函数判定的二阶条件可以得到 $A - BC^{-1}B^T \succeq 0$，这也称为 A 的 Schur 补（见附录 B §1.9）.

（2）点 x 到凸集 S 的距离：$\text{dist}(x,S) = \inf\limits_{y \in S} \|x - y\|$ 是凸函数.

2.5.4 凸函数的性质

1. 连续性

凸函数不一定是连续函数，但下面这个定理说明凸函数在定义域中内点处是连续的.

定理 2.14 设 $f: \mathbb{R}^n \to (-\infty, +\infty]$ 为凸函数. 对任意点 $x_0 \in \mathbf{int\,dom}\,f$，有 f 在点 x_0 处连续. 这里 $\mathbf{int\,dom}\,f$ 表示定义域 $\mathbf{dom}\,f$ 的内点.

定理 2.14 的证明见 [175]$^{\text{定理 1.3.12}}$. 此定理表明凸函数"差不多"是连续的，它的一个直接推论为：

推论 2.3 设 $f(x)$ 是凸函数，且 $\mathbf{dom}\,f$ 是开集，则 $f(x)$ 在 $\mathbf{dom}\,f$ 上是连续的.

证明 由于开集中所有的点都为内点，利用定理 2.14 可直接得到结论. □

凸函数在定义域的边界上可能不连续. 一个例子为：

$$f(x) = \begin{cases} 0, & x < 0, \\ 1, & x = 0, \end{cases}$$

其中 $\mathbf{dom}\,f = (-\infty, 0]$. 容易证明 $f(x)$ 是凸函数，但其在点 $x = 0$ 处不连续.

2. 凸下水平集

凸函数的所有下水平集都为凸集，即有如下结果：

命题 2.4 设 $f(x)$ 是凸函数，则 $f(x)$ 所有的 α-下水平集 C_α 为凸集.

证明 任取 $x_1, x_2 \in C_\alpha$，对任意的 $\theta \in (0,1)$，根据 $f(x)$ 的凸性我们有

$$f(\theta x_1 + (1-\theta)x_2) \leqslant \theta f(x_1) + (1-\theta)f(x_2)$$
$$\leqslant \theta \alpha + (1-\theta)\alpha = \alpha.$$

这说明 C_α 是凸集. □

需要注意的是，上述命题的逆命题不成立，即任意下水平集为凸集的函数不一定是凸函数. 读者可自行举出反例.

3. 二次下界

强凸函数具有二次下界性质.

引理 2.2 (二次下界) 设 $f(x)$ 是参数为 m 的可微强凸函数，则如下不等式成立：

$$f(y) \geqslant f(x) + \nabla f(x)^{\mathrm{T}}(y-x) + \frac{m}{2}\|y-x\|^2, \quad \forall\, x,y \in \mathbf{dom}\,f. \tag{2.5.1}$$

证明 由强凸函数的定义，$g(x) = f(x) - \frac{m}{2}\|x\|^2$ 是凸函数. 根据凸函数的一阶条件可知
$$g(y) \geqslant g(x) + \nabla g(x)^{\mathrm{T}}(y-x),$$
即
$$f(y) \geqslant f(x) - \frac{m}{2}\|x\|^2 + \frac{m}{2}\|y\|^2 + (\nabla f(x) - mx)^{\mathrm{T}}(y-x)$$
$$= f(x) + \nabla f(x)^{\mathrm{T}}(y-x) + \frac{m}{2}\|y-x\|^2. \qquad \square$$

利用二次下界容易推出可微强凸函数的下水平集都是有界的，证明留给读者完成.

推论 2.4 设 f 为可微强凸函数，则 f 的所有 α-下水平集有界.

2.6 共轭函数

2.6.1 共轭函数的定义和例子

共轭函数是凸分析中的一个重要概念，其在凸优化问题的理论与算法中扮演着重要角色.

定义 2.19 (共轭函数) 任一适当函数 f 的共轭函数定义为
$$f^*(y) = \sup_{x \in \mathbf{dom}\, f} \{y^{\mathrm{T}} x - f(x)\}. \tag{2.6.1}$$

设 f 为 $\mathbb{R}$ 上的适当函数，图 2.13 展示了对固定的 y，$f^*(y)$ 的几何意义.

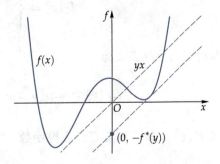

图 2.13 共轭函数

在这里注意共轭函数是广义实值函数，$f^*(y)$ 可以是正无穷. 自然地，我们规定其定义域 $\mathbf{dom}\, f^*$ 为使得 $f^*(y)$ 有限的 y 组成的集合. 对任意函数 f 都可以定义共轭函数（不要求 f 是凸的），根据定理 2.13 的 (5)，共轭函数 f^* 恒为凸函数. 由共轭函数的定义，有如下的重要不等式：

命题 2.5 (Fenchel 不等式)

$$f(x) + f^*(y) \geqslant x^\mathrm{T} y. \tag{2.6.2}$$

证明 由定义立即得出，对任意的 $x \in \mathbf{dom}\, f$，

$$f^*(y) = \sup_{x \in \mathbf{dom}\, f} \{y^\mathrm{T} x - f(x)\} \geqslant y^\mathrm{T} x - f(x),$$

整理即得 (2.6.2) 式. □

以下我们给出一些常见函数的共轭函数.

例 2.12 (二次函数) 考虑二次函数

$$f(x) = \frac{1}{2} x^\mathrm{T} A x + b^\mathrm{T} x + c.$$

（1）强凸情形（$A \succ 0$）：

$$f^*(y) = \frac{1}{2}(y-b)^\mathrm{T} A^{-1}(y-b) - c;$$

（2）一般凸情形（$A \succeq 0$）：

$$f^*(y) = \frac{1}{2}(y-b)^\mathrm{T} A^\dagger (y-b) - c, \quad \mathbf{dom}\, f^* = \mathcal{R}(A) + b.$$

这里 $\mathcal{R}(A)$ 为 A 的像空间.

例 2.13 (凸集的示性函数) 给定凸集 C，其示性函数为

$$I_C(x) = \begin{cases} 0, & x \in C, \\ +\infty, & x \notin C, \end{cases}$$

可知对应的共轭函数为

$$I_C^*(y) = \sup_x \{y^\mathrm{T} x - I_C(x)\} = \sup_{x \in C} y^\mathrm{T} x.$$

这里 $I_C^*(y)$ 又称为凸集 C 的**支撑函数**.

例 2.14 (范数) 范数的共轭函数为其单位对偶范数球的示性函数，即若 $f(x) = \|x\|$，则

$$f^*(y) = \begin{cases} 0, & \|y\|_* \leqslant 1, \\ +\infty, & \|y\|_* > 1. \end{cases}$$

证明 对偶范数定义为：$\|y\|_* = \sup_{\|x\|\leqslant 1} x^{\mathrm{T}}y$. 为了计算

$$f^*(y) = \sup_{x\in \mathbf{dom}\,f}\{y^{\mathrm{T}}x - \|x\|\},$$

我们分两种情形讨论：

（1）若 $\|y\|_* \leqslant 1$，则 $y^{\mathrm{T}}x \leqslant \|x\|$ 对任一 x 成立，且当 $x = 0$ 时等号成立，从而 $\sup_{x\in \mathbf{dom}\,f}\{y^{\mathrm{T}}x - \|x\|\} = 0$；

（2）若 $\|y\|_* > 1$，则至少存在一个 x，使得 $\|x\| \leqslant 1$ 且 $x^{\mathrm{T}}y > 1$. 从而对 $t > 0$，

$$f^*(y) \geqslant y^{\mathrm{T}}(tx) - \|tx\| = t(y^{\mathrm{T}}x - \|x\|),$$

而不等式右端当 $t \to +\infty$ 时趋于无穷. □

2.6.2 二次共轭函数

定义 2.20 (二次共轭函数) 任一函数 f 的二次共轭函数定义为

$$f^{**}(x) = \sup_{y\in \mathbf{dom}\,f^*}\{x^{\mathrm{T}}y - f^*(y)\}.$$

显然 f^{**} 恒为闭凸函数，且由 Fenchel 不等式 (2.6.2) 可知

$$f^{**}(x) \leqslant f(x), \quad \forall x,$$

或等价地，$\mathbf{epi}\,f \subseteq \mathbf{epi}\,f^{**}$. 对于凸函数 f，下面的定理描述了 f 的二次共轭函数与其自身的关系 [164]^{推论 12.2.1}.

定理 2.15 若 f 为闭凸函数，则

$$f^{**}(x) = f(x), \quad \forall x,$$

或等价地，$\mathbf{epi}\,f = \mathbf{epi}\,f^{**}$.

证明 我们采用反证法. 若 $(x, f^{**}(x)) \notin \mathbf{epi}\,f$，则存在一个严格分割超平面：

$$\begin{bmatrix} a \\ b \end{bmatrix}^{\mathrm{T}} \begin{bmatrix} z - x \\ s - f^{**}(x) \end{bmatrix} \leqslant c < 0, \quad \forall (z, s) \in \mathbf{epi}\,f. \tag{2.6.3}$$

其中 $a \in \mathbb{R}^n, b, c \in \mathbb{R}$ 且 $b \leqslant 0$（若 $b > 0$，则取 $s \to +\infty$ 可推出矛盾）.

若 $b < 0$，在 (2.6.3) 式中取 $s = f(z)$，则有

$$a^{\mathrm{T}}z + bf(z) - a^{\mathrm{T}}x - bf^{**}(x) \leqslant c.$$

记 $y = -\dfrac{a}{b}$，并将上式左边关于 z 极大化得到

$$f^*(y) - y^{\mathrm{T}} x + f^{**}(x) \leqslant -\dfrac{c}{b} < 0,$$

与 Fenchel 不等式 (2.6.2) 式相违背.

若 $b = 0$，取 $\hat{y} \in \mathbf{dom}\, f^*$ 并给 $\begin{bmatrix} a \\ b \end{bmatrix}$ 加上 $\begin{bmatrix} \hat{y} \\ -1 \end{bmatrix}$ 的 $\varepsilon(>0)$ 倍，则

$$\begin{bmatrix} a + \varepsilon \hat{y} \\ -\varepsilon \end{bmatrix}^{\mathrm{T}} \begin{bmatrix} z - x \\ s - f^{**}(x) \end{bmatrix} \leqslant c + \varepsilon(f^*(\hat{y}) - x^{\mathrm{T}} \hat{y} + f^{**}(x)) < 0, \qquad (2.6.4)$$

即化为 $b < 0$ 的情形，推出矛盾. □

2.7 次 梯 度

2.7.1 次梯度的定义

前面介绍了可微函数的梯度. 但是对于一般的函数，之前定义的梯度不一定存在. 对于凸函数，类比梯度的一阶性质，我们可以引入次梯度的概念，其在凸优化算法设计与理论分析中扮演着重要角色.

定义 2.21 (次梯度) 设 f 为适当凸函数，x 为定义域 $\mathbf{dom}\, f$ 中的一点. 若向量 $g \in \mathbb{R}^n$ 满足

$$f(y) \geqslant f(x) + g^{\mathrm{T}}(y - x), \quad \forall y \in \mathbf{dom}\, f, \qquad (2.7.1)$$

则称 g 为函数 f 在点 x 处的**一个次梯度**. 进一步地，称集合

$$\partial f(x) = \{g \,|\, g \in \mathbb{R}^n, f(y) \geqslant f(x) + g^{\mathrm{T}}(y - x), \forall y \in \mathbf{dom}\, f\} \qquad (2.7.2)$$

为 f 在点 x 处的**次微分**.

如图 2.14 所示，对适当凸函数 $f(x)$，g_1 为点 x_1 处的唯一次梯度，而 g_2, g_3 为点 x_2 处的两个不同的次梯度.

从定义 2.21 可以看出，次梯度实际上借鉴了凸函数判定定理的一阶条件（定理 2.9）. 定义次梯度的初衷之一也是希望它具有类似于梯度的一些性质.

从次梯度的定义可直接推出，若 g 是 $f(x)$ 在点 x_0 处的次梯度，则函数

$$l(x) \stackrel{\text{def}}{=\!=} f(x_0) + g^{\mathrm{T}}(x - x_0)$$

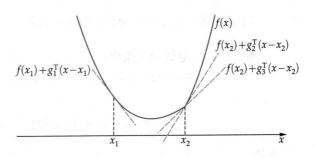

图 2.14
函数 $f(x)$ 的次梯度

为凸函数 $f(x)$ 的一个全局下界. 此外, 次梯度 g 可以诱导出上方图 $\mathbf{epi}\, f$ 在点 $(x, f(x))$ 处的一个支撑超平面, 因为容易验证, 对 $\mathbf{epi}\, f$ 中的任意点 (y, t), 有

$$\begin{bmatrix} g \\ -1 \end{bmatrix}^{\mathrm{T}} \left(\begin{bmatrix} y \\ t \end{bmatrix} - \begin{bmatrix} x \\ f(x) \end{bmatrix} \right) \leqslant 0, \quad \forall\, (y, t) \in \mathbf{epi}\, f.$$

接下来的一个问题自然就是: 次梯度在什么条件下是存在的? 实际上对一般凸函数 f 而言, f 未必在所有的点处都存在次梯度. 但对于定义域中的内点, f 在其上的次梯度总是存在的.

定理 2.16 (次梯度存在性) 设 f 为凸函数, $\mathbf{dom}\, f$ 为其定义域. 如果 $x \in \mathbf{int}\,\mathbf{dom}\, f$, 则 $\partial f(x)$ 是非空的, 其中 $\mathbf{int}\,\mathbf{dom}\, f$ 的含义是集合 $\mathbf{dom}\, f$ 的所有内点.

证明 考虑 $f(x)$ 的上方图 $\mathbf{epi}\, f$. 由于 $(x, f(x))$ 是 $\mathbf{epi}\, f$ 边界上的点, 且 $\mathbf{epi}\, f$ 为凸集, 根据支撑超平面定理, 存在 $a \in \mathbb{R}^n, b \in \mathbb{R}$ 使得:

$$\begin{bmatrix} a \\ b \end{bmatrix}^{\mathrm{T}} \left(\begin{bmatrix} y \\ t \end{bmatrix} - \begin{bmatrix} x \\ f(x) \end{bmatrix} \right) \leqslant 0, \quad \forall\, (y, t) \in \mathbf{epi}\, f,$$

即

$$a^{\mathrm{T}}(y - x) \leqslant b(f(x) - t). \tag{2.7.3}$$

我们断言 $b < 0$. 这是因为根据 t 的任意性, 如果在 (2.7.3) 式中令 $t \to +\infty$, 则可知 (2.7.3) 式成立的必要条件是 $b \leqslant 0$; 同时由于 x 是内点, 因此当取 $y = x + \varepsilon a \in \mathbf{dom}\, f, \varepsilon > 0$ 时, $b = 0$ 不能使得 (2.7.3) 式成立. 于是令 $g = -\dfrac{a}{b}$, 则对任意 $y \in \mathbf{dom}\, f$, 我们有

$$g^{\mathrm{T}}(y - x) = \frac{a^{\mathrm{T}}(y - x)}{-b} \leqslant -(f(x) - f(y)),$$

整理得

$$f(y) \geqslant f(x) + g^{\mathrm{T}}(y - x).$$

这说明 g 是 f 在点 x 处的次梯度. □

根据定义可以计算一些简单函数的次微分,在这里我们给出一个例子.

例 2.15 (ℓ_2 **范数的次微分**) 设 $f(x) = \|x\|_2$,则 $f(x)$ 在点 $x = 0$ 处不可微,我们求其在该点处的次微分. 注意到对任意的 g 且 $\|g\|_2 \leqslant 1$,根据柯西不等式,

$$g^{\mathrm{T}}(x - 0) \leqslant \|g\|_2 \|x\|_2 \leqslant \|x\|_2 - 0,$$

因此

$$\{g \mid \|g\|_2 \leqslant 1\} \subseteq \partial f(0).$$

接下来说明若 $\|g\|_2 > 1$,则 $g \notin \partial f(0)$. 取 $x = g$,若 g 为次梯度,则

$$\|g\|_2 - 0 \geqslant g^{\mathrm{T}}(g - 0) = \|g\|_2^2 > \|g\|_2,$$

这显然是矛盾的. 综上,我们有

$$\partial f(0) = \{g \mid \|g\|_2 \leqslant 1\}.$$

2.7.2 次梯度的性质

凸函数 $f(x)$ 的次梯度和次微分有许多有用的性质. 下面的定理说明次微分 $\partial f(x)$ 在一定条件下分别为闭凸集和非空有界集.

定理 2.17 设 f 是凸函数,则 $\partial f(x)$ 有如下性质:
(1)对任何 $x \in \mathbf{dom}\, f$,$\partial f(x)$ 是闭凸集(可能为空集);
(2)如果 $x \in \mathbf{int\,dom}\, f$,则 $\partial f(x)$ 是非空有界集.

证明 设 $g_1, g_2 \in \partial f(x)$,并设 $\lambda \in (0,1)$,由次梯度的定义,

$$f(y) \geqslant f(x) + g_1^{\mathrm{T}}(y - x), \quad \forall y \in \mathbf{dom}\, f,$$
$$f(y) \geqslant f(x) + g_2^{\mathrm{T}}(y - x), \quad \forall y \in \mathbf{dom}\, f.$$

由前面第一式的 λ 倍加第二式的 $(1-\lambda)$ 倍,得 $\lambda g_1 + (1-\lambda)g_2 \in \partial f(x)$,从而 $\partial f(x)$ 是凸集. 此外令 $g_k \in \partial f(x)$ 为次梯度且 $g_k \to g$,则

$$f(y) \geqslant f(x) + g_k^{\mathrm{T}}(y - x), \quad \forall y \in \mathbf{dom}\, f,$$

在上述不等式中取极限,并注意到极限的保号性,最终我们有

$$f(y) \geqslant f(x) + g^{\mathrm{T}}(y - x), \quad \forall y \in \mathbf{dom}\, f.$$

这说明 $\partial f(x)$ 为闭集.

下设 $x \in \text{int dom}\, f$，我们来证明 $\partial f(x)$ 是非空有界的．首先，$\partial f(x)$ 非空是定理 2.16 的直接结果，因此我们只需要证明有界性．对 $i = 1, 2, \cdots, n$，定义 $e_i = (0, \cdots, 1, \cdots, 0)$（第 i 个分量为 1，其余分量均为 0），则 $\{e_i\}_{i=1}^n$ 为 $\mathbb{R}^n$ 的一组标准正交基．取定充分小的正数 r，使得

$$B = \{x \pm re_i \mid i = 1, 2, \cdots, n\} \subset \text{dom}\, f.$$

对任意 $g \in \partial f(x)$，不妨设 g 不为 0．存在 $y \in B$ 使得

$$f(y) \geqslant f(x) + g^{\mathrm{T}}(y - x) = f(x) + r\|g\|_\infty.$$

由此得到

$$\|g\|_\infty \leqslant \frac{\max\limits_{y \in B} f(y) - f(x)}{r} < +\infty,$$

即 $\partial f(x)$ 有界． $\square$

当凸函数 $f(x)$ 在某点处可微时，$\nabla f(x)$ 是 $f(x)$ 在该点处唯一的次梯度．

命题 2.6 设 $f(x)$ 在 $x_0 \in \text{int dom}\, f$ 处可微，则

$$\partial f(x_0) = \{\nabla f(x_0)\}.$$

证明 根据可微凸函数的一阶条件（定理 2.9）可知梯度 $\nabla f(x_0)$ 为次梯度．下证 $f(x)$ 在点 x_0 处不可能有其他次梯度．设 $g \in \partial f(x_0)$，根据次梯度的定义，对任意非零的 $v \in \mathbb{R}^n$ 且 $x_0 + tv \in \text{dom}\, f, t > 0$ 有

$$f(x_0 + tv) \geqslant f(x_0) + tg^{\mathrm{T}} v.$$

若 $g \neq \nabla f(x_0)$，取 $v = g - \nabla f(x_0) \neq 0$，上式变形为

$$\frac{f(x_0 + tv) - f(x_0) - t\nabla f(x_0)^{\mathrm{T}} v}{t\|v\|} \geqslant \frac{(g - \nabla f(x_0))^{\mathrm{T}} v}{\|v\|} = \|v\|.$$

不等式两边令 $t \to 0$，根据 Fréchet 可微的定义，左边趋于 0，而右边是非零正数，可得到矛盾． $\square$

和梯度类似，凸函数的次梯度也具有某种单调性．这一性质在很多和次梯度有关的算法的收敛性分析中起到了关键的作用．

定理 2.18 (次梯度的单调性) 设 $f: \mathbb{R}^n \to \mathbb{R}$ 为凸函数，$x, y \in \text{dom}\, f$，则

$$(u - v)^{\mathrm{T}} (x - y) \geqslant 0,$$

其中 $u \in \partial f(x), v \in \partial f(y)$．

证明 由次梯度的定义,
$$f(y) \geqslant f(x) + u^{\mathrm{T}}(y-x),$$
$$f(x) \geqslant f(y) + v^{\mathrm{T}}(x-y).$$
将以上两个不等式相加即得结论. □

对于闭凸函数（即凸下半连续函数）, 次梯度还具有某种连续性.

定理 2.19 设 $f(x)$ 是闭凸函数且 ∂f 在点 $\bar{x}$ 附近存在且非空. 若序列 $\{x^k\}$ 收敛到 $\bar{x}$, $g^k \in \partial f(x^k)$ 为 $f(x)$ 在点 x^k 处的次梯度, 且 $g^k \to \bar{g}$, 则 $\bar{g} \in \partial f(\bar{x})$.

证明 对任意 $y \in \mathbf{dom}\, f$, 根据次梯度的定义,
$$f(y) \geqslant f(x^k) + \langle g^k, y - x^k \rangle.$$
对上述不等式两边取下极限, 我们有
$$f(y) \geqslant \liminf_{k \to \infty} [f(x^k) + \langle g^k, y - x^k \rangle]$$
$$\geqslant f(\bar{x}) + \langle \bar{g}, y - \bar{x} \rangle,$$
其中第二个不等式利用了 $f(x)$ 的下半连续性以及 $g^k \to \bar{g}$, 由此即可推出 $\bar{g} \in \partial f(\bar{x})$. □

在这里注意, 定理 2.19 不完全是 $\partial f(x)$ 的连续性, 它额外要求 g^k 本身是收敛的. 这个性质等价于 ∂f 的图像 $\{(x,g) \mid g \in \partial f(x), x \in \mathbf{dom}\, f\}$ 是闭集.

2.7.3 凸函数的方向导数

在数学分析中我们接触过方向导数的概念. 设 f 为适当函数, 给定点 x_0 以及方向 $d \in \mathbb{R}^n$, 方向导数（若存在）定义为
$$\lim_{t \downarrow 0} \phi(t) = \lim_{t \downarrow 0} \frac{f(x_0 + td) - f(x_0)}{t}, \tag{2.7.4}$$
其中 $t \downarrow 0$ 表示 t 单调下降趋于 0. 对于凸函数 $f(x)$, 易知 $\phi(t)$ 在 $(0, +\infty)$ 上是单调不减的, (2.7.4) 式中的极限号 lim 可以替换为下确界 inf. 此时上述极限总是存在（可以为无穷）, 进而凸函数总是可以定义方向导数.

定义 2.22 (方向导数) 对于凸函数 f, 给定点 $x_0 \in \mathbf{dom}\, f$ 以及方向 $d \in \mathbb{R}^n$, 其方向导数定义为
$$\partial f(x_0; d) = \inf_{t > 0} \frac{f(x_0 + td) - f(x_0)}{t}.$$

方向导数可能是正负无穷，但在定义域的内点处方向导数 $\partial f(x_0;d)$ 是有限的.

命题 2.7 设 $f(x)$ 为凸函数，$x_0 \in \mathbf{int\,dom}\,f$，则对任意 $d \in \mathbb{R}^n$，$\partial f(x_0;d)$ 有限.

证明 首先 $\partial f(x_0;d)$ 不为正无穷是显然的. 由于 $x_0 \in \mathbf{int\,dom}\,f$，根据定理 2.16 可知 $f(x)$ 在点 x_0 处存在次梯度 g. 根据方向导数的定义，我们有

$$\partial f(x_0;d) = \inf_{t>0} \frac{f(x_0+td) - f(x_0)}{t}$$
$$\geqslant \inf_{t>0} \frac{tg^\mathrm{T}d}{t} = g^\mathrm{T}d.$$

其中的不等式利用了次梯度的定义. 这说明 $\partial f(x_0;d)$ 不为负无穷. □

凸函数的方向导数和次梯度之间有很强的联系. 以下结果表明，凸函数 $f(x)$ 关于 d 的方向导数 $\partial f(x;d)$ 正是 f 在点 x 处的所有次梯度与 d 的内积的最大值.

定理 2.20 设 $f: \mathbb{R}^n \to (-\infty, +\infty]$ 为凸函数，$x_0 \in \mathbf{int\,dom}\,f$，$d$ 为 $\mathbb{R}^n$ 中任一方向，则

$$\partial f(x_0;d) = \max_{g \in \partial f(x_0)} g^\mathrm{T}d. \tag{2.7.5}$$

证明 为了方便，对任意 $v \in \mathbb{R}^n$，我们定义 $q(v) = \partial f(x_0;v)$. 根据命题 2.7 的证明过程可直接得出对任意 $g \in \partial f(x_0)$，

$$q(d) = \partial f(x_0;d) \geqslant g^\mathrm{T}d.$$

这说明 $\partial f(x_0;d)$ 是 $g^\mathrm{T}d$ 的一个上界，现在只要说明该上界为上确界.

构造函数

$$h(v,t) = t\left(f\left(x_0 + \frac{v}{t}\right) - f(x_0)\right),$$

可知 $h(v,t)$ 为 $\tilde{f}(v) = f(x_0+v) - f(x_0)$ 的透视函数（见定理 2.13 的 (9)），并且

$$q(v) = \inf_{t'>0} \frac{f(x_0+t'v) - f(x_0)}{t'} \xrightarrow{t=1/t'} \inf_{t>0} h(v,t).$$

根据定理 2.13 的 (9) 知透视函数 $h(v,t)$ 为凸函数，又根据 (8) 知取下确界仍为凸函数，因此 $q(v)$ 关于 v 是凸函数.

由命题 2.7 直接可以得出 $\mathbf{dom}\,q = \mathbb{R}^n$，因此 $q(v)$ 在全空间任意一点次梯度存在. 对方向 d，设 $\hat{g} \in \partial q(d)$，则对任意 $v \in \mathbb{R}^n$ 以及 $\lambda \geqslant 0$，我们有

$$\lambda q(v) = q(\lambda v) \geqslant q(d) + \hat{g}^\mathrm{T}(\lambda v - d).$$

令 $\lambda = 0$，我们有 $q(d) \leqslant \hat{g}^{\mathrm{T}} d$；令 $\lambda \to +\infty$，我们有

$$q(v) \geqslant \hat{g}^{\mathrm{T}} v,$$

进而推出

$$f(x+v) \geqslant f(x) + q(v) \geqslant f(x) + \hat{g}^{\mathrm{T}} v.$$

这说明 $\hat{g} \in \partial f(x)$ 且 $\hat{g}^{\mathrm{T}} d \geqslant q(d)$，即 $q(d)$ 为 $g^{\mathrm{T}} d$ 的上确界，且当 $g = \hat{g}$ 时上确界可取到. □

定理 2.20 可对一般的 $x \in \mathbf{dom}\, f$ 作如下推广，证明见 [166]$^{引理\,2.75}$.

定理 2.21 设 f 为适当凸函数，且在 x_0 处次微分不为空集，则对任意 $d \in \mathbb{R}^n$ 有

$$\partial f(x_0; d) = \sup_{g \in \partial f(x_0)} g^{\mathrm{T}} d,$$

且当 $\partial f(x_0; d)$ 不为无穷时，上确界可以取到.

2.7.4 次梯度的计算规则

如何计算一个不可微凸函数的次梯度在优化算法设计中是很重要的问题. 根据定义来计算次梯度一般来说比较繁琐，我们来介绍一些次梯度的计算规则. 本小节讨论的计算规则都默认 $x \in \mathbf{int\,dom}\, f$.

1. 基本规则

我们首先不加证明地给出一些计算次梯度（次微分）的基本规则.

（1）可微凸函数：设 f 为凸函数，若 f 在点 x 处可微，则 $\partial f(x) = \{\nabla f(x)\}$.

（2）凸函数的非负线性组合：设 f_1, f_2 为凸函数，且满足

$$\mathbf{int\,dom}\, f_1 \cap \mathbf{dom}\, f_2 \neq \varnothing,$$

而 $x \in \mathbf{dom}\, f_1 \cap \mathbf{dom}\, f_2$. 若

$$f(x) = \alpha_1 f_1(x) + \alpha_2 f_2(x), \quad \alpha_1, \alpha_2 \geqslant 0,$$

则 $f(x)$ 的次微分

$$\partial f(x) = \alpha_1 \partial f_1(x) + \alpha_2 \partial f_2(x).$$

（3）线性变量替换：设 h 为适当凸函数，并且函数 f 满足

$$f(x) = h(Ax + b) \quad (\forall x \in \mathbb{R}^m),$$

其中 $A \in \mathbb{R}^{n \times m}, b \in \mathbb{R}^n$. 若存在 $x^{\sharp} \in \mathbb{R}^m$，使得 $Ax^{\sharp} + b \in \mathbf{int\,dom}\, h$，则

$$\partial f(x) = A^{\mathrm{T}} \partial h(Ax + b), \quad \forall\, x \in \mathbf{int\,dom}\, f.$$

注 2.3 第一个结论就是命题 2.6；第二个结论是定理 2.22 的简单推论；第三个结论见 [164]$^{\text{定理 23.9}}$.

2. 两个函数之和的次梯度

以下的 Moreau-Rockafellar 定理给出了两个凸函数之和的次微分的计算方法.

定理 2.22 (Moreau-Rockafellar [164]$^{\text{定理 23.8}}$)　设 $f_1, f_2: \mathbb{R}^n \to (-\infty, +\infty]$ 是两个凸函数, 则对任意的 $x_0 \in \mathbb{R}^n$,

$$\partial f_1(x_0) + \partial f_2(x_0) \subseteq \partial(f_1 + f_2)(x_0). \tag{2.7.6}$$

进一步地, 若 $\text{int dom} f_1 \cap \text{dom} f_2 \neq \emptyset$, 则对任意的 $x_0 \in \mathbb{R}^n$,

$$\partial(f_1 + f_2)(x_0) = \partial f_1(x_0) + \partial f_2(x_0). \tag{2.7.7}$$

证明　第一个结论由次梯度的定义是显而易见的. 以下来证第二个结论.

对于任意给定的 x_0, 设 $g \in \partial(f_1 + f_2)(x_0)$. 如果 $f_1(x_0) = +\infty$, 则有 $(f_1 + f_2)(x_0) = +\infty$. 由次梯度的定义,

$$(f_1 + f_2)(x) \geqslant (f_1 + f_2)(x_0) + g^{\text{T}}(x - x_0)$$

对任意 $x \in \mathbb{R}^n$ 成立, 故 $f_1 + f_2 \equiv +\infty$. 这与 $\text{int dom} f_1 \cap \text{dom} f_2 \neq \emptyset$ 矛盾, 因此以下我们假设 $f_1(x_0), f_2(x_0) < +\infty$. 定义如下两个集合:

$$S_1 = \{(x - x_0, y) \in \mathbb{R}^n \times \mathbb{R} \mid y > f_1(x) - f_1(x_0) - g^{\text{T}}(x - x_0)\},$$
$$S_2 = \{(x - x_0, y) \in \mathbb{R}^n \times \mathbb{R} \mid y \leqslant f_2(x_0) - f_2(x)\},$$

容易验证 S_1, S_2 均为非空凸集. 设 $(x - x_0, y) \in S_1 \cap S_2$, 则

$$y > f_1(x) - f_1(x_0) - g^{\text{T}}(x - x_0),$$
$$y \leqslant f_2(x_0) - f_2(x).$$

上两式相减即得

$$(f_1 + f_2)(x) < (f_1 + f_2)(x_0) + g^{\text{T}}(x - x_0),$$

这与 $g \in \partial(f_1 + f_2)(x_0)$ 矛盾. 因此 $S_1 \cap S_2 = \emptyset$. 根据凸集分离定理, 存在非零的 $(a, b) \in \mathbb{R}^n \times \mathbb{R}$ 和另一个实数 $c \in \mathbb{R}$, 使得

$$a^{\text{T}}(x - x_0) + by \leqslant c, \quad \forall (x - x_0, y) \in S_1, \tag{2.7.8}$$
$$a^{\text{T}}(x - x_0) + by \geqslant c, \quad \forall (x - x_0, y) \in S_2. \tag{2.7.9}$$

注意到 $(0,0) \in S_2$，故 $c \leqslant 0$. 此外还有 $(0,\varepsilon) \in S_1$ 对任何 $\varepsilon > 0$ 成立，由此容易得到 $c = 0$ 以及 $b \leqslant 0$. 如果 $b = 0$，则由上两式即得 $a^{\mathrm{T}}(x - x_0) = 0$ 对任何 $x \in \mathbf{dom} f_1 \cap \mathbf{dom} f_2$ 成立. 现在取 $\hat{x} \in \mathbf{int}\,\mathbf{dom} f_1 \cap \mathbf{dom} f_2$，并设 $\delta > 0$ 使得点 $\hat{x}$ 处的邻域 $N_\delta(\hat{x}) \subset \mathbf{int}\,\mathbf{dom} f_1 \cap \mathbf{dom} f_2$，则

$$a^{\mathrm{T}} u = a^{\mathrm{T}}(\hat{x} + u - x_0)$$

对任何 $u \in \mathbb{R}^n$ 成立. 此时再令 $u = \dfrac{\delta a}{2\|a\|_2}$ 即得 $a = 0$. 但这与 (a,b) 非零矛盾，故 b 不可能为 0. 现将 (2.7.8) 式除以 $-b$，并令 $\hat{a} = -\dfrac{a}{b}$，就得到

$$\hat{a}^{\mathrm{T}}(x - x_0) \leqslant y, \quad \forall (x - x_0, y) \in S_1,$$
$$\hat{a}^{\mathrm{T}}(x - x_0) \geqslant y, \quad \forall (x - x_0, y) \in S_2.$$

利用上面两个式子和 S_1 和 S_2 的定义可以分别得到 $g + \hat{a} \in \partial f_1(x_0)$ 和 $-\hat{a} \in \partial f_2(x_0)$. 因此

$$g = (g + \hat{a}) + (-\hat{a}) \in \partial f_1(x_0) + \partial f_2(x_0). \qquad \square$$

3. 函数族的上确界

容易验证一族凸函数的上确界函数仍是凸函数. 我们有如下重要结果：

定理 2.23 (Dubovitskii-Milyutin [62]) 设 $f_1, f_2, \cdots, f_m : \mathbb{R}^n \to (-\infty, +\infty]$ 均为凸函数，令

$$f(x) = \max\{f_1(x), f_2(x), \cdots, f_m(x)\}, \quad \forall x \in \mathbb{R}^n.$$

对 $x_0 \in \bigcap\limits_{i=1}^{m} \mathbf{int}\,\mathbf{dom}\, f_i$，定义 $I(x_0) = \{i \mid f_i(x_0) = f(x_0)\}$，则

$$\partial f(x_0) = \mathbf{conv} \bigcup_{i \in I(x_0)} \partial f_i(x_0). \tag{2.7.10}$$

证明 若 $f(x_0) = +\infty$，则 $f_i(x_0) = +\infty$，$i \in I(x_0)$，于是 (2.7.10) 式两端均为 $\emptyset$. 下设 $f(x_0) < +\infty$. $\forall i \in I(x_0)$，容易验证 $\partial f_i(x_0) \subseteq \partial f(x_0)$. 再由定理 2.17 可知

$$\mathbf{conv} \bigcup_{i \in I(x_0)} \partial f_i(x_0) \subseteq \partial f(x_0).$$

另一方面，设 $g \in \partial f(x_0)$. 假设 $g \notin \mathbf{conv} \bigcup\limits_{i \in I(x_0)} \partial f_i(x_0)$，由严格分离定理（注意到 $\mathbf{conv} \bigcup\limits_{i \in I(x_0)} \partial f_i(x_0)$ 和 $\{g\}$ 均为闭凸集）和定理 2.20，存在 $a \in \mathbb{R}^n$ 和 $b \in \mathbb{R}$，使得

$$a^{\mathrm{T}} g > b \geqslant \max_{i \in I(x_0)} \sup_{\zeta \in \partial f_i(x_0)} a^{\mathrm{T}} \zeta = \max_{i \in I(x_0)} \partial f_i(x_0; a).$$

因为

$$\partial f(x_0;a) = \lim_{t\to 0^+} \frac{f(x_0+ta)-f(x_0)}{t}$$
$$= \max_{i\in I(x_0)} \lim_{t\to 0^+} \frac{f_i(x_0+ta)-f_i(x_0)}{t}$$
$$= \max_{i\in I(x_0)} \partial f_i(x_0;a),$$

故 $a^{\mathrm{T}}g > \partial f(x_0;a)$. 但由于 $g \in \partial f(x_0)$, 我们有 $f(x_0+ta) \geqslant f(x_0) + tg^{\mathrm{T}}a$, 因而 $\partial f(x_0;a) \geqslant a^{\mathrm{T}}g$, 这就导致矛盾. 故 $g \in \mathbf{conv} \bigcup_{i\in I(x_0)} \partial f_i(x_0)$. □

有了前面的结论,我们可以非常简单地得到一些基本函数的次梯度.

例 2.16 设 f_1, f_2 为凸可微函数(如图 2.15),令 $f(x) = \max\{f_1(x), f_2(x)\}$.

(1)若 $f_1(x) = f_2(x)$,则 $\partial f(x) = \{t\nabla f_1(x) + (1-t)\nabla f_2(x), 0 \leqslant t \leqslant 1\}$;

(2)若 $f_1(x) > f_2(x)$,则 $\partial f(x) = \{\nabla f_1(x)\}$;

(3)若 $f_2(x) > f_1(x)$,则 $\partial f(x) = \{\nabla f_2(x)\}$.

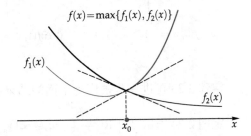

图 2.15
例 2.16 图(一维情形）

例 2.17 (分段线性函数) 令

$$f(x) = \max_{i=1,2,\cdots,m} \{a_i^{\mathrm{T}}x + b_i\},$$

其中 $x, a_i \in \mathbb{R}^n, b_i \in \mathbb{R}, i=1,2,\cdots,m$,如图 2.16 所示. 则

$$\partial f(x) = \mathbf{conv}\{a_i \mid i \in I(x)\},$$

其中

$$I(x) = \{i \mid a_i^{\mathrm{T}}x + b_i = f(x)\}.$$

例 2.18 (ℓ_1 范数) 定义 $f: \mathbb{R}^n \to \mathbb{R}$ 为 ℓ_1 范数,则对 $x = (x_1, x_2, \cdots, x_n) \in \mathbb{R}^n$,有

$$f(x) = \|x\|_1 = \max_{s \in \{-1,1\}^n} s^{\mathrm{T}}x.$$

图 2.16
例 2.17 图（一维情形）

于是

$$\partial f(x) = J_1 \times J_2 \times \cdots \times J_n, \quad J_k = \begin{cases} [-1,1], & x_k = 0, \\ \{1\}, & x_k > 0, \\ \{-1\}, & x_k < 0, \end{cases}$$

如图 2.17 所示.

图 2.17
ℓ_1 范数的次微分 ($n=2$)

(a) $\partial f(0,0) = [-1,1] \times [-1,1]$ (b) $\partial f(1,0) = \{1\} \times [-1,1]$ (c) $\partial f(1,1) = \{(1,1)\}$

定理 2.23 可进一步推广为下面的结果：

定理 2.24 设 $\{f_\alpha \mid \mathbb{R}^n \to (-\infty, +\infty]\}_{\alpha \in \mathcal{A}}$ 是一族凸函数，令

$$f(x) = \sup_{\alpha \in \mathcal{A}} f_\alpha(x).$$

对 $x_0 \in \bigcap_{\alpha \in \mathcal{A}} \mathbf{int\,dom}\, f_\alpha$，定义 $I(x_0) = \{\alpha \in \mathcal{A} \mid f_\alpha(x_0) = f(x_0)\}$，则

$$\mathbf{conv} \bigcup_{\alpha \in I(x_0)} \partial f_\alpha(x_0) \subseteq \partial f(x_0).$$

如果还有 $\mathcal{A}$ 是紧集且 f_α 关于 α 连续，则

$$\mathbf{conv} \bigcup_{\alpha \in I(x_0)} \partial f_\alpha(x_0) = \partial f(x_0).$$

4. 固定分量的函数极小值

设 $h: \mathbb{R}^n \times \mathbb{R}^m \to (-\infty, +\infty]$ 是关于 (x,y) 的凸函数，则 $f(x) \stackrel{\text{def}}{=} \inf_y h(x,y)$ 是关于 $x \in \mathbb{R}^n$ 的凸函数. 以下结果可以用于求解 f 在点 x 处的一个次梯度.

定理 2.25 考虑函数
$$f(x) = \inf_y h(x,y),$$
其中
$$h: \mathbb{R}^n \times \mathbb{R}^m \to (-\infty, +\infty]$$
是关于 (x,y) 的凸函数. 对 $\hat{x} \in \mathbb{R}^n$, 设 $\hat{y} \in \mathbb{R}^m$ 满足 $h(\hat{x}, \hat{y}) = f(\hat{x})$, 且存在 $g \in \mathbb{R}^n$ 使得 $(g,0) \in \partial h(\hat{x}, \hat{y})$, 则 $g \in \partial f(\hat{x})$.

证明　由次梯度的定义知, 对任意的 $x \in \mathbb{R}^n, y \in \mathbb{R}^m$, 有
$$h(x,y) \geqslant h(\hat{x},\hat{y}) + g^{\mathrm{T}}(x-\hat{x}) + 0^{\mathrm{T}}(y-\hat{y})$$
$$= f(\hat{x}) + g^{\mathrm{T}}(x-\hat{x}).$$
于是
$$f(x) = \inf_y h(x,y) \geqslant f(\hat{x}) + g^{\mathrm{T}}(x-\hat{x}). \qquad \square$$

有了上面的结果, 我们可以推导如下距离函数的部分次梯度:

例 2.19　设 C 是 $\mathbb{R}^n$ 中的闭凸集, 令
$$f(x) = \inf_{y \in C} \|x-y\|_2,$$
且 $\hat{x} \in \mathbb{R}^n$, 我们来求 f 在点 $\hat{x}$ 处的一个次梯度.

(1) 若 $f(\hat{x}) = 0$, 则 $g = 0 \in \partial f(\hat{x})$.

(2) 若 $f(\hat{x}) > 0$, 由 C 是闭凸集, 可取 $\hat{y}$ 为 $\hat{x}$ 在 C 上的投影, 即
$$\hat{y} = \mathcal{P}_C(\hat{x}) \stackrel{\text{def}}{=} \arg\min_{y \in C} \|\hat{x}-y\|_2,$$
则利用 $\hat{y}$ 的定义可以验证
$$g = \frac{1}{\|\hat{x}-\hat{y}\|_2}(\hat{x}-\hat{y}) = \frac{1}{\|\hat{x}-\mathcal{P}_C(\hat{x})\|_2}(\hat{x}-\mathcal{P}_C(\hat{x}))$$
满足定理 2.25 的条件. 故 $g \in \partial f(\hat{x})$.

5. 复合函数

对于复合函数的次梯度, 我们有如下链式法则（注意比较其与可微情形下链式法则的异同）:

定理 2.26　设 $f_1, f_2, \cdots, f_m: \mathbb{R}^n \to (-\infty, +\infty]$ 为 m 个凸函数, $h: \mathbb{R}^m \to (-\infty, +\infty]$ 为关于各分量单调递增的凸函数, 令
$$f(x) = h(f_1(x), f_2(x), \cdots, f_m(x)).$$
设 $z = (z_1, z_2, \cdots, z_m) \in \partial h(f_1(\hat{x}), f_2(\hat{x}), \cdots, f_m(\hat{x}))$ 以及 $g_i \in \partial f_i(\hat{x})$, 则
$$g \stackrel{\text{def}}{=} z_1 g_1 + z_2 g_2 + \cdots + z_m g_m \in \partial f(\hat{x}).$$

证明 易知 f 也为凸函数. 我们有

$$\begin{aligned}
f(x) &\geqslant h\left(f_1(\hat{x}) + g_1^{\mathrm{T}}(x-\hat{x}), f_2(\hat{x}) + g_2^{\mathrm{T}}(x-\hat{x}), \cdots, f_m(\hat{x}) + g_m^{\mathrm{T}}(x-\hat{x})\right) \\
&\geqslant h(f_1(\hat{x}), f_2(\hat{x}), \cdots, f_m(\hat{x})) + z^{\mathrm{T}}\left(g_1^{\mathrm{T}}(x-\hat{x}), g_2^{\mathrm{T}}(x-\hat{x}), \cdots, g_m^{\mathrm{T}}(x-\hat{x})\right) \\
&= f(\hat{x}) + g^{\mathrm{T}}(x-\hat{x}),
\end{aligned}$$

因此 g 为 f 在点 $\hat{x}$ 处的一个次梯度. □

2.8 总 结

本章介绍了本书一些必要的预备知识,主要内容包括范数、导数、凸分析等方面的内容. 其中凸分析方面的内容编写参考了 [31] 和 Lieven Vandenberghe 的课件.

在优化算法实现当中,经常会涉及数值代数方面的内容:例如求解线性方程组、正交分解、特征值(奇异值)分解等运算. 这些内容可以参考本书的附录 B.2. 有关数值代数的详细内容,我们推荐读者阅读 [56, 216, 217].

导数相关内容涉及梯度、海瑟矩阵的基本概念,矩阵变量函数的求导方法. 关于矩阵变量函数的导数的更多内容,可以参考 [150]. 对于 Wirtinger 导数,可以参考 [39] 的第 VI 节.

我们在凸分析部分详细介绍了凸集、凸函数、次梯度的知识,对于共轭函数部分的内容涉及较少,后面章节需要的时候会继续展开讨论. 本章中不加证明地给出了凸集、凸函数的很多定理和性质,其中很多证明可以在 [31] 中找到,该书中有对凸集、凸函数进一步的介绍和更多的例子. 比较严格化的凸分析内容,我们建议感兴趣的读者阅读 [164].

习 题 2

2.1 说明矩阵 F 范数不是算子范数（即它不可能被任何一种向量范数所诱导）. 提示：算子范数需要满足某些必要条件，只需找到一个 F 范数不满足的必要条件即可.

2.2 证明：矩阵 A 的 2 范数等于其最大奇异值，即

$$\sigma_1(A) = \max_{\|x\|_2=1} \|Ax\|_2.$$

2.3 证明如下有关矩阵范数的不等式：

(a) $\|AB\|_F \leqslant \|A\|_2 \|B\|_F$；

(b) $|\langle A, B \rangle| \leqslant \|A\|_2 \|B\|_*$.

2.4 设矩阵 A 为

$$A = \begin{bmatrix} I & B \\ B^T & I \end{bmatrix},$$

其中 $\|B\|_2 < 1$，I 为单位矩阵，证明：A 可逆且

$$\|A\|_2 \|A^{-1}\|_2 = \frac{1 + \|B\|_2}{1 - \|B\|_2}.$$

2.5 假设 A 和 B 均为半正定矩阵，求证：$\langle A, B \rangle \geqslant 0$. 提示：利用对称矩阵的特征值分解.

2.6 计算下列矩阵变量函数的导数：

(a) $f(X) = a^T X b$，这里 $X \in \mathbb{R}^{m \times n}$，$a \in \mathbb{R}^m, b \in \mathbb{R}^n$ 为给定的向量；

(b) $f(X) = \text{Tr}(X^T A X)$，其中 $X \in \mathbb{R}^{m \times n}$ 是长方形矩阵，A 是方阵（但不一定对称）；

(c) $f(X) = \ln \det(X)$，其中 $X \in \mathbb{R}^{n \times n}$，定义域为 $\{X \mid \det(X) > 0\}$（注意这个习题和例 2.1 的 (3) 的区别）.

2.7 考虑二次不等式

$$x^T A x + b^T x + c \leqslant 0,$$

其中 A 为 n 阶对称矩阵，设 C 为上述不等式的解集.

(a) 证明：当 A 正定时，C 为凸集；

(b) 设 C' 是 C 和超平面 $g^T x + h = 0$ 的交集（$g \neq 0$），若存在 $\lambda \in \mathbb{R}$，使得 $A + \lambda g g^T$ 半正定，证明：C' 为凸集.

2.8 (鞍点问题) 设函数 $f: \mathbb{R}^n \times \mathbb{R}^m \to \mathbb{R}$ 满足如下性质：当固定 $z \in \mathbb{R}^m$ 时，$f(x, z)$ 关于 x 为凸函数；当固定 $x \in \mathbb{R}^n$ 时，$f(x, z)$ 关于 z 是凹函数，则称 f 为**凸-凹函数**.

(a) 设 f 二阶可导，试利用海瑟矩阵 $\nabla^2 f$ 给出 f 为凸-凹函数的一个二阶条件；

(b) 设 f 为凸–凹函数且可微,且在点 $(\bar{x},\bar{z})$ 处满足 $\nabla f(\bar{x},\bar{z}) = 0$,求证:对任意 x 和 z,如下鞍点性质成立:

$$f(\bar{x},z) \leqslant f(\bar{x},\bar{z}) \leqslant f(x,\bar{z}).$$

进一步证明 f 满足极小–极大性质:

$$\sup_z \inf_x f(x,z) = \inf_x \sup_z f(x,z).$$

(c) 设 f 可微但不一定是凸–凹函数,且在点 $(\bar{x},\bar{z})$ 处满足鞍点性质

$$f(\bar{x},z) \leqslant f(\bar{x},\bar{z}) \leqslant f(x,\bar{z}), \quad \forall\, x,z,$$

求证:$\nabla f(\bar{x},\bar{z}) = 0$.

注:这个题目的结论和之后我们要学习的拉格朗日函数有密切联系.

2.9 利用凸函数二阶条件证明如下结论:

(a) ln-sum-exp 函数:$f(x) = \ln \sum_{k=1}^{n} \exp x_k$ 是凸函数;

(b) 几何平均:$f(x) = \left(\prod_{k=1}^{n} x_k\right)^{1/n}$ $(x>0)$ 是凹函数;

(c) 设 $f(x) = \left(\sum_{i=1}^{n} x_i^p\right)^{1/p}$,其中 $p \in (0,1)$,定义域为 $x > 0$,则 $f(x)$ 是凹函数.

2.10 证明定理 2.12.

2.11 考虑如下带有半正定约束的优化问题:

$$\begin{aligned}
\min \quad & \mathrm{Tr}(X), \\
\text{s.t.} \quad & \begin{bmatrix} A & B \\ B^{\mathrm{T}} & X \end{bmatrix} \succeq 0, \\
& X \in \mathcal{S}^n,
\end{aligned}$$

其中 A 是正定矩阵.

(a) 利用附录 B.1.9 中的 Schur 补的结论证明此优化问题的解为 $X = B^{\mathrm{T}} A^{-1} B$;

(b) 利用定理 2.13 的 (8) 证明:函数 $f(A,B) = \mathrm{Tr}(B^{\mathrm{T}} A^{-1} B)$ 关于 (A,B) 是凸函数,其中 $f(A,B)$ 的定义域 $\mathbf{dom}\, f = \mathcal{S}_{++}^m \times \mathbb{R}^{m \times n}$.

2.12 求下列函数的共轭函数:

(a) 负熵:$\sum_{i=1}^{n} x_i \ln x_i$;

(b) 矩阵对数:$f(x) = -\ln \det(X)$;

(c) 最大值函数:$f(x) = \max_i x_i$;

(d) 二次锥上的对数函数:$f(x,t) = -\ln(t^2 - x^{\mathrm{T}} x)$,注意这里 f 的自变量是 (x,t).

2.13 求下列函数的一个次梯度:

(a) $f(x) = \|Ax - b\|_2 + \|x\|_2$;

(b) $f(x) = \inf_{y} \|Ay - x\|_\infty$,这里假设能够取到 $\hat{y}$,使得 $\|A\hat{y} - x\|_\infty = f(x)$.

2.14 利用定理 2.24 来求出最大特征值函数 $f(x) = \lambda_1(A(x))$ 的次微分 $\partial f(x)$,其中 $A(x)$ 是关于 x 的线性函数

$$A(x) = A_0 + \sum_{i=1}^{n} x_i A_i, \quad A_i \in \mathcal{S}^m, i = 0, \cdots, n.$$

说明 $f(x)$ 何时是可微函数.

2.15 设 $f(x)$ 为 m-强凸函数,求证:对于任意的 $x \in \mathbf{int\,dom}\,f$,

$$f(x) - \inf_{y \in \mathbf{dom}\,f} f(y) \leqslant \frac{1}{2m} \mathrm{dist}^2(0, \partial f(x)),$$

其中 $\mathrm{dist}(z, S)$ 表示点 z 到集合 S 的欧几里得距离.

第三章
优化建模

优化模型是一类重要的数学模型，它是利用数学的方式来刻画一个真实问题。我们以运输问题为例来说明优化建模的过程。假如有若干仓库和市场，仓库需要向市场供应一定量的货物，而每条供应线路都需要一定费用。那么这里的优化模型就是在满足供货的情况下选择一种花费最低的方案，其中目标函数就是运输的总费用，约束就是库存和市场需求等方面的限制。

建模的过程通常涉及以下步骤：定义目标，查找相关文献，建立模型并收集数据，初始测试，验证模型。上面的步骤中，有的可能需要重复执行。具体地，给定一个实际问题，我们需要确定模型的目标，并查找文献中是否存在类似的模型。接着，我们需要收集数据。在大部分情况下，收集数据是十分耗时并且容易出错的，但有时也可以很容易地找到数据集。之后，我们需要选择一个合适的模型，除了查找相关文献外，还需要结合问题的实际背景。我们往往会局限于已知的建模工具，因此建立的模型并不一定是最合适的。对于建立的模型，我们需要对其最简化的版本用实际数据来进行测试，并逐步提高复杂度来判断模型表达的正确性。验证模型是通过模型在已知情形的表现是否一致来检查模型的合理性。通过这些步骤就建立了一个合理的模型。为了让这个模型具有更高的可信度以及采用度，我们需要比较解决同一个实际问题已有的其他模型，在相同的数据集上至少给出精度差不多的解，并且某些数据集上的表现要比已有模型好。如果该实际问题没有其他模型，那么建立的模型在已知情形的预测结果需要和我们的认知一致。

优化这一数学分支与实际应用关系密切。在研究一个优化问题的性质以及求解方式之前，了解问题本身的来源是至关重要的，这有助于明确优化方法的研究方向。另一方面，面对一个实际问题，使用数学的手段将其转化成一个可以求解的优化问题也是一项重要技能。本章将从介绍常用的建模技巧开始，接着介绍统计学、信号处理、图像处理以及机器学习中常见的优化模型。我们将侧重于解释优化模型背后的思想和实际含义，以便帮助读者理解模型中每一部分的作用。

3.1 建 模 技 术

优化建模关注的是对一个实际问题建立合适的优化模型，即我们要确定优化问题的目标函数和决策变量所在的可行域。下面分别对目标函数的设计和约束的设计来介绍常见的建模技术。

3.1.1 目标函数的设计

1. 最小二乘法

最小二乘法建模常见于线性（非线性）方程问题中．设 $\phi_i(x): \mathbb{R}^n \to \mathbb{R}$, $i = 1, 2, \cdots, m$ 为 n 元函数，且有如下方程组：

$$b_i = \phi_i(x), \quad i = 1, 2, \cdots, m, \tag{3.1.1}$$

其中 $b_i \in \mathbb{R}$ 是已知的实数．方程组 (3.1.1) 的求解在实际中应用广泛，但这个问题并不总是可解的．首先，方程组的个数 m 可以超过自变量个数 n，因此方程组的解可能不存在；其次，由于测量误差等因素，方程组 (3.1.1) 的等式关系可能不是精确成立的．为了能在这种实际情况下求解出 x，最小二乘法的思想是极小化误差的 ℓ_2 范数平方，即

$$\min_{x \in \mathbb{R}^n} \sum_{i=1}^{m} (b_i - \phi_i(x))^2. \tag{3.1.2}$$

特别地，当 ϕ_i 均为线性函数时，我们称问题 (3.1.2) 为线性最小二乘问题，否则称其为非线性最小二乘问题．

最小二乘的思想非常直观：若方程 (3.1.1) 存在解，则求解问题 (3.1.2) 的全局最优解就相当于求出了方程的解；当方程的解不存在时，问题 (3.1.2) 实际给出了某种程度上误差最小的解．读者可能注意到，最小二乘法使用了 ℓ_2 范数来度量误差大小，其主要优点有两个：第一，ℓ_2 范数的平方是光滑可微的，它会给目标函数带来较好的性质；第二，ℓ_2 范数对于某种误差的处理有最优性，这一点我们在第 3.2 节中会进一步给出解答．

最小二乘并不总是最合理的．除了构造最小二乘问题外，根据实际问题的需要，我们还经常建立最小一乘模型以及最小最大模型，其思想是使用不同的范数代替 ℓ_2 范数．如果要保证偏差的绝对值之和最小，相应的模型为

$$\min_{x \in \mathbb{R}^n} \sum_{i=1}^{m} |b_i - \phi_i(x)|; \tag{3.1.3}$$

如果想要保证最大偏差最小化，对应的优化模型为

$$\min_{x \in \mathbb{R}^n} \max_{i} |b_i - \phi_i(x)|. \tag{3.1.4}$$

2. 正则化

在建模的时候，我们往往需要借助于想要得到的解的性质．比如，在最小二乘问题 (3.1.2) 中，当 $m < n$ 时，最优解很可能不止一个，但不一定所有的解都是我们想要的．为了让解具有某种光滑性以及克服问题的病态性质（比

如当 ϕ 为线性函数且 $m < n$ 时，问题 (3.1.2) 的海瑟矩阵是奇异的)，那么改进的模型为

$$\min_{x \in \mathbb{R}^n} \sum_{i=1}^m (b_i - \phi_i(x))^2 + \mu \|x\|_2^2, \tag{3.1.5}$$

其中 $\mu > 0$ 为一个平衡参数. 如果想要得到的一个稀疏的解，则可以借助 ℓ_0 范数并构造如下模型：

$$\min_{x \in \mathbb{R}^n} \sum_{i=1}^m (b_i - \phi_i(x))^2 + \mu \|x\|_0, \tag{3.1.6}$$

其中 $\mu > 0$ 用来控制解的稀疏度. 由于 ℓ_0 范数在实际中难以处理，我们往往使用 ℓ_1 范数来代替 ℓ_0 范数来保证稀疏性，即构造模型

$$\min_{x \in \mathbb{R}^n} \sum_{i=1}^m (b_i - \phi_i(x))^2 + \mu \|x\|_1. \tag{3.1.7}$$

在图像处理中，x 本身可能不是稀疏的，但是其在变换域中是稀疏的. 相应的模型为

$$\min_{x \in \mathbb{R}^n} \sum_{i=1}^m (b_i - \phi_i(x))^2 + \mu \|W(x)\|_0, \tag{3.1.8}$$

以及

$$\min_{x \in \mathbb{R}^n} \sum_{i=1}^m (b_i - \phi_i(x))^2 + \mu \|W(x)\|_1, \tag{3.1.9}$$

其中 $W: \mathbb{R}^n \to \mathbb{R}^p$ 表示某种变换，常用的有全变差以及小波变换.

正则项在目标函数中的意义是明显的. 例如在 (3.1.5) 式中，目标函数可分为两项，正则项为 $\mu\|x\|_2^2$，其含义是我们需要寻找一个 x，使其同时满足"误差尽量小"以及"欧几里得长度尽量短". 参数 μ 的作用是调整这两项的权重，当 μ 较大时，该模型更侧重于拒绝 ℓ_2 范数较大的解. 在这里我们看到 ℓ_2 范数有"收缩"的作用，即限制解向量的长度. 同理，在 (3.1.6) 式中，正则项对解向量 x 的非零元个数进行惩罚，其含义为寻找同时满足"误差尽量小"和"非零元素尽量少"的解. 通过选取参数 μ 来调节最终解 x 的稀疏性.

在第一章的低秩矩阵补全问题中，我们要求最后的解矩阵是低秩的，即在目标函数中还会有保证低秩的项. 对于一个矩阵 X，令 $\text{rank}(X)$ 表示其秩（奇异值组成的向量的 ℓ_0 范数）. 为了保证解的低秩，我们一般会在原优化模型的基础上添加关于 $\text{rank}(X)$ 的罚项. 由于 ℓ_0 范数与 ℓ_1 范数在某种程度上的等价性，在实际中我们往往惩罚矩阵的核范数 $\|X\|_*$（所有奇异值的和）. 这种方式的另外一个好处来自于 $\|X\|_*$ 的凸性.

3. 最大似然估计

在实际问题中有很多数据来自未知的概率分布，从数据反推分布的具体形式是非常重要的课题. 最大似然估计就是统计中常用的一种估计概率分布

的方法，其通过最大化似然函数，使得观测数据尽可能地服从假定的模型. 因为最大似然估计的直观性，其在实际中非常流行. 本小节简要介绍最大似然估计的思想，相关的概率基础可参见附录 B.3.

这里考虑一种简单的情况. 假设我们已经知道数据来自某种特定的分布，但不知道该分布具体的参数. 为了方便起见，令 $p(a;x)$ 是其分布律或概率密度函数，其中 x 为未知参数. 为了估计 x，我们选取一列独立同分布的样本点 $a_1, a_2, \cdots, a_n$. **似然函数**定义为在参数 x 下的数据集 $\{a_i, i = 1, 2, \cdots, n\}$ 发生的概率，即

$$L(x) = \prod_{i=1}^{n} p(a_i; x).$$

我们看到 $L(x)$ 实际上就是这 n 个点的联合概率（联合密度），但此时的自变量变成了参数 x.

有了似然函数 $L(x)$ 之后，参数的**最大似然估计**定义为

$$\hat{x} \in \underset{x \in \mathcal{X}}{\arg\max} \ L(x),$$

其中 $\mathcal{X}$ 为参数空间. 假设最大似然估计存在，则求解最大似然估计本质上是在一族分布中寻找最有可能产生该样本的参数. 在实际中，似然函数的对数的最大值往往更容易求解，即考虑最大化问题

$$\max_{x \in \mathcal{X}} \ \ell(x) \stackrel{\text{def}}{=\!=} \ln L(x). \tag{3.1.10}$$

因为 $\ln(x)$ 是严格单调递增的，因此上面问题的最优解也为 $\hat{x}$. 但由于取对数可将乘法变为加法，实际更易操作，所以在统计中更倾向于使用**对数似然函数** $\ell(x)$. 对于很多模型来说，似然函数的表达式是已知的，但是其最优解的显式表达式是未知的，因此需要利用数值优化算法求其全局最优解.

这里，我们考虑一个利用最大似然估计来计算均值和协方差矩阵的例子. 如果假设数据服从高斯分布，即 $a_i \sim \mathcal{N}(\mu, \Sigma)$，其中均值 $\mu \in \mathbb{R}^p$ 和协方差矩阵 $\Sigma \in \mathcal{S}_{++}^p$ 是未知的，那么

$$p(a;x) = \frac{1}{\sqrt{(2\pi)^p \det(\Sigma)}} \exp\left[-\frac{1}{2}(a-\mu)^{\mathrm{T}} \Sigma^{-1}(a-\mu)\right], \quad x = \{\mu, \Sigma\}.$$

通过构造并求解相应的优化问题 (3.1.10)，我们可以得到均值和协方差矩阵的估计：$\hat{\mu}$ 和 $\hat{\Sigma}$.

4. 代价、损失、收益函数

运筹学中的很多问题就是极小化代价（损失）并极大化收益的过程. 比如，我们在玩俄罗斯方块的时候，每走一步都会有相应的分数奖励，我们期望的自然是最后的得分越高越好. 在旅行的时候，我们一般会提前规划好想

去的城市并确定行程. 此时, 我们希望在游览所有城市的情况下路程最短或者差旅费最少. 在超市物品定价的时候, 我们一般会根据价格与可能销售数量之间的关系来确定一个能带来最大利润的定价. 这些实际问题, 都可以写成优化问题的形式, 其目标函数或者是极小化代价 (损失), 或者是极大化收益, 或者是两者兼顾.

5. 泛函、变分

物理、化学中的很多问题都可以表述为能量极小化的形式. 比如, 在电子结构计算中, 我们通过极小化原子和电子之间的相互作用能量来计算稳定态. 在玻色-爱因斯坦 (Bose-Einstein) 凝聚问题中, 我们也是通过极小化能量泛函来找到玻色子的物质状态. 一般来说, 能量泛函是定义在函数空间上的, 即相应优化问题的自变量是无穷维空间中的函数. 我们可以通过变分来得到其相应的最优性条件等. 实际中常用的另一种方式, 是利用合适的离散化, 将能量泛函的极小化问题从无穷维空间中拉回到有限维空间中, 从而得到相应问题的离散解. 注意, 不同的离散化一般对应于不同的目标函数及不同的优化问题.

6. 松弛问题

当原始问题不容易求解时, 优化中一个常用的技巧是松弛. 这一技巧的基本思想是: 在保留原问题部分性质的条件下, 使用简单的项替代目标函数中难以处理的项, 进而使得问题更易求解. 例如, ℓ_0 范数是不可微且非凸的. 由于 ℓ_1 范数是 ℓ_0 范数在某种程度上的近似, 在实际中往往用 ℓ_1 范数代替目标函数中的 ℓ_0 范数. 因为 ℓ_1 范数是凸的, 相应模型的理论分析以及算法设计会更简单. 对于低秩优化问题, 秩对应矩阵奇异值中非零元的个数, 其也是非凸且不可微. 常用方式是将其用矩阵的核范数 (矩阵奇异值组成的向量的 ℓ_1 范数) 代替, 因而得到一个更易处理的凸松弛项.

另一种松弛的策略是在问题 (1.1.1) 中使用目标函数的一个下界 $f_R(x)$ 来替换 $f(x)$ 进行求解, 其中 $f_R(x)$ 应该满足:

(1) $f_R(x) \leqslant f(x), \forall x \in \mathcal{X}$;

(2) $f_R(x)$ 具有简单结构.

例如我们将在第五章中介绍的拉格朗日函数 (5.4.2), 它实际上就可以看成是原问题目标函数的一种松弛.

在这里注意, 松弛之后的问题和原问题未必等价. 之前我们反复提到 ℓ_0 范数可替换为 ℓ_1 范数均是在一定条件下进行的, 而 ℓ_2 范数一般不能作为 ℓ_0 范数的松弛.

3.1.2 约束的设计

1. 问题本身的物理性质

根据实际问题的具体形式, 优化问题的决策变量需要满足各种各样的约束. 比如, 在电子结构计算中, 我们假设轨道函数之间是相互正交的. 在化学反应过程当中, 各成分的浓度随着时间的变化对应于一个微分方程组. 在最优设计中, 我们有时需要优化物体的形状. 如在飞机机翼设计中, 受机翼周围的气流影响, 机翼形状的改变对应于一个微分方程. 在很多情况下, 我们还需要非负约束, 比如图像的像素值, 物体的浓度, 拥有的资源数量, 等等. 当线性或者一般的等式观测带有噪声或者需要更多的鲁棒性时, 我们也将等式约束放宽为不等式约束.

2. 等价转换

对于一个优化问题, 如果其目标函数是复合函数的形式, 如

$$\min_{x} \ f(Ax+b),$$

我们经常引入变量 y 和等式约束 $y = Ax + b$ 而考虑其带约束的等价问题:

$$\min_{y} \ f(y), \quad \text{s.t.} \quad y = Ax + b.$$

对于优化问题

$$\min_{x} \ f(x) = h(x) + r(x),$$

我们往往引入 y 以及约束 $x = y$, 将其转化为

$$\min_{x} \ h(x) + r(y), \quad \text{s.t.} \quad x = y.$$

通过这种方式, 将目标函数进行拆分. 对于不等式约束, 我们也可以通过引入松弛变量将其转变为等式约束和简单的非负或非正约束. 如对约束 $c(x) \leqslant 0$, 引入 $y \geqslant 0$, 可将其等价转化为

$$c(x) + y = 0, \quad y \geqslant 0.$$

另外, 我们还可以利用上方图来得到问题的等价形式. 对于优化问题

$$\min_{x} \ f(x),$$

根据上方图的定义, 可知其等价于优化问题

$$\min_{x,t} \ t, \quad \text{s.t.} \quad f(x) \leqslant t.$$

将优化问题的约束进行等价转换有助于让我们更方便地研究该问题的数学性质. 表面上看起来不相似的问题经过等价转化之后可能会变成类型相同的优化问题, 并最终会使得我们能够找到统一的算法来求解这些问题.

3. 松弛

当原始优化模型的约束过于复杂时，我们同样可以采用松弛的技巧将难处理的约束替换为容易处理的约束．概括来说，设原始问题的可行域为 $\mathcal{X}$，松弛之后的可行域为 $\mathcal{X}_R$，则 $\mathcal{X}_R$ 需要满足 $\mathcal{X}_R \supset \mathcal{X}$，即松弛后问题的可行域会放大．例如可以使用盒约束 $x \in [0,1]$ 来代替整数约束 $x \in \{0,1\}$，或者使用不等式约束 $c(x) \geqslant 0$ 来代替等式约束 $c(x) = 0$．放大可行域要遵守两点基本原则：一是将原有约束进行简化，即松弛后的问题更易处理；二是不宜将可行域放得过大，过分放大可行域会丢失原问题的关键信息，进而使得求解松弛问题变得没有意义．

下面以球约束 $\|x\|_2 = 1$ 为例来给出它的松弛．这是一个非凸约束，可以令 $X = xx^T$ 并添加 $\text{Tr}(X) = 1$ 将其等价刻画．注意到 $X = xx^T$ 仍然是非凸约束，我们将其替换为半正定约束 $X \succeq 0$．实际上我们做了如下松弛：

$$\|x\|_2 = 1 \to X \in \mathcal{S}^n, \text{Tr}(X) = 1, X \succeq 0.$$

可以看到，当 X 的秩等于 1 时，松弛后的约束和球约束是等价的；当 X 的秩大于 1 时，我们无法找到与松弛问题变量 X 对应的原问题变量 x，但可以通过一些技巧构造近似解．

既然松弛问题的可行域变大，一个自然的问题就是：松弛问题的解和原问题的解具有什么联系？在一般情况下，松弛问题和原问题不等价．但在一定条件下可以证明松弛问题的解就是原问题的解，比较著名的例子可参考 [40]．

3.2 回归分析

在现实生活中我们常常需要根据已有的信息或知识来对未知事物做出预测．在机器学习中，监督学习的任务是根据给定包含输入信息的数据集，学习一个模型，使得模型能够对新的输入数据做出好的预测．根据输出变量的类型是连续的还是离散的，经典的监督学习包括回归和分类两类问题．本节介绍如何建立回归问题的模型．

3.2.1 概述

一般的回归模型可以写成如下形式：

$$b = f(a) + \varepsilon, \tag{3.2.1}$$

其中 $a \in \mathbb{R}^d$ 为自变量, $b \in \mathbb{R}$ 为响应变量, $\varepsilon \in \mathbb{R}$ 是模型的误差 (或噪声). 模型 (3.2.1) 的含义为响应变量 b 与自变量 a 通过函数 f 联系在一起. 在实际问题中, 我们一般只能知道 a 和 b 的观测值, 而误差 ε 是未知的. 建立回归模型的最终任务是利用 m 个观测值 (a_i, b_i) 来求解出 f 的具体形式, 然后可以利用新观测的自变量对响应变量做出预测.

在回归模型的建立中, f 的选取范围是非常重要的, 它实际决定了我们需要使用什么类别的模型来拟合观测到的数据. 给定观测数据 (a_i, b_i), 我们总能利用插值的方式构造出 f, 使得 $f(a_i) = b_i$, $i = 1, 2, \cdots, m$. 这种拟合的方式误差为零, 但它是否是一个好的模型呢? 一个好的模型需要有比较优秀的预测能力 (或称为泛化能力), 即我们需要将 f 作用到测试集数据上, 计算其预测误差. 虽然比较复杂的 f 可以几乎完美地拟合观测到的数据, 但其预测能力可能比较差, 这也就是所谓的 "过拟合" 现象. 反之, 若 f 形式过于简单, 求解之后其并不能完全解释 a 和 b 之间的依赖关系, 在已经观测的数据和预测的数据上都有较大误差, 这是所谓 "欠拟合" 现象. 一个好的模型需要兼顾两方面, 它应该在观测的数据上有比较小的误差, 同时又具有简单的形式.

函数 f 取值于函数空间中, 为了缩小 f 的范围, 一般会将其进行参数化, 即模型 (3.2.1) 变为

$$b = f(a; x) + \varepsilon,$$

其中 $f(a; x)$ 的含义是 f 以 $x \in \mathbb{R}^n$ 为参数, 通过选取不同的 x 得到不同的 f. 参数化的重要意义在于其将 f 选取的范围缩小到了有限维空间 $\mathbb{R}^n$ 中, 求解函数 f 的过程实际上就是求解参数 x 的过程.

3.2.2 线性回归模型

在带参数的回归模型中, 最简单的模型是线性回归模型. 设 (w_i, b_i) 为观测到的自变量和响应变量, 且不同数据点相互独立, 则对每个数据点,

$$b_i = w_{i1}x_1 + w_{i2}x_2 + \cdots + w_{i,n-1}x_{n-1} + x_n + \varepsilon_i, \quad i = 1, 2, \cdots, m,$$

其中 x_i 是需要确定的参数, ε_i 是某种噪声且不同数据点之间相互独立. 将训练集中的输入特征加上常数项 1 写成 $a_i = (w_i^T, 1)^T$, 令 $x = (x_1, x_2, \cdots, x_n)^T \in \mathbb{R}^n$, 则线性回归模型可以简写为

$$b_i = a_i^T x + \varepsilon_i. \tag{3.2.2}$$

在这一小节里线性回归模型的常数项 1 对应元素 x_n. 下面我们在不同条件下构造相应的优化模型.

将训练集中的输入特征写成一个 $m \times n$ 矩阵 A，将标签 b_i 和噪声 ε_i 写成向量形式，即

$$A = \begin{bmatrix} a_1^{\mathrm{T}} \\ a_2^{\mathrm{T}} \\ \vdots \\ a_m^{\mathrm{T}} \end{bmatrix}, \quad b = \begin{bmatrix} b_1 \\ b_2 \\ \vdots \\ b_m \end{bmatrix}, \quad \varepsilon = \begin{bmatrix} \varepsilon_1 \\ \varepsilon_2 \\ \vdots \\ \varepsilon_m \end{bmatrix},$$

则得到模型 (3.2.2) 的矩阵形式

$$b = Ax + \varepsilon. \tag{3.2.3}$$

假设 ε_i 是高斯白噪声，即 $\varepsilon_i \sim \mathcal{N}(0, \sigma^2)$，那么

$$p(b_i \mid a_i; x) = \frac{1}{\sqrt{2\pi\sigma^2}} \exp\left(-\frac{(b_i - a_i^{\mathrm{T}} x)^2}{2\sigma^2}\right),$$

则对数似然函数为

$$\ell(x) = \ln \prod_{i=1}^{m} p(b_i \mid a_i; x) = -\frac{m}{2}\ln(2\pi) - m\ln\sigma - \sum_{i=1}^{m} \frac{(b_i - a_i^{\mathrm{T}} x)^2}{2\sigma^2}.$$

最大似然估计则是最大化对数似然函数，去除掉常数项之后我们得到了如下最小二乘问题：

$$\min_{x \in \mathbb{R}^n} \quad \frac{1}{2}\|Ax - b\|_2^2. \tag{3.2.4}$$

注意，在构建最大似然估计时不需要知道 ε_i 的方差 σ^2．以上变形的最重要的意义在于它建立了最小二乘法和回归分析的联系：当假设误差是高斯白噪声时，最小二乘解就是线性回归模型的最大似然解．

当 ε_i 不是高斯白噪声时，求解线性回归模型 (3.2.3) 和求解最小二乘模型 (3.2.4) 并不等价，因此我们需要借助似然函数来构造其他噪声所对应的目标函数．例如，在某些噪声下构造出的模型实际上为最小一乘问题：

$$\min_{x \in \mathbb{R}^n} \quad \|Ax - b\|_1. \tag{3.2.5}$$

习题 **3.7** 也给出了在其他噪声假设下相应的目标函数．

3.2.3 正则化线性回归模型

在第 3.1 节中我们介绍了建模中正则化的技巧．正则化在回归模型中的应用非常广泛，例如当数据集的特征数量大于样本总数时，问题 (3.2.4) 的解不唯一，这时需要借助正则项来选出性质不同的解．

1. Tikhonov 正则化

为了平衡模型的拟合性质和解的光滑性，Tikhonov 正则化或岭回归（ridge regression）添加 ℓ_2 范数平方为正则项．假设 ε_i 是高斯白噪声，则带 ℓ_2 范数平方正则项的线性回归模型实际上是在求解如下问题：

$$\min_{x\in\mathbb{R}^n} \quad \frac{1}{2}\|Ax-b\|_2^2 + \mu\|x\|_2^2. \tag{3.2.6}$$

由于正则项的存在，该问题的目标函数是强凸函数，解的性质得到改善．在岭回归问题 (3.2.6) 中，正则项 $\|x\|_2^2$ 的作用实际上是对范数较大的 x 进行惩罚，因此另一种常见的变形是给定参数 $\sigma > 0$，求解

$$\min_{x\in\mathbb{R}^n} \quad \frac{1}{2}\|Ax-b\|_2^2, \quad \text{s.t.} \quad \|x\|_2 \leqslant \sigma. \tag{3.2.7}$$

由于问题 (3.2.6) 和问题 (3.2.7) 的最优性条件类似，当参数 μ 和 σ 满足一定关系时，它们的解可以是相同的．

2. LASSO 问题及其变形

如果希望得到的解 x 是稀疏的，那么可以考虑添加 ℓ_1 范数为正则项，对应的正则化问题为第一章提到的 LASSO 问题 (1.2.5)：

$$\min_{x\in\mathbb{R}^n} \quad \frac{1}{2}\|Ax-b\|_2^2 + \mu\|x\|_1,$$

其中 $\mu > 0$ 为已知的实数，x 是待估计的参数．LASSO 问题通过惩罚参数的 ℓ_1 范数来控制解的稀疏性，如果 x 是稀疏的，那么预测值 b_i 只和 a_i 的部分元素相关．因此，数据点原有的 n 个特征中，对预测起作用的特征对应于 x 的分量不为 0，从而 LASSO 模型起到了特征提取的功能．

类似于问题 (3.2.7)，也可以考虑问题

$$\min_{x\in\mathbb{R}^n} \quad \frac{1}{2}\|Ax-b\|_2^2, \quad \text{s.t.} \quad \|x\|_1 \leqslant \sigma. \tag{3.2.8}$$

考虑到噪声 ε 的存在，还可以给定 $\nu > 0$，考虑模型

$$\min_{x\in\mathbb{R}^n} \quad \|x\|_1, \quad \text{s.t.} \quad \|Ax-b\|_2 \leqslant \nu. \tag{3.2.9}$$

优化模型 (3.2.8) (3.2.9) 本质思想是相似的，即"在控制误差的条件下使得 x 的 ℓ_1 范数尽量小"．但它们所属的优化问题种类实际上是不一样的，我们将在第四章中进一步说明．

如果 ε 不是高斯白噪声，则需要根据具体类型选择损失函数，比如

$$\min_{x\in\mathbb{R}^n} \quad \|Ax-b\|_2 + \mu\|x\|_1, \tag{3.2.10}$$

$$\min_{x\in\mathbb{R}^n} \quad \|Ax-b\|_1 + \mu\|x\|_1. \tag{3.2.11}$$

上述两个模型和问题 (1.2.5) 的差别在于对损失函数选择的范数不同，它们的性能可能很不一样. 当然损失函数项还有很多变化形式，如同时考虑 ℓ_2 范数和 ℓ_1 范数的组合，或选择 Student-t 分布等.

传统 LASSO 问题要求 x 是一个稀疏解，但实际问题的稀疏性可能有很多种表达. 如果参数 x 具有分组稀疏性，即 x 的分量可分为 G 个组，每个组内的参数必须同时为零或同时非零，则传统 LASSO 问题的解无法满足这样的需求. 为此人们提出了分组 LASSO 模型

$$\min_{x\in\mathbb{R}^n} \quad \frac{1}{2}\|Ax-b\|_2^2 + \mu\sum_{\ell=1}^{G}\sqrt{n_\ell}\|x_{\mathcal{I}_\ell}\|_2, \tag{3.2.12}$$

其中 $\mathcal{I}_\ell$ 是属于第 ℓ 组变量的指标集且

$$|\mathcal{I}_\ell| = n_\ell, \quad \sum_{\ell=1}^{G} n_\ell = n.$$

当 $n_\ell = 1$, $\ell = 1, 2, \cdots, G$ 时，问题 (3.2.12) 就退化成传统的 LASSO 问题. 从分组 LASSO 问题正则项的设计可以看出，该正则项实际上是 $\{\sqrt{n_\ell}\|x_{\mathcal{I}_\ell}\|_2\}_{\ell=1}^{G}$ 的 ℓ_1 范数，因此只有少数 $\|x_{\mathcal{I}_\ell}\|_2$ 不为零. 分组 LASSO 问题把稀疏性从单个特征提升到了组的级别上，但不要求组内的稀疏性.

如果需要同时保证分组以及单个特征的稀疏性，我们可以考虑将两种正则项结合起来，即有所谓的稀疏分组 LASSO 模型

$$\min_{x\in\mathbb{R}^n} \quad \frac{1}{2}\|Ax-b\|_2^2 + \mu_1\sum_{\ell=1}^{G}\sqrt{n_\ell}\|x_{\mathcal{I}_\ell}\|_2 + \mu_2\|x\|_1, \tag{3.2.13}$$

其中 $\mu_1, \mu_2 > 0$ 为给定的常数. 稀疏分组 LASSO 模型的正则项由两部分组成：$\|x\|_1$ 是为了保证 x 本身的稀疏性，而 $\sum_{\ell=1}^{G}\sqrt{n_\ell}\|x_{\mathcal{I}_\ell}\|_2$ 则是为了保证 x 的分组稀疏性.

对于某些实际问题，特征 x 本身不是稀疏的，但其在某种变换下是稀疏的，因此我们也需要相应调整正则项. 一般的问题形式可以是

$$\min_{x\in\mathbb{R}^n} \quad \frac{1}{2}\|Ax-b\|_2^2 + \mu\|Fx\|_1, \tag{3.2.14}$$

在这里为了方便起见，我们假设 x 在某线性变换下是稀疏的，其中 $F \in \mathbb{R}^{p\times n}$ 是该线性变换对应的矩阵. 例如当 F 取为

$$F = \begin{bmatrix} 1 & -1 & & & \\ & 1 & -1 & & \\ & & \ddots & \ddots & \\ & & & 1 & -1 \\ & & & & 1 & -1 \end{bmatrix}$$

时，它实际上要求 x 相邻点之间的变化是稀疏的．$\|Fx\|_1$ 还可以与 $\|x\|_1$ 结合起来，这表示同时对 Fx 和 x 提出稀疏性的要求．例如融合 LASSO 模型（fused-LASSO）可表示为

$$\min_{x\in\mathbb{R}^n} \frac{1}{2}\|Ax-b\|_2^2 + \mu_1\|x\|_1 + \mu_2\sum_{i=2}^n |x_i - x_{i-1}|, \tag{3.2.15}$$

其中 $\mu_2\sum_{i=2}^n |x_i - x_{i-1}|$ 用来控制相邻系数之间的平稳度．通过求解模型 (3.2.15) 可以获得线性回归模型的一个稀疏解，且 x 的分量之间的变化比较平缓．

3.3 逻辑回归

在分类问题中，输出变量取值于离散空间．对于二分类问题，预测变量只有两个取值，即 $-1, 1$．我们简要介绍机器学习中的一种经典分类模型：**逻辑回归**（logistic regression）模型．给定特征 a，逻辑回归假设这个样本属于类别 1 的概率

$$p(1|a;x) = P(t=1\mid a) = \theta(a^\mathrm{T}x),$$

其中 Sigmoid 函数

$$\theta(z) = \frac{1}{1+\exp(-z)}, \tag{3.3.1}$$

那么属于类别 -1 的概率

$$p(-1|a;x) = 1 - p(1\mid a;x) = \theta(-a^\mathrm{T}x).$$

因此对于 $b\in\{-1,1\}$，上述概率可以简洁地写为

$$p(b\mid a;x) = \theta(b\cdot a^\mathrm{T}x).$$

假设数据对 $\{a_i, b_i\}$, $i=1,2,\cdots,m$ 之间独立同分布，则在给定 $a_1, a_2, \cdots, a_m$ 的情况下，$b_1, b_2, \cdots, b_m$ 的联合概率密度

$$p(b_1, b_2, \cdots, b_m \mid a_1, a_2, \cdots, a_m) = \prod_{i=1}^m p(b_i \mid a_i)$$
$$= \frac{1}{\prod_{i=1}^m (1+\exp(-b_i\cdot a_i^\mathrm{T}x))}.$$

那么，最大似然估计是求解如下最优化问题：

$$\min_{x\in\mathbb{R}^n} \sum_{i=1}^m \ln(1+\exp(-b_i\cdot a_i^\mathrm{T}x)). \tag{3.3.2}$$

与稀疏优化类似，常用模型还需要考虑参数 x 的性质，并加上正则项，如 Tikhonov 正则化模型

$$\min_{x\in\mathbb{R}^n} \sum_{i=1}^m \ln(1+\exp(-b_i\cdot a_i^\mathrm{T} x)) + \lambda\|x\|_2^2 \tag{3.3.3}$$

和 ℓ_1 范数正则化模型

$$\min_{x\in\mathbb{R}^n} \sum_{i=1}^m \ln(1+\exp(-b_i\cdot a_i^\mathrm{T} x)) + \lambda\|x\|_1. \tag{3.3.4}$$

假设数据对 $\{a_i,b_i\}$ 是由随机变量对 $\{\alpha,\beta\}$ 产生的，那么损失函数可以写成均值形式：

$$\mathbb{E}\left[\ln(1+\exp(-\beta\cdot\alpha^\mathrm{T} x))\right].$$

而问题 (3.3.3) (3.3.4) 可以写成下面随机优化问题的抽样形式：

$$\min_{x\in\mathbb{R}^n} \mathbb{E}\left[\ln(1+\exp(-\beta\cdot\alpha^\mathrm{T} x))\right] + \lambda r(x),$$

其中 $r(x)$ 为正则项，λ 为正则化参数．很多机器学习问题可以写成更一般的随机优化问题和它的离散版本：

$$\min_{x\in\mathbb{R}^n} f(x) + \lambda r(x), \tag{3.3.5}$$

其中

$$f(x) \stackrel{\text{def}}{=\!=} \mathbb{E}[F(x,\zeta)] = \int_\Omega F(x,\zeta(\omega))\,\mathrm{d}P(\omega), \quad \text{或} \quad f(x) \stackrel{\text{def}}{=\!=} \frac{1}{m}\sum_{i=1}^m f_i(x),$$

$\zeta:\Omega\to W$ 是定义在给定概率空间 $(\Omega,\mathcal{F},P)$ 上的随机变量，W 是可测空间，$F:\mathbb{R}^n\times W\to\mathbb{R}$ 以及 $f_i:\mathbb{R}^n\to\mathbb{R}, i=1,2,\cdots,m$ 对应某个损失函数．

3.4 支持向量机

支持向量机（support vector machine，SVM）是另一种被广泛应用的二分类模型．给定训练数据集 D 中的样本点 (a_i,b_i) 且 $a_i\in\mathbb{R}^n$，$b_i\in\{-1,1\}$，SVM 的基本思想是找到一个超平面将 $\mathbb{R}^n$ 中的样本点划分成两类．我们先考虑一种简单情形：假定训练数据集是线性可分的，即正负两类刚好被划分到超平面 $x^\mathrm{T} w + y = 0$ 两侧，如图 3.1 所示．

可以看出，给定线性可分的数据集后，满足"划分要求"的超平面一般不是唯一的．比较理想的超平面应该具有下面的特点：数据点距此平面的距离

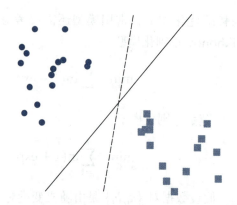

图 3.1
线性可分的数据集

都比较远. 使用这样的超平面建立的二分类模型会有比较好的鲁棒性. 几何学的知识告诉我们, 样本空间中一点 w 到超平面 $x^\mathrm{T}w + y = 0$ 的距离

$$d = \frac{|x^\mathrm{T}w + y|}{\|x\|_2}.$$

如果这个超平面对样本点 (a_i, b_i) 分类正确, 则

$$b_i(a_i^\mathrm{T}x + y) > 0, \quad i = 1, 2, \cdots, m.$$

为了寻找理想的超平面 $x^\mathrm{T}w + y = 0$ 来分离数据点, 我们要求两类数据中的点到该超平面的最小距离尽量大. 于是可建立如下的原始模型:

$$\begin{aligned}\max_{x,y,\gamma} \quad & \gamma, \\ \mathrm{s.t.} \quad & \frac{b_i(a_i^\mathrm{T}x + y)}{\|x\|_2} \geqslant \gamma, \quad i = 1, 2, \cdots, m.\end{aligned} \quad (3.4.1)$$

问题 (3.4.1) 中 γ 的含义是明显的: 它表示所有样本点到超平面 $x^\mathrm{T}w + y = 0$ 距离的最小值, 而目标是将其最大化. 接下来我们对问题 (3.4.1) 进行等价转化, 使得其形式更加自然. 注意到问题 (3.4.1) 中的约束等价于

$$b_i(a_i^\mathrm{T}x + y) \geqslant \gamma \|x\|_2, \quad i = 1, 2, \cdots, m,$$

而以相同的正倍数对 x 和 y 进行放缩不会影响该问题的约束和目标函数. 根据这个特点将问题 (3.4.1) 的可行域缩小, 强制取 $\|x\|_2 = \dfrac{1}{\gamma}$, 则该问题等价于

$$\begin{aligned}\max_{x,y,\gamma} \quad & \gamma, \\ \mathrm{s.t.} \quad & b_i(a_i^\mathrm{T}x + y) \geqslant \gamma \|x\|_2, \quad i = 1, 2, \cdots, m, \\ & \|x\|_2 = \frac{1}{\gamma}.\end{aligned}$$

最终我们消去变量 γ 以及约束 $\|x\|_2 = \dfrac{1}{\gamma}$ 得到优化问题

$$\begin{aligned}\min_{x,y} \quad & \frac{1}{2}\|x\|_2^2, \\ \text{s.t.} \quad & b_i(a_i^\mathrm{T} x + y) \geqslant 1, \quad i = 1, 2, \cdots, m.\end{aligned} \quad (3.4.2)$$

对问题 (3.4.2) 求解得到 $\hat{x}, \hat{y}$，我们称使得 $b_i(a_i^\mathrm{T}\hat{x} + \hat{y}) = 1$ 成立的 a_i 为支持向量。不难发现，超平面的参数 $\hat{x}, \hat{y}$ 完全由支持向量所决定。换句话说，去掉非支持向量的数据点不会影响问题 (3.4.2) 的解。

当线性可分的假设不成立时，我们对每个数据点引入非负松弛变量 ξ_i，允许有误分点，则问题 (3.4.1) 中的约束变为

$$\frac{b_i(a_i^\mathrm{T} x + y)}{\|x\|_2} \geqslant \gamma(1 - \xi_i),\ \xi_i \geqslant 0, \quad i = 1, 2, \cdots, m.$$

这里使用相对形式 $\gamma(1 - \xi_i)$ 来表示误分点的"距离"。显然，误分点不宜太多，我们通过松弛变量的函数 $\sum\limits_{i=1}^{m} \xi_i$ 来控制误分的程度。经过与前面类似的等价转化，最终得到问题

$$\begin{aligned}\min_{x,y,\xi} \quad & \frac{1}{2}\|x\|_2^2 + \mu \sum_{i=1}^{m} \xi_i, \\ \text{s.t.} \quad & b_i(a_i^\mathrm{T} x + y) \geqslant 1 - \xi_i, \\ & \xi_i \geqslant 0,\ i = 1, 2, \cdots, m,\end{aligned} \quad (3.4.3)$$

其中 $\mu > 0$ 是惩罚系数。增大 μ 值将增大对误分类的惩罚，减小 μ 值将减小误分类的惩罚。上述两个优化问题 (3.4.2) (3.4.3) 是二次规划的特殊形式。

问题 (3.4.3) 也等价于无约束优化问题：

$$\min_{x,y} \quad \frac{1}{2}\|x\|_2^2 + \mu \sum_{i=1}^{m} \max\{1 - b_i(a_i^\mathrm{T} x + y), 0\}. \quad (3.4.4)$$

注意到 $\max\{1 - b_i(a_i^\mathrm{T} x + y), 0\}$ 是对不满足不等式 $b_i(a_i^\mathrm{T} x + y) \geqslant 1$ 的量的惩罚，因此问题 (3.4.4) 也可以看成求解问题 (3.4.2) 的罚函数法（有关罚函数法在第 7.1 节中会进一步讨论）。虽然 $\max\{z, 0\}$ 不可微，但是问题 (3.4.4) 的简单形式也给算法设计提供了很多可能。可以看出引入不同的罚函数能构造出不同的 SVM 模型。此外，当训练数据中含有冗余特征时，人们也考虑将 $\|x\|_2^2$ 项替换成 ℓ_1 范数求解：

$$\min_{x \in \mathbb{R}^n} \quad \|x\|_1 + \mu \sum_{i=1}^{m} \max\{1 - b_i(a_i^\mathrm{T} x + y), 0\}. \quad (3.4.5)$$

3.5 概率图模型

概率图模型是概率论中一个重要的概念. 它是一种利用图结构来描述多元随机变量之间条件独立关系的概率模型, 对于高维空间中的概率模型的研究具有重要作用. 本节涉及的概率论知识可以在附录 B.3 中找到.

给定 n 维空间中的一个随机向量 $X = (X_1, X_2, \cdots, X_n)$, 其对应的联合概率为 n 元函数. 根据条件概率公式,

$$\begin{aligned} & P(X = x) \\ = & P(X_1 = x_1) P(X_2 = x_2 \mid X_1 = x_1) \cdots \\ & P(X_n = x_n \mid X_1 = x_1, X_2 = x_2, \cdots, X_{n-1} = x_{n-1}) \\ = & \prod_{k=1}^{n} P(X_k = x_k \mid X_1 = x_1, X_2 = x_2, \cdots, X_{k-1} = x_{k-1}). \end{aligned}$$

假设每个变量 $X_i, i = 1, 2, \cdots, n$ 为离散的, 并且只有 m 个取值. 在没有任何独立性假设的情况下, 我们需要 $(m^n - 1)$ 个参数才能确定其概率分布. 如果变量 X_i 之间有条件独立性, 相应的概率分布可以用少量的参数来确定. 例如: 对于 3 个二值变量 X_1, X_2, X_3, 在不知道其相互间的依赖关系时, 一共需要 $2^3 - 1 = 7$ 个参数来确定其联合分布. 如果假设已知 X_2 时, X_1 和 X_3 独立, 则

$$P(X_1 = x_1 \mid X_2 = x_2, X_3 = x_3) = P(X_1 = x_1 \mid X_2 = x_2),$$
$$P(X_3 = x_3 \mid X_1 = x_1, X_2 = x_2) = P(X_3 = x_3 \mid X_2 = x_2).$$

进一步地, 我们有

$$\begin{aligned} P(X = x) &= P(X_1 = x_1) P(X_2 = x_2 \mid X_1 = x_1) P(X_3 = x_3 \mid X_1 = x_1, X_2 = x_2) \\ &= P(X_1 = x_1) P(X_2 = x_2 \mid X_1 = x_1) P(X_3 = x_3 \mid X_2 = x_2). \end{aligned}$$

因此, 只需要 $1 + 2 + 2 = 5$ 个参数就可以确定该联合分布.

当概率模型中变量比较多时, 其相应的依赖关系也会比较复杂. 这时, 图模型可以帮助我们更加直观地了解随机变量之间的条件独立关系. 我们这里介绍无向图模型, 也称为马尔可夫 (Markov) 随机场或马尔可夫网络, 其利用无向图来描述一组具有马尔可夫性质的随机变量的联合分布.

定义 3.1 (马尔可夫随机场) 对于随机向量 $X = (X_1, X_2, \cdots, X_n)$ 和有 n 个节点的无向图 $G = (V, E)$, 其中 V 表示节点集合且 $V = \{X_1, X_2, \cdots, X_n\}$, E

表示节点之间边的集合. 如果 (G, X) 满足局部马尔可夫性质, 即给定变量 X_k 的邻居的取值, 其与所有其他的变量独立:

$$P(X_k = x_k \mid X_{-k}) = P(X_k = x_k \mid X_{N(k)}),$$

其中 X_{-k} 表示除了 X_k 外其他随机变量的集合, $X_{N(k)}$ 表示 X_k 的邻居集合, 即和 X_k 有边直接相连的随机变量的集合, 那么称 (G, X) 为一个**马尔可夫随机场**.

假设概率图模型中的随机向量服从多元高斯分布 $\mathcal{N}(\mu, \Sigma)$. 令 $\Theta = (\theta_{ij}) = \Sigma^{-1}$ 为协方差矩阵 Σ 的逆矩阵, 并称之为**精度矩阵**. 根据 [73]^{练习 17.3}, 我们有如下命题:

$$\theta_{ij} = 0 \Leftrightarrow \text{给定 } X_k, k \neq i, j \text{ 的取值}, X_i \text{ 和 } X_j \text{ 是独立的}.$$

因此, 精度矩阵中的元素 θ_{ij} 为 0 则表示无向图中节点 X_i 和 X_j 之间不存在直接相连的边, 即在给定邻居信息的情况下, X_i 与 X_j 条件独立. 如果 $\theta_{ij} \neq 0$, 则表示 X_i 和 X_j 之间存在直接相连的边, 是彼此相关的. 因此, 精度矩阵给出了无向图的结构信息以及分布的参数信息. 在实际中, 我们关心如何从数据中学出精度矩阵. 利用精度矩阵的似然函数, 可以得到一个凸优化问题.

具体地, 给定 n 维高斯随机向量 $Y = (Y_1, Y_2, \cdots, Y_n) \sim \mathcal{N}(\mu, \Sigma)$, $\mu \in \mathbb{R}^n$, $\Sigma \in \mathcal{S}_{++}^n$ 的一组实际取值 $\{y^1, y^2, \cdots, y^m\}$, 其经验协方差矩阵为

$$S = \frac{1}{m} \sum_{i=1}^{m} (y^i - \bar{y})(y^i - \bar{y})^{\mathrm{T}},$$

其中 $\bar{y} = \frac{1}{m} \sum_{i=1}^{m} y^i$ 为样本均值. 关于精度矩阵 X 的对数似然函数为

$$\ell(X) = \ln \det(X) - \mathrm{Tr}(XS), \quad X \succ 0,$$

其中 $X \succ 0$ 表示自变量 X 在正定矩阵空间中取值. 通过最大化对数似然函数:

$$\max_{X \succ 0} \quad \ell(X), \tag{3.5.1}$$

我们可以得到精度矩阵 X 的估计. 这种方式得到的解往往不是稀疏的, 也就意味着相应的概率图是全连接的 (任意两个节点之间都存在直接相连的边), 随机变量之间的相关性过密, 解释性可能很差. 假设概率图中的边不是全连接的, 我们建立如下的改进模型:

$$\max_{X \succ 0} \quad \ell(X) - \lambda \|X\|_1, \tag{3.5.2}$$

其中 $\lambda > 0$ 是用来控制稀疏度的参数. 上述模型得到的稀疏解可以用来估计高维随机变量之间的条件独立性.

除了利用似然函数进行建模以外,我们还可以直接从损失函数加正则项的思想出发来直接设计优化问题. 根据精度矩阵的定义, 真实的精度矩阵 $\Theta = \Sigma^{-1}$. 通过抽样的方式可以得到 Σ 的一个估计 S, 即上文提到的经验协方差矩阵. 我们的目标是要估计 Σ^{-1}, 且使其具有稀疏结构, 因此可设计如下优化问题:

$$\begin{aligned}\min_{X} \quad & \|SX - I\| + \mu\|X\|_1, \\ \text{s.t.} \quad & X \succeq 0,\end{aligned} \tag{3.5.3}$$

其中 $\|\cdot\|$ 可以是任意一种范数(比较常用的为 F 范数或 ℓ_1 范数), $X \succeq 0$ 表示 X 在半正定矩阵空间中取值. 问题 (3.5.3) 中每一项的含义是明显的: $\|SX - I\|$ 是要求 X 尽量为 S 的逆矩阵, $\|X\|_1$ 是要求 X 本身稀疏, $X \succeq 0$ 保证了求得的精度矩阵是半正定的. 我们也可给出问题 (3.5.3) 的一个变形:

$$\begin{aligned}\min_{X} \quad & \|X\|_1, \\ \text{s.t.} \quad & \|SX - I\| \leqslant \sigma, \ X \succeq 0.\end{aligned} \tag{3.5.4}$$

这个优化模型的建立过程和问题 (3.2.9) 比较相似, 即在满足一定误差范围内的 X 中寻找 ℓ_1 范数最小的解. 当参数 σ 比较小时, 问题 (3.5.4) 的可行域可能是空集.

3.6 相位恢复

相位恢复是信号处理中的一个重要问题, 它是从信号在某个变换域的幅度测量值来恢复该信号. 其问题背景如下: 将待测物体 (信号) 放置在指定位置, 用透射光照射, 经过衍射成像, 并可以由探测器得到其振幅分布. 我们需要从该振幅分布中恢复出原始信号的信息. 由 Fraunhofer 衍射方程可知, 探测器处的光场可以被观测物体的傅里叶变换很好地逼近. 但是因为实际中的探测器只能测量光的强度, 因此我们只能得到振幅信息.

信号的相位通常包含丰富的信息. 图 3.2 的第一列给出了两个图片 Y 和 S. 对它们分别做二维离散傅里叶变换 $\mathcal{F}$ 得到 $\mathcal{F}(Y)$ 和 $\mathcal{F}(S)$. 由于变换后的图片 $\mathcal{F}(Y)$ 是复数矩阵, 它可以由模长 $|\mathcal{F}(Y)|$ 和相位 $\text{phase}(\mathcal{F}(Y))$ 来表示, 即

$$\mathcal{F}(Y) = |\mathcal{F}(Y)| \odot \text{phase}(\mathcal{F}(Y)),$$

其中 $|\mathcal{F}(Y)|$ 表示对每个元素取模长, 运算 $\odot$ 表示矩阵对应元素相乘. 现在交换 Y 和 S 的相位, 但保留模长, 然后做傅里叶逆变换 $\mathcal{F}^{-1}$ 得到

$$\hat{\mathcal{S}} \stackrel{\text{def}}{=\!=} \mathcal{F}^{-1}\Big(|\mathcal{F}(Y)| \odot \text{phase}(\mathcal{F}(S))\Big),$$
$$\hat{Y} \stackrel{\text{def}}{=\!=} \mathcal{F}^{-1}\Big(|\mathcal{F}(S)| \odot \text{phase}(\mathcal{F}(Y))\Big).$$

它们分别显示为图 3.2 的（d）和（h）. 可以看出, $\hat{\mathcal{S}}$ 基本是 S 的形状, 而 $\hat{Y}$ 基本是 Y 的形状. 这个试验告诉我们相位信息可能比模长信息更重要.

图 3.2 相位的重要性

在实际应用中, 我们不一定使用傅里叶变换对原始信号进行采样处理. 给定复信号 $x = (x_0, x_1, \cdots, x_{n-1})^{\text{T}} \in \mathbb{C}^n$ 以及采样数 m, 我们可以逐分量定义如下线性变换:
$$(\mathcal{A}(x))_k = \bar{a}_k^{\text{T}} x, \quad k = 1, 2, \cdots, m,$$
其中 $a_k \in \mathbb{C}^n$ 为已知复向量. 容易验证当该线性变换 $\mathcal{A}$ 为离散傅里叶变换时, a_k 有如下形式:
$$a_k = \left(e^{2\pi i \frac{k-1}{n} t}\right)_{t=0}^{n-1}, \quad k = 1, 2, \cdots, m.$$
针对一般形式的 a_k, 如果将其对应的振幅观测记为 b_k, 那么相位恢复问题本质上是求解如下的二次方程组：
$$b_k^2 = |\bar{a}_k^{\text{T}} x|^2, \quad k = 1, 2, \cdots, m. \tag{3.6.1}$$

虽然求解线性方程组很简单, 但是求解二次方程组问题 (3.6.1) 却是 NP 难的. 下面我们介绍将问题 (3.6.1) 转化为可解优化模型的两种做法.

1. 最小二乘模型

比较常见的模型是将问题 (3.6.1) 转化为非线性最小二乘问题:
$$\min_{x \in \mathbb{C}^n} \sum_{i=1}^{m} \left(|\bar{a}_i^{\text{T}} x|^2 - b_i^2\right)^2. \tag{3.6.2}$$

这个模型的目标函数是可微（Wirtinger 导数）的四次函数，该模型是非凸优化问题．相较于问题 (3.6.1)，模型 (3.6.2) 能够更好地处理观测中带有的噪声．在实际中，我们也常常构造以下非光滑模型：

$$\min_{x \in \mathbb{C}^n} \sum_{i=1}^{m} \left(|\bar{a}_i^{\mathrm{T}} x| - b_i \right)^2. \tag{3.6.3}$$

假设 a_i 和 x 均为实的，我们可以得到相应的实数情况下的模型：

$$\min_{x \in \mathbb{R}^n} \sum_{i=1}^{m} \left(|\langle a_i, x \rangle|^2 - b_i^2 \right)^2, \tag{3.6.4}$$

$$\min_{x \in \mathbb{R}^n} \sum_{i=1}^{m} \left(|\langle a_i, x \rangle| - b_i \right)^2. \tag{3.6.5}$$

因为相位恢复问题在实际问题中有重要应用，如何寻找模型 (3.6.2)—(3.6.5) 的全局最优解引起了人们的广泛关注．

2. 相位提升

相位提升（phase lift）是求解相位恢复问题的另一种方法．前面提到，解决相位恢复问题本质的困难在于处理二次方程组 (3.6.1)．注意到

$$|\bar{a}_i^{\mathrm{T}} x|^2 = \bar{a}_i^{\mathrm{T}} x \bar{x}^{\mathrm{T}} a_i = \mathrm{Tr}(x \bar{x}^{\mathrm{T}} a_i \bar{a}_i^{\mathrm{T}}),$$

令 $X = x \bar{x}^{\mathrm{T}}$，方程组 (3.6.1) 可以转化为

$$\mathrm{Tr}(X a_i \bar{a}_i^{\mathrm{T}}) = b_i^2, \quad i = 1, 2, \cdots, m, \quad X \succeq 0, \quad \mathrm{rank}(X) = 1. \tag{3.6.6}$$

如果方程组 (3.6.1) 的解 x 存在，那么 $X = x \bar{x}^{\mathrm{T}}$ 就为方程组 (3.6.6) 的解．对于方程组 (3.6.6)，我们考虑优化问题

$$\begin{aligned} \min_{X} \quad & \mathrm{rank}(X), \\ \mathrm{s.t.} \quad & \mathrm{Tr}(X a_i \bar{a}_i^{\mathrm{T}}) = b_i^2, \quad i = 1, 2, \cdots, m, \\ & X \succeq 0. \end{aligned} \tag{3.6.7}$$

因为秩一解存在，所以问题 (3.6.7) 的最优解的秩最多是 1．记上述问题的最优解为 X，对其作秩一分解 $X = x \bar{x}^{\mathrm{T}}$，那么 $cx, c \in \mathbb{C}$ 且 $|c| = 1$ 就为方程组 (3.6.1) 的解．以上的论述说明了问题 (3.6.7) 和相位恢复问题 (3.6.1) 是等价的．形式上的区别在于问题 (3.6.7) 的自变量为矩阵 X，把向量变量转化为矩阵变量的操作又被称为"提升"．使用"提升"的目的是将约束从关于向量 x 的二次函数转化为关于矩阵 X 的线性函数．

因为秩优化的计算复杂性，我们采用核范数对其进行松弛，得到如下优化问题：

$$\begin{aligned} \min_{X} \quad & \mathrm{Tr}(X), \\ \mathrm{s.t.} \quad & \mathrm{Tr}(X a_i \bar{a}_i^{\mathrm{T}}) = b_i^2, \quad i = 1, 2, \cdots, m, \\ & X \succeq 0, \end{aligned} \tag{3.6.8}$$

其中 $\mathrm{Tr}(X) = \|X\|_*$ 来自于矩阵 X 的半正定性. 注意, 问题 (3.6.8) 的目标函数变成了线性函数, 它唯一非线性的部分是半正定约束 $X \succeq 0$. 当问题 (3.6.8) 存在秩一解时, 原始相位恢复问题的解可以通过秩一分解得到. 文章 [40] 证明了当 $m \geqslant c_0 n \ln n$ (c_0 为一个问题相关的常数) 时, 问题 (3.6.8) 的解在高概率下是秩一的.

3.7 主成分分析

主成分分析是数据处理和降维中的一个重要技巧, 它提供了一种将高维空间中的点在低维子空间中表达的方法. 给定数据 $a_i \in \mathbb{R}^p, i = 1, 2, \cdots, n$, 其中 n 表示样本数, 定义 $A = [a_1, a_2, \cdots, a_n]$. 不失一般性, 我们假设 A 的行和为 0 (否则可以逐元素减去该行元素的平均值, 这不会改变数据的相对结构, 只是在 $\mathbb{R}^p$ 空间沿着坐标轴进行了平移). 主成分分析的思想是寻找样本点方差最大的若干方向构成的子空间, 之后将数据点投影到该子空间内来实现降维. 图 3.3 给出了 $\mathbb{R}^2$ 中的一组数据点, 可以看出数据点沿着方向 x_1 的变化最大. 在这个例子中, 主成分分析方法就是确定黑色实线, 然后将数据点投影到 x_1 来进行降维. 下面介绍其对应的最优化问题.

图 3.3
主成分分析

假设我们想要将 $\mathbb{R}^p$ 中的数据点集 $\{a_i\}_{i=1}^n$ 投影到 $\mathbb{R}^p$ 的一个 d 维子空间 ($d < p$) 中, 记 $X \in \mathbb{R}^{p \times d}$ 为该子空间的标准正交基形成的列正交矩阵. 易知, 数据点 a_i 在 X 张成的子空间的投影为 $\mathcal{P}_X(a_i) \stackrel{\mathrm{def}}{=\!=} XX^\mathrm{T} a_i$. 根据主成分分析的基本思想, 我们需要寻找最优的 X, 使得投影后的数据点集 $\{\mathcal{P}_X(a_i)\}$ 的方差最大. 根据零均值假设, 投影后数据点集的协方差矩阵为

$$\frac{1}{n} \sum_{i=1}^n XX^\mathrm{T} a_i (XX^\mathrm{T} a_i)^\mathrm{T} = \frac{1}{n} XX^\mathrm{T} AA^\mathrm{T} XX^\mathrm{T}.$$

而多元分布的方差大小可由协方差矩阵的迹来刻画，因此，得到优化问题

$$\max \quad \mathrm{Tr}(X^\mathrm{T} AA^\mathrm{T} X), \quad \text{s.t.} \quad X^\mathrm{T} X = I, \tag{3.7.1}$$

其中利用了 $\mathrm{Tr}(\cdot)$ 的性质

$$\mathrm{Tr}(XX^\mathrm{T} AA^\mathrm{T} XX^\mathrm{T}) = \mathrm{Tr}(X^\mathrm{T} AA^\mathrm{T} XX^\mathrm{T} X) \xlongequal{X^\mathrm{T} X = I} \mathrm{Tr}(X^\mathrm{T} AA^\mathrm{T} X).$$

可以证明，上述问题等价于求解 $AA^\mathrm{T} \in \mathbb{R}^{p \times p}$ 的从大到小排列的前 d 个特征值对应的特征向量.

下面从重构误差的角度来理解主成分分析模型. 我们使用数据点到 X 张成的子空间的投影 $\mathcal{P}_X(a_i)$ 来表示 a_i，则该点的重构误差为 $\|XX^\mathrm{T} a_i - a_i\|_2$. 定义所有点的重构误差平方和为

$$\sum_{i=1}^n \|XX^\mathrm{T} a_i - a_i\|_2^2 = \|XX^\mathrm{T} A - A\|_F^2 = -\mathrm{Tr}(X^\mathrm{T} AA^\mathrm{T} X) + \mathrm{Tr}(A^\mathrm{T} A),$$

我们需要寻找最优的 X，使得重构误差平方和最小，即求解优化问题

$$\min \quad -\mathrm{Tr}(X^\mathrm{T} AA^\mathrm{T} X) + \mathrm{Tr}(A^\mathrm{T} A), \quad \text{s.t.} \quad X^\mathrm{T} X = I,$$

此形式和问题 (3.7.1) 的等价. 因此我们得到结论：主成分分析寻找方差最大的子空间投影，实际上是极小化投影点的重构误差平方和.

3.8 矩阵分离问题

矩阵分离问题也是一类重要的低秩矩阵计算问题. 给定矩阵 $M \in \mathbb{R}^{m \times n}$，我们希望将它分解成低秩矩阵 X 和稀疏矩阵 S，使得 $X + S = M$，同时尽量使得矩阵 X 的秩和矩阵 S 的 ℓ_0 范数都比较小，其中 ℓ_0 范数 $\|S\|_0$ 指 S 所有非零元素的个数. 因此得到如下模型：

$$\begin{aligned} \min_{X,S \in \mathbb{R}^{m \times n}} & \quad \mathrm{rank}(X) + \mu \|S\|_0, \\ \text{s.t.} & \quad X + S = M. \end{aligned} \tag{3.8.1}$$

由于模型中含矩阵的秩和 ℓ_0 范数，难以直接求解，所以我们用核范数代替秩，用最小化 ℓ_1 范数限制噪声矩阵的稀疏性，得到如下凸优化问题：

$$\begin{aligned} \min_{X,S \in \mathbb{R}^{m \times n}} & \quad \|X\|_* + \mu \|S\|_1, \\ \text{s.t.} & \quad X + S = M. \end{aligned} \tag{3.8.2}$$

矩阵分离问题有时候也称为鲁棒主成分分析（robust PCA），目标是在图像处理中最大限度地去除原有数据中的噪声，寻找数据在低维空间上的最佳投影.

现在来考虑视频分割的问题. 它是指把人们感兴趣的对象从视频场景中提取出来，例如分割出一段视频中的静止部分. 视频的每一帧实际上是一个静态图片，虽然每幅图片中的静止对象可能受到光照变化、遮挡、平移、噪声等影响，造成不同图片之间有细微差别，但是不可否认的是它们彼此之间具有高度的相似性. 如果把所有图片中的静止部分表示成一个矩阵，显然它们是相似的，并且由于静止对象具有一定的内部结构，由静止对象构成的矩阵一定是低秩的（各行或各列线性相关）. 类似地，视频中的动态部分以及其他背景因素可以看作噪声. 那么我们的任务就变成将视频含有的信息矩阵分解为含有内部结构的低秩矩阵和稀疏噪声矩阵之和.

我们选用实际的视频数据来具体说明. 假设视频共有 n 帧，每帧（每幅图片）共有 m 个像素，我们将每幅图片表示成一个列向量，这些列向量放在一起就形成了给定的矩阵 M. 图 3.4 的第一列给出了该视频中 3 幅不同图片. 可以看出，它们是一个酒店大堂的信息. 由于大堂的背景，如前台、地板等是相对固定的，在每一帧里基本上是一样的，它们对应于矩阵 M 的低秩部分. 而大堂里的人群相对稀少，他们对应于矩阵 M 的稀疏部分. 令 $\mu = \dfrac{1}{2\sqrt{m}}$，对

图 3.4
矩阵分离问题

模型 (3.8.2) 进行求解[1], 得到的矩阵 X 和 S 中对应的三列分别显示在图 3.4 的第二列和第三列. 可以看出这两列比较完美地实现了分离效果.

3.9 字典学习

正如各种各样的知识都可以用一本字典里的字通过排列组合来表达一样, 字典学习的目的就是将已有的 (超) 大规模的数据集进行压缩, 找到蕴藏在这些数据点背后的最基本的原理. 考虑一个 m 维空间中的数据集 $\{a_i\}_{i=1}^n, a_i \in \mathbb{R}^m$, 假定每个 a_i 都是由同一个字典生成的, 且生成之后的数据带有噪声, 因此字典学习的线性模型可以表示为

$$a = Dx + e,$$

这里 $D \in \mathbb{R}^{m \times k}$ 是某个未知的字典, 它的每一列 d_i 是字典的一个基向量; x 是字典中基的系数, 同样是未知的; e 是某种噪声. 字典学习模型不同于多元线性回归模型, 原因是我们需要在字典学习模型中同时求解出字典 D 和系数 x. 一般来说, 数据的维数 m 和字典里基向量的数量 k 是远小于观测数 n 的, 例如观测的数据是 10×10 的图像, 则 $m = 100$, 但采集的数据量 n 可以非常大 (例如 $n \geqslant 100000$). 如果 $k < m$, 我们称字典 D 是不完备的; 如果 $k > m$, 我们称字典 D 是超完备的; $k = m$ 对应的字典不能对表示带来任何的提高, 因此实际中不予考虑. 当 e 是高斯白噪声时, 可以定义损失函数

$$f(D, X) = \frac{1}{2n} \|DX - A\|_F^2,$$

其中 $A = [a_1, a_2, \cdots, a_n] \in \mathbb{R}^{m \times n}$ 为所有观测数据全体, $X = [x_1, x_2, \cdots, x_n] \in \mathbb{R}^{k \times n}$ 是所有基系数全体.

在实际计算中, 我们并不要求 D 的列是正交的, 因此一个样本点 a_i 可能存在着多种不同的表示. 这种冗余性给表示引入了稀疏性, 这意味着字典 D 是超完备的 ($k > m$). 稀疏性还可以帮助我们快速确定样本点是由哪几个基向量 (而不是所有基向量) 表示的, 进而提高计算速度. 具体地, 在 e 为高斯白噪声的条件下, 我们定义稀疏编码损失函数

$$f(D, X) = \frac{1}{2n} \|DX - A\|_F^2 + \lambda \|X\|_1,$$

这里 λ 为正则化参数, 其大小用来控制 X 的稀疏度. 注意到在 $f(D, X)$ 中有乘积项 DX, 显然 f 的极小值点处必有 $\|X\|_1 \to 0$ (因为假设 (D, X) 为问题的

---

[1] 详见交替方向乘子法的 (8.6.31) 式.

最小值点，那么 $f\left(cD, \frac{1}{c}X\right) < f(D, X), \forall c > 1$）. 因此，这里的保稀疏的正则项并没有意义. 一个改进的做法是要求字典中的基向量模长不能太大，即 $\|D\|_F \leqslant 1$. 最终得到的优化问题为

$$\min_{D,X} \quad \frac{1}{2n}\|DX - A\|_F^2 + \lambda\|X\|_1, \\ \text{s.t.} \quad \|D\|_F \leqslant 1. \tag{3.9.1}$$

3.10 K-均值聚类

聚类分析是统计学中的一个基本问题，其在机器学习、数据挖掘、模式识别和图像分析中有着重要应用. 聚类（clustering）不同于分类（classification），在聚类问题中我们仅仅知道数据点本身，而不知道每个数据点具体的标签. 聚类分析的任务就是将一些无标签的数据点按照某种相似度来进行归类，进而从数据点本身来学习其内蕴的类别特征.

给定 p 维空间中 n 个数据点 $a_1, a_2, \cdots, a_n$，假定两个数据点之间的相似度可以通过其欧几里得距离来衡量. 我们的目标是将相似的点归为一类，同时将不相似的点区分开. 为了简单起见，假设类的个数为已知的，不妨记为 k，且同一个数据点只属于一个类. 因此聚类问题就是要寻找 k 个不相交的非空集合 $S_1, S_2, \cdots, S_k$，使得

$$\{a_1, a_2, \cdots, a_n\} = S_1 \cup S_2 \cup \cdots \cup S_k,$$

且同类点之间的距离足够近. 为了在数学上描述"同类点之间的距离足够近"，我们定义组内距离平方和为

$$W(S_1, S_2, \cdots, S_k) = \sum_{i=1}^{k} \sum_{a \in S_i} \|a - c_i\|^2, \tag{3.10.1}$$

这里 c_i 为第 i 类数据点的中心点，即

$$c_i = \frac{1}{n_i} \sum_{a \in S_i} a,$$

其中 n_i 表示集合 S_i 中元素的个数. 注意在问题中假设了 S_i 非空，因此有 $n_i \neq 0$. 定义好聚类标准之后，就可以建立优化模型了. 我们想要找到一个集类方式，使得组内距离平方和最小，即

$$\begin{aligned}\min_{S_1,S_2,\cdots,S_k} \quad & \sum_{i=1}^{k}\sum_{a\in S_i}\|a-c_i\|^2,\\ \text{s.t.} \quad & S_1\cup S_2\cup\cdots\cup S_k=\{a_1,a_2,\cdots,a_n\},\\ & S_i\cap S_j=\varnothing,\ \forall i\neq j,\end{aligned} \quad (3.10.2)$$

问题 (3.10.2) 的自变量是数据点集合的分割方式，看起来比较难处理，因此有必要将问题 (3.10.2) 写成我们熟悉的形式．接下来给出问题 (3.10.2) 的两种矩阵表达形式，它们之间都是等价的．

1. K-均值聚类等价表述一

在原始聚类问题中，组内距离平方和定义为 (3.10.1) 式，即需要计算 S_i 的点到它们中心点 c_i 的平方和．实际上，选取中心点 c_i 作为参考点不是必须的，我们完全可以选取其他点 h_i 作为参照来计算组内距离．因此组内距离平方和可以推广为

$$\widehat{W}(S_1,S_2,\cdots,S_k,H)=\sum_{i=1}^{k}\sum_{a\in S_i}\|a-h_i\|^2,$$

其中 $H\in\mathbb{R}^{k\times p}$ 且第 i 行的向量为 h_i^{T}．为了表示聚类方式 $S_1,S_2,\cdots,S_k$，一个很自然的想法是使用一个向量 $\phi_i\in\mathbb{R}^k$ 来表示点 a_i 所处的类别．具体地，定义 ϕ_i 为

$$(\phi_i)_j=\begin{cases}1, & a_i\in S_j,\\ 0, & a_i\notin S_j,\end{cases}$$

则聚类问题可以等价描述为

$$\begin{aligned}\min_{\Phi,H} \quad & \|A-\Phi H\|_F^2,\\ \text{s.t.} \quad & \Phi\in\mathbb{R}^{n\times k},\text{每一行只有一个元素为 1，其余为 0},\\ & H\in\mathbb{R}^{k\times p}.\end{aligned} \quad (3.10.3)$$

这里 Φ 的第 i 行的向量就是 ϕ_i^{T}．

接下来说明问题 (3.10.3) 和原问题 (3.10.2) 是等价的．为此只需要说明参考点集 H 的取法实际上就是每一类的中心点．当固定聚类方式 Φ 时，第 i 类点的组内距离平方和为

$$\sum_{a\in S_i}\|a-h_i\|^2=\sum_{a\in S_i}(\|a\|^2+\|h_i\|^2-2a^{\mathrm{T}}h_i).$$

根据二次函数的性质，当

$$h_i=\frac{1}{n_i}\sum_{a\in S_i}a=c_i$$

时，组内距离平方和最小．因此该问题和问题 (3.10.2) 等价．

我们引入问题 (3.10.3) 的理由有两个：第一是其形式简洁，且将不易处理的自变量"分割方式"转化为了矩阵；第二是其可以看成是一个矩阵分解问题，便于我们设计算法，具体可参考本书的第 8.4 节.

2. K-均值聚类等价表述二

K-均值聚类的第二种等价表述利用了列正交矩阵的性质，这种表达方式和问题 (3.10.3) 相比更为简洁. 为此，首先定义 $\mathbf{1}_{S_t}, 1 \leqslant t \leqslant k$ 为 n 维空间中每个分量取值 0 或 1 的向量，且

$$\mathbf{1}_{S_t}(i) = \begin{cases} 1, & a_i \in S_t, \\ 0, & a_i \notin S_t. \end{cases}$$

可以证明（见习题 3.14），第 t 类 S_t 中每个点到其中心点的距离平方和可以写成 $\dfrac{1}{2n_t}\text{Tr}(D\mathbf{1}_{S_t}\mathbf{1}_{S_t}^{\text{T}})$，其中 $D \in \mathbb{R}^{n\times n}$ 的元素为 $D_{ij} = \|a_i - a_j\|_2^2$. 这说明 S_t 中每个点到中心点的距离平方和与 S_t 中所有点两两之间距离平方和有一定的联系. 因此，我们将问题 (3.10.2) 转化为

$$\begin{aligned} \min_{S_1,S_2,\cdots,S_k} \quad & \frac{1}{2}\text{Tr}(DX), \\ \text{s.t.} \quad & X = \sum_{t=1}^{k}\frac{1}{n_t}\mathbf{1}_{S_t}\mathbf{1}_{S_t}^{\text{T}}, \\ & S_1 \cup S_2 \cup \cdots \cup S_k = \{a_1, a_2, \cdots, a_n\}, \\ & S_i \cap S_j = \emptyset,\ \forall i \neq j. \end{aligned} \quad (3.10.4)$$

对半定矩阵 X 进行分解 $X = YY^{\text{T}}, Y \in \mathbb{R}^{n\times k}$，我们可以进一步得到如下矩阵优化问题（这里 $\mathbf{1}$ 是 n 维向量，且分量全为 1）：

$$\begin{aligned} \min_{Y \in \mathbb{R}^{n\times k}} \quad & \text{Tr}(Y^{\text{T}}DY), \\ \text{s.t.} \quad & YY^{\text{T}}\mathbf{1} = \mathbf{1}, \\ & Y^{\text{T}}Y = I_k,\ Y \geqslant 0. \end{aligned} \quad (3.10.5)$$

读者可以自行验证这两个问题的等价性（见习题 3.14）. 如果求得问题 (3.10.5) 的解 Y，则 YY^{T} 就对应于问题 (3.10.4) 的解.

3.11 图像处理中的全变差模型

本节简要介绍基于全变差（TV）的图像处理模型. 对于定义在 $\mathbb{R}^2$ 中区域 Ω 上的函数 $u(x,y)$，其**全变差**

$$\|u\|_{TV} = \int_{\Omega} \|\mathcal{D}u\| \mathrm{d}x\mathrm{d}y, \tag{3.11.1}$$

其中梯度算子 $\mathcal{D}$ 满足

$$\mathcal{D}u = \left(\frac{\partial u}{\partial x}, \frac{\partial u}{\partial y}\right)^{\mathrm{T}}.$$

这里，$\|\mathcal{D}u\|$ 可以采用 ℓ_1 范数，即

$$\|\mathcal{D}u\|_1 = \left|\frac{\partial u}{\partial x}\right| + \left|\frac{\partial u}{\partial y}\right|,$$

称对应的全变差是各向异性的. 如果采用 ℓ_2 范数，即

$$\|\mathcal{D}u\|_2 = \sqrt{\left(\frac{\partial u}{\partial x}\right)^2 + \left(\frac{\partial u}{\partial y}\right)^2},$$

称对应的全变差是各向同性的.

令 $b(x,y)$ 是观测到的带噪声的图像，$\mathcal{A}$ 是线性算子. 在经典的 Rudin-Osher-Fatemi（ROF）模型下，图像去噪和去模糊问题可以写成

$$\min_{u} \ \|\mathcal{A}u - b\|_{L_2}^2 + \lambda \|u\|_{TV}, \tag{3.11.2}$$

这里，定义域为 Ω 的函数 f 的 L_2 范数定义为

$$\|f\|_{L_2} = \left(\int_{\Omega} f^2 \mathrm{d}x\mathrm{d}y\right)^{1/2}.$$

如果 $\mathcal{A}$ 是单位算子或模糊算子，则上述模型分别对应图像去噪和去模糊. 目标函数中的第一项是数据保真项，即重构出的图片要与已有的采集信息相容. 第二项是正则项，用来保证重构出的图像的阶跃是稀疏的，或者说使得重构出的图像类似于一个分片常数函数.

下面给出连续模型 (3.11.2) 的离散格式. 为简单起见，设 $\Omega = [0,1] \times [0,1]$ 并且将它离散为 $n \times n$ 网格，则格点 $\left(\frac{i}{n}, \frac{j}{n}\right)$ 对应指标 (i,j). 我们将图像 u 表

示为矩阵 $U \in \mathbb{R}^{n \times n}$，其元素 $u_{i,j}$ 对应指标 (i,j). 运用前向差分离散梯度算子 DU 得到 $(DU)_{i,j} = ((D_1U)_{i,j}, (D_2U)_{i,j})^T$，且有

$$(D_1U)_{i,j} = \begin{cases} u_{i+1,j} - u_{i,j}, & i < n, \\ 0, & i = n, \end{cases} \quad (D_2U)_{i,j} = \begin{cases} u_{i,j+1} - u_{i,j}, & j < n, \\ 0, & j = n. \end{cases}$$

这里对于 $i,j = n$ 的点适用诺伊曼（Neumann）边界条件 $\frac{\partial u}{\partial n} = 0$ 且有 $DU \in \mathbb{R}^{n \times n \times 2}$. 那么离散全变差可以定义为

$$\|U\|_{TV} = \sum_{1 \leqslant i,j \leqslant n} \|(DU)_{i,j}\|, \tag{3.11.3}$$

其中 $\|\cdot\|$ 可以是 ℓ_1 范数或者是 ℓ_2 范数.

对于任意的 $U, V \in \mathbb{R}^{n \times n \times 2}$，定义内积

$$\langle U, V \rangle = \sum_{1 \leqslant i,j \leqslant n, 1 \leqslant k \leqslant 2} u_{i,j,k} v_{i,j,k}.$$

那么根据定义，离散散度算子 G 需满足

$$\langle U, GV \rangle = -\langle DU, V \rangle, \quad \forall U \in \mathbb{R}^{n \times n}, V \in \mathbb{R}^{n \times n \times 2}.$$

记 $w_{ij} = (w_{i,j,1}, w_{i,j,2})^T$ 为 $W \in \mathbb{R}^{n \times n \times 2}$ 的各个分量，我们有

$$(GW)_{ij} = \Delta_{i,j,1} + \Delta_{i,j,2}, \tag{3.11.4}$$

其中

$$\Delta_{i,j,1} = \begin{cases} w_{i,j,1} - w_{i-1,j,1}, & 1 < i < n, \\ w_{i,j,1}, & i = 1, \\ -w_{i,j,1}, & i = n, \end{cases} \quad \Delta_{i,j,2} = \begin{cases} w_{i,j,2} - w_{i,j-1,2}, & 1 < j < n, \\ w_{i,j,2}, & j = 1, \\ -w_{i,j,2}, & j = n. \end{cases}$$

运用合适的离散格式处理后，我们可得到离散线性算子 $\mathcal{A}$ 和图像 B（这里沿用了连续情形的记号，但 $\mathcal{A}$ 的含义完全不同）. 因此由连续问题 (3.11.2) 得到离散问题：

$$\min_{U \in \mathbb{R}^{n \times n}} \|\mathcal{A}U - B\|_F^2 + \lambda \|U\|_{TV}. \tag{3.11.5}$$

图 3.5 给出了图像去噪的一个例子：（a）是原始图像，（b）是加了噪声的图像，（c）是算法恢复的结果.

在实际中，除了考虑 ROF 模型外，我们还考虑其一个变形：TV-L^1 模型. 离散格式为

$$\min_{U \in \mathbb{R}^{n \times n}} \|\mathcal{A}U - B\|_1 + \lambda \|U\|_{TV}. \tag{3.11.6}$$

(a) (b) (c)

图 3.5 图像去噪

上述模型的一个好处是可以更好地处理非高斯噪声的情形，比如椒盐噪声等.

图像处理中还有大量其他问题，如图像识别，图像分割，图像匹配，生物医学图像（CT，MRI，fMRI）处理，计算机图像和视觉，遥感图像，等等. 它们中间产生了丰富的优化问题.

3.12 小波模型

小波分析是图像重构的另外一种方法. 它通过不同尺度变化对失真图像进行多尺度分析，进而保留想要的尺度信息，去掉噪声等对应的干扰信息. 小波分析的一个最重要的概念是小波框架，它是空间中基函数的推广. 具体地，将图像理解成一个向量 $x \in \mathbb{R}^n$，令 $W \in \mathbb{R}^{m \times n}$ 为小波框架. 需要注意的是，这里 m 可以比 n 大，但是有 $\text{rank}(W) = n$，也就意味着 W 带有一些冗余信息. 在小波框架下，可以对图像 x 做分解得到小波系数 $\alpha \in \mathbb{R}^m$，即

$$\alpha = Wx.$$

反之，给定小波系数 α，可以重构出图像

$$x = W^T \alpha.$$

为了保证重构的完整性，我们要求

$$W^T W = I.$$

因为冗余性，所以 $WW^T \neq I$. 我们从图 3.6 中可以看到小波方法的重构原理. 图中给出了博雅塔（a）在一组给定的小波基下的分解，得到的小波系数见（b），其像素值的直方图见（c），可以看出小波系数的稀疏性.

图 3.6
小波分解

从图 3.6 中可以看出，图像的失真部分对应的小波系数很小，只有少数的小波系数对原始图像起到决定作用. 我们考虑基于小波框架的重构模型，常用的有

- 分解模型：直接求解重构图像，其通过惩罚图像的小波系数的 ℓ_1 范数来去除图像中不必要的噪声信息. 问题形式为

$$\min_{x \in \mathbb{R}^n} \quad \|\lambda \odot (Wx)\|_1 + \frac{1}{2}\|Ax - b\|_2^2, \tag{3.12.1}$$

其中 b 为实际观测的图像数据，$\lambda \in \mathbb{R}^m$ 是给定的非负向量，$\odot$ 表示逐个分量相乘.

- 合成模型：求解图像对应的小波系数来重构图像，其通过小波系数的 ℓ_1 范数来去除图像中不必要的噪声信息. 问题形式为

$$\min_{\alpha \in \mathbb{R}^m} \quad \|\lambda \odot \alpha\|_1 + \frac{1}{2}\|AW^\mathrm{T}\alpha - b\|_2^2. \tag{3.12.2}$$

- 平衡模型：求解图像对应的小波系数来重构图像. 在合成模型中, α 不一定对应于真实图像的小波系数. 因此, 平衡模型添加 $(I - WW^T)\alpha$ 的二次罚项来保证 α 更接近真实图像的小波系数. 问题形式为

$$\min_{\alpha \in \mathbb{R}^m} \|\lambda \odot \alpha\|_1 + \frac{1}{2}\|AW^T\alpha - b\|_2^2 + \frac{\kappa}{2}\|(I - WW^T)\alpha\|_2^2, \qquad (3.12.3)$$

其中 κ 为给定的常数.

3.13 强化学习

人工智能的一个标志性事件是 2016 年 3 月 Deep Mind 开发的人工智能程序 "AlphaGo" 以五局四胜打败韩国围棋大师李世石九段. 这是计算机围棋程序第一次战胜人类职业棋手. 2017 年, Deep Mind 的新一代程序 AlphaGo Zero 以 100 : 0 的成绩打败了其前辈 AlphaGo. 这些程序成功的关键在于采用了**强化学习**（reinforcement learning）算法. AlphaGo Zero 只需要掌握围棋的基本规则, 不需要任何的人类经验, 就能从零开始学习.

虽然强化学习处理的实际问题千差万别, 但是它们一般可以抽象出智能体（agent）和环境（environment）两个概念. 智能体持续地与环境互动并从环境中学到经验和规则, 如图 3.7 所示. 智能体在状态 s_t 下执行动作 a_t 后, 环境根据其内在的规则回应, 到达新的状态 s_{t+1} 并提供奖励 r_{t+1}. 这个系统持续不断地重复这个过程, 直到学习中止. 想象一个机器人想要从点 A 走到点 B, 为了实现这个目标, 它尝试了很多不同的移动方式, 既从成功的动作中学到了经验, 又从失败的摔倒中学到了教训, 最终找到最有效、最快捷的行走方式. 这种反复试错也是强化学习所使用的思想.

图 3.7
强化学习智能体–
环境交互图

强化学习跟其他机器学习相比有如下不同点：

- 这个过程是无监督的. 没有标签告诉智能体做什么动作是最好的, 只有之前动作所获得的奖励会让智能体更偏向于执行某一类动作.
- 环境给智能体动作的反馈是有延迟的. 当前动作的效果也许不会立刻体现, 但是它可能影响许多步后的奖励.

- 时间顺序在强化学习中是非常重要的. 所做决策的顺序将会决定最终的结果.
- 智能体所做的动作会影响观察到的环境状态. 在这个学习过程中观察到的环境状态或接收到的反馈不是独立的, 它们是智能体动作的函数. 这一点与监督学习中的样本独立性假设有很大差别.

强化学习经常可以用马尔可夫决策过程（Markov decision process, MDP）来描述. 在马尔可夫决策过程中, 环境状态转移的概率只取决于当前的状态和动作, 而与所有历史信息无关, 即

$$P(s_{t+1}=s'|s_t,a_t,s_{t-1},a_{t-1},\cdots,s_0,a_0) = P(s_{t+1}=s'|s_t,a_t).$$

其次, 环境所反馈的奖励的期望也只依赖于当前的状态和动作, 所以该期望可以表示成

$$\mathbb{E}[r_{t+1}|s_t,a_t,s_{t-1},a_{t-1},\cdots,s_0,a_0] = \mathbb{E}[r_{t+1}|s_t=s,a_t=a] = r(s,a).$$

智能体要做的是通过在环境中不断尝试学习得到一个策略（policy）π, 根据这个策略, 智能体可以知道在状态 s 下应执行什么动作. 假设 S 和 A 为正整数, 令 $\mathcal{S}=\{1,2,\cdots,S\}$ 和 $\mathcal{A}=\{1,2,\cdots,A\}$ 分别为状态空间和决策空间. 用 Δ_X 表示在集合 X 上的概率分布构成的集合, 策略 $\pi:\mathcal{S}\to\Delta_\mathcal{A}$ 是定义在状态空间上的一个映射. 我们用 $\pi(a|s)$ 表示使用策略 π 时, 在当前状态 s 下选择决策 a 的概率. 状态转移算子 $P:\mathcal{S}\times\mathcal{A}\to\Delta_\mathcal{S}$ 为从状态空间和决策空间的乘积空间到状态空间上的概率分布的映射, 用 $P_a(i,j)$ 表示采用决策 a 从状态 i 跳到状态 j 的概率. 令单步奖励函数 $r:\mathcal{S}\times\mathcal{A}\to\mathbb{R}$ 为状态和决策乘积空间上的实值函数, 用 $r(s,a)$ 表示在状态 s 下采取决策 a 得到的期望奖励.

由于在某一个状态下最优的动作选择并不一定产生全局最优的策略, 比较理想的方式应该能最大化某种形式的累积奖励, 例如有限时间的累积奖励, 或是有限时间的有折扣奖励之和, 抑或是无限时间的累积奖励或平均奖励. 一条轨道 τ 是一系列状态和动作的集合:

$$\tau = \{s_0,a_0,s_1,a_1,\cdots\}.$$

给定折扣因子 $\gamma\in[0,1)$, 有折扣累积奖励可以表示为

$$R(\tau) = \sum_{t=0}^{\infty}\gamma^t r_t,$$

其中 $r_t = r(s_t,a_t)$. 那么最优的策略是能最大化 MDP 收益的策略:

$$\max_{\pi}\ \mathbb{E}_{\tau\sim\pi}[R(\tau)], \tag{3.13.1}$$

其中 $\tau \sim \pi$ 表示轨道 τ 是按照策略 π 生成的. 令 $V(i)$ 为最优策略在任意时刻从状态 i 出发得到的期望奖励, 那么问题 (3.13.1) 也等价于求解

$$V(i) = \max_a \left\{ \sum_j P_a(i,j)\left(r(i,a) + \gamma V(j)\right) \right\}. \tag{3.13.2}$$

该方程称为 Bellman 方程. 在任意时刻, 状态 i 处的决策 $a(i)$ 应满足

$$a(i) = \arg\max_a \left\{ \sum_j P_a(i,j)\left(r(i,a) + \gamma V(j)\right) \right\}.$$

这里指出, $V(i)$ 与 $a(i)$ 都不依赖于时间 t, 其根本原因是下一步的状态仅依赖于当前状态和动作 (马尔可夫性), 且转移概率和奖励函数也与时间无关 (时齐性).

很多时候, 解决实际问题的困难往往在于状态集合或者动作集合中元素的数量非常多, 甚至是天文数字. 常用的一个方式是将策略用神经网络或者深度神经网络来表达, 比如策略的输出是可计算的函数, 它依赖于一系列参数, 如神经网络的权重. 为简单起见, 人们经常将 π 写为 π_θ (θ 是神经网络的参数), 问题 (3.13.1) 则表达为

$$\max_\theta \mathbb{E}_{\tau \sim \pi_\theta} [R(\tau)]. \tag{3.13.3}$$

对于不同的 π, 目标函数的计算往往需要重新抽样, 即在智能体-环境中重新交互得到. 而随机优化问题 (3.3.5) 中的样本往往是事先全都给定的. 当然强化学习的模型还有很多类型, 我们这里不再仔细阐述.

3.14 总　　结

本章介绍了常见的建模技术, 也回顾了统计学习、机器学习、图像和信号处理中一些常见的优化问题. 表 3.1 总结了本章各节使用过的建模技巧, 其中空格表示未涉及该方面的技巧.

统计学习中的模型远远不止这些, 更多关于监督和无监督学习的模型可以参考 [73]. 除了重构问题外, 图像处理中的基本任务还包括图像分割以及图像配准问题, 相关内容可以参考 [9]. 对于强化学习问题, 我们仅介绍了马尔可夫决策过程, 更多丰富精彩的内容可以在 [177] 中找到. 除了本章介绍的凸松弛模型外, 在实际中我们还常常构造非凸松弛模型以更好地逼近原始问题, 这方面的内容可以参考 [195].

3.14 总结

表 3.1 建模技巧总结

实例	目标函数设计	约束设计
回归分析	最小二乘 最大似然估计 正则化	等价转换
逻辑回归	最大似然估计 正则化	
支持向量机	损失函数（最小距离）	等价转换（最小距离）
概率图模型	最大似然估计 正则化 损失函数（逆矩阵）	问题本身性质（正定性）
相位恢复	最小二乘，松弛	松弛（相位提升）
主成分分析	损失函数（投影方差）	问题本身性质（正交性）
矩阵分离问题	正则化（稀疏，低秩） 松弛（凸松弛）	问题本身性质（重构）
字典学习	最小二乘，正则化	消除解的不唯一性
K-均值聚类	损失函数（组内距离平方和）	问题本身性质 等价转换
全变差模型	损失函数（保真项） 正则化	
小波模型	技巧同全变差模型，区别为模型是在小波基下考虑的	
强化学习	损失函数	问题本身性质（MDP） 松弛（神经网络近似）

习　题　3

3.1 证明：方程组 (3.6.1) 的解不是唯一的.

3.2 设有一片 9×9 的空地，每一小块空地可以改成池塘或者稻田. 由于稻田需要经常灌溉，因此设计的时候每一块稻田至少要与一块池塘相邻（前、后、左、右四个方向视为相邻）. 我们的最终目标是让稻田的数量达到最大. 试将这个实际问题转化为优化问题，该优化问题中的目标函数和约束是如何设计的？

3.3 给定正交矩阵

$$U = \begin{bmatrix} 1 & 0 & 0 \\ 0 & \dfrac{1}{2} & -\dfrac{\sqrt{3}}{2} \\ 0 & \dfrac{\sqrt{3}}{2} & \dfrac{1}{2} \end{bmatrix}$$

及矩阵 $A = U\mathrm{Diag}(10^{-6}, 2, 3)U^\mathrm{T}$，分别计算 $b = (0,0,0)^\mathrm{T}$ 和 $b = (10^{-4}, 0, 0)^\mathrm{T}$ 的情形下模型 (3.2.4) (3.2.6) 的解，其中参数 μ 待定，并分析得到的结果.

3.4 在主成分分析中，我们需要计算高维空间中的数据点到低维空间中的投影. 试给出 $a \in \mathbb{R}^n$ 在由矩阵 $X \in \mathbb{R}^{n \times p}(p < n)$ 的列向量张成的空间中的投影，这里 X 可能不是列正交矩阵，也可能秩小于 p.

3.5 假设 $A = I$，请分别计算优化问题 (3.2.6) (3.2.7) 的解. 进一步地，当 μ 和 σ 满足何种关系时，两个问题的解是一样的？

3.6 给定向量 $a, b \in \mathbb{R}^n$，分别考虑取 $\ell_1, \ell_2, \ell_\infty$ 范数时，优化问题

$$\min_{x \in \mathbb{R}} \quad \|xa - b\|$$

的解.

3.7 考虑线性观测模型

$$b_i = a_i^\mathrm{T} x + \varepsilon_i, \quad i = 1, 2, \cdots, m,$$

其中 a_i, b_i 为观测数据，ε_i 为独立同分布的噪声，x 是要估计的参数. 在下面的假设下，请利用最大似然估计方法构造相应的优化问题来估计参数 x.

(a) 噪声 $\varepsilon_i \sim \mathcal{N}(0, \sigma^2)$，其密度函数为

$$p(z) = \frac{1}{\sqrt{2\pi}\sigma} \exp\left(-\frac{z^2}{2\sigma^2}\right), \quad \sigma > 0;$$

(b) 噪声 ε_i 服从拉普拉斯（Laplace）分布，其密度函数为

$$p(z) = \frac{1}{2a} \exp\left(-\frac{|z|}{a}\right), \quad a > 0;$$

(c) 噪声 ε_i 为 $[-a, a](a > 0)$ 上的均匀分布，其密度函数为

$$p(z) = \frac{1}{2a}, \quad z \in [-a, a].$$

3.8 在逻辑回归中,如果把 Sigmoid 函数 (3.3.1) 换成

$$\theta(z) = \frac{1}{2} + \frac{z}{2(1+|z|)},$$

试利用最大似然估计建立分类模型. 该模型得到的优化问题是否是凸的?

3.9 给定以下带标签的数据:

标签	数据点
-1	$(1,5,1), (9,5,1)$
1	$(8,13,13), (5,1,9)$

请建立原始的支持向量机模型并计算分割超平面.

3.10 用线性超平面(如 $a^T x + b = 0$)来分类的模型称为线性分类模型. 证明逻辑回归是线性分类模型. 与支持向量机相比,逻辑回归的优缺点分别是什么?

3.11 请分析如何将支持向量机方法应用到多分类问题中.

3.12 考虑三个随机变量 X, Y, Z, 取值集合均为 $\{1, 2, \cdots, n\}$.

(a) 在没有独立性假设的条件下,为了表示随机向量 (X, Y, Z) 的联合分布律 $p(x, y, z)$, 至少需要多少个参数?

(b) 如果在给定 X 的情况下,Y 和 Z 独立,为了表示 $p(x, y, z)$ 至少需要多少个参数?

3.13 给定 n 维高斯随机变量的一组实际取值:$y^1, y^2, \cdots, y^m$, 试利用最大似然估计方法给出其精度矩阵的估计.

3.14 试证明如下和 K-均值聚类相关的结论:

(a) 设 S_i 非空, 证明:

$$2n_i \sum_{a \in S_i} \|a - c_i\|^2 = \sum_{a, a' \in S_i} \|a - a'\|^2,$$

其中 n_i 为 S_i 中元素个数,c_i 为 S_i 所有数据点的中心点.

(b) 证明:问题 (3.10.4) 与问题 (3.10.5) 等价.

3.15 在 $\mathbb{R}^2$ 空间中,定义小波框架

$$w_1 = \sqrt{\frac{2}{3}} (0, 1)^T,$$

$$w_2 = \sqrt{\frac{2}{3}} \left(-\frac{\sqrt{3}}{2}, -\frac{1}{2}\right)^T,$$

$$w_3 = \sqrt{\frac{2}{3}} \left(\frac{\sqrt{3}}{2}, -\frac{1}{2}\right)^T.$$

对于向量 $x = (1, 3)^T$, 试给出其在小波框架下的稀疏表示.

第四章
典型优化问题

在实际中优化问题的形式多种多样. 对于不同种类的优化问题，我们需要根据问题的具体形式，来分析其理论性质以及设计最有效的算法. 本章将列举一些重要的优化问题，并根据第三章优化建模进一步给出相关的应用背景和应用举例. 在这里我们指出，对于同一个实际问题，使用不同的建模手段可能获得形式不同的优化问题. 这些问题的求解难度以及解的性质可能有非常大的差别，因此将实际问题转化为何种优化问题是优化建模中需要重点考虑的.

4.1 线性规划

4.1.1 基本形式和应用背景

线性规划问题的一般形式如下：

$$\begin{aligned} \min_{x \in \mathbb{R}^n} \quad & c^\mathrm{T} x, \\ \text{s.t.} \quad & Ax = b, \\ & Gx \leqslant e, \end{aligned} \tag{4.1.1}$$

其中 $c \in \mathbb{R}^n, A \in \mathbb{R}^{m \times n}, b \in \mathbb{R}^m, G \in \mathbb{R}^{p \times n}$ 和 $e \in \mathbb{R}^p$ 是给定的矩阵和向量，$x \in \mathbb{R}^n$ 是决策变量. 在实际中，我们考虑问题 (4.1.1) 的两种特殊形式（其他形式都可以转化成这两种形式）：标准形（等式约束和决策变量非负）

$$\begin{aligned} \min_{x \in \mathbb{R}^n} \quad & c^\mathrm{T} x, \\ \text{s.t.} \quad & Ax = b, \\ & x \geqslant 0, \end{aligned} \tag{4.1.2}$$

以及不等式形（没有等式约束）

$$\begin{aligned} \min_{x \in \mathbb{R}^n} \quad & c^\mathrm{T} x \\ \text{s.t.} \quad & Ax \leqslant b. \end{aligned} \tag{4.1.3}$$

线性规划最先在第二次世界大战时被提出，用于最大化资源的利用效率. 其中的"规划"也是一个军事词汇，指按照既定的时刻表去执行任务或者用最佳方式做人员部署. 线性规划问题的研究很快得到了大家的关注. 二战之后，美国空军启动了一项关于军事规划和分配模型的项目. 在 1947 年，著名的单纯形方法被提出，使得线性规划问题可以被有效地求解. 之后，线性规划用到了更多其他领域当中，如农业、石油、钢铁、运输、通信等. 线性规划的有效应用节省了大量的人力、物力和财力. 随着计算机以及求解算法的快速发展，我们可以求解更大规模的线性规划问题，保证了线性规划问题的应用前景.

4.1.2 应用举例

1. 运输问题

有 I 个港口 $P_1, P_2, \cdots, P_I$ 提供某种商品，有 J 个市场 $M_1, M_2, \cdots, M_J$ 需要这种商品. 假设港口 P_i 有 s_i 单位的这种商品 $(i = 1, 2, \cdots, I)$，市场 M_j 需要 r_j 单位的这种商品，且总供应与总需求相等，即 $\sum_{i=1}^{I} s_i = \sum_{j=1}^{J} r_j$. 令 b_{ij} 为从港口 P_i 运输单位数量商品到市场 M_j 的成本. 运输问题是在满足市场需求下使得运输成本最低.

令 x_{ij} 为从港口 P_i 运输到市场 M_j 的商品数量，总的运输代价为

$$\sum_{i=1}^{I}\sum_{j=1}^{J} x_{ij} b_{ij}. \tag{4.1.4}$$

港口 P_i 总输出量为 $\sum_{j=1}^{J} x_{ij}$，因为港口 P_i 存有的商品总量为 s_i，所以

$$\sum_{j=1}^{J} x_{ij} = s_i, \quad i = 1, 2, \cdots, I. \tag{4.1.5}$$

市场 M_j 总输入量为 $\sum_{i=1}^{I} x_{ij}$，因为市场 M_j 的需求量为 r_j，所以

$$\sum_{i=1}^{I} x_{ij} = r_j, \quad j = 1, 2, \cdots, J. \tag{4.1.6}$$

因为运输量是非负的，所以

$$x_{ij} \geqslant 0, \quad i = 1, 2, \cdots, I, j = 1, 2, \cdots, J. \tag{4.1.7}$$

因此，我们想要在约束 (4.1.5)—(4.1.7) 成立的情况下极小化 (4.1.4) 式. 针对决策变量的 $I \times J$ 矩阵 (x_{ij})，我们可以得到如下线性规划问题：

$$\begin{aligned}
\min_{x} \quad & \sum_{i=1}^{I}\sum_{j=1}^{J} x_{ij} b_{ij}, \\
\text{s.t.} \quad & \sum_{j=1}^{J} x_{ij} = s_i, i = 1, 2, \cdots, I, \\
& \sum_{i=1}^{I} x_{ij} = r_j, j = 1, 2, \cdots, J, \\
& x_{ij} \geqslant 0, \quad i = 1, 2, \cdots, I, j = 1, 2, \cdots, J.
\end{aligned}$$

这个问题还有更一般的版本，即最优运输问题. 它是关心两个（离散、连续）测度的对应关系. 具体地，若测度是离散的，我们想要确定的是离散点之间的对应关系；若测度是连续的，我们想要确定的是区域之间的对应关系. 更多内容可以参考 [151].

2. 马尔可夫决策过程

在马尔可夫决策过程中，考虑终止时间 $T = \infty$ 的情形. 因为折现因子 $\gamma \in [0,1)$，所以如果单步奖励是有界的，则策略对应的奖励和是有界的. 否则，如果奖励和无界，任意一个策略的奖励和都是无限的，失去了研究价值. 在有界的假设下，Bellman 方程 (3.13.2) 可以转化为如下线性规划问题：

$$\max_{V \in \mathbb{R}^{|\mathcal{S}|}} \sum_i V(i)$$
$$\text{s.t.} \quad V(i) \geqslant \sum_j P_a(i,j)\left(r(i,a) + \gamma V(j)\right), \forall i \in \mathcal{S}, \forall a \in \mathcal{A},$$

其中 $V(i)$ 是向量 V 的第 i 个分量，表示从状态 i 出发得到的累积奖励，$P_a(i,j)$ 是转移概率，$r(i,a)$ 是单步奖励以及 γ 为折现因子. 通过求解上述优化问题，我们可以求出最优动作 $a(i)$ 以及最优期望奖励.

3. 基追踪问题

基追踪问题是压缩感知中的一个基本问题，可以写为

$$\begin{aligned} \min_{x \in \mathbb{R}^n} &\quad \|x\|_1, \\ \text{s.t.} &\quad Ax = b. \end{aligned} \tag{4.1.8}$$

对每个 $|x_i|$ 引入一个新的变量 z_i，可以将问题 (4.1.8) 转化为

$$\begin{aligned} \min_{z \in \mathbb{R}^n} &\quad \sum_{i=1}^n z_i, \\ \text{s.t.} &\quad Ax = b, \\ &\quad -z_i \leqslant x_i \leqslant z_i, i = 1,2,\cdots,n, \end{aligned}$$

这是一个线性规划问题. 另外，我们也可以引入 x_i 的正部和负部 $x_i^+, x_i^- \geqslant 0$，利用 $x_i = x_i^+ - x_i^-, |x_i| = x_i^+ + x_i^-$，问题 (4.1.8) 的另外一种等价的线性规划形式可以写为

$$\begin{aligned} \min_{x^+, x^- \in \mathbb{R}^n} &\quad \sum_{i=1}^n (x_i^+ + x_i^-), \\ \text{s.t.} &\quad Ax^+ - Ax^- = b, \\ &\quad x^+, x^- \geqslant 0. \end{aligned}$$

4. 数据拟合

在数据拟合中，除了常用的最小二乘模型外，还有最小 ℓ_1 范数模型

$$\min_{x\in\mathbb{R}^n} \quad \|Ax-b\|_1, \tag{4.1.9}$$

和最小 ℓ_∞ 范数模型

$$\min_{x\in\mathbb{R}^n} \quad \|Ax-b\|_\infty. \tag{4.1.10}$$

这两个问题都可以转化成线性规划的形式．对于问题 (4.1.9)，通过引入变量 $y=Ax-b$，可以得到如下等价问题：

$$\min_{x,y\in\mathbb{R}^n} \quad \|y\|_1,$$
$$\text{s.t.} \quad y=Ax-b.$$

利用基追踪问题中类似的技巧，我们可以将上述绝对值优化问题转化成线性规划问题．对于问题 (4.1.10)，令 $t=\|Ax-b\|_\infty$，则得到等价问题

$$\min_{x\in\mathbb{R}^n,\,t\in\mathbb{R}} \quad t,$$
$$\text{s.t.} \quad \|Ax-b\|_\infty \leqslant t.$$

利用 ℓ_∞ 范数的定义，可以进一步写为

$$\min_{x\in\mathbb{R}^n,\,t\in\mathbb{R}} \quad t,$$
$$\text{s.t.} \quad -t\mathbf{1} \leqslant Ax-b \leqslant t\mathbf{1},$$

这是一个线性规划问题．

4.2 最小二乘问题

4.2.1 基本形式和应用背景

最小二乘问题的一般形式如下：

$$\min_{x\in\mathbb{R}^n} \quad \sum_{i=1}^{m} r_i^2(x), \tag{4.2.1}$$

其中 $r_i:\mathbb{R}^n\to\mathbb{R}$ 为实值函数．如果所有的 r_i 都是线性函数，我们称问题 (4.2.1) 为线性最小二乘问题，否则称其为非线性最小二乘问题．最小二乘问题是线性回归和非线性回归的基础．

最小二乘问题也常用于线性（非线性）方程组问题当中（见第三章的最小二乘建模）．当线性（非线性）观测带噪声时，我们一般会基于该线性（非线性）系统建立最小二乘模型．特别地，如果噪声服从高斯分布，最小二乘问题的解对应于原问题的最大似然解（见第三章的回归分析）．

4.2.2 应用举例

第三章中介绍的有些应用问题直接是最小二乘问题的形式，见表 4.1．

表 4.1 最小二乘问题

应用	$r_i(x)$	对应问题
回归分析	$a_i^{\mathrm{T}} x - b_i$	(3.2.4)
相位恢复	$\|\langle a_i, x \rangle\|^2 - b_i^2$, $\|\langle a_i, x \rangle\| - b_i$	(3.6.2) (3.6.3)

1. 线性最小二乘问题

线性最小二乘问题是回归分析中的一个基本模型，它可以表示为

$$\min_{x \in \mathbb{R}^n} \sum_{i=1}^m (a_i^{\mathrm{T}} x - b_i)^2,$$

即 $r_i(x) = a_i^{\mathrm{T}} x - b_i$, $i = 1, 2, \cdots, m$．记 $A = [a_1, a_2, \cdots, a_m]^{\mathrm{T}}$，那么线性最小二乘问题可以等价地写成如下形式：

$$\min_{x \in \mathbb{R}^n} \quad f(x) \stackrel{\text{def}}{=} \frac{1}{2} \|Ax - b\|_2^2,$$

这是一个无约束二次目标函数的优化问题．因为二次函数 f 是凸的，故 $x \in \mathbb{R}^n$ 为其局部极小解当且仅当 x 满足方程

$$\nabla f(x) = A^{\mathrm{T}}(Ax - b) = 0.$$

事实上，因为 f 是二次的，我们有

$$f(y) = f(x) + \nabla f(x)^{\mathrm{T}}(y - x) + \frac{1}{2}(y - x)^{\mathrm{T}} \nabla^2 f(x)(y - x)$$
$$= f(x) + \nabla f(x)^{\mathrm{T}}(y - x) + \frac{1}{2}(y - x)^{\mathrm{T}} A^{\mathrm{T}} A (y - x).$$

因此，如果 $\nabla f(x) = 0$，根据 $A^{\mathrm{T}} A$ 的半正定性，

$$f(y) \geqslant f(x), \quad \forall y \in \mathbb{R}^n,$$

即 x 为 $f(x)$ 的全局极小解．

反之，如果 $\nabla f(x) \neq 0$，此时我们说明沿着负梯度方向目标函数将减小．具体地，取 $y = x - t \nabla f(x)$ 且 $t = \dfrac{1}{\lambda_{\max}(A^{\mathrm{T}} A)}$，其中 $\lambda_{\max}(A^{\mathrm{T}} A)$ 表示 $A^{\mathrm{T}} A$ 的

最大特征值，那么

$$f(x - t\nabla f(x)) \leqslant f(x) - t\|\nabla f(x)\|_2^2 + \frac{1}{2}t^2\lambda_{\max}(A^{\mathrm{T}}A)\|\nabla f(x)\|_2^2$$
$$= f(x) + \left(-t + \frac{1}{2}t^2\lambda_{\max}(A^{\mathrm{T}}A)\right)\|\nabla f(x)\|_2^2$$
$$= f(x) - \frac{1}{2\lambda_{\max}(A^{\mathrm{T}}A)}\|\nabla f(x)\|_2^2 < f(x).$$

因而在全局极小解 x 处必有 $\nabla f(x) = 0$.

2. 数据插值

数据插值是数值分析的一个基本问题. 给定数据集 $\{a_i \in \mathbb{R}^p, b_i \in \mathbb{R}^q, i = 1, 2, \cdots, m\}$，插值是求一个映射 f，使得

$$b_i = f(a_i), \quad i = 1, 2, \cdots, m.$$

在实际中，出于计算上的可行性，我们一般会限制在一个特定函数空间上来求 f 的一个逼近解. 如果利用线性函数逼近，即 $f(a) = Xa + y$，其中 $X \in \mathbb{R}^{q \times p}, y \in \mathbb{R}^q$，则为了求解 X, y，可以建立如下最小二乘问题：

$$\min_{X \in \mathbb{R}^{q \times p}} \sum_{i=1}^m \|Xa_i + y - b_i\|^2.$$

一般地，假设 $\{\phi_i(a)\}_{i=1}^n (n \leqslant m)$ 为插值空间的一组基，数据插值问题可以写成

$$b_j = f(a_j) = \sum_{i=1}^n x_i \phi_i(a_j), \quad j = 1, 2, \cdots, m,$$

其中 x_i 为待定系数. 这是关于 x 的线性方程组. 在实际中，我们考虑其替代的最小二乘模型

$$\min_{x \in \mathbb{R}^n} \sum_{j=1}^m \left\|\sum_{i=1}^n x_i \phi_i(a_j) - b_j\right\|^2.$$

对于基 $\phi_i(a)$ 的选取，一般要求其反映数据的物理性质或者内在性质以及计算比较方便.

除了这种基函数的和的方式，深度学习 [122] 也通过一些简单函数的复合来逼近原未知函数. 具体地，假设有一些简单的非线性向量函数 $\phi_i(\theta) : \mathbb{R}^q \to \mathbb{R}^q$，并构造如下复合函数：

$$f(\theta) = \phi_n(X_n \phi_{n-1}(X_{n-1} \cdots \phi_1(X_1 \theta + y_1) \cdots + y_{n-1}) + y_n).$$

在实际中常用的简单非线性函数有 ReLU，即

$$\phi_i(\theta) = (\mathrm{ReLU}(\theta_1), \mathrm{ReLU}(\theta_2), \cdots, \mathrm{ReLU}(\theta_q))^{\mathrm{T}}, \quad i = 1, 2, \cdots, n,$$

且
$$\mathrm{ReLU}(t) = \begin{cases} t, & t \geqslant 0, \\ 0, & \text{其他}. \end{cases}$$

这样的做法往往会带来更多未知的非线性，因而可能在更大的函数空间中得到未知函数的一个更好的逼近．将点 a_i 处的取值代入，我们得到如下非线性方程组：

$$\begin{aligned} & f(a_i) - b_i \\ &= \phi_n\left(X_n \phi_{n-1}(X_{n-1} \cdots \phi_1(X_1 a_i + y_1) \cdots + y_{n-1}) + y_n\right) - b_i \\ &= 0, \quad i = 1, 2, \cdots, n. \end{aligned}$$

这里需要求解的是关于 $X_1 \in \mathbb{R}^{q \times p}, X_i \in \mathbb{R}^{q \times q}, i = 2, 3, \cdots, n, y_i \in \mathbb{R}^q, i = 1, 2, \cdots, m$ 的非线性方程组．我们一般考虑替代的最小二乘问题

$$\min_{\{X_i, y_i\}} \sum_{i=1}^{m} \|f(a_i) - b_i\|^2.$$

3. 深度 Q 学习

在强化学习中，为了求解出最优策略及相应的期望奖励，往往需要考虑动作价值函数（action-value function）$Q: \mathcal{S} \times \mathcal{A} \to \mathbb{R}$（注意，我们一般称式 (3.13.2) 中的 V 为价值函数，即 value function），其表示从状态 s 出发，采取动作 a 可以获得的最大期望奖励．根据最优性，其 Bellman 方程为

$$Q(s, a) = r(s, a) + \gamma \sum_{s'} P_a(s, s') \max_{a'} Q(s', a'). \tag{4.2.2}$$

对于求解方程 (4.2.2)，一个常用的迭代算法的格式为：

$$Q_{k+1}(s, a) = r(s, a) + \gamma \sum_{s'} P_a(s, s') \max_{a'} Q_k(s', a'). \tag{4.2.3}$$

同样地，每一轮更新都需要对所有状态动作对 (s, a) 做一次迭代．

然而在实际问题中，我们通常没有模型信息，也就是说，上式涉及的奖励和状态转移概率都是未知的．为此，我们必须与环境进行交互，获取经验来估计这些项的大小．在与环境交互获得的经验中，我们可以得到很多形如 (s_t, a_t, r_t, s_{t+1}) 的四元组，它记录了智能体在时刻 t 处于状态 s_t 时选择某个动作 a_t，转移至状态 s_{t+1} 同时获得奖励 $r_t = r(s_t, a_t)$，算法可以根据这样的小段进行迭代更新：

$$Q_{k+1}(s_t, a_t) = (1 - \alpha) Q_k(s_t, a_t) + \alpha \left(r_t + \gamma \max_{a'} Q_k(s_{t+1}, a') \right),$$

其中 $\alpha \in (0, 1)$．观察上式右端第二项，$r_t + \gamma \max_{a'} Q_k(s_{t+1}, a')$ 是对 (4.2.3) 式右端期望值的一个采样，为无偏估计．为了计算方便，我们不会等到所有数据生

成后再计算平均值,而是利用凸组合的方式持续不断地将新的计算结果按一定权重加到原有数据上,这是强化学习中一种常用的均值计算技巧.

在实际应用场景中,状态空间通常非常大,甚至是连续的. 当计算所有状态和动作对应的动作价值函数时,庞大的存储量和计算量会导致算法难以进行. 为了解决这个问题,我们引入"归纳"的概念. 简单来说,我们只学习状态集合中一部分状态的动作价值函数,然后用这些动作价值函数去归纳近似其他类似状态的动作价值函数. 这样,只需要学习一部分状态上的动作价值函数,就可以得到整个空间中动作价值函数的估计. 这里,归纳没有将每个动作状态对 (s,a) 看做是独立的变量,而是考虑了它们之间的关系,并认为类似的状态必有相近的动作价值函数.

实现归纳这一想法的基本途径是函数近似. 我们用 $Q_\theta(s,a)$ 来近似动作价值函数,它带有参数 $\theta \in \mathbb{R}^d$. 当参数 θ 固定后,它就是一个关于状态 s 和动作 a 的二元函数. $Q_\theta(s,a)$ 有很多不同的形式,它可以是最简单的线性函数,也可以是复杂的神经网络(深度 Q 学习),其权重矩阵和偏差项作为这里的参数 θ. 在带函数近似的 Q 学习方法中,我们不再对动作价值函数列表进行学习,而是学习参数 θ,使近似函数 $Q_\theta(s,a)$ 尽可能满足最优 Bellman 方程. 参数 θ 的维数通常要比状态的个数小得多,改变参数中的一个维度,会对动作价值函数估计产生大范围的影响. 由于引入了近似处理,$Q_\theta(s,a)$ 通常不会和真实动作价值函数完全相等. 严格来讲,我们希望最小化平方损失,即

$$\min_\theta L(\theta) \stackrel{\text{def}}{=\!=} \mathbb{E}_{(s,a)\sim\rho(s,a)}[(y_\theta(s,a) - Q_\theta(s,a))^2], \tag{4.2.4}$$

其中 $\rho(s,a)$ 是状态动作对 (s,a) 出现的概率分布,

$$y_\theta(s,a) = r(s,a) + \gamma \sum_{s'} P_a(s,s') \max_{a'} Q_\theta(s',a')$$

是近似函数希望逼近的目标. 问题 (4.2.4) 实际上就是在极小化方程 (4.2.2) 的残差. 但在实际应用中,由于问题 (4.2.4) 比较复杂,深度 Q 学习采用迭代方式求解. 在迭代的第 i 步近似求解如下优化问题:

$$\min_\theta L_i(\theta) \stackrel{\text{def}}{=\!=} \mathbb{E}_{(s,a)\sim\rho(s,a)}[(y_i - Q_\theta(s,a))^2], \tag{4.2.5}$$

其中

$$y_i = r(s,a) + \gamma \sum_{s'} P_a(s,s') \max_{a'} \{Q_{\theta_{i-1}}(s',a')\},$$

参数 θ_{i-1} 来自上一步迭代的估计. 和问题 (4.2.4) 不同,y_i 与待优化的变量 θ 无关,因此可以认为问题 (4.2.5) 是随机版本的最小二乘问题. 实现具体算法时,还需进一步对它进行抽样处理.

4. 带微分方程约束优化问题

当约束中含微分方程时,我们称相应的优化问题为带微分方程约束的优化问题. 它在最优控制、形状优化等各种领域中有着广泛应用. 这里,我们以瓦斯油催化裂解为例. 这个问题求解瓦斯油催化裂解生成气体和其他副产物的反应系数. 反应过程可以由如下非线性常微分方程组表示:

$$\begin{cases} \dot{y}_1 = -(\theta_1 + \theta_3)y_1^2, \\ \dot{y}_2 = \theta_1 y_1^2 - \theta_2 y_2, \end{cases} \quad (4.2.6)$$

其中系数 $\theta_i \geqslant 0$, $i = 1,2,3$,且 y_1, y_2 的初值条件是已知的. 我们考虑的问题是

$$\min_{\theta \in \mathbb{R}^3} \sum_{j=1}^{n} \|y(\tau_j;\theta) - z_j\|^2,$$
$$\text{s.t.} \quad y(\tau;\theta) \text{ 满足方程组 } (4.2.6),$$

这里 z_j 是在时刻 τ_j 的 y 的测量值, n 为测量的次数.

4.3 复合优化问题

4.3.1 基本形式和应用背景

复合优化问题一般可以表示为如下形式:

$$\min_{x \in \mathbb{R}^n} \psi(x) = f(x) + h(x),$$

其中 $f(x)$ 是光滑函数(比如数据拟合项), $h(x)$ 可能是非光滑的(比如 ℓ_1 范数正则项,约束集合的示性函数,或它们的线性组合). 从前文介绍的各种各样的应用问题不难发现,复合优化问题在实际中有着重要的应用,并且其中的函数 $h(x)$ 一般都是凸的. 由于应用问题的驱动,复合优化问题的算法近年来得到了大量的研究,比如次梯度法、近似点梯度法、Nesterov 加速算法和交替方向乘子法,等等,我们将在第六、八章中详细地介绍这些算法.

在表 4.2 中,我们总结了实际中常用的复合优化问题的可能形式(可以由正则项,示性函数以及损失函数中的多个组成).

函数	函数形式	描述	对应问题
正则项	$\|x\|_0$	ℓ_0 范数	(1.2.2) (3.1.6) (3.8.1)
	$\|x\|_1$	ℓ_1 范数	(1.2.3) (1.2.5) (3.1.7) (3.2.10) (3.2.11) (3.3.4) (3.4.5) (3.5.2) (3.9.1) (3.5.3) (3.5.4)
	$\|x\|_2^2$	Tikhonov 正则项	(3.1.5) (3.2.6)
	$\|X\|_*$	核范数	(1.3.2) (1.3.3) (3.8.2)
	$\|x\|_{TV}$	全变差	(3.11.5)
	$\|Wx\|_1$	变换下的 ℓ_1 范数	(3.2.14) (3.2.15) (3.12.1)
示性函数	$I_{\|x\|_1 \leqslant \sigma}$	ℓ_1 范数球	(3.2.8)
	$I_{\|x\|_2 \leqslant \sigma}$	ℓ_2 范数球	(3.2.7)
	$I_{\|X\|_F \leqslant \sigma}$	F 范数球	(3.9.1)
	$I_{Ax=b}$	线性等式	(1.2.2) (1.2.3) (1.2.4) (1.3.1) (1.3.2) (3.8.1) (3.8.2) (4.1.1) (4.1.2)
	$I_{Ax \leqslant b}$	线性不等式	(3.4.2) (3.4.3) (4.1.1) (4.1.3)
	$I_{\|Ax-b\| \leqslant \sigma}$	线性等式的扰动	(3.2.9) (3.5.4)
	$I_{x \geqslant 0}$	非负象限	(3.4.3) (3.10.5) (4.1.2)
损失（奖励）函数	$c^T x$	线性函数	(4.1.1) (4.1.3) (4.1.2)
	$\|Ax-b\|_2^2$	ℓ_2 距离平方函数	(1.2.5) (1.3.3) (3.2.4) (3.2.6) (3.2.8) (3.2.7) (3.2.15) (3.9.1) (3.5.3) (3.12.2) (3.12.1) (3.12.3)
	$\|Ax-b\|_1$	ℓ_1 距离函数	(3.2.5) (3.2.11) (3.5.3)
	$\|Ax-b\|_2$	ℓ_2 距离函数	(3.2.10)
	$\sum_{i=1}^{m} \ln(1+\exp(-b_i \cdot a_i^T x))$	互熵损失	(3.3.4)
	$\sum_{i=1}^{m} \max\{1-b_i(a_i^T x + y), 0\}$	铰链损失	(3.4.4) (3.4.5)

表 4.2
复合优化问题

4.3.2 应用举例

考虑带有 ℓ_1 范数正则项的优化问题

$$\min_{x} f(x) + \mu \|x\|_1,$$

这里 $\mu > 0$ 为给定的参数. 这个问题广泛存在于各种各样的应用中. 我们根据第三章的内容, 列出问题的具体形式:

- ℓ_1 范数正则化最小二乘问题 (3.1.7): $f(x) = \sum_{i=1}^{m} (b_i - \phi_i(x))^2$.
- ℓ_1 范数正则化回归分析问题 (3.2.10): $f(x) = \|Ax - b\|_2^2$, 以及问题 (3.2.11): $f(x) = \|Ax - b\|_1$.

- ℓ_1 范数正则化逻辑回归问题 (3.3.4)：

$$f(x) = \sum_{i=1}^{m} \ln(1 + \exp(-b_i \cdot a_i^T x)).$$

- ℓ_1 范数正则化支持向量机 (3.4.5)：

$$f(x) = C \sum_{i=1}^{m} \max\{1 - b_i(a_i^T x + y), 0\}.$$

- ℓ_1 范数正则化精度矩阵估计 (3.5.2)：

$$f(X) = -(\ln\det(X) - \text{Tr}(XS)).$$

- 矩阵分离问题 (3.8.2)：$f(X) = \|X\|_*$.
- 字典学习问题 (3.9.1)：$f(D, X) = \dfrac{1}{2n}\|DX - A\|_F^2 + I_{\|D\|_F \leqslant 1}$.

根据复合优化问题的定义，我们可以将线性规划问题 (4.1.2) 也写成复合优化的形式，

$$\min_{x \in \mathbb{R}^n} \quad c^T x + I_{Ax=b} + I_{x \geqslant 0}.$$

在第三章介绍的各种应用问题，都可以写成复合优化问题的形式. 具体地，在第三章中，我们介绍了图像重构问题的一般形式. 这里我们以图像去噪和去模糊为例，给出线性算子 A 的具体形式.

1. 图像去噪

图像去噪问题是指从一个带噪声的图像中恢复出不带噪声的原图. 记带噪声的图像为 y，噪声为 ε，那么

$$y = x + \varepsilon,$$

其中 x 为要恢复的真实图像. 利用全变差模型 (3.11.5)，去噪问题可以表示为

$$\min_{x \in \mathbb{R}^{n \times n}} \quad \|x - y\|_F^2 + \lambda \|x\|_{TV}.$$

这里，离散的线性算子为单位矩阵. 我们也可以利用小波框架. 小波变换可以很好地保护信号尖峰和突变信号，并且噪声对应的小波系数往往很小. 因此，去噪问题的小波分解模型可以写为

$$\min_{x} \quad \|\lambda \odot (Wx)\|_1 + \dfrac{1}{2}\|x - y\|_F^2,$$

其中 $\lambda = (\lambda_1, \lambda_2, \cdots, \lambda_m)^T$ 是给定的. 类似地，我们还可以定义合成模型和平衡模型.

2. 盲反卷积

盲反卷积（也称为去模糊）是图像处理中的一个基本问题，其目的是从一个模糊的图像恢复出原来清晰的图像. 导致图像模糊的原因有很多种，比如，相机抖动，聚焦不良，相机和拍摄物体所在的非静止环境以及成像设备的内在缺陷，等等. 因此，一般来说盲反卷积是不容易做到的.

为了让这个复杂的问题变得简单一些，我们做如下假设：模糊是线性的（不随图像变化）以及空间不变的（即与像素位置无关）. 线性且空间不变的模糊可以表示成一个卷积. 令 x 为原始的清晰图像，a 为未知的卷积核对应的矩阵，y 为观测到的模糊图像以及 ε 为观测噪声. 盲反卷积问题可以表示成

$$y = a * x + \varepsilon,$$

其中 $*$ 为卷积算子. 假设噪声为高斯噪声，则转化为求解优化问题

$$\min_{a,x} \ \|y - a*x\|_2^2.$$

再假设原始图像信号在小波变换下是稀疏的，我们进一步得到如下复合优化问题：

$$\min_{a,x} \ \|y - a*x\|_2^2 + \|\lambda \odot (Wx)\|_1,$$

其中 W 是小波框架，$\lambda = (\lambda_1, \lambda_2, \cdots, \lambda_m)^\mathrm{T}$ 用来控制稀疏度.

4.4 随机优化问题

4.4.1 基本形式和应用背景

随机优化问题可以表示成以下形式：

$$\min_{x \in \mathcal{X}} \ \mathbb{E}_\xi[F(x, \xi)] + h(x),$$

其中 $\mathcal{X} \subseteq \mathbb{R}^n$ 表示决策变量 x 的可行域，ξ 是一个随机变量（分布一般是未知的）. 对于每个固定的 ξ，$F(x, \xi)$ 表示样本 ξ 上的损失或者奖励. 正则项 $h(x)$ 用来保证解的某种性质. 由于变量 ξ 分布的未知性，其数学期望 $\mathbb{E}_\xi[F(x, \xi)]$ 一般是不可计算的. 为了得到目标函数值的一个比较好的估计，在实际问题中往往利用 ξ 的经验分布来代替其真实分布. 具体地，假设有 N 个样本 $\xi_1, \xi_2, \cdots, \xi_N$，令 $f_i(x) = F(x, \xi_i)$，我们得到优化问题

$$\min_{x \in \mathcal{X}} \ f(x) \stackrel{\text{def}}{=} \frac{1}{N} \sum_{i=1}^N f_i(x) + h(x), \tag{4.4.1}$$

并称其为经验风险极小化问题或者采样平均极小化问题. 这个问题通常是难以求解的, 一方面是因为样本数 N 比较多 (因此函数值、梯度计算代价比较高), 另一方面是因为优化问题的可行域所在空间维数 n 比较大.

这个问题在统计学、机器学习、计算机科学中有着重要的应用. 对于该问题的求解, 我们需要在传统的方法上引入随机性以减少算法中目标函数值和梯度等的计算代价, 感兴趣的读者可以参考 [86] 的第八章.

4.4.2 应用举例

第一、三章中的很多例子都可以写成随机优化的形式, 见表 4.3. 我们这里还将介绍随机优化在随机主成分分析和分布式鲁棒优化问题中的应用.

1. 随机主成分分析

在主成分分析 (3.7.1) 中, 如果样本点 ξ 服从某个零均值分布 $\mathcal{D}$, 那么找方差最大的 d 维子空间的优化问题可以写成

$$\max_{X \in \mathbb{R}^{p \times d}} \quad \mathrm{Tr}(X^{\mathrm{T}} \mathbb{E}_{\xi \sim \mathcal{D}}[\xi \xi^{\mathrm{T}}] X), \quad \text{s.t.} \quad X^{\mathrm{T}} X = I, \tag{4.4.2}$$

其中 $\mathbb{E}_{\xi \sim \mathcal{D}}[\xi \xi^{\mathrm{T}}]$ 为 ξ 的协方差矩阵. 在实际中, 分布 $\mathcal{D}$ 是未知的, 已知的只是关于分布 $\mathcal{D}$ 的采样. 比如在在线主成分分析中, 样本 ξ_t 是随着时间流逝依次获得的. 这些已有的样本可以看作训练集. 随机主成分分析关心的问题是在求得问题 (4.4.2) 的高逼近解过程中需要的样本数量以及所消耗的时间. 受制于计算机内存的限制, 我们还需要考虑在有限内存情况下的逼近解的计算与分析. 读者可以参考 [7, 133].

表 4.3 随机优化问题

应用	ξ	$F(x,\xi)$	对应问题
稀疏优化	等概率取值于 $\{1,2,\cdots,m\}$	$(a_i^{\mathrm{T}} x - b_i)^2$	(1.2.5)
低秩矩阵恢复	等概率取值于 Ω	$(X_{ij} - M_{ij})^2$	(1.3.2)
深度学习	等概率取值于 $\{1,2,\cdots,m\}$	$(h(a_i;x) - b_i)^2$	(1.4.3)
逻辑回归	等概率取值于 $\{1,2,\cdots,m\}$	$\ln(1 + \exp(-b_i \cdot a_i^{\mathrm{T}} x))$	(3.3.4)
支持向量机	等概率取值于 $\{1,2,\cdots,m\}$	$\max\{1 - b_i(a_i^{\mathrm{T}} x + y), 0\}$	(3.4.4) (3.4.5)
深度 Q 学习	状态动作分布	$(y_i - Q_\theta(s,a))^2$	(4.2.5)

2. 分布式鲁棒优化

深度学习是机器学习的一个分支, 通过利用神经网络来对数据进行表征学习. 深度学习的目的是从已有的未知分布的数据中学出一个好的预测器, 其对应优化问题

$$\min_{h} \quad \mathbb{E}_z[F(h,z)],$$

其中预测器 h 是优化变量 (见第 1.4 节), 并对应于神经网络的参数. 因为数据 z 的真实分布的未知性, 我们只有有限的样本点 $z_1, z_2, \cdots, z_n$. 在实际中的

一种做法是将这些样本点对应的离散经验分布作为 z 的真实分布,对应的目标函数写成相应的有限和的形式,如第 1.4 节中所述. 这种方式往往保证了在已有样本点上的高预测准确率. 但是,当我们拿到一个新的样本点时,该预测器的准确率可能会下降很多,甚至给出不合理的预测结果,即预测器的泛化能力较差.

为了提高预测器的泛化能力,另外一种常用的方法是考虑分布式鲁棒优化问题

$$\min_h \max_{\hat{z} \in \Gamma} \mathbb{E}_{\hat{z}}[F(h, \hat{z})],$$

这里集合 Γ 中的随机变量的分布与真实数据的分布在一定意义下非常接近. 具体地,在选取 Γ 时,我们需要考虑其对应的实际意义、可解性和数值表现. 给定数据的经验分布,一种方式是通过分布之间的熵来定义分布间的距离,从而定义 Γ 为与经验分布的距离小于给定数的分布的集合. 目前常用的另外一种方式是利用分布间的 Wasserstein 距离,这种距离的好处是其可以改变原来经验分布的支撑集.

4.5 半定规划

半定规划(semidefinite programming,SDP)是线性规划在矩阵空间中的一种推广. 它的目标函数和等式约束均为关于矩阵的线性函数,而它与线性规划不同的地方是其自变量取值于半正定矩阵空间. 作为一种特殊的矩阵优化问题(见第 4.6 节),半定规划在某些结构上和线性规划非常相似,很多研究线性规划的方法都可以作为研究半定规划的基础. 由于半定规划地位的特殊性,我们将在本节中单独讨论半定规划的形式和应用. 而一般的矩阵优化问题将在第 4.6 节中讨论.

4.5.1 基本形式和应用背景

半定规划问题的一般形式如下:

$$\begin{align}
\min \quad & c^T x, \\
\text{s.t.} \quad & x_1 A_1 + x_2 A_2 + \cdots + x_n A_n + B \preceq 0, \\
& Gx = h,
\end{align} \tag{4.5.1}$$

其中 $c \in \mathbb{R}^n, A_i \in \mathcal{S}^m, i = 1, 2, \cdots, m, B \in \mathcal{S}^m, G \in \mathbb{R}^{p \times n}, h \in \mathbb{R}^p$ 为已知的向量和矩阵,$x = (x_1, x_2, \cdots, x_n) \in \mathbb{R}^n$ 是自变量. 这里,如果矩阵 A_i, B 是对角矩阵,

那么问题 (4.5.1) 退化为线性规划问题. 类似于线性规划问题, 我们考虑半定规划的标准形式

$$
\begin{aligned}
\min \quad & \langle C, X \rangle, \\
\text{s.t.} \quad & \langle A_1, X \rangle + b_1 = 0, \\
& \cdots\cdots\cdots \\
& \langle A_m, X \rangle + b_m = 0, \\
& X \succeq 0
\end{aligned}
\tag{4.5.2}
$$

和不等式形式

$$
\begin{aligned}
\min \quad & c^{\mathrm{T}} x, \\
\text{s.t.} \quad & x_1 A_1 + x_2 A_2 + \cdots + x_n A_n + B \preceq 0.
\end{aligned}
\tag{4.5.3}
$$

形如 (4.5.1) 式的优化问题都可以转化成 (4.5.2) 式或者 (4.5.3) 式的形式.

1995 年, 文章 [82] 开创性地运用半定规划提出了一个求解 NP 难的最大割问题的 0.8786-近似算法. 半定规划被认为是自 20 世纪 50 年代著名的线性规划以后的数学规划领域另一个革命性的研究进展, 它的发展得益于线性规划的充分研究. 尽管特殊的半定规划可看成线性规划, 但作为一类特殊的矩阵优化问题, 半定规划具有不同于经典线性与非线性优化问题的特点——其约束集合不是多面体. 在实际应用方面, 半定规划和线性规划一样, 作为重要的凸优化量化建模工具被应用于工程、经济学等领域.

4.5.2 应用举例

1. 二次约束二次规划问题的半定规划松弛

考虑二次约束二次规划问题

$$
\begin{aligned}
\min_{x \in \mathbb{R}^n} \quad & x^{\mathrm{T}} A_0 x + 2 b_0^{\mathrm{T}} x + c_0, \\
\text{s.t.} \quad & x^{\mathrm{T}} A_i x + 2 b_i^{\mathrm{T}} x + c_i \leqslant 0, \ i = 1, 2, \cdots, m,
\end{aligned}
\tag{4.5.4}
$$

其中 A_i 为 $n \times n$ 对称矩阵. 当部分 A_i 为对称不定矩阵时, 该问题是 NP 难的非凸优化问题.

现在我们写出问题 (4.5.4) 的半定规划松弛问题. 对任意 $x \in \mathbb{R}^n$ 以及 $A \in \mathcal{S}^n$, 有恒等式

$$
x^{\mathrm{T}} A x = \mathrm{Tr}(x^{\mathrm{T}} A x) = \mathrm{Tr}(A x x^{\mathrm{T}}) = \langle A, x x^{\mathrm{T}} \rangle,
$$

因此问题 (4.5.4) 中所有的二次项均可用下面的方式进行等价刻画:

$$
x^{\mathrm{T}} A_i x + 2 b_i^{\mathrm{T}} x + c_i = \langle A_i, x x^{\mathrm{T}} \rangle + 2 b_i^{\mathrm{T}} x + c_i.
$$

所以，原始问题等价于

$$\begin{aligned}\min_{x\in\mathbb{R}^n}\quad & \langle A_0, X\rangle + 2b_0^{\mathrm{T}}x + c_0, \\ \text{s.t.}\quad & \langle A_i, X\rangle + 2b_i^{\mathrm{T}}x + c_i \leqslant 0,\ i=1,2,\cdots,m, \\ & X = xx^{\mathrm{T}}.\end{aligned} \qquad (4.5.5)$$

进一步地，

$$x^{\mathrm{T}}A_i x + 2b_i^{\mathrm{T}}x + c_i = \left\langle \begin{bmatrix} A_i & b_i \\ b_i^{\mathrm{T}} & c_i \end{bmatrix}, \begin{bmatrix} X & x \\ x^{\mathrm{T}} & 1 \end{bmatrix} \right\rangle$$
$$\stackrel{\text{def}}{=\!=} \langle \overline{A_i}, \overline{X}\rangle,\quad i = 0,1,\cdots,m.$$

接下来将等价问题 (4.5.5) 松弛为半定规划问题. 在问题 (4.5.5) 中，唯一的非线性部分是约束 $X = xx^{\mathrm{T}}$, 我们将其松弛成半正定约束 $X \succeq xx^{\mathrm{T}}$. 可以证明（见习题 4.8），$\overline{X} \succeq 0$ 与 $X \succeq xx^{\mathrm{T}}$ 是等价的. 因此这个问题的半定规划松弛可以写成

$$\begin{aligned}\min\quad & \langle \overline{A_0}, \overline{X}\rangle, \\ \text{s.t.}\quad & \langle \overline{A_i}, \overline{X}\rangle \leqslant 0,\ i = 1,2,\cdots,m, \\ & \overline{X} \succeq 0, \\ & \overline{X}_{n+1,n+1} = 1.\end{aligned}$$

其中"松弛"来源于我们将 $X = xx^{\mathrm{T}}$ 替换成了 $X \succeq xx^{\mathrm{T}}$.

2. 最大割问题的半定规划松弛

令 G 为一个无向图，其节点集合为 $V = \{1,2,\cdots,n\}$ 和边的集合为 E. 令 $w_{ij} = w_{ji}$ 为边 $(i,j) \in E$ 上的权重，并假设 $w_{ij} \geqslant 0, (i,j) \in E$. 最大割问题是找到节点集合 V 的一个子集 S 使得 S 与它的补集 $\overline{S}$ 之间相连边的权重之和最大化. 我们可以将最大割问题写成如下整数规划的形式：令 $x_j = 1, j \in S$ 和 $x_j = -1, j \in \overline{S}$，则

$$\begin{aligned}\max\quad & \frac{1}{2}\sum_{i<j}(1 - x_i x_j)w_{ij}, \\ \text{s.t.}\quad & x_j \in \{-1,1\},\ j = 1,2,\cdots,n.\end{aligned} \qquad (4.5.6)$$

在问题 (4.5.6) 中，只有当 x_i 与 x_j 不同时，目标函数中 w_{ij} 的系数非零. 最大割问题是一个离散优化问题，很难在多项式时间内找到它的最优解. 接下来介绍如何将问题 (4.5.6) 松弛成一个半定规划问题.

令 $W = (w_{ij}) \in \mathcal{S}^n$，并定义 $C = -\dfrac{1}{4}(\mathrm{Diag}(W\mathbf{1}) - W)$ 为图 G 的拉普拉斯

矩阵的 $-\dfrac{1}{4}$ 倍，则问题 (4.5.6) 可以等价地写为

$$\begin{aligned} \min \quad & x^{\mathrm{T}}Cx, \\ \text{s.t.} \quad & x_i^2 = 1, \ i = 1, 2, \cdots, n. \end{aligned}$$

由于目标函数是关于 x 的二次函数，利用前面的技巧可将其等价替换为 $\langle C, xx^{\mathrm{T}} \rangle$. 接下来令 $X = xx^{\mathrm{T}}$，注意到约束 $x_i^2 = 1$，这意味着矩阵 X 对角线元素 $X_{ii} = 1$. 因此利用矩阵形式我们将最大割问题转化为

$$\begin{aligned} \min \quad & \langle C, X \rangle, \\ \text{s.t.} \quad & X_{ii} = 1, \ i = 1, 2, \cdots, n, \\ & X \succeq 0, \ \mathrm{rank}(X) = 1. \end{aligned} \tag{4.5.7}$$

问题 (4.5.6) 与 (4.5.7) 是等价的，这是因为 $X = xx^{\mathrm{T}}$ 可以用约束 $X \succeq 0$ 和 $\mathrm{rank}(X) = 1$ 等价刻画. 若在问题 (4.5.7) 中将秩一约束去掉，我们就可以得到最大割问题的半定规划松弛形式

$$\begin{aligned} \min \quad & \langle C, X \rangle \\ \text{s.t.} \quad & X_{ii} = 1, \ i = 1, 2, \cdots, n, \\ & X \succeq 0. \end{aligned} \tag{4.5.8}$$

问题 (4.5.8) 是原最大割问题的一个松弛，因此它们并不等价. 文献 [82] 指出求解问题 (4.5.8) 可以给出原最大割问题的一个 0.8786-近似解.

3. 极小化最大特征值

设 $M(z)$ 是一个以 z 为参数的对称矩阵，极小化最大特征值问题的最终目标是选取一个 z 使得 $M(z)$ 的最大特征值最小，即我们要求解问题

$$\min_{z \in \mathbb{R}^m} \lambda_{\max}(M(z)). \tag{4.5.9}$$

利用上方图的等价转换技巧容易将问题 (4.5.9) 转化为上方图的形式：

$$\begin{aligned} \min \quad & t, \\ \text{s.t.} \quad & t \geqslant \lambda_{\max}(M(z)). \end{aligned} \tag{4.5.10}$$

注意，问题 (4.5.10) 中 t 和 z 都是自变量. 在实际应用中，$M(z)$ 线性依赖于 z 的情形是比较常见的，即

$$M(z) = A_0 + \sum_{i=1}^{m} z_i A_i,$$

其中 $A_0, A_1, \cdots, A_m$ 为对称矩阵. 我们指出，当 $M(z)$ 为 z 的上述线性映射时，问题 (4.5.10) 实际上等价于一个半定规划问题. 实际上，读者可证明（见习题

4.8) $\lambda_{\max}(M(z)) \leqslant \eta$ 当且仅当 $\eta I - M(z) \succeq 0$. 因此我们得到半定规划问题

$$\min \quad \eta, \quad \text{s.t.} \quad \eta I - A_0 - \sum_{i=1}^{m} z_i A_i \succeq 0,$$

其中变量为 η, z. 读者很容易将该形式转化为标准形式 (4.5.2).

4.6 矩阵优化

4.6.1 基本形式和应用背景

矩阵优化问题具有如下形式：

$$\min_{X \in \mathcal{X}} \psi(X),$$

其中 $\mathcal{X}$ 为特定的矩阵空间，$\psi(X): \mathcal{X} \to \mathbb{R}$ 为给定的函数，可能是非光滑的. 对于矩阵优化问题，如果决策变量为一个 $n \times n$ 矩阵，那么我们可能需要确定 n^2 个元素. 因此，决策变量的维数过大往往是矩阵优化问题难以快速求解的一个重要原因.

矩阵优化是在近几十年发展起来的一类变量含矩阵的优化问题. 它广泛地出现在组合数学、材料科学、机器学习和统计学等各种各样的应用当中. 和向量相比，矩阵有许多新的性质：例如秩、特征值等. 所以矩阵优化问题的求解通常要困难一些. 这里列出前面遇到的矩阵优化问题. 由于矩阵变量函数的导数计算的复杂性，对于某些问题我们也给出其涉及的导数.

- 半定规划问题 (4.5.2)：半定规划是一类特殊的矩阵优化问题，它的目标函数和约束均为线性函数，自变量 X 取值于半正定矩阵空间中. 第 4.5 节已经讨论了半定规划的具体形式和应用.

- 低秩矩阵恢复问题 (1.3.2)：

$$\min_{X \in \mathbb{R}^{m \times n}} \mu \|X\|_* + \frac{1}{2} \sum_{(i,j) \in \Omega} (X_{ij} - M_{ij})^2.$$

考虑函数 $h(X) = \|X\|_*$，其次微分为

$$\partial h(X) = \{UV^\mathrm{T} + W \mid \|W\|_2 \leqslant 1, \ U^\mathrm{T} W = 0, \ WV = 0\},$$

其中 $X = U\Sigma V^\mathrm{T}$ 为 X 的约化奇异值分解. 对于函数

$$f(X) = \frac{1}{2} \sum_{(i,j)\in\Omega} (X_{ij} - M_{ij})^2,$$

令矩阵 $P \in \mathbb{R}^{m\times n}$ 为

$$P_{ij} = \begin{cases} 1, & (i,j) \in \Omega, \\ 0, & \text{其他}, \end{cases}$$

那么，$f(X) = \frac{1}{2}\|P \odot (X - M)\|_F^2$. 易知其梯度为

$$\nabla f(X) = P \odot (X - M).$$

- 主成分分析问题 (3.7.1)：

$$\min_{X \in \mathbb{R}^{p\times d}} \psi(X) = -\mathrm{Tr}(X^{\mathrm{T}} A A^{\mathrm{T}} X), \quad \text{s.t.} \quad X^{\mathrm{T}} X = I_d.$$

通过简单计算，我们有

$$\nabla \psi(X) = -2 A A^{\mathrm{T}} X.$$

- 矩阵分离问题 (3.8.2)：

$$\min_{X, S \in \mathbb{R}^{m\times n}} \psi(X, S) = \|X\|_* + \lambda \|S\|_1$$
$$\text{s.t.} \quad X + S = M.$$

在这里自变量 X 与 S 均为矩阵，$\psi(X,S)$ 关于 X 和 S 均为不可微函数.

- 字典学习问题 (3.9.1)：

$$\min_{D,X} \frac{1}{2n}\|DX - A\|_F^2 + \lambda \|X\|_1,$$
$$\text{s.t.} \quad \|D\|_F \leqslant 1.$$

令 $f(X,D) = \frac{1}{2n}\|DX - A\|_F^2$，我们有

$$\nabla_X f = \frac{1}{n} D^{\mathrm{T}}(DX - A),$$
$$\nabla_D f = \frac{1}{n}(DX - A) X^{\mathrm{T}}.$$

在这里需要注意 $f(X,D)$ 关于两个变量分别求梯度的形式的区别.

4.6.2 应用举例

1. 非负矩阵分解

假设 a 为 d 维空间中的非负随机向量，其 n 个观测值为 $\{a_i\}_{i=1}^n$. 记矩阵 $A = [a_1, a_2, \cdots, a_n] \in \mathbb{R}^{d \times n}$，非负矩阵分解问题是指将 A 分解成非负 $d \times p$ 基矩阵 $X = [x_1, x_2, \cdots, x_p]$ 和非负 $p \times n$ 系数矩阵 $Y = [y_1, y_2, \cdots, y_n]$ 的乘积，即

$$A = XY.$$

从上面的表达式可以看出，y_j 为观测点 a_j 在基矩阵 X 上的权重系数. 也就是说，非负矩阵分解把数据分成基向量的线性组合. 通常选取 $p \ll d$，那么得到的基矩阵 X 的列张成了原数据空间的一个子空间. 这本质上是将高维空间中的数据在一个低维空间中表示. 当数据点的内蕴结构完全被基矩阵 X 包含时，我们就得到了一个很好的低维表示.

一般情况下，由于观测含有噪声，原始数据矩阵 A 和分解 XY 不会完全吻合. 在这种情况下我们应当寻找误差最小的解. 利用矩阵的 F 范数可以定义相似性度量

$$\|A - XY\|_F^2.$$

我们考虑如下优化问题

$$\min_{X \in \mathbb{R}^{d \times p}, Y \in \mathbb{R}^{p \times n}} \|A - XY\|_F^2, \quad \text{s.t.} \quad X \geqslant 0, \quad Y \geqslant 0, \tag{4.6.1}$$

其中 "$\geqslant 0$" 表示矩阵的每个元素是非负的.

从低维空间逼近的角度来看，非负矩阵分解模型和主成分分析模型类似. 但在实际问题中，非负矩阵分解模型会得到比主成分分析模型更有实际意义的解. 比如，给定很多幅人脸图片（都可以用元素值为 $0 \sim 255$ 的矩阵来表示其灰度图），我们想要提取脸部的特征. 利用主成分分析得到的主成分可能包含负数像素值，这是不合理的. 但是如果使用非负矩阵分解，则可以有效避免这类情形的发生.

我们称问题 (4.6.1) 为基本的非负矩阵分解模型. 根据具体应用的不同，有时还考虑带正则项的非负矩阵分解模型：

$$\min_{X \in \mathbb{R}^{d \times p}, Y \in \mathbb{R}^{p \times n}} \|A - XY\|_F^2 + \alpha r_1(X) + \beta r_2(Y), \quad \text{s.t.} \quad X \geqslant 0, \ Y \geqslant 0, \tag{4.6.2}$$

其中 $r_1(X)$ 和 $r_2(Y)$ 是正则项，$\alpha, \beta > 0$ 是用来权衡拟合项和正则项的正则化参数. 比如，如果 Y 的列是稀疏的，那么每一个观测值都可以用少数几个基向量来表示. 相应地，我们可以惩罚 Y 的每一列的 ℓ_1 范数. 为了保证基向量的线性无关性，往往还要求 X 的列之间是相互正交的. 此外，如果数据矩阵

A 分布在一个低维的非线性流形上, 则考虑流形或者图上的非负矩阵分解模型. 关于更多非负矩阵分解模型的介绍, 读者可以参考 [192].

2. 低秩相关系数矩阵估计

相关系数矩阵是对角元全为 1 的半正定矩阵, 其 (i,j) 元素表示随机变量 x_i 和 x_j 之间的相关系数. 相关系数矩阵估计问题来自统计学、金融学等领域.

给定对称矩阵 $C \in \mathcal{S}^n$ 和非负对称权重矩阵 $H \in \mathcal{S}^n$, 低秩相关系数矩阵估计问题是从给定的矩阵 C 出发, 求解一个秩小于等于 p 的相关系数矩阵 X, 使得在结合了权重矩阵的某种度量下最小化:

$$\begin{aligned}
\min_{X \succeq 0} \quad & \frac{1}{2} \|H \odot (X-C)\|_F^2, \\
\text{s.t.} \quad & X_{ii} = 1, i = 1, 2, \cdots, n, \text{rank}(X) \leqslant p.
\end{aligned} \quad (4.6.3)$$

求解问题 (4.6.3) 的算法参见 [75, 170]. 将 X 上的秩约束 $\text{rank}(X) \leqslant p$ 表示为 $X = V^\mathrm{T} V$, 其中 $V = [V_1, V_2, \cdots, V_n] \in \mathbb{R}^{p \times n}$, 问题 (4.6.3) 可以转化为多球约束的四次多项式优化问题

$$\begin{aligned}
\min_{V \in \mathbb{R}^{p \times n}} \quad & \frac{1}{2} \|H \odot (V^\mathrm{T} V - C)\|_F^2, \\
\text{s.t.} \quad & \|V_i\|_2 = 1, i = 1, 2, \cdots, n.
\end{aligned}$$

3. 电子结构计算

分子、纳米级材料的性质在很大程度上是通过其原子中电子之间的相互作用来确定的. 这些相互作用可以通过电子密度定量表征. 令电子的个数是 n_e, 位置是 $r_i \in \mathbb{R}^3$, $i = 1, 2, \cdots, n_e$, 原子核的个数是 n_u, 位置是 $\hat{r}_j \in \mathbb{R}^3$, $j = 1, 2, \cdots, n_u$, 令 z_j 是第 j 个原子核的电荷, Δ_{r_i} 为第 i 个电子对应的拉普拉斯算子, $\mathcal{I}$ 为恒等算子, 则多电子哈密顿 (Hamilton) 算子可以表示为

$$\mathcal{H} = -\frac{1}{2} \sum_{i=1}^{n_e} \Delta_{r_i} - \left(\sum_{j=1}^{n_u} \sum_{i=1}^{n_e} \frac{z_j}{\|r_i - \hat{r}_j\|} - \frac{1}{2} \sum_{1 \leqslant i,j \leqslant n_e} \frac{1}{\|r_i - r_j\|} \right) \mathcal{I}.$$

多原子系统的电子密度可以由多体薛定谔 (Schrödinger) 方程得到:

$$\mathcal{H}\Psi(r_1, r_2, \cdots, r_{n_e}) = \lambda \Psi(r_1, r_2, \cdots, r_{n_e}), \quad (4.6.4)$$

其中 $\Psi(r_1, r_2, \cdots, r_{n_e})$ 是多体波函数. 对于 $\Omega = \Omega_1 \times \Omega_2 \times \cdots \times \Omega_{n_e}$ 和 $\Omega_i \subseteq \mathbb{R}^3$, $i = 1, 2, \cdots, n_e$, 它满足

$$\int_\Omega \overline{\Psi}^\mathrm{T} \Psi \mathrm{d}\Omega = 1. \quad (4.6.5)$$

可以看出问题 (4.6.4) 是一个特征值问题, 只能对于规模很小的系统才能直接求解. 假设 r_i 在 $m \times m \times m$ 网格上离散, 则离散后 $\mathcal{H}$ 对应的矩阵的维数是

$n = m^{3n_e}$. 对于 $m = 32$ 和 $n_e = 5$ 的系统, n 大于 3.5×10^{22}. 因此这是一个维数灾难问题, 无法直接处理.

Kohn-Sham (KS) 方法 [111] 利用单电子波函数来近似能量函数, 把整个系统简化成没有相互作用的电子在有效势场中运动的问题, 进而极大减小了问题的维数. 通过合适的离散化（可参考 [205]）, KS 能量泛函可以表示成

$$E_{\mathrm{KS}}(X) \stackrel{\mathrm{def}}{=} \frac{1}{2}\mathrm{Tr}(\overline{X}^{\mathrm{T}}LX) + \mathrm{Tr}(\overline{X}^{\mathrm{T}}V_{\mathrm{ion}}X) + \frac{1}{2}\rho^{\mathrm{T}}L^{\dagger}\rho + e^{\mathrm{T}}\varepsilon_{\mathrm{xc}}(\rho),$$

其中 $X \in \mathbb{C}^{n \times n_e}$ 是离散的波函数, L 是拉普拉斯算子的有限维表示, $L^{\dagger}$ 为其广义逆（见附录 B.1.7）, $\rho = \mathrm{diag}(X\overline{X}^{\mathrm{T}})$ 为电荷密度, V_{ion} 是离子赝势, e 为全 1 向量, $\varepsilon_{\mathrm{xc}}$ 表征交换相关能量. 由于归一化条件 (4.6.5), 我们要求离散波函数正交, 即 $\overline{X}^{\mathrm{T}}X = I_{n_e}$. 因此离散形式下的 KS 能量极小化问题可以表示成

$$\min_{X \in \mathbb{C}^{n \times n_e}} E_{\mathrm{KS}}(X), \quad \text{s.t.} \quad \overline{X}^{\mathrm{T}}X = I_{n_e}.$$

这是一个正交约束优化问题. 所有满足正交约束的矩阵称为 Stiefel 流形, 所以该问题是流形约束优化的特例. KS 极小化问题对应的最优性条件是一个非线性特征值问题, 称为 KS 方程. 基于 KS 方程, 可以将问题化成一个非线性最小二乘问题. 电子结构计算还有很多其他变形, 如 Hartree-Fock 近似也是正交约束问题, 而简化密度矩阵优化问题则可以是半定规划问题.

4.7 整 数 规 划

4.7.1 基本形式和应用背景

不同于线性规划, 整数规划要求优化变量必须取整数值, 而不能是分数值. 一般形式如下:

$$\begin{aligned}
\min \quad & c^{\mathrm{T}}x, \\
\text{s.t.} \quad & Ax \leqslant b, \\
& x_i \geqslant 0, i = 1, 2, \cdots, n, \\
& x_i \in \mathbb{Z}, i = 1, 2, \cdots, n,
\end{aligned}$$

其中 $A \in \mathbb{R}^{m \times n}, c \in \mathbb{R}^n, b \in \mathbb{R}^m$ 是给定的矩阵和向量, $\mathbb{Z}$ 是整数集合. 如果只要求部分 x_i 是整数, 这个问题也称为混合整数规划问题. 整数规划问题广泛存在于资本预算（决策变量的取值于 $\{0,1\}$）、仓库位置选取、调度问题等不同的应用中.

4.7.2 应用举例

1. 资本预算

在经典的资本预算问题中,我们需要对一些潜在的投资进行选择. 选择合适的工厂位置或者对现有资本进行分配,放弃一些没有意义的项目,也就是决策变量 $x_j = 0$ 或者 1 意味着第 j 个投资被拒绝或者接受. 假设 c_j 为投资 j 项目的回报,a_{ij} 为将资源 i(例如资金或者人手)用在项目 j 上的数量. 那么资本预算问题可以表示为

$$\max \quad \sum_{j=1}^{n} c_j x_j,$$
$$\text{s.t.} \quad \sum_{j=1}^{n} a_{ij} x_j \leqslant b_i, i = 1, 2, \cdots, m,$$
$$x_j = 0 \text{ 或者 } 1, j = 1, 2, \cdots, n,$$

即在有限的资源 b_i 下找到一个投资项目使得回报在所有投资中最大化.

2. 仓库位置选取

在分配系统的建模中,我们需要考虑仓库与消费者之间的运输成本以及仓库自身的运营成本. 例如,一个管理者需要在 m 个可能的位置上修建一些仓库去满足 n 个消费者的需求. 需要做的决定是建造哪些仓库以及控制每个仓库到消费者的运输量. 仓库位置选取问题是指,管理者根据消费者的需求以及仓库到消费者之间的运输成本,来确定所要修建的仓库的位置,以及如何以最低成本将物资从仓库运输到消费者. 令

$$y_i = \begin{cases} 1, & \text{如果仓库 } i \text{ 被修建}, \\ 0, & \text{如果仓库 } i \text{ 未被修建}, \end{cases}$$

以及 x_{ij} 为从仓库 i 运输到消费者 j 的物资数量. 相关的成本如下:

$$f_i = \text{仓库 } i \text{ 的固定运营成本,比如租赁费},$$
$$c_{ij} = \text{从仓库 } i \text{ 运输物资到消费者 } j \text{ 的运输成本}.$$

该问题有三个条件:(1)消费者的需求 d_j 必须被满足;(2)只有已修建的仓库才能提供物资运输,如果仓库 i 未被修建($y_i = 0$),那么 $x_{ij} = 0$;(3)每个仓库 i 的容量(所能提供的物资数量)是有限的,即 $\sum_{j=1}^{n} x_{ij} \leqslant u_i$,其中 $u_i > 0$

为仓库的容量. 那么仓库位置选取问题可以写为

$$\min_{x,y} \sum_{i=1}^{m}\sum_{j=1}^{n} c_{ij}x_{ij} + \sum_{i=1}^{m} f_i y_i,$$

$$\text{s.t.} \quad \sum_{i=1}^{m} x_{ij} = d_j, \ j=1,2,\cdots,n,$$

$$\sum_{j=1}^{n} x_{ij} - y_i u_i \leqslant 0, \ i=1,2,\cdots,m,$$

$$x_{ij} \geqslant 0, \ i=1,2,\cdots,m; \ j=1,2,\cdots,n,$$

$$y_i = 0 \text{ 或者 } 1, \ i=1,2,\cdots,m,$$

其中，第一行约束表示运输的物资数量需要满足消费者的需求. 第二行约束有两个作用：如果仓库 i 未被修建（$y_i = 0$），那么所能运输的物资数量为 0（对应条件（2））；如果仓库 i 已被修建（$y_i = 1$），则从仓库 i 运输的物资总量不能高于该仓库的容量上限（对应条件（3））. 在这个模型中运输量应该满足非负性，且仓库修建与否为整数变量.

3. 旅行商问题

一个旅行商想要从家里开始，以最低代价走遍其他 $(n-1)$ 个城市，最后返回家中. 他必须走访每个城市且只走访一次. 记从城市 i 到城市 j 的旅行成本为 c_{ij}，

$$x_{ij} = \begin{cases} 1, & \text{如果他从城市 } i \text{ 到城市 } j, \\ 0, & \text{如果他未从城市 } i \text{ 到城市 } j, \end{cases}$$

并令 $u_i, i=2,3,\cdots,n$ 为辅助变量，旅行商问题可以写成如下整数规划的形式：

$$\min \sum_{i=1}^{n}\sum_{j=1, j\neq i}^{n} c_{ij}x_{ij},$$

$$\text{s.t.} \quad \sum_{i=1, i\neq j}^{n} x_{ij} = 1, \ j=1,2,\cdots,n,$$

$$\sum_{j=1, j\neq i}^{n} x_{ij} = 1, \ i=1,2,\cdots,n,$$

$$x_{ij} \in \{0,1\}, \ i,j=1,2,\cdots,n,$$

$$u_i - u_j + nx_{ij} \leqslant n-1, \ 2 \leqslant i \neq j \leqslant n,$$

$$u_i \in \{1,2,\cdots,n\}, \ 2 \leqslant i \leqslant n.$$

其中，第一个约束和第二个约束要求每个城市在路径中必须且只能出现一次，而且路径中不能出现自环（即从一个城市必须前往另一不同城市）. 最后两行约束保证了此"路径"只有一个连通分支，而不是由多条不相交的路径合成的.

这里，我们简要证明这样添加约束能够保证所走的路径是一个覆盖所有城市的闭环. 假设满足前三行的约束的"路径"有两个以上连通分支，则必存在一个不经过城市 1 的连通分支，记其长度为 k. 对约束中倒数第二行不等式按照该连通分支求和（注意到在此连通分支上有 $x_{ij}=1$），则有

$$nk \leqslant (n-1)k,$$

矛盾. 另一方面，我们也要保证每个覆盖所有城市的回路的可行性. 对任意一条可行的回路，不妨将城市 1 作为起点和终点. 如果城市 i 是第 t 个到达的城市，则令 $u_i = t, i = 2, 3, \cdots, n$. 因为 $1 \leqslant u_i \leqslant n$，故有 $u_i - u_j \leqslant n - 1$. 因此，当 $x_{ij} = 0$ 时，倒数第二个不等式是成立的. 对于 $x_{ij} = 1$，我们有

$$u_i - u_j + nx_{ij} = t - (t+1) + n = n - 1,$$

也满足约束.

4.8 典型优化算法软件介绍

前面介绍了各种各样的优化问题. 对于每一类优化问题，我们都有相应的求解算法以及一些流行的算法软件包.

- **SDPT3**: 这个开源软件包的基本代码是用 MATLAB 来写的，但是关键的子程序是用 FORTRAN 和 C 语言通过 MEX 文件来完成的. 它可以求解锥规划问题，其中锥可以是半定矩阵锥、二次锥和非负象限中的一个或者多个的乘积. 这个软件主要实现的算法是一种原始-对偶内点法. 更多内容可以参考 [185].

- **MOSEK**: 这个商业软件包可以求解线性规划、二次锥规划、半定规划、二次规划等凸优化问题，以及混合整数线性规划和混合整数二次规划等. 它的重点是求解大规模稀疏问题，尤其在求解线性规划、二次锥规划和半定规划的内点法设计上做得非常有效. 除了内点法之外，MOSEK 还实现了线性规划问题的单纯形算法，特殊网络结构问题的网络单纯形算法以及针对混合整数规划问题的算法. 它提供 C, C#, Java, Python, MATLAB 和 R 等接口. 更多内容可以参考 [138].

- **CPLEX**: 这个商业软件可以求解整数规划问题，非常大规模的线性规划问题（使用单纯形方法或者内点法），凸和非凸二次规划问题，二次锥规划问题. 它提供 C++, C#, Java, Microsoft Excel 和 MATLAB 接口，并且提供一个独立的交互式优化器可执行文件，用于调试和其他目的. 更多内

容可以参考 [49].

- **Gurobi**: 这个商业软件可以求解线性规划（采用单纯形法和并行的内点法），二次规划（采用单纯形法和内点法），二次约束规划，混合整数线性规划，混合整数二次规划，混合整数二次约束规划. 它提供 C, C++, Java, .NET, Python, MATLAB 和 R 等接口. 更多内容可以参考 [93].

- **IPOPT**: 这个开源软件可以求解大规模非线性规划问题，主要实现了原始–对偶内点法，并使用滤波（filter）方法代替线搜索. IPOPT 主要使用 C++ 语言编写，并提供 C, C++, FORTRAN, Java, MATLAB 和 R 等接口. 更多内容可以参考 [188].

- **Knitro**: 它是用来求解大规模非线性优化问题的商业软件. 这个软件提供了四种不同的优化方法，两种内点型方法和两种积极集（active set）方法，可以用来求解一般非凸非线性规划问题，非线性方程组，线性规划，二次（线性约束二次）规划问题，线性（非线性）最小二乘问题，混合整数规划问题以及无导数优化问题，等等. Knitro 支持的编程语言有 C, FORTRAN, C++, C#, Java, MATLAB, R, Python 等，以及模型语言 AMPL, AIMMS, GAMS 和 MPL 等. 因其具有大量的用户友善的选项以及自动调试器，全局优化的并行多重启动策略，导数逼近和检查以及内部预分解器，在实际中被广泛采用. 更多内容可以参考 [103].

4.9 优化模型语言

模型语言的发展开始于 19 世纪 70 年代后期，其主要动因是计算机的出现. 在优化模型语言中，优化模型可以写成和数学表达式很类似的方式，以此给用户带来更便捷的服务. 模型的表达式形式是与求解器无关的，不同的求解器需要用优化模型语言将给定的模型和数据转为其求解的标准形式，然后再对其进行求解. 这类工具有三个优点：一是将容易出错的转化步骤交给计算机完成，降低错误率；二是在模型和算法之间建立了一个清晰的界限；三是对于困难的问题，可以尝试不用的求解器，得到更好的结果.

4.9.1 CVX

CVX 是一个以 MATLAB 为基础的优化模型语言，用来求解凸优化问题. 它允许将优化问题的目标函数以及约束用 MATLAB 语法来写. 比如考虑如下优化问题:

$$\min \quad \|Ax - b\|_2,$$
$$\text{s.t.} \quad Cx = d,$$
$$\|x\|_\infty \leqslant e,$$

它可以写成

```
1  m = 20; n = 10; p = 4;
2  A = randn(m,n); b = randn(m,1);
3  C = randn(p,n); d = randn(p,1); e = rand;
4  cvx_begin
5      variable x(n)
6      minimize( norm( A * x - b, 2 ) )
7      subject to
8      C * x == d
9      norm( x, Inf ) <= e
10 cvx_end
```

代码中的前三行是关于 A,b,C,d,e 的构造. 在调用 CVX 求解的时候, 对应的代码需要以 `cvx_begin` 开始, 并且以 `cvx_end` 结尾. 在这两行语句之间, 我们需要定义要求解的优化问题. 在上面的例子中, `variable x(n)` 表示决策变量 x 为 n 维空间中的向量. 目标函数 $\|Ax - b\|_2$ 则用 `norm( A * x - b, 2 )` 来表示, `minimize` 表示求解目标函数的极小值. 最后以 `subject to` 开始描述问题的约束, `C * x == d` 和 `norm( x, Inf ) <= e` 分别表示约束 $Cx = d$ 和 $\|x\|_\infty \leqslant e$. 执行上述代码, CVX 会选取默认的凸优化问题算法来返回上面问题的解.

CVX 采用了一种快速构造和识别凸性的准则, 服从这个准则的凸问题都可以很快地被识别出来. 之后 CVX 根据用户的选择调用已有软件来求解变形后的凸优化问题, 这些软件包括免费软件 SDPT3 和 SeDuMi 以及商业软件 Gurobi 和 MOSEK 等. 除了一些典型问题外, CVX 还可以识别一些更复杂的凸优化问题, 例如带 ℓ_1 范数的优化问题. 更多内容可以参考 [88]. 目前 CVX 还有 Julia 语言版本 [186] 和 Python 语言版本 CVXPY [60].

4.9.2 AMPL

AMPL（a mathematical programming language）是用来描述高复杂度的大规模优化问题的模型语言. 几十个求解器支持 AMPL, 包含开源软件和商业软件, 例如 CBC, CPLEX, FortMP, Gurobi, MINOS, IPOPT, SNOPT, Knitro 和 LGO 等, 因此可以支持一大类问题的求解. 它的一个优点是其语法与数学表达式非常类似，因此可对优化问题进行非常简洁并且可读的定义. 考虑优化问题：

$$\min_{x\in\mathbb{R}^2} f_1^2(x) + f_2^2(x), \tag{4.9.1}$$

其中 $f_1(x) = 10(x_2 - x_1^2)$, $f_2(x) = 1 - x_1$. 描述该问题只需要如下代码，然后其求解过程可以由支持 AMPL 和非线性无约束优化的求解器自动完成.

```
1  var x{1..2};
2  var f1 = 10*(x[2] - x[1]^2);
3  var f2 = 1 - x[1];
4
5  minimize norm:
6  f1^2 + f2^2;
7
8  data;
9  var x:=
10 1   -1.2
11 2    1;
```

这里，`var x{1..2}` 表示决策变量是 $\mathbb{R}^2$ 中的向量，第 2，3 行用来定义函数 f_1 和 f_2，第 5，6 行定义了优化问题 (4.9.1)，以及第 8—11 行表示选取的初始点为 $(-1.2, 1)^\mathrm{T}$.

关于 AMPL 的更多内容，读者可以参考 [71]. 除了 AMPL，在实际中常用的模型语言还有 YALMIP [127] 等.

4.10 总　结

本章介绍了常见的最优化问题以及具体实例.

线性规划作为动态规划问题的一种转化形式，其对于动态规划问题的理论与算法设计有着重要的参考意义. 线性规划在管理、最优运输等领域中有着各式各样的应用，感兴趣的读者可以参考 [178].

由于压缩感知的巨大成功，复合优化的研究得到了人们大量的关注. 由于问题的解的稀疏性或者低秩性，通过有效地添加正则项，可以从理论上保证复合优化问题的解满足我们想要的性质. 本章介绍的复合优化问题的正则项都是凸的，但是在实际中往往一些非凸正则项对应的模型能够更好地逼近原问题，相关内容可以参考 [195]. 随着大量复合优化问题的提出，复合优化问题的算法也得到了大量的研究，我们会在后续章节中详细介绍它们.

矩阵优化是向量优化的推广，其中一个典型问题形式是半定规划．因为半定规划的良好的理论性质，并且得益于内点法的有效求解，人们倾向于建立半定规划模型或利用半定规划来松弛已有的非凸优化模型．但是当半定规划对应的半定矩阵维数很高时，现有的算法也很难求解．最新的一些研究则是考虑用分解模型来逼近半定规划问题，从而有效地求解．对于聚类问题中的优化问题，其决策变量可以表达为置换矩阵，因为相应约束的复杂性，人们经常通过松弛来进行逼近求解．考虑到半定规划松弛后仍难以求解，人们提出了一些更有效的松弛方式，相关内容可以参考 [211]．

随机优化的复兴得益于数据时代的到来．为了使得模型具有更好的泛化能力，建立的随机模型不仅要在已有的数据上表现良好，而且也要在未被采集到的数据上性能优异．那么关于数据的分布的估计，以及如何利用已有的数据衍生出更多的数据来增加模型的鲁棒性是人们在建立随机模型的时候考虑的重点，一个比较著名的工作可参考 GAN [87]．

在实际问题中还有一类重要的优化问题的变量落在某种微分流形上，称为流形优化，读者可以参考 [2]．对于优化模型语言，常用的还有 YALMIP [127]．对于半定规划问题，最新的一些软件包有 SDPNAL[214]，SDPNAL+[204] 和 SSNSDP [121]．对于流形优化，软件包有 OptM [196]，Manopt [29] 和 ARNT [107]．

习 题 4

4.1 将下面的问题转化为线性规划：给定 $A \in \mathbb{R}^{m \times n}, b \in \mathbb{R}^m$,

(a) $\min\limits_{x \in \mathbb{R}^n} \ \|Ax - b\|_1, \quad \text{s.t.} \quad \|x\|_\infty \leqslant 1$;

(b) $\min\limits_{x \in \mathbb{R}^n} \ \|x\|_1, \quad \text{s.t.} \quad \|Ax - b\|_\infty \leqslant 1$;

(c) $\min\limits_{x \in \mathbb{R}^n} \ \|Ax - b\|_1 + \|x\|_\infty$;

(d) $\min\limits_{x \in \mathbb{R}^n} \ \sum\limits_{i=1}^m \max\{0, a_i^\mathrm{T} x + b_i\}$.

4.2 求解下面的线性规划问题：给定向量 $c \in \mathbb{R}^n$,

(a) $\min\limits_{x \in \mathbb{R}^n} \ c^\mathrm{T} x, \quad \text{s.t.} \quad \mathbf{0} \leqslant x \leqslant \mathbf{1}$;

(b) $\min\limits_{x \in \mathbb{R}^n} \ c^\mathrm{T} x, \quad \text{s.t.} \quad -\mathbf{1} \leqslant x \leqslant \mathbf{1}$;

(c) $\min\limits_{x \in \mathbb{R}^n} \ c^\mathrm{T} x, \quad \text{s.t.} \quad -1 \leqslant \mathbf{1}^\mathrm{T} x \leqslant 1$;

(d) $\min\limits_{x \in \mathbb{R}^n} \ c^\mathrm{T} x, \quad \text{s.t.} \quad \mathbf{1}^\mathrm{T} x = 1, \ x \geqslant 0$.

4.3 在数据插值中，考虑一个简单的复合模型（取 ϕ 为恒等映射，两层复合模型）：

$$\min_{X_1 \in \mathbb{R}^{q \times p}, X_2 \in \mathbb{R}^{q \times q}} \sum_{i=1}^m \|X_2 X_1 a_i - b_i\|_2^2,$$

其中 $a_i \in \mathbb{R}^p, b_i \in \mathbb{R}^q, i = 1, 2, \cdots, m$.

(a) 试计算目标函数关于 X_1, X_2 的导数；

(b) 试给出该问题的最优解.

4.4 给定数据点 $a_i \in \mathbb{R}^n, b_i \in \mathbb{R}^n, i = 1, 2, \cdots, m$，我们用二次函数拟合，即求 $X \in \mathcal{S}^n, y \in \mathbb{R}^n, z \in \mathbb{R}$ 使得

$$b_i \approx f(a_i) = a_i^\mathrm{T} X a_i + y^\mathrm{T} a_i + z, \quad i = 1, 2, \cdots, m.$$

这里假设数据点 $a_i \in \mathcal{B} = \{a \in \mathbb{R}^n \mid l \leqslant a \leqslant u\}$. 相应的最小二乘模型为

$$\sum_{i=1}^m (f(a_i) - b_i)^2.$$

此外，对函数 f 有三个额外要求：（1）f 是凹函数；（2）f 在集合 $\mathcal{B}$ 上是非负的，即 $f(a) \geqslant 0, \forall a \in \mathcal{B}$；（3）$f$ 在 $\mathcal{B}$ 上是单调非减的，即对任意的 $a, \hat{a} \in \mathcal{B}$ 且满足 $a \leqslant \hat{a}$，有 $f(a) \leqslant f(\hat{a})$.

请将上述问题表示成一个凸优化问题，并尽可能地简化.

4.5 考虑下面的复合优化问题：

$$\min_{x \in \mathbb{R}^n} \ \|x\|_1 + \|Dx - a\|_2^2,$$

其中 $a \in \mathbb{R}^n, D = \mathrm{Diag}(d_1, d_2, \cdots, d_n) \in \mathbb{R}^n$ 均为已知. 试给出最优解 x^* 的表达式.

4.6 考虑下面的复合优化问题：

$$\min_{x \in \mathbb{R}^n} \quad \|x\|_0 + \|Dx - a\|_2^2,$$

其中 $a \in \mathbb{R}^n, D = \text{Diag}(d_1, d_2, \cdots, d_n) \in \mathbb{R}^n$ 均为已知．试给出最优解 x^* 的表达式．

4.7 将不等式形式的半定规划问题 (4.5.1) 转化成标准形式 (4.5.2)．

4.8 证明如下结论：

(a) 设 $x \in \mathbb{R}^n, X \in \mathcal{S}^n$，定义 $\overline{X} = \begin{bmatrix} X & x \\ x^{\mathrm{T}} & 1 \end{bmatrix}$，证明：$X \succeq xx^{\mathrm{T}}$ 等价于 $\overline{X} \succeq 0$．

(b) 设 $z \in \mathbb{R}^m$，矩阵值映射 $M(z): \mathbb{R}^m \to \mathcal{S}^n$ 定义为

$$M(z) = A_0 + \sum_{i=1}^{m} z_i A_i, \quad A_i \in \mathcal{S}^n,$$

证明：$\eta \geqslant \lambda_{\max}(M(z))$ 等价于 $\eta I \succeq M(z)$．

4.9 给定矩阵 $A_i \in \mathcal{S}^m, i = 0, 1, \cdots, n$，定义线性映射 $A(x) = A_0 + x_1 A_1 + \cdots + x_n A_n$，令 $\lambda_1(x) \geqslant \lambda_2(x) \geqslant \cdots \geqslant \lambda_m(x)$ 为矩阵 $A(x)$ 的特征值．将下面的优化问题转化为半定规划问题：

(a) $\min\limits_{x \in \mathbb{R}^n} \quad \lambda_1(x) - \lambda_m(x)$．

(b) $\min\limits_{x \in \mathbb{R}^n} \quad \sum\limits_{i=1}^{m} |\lambda_i(x)|$．

4.10 将下面的优化问题转化为半定规划问题：

(a) 给定 $(n+1)$ 个矩阵 $A_i \in \mathbb{R}^{p \times q}, i = 0, 1, \cdots, n$，考虑优化问题

$$\min_{x \in \mathbb{R}^n} \quad \|A(x)\|_2,$$

其中 $A(x) = A_0 + x_1 A_1 + \cdots + x_n A_n$ 且 $\|\cdot\|_2$ 为矩阵的谱范数（即最大奇异值）；

(b) 给定 $c \in \mathbb{R}^n, A \in \mathbb{R}^{m \times n}, b \in \mathbb{R}^m, B \in \mathbb{R}^{p \times n}$ 以及 $d \in \mathbb{R}^p$，考虑优化问题

$$\min_{x \in \mathbb{R}^n} \quad c^{\mathrm{T}} x,$$
$$\text{s.t.} \quad \|Ax + b\|_2 \leqslant \mathbf{1}^{\mathrm{T}} x,$$
$$Bx = d;$$

(c) 给定 $A \in \mathbb{R}^{m \times n}, b \in \mathbb{R}^m, F_i \in \mathcal{S}^m, i = 0, 1, \cdots, n$，考虑优化问题

$$\min_{x \in \mathbb{R}^n} \quad (Ax+b)^{\mathrm{T}} F(x)^{-1} (Ax+b), \quad \text{s.t.} \quad F(x) \succ 0.$$

其中 $F(x) = F_0 + x_1 F_1 + x_2 F_2 + \cdots + x_n F_n$．

4.11 对于对称矩阵 $C \in \mathcal{S}^n$，记其特征值分解为 $C = \sum\limits_{i=1}^{n} \lambda_i u_i u_i^{\mathrm{T}}$，并假设

$$\lambda_1 \geqslant \lambda_2 \geqslant \cdots \geqslant \lambda_m > 0 > \lambda_{m+1} \geqslant \cdots \geqslant \lambda_n,$$

考虑如下半定规划问题：

$$\min_{X \in \mathcal{S}^n} \quad \langle C, X \rangle,$$
$$\text{s.t.} \quad u_i^T X u_i = 0, i = m+1, m+2, \cdots, n, X \succeq 0.$$

试给出该问题最优解的表达式.

4.12 如果在最大割问题 (4.5.6) 中，约束 $x_j \in \{-1, 1\}$ 改为 $x_j \in \{0, 1\}$，即对应优化问题

$$\max \quad \frac{1}{2} \sum_{i<j} w_{ij}(1 - x_i x_j),$$
$$\text{s.t.} \quad x_j \in \{0, 1\}, j = 1, 2, \cdots, n.$$

试给出其一个半定规划松弛.

4.13 对于非负矩阵分解问题

$$\min_{X \in \mathbb{R}^{d \times p}, Y \in \mathbb{R}^{p \times n}} \quad \|A - XY\|_F^2, \quad \text{s.t.} \quad X \geqslant 0, Y \geqslant 0,$$

其中矩阵 $A \in \mathbb{R}^{d \times n}$ 是已知的. 证明：在上面优化问题中添加约束 $YY^T = I$，其可以写成 K-均值聚类问题.

第五章
最优性理论

正如第四章所介绍的，在实际中最优化问题的形式多种多样．给定一类具体的优化问题，我们首先需要分析其解的存在性．如果优化问题的解存在，再考虑如何设计算法求出其最优解．一般的非凸优化问题可能存在很多局部极小解，但其往往也能够满足实际问题的要求．对于这些局部（全局）极小解的求解，最优性理论是至关重要的．

5.1　最优化问题解的存在性

考虑优化问题 (1.1.1)：

$$\min_{x\in\mathbb{R}^n} f(x), \quad \text{s.t.} \quad x\in\mathcal{X}, \tag{5.1.1}$$

其中 $\mathcal{X}\subseteq\mathbb{R}^n$ 为可行集．对于问题 (5.1.1)，首先要考虑的是最优解的存在性，然后考虑如何求出其最优解．在数学分析课程中，我们学习过 Weierstrass 定理，即定义在紧集上的连续函数一定存在最大（最小）值点．而在许多实际问题中，定义域可能不是紧的，目标函数也不一定连续，因此需要将此定理推广来保证最优化问题解的存在性．

定理 5.1 (Weierstrass 定理) 考虑一个适当且闭的函数 $f:\mathcal{X}\to(-\infty,+\infty]$，假设下面三个条件中任意一个成立：

（1）$\mathbf{dom}\, f \overset{\text{def}}{=\!=} \{x\in\mathcal{X}\,|\,f(x)<+\infty\}$ 是有界的；

（2）存在一个常数 $\bar{\gamma}$ 使得下水平集

$$C_{\bar{\gamma}} \overset{\text{def}}{=\!=} \{x\in\mathcal{X}\,|\,f(x)\leqslant\bar{\gamma}\}$$

是非空且有界的；

（3）f 是强制的，即对于任一满足 $\|x^k\|\to+\infty$ 的点列 $\{x^k\}\subset\mathcal{X}$，都有

$$\lim_{k\to\infty} f(x^k) = +\infty,$$

那么，问题 (5.1.1) 的最小值点集 $\{x\in\mathcal{X}\,|\,f(x)\leqslant f(y),\forall y\in\mathcal{X}\}$ 是非空且紧的．

证明 假设条件（2）成立．我们先证下确界 $t\overset{\text{def}}{=\!=}\inf_{x\in\mathcal{X}}f(x)>-\infty$．采用反证法．假设 $t=-\infty$，则存在点列 $\{x^k\}_{k=1}^{\infty}\subset C_{\bar{\gamma}}$，使得 $\lim_{k\to\infty}f(x^k)=t=-\infty$．因为 $C_{\bar{\gamma}}$ 的有界性，点列 $\{x^k\}$ 一定存在聚点，记为 x^*．根据上方图的闭

性, 我们知道 $(x^*, t) \in \mathbf{epi} f$, 即有 $f(x^*) \leqslant t = -\infty$. 这与函数的适当性矛盾, 故 $t > -\infty$.

利用上面的论述, 我们知道 $f(x^*) \leqslant t$. 因为 t 是下确界, 故必有 $f(x^*) = t$. 这就证明了下确界是可取得的. 再根据定理 2.2 以及 $C_{\bar{\gamma}}$ 的有界性, 易知最小值点集是紧的.

假设条件 (1) 成立, 则 $\mathbf{dom} f$ 是有界的. 因为 f 是适当的, 即存在 $x_0 \in \mathcal{X}$ 使得 $f(x_0) < +\infty$. 令 $\bar{\gamma} = f(x_0)$, 则下水平集 $C_{\bar{\gamma}}$ 是非空有界的, 那么利用条件 (2) 的结论, 可知问题 (5.1.1) 的最小值点集是非空且紧的.

假设条件 (3) 成立. 我们沿用上面定义的 $x_0, \bar{\gamma} = f(x_0)$ 以及下水平集 $C_{\bar{\gamma}}$. 因为 f 是强制的, 则 $C_{\bar{\gamma}}$ 是非空有界的 (假设无界, 则存在点列 $\{x^k\} \subset C_{\bar{\gamma}}$ 满足 $\lim_{k \to \infty} \|x^k\| = +\infty$, 由强制性有 $\lim_{k \to \infty} f(x^k) = +\infty$, 这与 $f(x) \leqslant \bar{\gamma}$ 矛盾), 即推出条件 (2). □

定理 5.1 的三个条件在本质上都是保证 $f(x)$ 的最小值不能在无穷远处取到, 因此我们可以仅在一个有界的下水平集中考虑 $f(x)$ 的最小值. 同时, 要求 $f(x)$ 为适当且闭的函数, 并不需要 $f(x)$ 的连续性. 因此定理 5.1 比数学分析中的 Weierstrass 定理应用范围更广.

当定义域不是有界闭集时, 我们通过例子来进一步解释上面的定理. 对于强制函数 $f(x) = x^2, x \in \mathcal{X} = \mathbb{R}$, 其全局最优解一定存在. 但对于适当且闭的函数 $f(x) = \mathrm{e}^{-x}, x \in \mathcal{X} = \mathbb{R}$, 它不满足定理 5.1 的三个条件中任意一个, 因此我们不能断言其全局极小值点存在. 事实上, 其全局极小值点不存在.

定理 5.1 给出了最优解的存在性条件, 但最优解可能不止一个. 最优化问题解的唯一性在理论分析和算法比较中扮演着重要角色. 比如, 假设问题 (5.1.1) 的解是唯一存在的, 记为 x^*, 那么不同的算法最终都会收敛到 x^*. 此时, 我们通过比较不同算法的收敛速度来判断算法好坏是非常合理的. 但是如果问题有多个最优值点, 不同的算法收敛到的最优值点可能不同, 那么这些算法收敛速度的比较就失去了参考价值. 但是如果不同最优值点对应的目标函数值 (即最优值) 相同, 我们可以比较不同算法对应的函数值收敛速度.

关于解的存在唯一性, 我们这里考虑 f 是强拟凸的情况.

定义 5.1 (强拟凸函数) 给定凸集 $\mathcal{X}$ 和函数 $f : \mathcal{X} \to (-\infty, +\infty]$, 如果对任意的 $x \neq y$ 和 $\lambda \in (0,1)$, 都有

$$f(\lambda x + (1-\lambda)y) < \max\{f(x), f(y)\},$$

那么我们称函数 f 是**强拟凸**的 (如图 5.1).

强拟凸函数的几何意义是定义域内任何两点之间线段上的函数值不会大于两个端点处函数值的最大值. 一般来说, 强拟凸函数不一定是凸函数, 但其

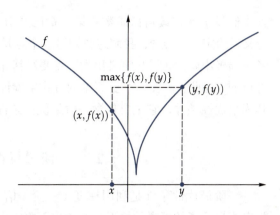

图 5.1
一个强拟凸函数

任意一个下水平集都是凸集，并可以包含一部分性质较好的非凸函数. 对于强拟凸函数，我们可以证出如下解的存在唯一性定理.

定理 5.2 (唯一性定理)　对于问题 (5.1.1)，设 $\mathcal{X}$ 是 $\mathbb{R}^n$ 的一个非空、紧且凸的子集，如果 $f: \mathcal{X} \to (-\infty, +\infty]$ 是适当、闭且强拟凸函数，那么存在唯一的 x^* 满足

$$f(x^*) < f(x), \quad \forall x \in \mathcal{X} \setminus \{x^*\}.$$

证明　由 Weierstrass 定理知，问题 (5.1.1) 至少存在一个全局极小解 x^*. 假设还有另外一个全局极小解 y^*，那么 $f(x^*) = f(y^*)$. 根据强拟凸函数的定义，对任意的 λ，有

$$f(\lambda x^* + (1-\lambda) y^*) < \max\{f(x^*), f(y^*)\} = f(x^*),$$

这与 x^* 的全局最优性矛盾. □

从强拟凸函数的定义可知，任意强凸函数均为强拟凸的，但凸函数并不一定是强拟凸的. 利用上面的结论，对任何定义在有界凸集上的闭强凸函数（如 $f(x) = x^2$），其最优解都是唯一存在的. 但是对于一般的凸函数，其最优解可能不唯一，比如函数 $f(x) = \max\{x, 0\}$，任意 $x \leqslant 0$ 都是 $f(x)$ 的最优解.

5.2 无约束可微问题的最优性理论

无约束可微优化问题通常表示为如下形式：

$$\min_{x \in \mathbb{R}^n} f(x), \tag{5.2.1}$$

其中假设 f 是连续可微函数. 第一章已经引入了局部最优解和全局最优解的定义. 给定一个点 $\bar{x}$, 我们想要知道这个点是否是函数 f 的一个局部极小解或者全局极小解. 如果从定义出发, 需要对其邻域内的所有点进行判断, 这是不可行的. 因此, 需要一个更简单的方式来验证一个点是否为极小值点. 我们称其为最优性条件, 它主要包含一阶最优性条件和二阶最优性条件.

5.2.1 一阶最优性条件

一阶最优性条件是利用梯度（一阶）信息来判断给定点的最优性. 这里先考虑目标函数可微的情形, 并给出下降方向的定义.

定义 5.2 (下降方向) 对于可微函数 f 和点 $x \in \mathbb{R}^n$, 如果存在向量 d 满足

$$\nabla f(x)^\mathrm{T} d < 0,$$

那么称 d 为 f 在点 x 处的一个**下降方向**.

由下降方向的定义, 容易验证: 如果 f 在点 x 处存在一个下降方向 d, 那么对于任意的 $T > 0$, 存在 $t \in (0, T]$, 使得

$$f(x + td) < f(x).$$

因此, 在局部最优点处不能有下降方向. 我们有如下一阶必要条件:

定理 5.3 (一阶必要条件) 假设 f 在全空间 $\mathbb{R}^n$ 可微. 如果 x^* 是一个局部极小解, 那么

$$\nabla f(x^*) = 0.$$

证明 任取 $v \in \mathbb{R}^n$, 考虑 f 在点 $x = x^*$ 处的泰勒展开

$$f(x^* + tv) = f(x^*) + tv^\mathrm{T} \nabla f(x^*) + o(t),$$

整理得

$$\frac{f(x^* + tv) - f(x^*)}{t} = v^\mathrm{T} \nabla f(x^*) + o(1).$$

根据 x^* 的最优性, 在上式中分别对 t 取点 0 处的左、右极限可知

$$\lim_{t \to 0+} \frac{f(x^* + tv) - f(x^*)}{t} = v^\mathrm{T} \nabla f(x^*) \geqslant 0,$$
$$\lim_{t \to 0-} \frac{f(x^* + tv) - f(x^*)}{t} = v^\mathrm{T} \nabla f(x^*) \leqslant 0,$$

即对任意的 v 有 $v^\mathrm{T} \nabla f(x^*) = 0$, 由 v 的任意性知 $\nabla f(x^*) = 0$. □

注意，上面的条件仅仅是必要的．对于 $f(x) = x^2, x \in \mathbb{R}$，我们知道满足 $f'(x) = 0$ 的点为 $x^* = 0$，并且其也是全局最优解．对于 $f(x) = x^3, x \in \mathbb{R}$，满足 $f'(x) = 0$ 的点为 $x^* = 0$，但其不是一个局部最优解．实际上，我们称满足 $\nabla f(x) = 0$ 的点 x 为 f 的**稳定点**（有时也称为驻点或临界点）．可以看出，除了一阶必要条件，还需要对函数加一些额外的限制条件，才能保证最优解的充分性．我们会在后面的小节中继续讨论．

5.2.2 二阶最优性条件

在没有额外假设时，如果一阶必要条件满足，我们仍然不能确定当前点是否是一个局部极小点．这里考虑使用二阶信息来进一步判断给定点的最优性．

假设 f 在点 x 的一个开邻域内是二阶连续可微的．类似于一阶必要条件的推导，可以借助当前点处的二阶泰勒展开来逼近该函数在该点附近的取值情况，从而来判断最优性．具体地，在点 x 附近我们考虑泰勒展开

$$f(x+d) = f(x) + \nabla f(x)^{\mathrm{T}} d + \frac{1}{2} d^{\mathrm{T}} \nabla^2 f(x) d + o(\|d\|^2).$$

当一阶必要条件满足时，$\nabla f(x) = 0$，那么上面的展开式简化为

$$f(x+d) = f(x) + \frac{1}{2} d^{\mathrm{T}} \nabla^2 f(x) d + o(\|d\|^2). \tag{5.2.2}$$

因此，我们有如下二阶最优性条件：

定理 5.4 假设 f 在点 x^* 的一个开邻域内是二阶连续可微的，则以下最优性条件成立：

（1）**二阶必要条件** 如果 x^* 是 f 的一个局部极小点，那么

$$\nabla f(x^*) = 0, \quad \nabla^2 f(x^*) \succeq 0.$$

（2）**二阶充分条件** 如果在点 x^* 处有

$$\nabla f(x^*) = 0, \quad \nabla^2 f(x^*) \succ 0$$

成立，那么 x^* 为 f 的一个局部极小点．

证明 考虑 $f(x)$ 在点 x^* 处的二阶泰勒展开 (5.2.2)，这里因为一阶必要条件成立，所以 $\nabla f(x^*) = 0$．反设 $\nabla^2 f(x^*) \succeq 0$ 不成立，即 $\nabla^2 f(x^*)$ 有负的特征值．取 d 为其负特征值 λ_- 对应的特征向量，通过对 (5.2.2) 式变形得到

$$\frac{f(x^* + d) - f(x^*)}{\|d\|^2} = \frac{1}{2} \frac{d^{\mathrm{T}}}{\|d\|} \nabla^2 f(x^*) \frac{d}{\|d\|} + o(1).$$

这里注意 $\dfrac{d}{\|d\|}$ 是 d 的单位化，因此

$$\frac{f(x^* + d) - f(x^*)}{\|d\|^2} = \frac{1}{2}\lambda_- + o(1).$$

当 $\|d\|$ 充分小时，$f(x^* + d) < f(x^*)$，这和点 x^* 的最优性矛盾．因此二阶必要条件成立．

当 $\nabla^2 f(x) \succ 0$ 时，对任意的 $d \neq 0$ 有 $d^T \nabla^2 f(x^*) d \geqslant \lambda_{\min} \|d\|^2 > 0$，这里 $\lambda_{\min} > 0$ 是 $\nabla^2 f(x^*)$ 的最小特征值．因此我们有

$$\frac{f(x^* + d) - f(x^*)}{\|d\|^2} \geqslant \frac{1}{2}\lambda_{\min} + o(1).$$

当 $\|d\|$ 充分小时，有 $f(x^* + d) \geqslant f(x^*)$，即二阶充分条件成立． □

由定理 5.4，我们有如下结论：设点 $\bar{x}$ 满足一阶最优性条件（即 $\nabla f(\bar{x}) = 0$），如果该点处的海瑟矩阵 $\nabla^2 f(\bar{x})$ 不是半正定的，那么 $\bar{x}$ 不是一个局部极小点．进一步地，如果海瑟矩阵 $\nabla^2 f(\bar{x})$ 既有正特征值又有负特征值，我们称稳定点 $\bar{x}$ 为一个**鞍点**．事实上，记 d_1, d_2 为其正负特征值对应的特征向量，那么对于任意充分小的 $t > 0$，都有 $f(\bar{x} + td_1) > f(\bar{x})$ 且 $f(\bar{x} + td_2) < f(\bar{x})$．

注意，二阶最优性条件给出的仍然是关于局部最优性的判断．对于给定点的全局最优性判断，我们还需要借助实际问题的性质，比如目标函数是凸的、非线性最小二乘问题中目标函数值为 0 等．

5.2.3 实　　例

我们以线性最小二乘问题为例来说明其最优性条件的具体形式．如第 4.2 节中所述，线性最小二乘问题可以表示为

$$\min_{x \in \mathbb{R}^n} \quad f(x) \stackrel{\text{def}}{=} \frac{1}{2}\|b - Ax\|_2^2,$$

其中 $A \in \mathbb{R}^{m \times n}, b \in \mathbb{R}^m$ 分别是给定的矩阵和向量．易知 $f(x)$ 是可微且凸的，因此，x^* 为一个全局最优解当且仅当

$$\nabla f(x^*) = A^T(Ax^* - b) = 0.$$

因此，线性最小二乘问题本质上等于求解线性方程组，可以利用数值代数知识对其有效求解．

在实际中，我们还经常遇到非线性最小二乘问题，如实数情形的相位恢复问题 (3.6.4)，其一般形式如下：

$$\min_{x \in \mathbb{R}^n} \quad f(x) \stackrel{\text{def}}{=} \sum_{i=1}^m r_i^2(x), \tag{5.2.3}$$

其中非线性函数 $r_i(x) = (a_i^T x)^2 - b_i^2$, $i = 1, 2, \cdots, m$. 这个问题是非凸的. 在点 $x \in \mathbb{R}^n$ 处,我们有

$$\nabla f(x) = 2\sum_{i=1}^m r_i(x)\nabla r_i(x) = 4\sum_{i=1}^m ((a_i^T x)^2 - b_i^2)(a_i^T x)a_i,$$

$$\nabla^2 f(x) = 2\sum_{i=1}^m \nabla r_i(x)\nabla r_i(x)^T + 2\sum_{i=1}^m r_i(x)\nabla^2 r_i(x)$$

$$= 8\sum_{i=1}^m (a_i^T x)^2 a_i a_i^T + 4\sum_{i=1}^m ((a_i^T x)^2 - b_i^2)a_i a_i^T$$

$$= \sum_{i=1}^m (12(a_i^T x)^2 - 4b_i^2)a_i a_i^T.$$

如果 x^* 为问题 (5.2.3) 的一个局部最优解,那么其满足一阶必要条件

$$\nabla f(x^*) = 0,$$

即

$$\sum_{i=1}^m ((a_i^T x^*)^2 - b_i^2)(a_i^T x^*)a_i = 0,$$

以及二阶必要条件

$$\nabla^2 f(x^*) \succeq 0,$$

即

$$\sum_{i=1}^m (12(a_i^T x^*)^2 - 4b_i^2)a_i a_i^T \succeq 0.$$

如果一个点 $x^\#$ 满足二阶充分条件

$$\nabla f(x^\#) = 0, \quad \nabla^2 f(x^\#) \succ 0,$$

即

$$\sum_{i=1}^m ((a_i^T x^\#)^2 - b_i^2)a_i^T x^\# a_i = 0, \quad \sum_{i=1}^m (12(a_i^T x^\#)^2 - 4b_i^2)a_i a_i^T \succ 0,$$

那么 $x^\#$ 为问题 (5.2.3) 的一个局部最优解.

5.3 无约束不可微问题的最优性理论

本节仍考虑问题 (5.2.1):

$$\min_{x \in \mathbb{R}^n} f(x),$$

但其中 $f(x)$ 为不可微函数. 很多实际问题的目标函数不是光滑的, 例如 $f(x) = \|x\|_1$. 对于此类问题, 由于目标函数可能不存在梯度和海瑟矩阵, 因此第 5.2 节中的一阶和二阶条件不适用. 此时我们必须使用其他最优性条件来判断不可微问题的最优点.

5.3.1 凸优化问题一阶充要条件

对于目标函数是凸函数的情形, 我们已经引入了次梯度的概念并给出了其计算法则. 一个自然的问题是: 可以利用次梯度代替梯度来构造最优性条件吗? 答案是肯定的, 实际上有如下定理:

定理 5.5 假设 f 是适当且凸的函数, 则 x^* 为问题 (5.2.1) 的一个全局极小点当且仅当
$$0 \in \partial f(x^*).$$

证明 先证必要性. 因为 x^* 为全局极小点, 所以
$$f(y) \geqslant f(x^*) = f(x^*) + 0^\mathrm{T}(y - x^*), \quad \forall y \in \mathbb{R}^n.$$
因此, $0 \in \partial f(x^*)$.

再证充分性. 如果 $0 \in \partial f(x^*)$, 那么根据次梯度的定义,
$$f(y) \geqslant f(x^*) + 0^\mathrm{T}(y - x^*) = f(x^*), \quad \forall y \in \mathbb{R}^n.$$
因而 x^* 为一个全局极小点. □

定理 5.5 说明条件 $0 \in \partial f(x^*)$ 是 x^* 为全局最优解的充要条件. 这个结论比定理 5.3 要强, 其原因是凸问题有非常好的性质, 它的稳定点中不存在鞍点. 因此, 可以通过计算凸函数的次梯度集合来求解其对应的全局极小点. 相较于非凸函数, 凸函数的最优性分析简单, 计算以及验证起来比较方便, 因此在实际建模中受到广泛的关注.

5.3.2 复合优化问题的一阶必要条件

在实际问题中, 目标函数不一定是凸函数, 但它可以写成一个光滑函数与一个非光滑凸函数的和, 例如第 4.3 节介绍的复合优化问题就具有这样的形式. 其中目标函数的光滑项可能是凸的, 比如 LASSO 问题、图像去噪问题和盲反卷积问题; 也可能是非凸的, 例如字典学习问题和神经网络的损失函数. 因此研究此类问题的最优性条件十分必要. 这里, 我们考虑一般复合优化问题

$$\min_{x \in \mathbb{R}^n} \quad \psi(x) \stackrel{\mathrm{def}}{=} f(x) + h(x), \tag{5.3.1}$$

其中 f 为光滑函数（可能非凸），h 为凸函数（可能非光滑）。对于其任何局部最优解，我们给出如下一阶必要条件：

定理 5.6 (复合优化问题一阶必要条件) 令 x^* 为问题 (5.3.1) 的一个局部极小点，那么
$$-\nabla f(x^*) \in \partial h(x^*),$$
其中 $\partial h(x^*)$ 为凸函数 h 在点 x^* 处的次梯度集合。

证明 因为 x^* 为一个局部极小点，所以对于任意单位向量 $d \in \mathbb{R}^n$ 和足够小的 $t > 0$,
$$f(x^* + td) + h(x^* + td) \geqslant f(x^*) + h(x^*).$$

给定任一方向 $d \in \mathbb{R}^n$，其中 $\|d\| = 1$。考虑 $\psi(x) = f(x) + h(x)$，因为对光滑函数和凸函数都可以考虑方向导数（凸函数的方向导数参考定义 2.22），根据方向导数的定义，
$$\begin{aligned} \psi'(x^*; d) &= \lim_{t \to 0+} \frac{\psi(x^* + td) - \psi(x^*)}{t} \\ &= \nabla f(x^*)^\mathrm{T} d + \partial h(x^*; d) \\ &= \nabla f(x^*)^\mathrm{T} d + \sup_{\theta \in \partial h(x^*)} \theta^\mathrm{T} d, \end{aligned}$$

其中 $\partial h(x^*; d)$ 表示凸函数 $h(x)$ 在点 x^* 处的方向导数，最后一个等式利用了凸函数方向导数和次梯度的关系（定理 2.20）。现在用反证法证明我们所需要的结论。反设 $-\nabla f(x^*) \notin \partial h(x^*)$，根据定理 2.17 可知 $\partial h(x^*)$ 是有界闭凸集，又根据定理 2.6（严格分离定理），存在 $d \in \mathbb{R}^n$ 以及常数 b 使得
$$\theta^\mathrm{T} d < b < -\nabla f(x^*)^\mathrm{T} d, \quad \forall \theta \in \partial h(x^*).$$

根据 $\partial h(x^*)$ 是有界闭集可知对此方向 d,
$$\psi'(x^*; d) = \nabla f(x^*)^\mathrm{T} d + \sup_{\theta \in \partial h(x^*)} \theta^\mathrm{T} d < 0.$$

这说明对充分小的非负实数 t,
$$\psi(x^* + td) < \psi(x^*).$$

这与 x^* 的局部极小性矛盾。因此 $-\nabla f(x^*) \in \partial h(x^*)$. □

定理 5.6 在之后我们推导复合优化问题算法性质的时候非常重要，它给出了当目标函数一部分是非光滑凸函数时的一阶必要条件。在这里注意，由于目标函数可能是整体非凸的，因此一般没有一阶充分条件。在第八章中我们介绍邻近算子时会用到这个定理。

*5.3.3 非光滑非凸问题的最优性条件

当函数 f 不可微且非凸时,其梯度和通常意义的次梯度都可能不存在. 为了能得到和可微情形类似的结果,我们必须对次梯度和次微分概念进行某种推广. 实际上, 对适当下半连续函数依然可以定义次微分.

定义 5.3 (次微分) 设 $f: \mathbb{R}^n \to (-\infty, +\infty]$ 是适当下半连续函数.

(1) 对给定的 $x \in \mathbf{dom} f$,满足如下条件的所有向量 $u \in \mathbb{R}^n$ 的集合定义为 f 在点 x 处的 Fréchet 次微分:

$$\liminf_{y \to x,\, y \neq x} \frac{f(y) - f(x) - \langle u, y - x \rangle}{\|y - x\|} \geq 0,$$

记为 $\hat{\partial} f(x)$. 当 $x \notin \mathbf{dom} f$ 时, 将 $\hat{\partial} f(x)$ 定义为空集 $\varnothing$.

(2) f 在点 $x \in \mathbb{R}^n$ 处的极限次微分(或简称为次微分)定义为

$$\partial f(x) = \{u \in \mathbb{R}^n \mid \exists\, x^k \to x,\, f(x^k) \to f(x),\, u^k \in \hat{\partial} f(x^k) \to u\},$$

即极限次微分是通过对 x 附近的点处的 Fréchet 次微分取极限得到的.

我们对非凸函数次微分做如下说明:

注 5.1 (1) 容易证明 $\hat{\partial} f(x) \subseteq \partial f(x)$, 前者是闭凸集, 后者是闭集. 并非在所有的 $x \in \mathbf{dom} f$ 处都存在 Fréchet 次微分.

(2) 和凸函数次微分(定义 2.21)比较可知, 凸函数的次梯度要求不等式

$$f(y) \geq f(x) + \langle g, y - x \rangle, \quad g \in \partial f(x)$$

在定义域内全局成立, 而对非凸函数只需要其在极限意义下成立即可.

(3) 当 f 是可微函数时, Fréchet 次微分和次微分都退化成梯度.

如图 5.2 所示, 函数 $f(x)$ 在点 x_3 处不存在 Fréchet 次微分, 但是存在次微分.

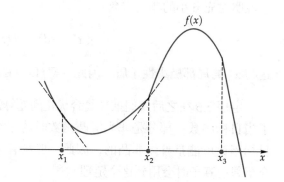

图 5.2 非凸函数 $f(x)$ 的次微分

引入非凸函数次微分的目的是为了推导出非凸非光滑函数局部极小点的一阶必要条件. 定理 5.5 已经说明了对凸函数 f, x 是 $f(x)$ 的全局极小点当且仅当 $0 \in \partial f(x)$. 而对适当下半连续函数 f, 我们依然有类似的一阶必要条件.

定理 5.7 (一阶必要条件) 设 f 是适当下半连续函数. 若 x^* 是 $f(x)$ 的一个局部极小点, 则有

$$0 \in \partial f(x^*).$$

证明 实际上我们可以证明 $0 \in \hat{\partial} f(x^*)$, 直接对 0 验证它是否是点 x^* 处的一个 Fréchet 次微分即可. 对任意的 $x \in \mathbf{dom}\, f$, 考虑

$$\frac{f(x) - f(x^*) - \langle 0, x - x^* \rangle}{\|x - x^*\|}.$$

注意到在 x^* 的任意邻域内有 $f(x) \geqslant f(x^*)$, 对 $x \to x^*$ 取下极限得

$$\liminf_{x \to x^*,\, x \neq x^*} \frac{f(x) - f(x^*)}{\|x - x^*\|} \geqslant 0.$$

这说明 $0 \in \hat{\partial} f(x^*)$. □

5.3.4 实 例

我们以 ℓ_1 范数优化问题为例, 给出其最优解的最优性条件. 第一章和第四章介绍了各种各样的 ℓ_1 范数优化问题, 其一般形式可以写成

$$\min_{x \in \mathbb{R}^n} \quad \psi(x) \stackrel{\text{def}}{=\!\!=} f(x) + \mu \|x\|_1, \tag{5.3.2}$$

其中 $f(x): \mathbb{R}^n \to \mathbb{R}$ 为光滑函数, 正则系数 $\mu > 0$ 用来调节解的稀疏度. 尽管 $\|x\|_1$ 不是可微的, 但我们可以计算其次微分

$$\partial_i \|x\|_1 = \begin{cases} \{1\}, & x_i > 0, \\ [-1, 1], & x_i = 0, \\ \{-1\}, & x_i < 0. \end{cases}$$

因此, 如果 x^* 是问题 (5.3.2) 的一个局部最优解, 那么其满足

$$-\nabla f(x^*) \in \mu \partial \|x^*\|_1,$$

即

$$\nabla_i f(x^*) = \begin{cases} -\mu, & x_i^* > 0, \\ a \in [-\mu, \mu], & x_i^* = 0, \\ \mu, & x_i^* < 0. \end{cases}$$

进一步地, 如果 $f(x)$ 是凸的 (比如在 LASSO 问题中 $f(x) = \dfrac{1}{2}\|Ax - b\|^2$), 那么满足上式的 x^* 就是问题 (5.3.2) 的全局最优解.

5.4 对偶理论

这一节以及本章之后的章节考虑一般的约束优化问题

$$\begin{aligned}
\min_{x\in\mathbb{R}^n} \quad & f(x), \\
\text{s.t.} \quad & c_i(x) \leqslant 0, \, i \in \mathcal{I}, \\
& c_i(x) = 0, \, i \in \mathcal{E},
\end{aligned} \quad (5.4.1)$$

其中 c_i 为定义在 $\mathbb{R}^n$ 或其子集上的实值函数,$\mathcal{I}$ 和 $\mathcal{E}$ 分别表示不等式约束和等式约束对应的下标集合,且各下标互不相同. 这个问题的可行域定义为

$$\mathcal{X} = \{x \in \mathbb{R}^n | c_i(x) \leqslant 0, \, i \in \mathcal{I} \text{ 且 } c_i(x) = 0, \, i \in \mathcal{E}\}.$$

我们可以通过将 $\mathcal{X}$ 的示性函数加到目标函数中得到无约束优化问题. 但是转化后问题的目标函数是不连续的、不可微的以及不是有限的,这导致我们难以分析其理论性质以及设计有效的算法. 对于约束优化问题,可行性问题是应该最先考虑的. 因此,对其约束集合的几何性质以及代数性质的分析尤为重要.

5.4.1 拉格朗日函数与对偶问题

研究问题 (5.4.1) 的重要工具之一是拉格朗日函数,它的基本思想是给该问题中的每一个约束指定一个**拉格朗日乘子**,以乘子为加权系数将约束增加到目标函数中. 令 λ_i 为对应于第 i 个不等式约束的拉格朗日乘子,ν_i 为对应于第 i 个等式约束的拉格朗日乘子. 为了构造合适的对偶问题,基本原则是对拉格朗日乘子添加合适的约束条件,使得 $f(x)$ 在问题 (5.4.1) 的任意可行点 x 处大于或等于相应拉格朗日函数值. 根据这个原则,我们要求 $\lambda \geqslant 0$. 记 $m = |\mathcal{I}|, p = |\mathcal{E}|$,则**拉格朗日函数**的具体形式 $L: \mathbb{R}^n \times \mathbb{R}^m_+ \times \mathbb{R}^p \to \mathbb{R}$ 定义为

$$L(x, \lambda, \nu) = f(x) + \sum_{i \in \mathcal{I}} \lambda_i c_i(x) + \sum_{i \in \mathcal{E}} \nu_i c_i(x). \quad (5.4.2)$$

注意,函数 (5.4.2) 中的加号也可以修改为减号,同时调整相应乘子的约束条件使得上述下界原则满足即可.

对拉格朗日函数 $L(x, \lambda, \nu)$ 中的 x 取下确界可定义**拉格朗日对偶函数**,这一函数将在对偶理论中起到很关键的作用.

定义 5.4　拉格朗日对偶函数 $g:\mathbb{R}_+^m \times \mathbb{R}^p \to [-\infty,+\infty)$ 是拉格朗日函数 $L(x,\lambda,\nu)$ 对于 $\lambda \in \mathbb{R}_+^m, \nu \in \mathbb{R}^p$ 关于 x 取的下确界：

$$g(\lambda,\nu) = \inf_{x\in\mathbb{R}^n} L(x,\lambda,\nu). \tag{5.4.3}$$

固定 (λ,ν)，如果拉格朗日函数关于 x 无界，那么对偶函数在 (λ,ν) 处的取值为 $-\infty$. 因为拉格朗日对偶函数是逐点定义的一族关于 (λ,ν) 的仿射函数的下确界，根据定理 2.13 的（5）可知其为凹函数（无论原问题是否为凸问题）. 这个性质是十分重要的，它能帮助我们推导出许多拥有良好性质的算法.

对每一对满足 $\lambda \geqslant 0$ 的乘子对 (λ,ν)，拉格朗日对偶函数 $g(\lambda,\nu)$ 给原优化问题 (5.4.1) 的最优值 p^* 提供了下界，且该下界依赖于参数 λ 和 ν 的选取.

引理 5.1 **(弱对偶原理)**　对于任意的 $\lambda \geqslant 0$ 和 ν，拉格朗日对偶函数给出了优化问题 (5.4.1) 最优值的一个下界，即

$$g(\lambda,\nu) \leqslant p^*, \quad \lambda \geqslant 0. \tag{5.4.4}$$

证明　假设 $\tilde{x}$ 是问题 (5.4.1) 的一个可行解，即 $c_i(\tilde{x}) \leqslant 0, i \in \mathcal{I}$ 和 $c_i(\tilde{x}) = 0, i \in \mathcal{E}$ 对于任意的 i 均成立. 由于 $\lambda \geqslant 0$，则

$$\sum_{i\in\mathcal{I}} \lambda_i c_i(\tilde{x}) + \sum_{i\in\mathcal{E}} \nu_i c_i(\tilde{x}) \leqslant 0. \tag{5.4.5}$$

将上式代入拉格朗日函数的定义中，我们可以得到

$$L(\tilde{x},\lambda,\nu) = f(\tilde{x}) + \sum_{i\in\mathcal{I}} \lambda_i c_i(\tilde{x}) + \sum_{i\in\mathcal{E}} \nu_i c_i(\tilde{x}) \leqslant f(\tilde{x}), \tag{5.4.6}$$

并且

$$g(\lambda,\nu) = \inf_x L(x,\lambda,\nu) \leqslant L(\tilde{x},\lambda,\nu) \leqslant f(\tilde{x}). \tag{5.4.7}$$

所以对于任意的可行解 $\tilde{x}$，$g(\lambda,\nu) \leqslant f(\tilde{x})$ 都成立，从而 $g(\lambda,\nu) \leqslant p^*$ 成立. □

那么一个自然的问题是，从拉格朗日对偶函数获得的下界中，哪个是最优的呢？为了求解该最优的下界，便有如下**拉格朗日对偶问题**：

$$\max_{\lambda\geqslant 0,\nu} g(\lambda,\nu) = \max_{\lambda\geqslant 0,\nu} \inf_{x\in\mathbb{R}^n} L(x,\lambda,\nu). \tag{5.4.8}$$

向量 λ 和 ν 也称为问题 (5.4.1) 的**对偶变量**或者拉格朗日乘子向量. 由于其目标函数的凹性和约束集合的凸性，拉格朗日对偶问题是一个凸优化问题（见注 1.1）. 当 $g(\lambda,\nu) = -\infty$ 时，对偶函数提供的 p^* 下界变得没有实际意义. 只有当 $g(\lambda,\nu) > -\infty$ 时，对偶函数生成的关于原问题最优解 p^* 的下界才是非平凡的. 因此我们规定拉格朗日对偶函数的定义域

$$\mathbf{dom}\, g = \{(\lambda,\nu) \mid \lambda \geqslant 0, g(\lambda,\nu) > -\infty\}.$$

当 $(\lambda,\nu) \in \mathbf{dom}\, g$ 时，称其为**对偶可行解**．记对偶问题的最优值为 q^*，称 $p^* - q^*(\geqslant 0)$ 为**对偶间隙**．如果对偶间隙为 $0(p^* = q^*)$，则称**强对偶原理**成立．假设 (λ^*,ν^*) 是使得对偶问题取得最优值的解，称其为**对偶最优解**或者最优拉格朗日乘子．

推导拉格朗日对偶问题最重要的是能把拉格朗日对偶函数的具体形式方便地写出来．需要指出的是，拉格朗日对偶问题的写法并不唯一．如果问题 (5.4.1) 中有些约束，比如对应于下标集 $\mathcal{I}_1 = \{i_1, i_2, \cdots, i_q\}$ 的不等式约束，比较简单，则可以不把这些约束松弛到拉格朗日函数里．此时拉格朗日函数为

$$L(x,s,\nu) = f(x) + \sum_{i \in \mathcal{I} \setminus \mathcal{I}_1} s_i c_i(x) + \sum_{i \in \mathcal{E}} \nu_i c_i(x),$$
$$s \geqslant 0,\ c_i(x) \leqslant 0,\ i \in \mathcal{I}_1, \tag{5.4.9}$$

相应地，对偶问题为

$$\max_{s \geqslant 0, \nu} \left\{ \inf_{x \in \mathbb{R}^n} L(x,s,\nu),\ \text{s.t.}\ c_i(x) \leqslant 0, i \in \mathcal{I}_1 \right\}. \tag{5.4.10}$$

对于强对偶原理满足的凸问题，不同写法的拉格朗日对偶问题是等价的．

5.4.2 带广义不等式约束优化问题的对偶

问题 (5.4.1) 中的不等式约束 $c_i(x), i \in \mathcal{I}$ 都是实值函数的形式．在许多实际应用中，我们还会遇到大量带广义不等式约束的优化问题，例如自变量 x 可能取值于半正定矩阵空间中．对于这类约束我们不易将其化为 $c_i(x) \leqslant 0$ 的形式，此时又该如何构造拉格朗日对偶函数呢？

1. 适当锥和广义不等式

定义广义不等式需要利用适当锥的概念．

定义 5.5 (适当锥) 称满足如下条件的锥 K 为**适当锥**（proper cone）：
（1）K 是凸锥；
（2）K 是闭集；
（3）K 是实心的（solid），即 $\mathbf{int}\, K \neq \varnothing$；
（4）K 是尖的（pointed），即对任意非零向量 x，若 $x \in K$，则 $-x \notin K$，也即 K 中无法容纳直线．

适当锥 K 可以诱导出广义不等式，它定义了全空间上的偏序关系：

$$x \preceq_K y \Leftrightarrow y - x \in K.$$

类似地，可以定义严格广义不等式：

$$x \prec_K y \Leftrightarrow y - x \in \mathbf{int}\, K.$$

本书常用的是 $K = \mathbb{R}_+^n$（非负锥）和 $K = \mathcal{S}_+^n$（半正定锥）. 当 $K = \mathbb{R}_+^n$ 时，$x \preceq_K y$ 是我们之前经常使用的记号 $x \leqslant y$，即 x 每个分量小于等于 y 对应分量；当 $K = \mathcal{S}_+^n$ 时，$X \preceq_K Y$ 的含义为 $Y - X \succeq 0$，即 $Y - X$ 是半正定矩阵.

广义不等式满足许多我们熟悉的性质，例如自反性、反对称性、传递性，这里不详细展开.

2. 对偶锥

在构造拉格朗日对偶函数时，针对不等式约束 $c_i(x) \leqslant 0$ 我们引入拉格朗日乘子 $\lambda_i \geqslant 0$，之后将 $\lambda_i c_i(x)$（$\leqslant 0$）作为拉格朗日函数中的一项. 那么对于广义不等式，应该如何对拉格朗日乘子提出限制呢？此时需要借助**对偶锥**的概念.

定义 5.6 (对偶锥) 令 K 为全空间 Ω 的子集，称集合

$$K^* = \{y \in \Omega \mid \langle x, y \rangle \geqslant 0, \ \forall x \in K\}$$

为其对偶锥，其中 $\langle \cdot, \cdot \rangle$ 是 Ω 上的一个内积.

正如其定义所说的，对偶锥是一个锥（哪怕原始集合 K 不是锥）. 我们在图 5.3 中给出了 $\mathbb{R}^2$ 平面上的一个例子. 图中深色区域表示锥 K，根据对偶锥的定义，K^* 中的向量和 K 中所有向量夹角均为锐角或直角. 因此，对偶锥 K^* 为图 5.3 的浅色区域. 注意，在这个例子中 K 也为 K^* 一部分.

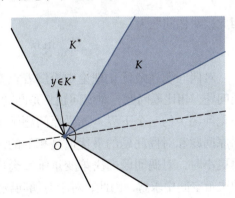

图 5.3
$\mathbb{R}^2$ 平面上的锥 K 及其对偶锥 K^*

如果 $K = \mathbb{R}_+^n, \Omega = \mathbb{R}^n$ 并且定义 $\langle x, y \rangle = x^\mathrm{T} y$，那么易知 $K^* = \mathbb{R}_+^n$. 又假设 $K = \mathcal{S}_+^n, \Omega = \mathcal{S}^n$ 并且定义 $\langle X, Y \rangle = \mathrm{Tr}(XY^\mathrm{T})$，可以证明（见习题 5.3）

$$\langle X, Y \rangle \geqslant 0, \forall X \in \mathcal{S}_+^n \ \Leftrightarrow \ Y \in \mathcal{S}_+^n,$$

即半正定锥的对偶锥仍为半正定锥. 此外，称满足 $K = K^*$ 的锥 K 为**自对偶锥**，因此非负锥和半正定锥都是自对偶锥.

直观来说，对偶锥 K^* 中向量和原锥 K 中向量的内积恒非负，这一性质可以被用来构造拉格朗日对偶函数.

3. 广义不等式约束优化问题拉格朗日函数的构造

如果将不等式约束函数换成向量函数，并且推广定义相应的广义不等式约束，我们可以得到如下形式的优化问题：

$$\begin{aligned} \min_{x \in \mathbb{R}^n} \quad & f(x), \\ \text{s.t.} \quad & c_i(x) \preceq_{K_i} 0, \, i \in \mathcal{I}, \\ & c_i(x) = 0, \, i \in \mathcal{E}, \end{aligned} \quad (5.4.11)$$

其中 $f : \mathbb{R}^n \to \mathbb{R}$，$c_i : \mathbb{R}^n \to \mathbb{R}$，$i \in \mathcal{E}$ 为实值函数，$c_i : \mathbb{R}^n \to \mathbb{R}^{k_i}$，$k_i \in \mathbb{N}_+, i \in \mathcal{I}$ 为向量值函数，K_i 为某种适当锥且 $\preceq_{K_i}$ 表示由锥 K_i 定义的广义不等式．因此，问题 (5.4.1) 是在问题 (5.4.11) 中取 $k_i = 1, K_i = \mathbb{R}_+, \forall i \in \mathcal{I}$ 时的特殊情形．

根据 $K_i, i \in \mathcal{I}$ 的对偶锥 K_i^*，我们对广义不等式约束分别引入乘子 $\lambda_i \in K_i^*, i \in \mathcal{I}$，对等式约束引入乘子 $\nu_i \in \mathbb{R}, i \in \mathcal{E}$，构造如下拉格朗日函数：

$$L(x, \lambda, \nu) = f(x) + \sum_{i \in \mathcal{I}} \langle c_i(x), \lambda_i \rangle + \sum_{i \in \mathcal{E}} \nu_i c_i(x), \quad \lambda_i \in K_i^*, \nu_i \in \mathbb{R}.$$

容易验证 $L(x, \lambda, \nu) \leqslant f(x), \forall x \in \mathcal{X}, \lambda_i \in K_i^*, \nu_i \in \mathbb{R}$．类似于 (5.4.3) 式，我们定义拉格朗日对偶函数

$$g(\lambda, \nu) = \inf_{x \in \mathbb{R}^n} L(x, \lambda, \nu).$$

因此，对偶问题为

$$\max_{\lambda_i \in K_i^*, \, \nu_i \in \mathbb{R}} g(\lambda, \nu).$$

对偶问题在最优化理论中扮演着重要角色．每个优化问题都对应一个对偶问题．相比原问题，对偶问题总是凸的，其最优值给出了原问题最优值（极小化问题）的一个下界．如果原问题满足一定的条件，我们可以从理论上证明原问题和对偶问题的最优值是相等的．当原问题的约束个数比决策变量维数更小时，对偶问题的决策变量维数会比原问题的小，从而可能在相对较小的决策空间中求解．因此，对于对偶问题的研究非常必要．接下来我们会给出一些例子来说明如何求出给定问题的对偶问题．

5.4.3 实　　例

这一小节用四个例子说明拉格朗日对偶问题应当如何计算，并简要从对偶理论的角度分析这些问题具有的性质．

1. 线性规划问题的对偶

考虑如下线性规划问题：

$$\begin{aligned}\min_{x}\quad & c^{\mathrm{T}}x,\\ \text{s.t.}\quad & Ax=b,\\ & x\geqslant 0.\end{aligned} \tag{5.4.12}$$

对于等式约束 $Ax=b$，我们引入拉格朗日乘子 v；对于非负约束 $x\geqslant 0$，我们引入拉格朗日乘子 $s\geqslant 0$. 根据上述准则，可构造如下拉格朗日函数：

$$L(x,s,v)=c^{\mathrm{T}}x+v^{\mathrm{T}}(Ax-b)-s^{\mathrm{T}}x=-b^{\mathrm{T}}v+(A^{\mathrm{T}}v-s+c)^{\mathrm{T}}x,$$

其拉格朗日对偶函数为

$$g(s,v)=\inf_{x}L(x,s,v)=\begin{cases}-b^{\mathrm{T}}v, & A^{\mathrm{T}}v-s+c=0,\\ -\infty, & \text{其他}.\end{cases}$$

注意到只需考虑 $A^{\mathrm{T}}v-s+c=0$ 情形，其余情况对应于不可行情形，因此线性规划问题 (5.4.12) 的对偶问题是

$$\begin{aligned}\max_{s,v}\quad & -b^{\mathrm{T}}v,\\ \text{s.t.}\quad & A^{\mathrm{T}}v-s+c=0,\\ & s\geqslant 0.\end{aligned}$$

经过变量代换 $y=-v$ 后，上述问题等价于常见的形式

$$\begin{aligned}\max_{s,y}\quad & b^{\mathrm{T}}y,\\ \text{s.t.}\quad & A^{\mathrm{T}}y+s=c,\\ & s\geqslant 0.\end{aligned} \tag{5.4.13}$$

如果问题 (5.4.12) 的拉格朗日函数直接写为

$$L(x,s,y)=c^{\mathrm{T}}x-y^{\mathrm{T}}(Ax-b)-s^{\mathrm{T}}x=b^{\mathrm{T}}y+(c-A^{\mathrm{T}}y-s)^{\mathrm{T}}x,$$

其中 y 为等式约束 $Ax=b$ 的乘子以及 $s\geqslant 0$ 为非负约束 $x\geqslant 0$ 的乘子，则对偶问题 (5.4.13) 可以直接导出.

线性规划问题 (5.4.12) 的对偶问题也可以通过保留约束 $x\geqslant 0$ 写出. 对于等式约束 $Ax=b$，引入乘子 y，则相应的拉格朗日函数为

$$L(x,y)=c^{\mathrm{T}}x-y^{\mathrm{T}}(Ax-b)=b^{\mathrm{T}}y+(c-A^{\mathrm{T}}y)^{\mathrm{T}}x.$$

而对偶问题需要将 $x \geqslant 0$ 添加到约束里：

$$\max_y \left\{ \inf_x b^\mathrm{T} y + (c - A^\mathrm{T} y)^\mathrm{T} x, \text{ s.t. } x \geqslant 0 \right\},$$

简化后得出

$$\begin{aligned} \max_y \quad & b^\mathrm{T} y, \\ \text{s.t.} \quad & A^\mathrm{T} y \leqslant c. \end{aligned} \quad (5.4.14)$$

事实上，由对偶问题 (5.4.13) 也可以消掉变量 s 得到问题 (5.4.14).

下面我们推导问题 (5.4.14) 的对偶问题. 先通过极小化目标函数的相反数将其等价地转化为如下极小化问题（另一种方式是直接构造极大化问题的拉格朗日函数，通过引入乘子并确定其符号使得构造的拉格朗日函数为 $b^\mathrm{T} y$ 的一个上界，之后再求拉格朗日函数关于 x 的上确界得对偶函数）:

$$\begin{aligned} \min_y \quad & -b^\mathrm{T} y, \\ \text{s.t.} \quad & A^\mathrm{T} y \leqslant c. \end{aligned}$$

对于不等式约束 $A^\mathrm{T} y \leqslant c$，我们引入拉格朗日乘子 $x \geqslant 0$，则相应的拉格朗日函数为

$$L(y,x) = -b^\mathrm{T} y + x^\mathrm{T}(A^\mathrm{T} y - c) = -c^\mathrm{T} x + (Ax - b)^\mathrm{T} y.$$

因此得到对偶函数

$$g(x) = \inf_y L(y,x) = \begin{cases} -c^\mathrm{T} x, & Ax = b, \\ -\infty, & \text{其他}, \end{cases}$$

相应的对偶问题是

$$\begin{aligned} \max_x \quad & -c^\mathrm{T} x, \\ \text{s.t.} \quad & Ax = b, \\ & x \geqslant 0. \end{aligned} \quad (5.4.15)$$

观察到问题 (5.4.15) 与问题 (5.4.12) 完全等价，这表明线性规划问题与其对偶问题互为对偶.

2. ℓ_1 正则化问题的对偶

对于 ℓ_1 正则化问题

$$\min_{x \in \mathbb{R}^n} \frac{1}{2} \|Ax - b\|^2 + \mu \|x\|_1, \quad (5.4.16)$$

其中 $A \in \mathbb{R}^{m \times n}, b \in \mathbb{R}^m$ 分别为给定的矩阵和向量，μ 为正则化参数来控制稀疏度. 通过引入 $Ax - b = r$，可以将问题 (5.4.16) 转化为如下等价的形式:

$$\min_{x \in \mathbb{R}^n} \frac{1}{2} \|r\|^2 + \mu \|x\|_1, \quad \text{s.t.} \quad Ax - b = r, \quad (5.4.17)$$

其拉格朗日函数为

$$L(x,r,\lambda) = \frac{1}{2}\|r\|^2 + \mu\|x\|_1 - \langle \lambda, Ax - b - r\rangle$$
$$= \frac{1}{2}\|r\|^2 + \lambda^{\mathrm{T}}r + \mu\|x\|_1 - (A^{\mathrm{T}}\lambda)^{\mathrm{T}}x + b^{\mathrm{T}}\lambda.$$

利用二次函数最小值的性质及 $\|\cdot\|_1$ 的对偶范数的定义，我们有

$$g(\lambda) = \inf_{x,r} L(x,r,\lambda) = \begin{cases} b^{\mathrm{T}}\lambda - \frac{1}{2}\|\lambda\|^2, & \|A^{\mathrm{T}}\lambda\|_\infty \leqslant \mu, \\ -\infty, & \text{其他}. \end{cases}$$

那么对偶问题为

$$\max \quad b^{\mathrm{T}}\lambda - \frac{1}{2}\|\lambda\|^2, \quad \text{s.t.} \quad \|A^{\mathrm{T}}\lambda\|_\infty \leqslant \mu.$$

3. 半定规划问题的对偶问题

考虑标准形式的半定规划问题

$$\begin{aligned}\min_{X \in \mathcal{S}^n} \quad & \langle C, X\rangle, \\ \text{s.t.} \quad & \langle A_i, X\rangle = b_i, \; i = 1, 2, \cdots, m, \\ & X \succeq 0,\end{aligned} \tag{5.4.18}$$

其中 $A_i \in \mathcal{S}^n, i = 1, 2, \cdots, m, C \in \mathcal{S}^n, b \in \mathbb{R}^m$. 对于等式约束和半正定锥约束分别引入乘子 $y \in \mathbb{R}^m$ 和 $S \in \mathcal{S}^n_+$, 拉格朗日函数可以写为

$$L(X,y,S) = \langle C, X\rangle - \sum_{i=1}^m y_i(\langle A_i, X\rangle - b_i) - \langle S, X\rangle, \quad S \succeq 0,$$

则对偶函数为

$$g(y,S) = \inf_X L(X,y,S) = \begin{cases} b^{\mathrm{T}}y, & \sum_{i=1}^m y_i A_i - C + S = 0, \\ -\infty, & \text{其他}. \end{cases}$$

因此，对偶问题为

$$\begin{aligned}\min_{y \in \mathbb{R}^m} \quad & -b^{\mathrm{T}}y, \\ \text{s.t.} \quad & \sum_{i=1}^m y_i A_i - C + S = 0, \\ & S \succeq 0,\end{aligned} \tag{5.4.19}$$

其可以写成不等式形式

$$\begin{aligned}\min_{y \in \mathbb{R}^m} \quad & -b^{\mathrm{T}}y, \\ \text{s.t.} \quad & \sum_{i=1}^m y_i A_i \preceq C.\end{aligned} \tag{5.4.20}$$

对于对偶问题 (5.4.20),我们还可以求其对偶问题. 对不等式约束引入乘子 $X \in \mathcal{S}^n$ 并且 $X \succeq 0$,拉格朗日函数为

$$L(y, X) = -b^T y + \left\langle X, \sum_{i=1}^{m} y_i A_i - C \right\rangle$$
$$= \sum_{i=1}^{m} y_i(-b_i + \langle A_i, X \rangle) - \langle C, X \rangle.$$

因为上式对 y 是仿射的,故对偶函数可以描述为

$$g(X) = \inf_y L(y, X) = \begin{cases} -\langle C, X \rangle, & \langle A_i, X \rangle = b_i, i = 1, 2, \cdots, m, \\ -\infty, & \text{其他}. \end{cases}$$

因此,对偶问题可以写成

$$\begin{aligned} \min_{X \in \mathcal{S}^n} \quad & \langle C, X \rangle, \\ \text{s.t.} \quad & \langle A_i, X \rangle = b_i, i = 1, 2, \cdots, m, \\ & X \succeq 0. \end{aligned} \tag{5.4.21}$$

这就是问题 (5.4.18),即半定规划问题与其对偶问题互为对偶.

4. 最大割问题

考虑最大割问题 (4.5.6):

$$\begin{aligned} \max_{x \in \mathbb{R}^n} \quad & x^T C x, \\ \text{s.t.} \quad & x_i^2 = 1, i = 1, 2, \cdots, n, \end{aligned} \tag{5.4.22}$$

其中 $C \in \mathbb{R}^{n \times n}$ 为图的拉普拉斯矩阵. 这里,$x_i^2 = 1$ 表明 $x_i = 1$ 或者 $x_i = -1$. 引入拉格朗日乘子 $y \in \mathbb{R}^n$,拉格朗日函数可以写为

$$L(x, y) = -x^T C x + \sum_{i=1}^{n} y_i(x_i^2 - 1) = x^T(\text{Diag}(y) - C)x - \mathbf{1}^T y,$$

则对偶函数为

$$g(y) = \inf_x L(x, y) = \begin{cases} -\mathbf{1}^T y, & \text{Diag}(y) - C \succeq 0, \\ -\infty, & \text{其他}. \end{cases}$$

因此,对偶问题为

$$\begin{aligned} \min_{y \in \mathbb{R}^n} \quad & \mathbf{1}^T y, \\ \text{s.t.} \quad & \text{Diag}(y) - C \succeq 0. \end{aligned} \tag{5.4.23}$$

这是一个半定规划问题.

对于对偶问题 (5.4.23)，我们还可以求其对偶问题. 对于半正定约束，引入拉格朗日乘子 $S \succeq 0$，拉格朗日函数可以写为

$$L(y,S) = \mathbf{1}^\mathrm{T} y - \langle \mathrm{Diag}(y) - C, S \rangle = \sum_{i=1}^{n}(1 - S_{ii})y_i + \langle C, S \rangle,$$

则对偶函数为

$$g(S) = \inf_y L(y,S) = \begin{cases} \langle C,S \rangle, & S_{ii} = 1, i = 1,2,\cdots,n, \\ -\infty, & \text{其他}. \end{cases}$$

因此，问题 (5.4.23) 的对偶问题为

$$\begin{aligned} \max \quad & \langle C,S \rangle, \\ \text{s.t.} \quad & S_{ii} = 1, i = 1,2,\cdots,n, \\ & S \succeq 0. \end{aligned}$$

容易看出，此问题不是最大割问题，而是一个半定规划问题. 这个分析也给出了最大割问题半定松弛的一种理解方式，参见第四章中问题 (4.5.8).

5.5 一般约束优化问题的最优性理论

5.5.1 一阶最优性条件

类似于无约束优化问题，约束优化问题 (5.4.1) 的最优性条件要从下降方向开始讨论. 因为决策变量限制在可行域当中，所以只需要关注"可行"的方向. 先引入可行域的几何性质.

1. 切锥和约束品性

在给出最优性条件之前，我们先介绍一些必要的概念. 与无约束优化问题类似，首先需要定义问题 (5.4.1) 的下降方向. 这里因为约束的存在，我们只考虑可行方向，即可行序列对应的极限方向. 特别地，称这样的方向为切向量.

定义 5.7 (切锥) 给定可行域 $\mathcal{X}$ 及其内一点 x，若存在可行序列 $\{z_k\}_{k=1}^\infty \subset \mathcal{X}$ 逼近 x（即 $\lim\limits_{k\to\infty} z_k = x$）以及正标量序列 $\{t_k\}_{k=1}^\infty, t_k \to 0$ 满足

$$\lim_{k\to\infty} \frac{z_k - x}{t_k} = d,$$

则称向量 d 为 $\mathcal{X}$ 在点 x 处的一个切向量. 点 x 处的所有切向量构成的集合称为**切锥**，用 $T_{\mathcal{X}}(x)$ 表示.

我们以 $\mathbb{R}^2$ 上的约束集合为例来直观地给出切锥的几何结构. 图 5.4(a) 中深色区域 $\mathcal{X}$ 表示两个不等式约束, 其在点 x 处的切锥 $T_\mathcal{X}(x)$ 为图中浅色区域. 注意, $\mathcal{X}$ 也为 $T_\mathcal{X}(x)$ 的一部分. 图 5.4(b) 中则是考虑等式约束, 这里可行域 $\mathcal{X}$ 是图 5.4(a) 中可行域的边界. 根据切锥的定义, 此时 $T_\mathcal{X}(x)$ 对应点 x 处与 $\mathcal{X}$ 相切的两条射线.

(a) 不等式约束

(b) 等式约束

图 5.4 $\mathbb{R}^2$ 上的约束和切锥

有了切锥的定义之后, 可以从几何上刻画问题 (5.4.1) 的最优性条件. 与无约束优化类似, 我们要求切锥 (可行方向集合) 不包含使得目标函数值下降的方向. 具体地, 有下面的一阶必要条件, 称为几何最优性条件.

定理 5.8 (几何最优性条件[175]) 假设可行点 x^* 是问题 (5.4.1) 的一个局部极小点. 如果 $f(x)$ 和 $c_i(x), i \in \mathcal{I} \cup \mathcal{E}$ 在点 x^* 处是可微的, 那么

$$d^\mathrm{T} \nabla f(x^*) \geqslant 0, \quad \forall d \in T_\mathcal{X}(x^*)$$

等价于

$$T_\mathcal{X}(x^*) \cap \{d \mid \nabla f(x^*)^\mathrm{T} d < 0\} = \varnothing.$$

证明 采用反证法. 假设在点 x^* 处有 $T_\mathcal{X}(x^*) \cap \{d \mid \nabla f(x^*)^\mathrm{T} d < 0\} \neq \varnothing$, 令 $d \in T_\mathcal{X}(x^*) \cap \{d \mid \nabla f(x^*)^\mathrm{T} d < 0\}$. 根据切向量的定义, 存在 $\{t_k\}_{k=1}^\infty$ 和 $\{d_k\}_{k=1}^\infty$ 使得 $x^* + t_k d_k \in \mathcal{X}$, 其中 $t_k \to 0$ 且 $d_k \to d$. 由于 $\nabla f(x^*)^\mathrm{T} d < 0$, 对于充分大的 k, 我们有

$$\begin{aligned} f(x^* + t_k d_k) &= f(x^*) + t_k \nabla f(x^*)^\mathrm{T} d_k + o(t_k) \\ &= f(x^*) + t_k \nabla f(x^*)^\mathrm{T} d + t_k \nabla f(x^*)^\mathrm{T} (d_k - d) + o(t_k) \\ &= f(x^*) + t_k \nabla f(x^*)^\mathrm{T} d + o(t_k) \\ &< f(x^*). \end{aligned}$$

这与 x^* 的局部极小性矛盾. □

因为切锥是根据可行域的几何性质来定义的，其计算往往是不容易的．因此，我们需要寻找代数方法来计算可行方向，进而更容易地判断最优性条件．我们给出另一个容易计算的可行方向集合的定义，即线性化可行方向锥．

定义 5.8 (线性化可行方向锥) 对于可行点 $x \in \mathcal{X}$，该点处的积极集（active set）$\mathcal{A}(x)$ 定义为两部分下标的集合，一部分是等式约束对应的下标，另外一部分是不等式约束中等号成立的约束对应的下标，即

$$\mathcal{A}(x) = \mathcal{E} \cup \{i \in \mathcal{I} \mid c_i(x) = 0\}.$$

进一步地，点 x 处的**线性化可行方向锥**定义为

$$\mathcal{F}(x) = \left\{ d \;\middle|\; \begin{array}{l} d^\mathrm{T} \nabla c_i(x) = 0, \forall\, i \in \mathcal{E}, \\ d^\mathrm{T} \nabla c_i(x) \leqslant 0, \forall\, i \in \mathcal{A}(x) \cap \mathcal{I} \end{array} \right\}.$$

图 5.5 直观地展示了 $\mathbb{R}^2$ 中的不等式约束集合和线性化可行方向锥 $\mathcal{F}(x)$．在点 x 处，已知两个不等式约束的等号均成立．而 $\mathcal{F}(x)$ 中的向量应保证和 $\nabla c_i(x), i = 1, 2$ 的夹角为钝角或直角．

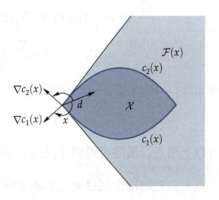

图 5.5
$\mathbb{R}^2$ 上的约束集合和线性化可行方向锥

直观来说，线性化可行方向锥中的向量应该保证和等式约束中函数的梯度垂直，这样才能尽量保证 $c_i(x), i \in \mathcal{E}$ 的值不变；而对积极集 $\mathcal{A}(x) \cap \mathcal{I}$ 中的指标 i，沿着该向量，$c_i(x)$ 的值不能增加，因此线性化可行方向对 $c_i(x), i \in \mathcal{A}(x) \cap \mathcal{I}$ 可以是一个下降方向；而对非积极集中的约束，无需提出任何对线性化可行方向的要求．

线性化可行方向锥一般比切锥要大，实际上我们有如下结果：

命题 5.1 设 $c_i(x), i \in \mathcal{E} \cup \mathcal{I}$ 一阶连续可微，则对任意可行点 x 有

$$T_{\mathcal{X}}(x) \subseteq \mathcal{F}(x).$$

证明 不失一般性，假设积极集 $\mathcal{A}(x) = \mathcal{E} \cup \mathcal{I}$．设 $d \in T_{\mathcal{X}}(x)$，由定义，

$$\lim_{k \to \infty} t_k = 0, \quad \lim_{k \to \infty} \frac{z_k - x}{t_k} = d,$$

上式等价于
$$z_k = x + t_k d + e_k,$$
其中残量 e_k 满足 $\|e_k\| = o(t_k)$. 对 $i \in \mathcal{E}$, 根据泰勒展开,
$$\begin{aligned}
0 &= \frac{1}{t_k} c_i(z_k) \\
&= \frac{1}{t_k}(c_i(x) + \nabla c_i(x)^\mathrm{T}(t_k d + e_k) + o(t_k)) \\
&= \nabla c_i(x)^\mathrm{T} d + \frac{\nabla c_i(x)^\mathrm{T} e_k}{t_k} + o(1).
\end{aligned}$$
注意到 $\dfrac{\|e_k\|}{t_k} \to 0$, 令 $k \to \infty$ 即可得到
$$\nabla c_i(x)^\mathrm{T} d = 0, \quad i \in \mathcal{E}.$$
同理, 对 $i \in \mathcal{I}$, 根据泰勒展开,
$$\begin{aligned}
0 &\geqslant \frac{1}{t_k} c_i(z_k) \\
&= \frac{1}{t_k}(c_i(x) + \nabla c_i(x)^\mathrm{T}(t_k d + e_k) + o(t_k)) \\
&= \nabla c_i(x)^\mathrm{T} d + \frac{\nabla c_i(x)^\mathrm{T} e_k}{t_k} + o(1).
\end{aligned}$$
注意 $c_i(x) = 0, i \in \mathcal{I}$, 因此我们有
$$\nabla c_i(x)^\mathrm{T} d \leqslant 0, \quad i \in \mathcal{I}.$$
结合以上两点, 最终可得到 $T_{\mathcal{X}}(x) \subseteq \mathcal{F}(x)$. $\square$

以上命题的结论反过来是不成立的, 我们给出具体的例子. 考虑问题
$$\begin{aligned}
\min_{x \in \mathbb{R}} \quad & f(x) = x, \\
\text{s.t.} \quad & c(x) = -x + 3 \leqslant 0.
\end{aligned} \tag{5.5.1}$$

根据切锥的定义, 可以算出点 $x^* = 3$ 处的切锥为 $T_{\mathcal{X}}(x^*) = \{d \mid d \geqslant 0\}$, 如图 5.6 所示. 对于线性化可行方向锥, 由于 $c'(x^*) = -1$, 故 $\mathcal{F}(x^*) = \{d \mid d \geqslant 0\}$. 此时, 我们有 $T_{\mathcal{X}}(x^*) = \mathcal{F}(x^*)$.

将问题 (5.5.1) 的约束变形为
$$c(x) = (-x + 3)^3 \leqslant 0.$$

因为可行域没有改变, 所以在点 $x^* = 3$ 处, 切锥 $T_{\mathcal{X}}(x^*) = \{d \mid d \geqslant 0\}$ 不变. 对于线性化可行方向锥, 由于
$$c'(x^*) = -3(x^* - 3)^2 = 0,$$

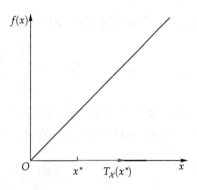

图 5.6
问题 (5.5.1) 的切锥

所以 $\mathcal{F}(x^*) = \{d \mid d \in \mathbb{R}\}$. 此时，$\mathcal{F}(x^*) \supset T_\mathcal{X}(x^*)$（严格包含）. 这个例子告诉我们线性化可行方向锥 $\mathcal{F}(x)$ 不但受到问题可行域 $\mathcal{X}$ 的影响，还会受到 $\mathcal{X}$ 代数表示方式的影响. 在不改变 $\mathcal{X}$ 的条件下改变定义 $\mathcal{X}$ 的等式（不等式）的数学形式会影响 $\mathcal{F}(x)$ 包含的元素. 而切锥 $T_\mathcal{X}(x)$ 的定义直接依赖于可行域 $\mathcal{X}$，因此它不受到 $\mathcal{X}$ 代数表示方式的影响.

线性化可行方向锥容易计算和使用，但会受到问题形式的影响；切锥比较直接地体现了可行域 $\mathcal{X}$ 的性质，但不易计算. 为了刻画线性化可行方向锥 $\mathcal{F}(x)$ 与切锥 $T_\mathcal{X}(x)$ 之间的关系，我们引入约束品性这个概念. 简单来说，大部分的约束品性都是为了保证在最优点 x^* 处，$\mathcal{F}(x^*) = T_\mathcal{X}(x^*)$. 这一性质使得我们能够使用 $\mathcal{F}(x)$ 代替 $T_\mathcal{X}(x)$，进而更方便地研究约束最优化问题的最优性条件. 这里给出一些常用的约束品性的定义.

定义 5.9 (线性无关约束品性) 给定可行点 x 及相应的积极集 $\mathcal{A}(x)$. 如果积极集对应的约束函数的梯度，即 $\nabla c_i(x), i \in \mathcal{A}(x)$，是线性无关的，则称**线性无关约束品性**（LICQ）在点 x 处成立.

当 LICQ 成立时，切锥和线性化可行方向锥是相同的.

引理 5.2 给定任意可行点 $x \in \mathcal{X}$，如果在该点处 LICQ 成立，则有 $T_\mathcal{X}(x) = \mathcal{F}(x)$.

证明 不失一般性，我们假设积极集 $\mathcal{A}(x) = \mathcal{E} \cup \mathcal{I}$. 记矩阵

$$A(x) = [\nabla c_i(x)]_{i \in \mathcal{I} \cup \mathcal{E}}^\mathrm{T},$$

假设集合 $\mathcal{A}(x)$ 的元素个数为 m，那么矩阵 $A(x) \in \mathbb{R}^{m \times n}$ 并且 $\operatorname{rank}(A) = m$. 令矩阵 $Z \in \mathbb{R}^{n \times (n-m)}$ 为 $A(x)$ 的零空间的基矩阵，则 Z 满足

$$\operatorname{rank}(Z) = n - m, \quad A(x) Z = 0.$$

令 $d \in \mathcal{F}(x)$ 为任意线性化可行方向，给定任意一列满足 $\lim\limits_{k \to \infty} t_k = 0$ 的正标量

$\{t_k\}_{k=1}^{\infty}$，定义线性映射 $R:\mathbb{R}^n \times \mathbb{R} \to \mathbb{R}^n$：

$$R(z,t) = \begin{bmatrix} c(z) - tA(x)d \\ Z^{\mathrm{T}}(z-x-td) \end{bmatrix},$$

其中 $c(z)$ 为向量值函数，其第 i 个分量为 $c_i(z)$. 考虑 R 的零点，即满足 $R(z,t) = 0$ 的 (z,t). 在点 $(x,0)$ 处，我们有 $R(x,0) = 0$ 并且

$$\frac{\partial R(x,0)}{\partial z} = \begin{bmatrix} A(x) \\ Z^{\mathrm{T}} \end{bmatrix}.$$

根据 Z 的构造，雅可比矩阵 $\dfrac{\partial R(x,0)}{\partial z}$ 是非奇异的. 因此，由隐函数定理，对任意充分小的 t_k，都存在唯一的 z_k，使得 $R(z_k,t_k) = 0$. 由于 $R(z_k,t_k) = 0$，故 $c_i(z_k) = t_k \nabla c_i(x)^{\mathrm{T}}d, i \in \mathcal{I} \cup \mathcal{E}$. 根据线性化可行方向 d 的定义，

$$c_i(z_k) \geqslant 0, i \in \mathcal{I}, \quad c_i(z_k) = 0, i \in \mathcal{E},$$

即 z_k 为可行点.

进一步地，由泰勒展开可得到

$$\begin{aligned} 0 = R(z_k,t_k) &= \begin{bmatrix} c(z_k) - t_k A(x)d \\ Z^{\mathrm{T}}(z_k - x - t_k d) \end{bmatrix} \\ &= \begin{bmatrix} A(x)(z_k - x) + e_k - t_k A(x)d \\ Z^{\mathrm{T}}(z_k - x - t_k d) \end{bmatrix} \\ &= \begin{bmatrix} A(x) \\ Z^{\mathrm{T}} \end{bmatrix}(z_k - x - t_k d) + \begin{bmatrix} e_k \\ 0 \end{bmatrix}, \end{aligned}$$

其中残量 e_k 满足 $\|e_k\| = o(t_k)$. 对于上式，两边同时左乘 $\begin{bmatrix} A(x) \\ Z^{\mathrm{T}} \end{bmatrix}^{-1}$ 并除以 t_k，则有

$$\frac{z_k - x}{t_k} = d - \frac{1}{t_k}\begin{bmatrix} A(x) \\ Z^{\mathrm{T}} \end{bmatrix}^{-1}\begin{bmatrix} e_k \\ 0 \end{bmatrix}.$$

根据 $\|e_k\| = o(t_k)$，有

$$\lim_{k \to \infty} \frac{z_k - x}{t_k} = d,$$

即 $d \in T_{\mathcal{X}}(x)$. 故 $\mathcal{F}(x) \subseteq T_{\mathcal{X}}(x)$. 又 $T_{\mathcal{X}}(x) \subseteq \mathcal{F}(x)$，则两集合相同. □

关于 LICQ 的一个常用推广是 Mangasarian-Fromovitz 约束品性，简称为 MFCQ.

定义 5.10 (MFCQ) 给定可行点 x 及相应的积极集 $\mathcal{A}(x)$. 如果存在一个向量 $w \in \mathbb{R}^n$, 使得

$$\nabla c_i(x)^\mathrm{T} w < 0, \quad \forall i \in \mathcal{A}(x) \cap \mathcal{I},$$
$$\nabla c_i(x)^\mathrm{T} w = 0, \quad \forall i \in \mathcal{E},$$

并且等式约束对应的梯度集 $\{\nabla c_i(x), i \in \mathcal{E}\}$ 是线性无关的, 则称 MFCQ 在点 x 处成立.

可以验证 MFCQ 是 LICQ 的一个弱化版本, 即由 LICQ 可以推出 MFCQ, 但是反过来不成立. 在 MFCQ 成立的情况下, 我们也可以证明 $T_\mathcal{X}(x) = \mathcal{F}(x)$, 参见 [218]引理 8.2.12.

另外一个用来保证 $T_\mathcal{X}(x) = \mathcal{F}(x)$ 的约束品性是线性约束品性.

定义 5.11 (线性约束品性) 如果所有的约束函数 $c_i(x), i \in \mathcal{I} \cup \mathcal{E}$ 都是线性的, 则称线性约束品性成立.

当线性约束品性成立时, 也有 $T_\mathcal{X}(x) = \mathcal{F}(x)$. 因此对只含线性约束的优化问题, 例如线性规划、二次规划, 很自然地有 $T_\mathcal{X}(x) = \mathcal{F}(x), \forall\, x$. 我们无需再关注约束函数的梯度是否线性无关. 一般来说, 线性约束品性和 LICQ 之间没有互相包含的关系.

2. Karush-Kuhn-Tucker (KKT) 条件

基于几何最优性条件, 即定理 5.8, 我们想要得到一个计算上更易验证的形式. 切锥和线性化可行方向锥的联系给我们提供了一种方式. 具体地, 在定理 5.8 中, 如果在局部最优解 x^* 处有

$$T_\mathcal{X}(x^*) = \mathcal{F}(x^*)$$

成立（如果 LICQ 在点 x^* 处成立, 上式自然满足）, 那么集合

$$\left\{ d \left| \begin{array}{l} d^\mathrm{T} \nabla f(x^*) < 0, \\ d^\mathrm{T} \nabla c_i(x^*) = 0, i \in \mathcal{E}, \\ d^\mathrm{T} \nabla c_i(x^*) \leqslant 0, i \in \mathcal{A}(x^*) \cap \mathcal{I} \end{array} \right. \right\} \tag{5.5.2}$$

是空集. (5.5.2) 式的验证仍然是非常麻烦的, 我们需要将其转化为一个更直接的方式. 这里介绍一个重要的引理, 称为 Farkas 引理.

引理 5.3 (Farkas 引理) 设 p 和 q 为两个非负整数, 给定向量组 $\{a_i \in \mathbb{R}^n, i = 1, 2, \cdots, p\}$, $\{b_i \in \mathbb{R}^n, i = 1, 2, \cdots, q\}$ 和 $c \in \mathbb{R}^n$. 满足以下条件:

$$d^\mathrm{T} a_i = 0, \quad i = 1, 2, \cdots, p, \tag{5.5.3}$$

$$d^{\mathrm{T}}b_i \geqslant 0, \quad i = 1, 2, \cdots, q, \tag{5.5.4}$$

$$d^{\mathrm{T}}c < 0 \tag{5.5.5}$$

的 d 不存在当且仅当存在 $\lambda_i, i = 1, 2, \cdots, p$ 和 $\mu_i \geqslant 0, i = 1, 2, \cdots, q$, 使得

$$c = \sum_{i=1}^{p} \lambda_i a_i + \sum_{i=1}^{q} \mu_i b_i. \tag{5.5.6}$$

证明 若存在 λ_i 和 $\mu_i \geqslant 0$ 使得 (5.5.6) 式成立, 则对任意满足 (5.5.3) 式和 (5.5.4) 式的 d, 我们有

$$d^{\mathrm{T}}c = \sum_{i=1}^{p} \lambda_i d^{\mathrm{T}} a_i + \sum_{i=1}^{q} \mu_i d^{\mathrm{T}} b_i \geqslant 0.$$

因此不等式系统 (5.5.3)—(5.5.5) 的解不存在.

若不等式系统 (5.5.3)—(5.5.5) 的解不存在. 我们利用反证法. 假设不存在 λ_i 和 $\mu_i \geqslant 0$ 使得 (5.5.6) 式成立. 定义集合

$$S = \left\{ z \mid z = \sum_{i=1}^{p} \lambda_i a_i + \sum_{i=1}^{q} \mu_i b_i, \lambda_i \in \mathbb{R}, \mu_i \geqslant 0 \right\},$$

易知 S 是一个闭凸锥. 因为 $c \notin S$, 则由凸集的严格分离超平面定理可知: 存在 $d \in \mathbb{R}^n$, 使得

$$d^{\mathrm{T}}c < \alpha < d^{\mathrm{T}}z, \quad \forall z \in S,$$

其中 α 为常数. 因为 $0 \in S$, 则有

$$\alpha < d^{\mathrm{T}}0 = 0,$$

这说明 $d^{\mathrm{T}}c < 0$. 另一方面, 对于任意的 $b_i, i = 1, 2, \cdots, q$, 有 $tb_i \in S, t \geqslant 0$. 又由

$$td^{\mathrm{T}}b_i > \alpha, \quad \forall t > 0,$$

令 $t \to +\infty$, 则

$$d^{\mathrm{T}}b_i \geqslant 0.$$

类似地, 对于任意的 $a_i, i = 1, 2, \cdots, p$, 有 $ta_i \in S, \forall t \in \mathbb{R}$. 又由

$$td^{\mathrm{T}}a_i > \alpha, \quad \forall t \in \mathbb{R},$$

分别令 $t \to +\infty$ 和 $t \to -\infty$, 我们有

$$d^{\mathrm{T}}a_i = 0.$$

故 d 为不等式系统 (5.5.3)—(5.5.5) 的一个解. 矛盾. $\square$

利用 Farkas 引理，在不等式系统 (5.5.3)—(5.5.5) 中取 $a_i = \nabla c_i(x^*), i \in \mathcal{E}$，$b_i = \nabla c_i(x^*), i \in \mathcal{A}(x^*) \cap \mathcal{I}$ 以及 $c = -\nabla f(x^*)$，集合 (5.5.2) 是空集等价于下式成立：

$$-\nabla f(x^*) = \sum_{i \in \mathcal{E}} \lambda_i^* \nabla c_i(x^*) + \sum_{i \in \mathcal{A}(x^*) \cap \mathcal{I}} \lambda_i^* \nabla c_i(x^*), \tag{5.5.7}$$

其中 $\lambda_i^* \in \mathbb{R}, i \in \mathcal{E}, \lambda_i^* \geqslant 0, i \in \mathcal{A}(x^*) \cap \mathcal{I}$. 如果补充定义 $\lambda_i^* = 0, i \in \mathcal{I} \backslash \mathcal{A}(x^*)$，那么

$$-\nabla f(x^*) = \sum_{i \in \mathcal{I} \cup \mathcal{E}} \lambda_i^* \nabla c_i(x^*),$$

这恰好对应于拉格朗日函数关于 x 的一阶最优性条件. 另外，对于任意的 $i \in \mathcal{I}$，我们注意到

$$\lambda_i^* c_i(x^*) = 0.$$

上式称为**互补松弛条件**. 这个条件表明对不等式约束，以下两种情况至少出现一种：乘子 $\lambda_i = 0$，或 $c_i(x^*) = 0$（即 $i \in \mathcal{A}(x^*) \cap \mathcal{I}$）. 当以上两种情况恰好只有一种满足时，我们也称此时**严格互补松弛条件**成立. 一般来说，具有严格互补松弛条件的最优值点有比较好的性质，算法能够很快收敛.

综上所述，我们有如下一阶必要条件，也称作 KKT 条件，并称满足条件 (5.5.8) 的变量对 (x^*, λ^*) 为 **KKT 对**.

定理 5.9 (KKT 条件 [145]) 假设 x^* 是问题 (5.4.1) 的一个局部最优点. 如果

$$T_\mathcal{X}(x^*) = \mathcal{F}(x^*)$$

成立，那么存在拉格朗日乘子 λ_i^* 使得如下条件成立：

$$\begin{aligned}
\text{稳定性条件} \quad & \nabla_x L(x^*, \lambda^*) = \nabla f(x^*) + \sum_{i \in \mathcal{I} \cup \mathcal{E}} \lambda_i^* \nabla c_i(x^*) = 0, \\
\text{原始可行性条件} \quad & c_i(x^*) = 0, \forall i \in \mathcal{E}, \\
\text{原始可行性条件} \quad & c_i(x^*) \leqslant 0, \forall i \in \mathcal{I}, \\
\text{对偶可行性条件} \quad & \lambda_i^* \geqslant 0, \forall i \in \mathcal{I}, \\
\text{互补松弛条件} \quad & \lambda_i^* c_i(x^*) = 0, \forall i \in \mathcal{I}.
\end{aligned} \tag{5.5.8}$$

证明 因为 $T_\mathcal{X}(x^*) = \mathcal{F}(x^*)$，根据定理 5.8, (5.5.2) 式对应的集合为空集. 因此，由 Farkas 引理可知，存在乘子 $\lambda_i^* \in \mathbb{R}, i \in \mathcal{E}, \lambda_i^* \geqslant 0, i \in \mathcal{A}(x^*) \cap \mathcal{I}$，使得 (5.5.7) 式成立. 令 $\lambda_i^* = 0, i \in \mathcal{I} \backslash \mathcal{A}(x^*)$，结合 x^* 的可行性，我们有 (5.5.8) 式成立. □

我们称满足 (5.5.8) 式的点 x^* 为 KKT 点. 注意，上面的定理只给出了切锥与线性化可行方向锥相同时的最优性条件. 也就是说，如果在局部最优点

x^* 处 $T_\mathcal{X}(x^*) \neq \mathcal{F}(x^*)$, 那么 x^* 不一定是 KKT 点. 同样地, 因为 KKT 条件只是必要的, 所以 KKT 点不一定是局部最优点.

5.5.2 二阶最优性条件

对于问题 (5.4.1), 如果存在一个点 x^* 满足 KKT 条件, 我们知道沿着任意线性化可行方向目标函数的一阶近似不会下降. 此时一阶条件无法判断 x^* 是否是最优值点, 需要利用二阶信息来进一步判断在其可行邻域内的目标函数值. 具体地, 假设 $T_\mathcal{X}(x^*) = \mathcal{F}(x^*)$, 要判断满足 $d^\mathrm{T}\nabla f(x^*) = 0$ 的线性化可行方向 d 是否为 $f(x^*)$ 的下降方向. 我们以拉格朗日函数在这些方向上的曲率信息为桥梁来判断点 x^* 处的最优性. 下面给出临界锥的定义.

定义 5.12 (临界锥) 设 (x^*, λ^*) 满足 KKT 条件 (5.5.8), 定义临界锥为

$$\mathcal{C}(x^*, \lambda^*) = \{d \in \mathcal{F}(x^*) | \nabla c_i(x^*)^\mathrm{T} d = 0, \forall i \in \mathcal{A}(x^*) \cap \mathcal{I} \text{ 且 } \lambda_i^* > 0\},$$

其中 $\mathcal{F}(x^*)$ 为点 x^* 处的线性化可行方向锥.

临界锥是线性化可行方向锥 $\mathcal{F}(x^*)$ 的子集, 沿着临界锥中的方向进行优化, 所有等式约束和 $\lambda_i^* > 0$ 对应的不等式约束 (此时这些不等式约束中的等号均成立) 都会尽量保持不变. 注意, 对一般的 $d \in \mathcal{F}(x^*)$ 我们仅仅能保证 $d^\mathrm{T}\nabla c_i(x^*) \leqslant 0$.

利用上述定义, 可得如下结论:

$$d \in \mathcal{C}(x^*, \lambda^*) \Rightarrow \lambda_i^* \nabla c_i(x^*)^\mathrm{T} d = 0, \quad \forall i \in \mathcal{E} \cup \mathcal{I}.$$

更进一步地,

$$d \in \mathcal{C}(x^*, \lambda^*) \Rightarrow d^\mathrm{T}\nabla f(x^*) = \sum_{i \in \mathcal{E} \cup \mathcal{I}} \lambda_i^* d^\mathrm{T} \nabla c_i(x^*) = 0.$$

也就是说, 临界锥定义了依据一阶导数不能判断是否为下降或上升方向的线性化可行方向, 必须使用高阶导数信息加以判断. 这里给出如下二阶最优性条件, 其具体证明可以在 [145] 的定理 12.5 以及定理 12.6 中找到:

定理 5.10 (二阶必要条件) 假设 x^* 是问题 (5.4.1) 的一个局部最优解, 并且 $T_\mathcal{X}(x^*) = \mathcal{F}(x^*)$ 成立. 令 λ^* 为相应的拉格朗日乘子, 即 (x^*, λ^*) 满足 KKT 条件, 那么

$$d^\mathrm{T}\nabla_{xx}^2 L(x^*, \lambda^*) d \geqslant 0, \quad \forall d \in \mathcal{C}(x^*, \lambda^*).$$

定理 5.11 (二阶充分条件) 假设在可行点 x^* 处, 存在一个拉格朗日乘子 λ^*, 使得 (x^*, λ^*) 满足 KKT 条件. 如果

$$d^\mathrm{T}\nabla_{xx}^2 L(x^*, \lambda^*) d > 0, \quad \forall d \in \mathcal{C}(x^*, \lambda^*), d \neq 0,$$

那么 x^* 为问题 (5.4.1) 的一个严格局部极小解.

我们比对无约束优化问题的二阶最优性条件（定理 5.4）不难发现，约束优化问题的二阶最优性条件也要求某种"正定性"，但只需要考虑临界锥 $\mathcal{C}(x^*, \lambda^*)$ 中的向量而无需考虑全空间的向量. 因此有些教材中又将其称为"投影半正定性".

为了更深刻地理解约束优化的最优性理论，我们考虑一个具体的例子. 给定如下约束优化问题：

$$\min\ x_1^2 + x_2^2, \quad \text{s.t.}\ \frac{x_1^2}{4} + x_2^2 - 1 = 0,$$

其拉格朗日函数为

$$L(x, \lambda) = x_1^2 + x_2^2 + \lambda\left(\frac{x_1^2}{4} + x_2^2 - 1\right),$$

该问题的可行域在任意一点 $x = (x_1, x_2)^\mathrm{T}$ 处的线性化可行方向锥为

$$\mathcal{F}(x) = \left\{(d_1, d_2)\ \middle|\ \frac{x_1}{4}d_1 + x_2 d_2 = 0\right\}.$$

因为只有一个等式约束且其对应函数的梯度不是零向量，故 LICQ 成立，且在 KKT 对 (x, λ) 处有 $\mathcal{C}(x, \lambda) = \mathcal{F}(x)$. 可以计算出其 4 个 KKT 对：

$$(x^\mathrm{T}, \lambda) = (2, 0, -4),\ (-2, 0, -4),\ (0, 1, -1)\ \text{和}\ (0, -1, -1).$$

我们考虑第一个 KKT 对 $y = (2, 0, -4)^\mathrm{T}$ 和第三个 KKT 对 $z = (0, 1, -1)^\mathrm{T}$. 计算可得，

$$\nabla_{xx}^2 L(y) = \begin{bmatrix} 0 & 0 \\ 0 & -6 \end{bmatrix}, \quad \mathcal{C}(y) = \{(d_1, d_2)\ |\ d_1 = 0\}.$$

取 $d = (0, 1)$，则

$$d^\mathrm{T} \nabla_{xx}^2 L(y) d = -6 < 0,$$

因此 y 不是局部最优点. 类似地，对于 KKT 对 $z = (0, 1, -1)$，

$$\nabla_{xx}^2 L(z) = \begin{bmatrix} \frac{3}{2} & 0 \\ 0 & 0 \end{bmatrix}, \quad \mathcal{C}(z) = \{(d_1, d_2)\ |\ d_2 = 0\}.$$

对于任意的 $d = (d_1, 0)$ 且 $d_1 \neq 0$，

$$d^\mathrm{T} \nabla_{xx}^2 L(z) d = \frac{3}{2} d_1^2 > 0.$$

因此，z 对应一个严格局部最优点.

5.6 带约束凸优化问题的最优性理论

在实际问题中,优化问题 (5.4.1) 的目标函数和约束函数往往是凸的(可能不可微),比如稀疏优化问题 (1.2.3),低秩矩阵恢复问题 (1.3.2),矩阵分离问题 (3.8.2) 以及回归分析中的问题 (3.2.8),等等.因此,凸优化问题的最优性条件的研究具有重要意义.这里考虑如下形式的凸优化问题:

$$\begin{aligned}\min_{x\in\mathcal{D}}\quad & f(x),\\ \text{s.t.}\quad & c_i(x)\leqslant 0,\ i=1,2,\cdots,m,\\ & Ax=b,\end{aligned} \quad (5.6.1)$$

其中 $f(x)$ 为适当的凸函数,$c_i(x), i=1,2,\cdots,m$ 是凸函数且 $\mathbf{dom}\, c_i = \mathbb{R}^n$,以及 $A\in\mathbb{R}^{p\times n}, b\in\mathbb{R}^p$ 是已知的.我们用集合 $\mathcal{D}$ 表示自变量 x 的自然定义域,即

$$\mathcal{D} = \mathbf{dom}\, f = \{x\mid f(x) < +\infty\}.$$

自变量 x 除了受到自然定义域的限制以外,还需要受到约束的限制.我们定义可行域

$$\mathcal{X} = \{x\in\mathcal{D}\mid c_i(x)\leqslant 0, i=1,2,\cdots,m; Ax=b\}.$$

在这里注意,由于凸优化问题的可行域是凸集,因此等式约束只可能是线性约束.凸优化问题 (5.6.1) 有很多好的性质.一个自然的问题是:我们能否像研究无约束问题那样找到该问题最优解的一阶充要条件?如果这样的条件存在,它在什么样的约束品性下成立?本节将比较具体地回答这一问题.

5.6.1 Slater 约束品性与强对偶原理

在通常情况下,优化问题的对偶间隙都是大于 0 的,即强对偶原理不满足.但是,对于很多凸优化问题,在特定约束品性满足的情况下可以证明强对偶原理.简单直观的一种约束品性是存在满足所有约束条件的严格可行解.首先,我们给出集合 $\mathcal{D}$ 的相对内点集 $\mathbf{relint}\,\mathcal{D}$ 的定义.

定义 5.13 (相对内点集) 给定集合 $\mathcal{D}$,记其仿射包为 $\mathbf{affine}\,\mathcal{D}$(见定义2.14).集合 $\mathcal{D}$ 的**相对内点集**定义为

$$\mathbf{relint}\,\mathcal{D} = \{x\in\mathcal{D}\mid \exists\, r>0, \text{使得}\ B(x,r)\cap \mathbf{affine}\,\mathcal{D}\subseteq\mathcal{D}\}.$$

相对内点是内点的推广，我们知道若 x 是集合 $\mathcal{D} \in \mathbb{R}^n$ 的内点，则存在一个以 x 为球心的 n 维球含于集合 $\mathcal{D}$. 若 $\mathcal{D}$ 本身的"维数"较低，则 $\mathcal{D}$ 不可能有内点；但如果在它的仿射包 **affine**$\mathcal{D}$ 中考虑，则 $\mathcal{D}$ 可能有相对内点.

借助相对内点的定义，我们给出 Slater 约束品性.

定义 5.14 (Slater 约束品性) 若对凸优化问题 (5.6.1)，存在 $x \in \mathbf{relint}\,\mathcal{D}$ 满足
$$c_i(x) < 0, i = 1, 2, \cdots, m, \quad Ax = b,$$
则称对此问题 Slater 约束品性满足. 有时也称该约束品性为 Slater **条件**.

Slater 约束品性实际上是要求在自然定义域 $\mathcal{D}$ 的相对内点中，存在使得不等式约束严格成立的点. 对于很多凸优化问题，自然定义域 $\mathcal{D}$ 的仿射包 **affine**$\mathcal{D} = \mathbb{R}^n$，在这种情况下 Slater 条件中的相对内点就是内点.

注 5.2 当一些不等式约束是仿射函数时，Slater 条件可以适当放宽. 不妨假设前 k 个不等式约束是仿射函数，此时 Slater 约束品性可变为：存在 $x \in \mathbf{relint}\,\mathcal{D}$ 满足
$$c_i(x) \leqslant 0,\ i = 1, 2, \cdots, k;\quad c_i(x) < 0,\ i = k+1, k+2, \cdots, m;\quad Ax = b,$$
即对线性不等式约束无需要求其存在严格可行点.

若凸优化问题 (5.6.1) 满足 Slater 条件，一个很重要的结论就是强对偶原理成立. 此外当对偶问题最优值 $d^* > -\infty$ 时，对偶问题的最优解可以取到，即存在对偶可行解 (λ^*, ν^*)，满足 $g(\lambda^*, \nu^*) = d^* = p^*$. 实际上有如下定理：

定理 5.12 (强对偶原理 [31]$^{第5.3.2小节}$) 如果凸优化问题 (5.6.1) 满足 Slater 条件，则强对偶原理成立.

证明 为了使证明简单化，我们这里假设集合 $\mathcal{D}$ 内部非空（即 $\mathbf{relint}\,\mathcal{D} = \mathbf{int}\,\mathcal{D}$），$A$ 行满秩（否则可以去掉多余的线性等式约束）以及原问题最优函数值 p^* 有限. 定义集合
$$\begin{aligned}\mathbb{A} = \{(u, v, t) \mid \exists x \in \mathcal{D}, c_i(x) \leqslant u_i, i = 1, 2, \cdots, m, \\ Ax - b = v, f(x) \leqslant t\}.\end{aligned} \tag{5.6.2}$$
$$\mathbb{B} = \{(0, 0, s) \in \mathbb{R}^m \times \mathbb{R}^p \times \mathbb{R} \mid s < p^*\},$$

可以证明集合 $\mathbb{A}$ 和 $\mathbb{B}$ 是不相交的（如图 5.7）. 事实上，假设 $(u, v, t) \in \mathbb{A} \cap \mathbb{B}$. 根据 $(u, v, t) \in \mathbb{B}$，有 $u = 0, v = 0$ 和 $t < p^*$. 由 $(u, v, t) \in \mathbb{A}$，可知 $f(x) \leqslant t < p^*$，这与 p^* 是原问题最优解矛盾.

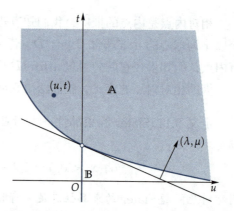

图 5.7
集合 $\mathbb{A}$ 和 $\mathbb{B}$ 在 u-t 方向投影的示意图（$\mathbb{A}$ 一般为有内点的凸集，$\mathbb{B}$ 是一条射线且不含点 $(0,0,p^*)$）

因为 $\mathbb{A}$ 和 $\mathbb{B}$ 均为凸集，由超平面分离定理，存在 $(\lambda,\nu,\mu) \neq 0$ 和 α，使得

$$\lambda^T u + \nu^T v + \mu t \geqslant \alpha, \quad \forall\, (u,v,t) \in \mathbb{A},$$
$$\lambda^T u + \nu^T v + \mu t \leqslant \alpha, \quad \forall\, (u,v,t) \in \mathbb{B}.$$

我们断言 $\lambda \geqslant 0$ 和 $\mu \geqslant 0$（否则可以取 u_i 和 t 为任意大的正实数以及 $\nu = 0$，这会导致 $\lambda^T u + \mu t$ 在集合 $\mathbb{A}$ 上无下界）。同时，由于 $\mu t \leqslant \alpha$ 对于所有 $t < p^*$ 成立，因此 $\mu p^* \leqslant \alpha$。对任意的 $x \in \mathcal{D}$，取 $(u,v,t) = (c(x), Ax-b, f(x)) \in \mathbb{A}$，可知

$$\sum_{i=1}^m \lambda_i c_i(x) + \nu^T(Ax-b) + \mu f(x) \geqslant \alpha \geqslant \mu p^*. \tag{5.6.3}$$

假设 $\mu > 0$，则

$$L\left(x, \frac{\lambda}{\mu}, \frac{\nu}{\mu}\right) \geqslant p^*.$$

进一步地，我们有 $g\left(\dfrac{\lambda}{\mu}, \dfrac{\nu}{\mu}\right) \geqslant p^*$。根据弱对偶性，$g\left(\dfrac{\lambda}{\mu}, \dfrac{\nu}{\mu}\right) \leqslant p^*$ 自然成立。因此，必有 $g\left(\dfrac{\lambda}{\mu}, \dfrac{\nu}{\mu}\right) = p^*$ 成立。说明在此情况下强对偶性满足，且对偶最优解可以达到。

考虑 $\mu = 0$ 的情况，可以从上面得到对于所有的 $x \in \mathcal{D}$，

$$\sum_{i=1}^m \lambda_i c_i(x) + \nu^T(Ax-b) \geqslant 0. \tag{5.6.4}$$

取满足 Slater 条件的点 x_S，即有

$$\sum_{i=1}^m \lambda_i c_i(x_S) \geqslant 0.$$

又 $c_i(x_S) < 0$ 和 $\lambda_i \geqslant 0$，我们得到 $\lambda = 0$，即 (5.6.4) 式化为

$$\nu^T(Ax-b) \geqslant 0, \quad \forall\, x \in \mathcal{D}. \tag{5.6.5}$$

同时，根据 $(\lambda,\nu,\mu) \neq 0$ 可知 $\nu \neq 0$，结合 A 行满秩有 $A^{\mathrm{T}}\nu \neq 0$. 因为 $x_S \in \mathrm{int}\, \mathcal{D}$，则存在 e 使得 $\tilde{x} = x_S + e \in \mathcal{D}$，且 $\nu^{\mathrm{T}} A e < 0$. 另一方面，根据 (5.6.5) 式有 $\nu^{\mathrm{T}} A e = \nu^{\mathrm{T}} A (\tilde{x} - x_S) = \nu^{\mathrm{T}} (A\tilde{x} - b) \geqslant 0$，矛盾，故 $\mu = 0$ 不成立.

综上所述，Slater 条件能保证强对偶性. □

在上面定理的证明中，Slater 条件用来保证 $\mu \neq 0$. 这里假设 $\mathrm{relint}\, \mathcal{D} = \mathrm{int}\, \mathcal{D}$，对于直接使用相对内点的证明，读者可以参考 [164]^{定理 31.1}.

5.6.2 一阶充要条件

对于一般的约束优化问题，当问题满足特定约束品性时，我们知道 KKT 条件是局部最优解处的必要条件. 而对于凸优化问题，当 Slater 条件满足时，KKT 条件则变为局部最优解的充要条件（根据凸性，局部最优解也是全局最优解）. 实际上我们有如下定理：

定理 5.13 (凸问题 KKT 条件) 对于凸优化问题 (5.6.1)，如果 Slater 条件成立，那么 x^*, λ^* 分别是原始、对偶全局最优解当且仅当

$$
\begin{aligned}
\text{稳定性条件} \quad & 0 \in \partial f(x^*) + \sum_{i \in \mathcal{I}} \lambda_i^* \partial c_i(x^*) + \sum_{i \in \mathcal{E}} \lambda_i^* a_i, \\
\text{原始可行性条件} \quad & Ax^* = b, \forall i \in \mathcal{E}, \\
\text{原始可行性条件} \quad & c_i(x^*) \leqslant 0, \forall i \in \mathcal{I}, \\
\text{对偶可行性条件} \quad & \lambda_i^* \geqslant 0, \forall i \in \mathcal{I}, \\
\text{互补松弛条件} \quad & \lambda_i^* c_i(x^*) = 0, \forall i \in \mathcal{I},
\end{aligned}
\tag{5.6.6}
$$

其中 a_i 是矩阵 A^{T} 的第 i 列.

在这里条件 (5.6.6) 与条件 (5.5.8) 略有不同. 在凸优化问题中没有假设 $f(x)$ 和 $c_i(x)$ 是可微函数，因此我们在这里使用的是次梯度. 当 $f(x)$ 和 $c_i(x)$ 都是凸可微函数时，条件 (5.6.6) 就是条件 (5.5.8).

定理 5.13 的充分性比较容易说明. 实际上，设存在 $(\bar{x}, \bar{\lambda})$ 满足 KKT 条件 (5.6.6)，我们考虑凸优化问题的拉格朗日函数

$$L(x, \lambda) = f(x) + \sum_{i \in \mathcal{I}} \lambda_i c_i(x) + \sum_{i \in \mathcal{E}} \lambda_i (a_i^{\mathrm{T}} x - b_i).$$

当固定 $\lambda = \bar{\lambda}$ 时，注意到 $\bar{\lambda}_i \geqslant 0, i \in \mathcal{I}$ 以及 $\bar{\lambda}_i (a_i^{\mathrm{T}} x), i \in \mathcal{E}$ 是线性函数可知 $L(x, \bar{\lambda})$ 是关于 x 的凸函数. 由凸函数全局最优点的一阶充要性可知，此时 $\bar{x}$ 就是 $L(x, \bar{\lambda})$ 的全局极小点. 根据拉格朗日对偶函数的定义，

$$L(\bar{x}, \bar{\lambda}) = \inf_{x \in \mathcal{D}} L(x, \bar{\lambda}) = g(\bar{\lambda}).$$

根据原始可行性条件 $A\bar{x} = b$ 以及互补松弛条件 $\bar{\lambda}_i c_i(\bar{x}) = 0, i \in \mathcal{I}$ 可以得到
$$L(\bar{x}, \bar{\lambda}) = f(\bar{x}) + 0 + 0 = f(\bar{x}).$$
根据弱对偶原理，
$$L(\bar{x}, \bar{\lambda}) = f(\bar{x}) \geqslant p^* \geqslant d^* \geqslant g(\bar{\lambda}). \tag{5.6.7}$$
由于 $L(\bar{x}, \bar{\lambda}) = g(\bar{\lambda})$，(5.6.7) 式中的不等号皆为等号，因此我们有 $p^* = d^*$ 且 $\bar{x}, \bar{\lambda}$ 分别是原始问题和对偶问题的最优解．

定理 5.13 的充分性说明，若能直接求解出凸优化问题 (5.6.1) 的 KKT 对，则其就对应问题 (5.6.1) 的最优解．注意，在充分性部分的证明中，我们没有使用 Slater 条件，这是因为在证明的一开始假设了 KKT 对是存在的．Slater 条件的意义在于当问题 (5.6.1) 最优解存在时，其相应 KKT 条件也会得到满足．换句话说，当 Slater 条件不满足时，即使原问题存在全局极小值点，也可能不存在 (x^*, λ^*) 满足 KKT 条件 (5.6.6)．

定理 5.13 的必要性证明比较复杂，我们在下一个小节给出．读者可根据实际情况自行阅读．

*5.6.3 一阶充要条件：必要性的证明

考虑问题
$$\min_{x \in \mathcal{X}} f(x), \tag{5.6.8}$$
其中 $\mathcal{X}$ 是闭凸集并且 $f(x)$ 是凸函数．事实上，问题 (5.6.8) 也给出了凸优化问题的一般形式．为了证明 KKT 条件的必要性，我们首先引入极锥和法锥的概念．

定义 5.15 (极锥) 设 K 为 $\mathbb{R}^n$ 的子集，我们称集合
$$K^\circ = \{y \mid \langle x, y \rangle \leqslant 0, \ \forall x \in K\}$$
为 K 的**极锥**，其中 $\langle \cdot, \cdot \rangle$ 是 K 所在空间的一个内积．

对比对偶锥的定义（定义 5.6）可知极锥实际上是对偶锥中元素取相反元素得到的，一个直观的例子如图 5.8 所示．

极锥有非常好的性质，当 K 为凸锥时，根据定义容易验证下面的结论成立：

命题 5.2 设 K 为 $\mathbb{R}^n$ 上的凸锥，则

（1）K° 是闭凸锥；

（2）$K^\circ = (\overline{K})^\circ$，其中 $\overline{K}$ 为 K 的闭包；

（3）若 K 为闭凸锥，则 $K^{\circ\circ} = K$．

5.6 带约束凸优化问题的最优性理论

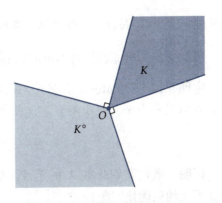

图 5.8
$\mathbb{R}^2$ 上的锥 K 及其极锥 K°

法锥是另一个重要的概念，它和极锥有密切的关系.

定义 5.16 (法锥) 设 $\mathcal{X}$ 为凸集，$x \in \mathcal{X}$ 为其上一点. 我们称集合

$$N_\mathcal{X}(x) = \{z \mid \langle z, y - x \rangle \leqslant 0, \forall y \in \mathcal{X}\}$$

为 $\mathcal{X}$ 在点 x 处的**法锥**.

法锥是几何学中法线的推广，一个直观的例子见图 5.9，图中我们选取集合 $\mathcal{X}$ 的四个不同点来计算其法锥，当点 x 在 $\mathcal{X}$ 光滑边界上时，$N_\mathcal{X}(x)$ 退化成外法线. 此外，从法锥的定义容易看出，法锥实际上是将 x 平移到原点后的极锥，即

$$N_\mathcal{X}(x) = (\mathcal{X} - \{x\})^\circ.$$

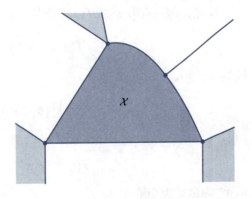

图 5.9
集合 $\mathcal{X}$ 在不同点处的法锥

法锥的重要性之一是其与示性函数的次微分是等价的. 实际上我们有如下结果：

命题 5.3 设 $\mathcal{X}$ 是闭凸集，$x \in \mathcal{X}$，则 $N_\mathcal{X}(x) = \partial I_\mathcal{X}(x)$，其中 $I_\mathcal{X}(x)$ 是集合 $\mathcal{X}$ 的示性函数.

证明 若 $z \in \partial I_\mathcal{X}(x)$，则对任意的 $y \in \mathbf{dom}\, I_\mathcal{X}$ 有

$$0 = I_\mathcal{X}(y) - I_\mathcal{X}(x) \geqslant z^\mathrm{T}(y - x),$$

这说明 $\partial I_{\mathcal{X}}(x) \subseteq N_{\mathcal{X}}(x)$. 反之结论亦成立. □

借助法锥的概念我们可给出问题 (5.6.8) 的最优性条件.

定理 5.14 设 Slater 条件满足, 且 $\mathcal{X} \cap \operatorname{dom} f \neq \emptyset$. 对于 $x^* \in \mathcal{X}$, 其为问题 (5.6.8) 的一个全局极小解当且仅当存在 $s \in \partial f(x^*)$ 使得

$$-s \in N_{\mathcal{X}}(x^*).$$

证明 通过利用凸集 $\mathcal{X}$ 的示性函数 $I_{\mathcal{X}}(x)$, 我们可以将问题 (5.6.8) 转化为如下无约束优化问题:

$$\min_{x \in \mathbb{R}^n} f(x) + I_{\mathcal{X}}(x).$$

由定理 5.5 可知, x^* 为其全局极小解当且仅当

$$0 \in \partial(f + I_{\mathcal{X}})(x^*).$$

由于 Slater 条件成立, 根据 Moreau-Rockafellar 定理（定理 2.22）有

$$\partial(f + I_{\mathcal{X}})(x^*) = \partial f(x^*) + \partial I_{\mathcal{X}}(x^*).$$

因此, 一定存在一个次梯度 $s \in \partial f(x^*)$, 使得

$$-s \in \partial I_{\mathcal{X}}(x^*).$$

又 $\partial I_{\mathcal{X}}(x^*) = N_{\mathcal{X}}(x^*)$, 故有 $-s \in N_{\mathcal{X}}(x^*)$.

反之, 假设存在 $s \in \partial f(x^*)$ 满足 $-s \in N_{\mathcal{X}}(x^*)$. 根据次梯度的定义,

$$f(y) \geqslant f(x^*) + s^{\mathrm{T}}(y - x^*), \quad \forall y \in \mathcal{X}.$$

因为 $-s \in N_{\mathcal{X}}(x^*)$, 我们有

$$s^{\mathrm{T}}(y - x^*) \geqslant 0.$$

因此,

$$f(y) \geqslant f(x^*), \quad \forall y \in \mathcal{X},$$

即 x^* 为全局极小解. □

定理 5.14 将最优性条件转化为 $\partial f(x)$ 和法锥 $N_{\mathcal{X}}(x)$ 的关系. 对问题 (5.6.8), 其可行域实际上可写成若干集合的交, 即

$$\mathcal{X} = \left(\bigcap_{i \in \mathcal{I}} \{x \mid c_i(x) \leqslant 0\}\right) \cap \{x \mid Ax = b\}.$$

通常来说, 对每个约束 $c_i(x) \leqslant 0$ 研究其法锥是比较容易的, 我们给出如下关于多个集合交集的法锥的引理:

引理 5.4 (交集的法锥为逐个集合对应法锥的和) 给定 $\mathbb{R}^n$ 中的一列闭凸集 $\mathcal{X}_1, \mathcal{X}_2, \cdots, \mathcal{X}_m$，记其交集为 $\mathcal{X} = \mathcal{X}_1 \cap \mathcal{X}_2 \cap \cdots \cap \mathcal{X}_m$. 对其内一点 $x \in \mathcal{X}$，如果

$$\mathbf{int}\,\mathcal{X}_1 \cap \mathbf{int}\,\mathcal{X}_2 \cap \cdots \cap \mathbf{int}\,\mathcal{X}_m \neq \emptyset, \tag{5.6.9}$$

则

$$N_\mathcal{X}(x) = N_{\mathcal{X}_1}(x) + N_{\mathcal{X}_2}(x) + \cdots + N_{\mathcal{X}_m}(x).$$

若某 $\mathcal{X}_i$ 是多面体，则在 (5.6.9) 式中 $\mathbf{int}\,\mathcal{X}_i$ 可减弱为 $\mathcal{X}_i$.

引理 5.4 实际上是 Moreau-Rockafellar 定理的推论，利用法锥和示性函数次微分的等价性可自然得到此结果. 详细讨论可参考 [164]^{定理 23.8}. 下面的引理给出了每个集合 $\{x \mid c_i(x) \leqslant 0\}$ 法锥的具体形式.

引理 5.5 设 $c(x)$ 是适当的闭凸函数，$\partial c(x_0)$ 存在、非空且 $c(x_0) = 0$. 定义集合

$$\mathcal{X} = \{x \mid c(x) \leqslant 0\},$$

且存在 x_s 使得 $c(x_s) < 0$，则有 $N_\mathcal{X}(x_0) = \mathbf{cone}\,\partial c(x_0)$，其中 $\mathbf{cone}\,S$ 是集合 S 的**锥包**，即

$$\mathbf{cone}\,S \stackrel{\text{def}}{=\!=} \{tx \mid x \in S, t \geqslant 0\}.$$

证明 为了记号方便，定义 $K_0 = \mathbf{cone}(\mathcal{X} - \{x_0\})$ 以及

$$\mathcal{G}(x_0) = \mathbf{cone}\,\partial c(x_0). \tag{5.6.10}$$

根据法锥的定义，我们实际上有

$$(K_0)^\circ = N_\mathcal{X}(x_0).$$

设 $d \in K_0$，由 $\mathcal{X}$ 的凸性知，当 τ 充分小时有 $x_0 + \tau d \in \mathcal{X}$. 现在考虑点 x_0 处的方向导数 $\partial c(x_0; d)$，根据定理 2.21，

$$0 \geqslant \partial c(x_0; d) = \sup_{s \in \partial c(x_0)} d^\mathrm{T} s.$$

这说明

$$d^\mathrm{T} s \leqslant 0, \quad \forall s \in \mathcal{G}(x_0),$$

即我们证明了 $K_0 \subseteq (\mathcal{G}(x_0))^\circ$.

反过来，若 $d \in (\mathcal{G}(x_0))^\circ$，则 $\partial c(x_0; d) \leqslant 0$. 下面分两种情况进行讨论.

（1）$\partial c(x_0; d) < 0$. 由方向导数的定义知，当 τ 充分小时有 $c(x_0 + \tau d) < 0$，即 $x_0 + \tau d \in \mathcal{X}$. 这说明 $d \in K_0$.

（2）$\partial c(x_0;d) = 0$. 此时构造一系列方向 d^k：

$$d^k = (1-\alpha_k)d + \alpha_k(x_s - x_0),$$

其中 x_s 为满足 Slater 条件的点，$\{\alpha_k\}$ 为单调下降趋于 0 的正序列，则 d^k 处的方向导数有如下估计：

$$\begin{aligned}\partial c(x_0;d^k) &= \sup_{s \in \partial c(x_0)} s^T d^k \\ &\leq (1-\alpha_k)\sup_{s \in \partial c(x_0)} s^T d + \alpha_k \sup_{s \in \partial c(x_0)} s^T(x_s - x_0) \\ &\leq (1-\alpha_k)\partial c(x_0;d) + \alpha_k c(x_s) \\ &< 0,\end{aligned}$$

其中第二个不等式用到了次梯度的定义以及定理 2.20 的结果. 根据（1）的论断，可知 $d^k \in K_0, \forall k$. 取极限可知 $d \in \overline{K_0}$，即 d 为 K_0 闭包中的元素.

结合上面的两种情况可知 $(\mathcal{G}(x_0))^\circ \subseteq \overline{K_0}$，进一步有

$$K_0 \subseteq (\mathcal{G}(x_0))^\circ \subseteq \overline{K_0}. \tag{5.6.11}$$

注意到极锥是闭集，对 (5.6.11) 式中的三个集合取闭包可知 $(\mathcal{G}(x_0))^\circ = \overline{K_0}$. 再次取二者的极锥，我们最终得到

$$N_{\mathcal{X}}(x_0) = (\overline{K_0})^\circ = (\mathcal{G}(x_0))^{\circ\circ} = \mathcal{G}(x_0).$$

□

利用上面的若干结论，我们可以进一步刻画出凸优化问题 (5.6.1) 的法锥. 在这里注意，由于 $\mathbf{dom}\, c_i = \mathbb{R}^n$，根据定理 2.14，这意味着 $c_i(x)$ 在全空间是连续的凸函数.

定理 5.15 假设 Slater 条件满足. 若 x 为问题 (5.6.1) 的可行域 $\mathcal{X}$ 中的点，则

$$N_{\mathcal{X}}(x) = \sum_{i \in \mathcal{A}(x) \cap \mathcal{I}} \mathcal{G}_i(x) + \mathcal{R}(A^T), \tag{5.6.12}$$

其中 $\mathcal{G}_i(x)$ 针对每个 $c_i(x)$ 根据 (5.6.10) 式定义，$\mathcal{R}(A^T)$ 表示矩阵 A^T 的像空间（见定义 B.2），$\mathcal{A}(x)$ 为点 x 处的积极集（见定义 5.8）.

证明 该定理的证明实际上是前面结论的结合. 定义可行域

$$\mathcal{X} = \left(\bigcap_{i \in \mathcal{I}}\{x \mid c_i(x) \leq 0\}\right) \cap \{x \mid Ax = b\} \stackrel{\text{def}}{=} \left(\bigcap_{i \in \mathcal{I}} \mathcal{X}_i\right) \cap L.$$

由 Slater 条件成立，使用引理 5.4 可得

$$N_{\mathcal{X}}(x) = N_{\mathcal{X}_1}(x) + N_{\mathcal{X}_2}(x) + \cdots + N_{\mathcal{X}_m}(x) + N_L(x).$$

下面分别计算上式中各项法锥的具体形式.

在点 x 处，若 $c_i(x) < 0$，根据连续性可知 c_i 在点 x 的一个开邻域内均取负值. 由法锥的定义可知此时 $N_{\mathcal{X}_i}(x) = \{0\}$. 这说明针对不起作用的约束，在最优性条件中可不作考虑.

若 $c_i(x) = 0$，根据引理 5.5，可知 $N_{\mathcal{X}_i}(x) = \mathcal{G}_i(x)$.

最后只需要计算出 $L = \{x \mid Ax = b\}$ 的法锥即可. 注意到对任意的 $y \in L$，我们有
$$A(y - x) = 0,$$
这说明 $\mathcal{R}(A^{\mathrm{T}}) \subseteq N_L(x)$. 另一方面，根据 $\mathbb{R}^n$ 上的分解，对任意的 $w \in \mathbb{R}^n$ 有
$$w = z + A^{\mathrm{T}}s, \quad z \in \mathcal{N}(A), s \in \mathbb{R}^p,$$
可知若 $w \in N_L(x)$ 则必有 $z = 0$. 这说明 $N_L(x) \subseteq \mathcal{R}(A^{\mathrm{T}})$.

结合上述的推导，可知 (5.6.12) 式成立. □

将 (5.6.12) 式代入定理 5.14，我们就可以证明定理 5.13 描述的 KKT 条件的必要性.

证明（KKT 条件的必要性）结合定理 5.14 和定理 5.15 可以得到
$$0 \in \partial f(x^*) + \sum_{i \in \mathcal{A}(x^*) \cap \mathcal{I}} \mathcal{G}_i(x^*) + \mathcal{R}(A^{\mathrm{T}}).$$

根据 $\mathcal{G}_i(x^*)$ 和 $\mathcal{R}(A^{\mathrm{T}})$ 的定义，存在 $\lambda_i^* \geqslant 0$ 和 $v_i^* \in \mathbb{R}$，使得
$$0 \in \partial f(x^*) + \sum_{i \in \mathcal{A}(x^*) \cap \mathcal{I}} \lambda_i^* \partial c_i(x^*) + \sum_{i \in \mathcal{E}} v_i^* a_i.$$

若补充定义 $\lambda_i^* = 0, i \in \mathcal{I} \setminus \mathcal{A}(x^*)$，则最终可得到
$$0 \in \partial f(x^*) + \sum_{i \in \mathcal{I}} \lambda_i^* \partial c_i(x^*) + \sum_{i \in \mathcal{E}} v_i a_i.$$

由可行性知 $Ax^* = b$ 以及 $c_i(x^*) \leqslant 0$. 由 λ_i^* 的定义可知互补松弛条件
$$\lambda_i^* c_i(x^*) = 0, \quad i \in \mathcal{I}$$

成立. KKT 条件的必要性得证. □

5.7 约束优化最优性理论应用实例

这一部分，我们以实例的方式更进一步地解释光滑凸优化问题、非光滑凸优化问题以及光滑非凸优化问题的最优性条件.

5.7.1 仿射空间的投影问题

考虑优化问题

$$\min_{x\in\mathbb{R}^n} \quad \frac{1}{2}\|x-y\|_2^2,$$
$$\text{s.t.} \quad Ax = b,$$

其中 $A \in \mathbb{R}^{m\times n}, b \in \mathbb{R}^m$ 以及 $y \in \mathbb{R}^n$ 分别为给定的矩阵和向量. 这里不妨设矩阵 A 是行满秩的（否则，可以按照 A 的行之间的相关性消除约束冗余，从而使得消去后的 $\tilde{A}$ 是行满秩的）. 这个问题可以看成仿射平面 $\{x \in \mathbb{R}^n \mid Ax = b\}$ 的投影问题.

对于等式约束，我们引入拉格朗日乘子 $\lambda \in \mathbb{R}^m$，构造拉格朗日函数

$$L(x,\lambda) = \frac{1}{2}\|x-y\|^2 + \lambda^{\mathrm{T}}(Ax-b).$$

因为只有仿射约束，故 Slater 条件满足. x^* 为一个全局最优解，当且仅当存在 $\lambda^* \in \mathbb{R}^m$ 使得

$$\begin{cases} x^* - y + A^{\mathrm{T}}\lambda = 0, \\ Ax^* = b. \end{cases}$$

由上述 KKT 条件第一式，等号左右两边同时左乘 A 可得

$$Ax^* - Ay + AA^{\mathrm{T}}\lambda = 0.$$

注意到 $Ax^* = b$ 以及 AA^{T} 是可逆矩阵，因此可解出乘子

$$\lambda = (AA^{\mathrm{T}})^{-1}(Ay-b),$$

将 λ 代回 KKT 条件第一式可知

$$x^* = y - A^{\mathrm{T}}(AA^{\mathrm{T}})^{-1}(Ay-b).$$

因此，点 y 到集合 $\{x \mid Ax = b\}$ 的投影为 $y - A^{\mathrm{T}}(AA^{\mathrm{T}})^{-1}(Ay-b)$.

5.7.2 线性规划问题

考虑线性规划问题

$$\min_{x \in \mathbb{R}^n} c^\mathrm{T} x,$$
$$\text{s.t.} \quad Ax = b, \quad (5.7.1)$$
$$x \geqslant 0,$$

其中 $A \in \mathbb{R}^{m \times n}, b \in \mathbb{R}^m, c \in \mathbb{R}^n$ 分别为给定的矩阵和向量.

线性规划问题 (5.7.1) 的拉格朗日函数为

$$\begin{aligned} L(x,s,\nu) &= c^\mathrm{T} x + \nu^\mathrm{T}(Ax-b) - s^\mathrm{T} x \\ &= -b^\mathrm{T} \nu + (A^\mathrm{T}\nu - s + c)^\mathrm{T} x, \quad s \geqslant 0, \end{aligned}$$

其中 $s \in \mathbb{R}^n, \nu \in \mathbb{R}^m$. 由于线性规划是凸问题且满足 Slater 条件，因此对于任意一个全局最优解 x^*，我们有如下 KKT 条件：

$$\begin{cases} c + A^\mathrm{T}\nu^* - s^* = 0, \\ Ax^* = b, \\ x^* \geqslant 0, \\ s^* \geqslant 0, \\ s^* \odot x^* = 0, \end{cases} \quad (5.7.2)$$

其中 $\odot$ 表示向量的 Hadamard 积，即 $(x \odot y)_i = x_i y_i$. 上述 KKT 条件也是充分的，即满足上式的 x^* 也为问题 (5.7.1) 的全局最优解，并且 s^*, ν^* 也为其对偶问题的全局最优解.

我们可以进一步说明线性规划问题的解和其对偶问题的解之间的关系. 设原问题和对偶问题最优解处函数值分别为 p^* 和 d^*，则根据 p^* 取值情况有如下三种可能：

（1）如果 $-\infty < p^* < +\infty$（有界），那么原问题可行而且存在最优解. 由 Slater 条件知强对偶原理成立，因此有 $d^* = p^*$，即对偶问题也是可行的且存在最优解.

（2）如果 $p^* = -\infty$，那么原问题可行，但目标函数值无下界. 由弱对偶原理知 $d^* \leqslant p^* = -\infty$，即 $d^* = -\infty$. 因为对偶问题是对目标函数极大化，所以此时对偶问题不可行.

（3）如果 $p^* = +\infty$，那么原问题无可行解. 注意到 Slater 条件对原问题不成立，此时对偶问题既可能函数值无界（对应 $d^* = +\infty$），也可能无可行解（对应 $d^* = -\infty$）. 我们指出，此时不可能出现 $-\infty < d^* < +\infty$ 的情形，这

是因为如果对偶问题可行且存在最优解，那么可对对偶问题应用强对偶原理，进而导出原问题也存在最优解，这与 $p^* = +\infty$ 矛盾．

最后，我们将原问题和对偶问题解的关系总结在表 5.1 中．可以看到，针对线性规划问题及其对偶问题，解的情况只有四种可能的组合．

表 5.1 线性规划原问题和对偶问题解的对应关系

原问题	对偶问题		
	有界	无界	不可行
有界	√	×	×
无界	×	×	√
不可行	×	√	√

5.7.3 基 追 踪

如第 1.2 节中介绍，压缩感知中的一个常用模型是基追踪问题：

$$\min_{x \in \mathbb{R}^n} \quad \|x\|_1, \\ \text{s.t.} \quad Ax = b. \tag{5.7.3}$$

利用分解 $x_i = x_i^+ - x_i^-$，其中 $x_i^+ = \max\{x_i, 0\}$，$x_i^- = \max\{-x_i, 0\}$ 分别表示 x_i 的正部和负部，问题 (5.7.3) 的一种等价形式可以写成

$$\min \quad \sum_i (x_i^+ + x_i^-), \\ \text{s.t.} \quad Ax^+ - Ax^- = b, \\ x^+, x^- \geqslant 0.$$

进一步地，令 $y = \begin{bmatrix} x^+ \\ x^- \end{bmatrix} \in \mathbb{R}^{2n}$，我们将问题 (5.7.3) 转为化如下线性规划问题：

$$\min_{y \in \mathbb{R}^{2n}} \quad \mathbf{1}^\mathrm{T} y, \\ \text{s.t.} \quad [A, -A] y = b, \\ y \geqslant 0,$$

其中 $\mathbf{1} = (1, 1, \cdots, 1)^\mathrm{T} \in \mathbb{R}^{2n}$．

根据上面一般线性规划问题的最优性条件，求解基追踪问题 (5.7.3) 等价于求解

$$\begin{cases} \mathbf{1} + [A, -A]^\mathrm{T} v^* - s^* = 0, \\ [A, -A] y^* = b, \\ y^* \geqslant 0, \\ s^* \geqslant 0, \\ s^* \odot y^* = 0, \end{cases} \tag{5.7.4}$$

其中 $s^* \in \mathbb{R}^{2n}, v^* \in \mathbb{R}^m$.

另外，我们还可以直接利用非光滑凸优化问题的最优性理论来推导问题 (5.7.3) 的最优性条件. 对于等式约束，我们引入拉格朗日乘子 $v \in \mathbb{R}^m$，拉格朗日函数为

$$L(x, \lambda) = \|x\|_1 + v^\mathrm{T}(Ax - b).$$

x^* 为全局最优解当且仅当存在 $v^* \in \mathbb{R}^m$ 使得

$$\begin{cases} 0 \in \partial \|x^*\|_1 + A^\mathrm{T} v^*, \\ Ax^* = b. \end{cases} \tag{5.7.5}$$

最优性条件 (5.7.4) (5.7.5) 本质上是等价的. 事实上，对于条件 (5.7.4)，令 $x_i^* = y_i^* - y_{n+i}^*, i = 1, 2, \cdots, n$，则

$$[A, -A] y^* = b \Rightarrow Ax^* = b.$$

对于等式 $\mathbf{1} + [A, -A]^\mathrm{T} v^* - s^* = 0$，我们有

$$(A^\mathrm{T} v^*)_i = -1 + s_i^* = 1 - s_{n+i}^*, \quad i = 1, 2, \cdots, n,$$

因此，$s_i^* + s_{n+i}^* = 2, i = 1, 2, \cdots, n$. 根据互补条件，$y_i^*, y_{n+i}^*$ 至少有一个为 0. 故若 $x_i^* = 0$，则有 $y_i^* = y_{n+i}^* = 0$. 此时根据 $s_i^*, s_{n+i}^* \geqslant 0$，则有 $(A^\mathrm{T} v^*)_i \in [-1, 1]$. 若 $x_i^* < 0$，则有 $y_i^* = 0, y_{n+i}^* > 0$，此时 $(A^\mathrm{T} v^*)_i = 1$. 类似地，对于 $x_i^* > 0$，我们有 $(A^\mathrm{T} v^*)_i = -1$. 以上过程均可逆推，这就证明了条件 (5.7.4) (5.7.5) 是等价的.

5.7.4 最大割问题的半定规划松弛及其非凸分解模型

第四章介绍了最大割问题的半定规划松弛问题，其有如下形式：

$$\begin{aligned} \max \quad & \mathrm{Tr}(CX), \\ \mathrm{s.t.} \quad & X_{ii} = 1, i = 1, 2, \cdots, n, \\ & X \succeq 0. \end{aligned} \tag{5.7.6}$$

易知该问题为一个凸优化问题，并且 Slater 约束品性成立（$X = I$ 为一个相对内点）. 对于等式约束，我们引入拉格朗日乘子 $\mu_i \in \mathbb{R}, i = 1, 2, \cdots, n$；对于半正定约束，根据对偶锥，我们引入拉格朗日乘子 $\Lambda \in \mathcal{S}_+^n$，拉格朗日函数为

$$L(X, \mu, \Lambda) = \mathrm{Tr}(CX) + \sum_{i=1}^n \mu_i(X_{ii} - 1) - \mathrm{Tr}(X\Lambda), \quad \Lambda \in \mathcal{S}_+^n, \mu \in \mathbb{R}^n.$$

根据约束优化的最优性条件，可行点 X^* 为全局极小解当且仅当存在 Λ^*, μ^* 使得

$$\begin{cases} C + \mathrm{Diag}(\mu^*) - \Lambda^* = 0, \\ X_{ii}^* = 1, \ i = 1, 2, \cdots, n, \\ X^* \succeq 0, \\ \Lambda^* \succeq 0, \\ \mathrm{Tr}(X^*\Lambda^*) = 0. \end{cases}$$

由于 X^* 与 Λ^* 的半正定性，上述条件中的 $\mathrm{Tr}(X^*\Lambda^*) = 0$ 可以等价地用 $X^*\Lambda^* = 0$ 来代替.

如果问题 (5.7.6) 中的决策矩阵 X 的维数很大，数值求解的代价往往会难以接受. 在实际中，我们经常考虑其非凸分解模型. 具体地，令 $X = YY^\mathrm{T}, Y \in \mathbb{R}^{n \times p}$，那么问题 (5.7.6) 转化为

$$\begin{aligned} \max_{Y \in \mathbb{R}^{n \times p}} \quad & \mathrm{Tr}(CYY^\mathrm{T}), \\ \mathrm{s.t.} \quad & \mathrm{diag}(YY^\mathrm{T}) = \mathbf{1}. \end{aligned} \tag{5.7.7}$$

注意，此时 $YY^\mathrm{T} \succeq 0$ 的约束是自然满足的. 这里 p 的选取与问题 (5.7.6) 的全局最优解 X^* 的秩 p^* 有关. 如果 $p \geqslant p^*$，可以证明问题 (5.7.7) 的局部最优解 Y^* 可以构造出问题 (5.7.6) 的一个全局最优解 $Y^*(Y^*)^\mathrm{T}$.

对于非凸优化问题 (5.7.7)，在可行点 $Y = [y_1, y_2, \cdots, y_n]^\mathrm{T}$ 处，其约束可以表示为 $c_i(Y) = \|y_i\|^2 - 1 = 0, i = 1, 2, \cdots, n$. 在点 Y 处，我们有

$$\nabla c_i(Y) = 2[0, \cdots, 0, y_i, 0, \cdots, 0]^\mathrm{T}.$$

因为 $y_i \neq 0$，故 $\{\nabla c_i(Y)\}_{i=1}^n$ 是线性无关的，即 LICQ 成立. 对于等式约束，我们引入拉格朗日乘子 $\lambda_i \in \mathbb{R}, i \in 1, 2, \cdots, n$，构造拉格朗日函数

$$L(Y, \lambda) = \mathrm{Tr}(CYY^\mathrm{T}) + \sum_{i=1}^n \lambda_i c_i(Y).$$

根据约束优化问题的最优性理论，有如下 KKT 条件：

$$\begin{cases} 2CY - 2[\lambda_1 y_1, \lambda_2 y_2, \cdots, \lambda_n y_n]^\mathrm{T} = 0, \\ \mathrm{diag}(YY^\mathrm{T}) = \mathbf{1}. \end{cases}$$

令 $\Lambda = \mathrm{Diag}(\lambda_1, \lambda_2, \cdots, \lambda_n)$，上述第一式可以转换为

$$(C - \Lambda)Y = 0.$$

因为该问题只有等式约束，故临界锥就是切锥，即

$$\mathcal{C}(Y, \lambda) = \{D \in \mathbb{R}^{n \times p} \mid \mathrm{diag}(Y^\mathrm{T} D) = 0\}.$$

拉格朗日函数的海瑟矩阵算子形式为

$$\nabla^2_{YY} L(Y, \lambda)[D] = 2(C - \Lambda)D.$$

假设 Y 为一个局部最优解，则存在 $\lambda_i, i = 1, 2, \cdots, n$，使得

$$\begin{cases} \langle (C - \Lambda)D, D \rangle \geqslant 0, \forall \mathrm{diag}(Y^\mathrm{T} D) = 0, \\ \mathrm{diag}(YY^\mathrm{T}) = \mathbf{1}, \\ (C - \Lambda)Y = 0. \end{cases}$$

假设在一点 Y 处，存在 $\lambda_i, i = 1, 2, \cdots, n$，使得

$$\begin{cases} \langle (C - \Lambda)D, D \rangle > 0, \forall \mathrm{diag}(Y^\mathrm{T} D) = 0, \\ \mathrm{diag}(YY^\mathrm{T}) = \mathbf{1}, \\ (C - \Lambda)Y = 0, \end{cases}$$

那么 Y^* 为问题 (5.7.7) 的一个严格局部最优解.

注 5.3 利用关系式 $(C - \Lambda)Y = 0$ 和约束 $\mathrm{diag}(YY^\mathrm{T}) = \mathbf{1}$ 可以显式求得 $\lambda = \mathrm{diag}(CYY^\mathrm{T})$. 换句话说，在这个例子中根据约束的特殊结构，我们能显式给出乘子 λ 的表达式. 这个性质在一般约束优化问题中是没有的.

5.8　总　结

本章介绍了约束和无约束优化问题的最优性理论，并对于凸优化问题的理论给出了进一步的分析. 关于一般优化问题的理论，更多内容以及本章省略的证明和细节可以在 [145, 175] 中找到.

对于非光滑非凸问题的最优性条件，我们一般借助其 Fréchet 次微分来研究. 当函数光滑的时候，该次微分就是正常的梯度. 对于非光滑凸函数，Fréchet 次微分就是其次梯度的集合. 对于非光滑非凸的情形，我们则用

Fréchet 次微分来判断最优性条件（考虑无约束的情形，任一局部最优解 x^* 处的 Fréchet 次微分必定包含零向量）. 相关内容读者可以参考 [135].

优化问题的对偶问题与其目标函数的共轭函数的极值问题在某种程度上是等价的. 对于更多形式的广义不等式约束优化问题及其拉格朗日函数对偶推导，以及更详细的凸优化问题的理论，读者可以参考 [31, 164].

本章凸优化问题的最优性理论部分的编写参考了 [31, 166]，一般光滑问题的最优性理论的编写参考了 [145]，对偶理论的编写参考了 Lieven Vandenberghe 教授的课件，更多细节和解释可以在其中找到.

最后，我们在表 5.2 和表 5.3 中总结本章涉及的无约束优化问题和约束优化问题的最优性条件和所需的约束品性（仅约束优化问题），其中"—"表示无需考虑（凸问题）或本书未进行讨论（非凸问题）的条件. 在实际应用中读者需要根据问题种类使用合适的最优性条件对问题进行理论分析和算法构建.

表 5.2 无约束优化问题及其最优性条件

问题	一阶条件	二阶条件
可微问题	$\nabla f(x^*) = 0$（必要）	$\nabla^2 f(x^*) \succeq 0$（必要） $\nabla^2 f(x^*) \succ 0$（充分）
凸问题	$0 \in \partial f(x^*)$（充要）	—
复合优化问题	$-\nabla f(x^*) \in \partial h(x^*)$（必要）	—
非凸非光滑	$0 \in \partial f(x^*)$（必要）	—

表 5.3 约束优化问题的最优性条件和相应约束品性

问题	一阶条件	二阶条件	约束品性
一般问题	KKT 条件（必要）	定理 5.10（必要） 定理 5.11（充分）[1]	LICQ[2]
凸问题	KKT 条件（充要）	—	Slater

---

[1] 一般约束优化问题的二阶充分条件不需要 LICQ 作为前提.
[2] 或其他可推出 $T_\mathcal{X}(x^*) = \mathcal{F}(x^*)$ 的约束品性.

习 题 5

5.1 考虑优化问题
$$\min_{x\in\mathbb{R}^n} \quad x^\mathrm{T}Ax + 2b^\mathrm{T}x,$$
其中 $A \in \mathcal{S}^n, b \in \mathbb{R}^n$. 为了保证该问题的最优解存在，$A, b$ 需要满足什么性质？

5.2 试举例说明对无约束光滑优化问题，二阶必要条件不是充分的，二阶充分条件也不是必要的（见定理 5.4）.

5.3 证明下列锥是自对偶锥：

(a) 半正定锥 $\{X \mid X \succeq 0\}$（全空间为 $\mathcal{S}^n$）；

(b) 二次锥 $\{(x,t) \in \mathbb{R}^{n+1} \mid t \geqslant \|x\|_2\}$（全空间为 $\mathbb{R}^{n+1}$）.

5.4 考虑优化问题
$$\min_{x\in\mathbb{R}^n} \quad x^\mathrm{T}Ax + 2b^\mathrm{T}x, \quad \text{s.t.} \quad \|x\|_2 \leqslant \Delta,$$
其中 $A \in \mathcal{S}^n_{++}, b \in \mathbb{R}^n, \Delta > 0$. 求出该问题的最优解.

5.5 考虑函数 $f(x) = 2x_1^2 + x_2^2 - 2x_1x_2 + 2x_1^3 + x_1^4$，求出其所有一阶稳定点，并判断它们是否为局部最优点（极小或极大）、鞍点或全局最优点？

5.6 给出下列优化问题的显式解：

(a) $\min\limits_{x\in\mathbb{R}^n} \quad c^\mathrm{T}x, \quad \text{s.t.} \quad Ax = b$，其中 $A \in \mathbb{R}^{m\times n}, b \in \mathbb{R}^m$；

(b) $\min\limits_{x\in\mathbb{R}^n} \quad \|x\|_2, \quad \text{s.t.} \quad Ax = b$；

(c) $\min\limits_{x\in\mathbb{R}^n} \quad c^\mathrm{T}x, \quad \text{s.t.} \quad \mathbf{1}^\mathrm{T}x = 1, x \geqslant 0$；

(d) $\min\limits_{X\in\mathbb{R}^{m\times n}} \quad \|X\|_* + \dfrac{1}{2}\|X - Y\|_F^2$，其中 $Y \in \mathbb{R}^{m\times n}$ 是已知的.

5.7 计算下列优化问题的对偶问题：

(a) $\min\limits_{x\in\mathbb{R}^n} \quad \|x\|_1, \quad \text{s.t.} \quad Ax = b$；

(b) $\min\limits_{x\in\mathbb{R}^n} \quad \|Ax - b\|_1$；

(c) $\min\limits_{x\in\mathbb{R}^n} \quad \|Ax - b\|_\infty$；

(d) $\min\limits_{x\in\mathbb{R}^n} \quad x^\mathrm{T}Ax + 2b^\mathrm{T}x, \quad \text{s.t.} \quad \|x\|_2^2 \leqslant 1$，其中 A 为正定矩阵.

5.8 如下论断正确吗？为什么？
对等式约束优化问题
$$\min \quad f(x),$$
$$\text{s.t.} \quad c_i(x) = 0, i \in \mathcal{E},$$
考虑与之等价的约束优化问题：
$$\min \quad f(x),$$
$$\text{s.t.} \quad c_i^2(x) = 0, i \in \mathcal{E}.$$

设 $x^\sharp$ 是上述问题的一个 KKT 点，根据 (5.5.8) 式，$x^\sharp$ 满足

$$0 = \nabla f(x^\sharp) + 2\sum_{i\in\mathcal{E}} \lambda_i^\sharp c_i(x^\sharp) \nabla c_i(x^\sharp),$$

$$0 = c_i(x^\sharp), \ i \in \mathcal{E},$$

其中 $\lambda_i^\sharp$ 是相应的拉格朗日乘子．整理上式得 $\nabla f(x^\sharp) = 0$．这说明对等式约束优化问题，我们依然能给出类似无约束优化问题的最优性条件．

5.9 证明：若在点 x 处线性约束品性（见定义 5.11）成立，则有 $T_{\mathcal{X}}(x) = \mathcal{F}(x)$．

5.10 考虑优化问题

$$\min_{x\in\mathbb{R}^n} \ x_1,$$
$$\text{s.t.} \ 16 - (x_1 - 4)^2 - x_2^2 \geqslant 0,$$
$$x_1^2 + (x_2 - 2)^2 - 4 = 0.$$

求出该优化问题的 KKT 对，并判断它们是否对应局部极小点、鞍点以及全局极小点？

5.11 考虑对称矩阵的特征值问题

$$\min_{x\in\mathbb{R}^n} \ x^{\mathrm{T}} A x, \quad \text{s.t.} \quad \|x\|_2 = 1,$$

其中 $A \in \mathcal{S}^n$．试分析其所有的局部极小点、鞍点以及全局极小点．

5.12 类似于线性规划问题，试分析半定规划 (5.4.20) 与其对偶问题 (5.4.21) 的最优值的关系（强对偶性什么时候成立，什么时候失效）．

5.13 在介绍半定规划问题的最优性条件时，我们提到互补松弛条件可以是 $\langle X, S \rangle = 0$ 或 $XS = 0$，证明这两个条件是等价的，即对 $X \succeq 0$ 与 $S \succeq 0$ 有

$$\langle X, S \rangle = 0 \Leftrightarrow XS = 0.$$

提示：证明 X 和 S 可以同时正交对角化，且对应的特征值满足互补松弛条件．

5.14 考虑等式约束的最小二乘问题

$$\min_{x\in\mathbb{R}^n} \ \|Ax - b\|_2^2, \quad \text{s.t.} \quad Gx = h,$$

其中 $A \in \mathbb{R}^{m\times n}$ 且 $\text{rank}(A) = n$，$G \in \mathbb{R}^{p\times n}$ 且 $\text{rank}(G) = p$．

(a) 写出该问题的对偶问题；

(b) 给出原问题和对偶问题的最优解的显式表达式．

5.15 考虑优化问题

$$\min_{x\in\mathbb{R}^n} \ x^{\mathrm{T}} A x + 2b^{\mathrm{T}} x, \quad \text{s.t.} \quad \|x\|_2 \leqslant 1,$$

其中 $A \in \mathcal{S}^n, b \in \mathbb{R}^n$．写出该问题的对偶问题，以及对偶问题的对偶问题．

5.16 考虑支持向量机问题

$$\min_{x\in\mathbb{R}^n,\xi} \ \frac{1}{2}\|x\|_2^2 + \mu\sum_{i=1}^m \xi_i,$$
$$\text{s.t.} \ b_i a_i^{\mathrm{T}} x \geqslant 1 - \xi_i, \ i = 1, 2, \cdots, m,$$
$$\xi_i \geqslant 0, \ i = 1, 2, \cdots, m,$$

其中 $\mu > 0$ 为常数且 $b_i \in \mathbb{R}$, $a_i \in \mathbb{R}^n$, $i = 1, 2, \cdots, m$ 是已知的. 写出该问题的对偶问题.

5.17 考虑优化问题
$$\min_{x \in \mathbb{R}, y > 0} \mathrm{e}^{-x}, \quad \text{s.t.} \quad \frac{x^2}{y} \leqslant 0.$$

(a) 证明这是一个凸优化问题, 求出最小值并判断 Slater 条件是否成立;

(b) 写出该问题对偶问题, 并求出对偶问题的最优解以及对偶间隙.

5.18 考虑优化问题
$$\min_{Z \in \mathbb{R}^{n \times q}, V \in \mathbb{R}^{q \times p}} \|X - ZV\|_F^2, \quad \text{s.t.} \quad V^{\mathrm{T}} V = I, \ Z^{\mathrm{T}} \mathbf{1} = 0,$$

其中 $X \in \mathbb{R}^{n \times p}$. 请给出该优化问题的解.

第六章
无约束优化算法

本章考虑如下无约束优化问题：

$$\min_{x\in\mathbb{R}^n} f(x), \tag{6.0.1}$$

其中 $f(x)$ 是 $\mathbb{R}^n \to \mathbb{R}$ 的函数．无约束优化问题是众多优化问题中最基本的问题，它对自变量 x 的取值范围不加限制，所以无需考虑 x 的可行性．对于光滑函数，我们可以较容易地利用梯度和海瑟矩阵的信息来设计算法；对于非光滑函数，我们可以利用次梯度来构造迭代格式．很多无约束优化问题的算法思想可以推广到其他优化问题上，因此掌握如何求解无约束优化问题的方法是设计其他优化算法的基础．

无约束优化问题的优化算法主要分为两大类：线搜索类型的优化算法和信赖域类型的优化算法．它们都是对函数 $f(x)$ 在局部进行近似，但处理近似问题的方式不同．线搜索类算法根据搜索方向的不同可以分为梯度类算法、次梯度算法、牛顿算法、拟牛顿算法等．一旦确定了搜索的方向，下一步即沿着该方向寻找下一个迭代点．而信赖域算法主要针对 $f(x)$ 二阶可微的情形，它是在一个给定的区域内使用二阶模型近似原问题，通过不断直接求解该二阶模型从而找到最优值点．我们在本章中将初步介绍这些算法的思想和具体执行过程，并简要分析它们的性质．

6.1 线搜索方法

对于优化问题 (6.0.1)，我们将求解 $f(x)$ 的最小值点的过程比喻成下山的过程．假设一个人处于某点 x 处，$f(x)$ 表示此地的高度，为了寻找最低点，在点 x 处需要确定如下两件事情：第一，下一步该向哪一方向行走；第二，沿着该方向行走多远后停下以便选取下一个下山方向．以上这两个因素确定后，便可以一直重复，直至到达 $f(x)$ 的最小值点．

线搜索类算法的数学表述为：给定当前迭代点 x^k，首先通过某种算法选取向量 d^k，之后确定正数 α_k，则下一步的迭代点可写作

$$x^{k+1} = x^k + \alpha_k d^k. \tag{6.1.1}$$

我们称 d^k 为迭代点 x^k 处的**搜索方向**，α_k 为相应的**步长**．这里要求 d^k 是一个**下降方向**，即 $(d^k)^\mathrm{T}\nabla f(x^k) < 0$．这个下降性质保证了沿着此方向搜索函数 f 的值会减小．线搜索类算法的关键是如何选取一个好的方向 $d^k \in \mathbb{R}^n$ 以及合适的步长 α_k．

在本节中，我们将回答如何选取 α_k 这一问题. 这是因为选取 d^k 的方法千差万别，但选取 α_k 的方法在不同算法中非常相似. 首先构造辅助函数

$$\phi(\alpha) = f(x^k + \alpha d^k),$$

其中 d^k 是给定的下降方向，$\alpha > 0$ 是该辅助函数的自变量. 函数 $\phi(\alpha)$ 的几何含义非常直观：它是目标函数 $f(x)$ 在射线 $\{x^k + \alpha d^k \mid \alpha > 0\}$ 上的限制. 注意到 $\phi(\alpha)$ 是一个一元函数，而我们研究一元函数相对比较方便.

线搜索的目标是选取合适的 α_k 使得 $\phi(\alpha_k)$ 尽可能减小. 但这一工作并不容易：α_k 应该使得 f 充分下降，与此同时不应在寻找 α_k 上花费过多的计算量. 我们需要权衡这两个方面. 一个自然的想法是寻找 α_k 使得

$$\alpha_k = \arg\min_{\alpha > 0} \phi(\alpha),$$

即 α_k 为最佳步长. 这种线搜索算法被称为**精确线搜索算法**. 需要指出的是，使用精确线搜索算法时，我们可以在多数情况下得到优化问题的解，但选取 α_k 通常需要很大计算量，在实际应用中较少使用. 另一个想法不要求 α_k 是 $\phi(\alpha)$ 的最小值点，而是仅仅要求 $\phi(\alpha_k)$ 满足某些不等式性质. 这种线搜索方法被称为**非精确线搜索算法**. 由于非精确线搜索算法结构简单，在实际应用中较为常见，接下来我们介绍该算法的结构.

6.1.1 线搜索准则

在非精确线搜索算法中，选取 α_k 需要满足一定的要求，这些要求被称为**线搜索准则**. 这里指出，线搜索准则的合适与否直接决定了算法的收敛性，若选取不合适的线搜索准则将会导致算法无法收敛. 为此我们给出一个例子.

例 6.1 考虑一维无约束优化问题

$$\min_x \ f(x) = x^2,$$

迭代初始点 $x^0 = 1$. 由于问题是一维的，下降方向只有 $-1, +1$ 两种. 我们选取 $d^k = -\text{sign}(x^k)$，且只要求选取的步长满足迭代点处函数值单调下降，即 $f(x^k + \alpha_k d^k) < f(x^k)$. 考虑选取如下两种步长：

$$\alpha_{k,1} = \frac{1}{3^{k+1}}, \quad \alpha_{k,2} = 1 + \frac{2}{3^{k+1}},$$

通过简单计算可以得到

$$x_1^k = \frac{1}{2}\left(1 + \frac{1}{3^k}\right), \quad x_2^k = \frac{(-1)^k}{2}\left(1 + \frac{1}{3^k}\right).$$

显然，序列 $\{f(x_1^k)\}$ 和序列 $\{f(x_2^k)\}$ 均单调下降，但序列 $\{x_1^k\}$ 收敛的点不是极小值点，序列 $\{x_2^k\}$ 则在原点左右振荡，不存在极限.

出现上述情况的原因是在迭代过程中函数值 $f(x^k)$ 的下降量不够充分,以至于算法无法收敛到极小值点. 为了避免这种情况发生,必须引入一些更合理的线搜索准则来确保迭代的收敛性.

1. Armijo 准则

我们首先引入 Armijo 准则,它是一个常用的线搜索准则. 引入 Armijo 准则的目的是保证每一步迭代充分下降.

定义 6.1 (Armijo 准则) 设 d^k 是点 x^k 处的下降方向,若
$$f(x^k + \alpha d^k) \leqslant f(x^k) + c_1 \alpha \nabla f(x^k)^{\mathrm{T}} d^k, \tag{6.1.2}$$
则称步长 α 满足 **Armijo 准则**,其中 $c_1 \in (0,1)$ 是一个常数.

Armijo 准则 (6.1.2) 有非常直观的几何含义,它指的是点 $(\alpha, \phi(\alpha))$ 必须在直线
$$l(\alpha) = \phi(0) + c_1 \alpha \nabla f(x^k)^{\mathrm{T}} d^k$$
的下方. 如图 6.1 所示,区间 $[0, \alpha_1]$ 中的点均满足 Armijo 准则. 我们注意到 d^k 为下降方向,这说明 $l(\alpha)$ 的斜率为负,选取符合条件 (6.1.2) 的 α 确实会使得函数值下降. 在实际应用中,参数 c_1 通常选为一个很小的正数,例如 $c_1 = 10^{-3}$,这使得 Armijo 准则非常容易得到满足. 但是仅仅使用 Armijo 准则并不能保证迭代的收敛性,这是因为 $\alpha = 0$ 显然满足条件 (6.1.2),而这意味着迭代序列中的点固定不变,研究这样的步长是没有意义的. 为此,Armijo 准则需要配合其他准则共同使用.

图 6.1 Armijo 准则

在优化算法的实现中,寻找一个满足 Armijo 准则的步长是比较容易的,一个最常用的算法是**回退法**. 给定初值 $\hat{\alpha}$,回退法通过不断以指数方式缩小试探步长,找到第一个满足 Armijo 准则 (6.1.2) 的点. 具体来说,回退法选取

$$\alpha_k = \gamma^{j_0} \hat{\alpha},$$

其中

$$j_0 = \min\{j = 0, 1, \cdots \mid f(x^k + \gamma^j \hat{\alpha} d^k) \leqslant f(x^k) + c_1 \gamma^j \hat{\alpha} \nabla f(x^k)^{\mathrm{T}} d^k\},$$

参数 $\gamma \in (0,1)$ 为一个给定的实数. 回退法的基本过程如算法 6.1 所示.

算法 6.1 线搜索回退法
―――――――――――――――――――――――――――――
1. 选择初始步长 $\hat{\alpha}$，参数 $\gamma, c \in (0,1)$. 初始化 $\alpha \leftarrow \hat{\alpha}$.
2. **while** $f(x^k + \alpha d^k) > f(x^k) + c\alpha \nabla f(x^k)^T d^k$ **do**
3. 令 $\alpha \leftarrow \gamma \alpha$.
4. **end while**
5. 输出 $\alpha_k = \alpha$.
―――――――――――――――――――――――――――――

该算法被称为回退法是因为 α 的试验值是由大至小的，它可以确保输出的 α_k 能尽量地大. 此外算法 6.1 不会无限进行下去，因为 d^k 是一个下降方向，当 α 充分小时，Armijo 准则总是成立的. 在实际应用中我们通常也会给 α 设置一个下界，防止步长过小.

2. Goldstein 准则

为了克服 Armijo 准则的缺陷，我们需要引入其他准则来保证每一步的 α^k 不会太小. 既然 Armijo 准则只要求点 $(\alpha, \phi(\alpha))$ 必须处在某直线下方，我们也可使用相同的形式使得该点必须处在另一条直线的上方. 这就是 Armijo-Goldstein 准则，简称 Goldstein 准则.

定义 6.2 (Goldstein 准则) 设 d^k 是点 x^k 处的下降方向，若

$$f(x^k + \alpha d^k) \leqslant f(x^k) + c\alpha \nabla f(x^k)^T d^k, \tag{6.1.3a}$$

$$f(x^k + \alpha d^k) \geqslant f(x^k) + (1-c)\alpha \nabla f(x^k)^T d^k, \tag{6.1.3b}$$

则称步长 α 满足 Goldstein 准则，其中 $c \in \left(0, \dfrac{1}{2}\right)$.

Goldstein 准则 (6.1.3) 也有非常直观的几何含义，它指的是点 $(\alpha, \phi(\alpha))$ 必须在两条直线

$$l_1(\alpha) = \phi(0) + c\alpha \nabla f(x^k)^T d^k,$$
$$l_2(\alpha) = \phi(0) + (1-c)\alpha \nabla f(x^k)^T d^k$$

之间. 如图 6.2 所示，区间 $[\alpha_1, \alpha_2]$ 中的点均满足 Goldstein 准则. 同时我们也注意到 Goldstein 准则确实去掉了过小的 α.

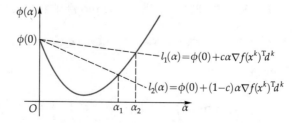

图 6.2 Goldstein 准则

3. Wolfe 准则

Goldstein 准则能够使得函数值充分下降，但是它可能避开了最优的函数值. 如图 6.2 所示，一维函数 $\phi(\alpha)$ 的最小值点并不在满足 Goldstein 准则的区间 $[\alpha_1, \alpha_2]$ 中. 为此我们引入 Armijo-Wolfe 准则，简称 Wolfe 准则.

定义 6.3 (Wolfe 准则) 设 d^k 是点 x^k 处的下降方向，若

$$f(x^k + \alpha d^k) \leqslant f(x^k) + c_1 \alpha \nabla f(x^k)^{\mathrm{T}} d^k, \tag{6.1.4a}$$

$$\nabla f(x^k + \alpha d^k)^{\mathrm{T}} d^k \geqslant c_2 \nabla f(x^k)^{\mathrm{T}} d^k, \tag{6.1.4b}$$

则称步长 α 满足 Wolfe 准则，其中 $c_1, c_2 \in (0, 1)$ 为给定的常数且 $c_1 < c_2$.

在准则 (6.1.4) 中，第一个不等式 (6.1.4a) 即是 Armijo 准则. 而第二个不等式 (6.1.4b) 则是 Wolfe 准则的本质要求. 注意到 $\nabla f(x^k + \alpha d^k)^{\mathrm{T}} d^k$ 恰好就是 $\phi(\alpha)$ 的导数，Wolfe 准则实际要求 $\phi(\alpha)$ 在点 α 处切线的斜率不能小于 $\phi'(0)$ 的 c_2 倍. 如图 6.3 所示，在区间 $[\alpha_1, \alpha_2]$ 中的点均满足 Wolfe 准则. 注意到在 $\phi(\alpha)$ 的极小值点 α^* 处有 $\phi'(\alpha^*) = \nabla f(x^k + \alpha^* d^k)^{\mathrm{T}} d^k = 0$，因此 α^* 永远满足条件 (6.1.4b). 而选择较小的 c_1 可使得 α^* 同时满足条件 (6.1.4a)，即 Wolfe 准则在绝大多数情况下会包含线搜索子问题的精确解. 在实际应用中，参数 c_2 通常取为 0.9.

图 6.3 Wolfe 准则

4. 非单调线搜索准则

以上介绍的三种准则都有一个共同点：使用这些准则产生的迭代点列都是单调的. 在实际应用中，非单调算法有时会有更好的效果. 这就需要我们应用非单调线搜索准则，这里介绍其中两种.

定义 6.4 (Grippo [91]) 设 d^k 是点 x^k 处的下降方向，$M > 0$ 为给定的正整数. 以下不等式可作为一种线搜索准则：

$$f(x^k + \alpha d^k) \leqslant \max_{0 \leqslant j \leqslant \min\{k, M\}} f(x^{k-j}) + c_1 \alpha \nabla f(x^k)^{\mathrm{T}} d^k, \tag{6.1.5}$$

其中 $c_1 \in (0, 1)$ 为给定的常数.

准则 (6.1.5) 和 Armijo 准则非常相似，区别在于 Armijo 准则要求下一次迭代的函数值 $f(x^{k+1})$ 相对于本次迭代的函数值 $f(x^k)$ 有充分下降，而准则

(6.1.5) 只需要下一步函数值相比前面至多 M 步以内迭代的函数值有下降就可以了．显然这一准则的要求比 Armijo 准则更宽，它也不要求 $f(x^k)$ 的单调性．

另一种非单调线搜索准则的定义更加宽泛．

定义 6.5 (Zhang, Hager [209])   设 d^k 是点 x^k 处的下降方向，以下不等式可作为一种线搜索准则：

$$f(x^k + \alpha d^k) \leqslant C^k + c_1 \alpha \nabla f(x^k)^{\mathrm{T}} d^k, \tag{6.1.6}$$

其中 C^k 满足递推式 $C^0 = f(x^0), C^{k+1} = \dfrac{1}{Q^{k+1}}(\eta Q^k C^k + f(x^{k+1}))$，序列 $\{Q^k\}$ 满足 $Q^0 = 1, Q^{k+1} = \eta Q^k + 1$，参数 $\eta, c_1 \in (0,1)$．

我们可以用以下的方式理解这个准则：变量 C^k 实际上是本次搜索准则的参照函数值，即充分下降性质的起始标准；而下一步的标准 C^{k+1} 则是函数值 $f(x^{k+1})$ 和 C^k 的凸组合，并非仅仅依赖于 $f(x^{k+1})$，而凸组合的两个系数由参数 η 决定，可以看到当 $\eta = 0$ 时，此准则就是 Armijo 准则．

6.1.2 线搜索算法

本小节介绍在实际中使用的线搜索算法．之前的讨论已经初步介绍了回退法（算法 6.1），并指出该算法可以用于寻找 Armijo 准则 (6.1.2) 的步长．实际上只要修改一下算法的终止条件，回退法就可以被用在其他线搜索准则之上，例如之前我们提到的两种非单调线搜索准则 (6.1.5) 和 (6.1.6)．回退法的实现简单、原理直观，所以它是最常用的线搜索算法之一．然而，回退法的缺点也很明显：第一，它无法保证找到满足 Wolfe 准则的步长，即条件 (6.1.4b) 不一定成立，但对一些优化算法而言，找到满足 Wolfe 准则的步长是十分必要的；第二，回退法以指数的方式缩小步长，因此对初值 $\hat{\alpha}$ 和参数 γ 的选取比较敏感，当 γ 过大时每一步试探步长改变量很小，此时回退法效率比较低，当 γ 过小时回退法过于激进，导致最终找到的步长太小，错过了选取大步长的机会．下面简单介绍其他类型的线搜索算法．

为了提高回退法的效率，我们有基于多项式插值的线搜索算法．假设初始步长 $\hat{\alpha}_0$ 已给定，如果经过验证，$\hat{\alpha}_0$ 不满足 Armijo 准则，下一步就需要减小试探步长．和回退法不同，我们不直接将 $\hat{\alpha}_0$ 缩小常数倍，而是基于 $\phi(0), \phi'(0), \phi(\hat{\alpha}_0)$ 这三个信息构造一个二次插值函数 $p_2(\alpha)$，即寻找二次函数 $p_2(\alpha)$ 满足

$$p_2(0) = \phi(0), \quad p_2'(0) = \phi'(0), \quad p_2(\hat{\alpha}_0) = \phi(\hat{\alpha}_0).$$

由于二次函数只有三个参数，以上三个条件可以唯一决定 $p_2(\alpha)$，而且不难验证 $p_2(\alpha)$ 的最小值点恰好位于 $(0, \hat{\alpha}_0)$ 内．此时取 $p_2(\alpha)$ 的最小值点 $\hat{\alpha}_1$ 作为下一个试探点，利用同样的方式不断递归下去直至找到满足 Armijo 准则的点．

基于插值的线搜索算法可以有效减少试探次数，但仍然不能保证找到的步长满足 Wolfe 准则. 为此，Fletcher 提出了一个用于寻找满足 Wolfe 准则的算法 [69]. 这个算法比较复杂，有较多细节，这里不展开叙述，读者可以参考 [69, 145].

6.1.3 收敛性分析

这一小节给出使用不同线搜索准则导出的算法的收敛性. 此收敛性建立在一般的线搜索类算法的框架上，因此得到的结论也比较弱. 不过它可以帮助我们理解线搜索类算法收敛的本质要求.

定理 6.1 (Zoutendijk) 考虑一般的迭代格式 (6.1.1)，其中 d^k 是搜索方向，α_k 是步长，且在迭代过程中 Wolfe 准则 (6.1.4) 满足. 假设目标函数 f 下有界、连续可微且梯度 L-利普希茨连续，即

$$\|\nabla f(x) - \nabla f(y)\| \leqslant L\|x - y\|, \quad \forall\, x, y \in \mathbb{R}^n,$$

那么

$$\sum_{k=0}^{\infty} \cos^2 \theta_k \|\nabla f(x^k)\|^2 < +\infty, \tag{6.1.7}$$

其中 $\cos \theta_k$ 为负梯度 $-\nabla f(x^k)$ 和下降方向 d^k 夹角的余弦，即

$$\cos \theta_k = \frac{-\nabla f(x^k)^\mathrm{T} d^k}{\|\nabla f(x^k)\| \|d^k\|}.$$

不等式 (6.1.7) 也被称为 Zoutendijk 条件.

证明 由条件 (6.1.4b),

$$\left(\nabla f(x^{k+1}) - \nabla f(x^k)\right)^\mathrm{T} d^k \geqslant (c_2 - 1) \nabla f(x^k)^\mathrm{T} d^k.$$

由柯西不等式和梯度 L-利普希茨连续性质，

$$\left(\nabla f(x^{k+1}) - \nabla f(x^k)\right)^\mathrm{T} d^k \leqslant \|\nabla f(x^{k+1}) - \nabla f(x^k)\| \|d^k\| \leqslant \alpha_k L \|d^k\|^2.$$

结合上述两式可得

$$\alpha_k \geqslant \frac{c_2 - 1}{L} \frac{\nabla f(x^k)^\mathrm{T} d^k}{\|d^k\|^2}.$$

注意到 $\nabla f(x^k)^\mathrm{T} d^k < 0$，将上式代入条件 (6.1.4a)，则

$$f(x^{k+1}) \leqslant f(x^k) + c_1 \frac{c_2 - 1}{L} \frac{(\nabla f(x^k)^\mathrm{T} d^k)^2}{\|d^k\|^2}.$$

根据 θ_k 的定义，此不等式可等价表述为

$$f(x^{k+1}) \leqslant f(x^k) + c_1 \frac{c_2 - 1}{L} \cos^2 \theta_k \|\nabla f(x^k)\|^2.$$

再关于 k 求和，我们有

$$f(x^{k+1}) \leqslant f(x^0) - c_1 \frac{1 - c_2}{L} \sum_{j=0}^{k} \cos^2 \theta_j \|\nabla f(x^j)\|^2.$$

又因为函数 f 是下有界的，且由 $0 < c_1 < c_2 < 1$ 可知 $c_1(1 - c_2) > 0$，因此当 $k \to \infty$ 时，

$$\sum_{j=0}^{\infty} \cos^2 \theta_j \|\nabla f(x^j)\|^2 < +\infty. \qquad \square$$

定理 6.1 指出，只要迭代点满足 Wolfe 准则，对梯度利普希茨连续且下有界函数总能推出 (6.1.7) 式成立。实际上采用 Goldstein 准则也可推出类似的条件。Zoutendijk 定理刻画了线搜索准则的性质，配合下降方向 d^k 的选取方式我们可以得到最基本的收敛性。

推论 6.1 **(线搜索算法的收敛性)** 对于迭代法 (6.1.1)，设 θ_k 为每一步负梯度 $-\nabla f(x^k)$ 与下降方向 d^k 的夹角，并假设对任意的 k，存在常数 $\gamma > 0$，使得

$$\theta_k < \frac{\pi}{2} - \gamma, \tag{6.1.8}$$

则在定理 6.1 成立的条件下，有

$$\lim_{k \to \infty} \nabla f(x^k) = 0.$$

证明 假设结论不成立，即存在子列 $\{k_l\}$ 和正常数 $\delta > 0$，使得

$$\|\nabla f(x^{k_l})\| \geqslant \delta, \quad l = 1, 2, \cdots.$$

根据 θ_k 的假设，对任意的 k，

$$\cos \theta_k > \sin \gamma > 0.$$

我们仅考虑和式 (6.1.7) 的第 k_l 项，有

$$\sum_{k=0}^{\infty} \cos^2 \theta_k \|\nabla f(x^k)\|^2 \geqslant \sum_{l=1}^{\infty} \cos^2 \theta_{k_l} \|\nabla f(x^{k_l})\|^2$$

$$\geqslant \sum_{l=1}^{\infty} (\sin^2 \gamma) \cdot \delta^2 \to +\infty,$$

这显然和定理 6.1 矛盾。因此必有

$$\lim_{k \to \infty} \nabla f(x^k) = 0. \qquad \square$$

推论 6.1 建立在 Zoutendijk 条件之上，它的本质要求是关系 (6.1.8)，即每一步的下降方向 d^k 和负梯度方向不能趋于正交. 这个条件的几何直观明显: 当下降方向 d^k 和梯度正交时，根据泰勒展开的一阶近似，目标函数值 $f(x^k)$ 几乎不发生改变. 因此我们要求 d^k 与梯度正交方向夹角有一致的下界. 后面会介绍多种 d^k 的选取方法，在选取 d^k 时条件 (6.1.8) 总得到满足.

总的来说，推论 6.1 仅仅给出了最基本的收敛性，而没有更进一步回答算法的收敛速度. 这是由于算法收敛速度极大地取决于 d^k 的选取. 接下来我们将着重介绍如何选取下降方向 d^k.

6.2 梯度类算法

本节介绍梯度类算法，其本质是仅仅使用函数的一阶导数信息选取下降方向 d^k. 这其中最基本的算法是梯度下降法，即直接选择负梯度作为下降方向 d^k. 梯度下降法的方向选取非常直观，实际应用范围非常广，因此它在优化算法中的地位可相当于高斯消元法在线性方程组算法中的地位. 此外我们也会介绍 BB 方法. 该方法作为一种梯度法的变形，虽然理论性质目前仍不完整，但由于它有优秀的数值表现，也是在实际应用中使用较多的一种算法.

6.2.1 梯度下降法

对于光滑函数 $f(x)$，在迭代点 x^k 处，我们需要选择一个较为合理的 d^k 作为下降方向. 注意到 $\phi(\alpha) = f(x^k + \alpha d^k)$ 有泰勒展开

$$\phi(\alpha) = f(x^k) + \alpha \nabla f(x^k)^T d^k + \mathcal{O}(\alpha^2 \|d^k\|^2),$$

根据柯西不等式，当 α 足够小时，取 $d^k = -\nabla f(x^k)$ 会使得函数下降最快. 因此梯度法就是选取 $d^k = -\nabla f(x^k)$ 的算法，它的迭代格式为

$$x^{k+1} = x^k - \alpha_k \nabla f(x^k). \tag{6.2.1}$$

步长 α_k 的选取可依赖于上一节的线搜索算法，也可直接选取固定的 α_k.

为了直观地理解梯度法的迭代过程，我们以二次函数为例来展示该过程.

例 6.2 (二次函数的梯度法) 设二次函数 $f(x,y) = x^2 + 10y^2$，初始点 (x^0, y^0) 取为 $(10,1)$，取固定步长 $\alpha_k = 0.085$. 我们使用梯度法 (6.2.1) 进行 15 次迭代，结果如图 6.4 所示.

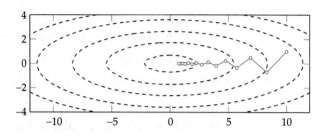

图 6.4 梯度法前 15 次迭代

实际上，对正定二次函数有如下收敛定理（证明见 [128]）：

定理 6.2 考虑正定二次函数

$$f(x) = \frac{1}{2}x^{\mathrm{T}}Ax - b^{\mathrm{T}}x,$$

其最优值点为 x^*. 若使用梯度法 (6.2.1) 并选取 α_k 为精确线搜索步长，即

$$\alpha_k = \frac{\|\nabla f(x^k)\|^2}{\nabla f(x^k)^{\mathrm{T}} A \nabla f(x^k)}, \tag{6.2.2}$$

则梯度法关于迭代点列 $\{x^k\}$ 是 Q-线性收敛的，即

$$\|x^{k+1} - x^*\|_A^2 \leqslant \left(\frac{\lambda_1 - \lambda_n}{\lambda_1 + \lambda_n}\right)^2 \|x^k - x^*\|_A^2,$$

其中 λ_1, λ_n 分别为 A 的最大、最小特征值，$\|x\|_A \stackrel{\text{def}}{=} \sqrt{x^{\mathrm{T}} A x}$ 为由正定矩阵 A 诱导的范数.

定理 6.2 指出使用精确线搜索的梯度法在正定二次问题上有 Q-线性收敛速度. 线性收敛速度的常数和矩阵 A 最大特征值与最小特征值之比有关. 从等高线角度来看，这个比例越大则 $f(x)$ 的等高线越扁平，图 6.4 中迭代路径折返频率会随之变高，梯度法收敛也就越慢. 这个结果其实说明了梯度法的一个很重大的缺陷：当目标函数的海瑟矩阵条件数较大时，它的收敛速度会非常缓慢.

接下来我们介绍当 $f(x)$ 为梯度利普希茨连续的凸函数时，梯度法 (6.2.1) 的收敛性质.

定理 6.3 (梯度法在凸函数上的收敛性) 设函数 $f(x)$ 为凸的梯度 L-利普希茨连续函数，$f^* = f(x^*) = \inf_x f(x)$ 存在且可达. 如果步长 α_k 取为常数 α 且满足 $0 < \alpha \leqslant \dfrac{1}{L}$，那么由迭代 (6.2.1) 得到的点列 $\{x^k\}$ 的函数值收敛到最优值，且在函数值的意义下收敛速度为 $\mathcal{O}\left(\dfrac{1}{k}\right)$.

证明 因为函数 f 是利普希茨可微函数，对任意的 x，根据 (2.2.3) 式，

$$f(x - \alpha \nabla f(x)) \leqslant f(x) - \alpha \left(1 - \frac{L\alpha}{2}\right) \|\nabla f(x)\|^2. \tag{6.2.3}$$

现在记 $\tilde{x} = x - \alpha\nabla f(x)$ 并限制 $0 < \alpha \leqslant \dfrac{1}{L}$，我们有

$$f(\tilde{x}) \leqslant f(x) - \frac{\alpha}{2}\|\nabla f(x)\|^2$$
$$\leqslant f^* + \nabla f(x)^{\mathrm{T}}(x - x^*) - \frac{\alpha}{2}\|\nabla f(x)\|^2$$
$$= f^* + \frac{1}{2\alpha}\left(\|x - x^*\|^2 - \|x - x^* - \alpha\nabla f(x)\|^2\right)$$
$$= f^* + \frac{1}{2\alpha}(\|x - x^*\|^2 - \|\tilde{x} - x^*\|^2),$$

其中第一个不等式是由于 (6.2.3) 式，第二个不等式为 f 的凸性. 在上式中取 $x = x^{i-1}, \tilde{x} = x^i$ 并将不等式对 $i = 1, 2, \cdots, k$ 求和得到

$$\sum_{i=1}^{k}(f(x^i) - f^*) \leqslant \frac{1}{2\alpha}\sum_{i=1}^{k}\left(\|x^{i-1} - x^*\|^2 - \|x^i - x^*\|^2\right)$$
$$= \frac{1}{2\alpha}\left(\|x^0 - x^*\|^2 - \|x^k - x^*\|^2\right)$$
$$\leqslant \frac{1}{2\alpha}\|x^0 - x^*\|^2.$$

根据 (6.2.3) 式得知 $f(x^i)$ 是非增的，所以

$$f(x^k) - f^* \leqslant \frac{1}{k}\sum_{i=1}^{k}(f(x^i) - f^*) \leqslant \frac{1}{2k\alpha}\|x^0 - x^*\|^2. \qquad \square$$

如果函数 f 还是 m-强凸函数，则梯度法的收敛速度会进一步提升为 Q-线性收敛.

在给出收敛性定理之前，我们需要以下的引理来揭示凸的梯度 L-利普希茨连续函数的另一个重要性质.

引理 6.1 设函数 $f(x)$ 是 $\mathbb{R}^n$ 上的凸可微函数，则以下结论等价：
（1）f 的梯度为 L-利普希茨连续的；
（2）函数 $g(x) \stackrel{\text{def}}{=\!=} \dfrac{L}{2}x^{\mathrm{T}}x - f(x)$ 是凸函数；
（3）$\nabla f(x)$ 有**余强制性**，即对任意的 $x, y \in \mathbb{R}^n$，有

$$(\nabla f(x) - \nabla f(y))^{\mathrm{T}}(x - y) \geqslant \frac{1}{L}\|\nabla f(x) - \nabla f(y)\|^2. \qquad (6.2.4)$$

证明 （1）$\Rightarrow$（2） 即证 $\nabla g(x)$ 的单调性. 对任意的 $x, y \in \mathbb{R}^n$，

$$(\nabla g(x) - \nabla g(y))^{\mathrm{T}}(x - y) = L\|x - y\|^2 - (\nabla f(x) - \nabla f(y))^{\mathrm{T}}(x - y)$$
$$\geqslant L\|x - y\|^2 - \|x - y\|\|\nabla f(x) - \nabla f(y)\|$$
$$\geqslant 0,$$

因此 $g(x)$ 为凸函数.

（2）$\Rightarrow$（3） 构造辅助函数

$$f_x(z) = f(z) - \nabla f(x)^T z,$$
$$f_y(z) = f(z) - \nabla f(y)^T z,$$

容易验证 f_x 和 f_y 均为凸函数. 根据已知条件, $g_x(z) = \dfrac{L}{2} z^T z - f_x(z)$ 关于 z 是凸函数. 由凸函数的性质,

$$g_x(z_2) \geqslant g_x(z_1) + \nabla g_x(z_1)^T (z_2 - z_1), \quad \forall z_1, z_2 \in \mathbb{R}^n.$$

整理可推出 $f_x(z)$ 有二次上界, 且对应的系数也为 L. 注意到 $\nabla f_x(x) = 0$, 这说明 x 是 $f_x(z)$ 的最小值点. 再由推论 2.1 的证明过程,

$$f_x(y) - f_x(x) = f(y) - f(x) - \nabla f(x)^T (y - x)$$
$$\geqslant \frac{1}{2L} \|\nabla f_x(y)\|^2 = \frac{1}{2L} \|\nabla f(y) - \nabla f(x)\|^2.$$

同理, 对 $f_y(z)$ 进行类似的分析可得

$$f(x) - f(y) - \nabla f(y)^T (x - y) \geqslant \frac{1}{2L} \|\nabla f(y) - \nabla f(x)\|^2.$$

将以上两式不等号左右分别相加, 可得余强制性 (6.2.4).

（3）$\Rightarrow$（1） 由余强制性和柯西不等式,

$$\frac{1}{L} \|\nabla f(x) - \nabla f(y)\|^2 \leqslant (\nabla f(x) - \nabla f(y))^T (x - y)$$
$$\leqslant \|\nabla f(x) - \nabla f(y)\| \|x - y\|,$$

整理后即可得到 $f(x)$ 是梯度 L-利普希茨连续的. □

引理 6.1 说明在 f 为凸函数的条件下, 梯度 L-利普希茨连续、二次上界、余强制性三者是等价的, 知道其中一个性质就可推出剩下两个. 接下来给出梯度法在强凸函数下的收敛性.

定理 6.4 (梯度法在强凸函数上的收敛性) 设函数 $f(x)$ 为 m-强凸的梯度 L-利普希茨连续函数, $f^* = f(x^*) = \inf_x f(x)$ 存在且可达. 如果步长 α 满足 $0 < \alpha \leqslant \dfrac{2}{m + L}$, 那么由梯度下降法 (6.2.1) 迭代得到的点列 $\{x^k\}$ 收敛到 x^*, 且为 Q-线性收敛.

证明 首先根据 f 强凸且 ∇f 利普希茨连续, 可得

$$g(x) = f(x) - \frac{m}{2} x^T x$$

为凸函数且 $\dfrac{L-m}{2}x^{\mathrm{T}}x - g(x)$ 为凸函数. 由引理 6.1 知 $g(x)$ 是梯度 $(L-m)$-利普希茨连续的. 再次利用引理 6.1 可得关于 $g(x)$ 的余强制性

$$(\nabla g(x) - \nabla g(y))^{\mathrm{T}}(x-y) \geqslant \frac{1}{L-m}\|\nabla g(x) - \nabla g(y)\|^2. \tag{6.2.5}$$

代入 $g(x)$ 的表达式，可得

$$\begin{aligned}&(\nabla f(x) - \nabla f(y))^{\mathrm{T}}(x-y)\\ &\geqslant \frac{mL}{m+L}\|x-y\|^2 + \frac{1}{m+L}\|\nabla f(x) - \nabla f(y)\|^2.\end{aligned} \tag{6.2.6}$$

然后我们估计在固定步长下梯度法的收敛速度. 设步长 $\alpha \in \left(0, \dfrac{2}{m+L}\right]$，则

$$\begin{aligned}\|x^{k+1} - x^*\|^2 &= \|x^k - \alpha\nabla f(x^k) - x^*\|^2\\ &= \|x^k - x^*\|^2 - 2\alpha\nabla f(x^k)^{\mathrm{T}}(x^k - x^*) + \alpha^2\|\nabla f(x^k)\|^2\\ &\leqslant \left(1 - \alpha\frac{2mL}{m+L}\right)\|x^k - x^*\|^2 + \alpha\left(\alpha - \frac{2}{m+L}\right)\|\nabla f(x^k)\|^2\\ &\leqslant \left(1 - \alpha\frac{2mL}{m+L}\right)\|x^k - x^*\|^2,\end{aligned}$$

其中第一个不等式是对 x^k, x^* 应用 (6.2.6) 式并注意到 $\nabla f(x^*) = 0$. 因此，

$$\|x^k - x^*\|^2 \leqslant c^k\|x^0 - x^*\|^2, \quad c = 1 - \alpha\frac{2mL}{m+L} < 1,$$

即在强凸函数的条件下，梯度法是 Q-线性收敛的. □

6.2.2 Barzilai-Borwein 方法

由上一小节可以知道，当问题的条件数很大，也即问题比较病态时，梯度下降法的收敛性质会受到很大影响. Barzilai-Borwein (BB) 方法是一种特殊的梯度法，经常比一般的梯度法有着更好的效果. 从形式上来看，BB 方法的下降方向仍是点 x^k 处的负梯度方向 $-\nabla f(x^k)$，但步长 α_k 并不是直接由线搜索算法给出的. 考虑梯度下降法的格式

$$x^{k+1} = x^k - \alpha_k\nabla f(x^k),$$

这种格式也可以写成

$$x^{k+1} = x^k - D^k\nabla f(x^k),$$

其中 $D^k = \alpha_k I$. BB 方法选取的 α_k 是如下两个最优问题之一的解：

$$\min_{\alpha} \ \|\alpha y^{k-1} - s^{k-1}\|^2, \tag{6.2.7}$$

$$\min_{\alpha} \|y^{k-1} - \alpha^{-1} s^{k-1}\|^2, \tag{6.2.8}$$

其中我们引入记号 $s^{k-1} \stackrel{\text{def}}{=\!=} x^k - x^{k-1}$ 以及 $y^{k-1} \stackrel{\text{def}}{=\!=} \nabla f(x^k) - \nabla f(x^{k-1})$. 这里先直接写出问题 (6.2.7) (6.2.8)，它们的实际含义将在第 6.5 节中给出合理的解释.

容易验证问题 (6.2.7) (6.2.8) 的解分别为

$$\alpha_{\text{BB1}}^k \stackrel{\text{def}}{=\!=} \frac{(s^{k-1})^{\mathrm{T}} y^{k-1}}{(y^{k-1})^{\mathrm{T}} y^{k-1}} \quad \text{和} \quad \alpha_{\text{BB2}}^k \stackrel{\text{def}}{=\!=} \frac{(s^{k-1})^{\mathrm{T}} s^{k-1}}{(s^{k-1})^{\mathrm{T}} y^{k-1}}, \tag{6.2.9}$$

因此可以得到 BB 方法的两种迭代格式：

$$x^{k+1} = x^k - \alpha_{\text{BB1}}^k \nabla f(x^k), \tag{6.2.10a}$$

$$x^{k+1} = x^k - \alpha_{\text{BB2}}^k \nabla f(x^k). \tag{6.2.10b}$$

我们从表达式 (6.2.9) 注意到，计算两种 BB 步长的任何一种仅仅需要函数相邻两步的梯度信息和迭代点信息，不需要任何线搜索算法即可选取算法步长. 因为这个特点，BB 方法的使用范围特别广泛. 对于一般的问题，通过 (6.2.9) 式计算出的步长可能过大或过小，因此我们还需要将步长做上界和下界的截断，即选取 $0 < \alpha_m < \alpha_M$ 使得

$$\alpha_m \leqslant \alpha_k \leqslant \alpha_M.$$

还需注意的是，BB 方法本身是非单调方法，有时也配合非单调收敛准则使用以获得更好的实际效果. 算法 6.2 中给出一种 BB 方法的框架.

算法 6.2 非单调线搜索的 BB 方法

1. 给定 x^0，选取初值 $\alpha > 0$，整数 $M \geqslant 0$，$c_1, \beta, \varepsilon \in (0,1)$，$k = 0$.
2. **while** $\|\nabla f(x^k)\| > \varepsilon$ **do**
3.   **while** $f(x^k - \alpha \nabla f(x^k)) \geqslant \max\limits_{0 \leqslant j \leqslant \min(k,M)} f(x^{k-j}) - c_1 \alpha \|\nabla f(x^k)\|^2$ **do**
4.   令 $\alpha \leftarrow \beta \alpha$.
5.   **end while**
6.   令 $x^{k+1} = x^k - \alpha \nabla f(x^k)$.
7.   根据公式 (6.2.9) 之一计算 α，并做截断使得 $\alpha \in [\alpha_m, \alpha_M]$.
8. $k \leftarrow k + 1$.
9. **end while**

我们仍然使用例 6.2 来说明 BB 方法的迭代过程.

例 6.3 (二次函数的 BB 方法) 设二次函数 $f(x,y) = x^2 + 10y^2$，并使用 BB 方法进行迭代，初始点为 $(-10, -1)$，结果如图 6.5 所示. 为了方便对比，我们也在此图中描绘了梯度法的迭代过程. 可以很明显看出 BB 方法的收敛速度

图 6.5 梯度法与 BB 方法的前 15 次迭代

较快, 在经历 15 次迭代后已经接近最优值点. 从等高线也可观察到 BB 方法是非单调方法.

实际上, 对于正定二次函数, BB 方法有 R-线性收敛速度. 对于一般问题, BB 方法的收敛性还需要进一步研究. 但即便如此, 使用 BB 方法的步长通常都会减少算法的迭代次数. 因此在编写算法时, 选取 BB 方法的步长是常用加速策略之一.

6.2.3 应用举例

1. LASSO 问题求解

本小节利用梯度法来求解 LASSO 问题. 这个问题的原始形式为

$$\min \quad f(x) = \frac{1}{2}\|Ax-b\|^2 + \mu\|x\|_1.$$

LASSO 问题的目标函数 $f(x)$ 不光滑, 在某些点处无法求出梯度, 因此不能直接对原始问题使用梯度法求解. 考虑到目标函数的不光滑项为 $\|x\|_1$, 它实际上是 x 各个分量绝对值的和, 如果能找到一个光滑函数来近似绝对值函数, 那么梯度法就可以被用在 LASSO 问题的求解上. 在实际应用中, 我们可以考虑如下一维光滑函数:

$$l_\delta(x) = \begin{cases} \dfrac{1}{2\delta}x^2, & |x| < \delta, \\ |x| - \dfrac{\delta}{2}, & \text{其他}. \end{cases} \quad (6.2.11)$$

定义 (6.2.11) 实际上是 Huber 损失函数的一种变形, 当 $\delta \to 0$ 时, 光滑函数 $l_\delta(x)$ 与绝对值函数 $|x|$ 会越来越接近. 图 6.6 展示了当 δ 取不同值时, $l_\delta(x)$ 的图形.

因此, 我们构造光滑化 LASSO 问题为

$$\min \quad f_\delta(x) = \frac{1}{2}\|Ax-b\|^2 + \mu L_\delta(x), \quad (6.2.12)$$

其中 δ 为给定的光滑化参数, 在这里

$$L_\delta(x) = \sum_{i=1}^{n} l_\delta(x_i),$$

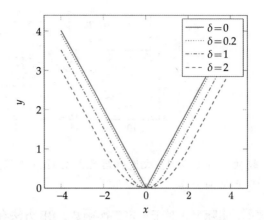

图 6.6 当 δ 取不同值时 $l_\delta(x)$ 的图形

即对 x 的每个分量作用光滑函数 (6.2.11) 再整体求和. 容易计算出 $f_\delta(x)$ 的梯度为

$$\nabla f_\delta(x) = A^{\mathrm{T}}(Ax - b) + \mu \nabla L_\delta(x),$$

其中 $\nabla L_\delta(x)$ 是逐个分量定义的:

$$(\nabla L_\delta(x))_i = \begin{cases} \mathrm{sign}(x_i), & |x_i| > \delta, \\ \dfrac{x_i}{\delta}, & |x_i| \leqslant \delta. \end{cases}$$

显然 $f_\delta(x)$ 的梯度是利普希茨连续的, 且相应常数为 $L = \|A^{\mathrm{T}}A\|_2 + \dfrac{\mu}{\delta}$. 根据定理 6.3, 固定步长需不超过 $\dfrac{1}{L}$ 才能保证算法收敛, 如果 δ 过小, 那么我们需要选取充分小的步长 α_k 使得梯度法收敛.

图 6.7 和图 6.8 展示了光滑化 LASSO 问题的求解结果. 在 MATLAB 环境中, 我们用如下方式生成 A, b:

```
1 m = 512; n = 1024;
2 A = randn(m, n);
3 u = sprandn(n, 1, r);
4 b = A * u;
```

其中 r 用来控制真解 u 的稀疏度 (u 中非零元个数与总元素个数的比值为 r). 这里取稀疏度 $r = 0.1$, 正则化参数 $\mu = 10^{-3}$. 只要

$$|f_\delta(x^k) - f_\delta(x^{k-1})| < 10^{-8} \quad \text{或者} \quad \|\nabla f_\delta(x)\| < 10^{-6}$$

或者最大迭代步数达到 3000, 则算法停止. 为了加快算法的收敛速度, 可以采用连续化策略来从较大的正则化参数 μ_0 逐渐减小到 μ. 具体地, 对于每一个 μ_t, 我们调用带 BB 步长的光滑化梯度法 (这里光滑化参数 $\delta_t = 10^{-3}\mu_t$) 来

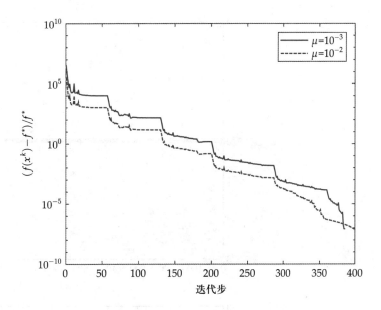

图 6.7 光滑化 LASSO 问题求解迭代过程

求解对应的子问题. 每个子问题的终止条件设为

$$|f_\delta(x^k) - f_\delta(x^{k-1})| < 10^{-4-t} \quad \text{或者} \quad \|\nabla f_\delta(x)\| < 10^{-1-t}.$$

当 μ_t 的子问题求解完之后, 设置

$$\mu_{t+1} = \max\{\mu_t \eta, \mu\}, \tag{6.2.13}$$

其中 η 为缩小因子, 这里取为 0.1. 第 7.1.4 小节将给出连续化策略合理性的解释.

可以看到, 在连续化策略的帮助下, 光滑化梯度法在 400 步左右收敛到 LASSO 问题的解.

2. Tikhonov 正则化模型求解

Tikhonov 正则化方法是 Tikhonov 等人在 1977 年提出的求解病态问题的方法 [180]. 在这里我们讨论其在图像处理问题上的应用. 假设用 x 来表示真实图像, 它是一个 $m \times n$ 点阵, 用 y 来表示带噪声的图像, 即

$$y = x + e,$$

其中 e 是高斯白噪声. 为了从带噪声的图像 y 中还原出原始图像 x, 我们可以利用 Tikhonov 正则化的思想建立如下模型:

$$\min_x \quad f(x) = \frac{1}{2}\|x - y\|_F^2 + \lambda(\|D_1 x\|_F^2 + \|D_2 x\|_F^2), \tag{6.2.14}$$

其中 $D_1 x, D_2 x$ 分别表示对 x 在水平方向和竖直方向上做向前差分, 即

$$(D_1 x)_{ij} = \frac{1}{h}(x_{i+1,j} - x_{ij}), \quad (D_2 x)_{ij} = \frac{1}{h}(x_{i,j+1} - x_{ij}),$$

图 6.8
光滑化 LASSO 问题求解结果

其中 h 为给定的离散间隔. 模型 (6.2.14) 由两项组成: 第一项为保真项, 即要求真实图像 x 和带噪声的图像 y 不要相差太大, 这里使用 F 范数的原因是我们假设噪声是高斯白噪声; 第二项为 Tikhonov 正则项, 它实际上是对 x 本身的性质做出限制, 在这里的含义是希望原始图像 x 各个部分的变化不要太剧烈 (即水平和竖直方向上差分的平方和不要太大), 这种正则项会使得恢复出的 x 有比较好的光滑性.

模型 (6.2.14) 的目标函数是光滑的, 因此可以利用梯度法来求解. 容易求出 $f(x)$ 的梯度

$$\nabla f(x) = x - y - 2\lambda \Delta x,$$

其中 Δ 是图像 x 的离散拉普拉斯算子，即

$$(\Delta x)_{ij} = \frac{x_{i+1,j} + x_{i-1,j} + x_{i,j+1} + x_{i,j-1} - 4x_{ij}}{h^2},$$

因此梯度法的迭代格式为

$$x^{k+1} = x^k - t(I - 2\lambda\Delta)x^k + ty^k.$$

我们注意到离散拉普拉斯算子是一个线性算子，因此求解模型 (6.2.14) 本质上是求解一个线性方程组．由于该线性方程组的系数矩阵不方便写出，所以可以使用梯度法求解．实际上该梯度法和 Landweber 迭代 [113] 是等价的．

图 6.9 展示了模型 (6.2.14) 的求解结果，可以看到 Tikhonov 正则化模型可以有效地去除图像中的噪声，但它的缺点也很明显：经过 Tikhonov 正则化处理的图像会偏光滑，原图中物体之间的边界变得很模糊，当 λ 较大时尤为明显．出现这一现象的原因是模型 (6.2.14) 中正则项选取不当，在后面的章节中我们将会考虑选取其他正则项的求解．

图 6.9
Tikhonov 正则化模型求解结果

6.3 次梯度算法

上一节讨论了梯度下降法，使用该方法的前提为目标函数 $f(x)$ 是一阶可微的．在实际应用中经常会遇到不可微的函数，对于这类函数我们无法在每个点处求出梯度，但往往它们的最优值都是在不可微点处取到的．为了能处理这种情形，这一节介绍次梯度算法．

6.3.1 次梯度算法结构

现在我们在问题 (6.0.1) 中假设 $f(x)$ 为凸函数，但不一定可微．对凸函数可以在定义域的内点处定义次梯度 $g \in \partial f(x)$．类比梯度法的构造，我们有如下次梯度算法的迭代格式：

$$x^{k+1} = x^k - \alpha_k g^k, \quad g^k \in \partial f(x^k), \tag{6.3.1}$$

其中 $\alpha_k > 0$ 为步长．它通常有如下四种选择：

（1）固定步长 $\alpha_k = \alpha$；

（2）固定 $\|x^{k+1} - x^k\|$，即 $\alpha_k \|g^k\|$ 为常数；

（3）消失步长 $\alpha_k \to 0$ 且 $\sum_{k=0}^{\infty} \alpha_k = +\infty$；

（4）选取 α_k 使其满足某种线搜索准则．

次梯度法 (6.3.1) 的构造虽然是受梯度法 (6.2.1) 的启发，但在很多方面次梯度法有其独特性质．首先，我们知道次微分 $\partial f(x)$ 是一个集合，在次梯度法的构造中只要求从这个集合中选出一个次梯度即可，但在实际中不同的次梯度取法可能会产生截然不同的效果；其次，对于梯度法，判断一阶最优性条件只需要验证 $\|\nabla f(x^*)\|$ 是否充分小即可，但对于次梯度法，根据第五章的定理 5.5，有 $0 \in \partial f(x^*)$，而这个条件在实际应用中往往是不易直接验证的，这导致我们不能使用定理 5.5 作为次梯度算法的停机条件；此外，步长选取在次梯度法中的影响非常大，下一小节将讨论在不同步长取法下次梯度法的收敛性质．

6.3.2 收敛性分析

本小节讨论次梯度算法的收敛性．首先我们列出 $f(x)$ 所要满足的基本假设．

假设 6.1 对无约束优化问题 (6.0.1)，目标函数 $f(x)$ 满足：

（1）f 为凸函数；

（2）f 至少存在一个有限的极小值点 x^*，且 $f(x^*) > -\infty$；

（3）f 为利普希茨连续的，即

$$|f(x) - f(y)| \leqslant G\|x-y\|, \quad \forall\, x,y \in \mathbb{R}^n,$$

其中 $G > 0$ 为利普希茨常数.

对于次梯度算法，我们假设 $f(x)$ 本身是利普希茨连续的，这等价于 $f(x)$ 的次梯度有界. 实际上有如下引理：

引理 6.2 设 $f(x)$ 为凸函数，则 $f(x)$ 是 G-利普希茨连续的当且仅当 $f(x)$ 的次梯度是有界的，即

$$\|g\| \leqslant G, \quad \forall\, g \in \partial f(x), x \in \mathbb{R}^n.$$

证明 先证充分性. 假设对任意次梯度 g 都有 $\|g\| \leqslant G$，并选取 $g_y \in \partial f(y), g_x \in \partial f(x)$，由次梯度的定义不难得出

$$g_x^\mathrm{T}(x-y) \geqslant f(x) - f(y) \geqslant g_y^\mathrm{T}(x-y).$$

再由柯西不等式，

$$g_x^\mathrm{T}(x-y) \leqslant \|g_x\|\|x-y\| \leqslant G\|x-y\|,$$
$$g_y^\mathrm{T}(x-y) \geqslant -\|g_y\|\|x-y\| \geqslant -G\|x-y\|.$$

结合上面两个不等式最终有

$$|f(x) - f(y)| \leqslant G\|x-y\|.$$

再证必要性. 设 $f(x)$ 是 G-利普希茨连续的，反设存在 x 和 $g \in \partial f(x)$ 使得 $\|g\| > G$，取 $y = x + \dfrac{g}{\|g\|}$，则根据次梯度的定义，

$$\begin{aligned} f(y) &\geqslant f(x) + g^\mathrm{T}(y-x) \\ &= f(x) + \|g\| \\ &> f(x) + G, \end{aligned}$$

这与 $f(x)$ 是 G-利普希茨连续的矛盾，因此必要性成立. □

1. 不同步长下的收敛性

对于次梯度法，一个重要的观察就是它并不是一个下降方法，即无法保证 $f(x^{k+1}) < f(x^k)$，这给收敛性的证明带来了困难. 不过我们可以分析 $f(x)$ 历史迭代的最优点所满足的性质，实际上有如下定理：

定理 6.5 (次梯度算法的收敛性) 在假设 6.1 的条件下，设 $\{\alpha_k > 0\}$ 为任意步长序列，$\{x^k\}$ 是由算法 (6.3.1) 产生的迭代序列，则对任意的 $k \geqslant 0$，有

$$2\left(\sum_{i=0}^{k}\alpha_i\right)(\hat{f}^k - f^*) \leqslant \|x^0 - x^*\|^2 + \sum_{i=0}^{k}\alpha_i^2 G^2, \tag{6.3.2}$$

其中 x^* 是 $f(x)$ 的一个全局极小值点，$f^* = f(x^*)$，$\hat{f}^k$ 为前 k 次迭代 $f(x)$ 的最小值，即

$$\hat{f}^k = \min_{0 \leqslant i \leqslant k} f(x^i).$$

证明 该证明的关键是估计迭代点 x^k 与最小值点 x^* 之间的距离满足的关系. 根据迭代格式 (6.3.1)，

$$\begin{aligned}\|x^{i+1} - x^*\|^2 &= \|x^i - \alpha_i g^i - x^*\|^2 \\ &= \|x^i - x^*\|^2 - 2\alpha_i \langle g^i, x^i - x^* \rangle + \alpha_i^2 \|g^i\|^2 \\ &\leqslant \|x^i - x^*\|^2 - 2\alpha_i(f(x^i) - f^*) + \alpha_i^2 G^2,\end{aligned} \tag{6.3.3}$$

这里最后一个不等式是根据次梯度的定义和 $\|g^i\| \leqslant G$. 将 (6.3.3) 式移项，等价于

$$2\alpha_i(f(x^i) - f^*) \leqslant \|x^i - x^*\|^2 - \|x^{i+1} - x^*\|^2 + \alpha_i^2 G^2. \tag{6.3.4}$$

对 (6.3.4) 式两边关于 i 求和（从 0 到 k），有

$$\begin{aligned}2\sum_{i=0}^{k}\alpha_i(f(x^i) - f^*) &\leqslant \|x^0 - x^*\|^2 - \|x^{k+1} - x^*\|^2 + G^2\sum_{i=0}^{k}\alpha_i^2 \\ &\leqslant \|x^0 - x^*\|^2 + G^2\sum_{i=0}^{k}\alpha_i^2.\end{aligned}$$

根据 $\hat{f}^k$ 的定义容易得出

$$\sum_{i=0}^{k}\alpha_i(f(x^i) - f^*) \geqslant \left(\sum_{i=0}^{k}\alpha_i\right)(\hat{f}^k - f^*).$$

结合以上两式可得到结论 (6.3.2). □

定理 6.5 揭示了次梯度法的一些关键性质：次梯度法的收敛性非常依赖步长的选取；次梯度法是非单调算法，可配套非单调线搜索准则 (6.1.5) (6.1.6) 一起使用. 根据定理 6.5 可以直接得到不同步长取法下次梯度法的收敛性，证明留给读者完成.

推论 6.2 在假设 6.1 的条件下，次梯度法的收敛性满足（$\hat{f}^k$ 的定义和定理 6.5 中的定义相同）：

（1）取 $\alpha_i = t$ 为固定步长，则
$$\hat{f}^k - f^* \leqslant \frac{\|x^0 - x^*\|^2}{2kt} + \frac{G^2 t}{2};$$

（2）取 α_i 使得 $\|x^{i+1} - x^i\|$ 固定，即 $\alpha_i \|g^i\| = s$ 为常数，则
$$\hat{f}^k - f^* \leqslant \frac{G\|x^0 - x^*\|^2}{2ks} + \frac{Gs}{2};$$

（3）取 α_i 为消失步长，即 $\alpha_i \to 0$ 且 $\sum_{i=0}^{\infty} \alpha_i = +\infty$，则
$$\hat{f}^k - f^* \leqslant \frac{\|x^0 - x^*\|^2 + G^2 \sum_{i=0}^{k} \alpha_i^2}{2 \sum_{i=0}^{k} \alpha_i}.$$

进一步可得 $\hat{f}^k$ 收敛到 f^*.

从推论 6.2 可以看到，无论是固定步长还是固定 $\|x^{k+1} - x^k\|$，次梯度法均没有收敛性，只能收敛到一个次优的解，这和梯度法的结论有很大的不同；只有当 α_k 取消失步长时 $\hat{f}^k$ 才具有收敛性. 一个常用的取法是 $\alpha_k = \dfrac{1}{k}$，这样不但可以保证其为消失步长，还可以保证 $\sum_{i=0}^{\infty} \alpha_i^2$ 有界.

2. 收敛速度和步长的关系

在推论 6.2 中，通过适当选取步长 α_i 可以获得对应次梯度法的收敛速度. 在这里我们假设 $\|x^0 - x^*\| \leqslant R$，即初值和最优解之间的距离有上界. 假设总迭代步数 k 是给定的，根据推论 6.2 的第一个结论，
$$\hat{f}^k - f^* \leqslant \frac{\|x^0 - x^*\|^2}{2kt} + \frac{G^2 t}{2} \leqslant \frac{R^2}{2kt} + \frac{G^2 t}{2}.$$

在固定步长下，由平均值不等式得知当 t 满足
$$\frac{R^2}{2kt} = \frac{G^2 t}{2}, \quad \text{即} \quad t = \frac{R}{G\sqrt{k}}$$

时，我们有估计
$$\hat{f}^k - f^* \leqslant \frac{GR}{\sqrt{k}}.$$

以上分析表明要使得目标函数值达到 ε 的精度，即 $\hat{f}^k - f^* \leqslant \varepsilon$，必须取迭代步数 $k = \mathcal{O}\left(\dfrac{1}{\varepsilon^2}\right)$ 且固定步长 α_k 要满足 $t = \mathcal{O}\left(\dfrac{1}{\sqrt{k}}\right)$. 注意这里的固定步长依赖于最大迭代步数，这和之前构造梯度法的步长是不太一样的. 从上面的取法中还可以看出对于满足假设 6.1 的函数 f，最大迭代步数可以作为判定迭代点是否最优的一个终止准则.

类似地，根据推论 6.2 的第二个结论以及平均值不等式，在固定 $\|x^{i+1} - x^i\|$ 的条件下可以取 $s = \dfrac{R}{\sqrt{k}}$，同样会得到估计

$$\hat{f}^k - f^* \leqslant \frac{GR}{\sqrt{k}}.$$

如果我们知道 $f(x)$ 的更多信息，则可以利用这些信息来选取步长．例如在某些应用中可预先知道 f^* 的值（但不知道最小值点），根据 (6.3.3) 式，当

$$\alpha_i = \frac{f(x^i) - f^*}{\|g^i\|^2}$$

时，不等式右侧达到极小，这等价于

$$\frac{(f(x^i) - f^*)^2}{\|g^i\|^2} \leqslant \|x^i - x^*\|^2 - \|x^{i+1} - x^*\|^2.$$

递归地利用上式并结合 $\|x^0 - x^*\| \leqslant R$ 和 $\|g^i\| \leqslant G$，可以得到

$$\hat{f}^k - f^* \leqslant \frac{GR}{\sqrt{k}}.$$

注意，此时步长的选取已经和最大迭代数无关，它仅仅依赖于当前点处的函数值与最优值的差和次梯度模长．

6.3.3 应用举例

1. LASSO 问题求解

考虑 LASSO 问题

$$\min \quad f(x) = \frac{1}{2}\|Ax - b\|^2 + \mu\|x\|_1, \tag{6.3.5}$$

容易得知 $f(x)$ 的一个次梯度为

$$g = A^{\mathrm{T}}(Ax - b) + \mu\mathrm{sign}(x),$$

其中 $\mathrm{sign}(x)$ 是关于 x 逐分量的符号函数．因此 LASSO 问题的次梯度法为

$$x^{k+1} = x^k - \alpha_k(A^{\mathrm{T}}(Ax^k - b) + \mu\mathrm{sign}(x^k)),$$

步长 α_k 可选为固定步长或消失步长．

图 6.10 展示了使用不同步长的次梯度法求解 LASSO 问题的迭代过程，其中测试数据的生成方式和第 6.2 节中一致，正则化参数 $\mu = 1$．我们分别选取固定步长 $\alpha_k = 0.0005, 0.0002, 0.0001$ 以及消失步长 $\alpha_k = \dfrac{0.002}{\sqrt{k}}$ 来测试求解效

果. 从图 6.10 可以看出，在 3000 步迭代内，使用不同的固定步长最终会到达次优解，函数值下降到一定程度便稳定在某个值附近；而使用消失步长算法最终将会收敛. 从图中还可以看出次梯度法本身是非单调方法，因此在求解过程中我们需要记录历史中最好的一次迭代来作为算法的最终输出.

图 6.10
次梯度法求解
LASSO 问题结果

(a) $f(x^k) - f^*$ 的相对变化

(b) $\hat{f}^k - f^*$ 的相对变化

对于 $\mu = 10^{-2}, 10^{-3}$，我们采用连续化次梯度算法进行求解. 停机准则和参数 μ 的连续化设置与第 6.2 节中的光滑化梯度法一致，且若 $\mu_t > \mu$，则取固定步长 $\dfrac{1}{\lambda_{\max}(A^{\mathrm{T}} A)}$；若 $\mu_t = \mu$，则取步长

$$\frac{1}{\lambda_{\max}(A^\mathrm{T} A) \cdot (\max\{k,100\} - 99)},$$

其中 k 为迭代步数. 迭代收敛过程见图 6.11. 可以看到, 次梯度法在 1000 步左右收敛, 比上一节中的光滑化梯度法慢一些.

图 6.11 LASSO 问题在不同正则化参数下的求解结果

2. 正定矩阵补全问题

正定矩阵补全问题是一种特殊的矩阵恢复问题, 它的具体形式为

$$\begin{aligned}
\text{find} \quad & X \in \mathcal{S}^n, \\
\text{s.t.} \quad & X_{ij} = M_{ij},\ (i,j) \in \Omega, \\
& X \succeq 0.
\end{aligned} \tag{6.3.6}$$

其中 Ω 是已经观测的分量位置集合. 问题 (6.3.6) 本质上是一个目标函数为常数的半定规划问题, 但由于其特殊性我们可以使用次梯度算法求解. 考虑两个集合

$$\begin{aligned}
C_1 &= \{X \mid X_{ij} = M_{ij}, (i,j) \in \Omega\}, \\
C_2 &= \{X \mid X \succeq 0\},
\end{aligned}$$

求解问题 (6.3.6) 等价于寻找闭凸集 C_1 和 C_2 的交集. 定义欧几里得距离函数

$$d_j(X) = \inf_{Y \in C_j} \|X - Y\|_F,$$

则可将这个问题转化为无约束非光滑优化问题

$$\min \quad f(X) = \max\{d_1(X), d_2(X)\}. \tag{6.3.7}$$

由定理 2.23,

$$\partial f(X) = \begin{cases} \partial d_1(X), & d_1(X) > d_2(X), \\ \partial d_2(X), & d_1(X) < d_2(X), \\ \mathbf{conv}(\partial d_1(X) \cup \partial d_2(X)), & d_1(X) = d_2(X). \end{cases}$$

而又根据例 2.19，我们可以求得距离函数的一个次梯度为

$$G_j = \begin{cases} 0, & X \in C_j, \\ \dfrac{1}{d_j(X)}(X - \mathcal{P}_{C_j}(X)), & X \notin C_j, \end{cases} \quad (6.3.8)$$

其中 $\mathcal{P}_{C_j}(X) = \underset{Y \in C_j}{\arg\min} \|Y - X\|_F$ 为 X 到 C_j 的投影. 对于集合 C_1，X 在它上面的投影为

$$(\mathcal{P}_{C_1}(X))_{ij} = \begin{cases} M_{ij}, & (i,j) \in \Omega, \\ X_{ij}, & (i,j) \notin \Omega; \end{cases} \quad (6.3.9)$$

对于集合 C_2，X 在它上面的投影为

$$\mathcal{P}_{C_2}(X) = \sum_{i=1}^{n} \max(0, \lambda_i) q_i q_i^{\mathrm{T}}, \quad (6.3.10)$$

其中 (λ_i, q_i) 是 X 的第 i 个特征对. 在这里注意，为了比较 $d_1(X)$ 和 $d_2(X)$ 的大小关系，我们在计算次梯度时还是要将 X 到两个集合的投影分别求出，之后再选取距离较大的一个计算出次梯度，因此完整的次梯度计算过程为：

（1）给定点 X，根据 (6.3.9) 式和 (6.3.10) 式计算出 X 到 C_1 和 C_2 的投影，分别记为 P_1 和 P_2；

（2）比较 $d_j(X) = \|X - P_j\|_F, j = 1, 2$，较大者为 $\hat{j}$；

（3）计算次梯度 $G = \dfrac{X - P_{\hat{j}}}{d_{\hat{j}}(X)}$.

6.4 牛顿类算法

梯度法仅仅依赖函数值和梯度的信息（即一阶信息），如果函数 $f(x)$ 充分光滑，则可以利用二阶导数信息构造下降方向 d^k. 牛顿类算法就是利用二阶导数信息来构造迭代格式的算法. 由于利用的信息变多，牛顿法的实际表现可以远好于梯度法，但是它对函数 $f(x)$ 的要求也相应变高. 本节首先介绍经典牛顿法的构造和性质，然后介绍一些修正的牛顿法和实际应用.

6.4.1 经典牛顿法

对二次可微函数 $f(x)$，考虑 $f(x)$ 在迭代点 x^k 处的二阶泰勒展开

$$f(x^k + d^k) = f(x^k) + \nabla f(x^k)^\mathrm{T} d^k + \frac{1}{2}(d^k)^\mathrm{T} \nabla^2 f(x^k) d^k + o(\|d^k\|^2). \quad (6.4.1)$$

我们的目的是根据这个二阶近似来选取合适的下降方向 d^k. 如果忽略 (6.4.1) 式中的高阶项，并将等式右边看成关于 d^k 的函数求其稳定点，可以得到

$$\nabla^2 f(x^k) d^k = -\nabla f(x^k). \quad (6.4.2)$$

方程 (6.4.2) 也被称为**牛顿方程**，容易得出当 $\nabla^2 f(x^k)$ 非奇异时，更新方向 $d^k = -\nabla^2 f(x^k)^{-1} \nabla f(x^k)$. 一般称满足方程 (6.4.2) 的 d^k 为**牛顿方向**. 因此经典牛顿法的更新格式为

$$x^{k+1} = x^k - \nabla^2 f(x^k)^{-1} \nabla f(x^k). \quad (6.4.3)$$

注意，在格式 (6.4.3) 中，步长 α_k 恒为 1，即可以不额外考虑步长的选取. 我们也称步长为 1 的牛顿法为经典牛顿法.

6.4.2 收敛性分析

经典牛顿法 (6.4.3) 有很好的局部收敛性质. 实际上我们有如下定理：

定理 6.6 (经典牛顿法的收敛性) 假设目标函数 f 是二阶连续可微的函数，且海瑟矩阵在最优值点 x^* 的一个邻域 $N_\delta(x^*)$ 内是利普希茨连续的，即存在常数 $L > 0$ 使得

$$\|\nabla^2 f(x) - \nabla^2 f(y)\| \leqslant L\|x - y\|, \quad \forall x, y \in N_\delta(x^*).$$

如果函数 $f(x)$ 在点 x^* 处满足 $\nabla f(x^*) = 0, \nabla^2 f(x^*) \succ 0$，则对于迭代法 (6.4.3) 有如下结论：

（1）如果初始点离 x^* 足够近，则牛顿法产生的迭代点列 $\{x^k\}$ 收敛到 x^*；
（2）$\{x^k\}$ 收敛到 x^* 的速度是 Q-二次的；
（3）$\{\|\nabla f(x^k)\|\}$ Q-二次收敛到 0.

证明 从牛顿法的定义 (6.4.3) 和最优值点 x^* 的性质 $\nabla f(x^*) = 0$ 可得

$$\begin{aligned} x^{k+1} - x^* &= x^k - \nabla^2 f(x^k)^{-1} \nabla f(x^k) - x^* \\ &= \nabla^2 f(x^k)^{-1} [\nabla^2 f(x^k)(x^k - x^*) - (\nabla f(x^k) - \nabla f(x^*))]. \end{aligned} \quad (6.4.4)$$

根据泰勒公式，可得

$$\nabla f(x^k) - \nabla f(x^*) = \int_0^1 \nabla^2 f(x^k + t(x^* - x^k))(x^k - x^*)\mathrm{d}t,$$

因此我们有估计

$$\begin{aligned}
&\|\nabla^2 f(x^k)(x^k - x^*) - (\nabla f(x^k) - \nabla f(x^*))\| \\
&= \left\|\int_0^1 [\nabla^2 f(x^k + t(x^* - x^k)) - \nabla^2 f(x^k)](x^k - x^*)\mathrm{d}t\right\| \\
&\leqslant \int_0^1 \|\nabla^2 f(x^k + t(x^* - x^k)) - \nabla^2 f(x^k)\|\|x^k - x^*\|\mathrm{d}t \\
&\leqslant \|x^k - x^*\|^2 \int_0^1 Lt\mathrm{d}t \\
&= \frac{L}{2}\|x^k - x^*\|^2,
\end{aligned} \quad (6.4.5)$$

其中第二个不等式是由于海瑟矩阵的局部利普希茨连续性. 又因为 $\nabla^2 f(x^*)$ 是非奇异的且 f 二阶连续可微, 因此存在 r, 使得对任意满足 $\|x - x^*\| \leqslant r$ 的点 x 均有 $\|\nabla^2 f(x)^{-1}\| \leqslant 2\|\nabla^2 f(x^*)^{-1}\|$. 结合 (6.4.4) 式与 (6.4.5) 式可得:

$$\begin{aligned}
&\|x^{k+1} - x^*\| \\
&\leqslant \|\nabla^2 f(x^k)^{-1}\|\|\nabla^2 f(x^k)(x^k - x^*) - (\nabla f(x^k) - \nabla f(x^*))\| \\
&\leqslant L\|\nabla^2 f(x^*)^{-1}\|\|x^k - x^*\|^2.
\end{aligned} \quad (6.4.6)$$

因此, 当初始点 x^0 满足

$$\|x^0 - x^*\| \leqslant \min\left\{\delta, r, \frac{1}{2L\|\nabla^2 f(x^*)^{-1}\|}\right\} \stackrel{\text{def}}{=\!=} \hat{\delta}$$

时, 可保证迭代点列一直处于邻域 $N_{\hat{\delta}}(x^*)$ 中, 因此 $\{x^k\}$ 是 Q-二次收敛到 x^* 的. 由牛顿方程 (6.4.2) 可知

$$\begin{aligned}
\|\nabla f(x^{k+1})\| &= \|\nabla f(x^{k+1}) - \nabla f(x^k) - \nabla^2 f(x^k)d^k\| \\
&= \left\|\int_0^1 \nabla^2 f(x^k + td^k)d^k\mathrm{d}t - \nabla^2 f(x^k)d^k\right\| \\
&\leqslant \int_0^1 \|\nabla^2 f(x^k + td^k) - \nabla^2 f(x^k)\|\|d^k\|\mathrm{d}t \\
&\leqslant \frac{L}{2}\|d^k\|^2 \leqslant \frac{1}{2}L\|\nabla^2 f(x^k)^{-1}\|^2\|\nabla f(x^k)\|^2 \\
&\leqslant 2L\|\nabla^2 f(x^*)^{-1}\|^2\|\nabla f(x^k)\|^2.
\end{aligned} \quad (6.4.7)$$

这证明了梯度的范数 Q-二次收敛到 0. □

定理 6.6 表明经典牛顿法是收敛速度很快的算法, 但它的收敛是有条件的: 第一, 初始点 x^0 必须距离问题的解充分近, 即牛顿法只有局部收敛性, 当 x^0 距问题的解较远时, 牛顿算法在多数情况下会失效; 第二, 海瑟矩阵

$\nabla^2 f(x^*)$ 需要为正定矩阵，有例子表明，若 $\nabla^2 f(x^*)$ 是奇异的半正定矩阵，牛顿算法的收敛速度可能仅达到 Q-线性. 在定理 6.6 的证明中还可以看出，问题的条件数并不会在很大程度上影响牛顿法的收敛速度，利普希茨常数 L 在迭代后期通常会被 $\|x^k - x^*\|$ 抵消. 但对于病态问题，牛顿法的收敛域可能会变小，这对初值选取有了更高的要求.

以上总结了牛顿法的特点，我们可以知道牛顿法适用于优化问题的高精度求解，但它没有全局收敛性质. 因此在实际应用中，人们通常会使用梯度类算法先求得较低精度的解，而后调用牛顿法来获得高精度的解.

6.4.3 修正牛顿法

尽管我们提出了算法 (6.4.3) 并分析了其理论性质，在实际应用中此格式几乎是不能使用的. 经典牛顿法有如下缺陷：

（1）每一步迭代需要求解一个 n 维线性方程组，这导致在高维问题中计算量很大. 海瑟矩阵 $\nabla^2 f(x^k)$ 既不容易计算又不容易储存.

（2）当 $\nabla^2 f(x^k)$ 不正定时，由牛顿方程 (6.4.2) 给出的解 d^k 的性质通常比较差. 例如可以验证当海瑟矩阵正定时，d^k 是一个下降方向. 而在其他情况下 d^k 不一定为下降方向.

（3）当迭代点距最优值较远时，直接选取步长 $\alpha_k = 1$ 会使得迭代极其不稳定，在有些情况下迭代点列会发散.

为了克服这些缺陷，我们必须对经典牛顿法做出某种修正或变形，使其成为真正可以使用的算法. 这里介绍带线搜索的修正牛顿法，其基本思想是对牛顿方程中的海瑟矩阵 $\nabla^2 f(x^k)$ 进行修正，使其变成正定矩阵；同时引入线搜索以改善算法稳定性. 它的一般框架见算法 6.3. 该算法的关键在于修正矩阵 E^k 如何选取. 一个最直接的取法是取 $E^k = \tau_k I$，即取 E^k 为单位矩阵的常数倍. 根据矩阵理论可以知道，当 τ_k 充分大时，总可以保证 B^k 是正定矩阵. 然而 τ_k 不易取得过大，这是因为当 τ_k 趋于无穷时，d^k 的方向会接近负梯度方向. 比较合适的取法是先估计 $\nabla^2 f(x^k)$ 的最小特征值，再适当选择 τ_k.

算法 6.3 带线搜索的修正牛顿法

1. 给定初始点 x^0.
2. **for** $k = 0, 1, 2, \cdots$ **do**
3.   确定矩阵 E^k 使得矩阵 $B^k \stackrel{\text{def}}{=\!=} \nabla^2 f(x^k) + E^k$ 正定且条件数较小.
4.   求解修正的牛顿方程 $B^k d^k = -\nabla f(x^k)$ 得方向 d^k.
5.   使用任意一种线搜索准则确定步长 α_k.
6.   更新 $x^{k+1} = x^k + \alpha_k d^k$.
7. **end for**

另一种 E^k 的选取是隐式的,它是通过修正 Cholesky 分解的方式来求解牛顿方程 (6.4.2). 我们知道当海瑟矩阵正定时,方程组 (6.4.2) 可以用 Cholesky 分解快速求解. 当海瑟矩阵不定或条件数较大时, Cholesky 分解会失败. 而修正 Cholesky 分解算法对基本 Cholesky 分解算法进行修正, 且修正后的分解和原矩阵相差不大. 我们首先回顾 Cholesky 分解的定义. 对任意对称正定矩阵 $A = (a_{ij})$, 它的 Cholesky 分解可写作

$$A = LDL^{\mathrm{T}},$$

其中 $L = (l_{ij})$ 是对角线元素均为 1 的下三角形矩阵, $D = \mathrm{Diag}(d_1, d_2, \cdots, d_n)$ 是对角矩阵且对角线元素均为正. 我们在算法 6.4 中直接给出基本的 Cholesky 分解算法.

算法 6.4 Cholesky 分解

1. 给定对称矩阵 $A = (a_{ij})$.
2. **for** $j = 1, 2, \cdots, n$ **do**
3.   计算 $c_{jj} = a_{jj} - \sum\limits_{s=1}^{j-1} d_s l_{js}^2$.
4.   令 $d_j = c_{jj}$.
5.   **for** $i = j+1, j+2, \cdots, n$ **do**
6.   计算 $c_{ij} = a_{ij} - \sum\limits_{s=1}^{j-1} d_s l_{is} l_{js}$.
7.   计算 $l_{ij} = \dfrac{c_{ij}}{d_j}$.
8.   **end for**
9. **end for**

根据 Cholesky 分解的形式, 如果 A 正定且条件数较小, 矩阵 D 的对角线元素不应该太小. 如果计算过程中发现 d_j 过小就应该及时修正. 同时我们需要保证该修正是有界的, 因此对修正后的矩阵元素也需要有上界约束. 具体来说, 我们选取两个正参数 δ, β 使得

$$d_j \geqslant \delta, \quad l_{ij}\sqrt{d_j} \leqslant \beta, \, i = j+1, j+2, \cdots, n.$$

在算法 6.4 中, 我们只需要修改对 d_j 的更新即可保证上述条件成立. 具体更新方式为

$$d_j = \max\left\{|c_{jj}|, \left(\frac{\theta_j}{\beta}\right)^2, \delta\right\}, \quad \theta_j = \max_{i>j}|c_{ij}|.$$

可以证明, 修正的 Cholesky 分解算法实际上是计算修正矩阵 $\nabla^2 f(x^k) + E^k$ 的 Cholesky 分解, 其中 E^k 是对角矩阵且对角线元素非负. 当 $\nabla^2 f(x^k)$ 正定且条件数足够小时, $E^k = 0$.

6.4.4 非精确牛顿法

在经典牛顿法中，计算牛顿方向 d^k 依赖于求解线性方程组．当 n 较大但 $\nabla^2 f(x^k)$ 有稀疏结构时，需要通过迭代法来求解牛顿方程 (6.4.2)．我们知道迭代法求解线性方程组总有精度误差，那么牛顿方程解的误差对牛顿法收敛性有何影响？如何控制解的精度使得牛顿法依然能够收敛？下面将简要回答这一问题．

考虑牛顿方程 (6.4.2) 的非精确解 d^k，我们引入向量 r^k 来表示残差，则非精确牛顿方向满足

$$\nabla^2 f(x^k) d^k = -\nabla f(x^k) + r^k. \tag{6.4.8}$$

这里假设相对误差 η_k 满足

$$\|r^k\| \leqslant \eta_k \|\nabla f(x^k)\|. \tag{6.4.9}$$

显然，牛顿法的收敛性依赖于相对误差 η_k 的选取，直观上牛顿方程求解得越精确，非精确牛顿法的收敛性就越好．为此我们直接给出如下的定理（证明见 [175]）：

定理 6.7 (非精确牛顿法的收敛性) 设函数 $f(x)$ 二阶连续可微，且在最小值点 x^* 处的海瑟矩阵正定，则在非精确牛顿法中，

（1）若存在常数 $t < 1$ 使得 η_k 满足 $0 < \eta_k < t, k = 1, 2, \cdots$，则该算法收敛速度是 Q-线性的；

（2）若 $\lim\limits_{k \to \infty} \eta_k = 0$，则该算法收敛速度是 Q-超线性的；

（3）若 $\eta_k = \mathcal{O}(\|\nabla f(x^k)\|)$，则该算法收敛速度是 Q-二次的．

定理 6.7 的直观含义是如果要达到更好的收敛性就必须使得牛顿方程求解更加精确．在一般迭代法中，算法的停机准则通常都会依赖于相对误差的大小．定理 6.7 的第一条表明我们完全可以将这个相对误差设置为固定值，算法依然有收敛性．和经典牛顿法相比，固定误差的非精确牛顿法仅仅有 Q-线性收敛性，但在病态问题上的表现很可能好于传统的梯度法．如果希望非精确牛顿法能有 Q-二次收敛速度，则在迭代后期牛顿方程必须求解足够精确，这在本质上和牛顿法并无差别．

常用的非精确牛顿法是所谓的牛顿共轭梯度法，即使用共轭梯度法求解 (6.4.2) 式．由于共轭梯度法在求解线性方程组方面有不错的表现，因此只需要少数几步（有时可能只需要一步）迭代就可以达到定理 6.7 中第一条结论需要的条件．在多数问题上牛顿共轭梯度法都有较好的数值表现，该方法已经是求解优化问题不可少的优化工具．

6.4.5 应用举例

本小节给出牛顿法的一个具体例子，从而说明牛顿法具体的迭代过程. 我们在第三章中建立了二分类的逻辑回归模型 (3.3.3)：

$$\min_{x} \quad \ell(x) = \frac{1}{m}\sum_{i=1}^{m} \ln(1 + \exp(-b_i a_i^{\mathrm{T}} x)) + \lambda \|x\|_2^2. \tag{6.4.10}$$

在实际中，λ 经常取为 $\dfrac{1}{100m}$. 接下来推导牛顿法，这又化为了计算目标函数 $\ell(x)$ 的梯度和海瑟矩阵的问题. 根据向量值函数求导法，容易算出

$$\begin{aligned}
\nabla \ell(x) &= \frac{1}{m}\sum_{i=1}^{m} \frac{1}{1+\exp(-b_i a_i^{\mathrm{T}} x)} \cdot \exp(-b_i a_i^{\mathrm{T}} x) \cdot (-b_i a_i) + 2\lambda x \\
&= -\frac{1}{m}\sum_{i=1}^{m}(1-p_i(x))b_i a_i + 2\lambda x,
\end{aligned} \tag{6.4.11}$$

其中 $p_i(x) = \dfrac{1}{1+\exp(-b_i a_i^{\mathrm{T}} x)}$. 再对 (6.4.11) 式求导可得到

$$\begin{aligned}
\nabla^2 \ell(x) &= \frac{1}{m}\sum_{i=1}^{m} b_i \cdot \nabla p_i(x) a_i^{\mathrm{T}} + 2\lambda I \\
&= \frac{1}{m}\sum_{i=1}^{m} b_i \frac{-1}{(1+\exp(-b_i a_i^{\mathrm{T}} x))^2} \cdot \exp(-b_i a_i^{\mathrm{T}} x) \cdot (-b_i a_i) a_i^{\mathrm{T}} + 2\lambda I \\
&= \frac{1}{m}\sum_{i=1}^{m}(1-p_i(x))p_i(x) a_i a_i^{\mathrm{T}} + 2\lambda I,
\end{aligned} \tag{6.4.12}$$

其中利用了 $b_i^2 = 1$ 以及

$$\frac{\exp(-b_i a_i^{\mathrm{T}} x)}{(1+\exp(-b_i a_i^{\mathrm{T}} x))^2} = p_i(x)(1-p_i(x)).$$

实际上我们可以使用矩阵语言将以上结果用更紧凑的形式表达. 引入矩阵 $A = [a_1, a_2, \cdots, a_m]^{\mathrm{T}} \in \mathbb{R}^{m \times n}$，向量 $b = (b_1, b_2, \cdots, b_m)^{\mathrm{T}}$，以及

$$p(x) = (p_1(x), p_2(x), \cdots, p_m(x))^{\mathrm{T}},$$

梯度和海瑟矩阵可重写为

$$\begin{aligned}
\nabla \ell(x) &= -\frac{1}{m} A^{\mathrm{T}}(b - b \odot p(x)) + 2\lambda x, \\
\nabla^2 \ell(x) &= \frac{1}{m} A^{\mathrm{T}} W(x) A + 2\lambda I,
\end{aligned} \tag{6.4.13}$$

其中 $W(x)$ 为由 $\{p_i(x)(1-p_i(x))\}_{i=1}^m$ 生成的对角矩阵，$\odot$ 表示两个向量逐分量的乘积．因此牛顿法可以写作

$$x^{k+1} = x^k + \left(\frac{1}{m}A^\mathrm{T}W(x^k)A + 2\lambda I\right)^{-1}\left(\frac{1}{m}A^\mathrm{T}(b - b\odot p(x^k)) - 2\lambda x^k\right).$$

当变量规模不是很大时，可以利用正定矩阵的 Cholesky 分解来求解牛顿方程；当变量规模较大时，可以使用共轭梯度法进行不精确求解．

这里采用 LIBSVM[42] 网站的数据集，见表 6.1. 对于不同的数据集均调用牛顿法求解，其迭代过程见图 6.12. 其中，我们采用不精确的共轭梯度法求解牛顿方程，使得如下条件成立：

$$\|\nabla^2 \ell(x^k)d^k + \nabla \ell(x^k)\|_2 \leqslant \min\left\{\|\nabla \ell(x^k)\|_2^2, 0.1\|\nabla \ell(x^k)\|_2\right\}.$$

从图 6.12 中可以看到，在精确解附近梯度范数具有 Q-超线性收敛性．

表 6.1 数据集信息

名称	m	n
a9a	16281	122
ijcnn1	91701	22
CINA	3206	132

图 6.12 梯度范数随迭代步的变化

6.5 拟牛顿类算法

牛顿法在理论上和实践中均取得很好的效果．然而对于大规模问题，函数的海瑟矩阵计算代价特别大或者难以得到，即便得到海瑟矩阵我们还需要

求解一个大规模线性方程组. 那么能否使用海瑟矩阵或其逆矩阵的近似来进行牛顿迭代呢？拟牛顿法便是这样的算法，它能够在每一步以较小的计算代价生成近似矩阵，并且使用近似矩阵代替海瑟矩阵而产生的迭代序列仍具有 Q-超线性收敛的性质.

拟牛顿方法不计算海瑟矩阵 $\nabla^2 f(x)$，而是构造其近似矩阵 B^k 或其逆的近似矩阵 H^k. 我们希望 B^k 或 H^k 仍然保留海瑟矩阵的部分性质，例如使得 d^k 仍然为下降方向. 那么拟牛顿矩阵应该满足一些什么性质？如何构造它们呢？

6.5.1 割线方程

首先回顾牛顿法的推导过程. 设 $f(x)$ 是二阶连续可微函数，根据泰勒展开，向量值函数 $\nabla f(x)$ 在点 x^{k+1} 处的近似为

$$\nabla f(x) = \nabla f(x^{k+1}) + \nabla^2 f(x^{k+1})(x - x^{k+1}) + \mathcal{O}(\|x - x^{k+1}\|^2). \tag{6.5.1}$$

令 $x = x^k, s^k = x^{k+1} - x^k$ 及 $y^k = \nabla f(x^{k+1}) - \nabla f(x^k)$，得到

$$\nabla^2 f(x^{k+1}) s^k + \mathcal{O}(\|s^k\|^2) = y^k. \tag{6.5.2}$$

忽略高阶项 $\|s^k\|^2$，我们希望海瑟矩阵的近似矩阵 B^{k+1} 满足方程

$$y^k = B^{k+1} s^k, \tag{6.5.3}$$

或者其逆的近似矩阵 H^{k+1} 满足方程

$$s^k = H^{k+1} y^k, \tag{6.5.4}$$

并称 (6.5.3) 式和 (6.5.4) 式为**割线方程**.

还可以从另一个角度理解割线方程 (6.5.3). 我们知道，牛顿法本质上是对目标函数 $f(x)$ 在迭代点 x^k 处做二阶近似然后求解. 考虑在点 x^{k+1} 处的二阶近似

$$m_{k+1}(d) = f(x^{k+1}) + \nabla f(x^{k+1})^T d + \frac{1}{2} d^T B^{k+1} d, \tag{6.5.5}$$

我们要求 $m_{k+1}(d)$ 在点 $d = -s^k, 0$ 处的梯度与 $f(x)$ 在点 $x = x^k, x^{k+1}$ 处的梯度分别保持一致. 注意到 $\nabla m_{k+1}(0) = \nabla f(x^{k+1})$ 是自然满足的，为了使得第一个条件满足只需

$$\nabla m_{k+1}(-s^k) = \nabla f(x^{k+1}) - B^{k+1} s^k = \nabla f(x^k), \tag{6.5.6}$$

整理即可得到 (6.5.3) 式.

另外，注意到近似矩阵 B^k 的正定性是一个很关键的因素，在 (6.5.3) 式两边同时左乘 $(s^k)^T$ 可得 $(s^k)^T B^{k+1} s^k = (s^k)^T y^k$，因此条件

$$(s^k)^T y^k > 0 \qquad (6.5.7)$$

为 B^{k+1} 正定的一个必要条件．我们额外要求条件 (6.5.7) 在迭代过程中始终满足，这个条件也称为**曲率条件**．对于一般的目标函数 $f(x)$，需要使用 Wolfe 准则线搜索来保证曲率条件 (6.5.7) 成立．实际上，根据 Wolfe 准则的条件 (6.1.4b) 有 $\nabla f(x^{k+1})^T s^k \geqslant c_2 \nabla f(x^k)^T s^k$，两边同时减去 $\nabla f(x^k)^T s^k$，

$$(y^k)^T s^k \geqslant (c_2 - 1) \nabla f(x^k)^T s^k > 0,$$

这是因为 $c_2 < 1$ 以及 $s^k = \alpha_k d^k$ 是下降方向．仅仅使用 Armijo 准则不能保证曲率条件成立．

在通常情况下，近似矩阵 B^{k+1} 或 H^{k+1} 是由上一步迭代加上一个修正得到的，并且要求满足割线方程 (6.5.3)．这一小节先给出拟牛顿方法的一般框架（算法 6.5），下一小节将讨论一些具体的矩阵更新方式．

算法 6.5 拟牛顿算法框架

1. 给定 $x^0 \in \mathbb{R}^n$，初始矩阵 $B^0 \in \mathbb{R}^{n \times n}$（或 H^0），令 $k = 0$．
2. **while** 未达到停机准则 **do**
3.   计算方向 $d^k = -(B^k)^{-1} \nabla f(x^k)$ 或 $d^k = -H^k \nabla f(x^k)$．
4.   通过线搜索找到合适的步长 $\alpha_k > 0$，令 $x^{k+1} = x^k + \alpha_k d^k$．
5.   更新海瑟矩阵的近似矩阵 B^{k+1} 或其逆的近似矩阵 H^{k+1}．
6. $k \leftarrow k + 1$．
7. **end while**

在实际应用中基于 H^k 的拟牛顿法更加实用，这是因为根据 H^k 计算下降方向 d^k 不需要求解线性方程组，而求解线性方程组在大规模问题上是非常耗时的．但基于 B^k 的拟牛顿法有比较好的理论性质，产生的迭代序列比较稳定．如果有办法快速求解线性方程组，我们也可采用基于 B^k 的拟牛顿法．此外在某些场景下，比如有些带约束的优化问题的算法设计，由于需要用到海瑟矩阵的近似矩阵，B^k 的使用也很常见．

6.5.2 拟牛顿矩阵更新方式

这一小节介绍一些常见的拟牛顿矩阵的更新方式．

1. 秩一更新 (SR1)

秩一更新 (SR1) 公式是结构最简单的拟牛顿矩阵更新公式．设 B^k 是第 k

步的近似海瑟矩阵，我们通过对 B^k 进行秩一修正得到 B^{k+1}，使其满足割线方程 (6.5.3)．为此使用待定系数法求出修正矩阵，并设

$$B^{k+1} = B^k + auu^{\mathrm{T}}, \tag{6.5.8}$$

其中 $u \in \mathbb{R}^n, a \in \mathbb{R}$ 待定．根据割线方程 (6.5.3)，

$$B^{k+1}s^k = (B^k + auu^{\mathrm{T}})s^k = y^k,$$

进而得到

$$(a \cdot u^{\mathrm{T}}s^k)u = y^k - B^k s^k.$$

注意到 $a \cdot u^{\mathrm{T}}s^k$ 是一个标量，因此 u 和 $y^k - B^k s^k$ 方向相同．不妨令 $u = y^k - B^k s^k$，代入原方程可知

$$a((y^k - B^k s^k)^{\mathrm{T}}s^k)(y^k - B^k s^k) = y^k - B^k s^k.$$

如果假设 $(y^k - B^k s^k)^{\mathrm{T}}s^k \neq 0$，可以得到 $a = \dfrac{1}{(y^k - B^k s^k)^{\mathrm{T}}s^k}$，最终得到更新公式为

$$B^{k+1} = B^k + \frac{(y^k - B^k s^k)(y^k - B^k s^k)^{\mathrm{T}}}{(y^k - B^k s^k)^{\mathrm{T}}s^k}. \tag{6.5.9}$$

我们称 (6.5.9) 式为基于 B^k 的 SR1 公式．由完全一样的过程我们可以根据割线方程 (6.5.4) 得到基于 H^k 的 SR1 公式：

$$H^{k+1} = H^k + \frac{(s^k - H^k y^k)(s^k - H^k y^k)^{\mathrm{T}}}{(s^k - H^k y^k)^{\mathrm{T}}y^k}. \tag{6.5.10}$$

SR1 公式虽然结构简单，但是有一个重大缺陷：它不能保证矩阵在迭代过程中保持正定．容易验证 $(y^k - B^k s^k)^{\mathrm{T}}s^k > 0$ 是 B^{k+1} 正定的一个充分条件，但这个条件在迭代过程中未必得到满足．因此在实际中较少使用 SR1 公式．

另一个比较有趣的观察是公式 (6.5.9) (6.5.10) 在形式上互为对偶．将公式 (6.5.9) 里的变量作如下替换：

$$B^k \to H^k, \quad s^k \leftrightarrow y^k,$$

即可得到公式 (6.5.10)．实际上如果增加假设 $H^k = (B^k)^{-1}$，公式 (6.5.10) 也可由 SMW 公式 (B.1.2) 推出．

2. BFGS 公式

为了克服 SR1 公式的缺陷，现在考虑对 B^k 的秩二更新．同样地，我们采用待定系数法来推导此公式．设

$$B^{k+1} = B^k + auu^{\mathrm{T}} + bvv^{\mathrm{T}}, \tag{6.5.11}$$

其中 $u, v \in \mathbb{R}^n$，$a, b \in \mathbb{R}$ 待定．根据割线方程 (6.5.3)，

$$B^{k+1}s^k = (B^k + auu^\mathrm{T} + bvv^\mathrm{T})s^k = y^k,$$

整理可得

$$(a \cdot u^\mathrm{T} s^k)u + (b \cdot v^\mathrm{T} s^k)v = y^k - B^k s^k.$$

我们通过选取 u 和 v 让以上等式成立即可．实际上，u, v 有非常多的取法，一种最直接的取法是让上面等式左右两边的两项分别对应相等，即

$$u = y^k, \quad a \cdot u^\mathrm{T} s^k = 1,$$
$$v = B^k s^k, \quad b \cdot v^\mathrm{T} s^k = -1.$$

因此得到更新方式

$$B^{k+1} = B^k + \frac{y^k (y^k)^\mathrm{T}}{(s^k)^\mathrm{T} y^k} - \frac{B^k s^k (B^k s^k)^\mathrm{T}}{(s^k)^\mathrm{T} B^k s^k}. \tag{6.5.12}$$

格式 (6.5.12) 被称为基于 B^k 的 BFGS 公式，它是由 Broyden，Fletcher，Goldfarb，Shanno 四人的名字首字母组成．

根据 SMW 公式 (B.1.2) 并假设 $H^k = (B^k)^{-1}$，可立即推出基于 H^k 的 BFGS 公式：

$$H^{k+1} = (I - \rho_k y^k (s^k)^\mathrm{T})^\mathrm{T} H^k (I - \rho_k y^k (s^k)^\mathrm{T}) + \rho_k s^k (s^k)^\mathrm{T}, \tag{6.5.13}$$

其中 $\rho_k = \dfrac{1}{(s^k)^\mathrm{T} y^k}$．容易看出，若要 BFGS 公式更新产生的矩阵 H^{k+1} 正定，一个充分条件是不等式 (6.5.7) 成立且上一步更新矩阵 H^k 正定．在问题求解过程中，条件 (6.5.7) 不一定会得到满足，此时应该使用 Wolfe 准则的线搜索来迫使条件 (6.5.7) 成立．

BFGS 格式 (6.5.13) 还有更深刻的含义，它其实满足了某种逼近的最优性．具体来说，由 (6.5.13) 式定义的 H^{k+1} 恰好是如下优化问题的解：

$$\begin{aligned} \min_H \quad & \|H - H^k\|_W, \\ \text{s.t.} \quad & H = H^\mathrm{T}, \\ & Hy^k = s^k. \end{aligned} \tag{6.5.14}$$

这个优化问题的含义是在满足割线方程 (6.5.4) 的对称矩阵中找到离 H^k 最近的矩阵 H．这里 $\|\cdot\|_W$ 是加权范数，定义为

$$\|H\|_W = \|W^{1/2} H W^{1/2}\|_F,$$

其中 W 可以是任意满足割线方程 $Ws^k = y^k$ 的矩阵．

BFGS 公式是目前最有效的拟牛顿更新格式之一，它有比较好的理论性质，实现起来也并不复杂．对格式 (6.5.13) 进行改动可得到有限内存 BFGS 格式（L-BFGS），它是常用的处理大规模优化问题的拟牛顿类算法，我们将在本节的末尾介绍这一算法．

3. DFP 公式

在 BFGS 公式的推导中，如果利用割线方程 (6.5.4) 对 H^k 推导秩二修正的拟牛顿修正，我们将得到基于 H^k 的拟牛顿矩阵更新

$$H^{k+1} = H^k - \frac{H^k y^k (H^k y^k)^{\mathrm{T}}}{(y^k)^{\mathrm{T}} H^k y^k} + \frac{s^k (s^k)^{\mathrm{T}}}{(y^k)^{\mathrm{T}} s^k}. \tag{6.5.15}$$

这种迭代格式首先由 Davidon 发现，此后由 Fletcher 以及 Powell 进一步发展，因此被称为 DFP 公式．根据 SMW 公式可得其关于 B^k 的更新格式

$$B^{k+1} = (I - \rho_k s^k (y^k)^{\mathrm{T}})^{\mathrm{T}} B^k (I - \rho_k s^k (y^k)^{\mathrm{T}}) + \rho_k y^k (y^k)^{\mathrm{T}}, \tag{6.5.16}$$

其中 ρ_k 的定义同 (6.5.13) 式．

可以看到，DFP 公式 (6.5.16) (6.5.15) 和 BFGS 公式 (6.5.13) (6.5.12) 分别呈对偶关系．将 BFGS 格式 (6.5.13) 中的 H^k 换成 B^k，s^k 与 y^k 对换便得到了 DFP 格式 (6.5.16)．不仅如此，在逼近性上也有这样的对偶现象．实际上，由 (6.5.16) 式定义的 B^{k+1} 是如下优化问题的解：

$$\begin{aligned} \min_{B} \quad & \|B - B^k\|_W, \\ \text{s.t.} \quad & B = B^{\mathrm{T}}, \\ & Bs^k = y^k, \end{aligned} \tag{6.5.17}$$

其中 $\|\cdot\|_W$ 的含义和问题 (6.5.14) 中的基本相同，但 W 为任意满足 $Wy^k = s^k$ 的矩阵．和 BFGS 格式类似，DFP 格式要求 B^{k+1} 为满足割线方程 (6.5.3) 的对称矩阵中离 B^k 最近的矩阵，它也暗含某种最优性．

遗憾的是，尽管 DFP 格式在很多方面和 BFGS 格式存在对偶关系，但从实际效果来看，DFP 格式整体上不如 BFGS 格式．因此在实际使用中人们更多使用 BFGS 格式．

6.5.3 拟牛顿法的全局收敛性

本小节介绍拟牛顿法的收敛性质．首先我们利用 Zoutendijk 条件得到拟牛顿法基本的收敛性，之后简要介绍收敛速度．

定理 6.8 (BFGS 全局收敛性 [145]^{定理 6.5}) 假设初始矩阵 B^0 是对称正定矩阵，目标函数 $f(x)$ 是二阶连续可微函数，下水平集

$$\mathcal{L} = \{x \in \mathbb{R}^n \mid f(x) \leqslant f(x^0)\}$$

是凸的，并且存在正数 m 以及 M 使得对于任意的 $z \in \mathbb{R}^n$ 以及任意的 $x \in \mathcal{L}$ 有

$$m\|z\|^2 \leqslant z^{\mathrm{T}} \nabla^2 f(x) z \leqslant M\|z\|^2, \tag{6.5.18}$$

则采用 BFGS 格式 (6.5.12) 并结合 Wolfe 线搜索的拟牛顿算法全局收敛到 $f(x)$ 的极小值点 x^*。

证明 为了方便，我们定义

$$m_k = \frac{(y^k)^{\mathrm{T}} s^k}{(s^k)^{\mathrm{T}} s^k}, \quad M_k = \frac{(y^k)^{\mathrm{T}} y^k}{(y^k)^{\mathrm{T}} s^k}.$$

由 (6.5.18) 式以及 $y^k = \int_0^1 \nabla^2 f(x^k + t(x^{k+1} - x^k)) s^k \mathrm{d}t$ 可得

$$m_k \geqslant m, \quad M_k \leqslant M.$$

根据 BFGS 格式 (6.5.12)，两边同时计算迹，得到

$$\mathrm{Tr}(B^{k+1}) = \mathrm{Tr}(B^k) - \frac{\|B^k s^k\|^2}{(s^k)^{\mathrm{T}} B^k s^k} + \frac{\|y^k\|^2}{(y^k)^{\mathrm{T}} s^k}. \tag{6.5.19}$$

此外，容易验证（习题 6.11）

$$\det B^{k+1} = \det B^k \frac{(y^k)^{\mathrm{T}} s^k}{(s^k)^{\mathrm{T}} B^k s^k}. \tag{6.5.20}$$

接下来定义

$$\cos \theta_k = \frac{(s^k)^{\mathrm{T}} B^k s^k}{\|s^k\| \|B^k s^k\|}, \quad q_k = \frac{(s^k)^{\mathrm{T}} B^k s^k}{(s^k)^{\mathrm{T}} s^k},$$

那么将 (6.5.19) 式等号右边第二项整理可以得到

$$\frac{\|B^k s^k\|^2}{(s^k)^{\mathrm{T}} B^k s^k} = \frac{\|B^k s^k\|^2 \|s^k\|^2}{((s^k)^{\mathrm{T}} B^k s^k)^2} \frac{(s^k)^{\mathrm{T}} B^k s^k}{\|s^k\|^2} = \frac{q_k}{\cos^2 \theta_k}.$$

同样，重新整理 (6.5.20) 式可以得到

$$\det B^{k+1} = \det B^k \frac{(y^k)^{\mathrm{T}} s^k}{(s^k)^{\mathrm{T}} s^k} \frac{(s^k)^{\mathrm{T}} s^k}{(s^k)^{\mathrm{T}} B^k s^k} = \det B^k \frac{m_k}{q_k}.$$

再引进矩阵辅助函数

$$\psi(B) = \mathrm{Tr}(B) - \ln \det B,$$

那么，我们有

$$\begin{aligned}
&\psi(B^{k+1}) \\
&= \mathrm{Tr}(B^k) + M_k - \frac{q_k}{\cos^2 \theta_k} - \ln \det B^k - \ln m_k + \ln q_k \\
&= \psi(B^k) + (M_k - \ln m_k - 1) + \left(1 - \frac{q_k}{\cos^2 \theta_k} + \ln \frac{q_k}{\cos^2 \theta_k}\right) + \ln \cos^2 \theta_k.
\end{aligned} \tag{6.5.21}$$

根据递推关系式 (6.5.21)，以及 $\psi(B) > 0, 1 - t + \ln t \leqslant 0, \forall t$ 可以得到

$$0 < \psi(B^{k+1}) \leqslant \psi(B^0) + (k+1)c + \sum_{j=0}^{k} \ln \cos^2 \theta_j, \tag{6.5.22}$$

这里 $c = M - \ln m - 1$ 且不妨假设 $c > 0$. 注意到 $s^k = -\alpha_k (B^k)^{-1} \nabla f(x^k)$ 是搜索方向，那么 $\cos \theta_k$ 即是搜索方向与梯度方向夹角的余弦. 根据定理 6.1，可知 $\|\nabla f(x^k)\|$ 大于某个非零常数仅当 $\cos \theta_k \to 0$. 因此，为了证明 $\|\nabla f(x^k)\| \to 0$，我们仅需证明 $\cos \theta_k \to 0$ 不成立，下面用反证法证明这一结论. 假设 $\cos \theta_k \to 0$，那么存在 $k_1 > 0$，对于任意的 $j > k_1$，

$$\ln \cos^2 \theta_j < -2c.$$

结合 (6.5.22) 式，当 $k > k_1$ 时，

$$0 < \psi(B^{k+1}) \leqslant \psi(B^0) + (k+1)c + \sum_{j=0}^{k_1} \ln \cos^2 \theta_j + \sum_{j=k_1}^{k} (-2c) \tag{6.5.23}$$

$$= \psi(B^0) + \sum_{j=0}^{k_1} \ln \cos^2 \theta_j + 2ck_1 + c - ck. \tag{6.5.24}$$

上式的右边对于充分大的 k 是负的，而不等式左边是 0，这导出矛盾，因此假设不成立，即存在一个子列 $\{j_k\}_{k=1,2,\cdots}$ 使得 $\cos \theta_{j_k} \geqslant \delta > 0$. 根据 Zoutendijk 条件（定理 6.1），我们可以得到 $\liminf\limits_{k \to \infty} \|\nabla f(x^k)\| \to 0$. 又因为问题对 $x \in \mathcal{L}$ 是强凸的，所以这可以导出 $x^k \to x^*$. □

定理 6.8 叙述了 BFGS 格式的全局收敛性，但没有说明以什么速度收敛. 下面这个定理介绍了在一定条件下 BFGS 格式会达到 Q-超线性收敛速度. 这里只给出定理结果，详细的证明过程可参考 [145].

定理 6.9 (BFGS 收敛速度) 设 $f(x)$ 二阶连续可微，在最优点 x^* 的一个邻域内海瑟矩阵利普希茨连续，且使用 BFGS 迭代格式收敛到 f 的最优值点 x^*. 若迭代点列 $\{x^k\}$ 满足

$$\sum_{k=1}^{\infty} \|x^k - x^*\| < +\infty, \tag{6.5.25}$$

则 $\{x^k\}$ 为 Q-超线性收敛到 x^*.

正如我们预期的，由于仅仅使用了海瑟矩阵的近似矩阵，拟牛顿法只能达到 Q-超线性收敛速度，这个速度和牛顿法相比较慢. 但由于拟牛顿法不需要每一步都计算海瑟矩阵，它在整体计算开销方面可能远远小于牛顿法，因此在实际问题中较为实用. 同样地，定理 6.9 的结果建立在序列 $\{x^k\}$ 本身收敛的前提之上，而对于强凸函数，定理 6.8 保证了序列 $\{x^k\}$ 是全局收敛的. 如果函数的性质稍差，则拟牛顿法可能只有局部的收敛性.

6.5.4 有限内存 BFGS 方法

拟牛顿法虽然克服了计算海瑟矩阵的困难，但是它仍然无法应用在大规模优化问题上。一般来说，拟牛顿矩阵 B^k 或 H^k 是稠密矩阵，而存储稠密矩阵要消耗 $\mathcal{O}(n^2)$ 的内存，这对于大规模问题显然是不可能实现的。在本小节介绍的有限内存 BFGS 方法（L-BFGS）解决了这一存储问题，从而使得人们在大规模问题上也可应用拟牛顿类方法加速迭代的收敛。

L-BFGS 方法是根据 BFGS 公式 (6.5.12) (6.5.13) 变形而来的。为了推导方便，我们以 H^k 的更新公式 (6.5.13) 为基础来推导相应的 L-BFGS 公式。首先引入新的记号重写 (6.5.13) 式：

$$H^{k+1} = (V^k)^\mathrm{T} H^k V^k + \rho_k s^k (s^k)^\mathrm{T}, \tag{6.5.26}$$

其中

$$\rho_k = \frac{1}{(y^k)^\mathrm{T} s^k}, \quad V^k = I - \rho_k y^k (s^k)^\mathrm{T}. \tag{6.5.27}$$

观察到 (6.5.26) 式有类似递推的性质，为此我们可将 (6.5.26) 式递归地展开 m 次，其中 m 是一个给定的整数：

$$\begin{aligned}
H^k = & \\
& (V^{k-m} \cdots V^{k-1})^\mathrm{T} H^{k-m} (V^{k-m} \cdots V^{k-1}) + \\
& \rho_{k-m} (V^{k-m+1} \cdots V^{k-1})^\mathrm{T} s^{k-m} (s^{k-m})^\mathrm{T} (V^{k-m+1} \cdots V^{k-1}) + \\
& \rho_{k-m+1} (V^{k-m+2} \cdots V^{k-1})^\mathrm{T} s^{k-m+1} (s^{k-m+1})^\mathrm{T} (V^{k-m+2} \cdots V^{k-1}) + \cdots + \\
& \rho_{k-1} s^{k-1} (s^{k-1})^\mathrm{T}.
\end{aligned} \tag{6.5.28}$$

为了达到节省内存的目的，(6.5.26) 式不能无限展开下去，但这会产生一个问题：H^{k-m} 还是无法显式求出。一个很自然的想法就是用 H^{k-m} 的近似矩阵来代替 H^{k-m} 进行计算，近似矩阵的选取方式非常多，但基本原则是要保证近似矩阵具有非常简单的结构。假定我们给出了 H^{k-m} 的一个近似矩阵，(6.5.28) 式便可以用于计算拟牛顿迭代。

在拟牛顿迭代中，实际上并不需要计算 H^k 的显式形式，只需要利用 $H^k \nabla f(x^k)$ 来计算迭代方向 d^k。为此先直接给出一个利用展开式 (6.5.28) 直接求解 $H^k \nabla f(x^k)$ 的算法，见算法 6.6。该算法的设计非常巧妙，它充分利用了 (6.5.28) 式的结构来尽量节省计算 $H^k \nabla f(x^k)$ 的开销。由于其主体结构包含了方向相反的两个循环，因此它也被称为双循环递归算法。

我们现在给出算法 6.6 的一个比较直观的执行过程。在 (6.5.28) 式中，等式左右两边同时右乘 $\nabla f(x^k)$，若只观察等式右侧，则需要计算

$$V^{k-1} \nabla f(x^k),\ V^{k-2} V^{k-1} \nabla f(x^k),\ \cdots,\ V^{k-m} \cdots V^{k-2} V^{k-1} \nabla f(x^k).$$

这些结果可以递推地进行，无需重复计算. 另一个比较重要的观察是，在计算 $V^{k-l}\cdots V^{k-1}\nabla f(x^k)$ 的过程中恰好同时计算了上一步的 $\rho_{k-l}(s^{k-l})^{\mathrm{T}}[V^{k-l+1}\cdots V^{k-1}\nabla f(x^k)]$，这是一个标量，对应着算法 6.6 的 α_i. 因此执行完第一个循环后，我们得到了 α_i, q，公式 (6.5.28) 变成如下形式：

$$\begin{aligned}
H^k\nabla f(x^k) = & (V^{k-m}\cdots V^{k-1})^{\mathrm{T}} H^{k-m} q + \\
& (V^{k-m+1}\cdots V^{k-1})^{\mathrm{T}} s^{k-m}\alpha_{k-m} + \\
& (V^{k-m+2}\cdots V^{k-1})^{\mathrm{T}} s^{k-m+1}\alpha_{k-m+1} + \cdots + s^{k-1}\alpha_{k-1}.
\end{aligned} \quad (6.5.29)$$

公式 (6.5.29) 已经简化了不少，接下来算法 6.6 的第二个循环就是自上而下合并每一项. 以合并前两项为例，它们有公共的因子 $(V^{k-m+1}\cdots V^{k-1})^{\mathrm{T}}$，提取出来之后前两项的和可以写为

$$\begin{aligned}
& (V^{k-m+1}\cdots V^{k-1})^{\mathrm{T}}((V^{k-m})^{\mathrm{T}} r + \alpha_{k-m} s^{k-m}) \\
= & (V^{k-m+1}\cdots V^{k-1})^{\mathrm{T}}(r + (\alpha_{k-m} - \beta) s^{k-m}),
\end{aligned}$$

这正是第二个循环的迭代格式. 注意合并后 (6.5.29) 式的结构仍不变，因此可递归地计算下去，最后变量 r 就是我们期望的结果 $H^k\nabla f(x^k)$.

算法 6.6 L-BFGS 双循环递归算法

1. 初始化 $q \leftarrow \nabla f(x^k)$.
2. **for** $i = k-1, k-2, \cdots, k-m$ **do**
3.   计算并保存 $\alpha_i \leftarrow \rho_i (s^i)^{\mathrm{T}} q$.
4.   更新 $q \leftarrow q - \alpha_i y^i$.
5. **end for**
6. 初始化 $r \leftarrow \hat{H}^{k-m} q$，其中 $\hat{H}^{k-m}$ 是 H^{k-m} 的近似矩阵.
7. **for** $i = k-m, k-m+1, \cdots, k-1$ **do**
8.   计算 $\beta \leftarrow \rho_i (y^i)^{\mathrm{T}} r$.
9.   更新 $r \leftarrow r + (\alpha_i - \beta) s^i$.
10. **end for**
11. 输出 r，即 $H^k\nabla f(x^k)$.

算法 6.6 双循环约需要 $4mn$ 次乘法运算与 $2mn$ 次加法运算，若近似矩阵 $\hat{H}^{k-m}$ 是对角矩阵，则额外需要 n 次乘法运算. 由于 m 不会很大，因此该算法的复杂度是 $\mathcal{O}(mn)$. 算法所需要的额外存储为临时变量 α_i，它的大小是 $\mathcal{O}(m)$. 综上所述，L-BFGS 双循环算法是非常高效的.

近似矩阵 $\hat{H}^{k-m}$ 的取法可以是对角矩阵 $\hat{H}^{k-m} = \gamma_k I$，其中

$$\gamma_k = \frac{(s^{k-1})^{\mathrm{T}} y^{k-1}}{(y^{k-1})^{\mathrm{T}} y^{k-1}}. \quad (6.5.30)$$

注意，这恰好是 BB 方法的第一个步长，见 (6.2.9) 式.

算法 6.7　L-BFGS 方法

1. 选择初始点 x^0, 参数 $m > 0$, $k \leftarrow 0$.
2. **while** 未达到收敛准则 **do**
3. 　　选取近似矩阵 $\hat{H}^{k-m}$.
4. 　　使用算法 6.6 计算下降方向 $d^k = -H^k \nabla f(x^k)$.
5. 　　使用线搜索算法计算满足 Wolfe 准则的步长 α_k.
6. 　　更新 $x^{k+1} = x^k + \alpha_k d^k$.
7. 　　**if** $k > m$ **then**
8. 　　　　从内存空间中删除 s^{k-m}, y^{k-m}.
9. 　　**end if**
10. 　　计算并保存 $s^k = x^{k+1} - x^k$, $y^k = \nabla f(x^{k+1}) - \nabla f(x^k)$.
11. 　　$k \leftarrow k+1$.
12. **end while**

至此我们基本介绍了 L-BFGS 方法的迭代格式 (见算法 6.7), 下面从另一个角度出发来重新理解这个格式, 进而可以直接给出 L-BFGS 格式下拟牛顿矩阵的形式. 为了讨论问题方便, 我们引入新的记号

$$S^k = [s^0, s^1, \cdots, s^{k-1}], \quad Y^k = [y^0, y^1, \cdots, y^{k-1}]. \tag{6.5.31}$$

引入矩阵记号的目的是使得 BFGS 格式 (6.5.13) 有更紧凑的表达形式.

定理 6.10　设 H^0 为 BFGS 格式的初始矩阵, 且是对称正定的, 又设 k 个向量对 $\{s^i, y^i\}_{i=0}^{k-1}$ 满足 $(s^i)^T y^i > 0$, H^k 是由 BFGS 格式 (6.5.13) 产生的拟牛顿矩阵, 则有

$$H^k = H^0 + \begin{bmatrix} S^k & H^0 Y^k \end{bmatrix} \begin{bmatrix} W^k & -((R^k)^{-1})^T \\ -(R^k)^{-1} & 0 \end{bmatrix} \begin{bmatrix} (S^k)^T \\ (Y^k)^T H^0 \end{bmatrix}, \tag{6.5.32}$$

其中

$$W^k = ((R^k)^{-1})^T (D^k + (Y^k)^T H^0 Y^k)(R^k)^{-1},$$

矩阵 R^k 是 $k \times k$ 上三角形矩阵, 其元素为

$$(R^k)_{ij} = \begin{cases} (s^{i-1})^T y^{j-1}, & i \leq j, \\ 0, & i > j, \end{cases}$$

$D^k = \text{Diag}((s^0)^T y^0, (s^1)^T y^1, \cdots, (s^{k-1})^T y^{k-1})$ 为对角矩阵.

该定理证明比较烦琐, 见 [37]. 它的重要意义在于可在给定 H^0, S^k, Y^k 的条件下直接计算出 BFGS 迭代矩阵 H^k. 如果 H^0 是一个近似矩阵, 那么 (6.5.32) 式将给出 L-BFGS 格式迭代矩阵的显式格式. 我们注意到格式 (6.5.32)

非常紧凑，直接使用矩阵的语言表达，因此从实现和理解上也比双循环算法直观．格式 (6.5.32) 也可直接用于 L-BFGS 的计算，但总计算量要比算法 6.6 多一个常数量级．然而该格式涉及矩阵操作，在现代计算机中可以使用 BLAS2（BLAS3）操作更高效地执行，实际效果很可能赶超双循环算法．

利用 SMW 公式 (B.1.2) 可以求出 BFGS 基于 B^k 的块迭代格式．

定理 6.11 设 B^0 为 BFGS 格式的初始矩阵，且是对称正定的，又设 k 个向量对 $\{s^i, y^i\}_{i=0}^{k-1}$ 满足 $(s^i)^{\mathrm{T}} y^i > 0$，$B^k$ 是由 BFGS 格式 (6.5.12) 产生的拟牛顿矩阵，则有

$$B^k = B^0 - \begin{bmatrix} B^0 S^k & Y^k \end{bmatrix} \begin{bmatrix} (S^k)^{\mathrm{T}} B^0 S^k & L^k \\ (L^k)^{\mathrm{T}} & -D^k \end{bmatrix}^{-1} \begin{bmatrix} (S^k)^{\mathrm{T}} B^0 \\ (Y^k)^{\mathrm{T}} \end{bmatrix}, \quad (6.5.33)$$

其中 L^k 是 $k \times k$ 严格下三角形矩阵，其元素为

$$(L^k)_{ij} = \begin{cases} (s^{i-1})^{\mathrm{T}} y^{j-1}, & i > j, \\ 0, & i \leqslant j. \end{cases}$$

$D^k = \mathrm{Diag}((s^0)^{\mathrm{T}} y^0, (s^1)^{\mathrm{T}} y^1, \cdots, (s^{k-1})^{\mathrm{T}} y^{k-1})$ 为对角矩阵．

正因为 L-BFGS 方法的出现，人们可以使用拟牛顿类算法求解优化问题．虽然有关 L-BFGS 方法的收敛性质依然很有限，但在实际应用中 L-BFGS 方法很快成为应用最广泛的拟牛顿类算法．比较有趣的是，尽管 DFP 公式和 BFGS 公式呈对偶关系，但极少有人研究有限内存的 DFP 格式，这也使得 BFGS 格式在地位上比 DFP 格式略胜一筹．

6.5.5 应用举例

1. 基追踪问题

考虑基追踪问题 (4.1.8)：

$$\min_{x \in \mathbb{R}^n} \|x\|_1, \quad \text{s.t.} \quad Ax = b, \quad (6.5.34)$$

其中 $A \in \mathbb{R}^{m \times n}, b \in \mathbb{R}^m$ 为给定的矩阵和向量．这是一个约束优化问题，如何将其转化为一个无约束优化问题呢？自然地，我们可以考虑其对偶问题．由于问题 (6.5.34) 的对偶问题的无约束优化形式不是可微的，即无法计算梯度（读者可以自行验证），我们考虑如下正则化问题：

$$\min_{x \in \mathbb{R}^n} \|x\|_1 + \frac{1}{2\alpha} \|x\|_2^2, \quad \text{s.t.} \quad Ax = b, \quad (6.5.35)$$

这里 $\alpha > 0$ 为正则化参数．显然，当 α 趋于无穷大时，问题 (6.5.35) 的解会逼近 (6.5.34) 的解．由于问题 (6.5.35) 的目标函数是强凸的，其对偶问题的无约束优化形式的目标函数是可微的．具体地，问题 (6.5.35) 的对偶问题为

$$\min_{y \in \mathbb{R}^m} \quad f(y) = -b^{\mathrm{T}} y + \frac{\alpha}{2} \|A^{\mathrm{T}} y - \mathcal{P}_{[-1,1]^n}(A^{\mathrm{T}} y)\|_2^2, \tag{6.5.36}$$

其中 $\mathcal{P}_{[-1,1]^n}(x)$ 为 x 到集合 $[-1,1]^n$ 的投影．通过简单计算，可知

$$\nabla f(y) = -b + \alpha A(A^{\mathrm{T}} y - \mathcal{P}_{[-1,1]^n}(A^{\mathrm{T}} y)),$$

那么，我们可以利用 L-BFGS 方法来求解问题 (6.5.36)，在得到该问题的解 y^* 之后，问题 (6.5.35) 的解 x^* 可通过下式近似得到：

$$x^* \approx \alpha \left(A^{\mathrm{T}} y^* - \mathcal{P}_{[-1,1]^n}(A^{\mathrm{T}} y^*)\right).$$

进一步地，文章 [205] 中证明，当 α 充分大时，问题 (6.5.35) 的解就是原问题 (6.5.34) 的解．因此，我们可以通过选取合适的 α，通过求解问题 (6.5.36) 来得到问题 (6.5.34) 的解．

我们用第 6.2 节中的 A 和 b，分别选取 $\alpha = 5, 10$，调用 L-BFGS 方法求解问题 (6.5.36)，其中内存长度取为 5．迭代收敛过程见图 6.13．从图中我们可以看到，当靠近最优解时，L-BFGS 方法的迭代点列呈 Q-线性收敛．

图 6.13 基追踪问题

2. 逻辑回归问题

考虑逻辑回归问题

$$\min_{x} \quad \ell(x) = \frac{1}{m} \sum_{i=1}^{m} \ln(1 + \exp(-b_i a_i^{\mathrm{T}} x)) + \lambda \|x\|_2^2, \tag{6.5.37}$$

这里取 $\lambda = \dfrac{1}{100m}$. 目标函数的导数计算可以参考上一节. 同样地，我们选取 LIBSVM 上的数据集，调用 L-BFGS 方法（内存长度取为 5）求解代入数据集后的问题 (6.5.37), 其迭代收敛过程见图 6.14.

图 6.14
逻辑回归问题

6.6 信赖域算法

本节介绍信赖域算法. 它和线搜索类算法都是借助泰勒展开来对目标函数进行局部近似，但它们看待近似函数的方式不同. 在线搜索类算法中，我们先利用近似模型求出下降方向，然后给定步长；而在信赖域类算法中，我们直接在一个有界区域内求解这个近似模型，而后迭代到下一个点. 因此信赖域算法实际上是同时选择了方向和步长.

6.6.1 信赖域算法框架

我们对信赖域算法给一个直观的数学表达. 根据带拉格朗日余项的泰勒展开，

$$f(x^k + d) = f(x^k) + \nabla f(x^k)^\mathrm{T} d + \frac{1}{2} d^\mathrm{T} \nabla^2 f(x^k + td)d,$$

其中 $t \in (0,1)$ 为和 d 有关的正数. 和牛顿法相同，我们利用 $f(x)$ 的一个二阶近似来刻画 $f(x)$ 在点 $x = x^k$ 处的性质：

$$m_k(d) = f(x^k) + \nabla f(x^k)^T d + \frac{1}{2} d^T B^k d, \tag{6.6.1}$$

其中 B^k 是对称矩阵. 这里要求 B^k 是海瑟矩阵的近似矩阵, 如果 B^k 恰好是函数 $f(x)$ 在点 $x = x^k$ 处的海瑟矩阵, 那么, 当 $f(x)$ 充分光滑时, $m_k(d)$ 的逼近误差是 $O(\|d\|^3)$.

我们使用了二阶泰勒展开来近似目标函数 $f(x)$, 但还需要考虑到泰勒展开是函数的局部性质, 它仅仅对模长较小的 d 有意义. 当 d 过长时, 模型 (6.6.1) 便不再能刻画 $f(x)$ 的特征, 为此需要对模型 (6.6.1) 添加约束. 我们仅在如下球内考虑 $f(x)$ 的近似:

$$\Omega_k = \{x^k + d \mid \|d\| \leqslant \Delta_k\},$$

其中 $\Delta_k > 0$ 是一个和迭代有关的参数. 我们称 Ω_k 为**信赖域**, Δ_k 为**信赖域半径**. 从命名方式也可看出, 信赖域就是我们相信 $m_k(d)$ 能很好地近似 $f(x)$ 的区域, 而 Δ_k 表示了这个区域的大小. 因此信赖域算法每一步都需要求解如下子问题

$$\min_{d \in \mathbb{R}^n} \quad m_k(d), \quad \text{s.t.} \quad \|d\| \leqslant \Delta_k. \tag{6.6.2}$$

图 6.15
信赖域算法一步迭代

图 6.15 显示了子问题 (6.6.2) 的求解过程. 图中实线表示 $f(x)$ 的等高线, 虚线表示 $m_k(d)$ 的等高线 (这里有关系 $d = x - x^k$), d_N^k 表示求解无约束问题得到的下降方向 (若 B^k 为海瑟矩阵则 d_N^k 为牛顿方向), d_{TR}^k 表示求解信赖域子问题 (6.6.2) 得到的下降方向, 可以看到二者明显是不同的. 信赖域算法正是限制了 d 的大小, 使得迭代更加保守, 因此可以在牛顿方向很差时发挥作用.

在子问题 (6.6.2) 中仍需要确定信赖域半径 Δ_k. 实际上, 选取信赖域半径非常关键, 它决定了算法的收敛性. 考虑到信赖域半径是 "对模型 $m_k(d)$ 相信的程度", 如果 $m_k(d)$ 对函数 $f(x)$ 近似较好, 就应该扩大信赖域半径, 在更

大的区域内使用这个近似，反之就应该减小信赖域半径重新计算．我们引入如下定义来衡量 $m_k(d)$ 近似程度的好坏：

$$\rho_k = \frac{f(x^k) - f(x^k + d^k)}{m_k(0) - m_k(d^k)}, \tag{6.6.3}$$

其中 d^k 为求解子问题 (6.6.2) 得到的迭代方向．根据 ρ_k 的定义我们知道，它是函数值实际下降量与预估下降量（即二阶近似模型下降量）的比值．如果 ρ_k 接近 1，说明用 $m_k(d)$ 来近似 $f(x)$ 是比较成功的，我们应该扩大 Δ_k；如果 ρ_k 为非常小的正数甚至为负数，就说明我们过分地相信了二阶模型 $m_k(d)$，此时应该缩小 Δ_k．使用这个机制可以动态调节 Δ_k，让二阶模型 $m_k(d)$ 的定义域处于一个合适的范围．

算法 6.8　信赖域算法

1. 给定最大半径 $\Delta_{\max}$，初始半径 Δ_0，初始点 x^0，$k \leftarrow 0$．
2. 给定参数 $0 \leqslant \eta < \bar{\rho}_1 < \bar{\rho}_2 < 1$，$\gamma_1 < 1 < \gamma_2$．
3. **while** 未达到收敛准则 **do**
4. 　　计算子问题 (6.6.2) 得到迭代方向 d^k．
5. 　　根据 (6.6.3) 式计算下降率 ρ_k．
6. 　　**if** $\rho_k < \bar{\rho}_1$ **then**
7. 　　　　缩小信赖域半径：$\Delta_{k+1} = \gamma_1 \Delta_k$．
8. 　　**else**
9. 　　　　**if** $\rho_k > \bar{\rho}_2$ 以及 $\|d^k\| = \Delta_k$ **then**
10. 　　　　　扩大信赖域半径：$\Delta_{k+1} = \min\{\gamma_2 \Delta_k, \Delta_{\max}\}$．
11. 　　　**else**
12. 　　　　　信赖域半径不变：$\Delta_{k+1} = \Delta_k$．
13. 　　　**end if**
14. 　　**end if**
15. 　　**if** $\rho_k > \eta$ **then**
16. 　　　　更新 $x^{k+1} = x^k + d^k$．
17. 　　**else**
18. 　　　　$x^{k+1} = x^k$．
19. 　　**end if**
20. 　　$k \leftarrow k + 1$．
21. **end while**

算法 6.8 给出了完整的信赖域方法．该算法虽然有一些参数，但是它对这些参数的取值并不敏感．在实际中可取 $\bar{\rho}_1 = 0.25, \bar{\rho}_2 = 0.75$ 以及 $\gamma_1 = 0.25, \gamma_2 = 2$．注意，信赖域半径 Δ_k 不会无限增长，一是因为它有上界的控制，二是如果信赖域约束不起作用（即二次模型最优值处于信赖域内），我们也无需增加信赖域半径. 只有当 $m_k(d)$ 近似足够好并且信赖域约束起作用时, 才需要增加 Δ_k.

在算法 6.8 中只剩下一个关键问题没有说明: 如何求解信赖域子问题 (6.6.2)? 下一个小节将给出两种方法.

6.6.2 信赖域子问题求解

在多数实际应用中, 信赖域子问题 (6.6.2) 的解是无法显式写出的. 为了求出迭代方向 d^k, 我们需要设计算法快速或近似求解子问题 (6.6.2).

1. 迭代法

信赖域子问题是一个仅仅涉及二次函数的约束优化问题, 那么能否用约束优化问题的最优性条件来求解子问题的解呢? 下面的定理给出了子问题的最优解 p^* 需要满足的条件:

定理 6.12 d^* 是信赖域子问题

$$\min \quad m(d) = f + g^\mathrm{T} d + \frac{1}{2} d^\mathrm{T} B d, \quad \text{s.t.} \quad \|d\| \leqslant \Delta \tag{6.6.4}$$

的全局极小解当且仅当 d^* 是可行的且存在 $\lambda \geqslant 0$ 使得

$$(B + \lambda I) d^* = -g, \tag{6.6.5a}$$

$$\lambda(\Delta - \|d^*\|) = 0, \tag{6.6.5b}$$

$$(B + \lambda I) \succeq 0. \tag{6.6.5c}$$

证明 先证明必要性. 实际上, 我们可以利用 KKT 条件来直接写出 d^* 所满足的关系. 问题 (6.6.4) 的拉格朗日函数为

$$L(d, \lambda) = f + g^\mathrm{T} d + \frac{1}{2} d^\mathrm{T} B d - \frac{\lambda}{2}(\Delta^2 - \|d\|^2),$$

其中乘子 $\lambda \geqslant 0$. 根据 KKT 条件, d^* 是可行解, 且

$$\nabla_d L(d^*, \lambda) = (B + \lambda I) d^* + g = 0.$$

此外还有互补条件

$$\frac{\lambda}{2}(\Delta^2 - \|d^*\|^2) = 0.$$

以上两式整理后就是 (6.6.5a) 式和 (6.6.5b) 式. 为了证明 (6.6.5c) 式, 我们任取 d 满足 $\|d\| = \Delta$, 根据最优性, 有

$$m(d) \geqslant m(d^*) = m(d^*) + \frac{\lambda}{2}(\|d^*\|^2 - \|d\|^2).$$

利用 (6.6.5a) 式消去 g，代入上式整理可知

$$(d-d^*)^\mathrm{T}(B+\lambda I)(d-d^*) \geqslant 0,$$

由任意性可知 $B+\lambda I$ 半正定.

再证明充分性. 定义辅助函数

$$\hat{m}(d) = f + g^\mathrm{T}d + \frac{1}{2}d^\mathrm{T}(B+\lambda I)d = m(d) + \frac{\lambda}{2}d^\mathrm{T}d,$$

由条件 (6.6.5c) 可知 $\hat{m}(d)$ 关于 d 是凸函数. 根据条件 (6.6.5a)，d^* 满足凸函数一阶最优性条件，结合定理 5.5 可推出 d^* 是 $\hat{m}(d)$ 的全局极小值点，进而对任意可行解 d，我们有

$$m(d) \geqslant m(d^*) + \frac{\lambda}{2}(\|d^*\|^2 - \|d\|^2).$$

由互补条件 (6.6.5b) 可知 $\lambda(\Delta^2 - \|d^*\|^2) = 0$，代入上式消去 $\|d^*\|^2$ 得

$$m(d) \geqslant m(d^*) + \frac{\lambda}{2}(\Delta^2 - \|d\|^2) \geqslant m(d^*). \qquad \square$$

定理 6.12 提供了问题维数 n 较小时寻找 d^* 的一个方法. 根据 (6.6.5a) 式，最优解是以 λ 为参数的一族向量. 我们定义

$$d(\lambda) = -(B+\lambda I)^{-1}g, \qquad (6.6.6)$$

则只需要寻找合适的 λ 使得 (6.6.5b) 式和 (6.6.5c) 式成立即可. 根据互补条件 (6.6.5b)，当 $\lambda > 0$ 时必有 $\|d(\lambda)\| = \Delta$；根据半正定条件 (6.6.5c)，λ 须大于等于 B 的最小特征值的相反数. 现在研究 $\|d(\lambda)\|$ 随 λ 变化的性质. 设 B 有特征值分解 $B = Q\Lambda Q^\mathrm{T}$，其中 $Q = [q_1, q_2, \cdots, q_n]$ 是正交矩阵，$\Lambda = \mathrm{Diag}(\lambda_1, \lambda_2, \cdots, \lambda_n)$ 是对角矩阵，$\lambda_1 \leqslant \lambda_2 \leqslant \cdots \leqslant \lambda_n$ 是 B 的特征值. 为了方便，以下仅考虑 $\lambda_1 \leqslant 0$ 且 λ_1 是单特征根的情形，其他情形可类似地分析. 显然，$B+\lambda I$ 有特征值分解 $B+\lambda I = Q(\Lambda+\lambda I)Q^\mathrm{T}$. 对 $\lambda > -\lambda_1 \geqslant 0$，我们可直接写出 $d(\lambda)$ 的表达式：

$$d(\lambda) = -Q(\Lambda+\lambda I)^{-1}Q^\mathrm{T}g = -\sum_{i=1}^{n}\frac{q_i^\mathrm{T}g}{\lambda_i+\lambda}q_i. \qquad (6.6.7)$$

这正是 $d(\lambda)$ 的正交分解，由正交性可容易求出

$$\|d(\lambda)\|^2 = \sum_{i=1}^{n}\frac{(q_i^\mathrm{T}g)^2}{(\lambda_i+\lambda)^2}. \qquad (6.6.8)$$

根据 (6.6.8) 式可知当 $\lambda > -\lambda_1$ 且 $q_1^\mathrm{T}g \neq 0$ 时，$\|d(\lambda)\|^2$ 是关于 λ 的严格减函数，且有

$$\lim_{\lambda \to \infty}\|d(\lambda)\| = 0, \quad \lim_{\lambda \to -\lambda_1+}\|d(\lambda)\| = +\infty.$$

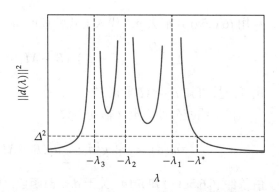

图 6.16 $\|d(\lambda)\|^2$ 随 λ 的变化关系

根据连续函数介值定理，$\|d(\lambda)\| = \Delta$ 的解必存在且唯一. 一个典型的例子如图 6.16 所示.

根据上面的分析，寻找 λ^* 已经转化为一个一元方程求根问题，我们可以使用牛顿法求解. 在得到最优解 λ^* 后，根据 (6.6.5a) 式即可求出迭代方向 d^*. 这里略去细节，感兴趣的读者可参考 [145].

此外，在上面的分析中我们假定了 $q_1^T g \neq 0$，在实际中这个条件未必满足. 当 $q_1^T g = 0$ 时，(6.6.8) 式将没有和 λ_1 相关的项. 此时未必存在 $\lambda^* > -\lambda_1$ 使得 $\|d(\lambda^*)\| = \Delta$ 成立. 记 $M = \lim\limits_{\lambda \to -\lambda_1 +} \|d(\lambda)\|$，当 $M \geqslant \Delta$ 时，仍然可以根据介值定理得出 $\lambda^* (> -\lambda_1)$ 的存在性；而当 $M < \Delta$ 时，无法利用前面的分析求出 λ^* 和 d^*，此时信赖域子问题变得比较复杂. 实际上，$q_1^T g = 0$ 且 $M < \Delta$ 的情形被人们称为"困难情形 (hard case)". 此情形发生时，区间 $(-\lambda_1, +\infty)$ 中的点无法使得 (6.6.5b) 式成立，而定理 6.12 的结果说明 $\lambda^* \in [-\lambda_1, +\infty)$，因此必有 $\lambda^* = -\lambda_1$.

为了求出 d^*，可以利用（奇异）线性方程组 (6.6.5a) 解的结构，其通解可以写为

$$d(\alpha) = -\sum_{i=2}^{n} \frac{q_i^T g}{\lambda_i - \lambda_1} q_i + \alpha q_1, \quad \alpha \in \mathbb{R}.$$

由正交性，

$$\|d(\alpha)\|^2 = \alpha^2 + \sum_{i=2}^{n} \frac{(q_i^T g)^2}{(\lambda_i - \lambda_1)^2}.$$

注意在困难情形中有 $M = \sqrt{\sum\limits_{i=2}^{n} \frac{(q_i^T g)^2}{(\lambda_i - \lambda_1)^2}} < \Delta$，因此必存在 α^* 使得 $\|d(\alpha^*)\| = \Delta$. 这就求出了 d^* 的表达式.

2. 截断共轭梯度法

我们再介绍一种信赖域子问题的求解方法. 既然问题 (6.6.2) 的解不易求出，能否写出它的一个近似解呢？Steihaug [172] 在 1983 年对共轭梯度法进行了改造，使其成为能求解问题 (6.6.2) 的算法. 此算法能够应用在大规模问题中，是一种非常有效的信赖域子问题的求解方法. 我们知道，子问题 (6.6.2)

和一般的二次极小化问题相差一个约束,如果先不考虑其中的约束 $\|d\| \leqslant \Delta$ 而直接使用共轭梯度法求解,在迭代过程中应该能找到合适的迭代点作为信赖域子问题的近似解. 这就是截断共轭梯度法的基本思想.

为了介绍截断共轭梯度法,我们简要回顾一下标准共轭梯度法的迭代过程. 对于二次极小化问题

$$\min_s \quad q(s) \stackrel{\text{def}}{=\!=} g^{\mathrm{T}}s + \frac{1}{2}s^{\mathrm{T}}Bs,$$

给定初值 $s^0 = 0, r^0 = g, p^0 = -g$,共轭梯度法的迭代过程为

$$\alpha_{k+1} = \frac{\|r^k\|^2}{(p^k)^{\mathrm{T}}Bp^k},$$

$$s^{k+1} = s^k + \alpha_k p^k,$$

$$r^{k+1} = r^k + \alpha_k Bp^k,$$

$$\beta_k = \frac{\|r^{k+1}\|^2}{\|r^k\|^2},$$

$$p^{k+1} = -r^{k+1} + \beta_k p^k,$$

其中迭代序列 $\{s^k\}$ 最终的输出即为二次极小化问题的解,算法的终止准则是判断 $\|r^k\|$ 是否足够小. 截断共轭梯度法则是对标准共轭梯度法增加了两条终止准则,并对最后一步的迭代点 s^k 进行修正来得到信赖域子问题的解. 考虑到矩阵 B 不一定是正定矩阵,在迭代过程中可能会产生如下三种情况:

(1) $(p^k)^{\mathrm{T}}Bp^k \leqslant 0$,即 B 不是正定矩阵. 我们知道共轭梯度法不能处理非正定的线性方程组,遇到这种情况应该立即终止算法. 但根据这个条件也找到了一个负曲率方向,此时只需要沿着这个方向走到信赖域边界即可.

(2) $(p^k)^{\mathrm{T}}Bp^k > 0$ 但 $\|s^{k+1}\| \geqslant \Delta$,这表示若继续进行共轭梯度法迭代,则点 s^{k+1} 将处于信赖域之外或边界上,此时必须马上停止迭代,并在 s^k 和 s^{k+1} 之间找一个近似解.

(3) $(p^k)^{\mathrm{T}}Bp^k > 0$ 且 $\|r^{k+1}\|$ 充分小,这表示共轭梯度法成功收敛到信赖域内. 子问题 (6.6.2) 和不带约束的二次极小化问题是等价的.

从上述终止条件来看截断共轭梯度法仅仅产生了共轭梯度法的部分迭代点,这也是该方法名字的由来.

算法 6.9 给出了截断共轭梯度法的迭代过程,其中的三个判断分别对应了之前叙述的三种情况. 注意,在不加限制时,下一步迭代点总是为 $s^{k+1} = s^k + \alpha_k p^k$. 当情况(1)发生时,只需要沿着 p^k 走到信赖域边界;当情况(2)发生时,由于 $\|s^k\| < \Delta, \|s^k + \alpha_k p^k\| \geqslant \Delta$,由连续函数介值定理可得 τ 必定存在且处于区间 $(0, \alpha_k]$ 内.

算法 6.9 截断共轭梯度法 (Steihaug-CG)

1. 给定精度 $\varepsilon > 0$, 初始化 $s^0 = 0, r^0 = g, p^0 = -g$, $k \leftarrow 0$.
2. **loop**
3.   **if** $(p^k)^{\mathrm{T}} B p^k \leqslant 0$ **then**
4.   计算 $\tau > 0$ 使得 $\|s^k + \tau p^k\| = \Delta$.
5.   算法停止, 输出 $s = s^k + \tau p^k$.
6.   **end if**
7.   计算 $\alpha_k = \dfrac{\|r^k\|^2}{(p^k)^{\mathrm{T}} B p^k}$, 更新 $s^{k+1} = s^k + \alpha_k p^k$.
8.   **if** $\|s^{k+1}\| \geqslant \Delta$ **then**
9.   计算 $\tau > 0$ 使得 $\|s^k + \tau p^k\| = \Delta$.
10.   算法停止, 输出 $s = s^k + \tau p^k$.
11.   **end if**
12.   计算 $r^{k+1} = r^k + \alpha_k B p^k$.
13.   **if** $\|r^{k+1}\| < \varepsilon \|r^0\|$ **then**
14.   算法停止, 输出 $s = s^{k+1}$.
15.   **end if**
16.   计算 $\beta_k = \dfrac{\|r^{k+1}\|^2}{\|r^k\|^2}$, 更新 $p^{k+1} = -r^{k+1} + \beta_k p^k$.
17. $k \leftarrow k + 1$.
18. **end loop**

截断共轭梯度法的迭代序列 $\{s^k\}$ 有非常好的性质, 实际上我们可以证明如下定理:

定理 6.13 设 $q(s)$ 是任意外迭代步信赖域子问题的目标函数, 令 $\{s^j\}$ 是由算法 6.9 产生的迭代序列, 则在算法终止前 $q(s^j)$ 是严格单调递减的, 即

$$q(s^{j+1}) < q(s^j), \tag{6.6.9}$$

并且 $\|s^j\|$ 是严格单调递增的, 即

$$0 = \|s^0\| < \|s^1\| < \cdots < \|s^{j+1}\| < \cdots \leqslant \Delta. \tag{6.6.10}$$

证明 为了方便讨论, 不妨设迭代在第 t 步终止. 根据算法 6.9, 在终止之前, $(p^j)^{\mathrm{T}} B p^j > 0, j < t$ 是一直成立的. 此时的算法就是共轭梯度法, 而对共轭梯度法, 很容易证明 (6.6.9) 式和 (6.6.10) 式. 注意到 $q(s)$ 在点 s^j 处的梯度就是 r^j, 而根据共轭梯度迭代性质 $(r^j)^{\mathrm{T}} p^i = 0, i < j$, 所以

$$(r^j)^{\mathrm{T}} p^j = (r^j)^{\mathrm{T}}(-r^j + \beta_{j-1} p^{j-1}) = -\|r^j\|^2 < 0,$$

即 p^j 是下降方向. 而 α_j 的选取恰好为精确线搜索的步长, 因此有 $q(s^{j+1}) <$

$q(s^j)$. 此外由 s^j 的定义，

$$s^j = \sum_{i=0}^{j-1} \alpha_i p^i, \quad \alpha_i > 0.$$

再一次根据共轭梯度法的性质，我们有

$$(p^j)^{\mathrm{T}} s^j = \sum_{i=0}^{j-1} \alpha_i (p^j)^{\mathrm{T}} p^i = \sum_{i=0}^{j-1} \alpha_i \frac{\|r^j\|^2}{\|r^i\|^2} \|p^i\|^2 > 0.$$

结合以上表达式可得

$$\|s^{j+1}\|^2 = \|s^j + \alpha_j p^j\|^2 = \|s^j\|^2 + 2\alpha_j (p^j)^{\mathrm{T}} s^j + \alpha_j^2 \|p^j\|^2 > \|s^j\|^2. \quad \square$$

实际上，我们还可进一步说明算法 6.9 的输出 s 满足如下关系：

$$q(s) \leqslant q(s^t), \quad \|s^t\| \leqslant \|s\|,$$

其中 t 为算法终止时的迭代数. 这只需要分别讨论三种终止条件即可.

（1）若 $(p^t)^{\mathrm{T}} B p^t \leqslant 0$，则 p^t 是负曲率方向，沿着负曲率方向显然有 $q(s) \leqslant q(s^t)$. 注意到此时 $\|s\| = \Delta$，因此有 $\|s^t\| \leqslant \|s\| = \Delta$.

（2）若 $(p^t)^{\mathrm{T}} B p^t > 0$ 但 $\|s^{t+1}\| \geqslant \Delta$，根据最速下降法的性质，$q(s^t + \alpha p^t)$ 关于 $\alpha \in (0, \alpha_t]$ 单调下降，根据 τ 的取法显然有 $q(s) \leqslant q(s^t)$. 此时依然有 $\|s\| = \Delta$，因此 $\|s^t\| \leqslant \|s\| = \Delta$ 仍成立.

（3）若 $(p^t)^{\mathrm{T}} B p^t > 0$ 且 $\|r^{t+1}\| \leqslant \varepsilon \|r^0\|$，此时算法就是共轭梯度法，结论自然成立.

定理 6.13 其实可以从以下的观点来看：记 $d(\Delta)$ 为信赖域子问题 (6.6.2) 当信赖域半径取 Δ 时的解，在这里我们让 Δ 从 0 开始变化，则 $d(\Delta)$ 的轨迹就是一条单参数曲线. 算法 6.9 实际上是使用由共轭梯度法迭代点列 $\{s^j\}$ 确定的折线来逼近这条曲线，并将该折线与信赖域交集中距信赖域中心的最远点作为信赖域子问题的近似解. 实际上，许多方法都利用了这种逼近的思想，例如 **Dogleg 方法** [158]，**双折 Dogleg 方法** [58]. 根据定理 6.13，由于目标函数的单调递减性，截断共轭梯度法可以保证子问题的求解精度自动满足信赖域方法的收敛条件（收敛性分析将在下一小节中介绍），从而保证理论与数值上有更好的效果.

6.6.3 收敛性分析

本小节简要介绍信赖域算法的收敛性结果. 我们将着重于介绍定理的条件和最终结论，而略去较为烦琐的证明部分.

1. 柯西点

为了估计求解每个信赖域子问题得到的函数值改善情况，我们引入柯西点的定义．

定义 6.6 (柯西点) 设 $m_k(d)$ 是 $f(x)$ 在点 $x = x^k$ 处的二阶近似，常数 τ_k 为如下优化问题的解：

$$\min \quad m_k(-\tau \nabla f(x^k)),$$
$$\text{s.t.} \quad \|\tau \nabla f(x^k)\| \leqslant \Delta_k, \tau \geqslant 0,$$

则称 $x_C^k \stackrel{\text{def}}{=\!=} x^k + d_C^k$ 为**柯西点**，其中 $d_C^k = -\tau_k \nabla f(x^k)$．

根据柯西点的定义，它实际上是对 $m_k(d)$ 进行了一次精确线搜索的梯度法，不过这个线搜索是考虑了信赖域约束的．图 6.17 直观地解释了柯西点的含义．

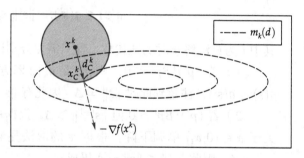

图 6.17 柯西点

实际上，给定 $m_k(d)$，柯西点可以显式计算出来．为了方便，我们用 g^k 表示 $\nabla f(x^k)$，根据 τ_k 的定义，容易计算出其表达式为

$$\tau_k = \begin{cases} \dfrac{\Delta_k}{\|g^k\|}, & (g^k)^{\mathrm{T}} B^k g^k \leqslant 0, \\ \min\left\{ \dfrac{\|g^k\|^2}{(g^k)^{\mathrm{T}} B^k g^k}, \dfrac{\Delta_k}{\|g^k\|} \right\}, & \text{其他}. \end{cases}$$

以上的分析表明，柯西点是信赖域子问题 (6.6.2) 的一个可行点，但在实际计算中人们一般不会将柯西点作为下一步迭代点的近似．这是由于选取柯西点本质上为一个带截断步长的最速下降法，它并没有充分利用海瑟矩阵 B^k 的信息．即便如此，人们还是可以将柯西点作为信赖域子问题算法的一个评判标准，即要求子问题算法产生的迭代点至少比柯西点要好．而容易看出，若迭代点取为柯西点，二次模型的目标函数值依然是下降的．实际上，我们有如下引理（证明见 [145]^{引理4.3}）：

引理 6.3 (柯西点的下降量) 设 d_C^k 为求解柯西点产生的下降方向，则

$$m_k(0) - m_k(d_C^k) \geqslant \frac{1}{2} \|g^k\| \min\left\{ \Delta_k, \frac{\|g^k\|}{\|B^k\|_2} \right\}. \tag{6.6.11}$$

而前一小节介绍的子问题求解方法（如迭代法，截断共轭梯度法，Dogleg 方法）得到的迭代方向 d^k 均满足

$$m_k(0) - m_k(d^k) \geqslant c_2(m_k(0) - m_k(d_C^k)).$$

这也就意味着估计式

$$m_k(0) - m_k(d^k) \geqslant \frac{1}{2}c_2\|g^k\|\min\left\{\Delta_k, \frac{\|g^k\|}{\|B^k\|_2}\right\} \tag{6.6.12}$$

在很多情况下都会成立. 这为我们证明信赖域算法的收敛性提供了基础.

2. 全局收敛性

现在介绍信赖域算法的全局收敛性. 回顾信赖域算法 6.8，我们引入了一个参数 η 来确定是否应该更新迭代点. 这分为两种情况：当 $\eta = 0$ 时，只要原目标函数有下降量就接受信赖域迭代步的更新；当 $\eta > 0$ 时，只有当改善量 ρ_k 达到一定程度时再进行更新. 在这两种情况下得到的收敛性结果是不同的，我们分别介绍这两种结果.

根据 [145]^{定理 4.5}，在 $\eta = 0$ 的条件下有如下收敛性定理：

定理 6.14 (全局收敛性 1) 设近似海瑟矩阵 B^k 有界，即 $\|B^k\|_2 \leqslant M, \forall k$，$f(x)$ 在下水平集 $\mathcal{L} = \{x \mid f(x) \leqslant f(x^0)\}$ 上有下界，且 $\nabla f(x)$ 在 $\mathcal{L}$ 的一个开邻域内利普希茨连续. 若 d^k 为信赖域子问题的近似解且满足 (6.6.12) 式，算法 6.8 选取参数 $\eta = 0$，则

$$\liminf_{k\to\infty}\|\nabla f(x^k)\| = 0,$$

即 x^k 的聚点中包含稳定点.

定理 6.14 表明若无条件接受信赖域子问题的更新，则算法 6.8 仅仅有子序列的收敛性，迭代点序列本身不一定收敛. 根据 [145]^{定理 4.6}，下面的定理则说明选取 $\eta > 0$ 可以改善收敛性结果.

定理 6.15 (全局收敛性 2) 在定理 6.14 的条件下，若算法 6.8 选取参数 $\eta > 0$，且信赖域子问题近似解 d^k 满足 (6.6.12) 式，则

$$\lim_{k\to\infty}\|\nabla f(x^k)\| = 0.$$

和牛顿类算法不同，信赖域算法具有全局收敛性，因此它对迭代初值选取的要求比较弱. 而牛顿法的收敛性极大地依赖初值的选取.

3. 局部收敛性

再来介绍信赖域算法的局部收敛性. 在构造信赖域子问题时利用了 $f(x)$ 的二阶信息，它在最优点附近应该具有牛顿法的性质. 特别地，当近似矩阵 B^k

取为海瑟矩阵 $\nabla^2 f(x^k)$ 时，根据信赖域子问题的更新方式，二次模型 $m_k(d)$ 将会越来越逼近原函数 $f(x)$，最终信赖域约束 $\|d\| \leqslant \Delta_k$ 将会失效. 此时信赖域方法将会和牛顿法十分接近，而根据定理 6.6，牛顿法有 Q-二次收敛的性质，这个性质很自然地会继承到信赖域算法上.

和牛顿法不同的是，在信赖域迭代算法中，我们并不知道迭代点列是否已经接近最优点. 即使信赖域半径约束已经不起作用，如果 B^k 没有取为海瑟矩阵 $\nabla^2 f(x^k)$ 或者信赖域子问题没有精确求解，d^k 一般也不会等于牛顿方向 d_N^k，但是它们的误差往往是越来越小的. 根据 [145]$^{\text{定理 4.9}}$，我们有如下定理：

定理 6.16 设 $f(x)$ 在最优点 $x = x^*$ 的一个邻域内二阶连续可微，且 $\nabla f(x)$ 利普希茨连续，在最优点 x^* 处二阶充分条件成立，即 $\nabla^2 f(x^*) \succ 0$. 若迭代点列 $\{x^k\}$ 收敛到 x^*，且在迭代中选取 B^k 为海瑟矩阵 $\nabla^2 f(x^k)$，则对充分大的 k，任意满足 (6.6.12) 式的信赖域子问题算法产生的迭代方向 d^k 均满足

$$\|d^k - d_N^k\| = o(\|d_N^k\|), \tag{6.6.13}$$

其中 d_N^k 为第 k 步迭代的牛顿方向且满足假设 $\|d_N^k\| \leqslant \dfrac{\Delta_k}{2}$.

定理 6.16 说明若信赖域算法收敛，则当 k 充分大时，信赖域半径的约束终将失效，且算法产生的迭代方向将会越来越接近牛顿方向.

根据定理 6.16 很容易得到收敛速度的估计.

推论 6.3 (信赖域算法的局部收敛速度) 在定理 6.16 的条件下，信赖域算法产生的迭代序列 $\{x^k\}$ 具有 Q-超线性收敛速度.

证明 根据定理 6.6，对牛顿方向，

$$\|x^k + d_N^k - x^*\| = \mathcal{O}(\|x^k - x^*\|^2),$$

因此得到估计 $\|d_N^k\| = \mathcal{O}(\|x^k - x^*\|)$. 又根据定理 6.16，

$$\|x^k + d^k - x^*\| \leqslant \|x^k + d_N^k - x^*\| + \|d^k - d_N^k\| = o(\|x^k - x^*\|).$$

这说明信赖域算法是 Q-超线性收敛的. □

容易看出，若在迭代后期 $d^k = d_N^k$ 能得到满足，则信赖域算法是 Q-二次收敛的. 很多算法都会有这样的性质，例如前面提到的截断共轭梯度法和 Dogleg 方法. 因此在实际应用中，截断共轭梯度法是最常用的信赖域子问题的求解方法，使用此方法能够同时兼顾全局收敛性和局部 Q-二次收敛性.

6.6.4 应用举例

考虑逻辑回归问题

$$\min_{x} \frac{1}{m} \sum_{i=1}^{m} \ln(1 + \exp(-b_i a_i^\mathrm{T} x)) + \lambda \|x\|_2^2, \tag{6.6.14}$$

这里取 $\lambda = \dfrac{1}{100m}$. 目标函数导数和海瑟矩阵计算参见第 6.4 节. 同样地, 我们选取 LIBSVM 上的数据集, 调用信赖域算法求解代入数据集后的问题 (6.6.14), 其迭代收敛过程见图 6.18. 其中使用截断共轭梯度法来求解信赖域子问题, 精度设置同第 6.4 节的牛顿法一致. 从图中可以看到, 在精确解附近梯度范数具有超线性收敛性质. 由于这个问题是强凸的, 所以选取一个较大的初始信赖域半径 $(\sqrt{n})$. 在数据集 a9a 和 ijcnn1 的求解中, 信赖域子问题的求解没有因为超出信赖域边界而停机, 因此和第 6.4 节中牛顿法的数值表现一致.

图 6.18
逻辑回归问题

6.7 非线性最小二乘问题算法

本节研究非线性最小二乘问题的算法. 非线性最小二乘问题是一类特殊的无约束优化问题, 它有非常广泛的实际应用背景. 例如在统计中, 我们经常建立如下带参数的模型:

$$b = \phi(a; x) + \varepsilon,$$

其中 a 为自变量，b 为响应变量，它们之间的关系由函数 $\phi(\cdot;x)$ 决定且 x 是参数，ε 是噪声项，即观测都是有误差的。我们的目的是要根据观测 (a_i,b_i) 估计未知参数 x 的值。若 ε 服从高斯分布，则使用 ℓ_2 范数平方是处理高斯噪声最好的方式：对 ℓ_2 范数平方损失函数

$$f(x) = \frac{1}{m}\sum_{i=1}^{m}\|b_i - \phi(a_i;x)\|^2$$

进行极小化即可求出未知参数 x 的估计。而对 ℓ_2 范数平方损失函数求解极小值就是一个最小二乘问题。

最小二乘问题一般属于无约束优化问题，但由于问题特殊性，人们针对其结构设计了许多算法快速求解。一般地，设 x^* 为最小二乘问题的解，根据最优解处残量 $\sum_{i=1}^{m}\|b_i - \phi(a_i;x)\|^2$ 的大小，可以将最小二乘问题分为**小残量问题**和**大残量问题**。本节针对小残量问题介绍两种方法：高斯–牛顿算法和 LM 方法；而针对大残量问题简要地引入带结构的拟牛顿法。

6.7.1 非线性最小二乘问题

考虑非线性最小二乘问题的一般形式

$$f(x) = \frac{1}{2}\sum_{j=1}^{m}r_j^2(x), \tag{6.7.1}$$

其中 $r_j:\mathbb{R}^n \to \mathbb{R}$ 是光滑函数，并且假设 $m \geq n$。我们称 r_j 为残差。为了表述问题的方便，定义残差向量 $r:\mathbb{R}^n \to \mathbb{R}^m$ 为

$$r(x) = (r_1(x), r_2(x), \cdots, r_m(x))^{\mathrm{T}}.$$

使用这一定义，函数 $f(x)$ 可以写为 $f(x) = \frac{1}{2}\|r(x)\|_2^2$。

问题 (6.7.1) 是一个无约束优化问题，可以使用前面讲过的任何一种算法求解。为此我们直接给出 $f(x)$ 的梯度和海瑟矩阵：

$$\nabla f(x) = J(x)^{\mathrm{T}}r(x), \tag{6.7.2a}$$

$$\nabla^2 f(x) = J(x)^{\mathrm{T}}J(x) + \sum_{i=1}^{m}r_i(x)\nabla^2 r_i(x), \tag{6.7.2b}$$

其中 $J(x) \in \mathbb{R}^{m \times n}$ 是向量值函数 $r(x)$ 在点 x 处的雅可比矩阵。这里指出，$\nabla^2 f(x)$ 在形式上分为两部分，分别为 $J(x)^{\mathrm{T}}J(x)$ 和 $\sum_{i=1}^{m}r_i(x)\nabla^2 r_i(x)$。处理这两部分的难度是截然不同的：注意到计算 $\nabla f(x)$ 时需要 $r(x)$ 的雅可比矩阵，因此海瑟矩阵的前一项是自然得到的，不需要进行额外计算；而海瑟矩阵的第二项则需要计算每个 $\nabla^2 r_i(x)$，这会导致额外计算量，因此很多最小二乘算法就是根据这个性质来设计的。

6.7.2 高斯–牛顿算法

高斯–牛顿法是求解非线性最小二乘问题的经典方法，它可以看成是结合了线搜索的牛顿法的变形．既然海瑟矩阵中有关 $r_i(x)$ 的二阶导数项不易求出，高斯–牛顿法不去计算这一部分，直接使用 $J(x)^\mathrm{T}J(x)$ 作为海瑟矩阵的近似矩阵来求解牛顿方程．我们用 J^k 简记 $J(x^k)$．高斯–牛顿法产生的下降方向 d^k 满足

$$(J^k)^\mathrm{T} J^k d^k = -(J^k)^\mathrm{T} r^k. \tag{6.7.3}$$

上述方程正是法方程的形式，而由线性代数的知识可知，不管 J^k 是否是满秩矩阵，方程 (6.7.3) 一定存在解．实际上，方程 (6.7.3) 是如下线性最小二乘问题的最优性条件：

$$\min_d \quad \frac{1}{2}\|J^k d + r^k\|^2.$$

在求解线性最小二乘问题时，我们只需要对 J^k 做 QR 分解，因此矩阵 $(J^k)^\mathrm{T} J^k$ 无需计算出来．

高斯–牛顿法的框架如算法 6.10．为了方便理解，我们将求解线性最小二乘问题的方法进行了展开．高斯–牛顿法每一步的运算量来自计算残差向量 r^k 和雅可比矩阵 J^k，和其他算法相比，它的计算量较小．我们还注意到，若 J^k 是满秩矩阵，则高斯–牛顿法得到的方向 d^k 总是一个下降方向，这是因为

$$(d^k)^\mathrm{T} \nabla f(x^k) = (d^k)^\mathrm{T} (J^k)^\mathrm{T} r^k = -\|J^k d^k\|^2 < 0.$$

这也是高斯–牛顿法的优点．在此之前我们介绍了牛顿法，但它并不总是保证 d^k 是下降方向．而高斯–牛顿法使用一个半正定矩阵来近似牛顿矩阵，可以获得较好的下降方向．

算法 6.10 高斯–牛顿法
---
1. 给定初始值 x^0，$k \leftarrow 0$．
2. **while** 未达到收敛准则 **do**
3.   计算残差向量 r^k，雅可比矩阵 J^k．
4.   计算 J^k 的 QR 分解：$J^k = Q^k R^k$，其中 $Q^k \in \mathbb{R}^{m \times n}, R^k \in \mathbb{R}^{n \times n}$．
5.   求解方程 $R^k d^k = -(Q^k)^\mathrm{T} r^k$ 得下降方向 d^k．
6.   使用线搜索准则计算步长 α_k．
7.   更新：$x^{k+1} = x^k + \alpha_k d^k$．
8. $k \leftarrow k+1$．
9. **end while**

一个很自然的问题是：高斯–牛顿法使用了近似矩阵来求解牛顿方程，那么在什么情况下这个近似是合理的？直观上看，根据海瑟矩阵 (6.7.2b) 的表达

式，当 $(J^k)^\mathrm{T} J^k$ 这一部分起主导时，所使用的近似是有意义的．一个充分条件就是在最优点 x^* 处 $r_i(x^*)$ 的值都很小．此时高斯–牛顿法和牛顿法相近，它们也有很多相似的性质．如果残差向量 $r(x^*)$ 的模长较大，则仅仅使用 $(J^k)^\mathrm{T} J^k$ 并不能很好地近似 $\nabla^2 f(x^k)$，此时高斯–牛顿法可能收敛很慢甚至发散．

接下来给出高斯–牛顿法的收敛性质．通过上面的描述可以注意到，雅可比矩阵 J^k 的非奇异性是一个很关键的因素，因此我们在这个条件下建立收敛性．假设雅可比矩阵 $J(x)$ 的奇异值一致地大于 0，即存在 $\gamma > 0$ 使得

$$\|J(x)z\| \geqslant \gamma \|z\|, \quad \forall x \in \mathcal{N}, \forall z \in \mathbb{R}^n, \tag{6.7.4}$$

其中 $\mathcal{N}$ 是下水平集

$$\mathcal{L} = \{x \mid f(x) \leqslant f(x^0)\} \tag{6.7.5}$$

的一个邻域，x^0 是算法的初始点，且假设 $\mathcal{L}$ 是有界的．

在前面的假设下，有如下收敛性定理：

定理 6.17 (全局收敛性) 如果每个残差函数 r_j 在有界下水平集 (6.7.5) 的一个邻域 $\mathcal{N}$ 内是利普希茨连续可微的，并且雅可比矩阵 $J(x)$ 在 $\mathcal{N}$ 内满足一致满秩条件 (6.7.4)，而步长满足 Wolfe 准则 (6.1.4)，则对高斯–牛顿法得到的序列 $\{x^k\}$ 有

$$\lim_{k \to \infty} (J^k)^\mathrm{T} r^k = 0.$$

证明 我们在这里直接验证 Zoutendijk 条件 (6.1.7) 成立即可．首先，选择有界下水平集 $\mathcal{L}$ 的邻域 $\mathcal{N}$ 足够小，从而使得存在 $L > 0, \beta > 0$，对于任何 $x, \tilde{x} \in \mathcal{N}$ 以及任意的 $j = 1, 2, \cdots, m$，以下条件被满足：

$$|r_j(x)| \leqslant \beta, \quad \|\nabla r_j(x)\| \leqslant \beta, \tag{6.7.6}$$

$$|r_j(x) - r_j(\tilde{x})| \leqslant L\|x - \tilde{x}\|, \quad \|\nabla r_j(x) - \nabla r_j(\tilde{x})\| \leqslant L\|x - \tilde{x}\|. \tag{6.7.7}$$

易得对任意的 $x \in \mathcal{L}$ 存在 $\tilde{\beta}$ 使得 $\|J(x)\| = \|J(x)^\mathrm{T}\| \leqslant \tilde{\beta}$，及 $\nabla f(x) = J(x)^\mathrm{T} r(x)$ 是利普希茨连续函数．记 θ_k 是高斯–牛顿方向 d^k 与负梯度方向的夹角，则

$$\cos \theta_k = -\frac{\nabla f(x^k)^\mathrm{T} d^k}{\|d^k\| \|\nabla f(x^k)\|} = \frac{\|J^k d^k\|^2}{\|d^k\| \|(J^k)^\mathrm{T} J^k d^k\|} \geqslant \frac{\gamma^2 \|d^k\|^2}{\tilde{\beta}^2 \|d^k\|^2} = \frac{\gamma^2}{\tilde{\beta}^2} > 0.$$

根据推论 6.1 即可得 $\nabla f(x^k) \to 0$． □

定理 6.17 的关键假设是一致满秩条件 (6.7.4)．实际上，若 J^k 不满秩，则线性方程组 (6.7.3) 有无穷多个解．如果对解的性质不提额外要求，则无法推出 $\cos \theta_k$ 一致地大于零．此时收敛性可能不成立．

当 $(J^k)^\mathrm{T} J^k$ 在海瑟矩阵 (6.7.2b) 中占据主导部分时，高斯–牛顿算法可能会有更快的收敛速度．类似于牛顿法，我们给出高斯–牛顿法的局部收敛性．

定理 6.18 (局部收敛性) 设 $r_i(x)$ 二阶连续可微，x^* 是最小二乘问题 (6.7.1) 的最优解，海瑟矩阵 $\nabla^2 f(x)$ 和其近似矩阵 $J(x)^{\mathrm{T}} J(x)$ 均在点 x^* 的一个邻域内利普希茨连续，则当高斯–牛顿算法步长 α_k 恒为 1 时，

$$\|x^{k+1} - x^*\| \leqslant C \|((J^*)^{\mathrm{T}} J^*)^{-1} H^*\| \|x^k - x^*\| + \mathcal{O}(\|x^k - x^*\|^2), \tag{6.7.8}$$

其中 $H^* = \sum\limits_{i=1}^{m} r_i(x^*) \nabla^2 r_i(x^*)$ 为海瑟矩阵 $\nabla^2 f(x^*)$ 去掉 $J(x^*)^{\mathrm{T}} J(x^*)$ 的部分，$C > 0$ 为常数.

证明 根据迭代公式，

$$\begin{aligned}
x^{k+1} - x^* &= x^k + d^k - x^* \\
&= ((J^k)^{\mathrm{T}} J^k)^{-1} ((J^k)^{\mathrm{T}} J^k (x^k - x^*) + \nabla f(x^*) - \nabla f(x^k)).
\end{aligned} \tag{6.7.9}$$

由泰勒展开，

$$\begin{aligned}
\nabla f(x^k) - \nabla f(x^*) = &\int_0^1 J^{\mathrm{T}} J(x^* + t(x^k - x^*))(x^k - x^*) \mathrm{d}t + \\
&\int_0^1 H(x^* + t(x^k - x^*))(x^k - x^*) \mathrm{d}t,
\end{aligned}$$

其中 $J^{\mathrm{T}} J(x)$ 是 $J^{\mathrm{T}}(x) J(x)$ 的简写，$H(x) = \nabla^2 f(x) - J^{\mathrm{T}} J(x)$ 为海瑟矩阵剩余部分. 将泰勒展开式代入 (6.7.9) 式右边，取范数进行估计，有

$$\begin{aligned}
&\|(J^k)^{\mathrm{T}} J^k (x^k - x^*) + \nabla f(x^*) - \nabla f(x^k)\| \\
\leqslant &\int_0^1 \|(J^{\mathrm{T}} J(x^k) - J^{\mathrm{T}} J(x^* + t(x^k - x^*)))(x^k - x^*)\| \mathrm{d}t + \\
&\int_0^1 \|H(x^* + t(x^k - x^*))(x^k - x^*)\| \mathrm{d}t \\
\leqslant &\frac{L}{2} \|x^k - x^*\|^2 + C \|H^*\| \|x^k - x^*\|,
\end{aligned}$$

其中 L 是 $J^{\mathrm{T}} J(x)$ 的利普希茨常数. 最后一个不等式是因为我们使用 H^* 来近似 $H(x^* + t(x^k - x^*))$，由连续性，存在 $C > 0$ 以及点 x^* 的一个邻域 $\mathcal{N}$，对任意的 $x \in \mathcal{N}$，有 $\|H(x)\| \leqslant C \|H(x^*)\|$ 成立. 将上述估计代入 (6.7.9) 式即可得到 (6.7.8) 式. □

定理 6.18 指出，如果 $\|H(x^*)\|$ 充分小，则高斯–牛顿法可以达到 Q-线性收敛速度；而当 $\|H(x^*)\| = 0$ 时，收敛速度是 Q-二次的. 如果 $\|H(x^*)\|$ 较大，则高斯–牛顿法很可能会失效.

6.7.3 Levenberg-Marquardt 方法

1. 信赖域型 LM 方法

Levenberg-Marquardt (LM) 方法是由 Levenberg 在 1944 年提出的求解非线性最小二乘问题的方法 [116]. 它本质上是一种信赖域型方法, 主要应用场合是当矩阵 $(J^k)^{\mathrm{T}}J^k$ 奇异时, 它仍然能给出一个下降方向. LM 方法每一步求解如下子问题:

$$\min_{d} \quad \frac{1}{2}\|J^k d + r^k\|^2, \quad \text{s.t.} \quad \|d\| \leqslant \Delta_k. \tag{6.7.10}$$

事实上, LM 方法将如下近似当作信赖域方法中的 m_k:

$$m_k(d) = \frac{1}{2}\|r^k\|^2 + d^{\mathrm{T}}(J^k)^{\mathrm{T}}r^k + \frac{1}{2}d^{\mathrm{T}}(J^k)^{\mathrm{T}}J^k d. \tag{6.7.11}$$

该方法使用 $B^k = (J^k)^{\mathrm{T}}J^k$ 来近似海瑟矩阵, 这个取法是从高斯–牛顿法推广而来的. LM 方法并不直接使用海瑟矩阵来求解. 以下为了方便, 省去迭代指标 k. 子问题 (6.7.10) 是信赖域子问题, 上一节讨论过这个子问题的一些好的性质. 根据定理 6.12, 可直接得到如下推论:

推论 6.4 向量 d^* 是信赖域子问题

$$\min_{d} \quad \frac{1}{2}\|Jd + r\|^2, \quad \text{s.t.} \quad \|d\| \leqslant \Delta$$

的解当且仅当 d^* 是可行解并且存在数 $\lambda \geqslant 0$ 使得

$$(J^{\mathrm{T}}J + \lambda I)d^* = -J^{\mathrm{T}}r, \tag{6.7.12}$$

$$\lambda(\Delta - \|d^*\|) = 0. \tag{6.7.13}$$

注意到 $J^{\mathrm{T}}J$ 是半正定矩阵, 因此条件 (6.6.5c) 是自然成立的.

下面简要说明如何求解 LM 子问题 (6.7.10). 实际上, 与信赖域子问题中的迭代法相同, 我们先通过求根的方式来确定 λ 的选取, 然后直接求得 LM 方程的迭代方向. 由于 LM 子问题的特殊性, 可以不显式求出矩阵 $J^{\mathrm{T}}J + \lambda I$ 的 Cholesky 分解, 而是仍然借助 QR 分解, 进而无需算出 $J^{\mathrm{T}}J + \lambda I$. 注意, $(J^{\mathrm{T}}J + \lambda I)d = -J^{\mathrm{T}}r$ 实际上是最小二乘问题

$$\min_{d} \quad \left\| \begin{bmatrix} J \\ \sqrt{\lambda}I \end{bmatrix} d + \begin{bmatrix} r \\ 0 \end{bmatrix} \right\| \tag{6.7.14}$$

的最优性条件. 此问题的系数矩阵带有一定结构, 每次改变 λ 进行试探时, 有关 J 的块是不变的, 因此无需重复计算 J 的 QR 分解. 具体来说, 设 $J = QR$ 为 J 的 QR 分解, 其中 $Q \in \mathbb{R}^{m \times n}, R \in \mathbb{R}^{n \times n}$, 我们有

$$\begin{bmatrix} J \\ \sqrt{\lambda}I \end{bmatrix} = \begin{bmatrix} QR \\ \sqrt{\lambda}I \end{bmatrix} = \begin{bmatrix} Q & 0 \\ 0 & I \end{bmatrix} \begin{bmatrix} R \\ \sqrt{\lambda}I \end{bmatrix}.$$

矩阵 $\begin{bmatrix} R \\ \sqrt{\lambda}I \end{bmatrix}$ 含有较多零元素，利用这个特点我们可以使用 Householder 变换或 Givens 变换来完成此矩阵的 QR 分解. 如果矩阵 J 没有显式形式，只能提供矩阵乘法，则仍然可以用截断共轭梯度法，即算法 6.9，来求解子问题 (6.7.10).

LM 方法的收敛性也可以直接从信赖域方法的收敛性得出，我们直接给出收敛性定理.

定理 6.19 假设常数 $\eta \in \left(0, \dfrac{1}{4}\right)$，下水平集 $\mathcal{L}$ 是有界的且每个 $r_i(x)$ 在下水平集 $\mathcal{L}$ 的一个邻域 $\mathcal{N}$ 内是利普希茨连续可微的. 假设对于任意的 k，子问题 (6.7.10) 的近似解 d^k 满足

$$m_k(0) - m_k(d^k) \geqslant c_1 \|(J^k)^\mathrm{T} r^k\| \min\left\{\Delta_k, \dfrac{\|(J^k)^\mathrm{T} r^k\|}{\|(J^k)^\mathrm{T} J^k\|}\right\},$$

其中 $c_1 > 0$ 且 $\|d^k\| \leqslant \gamma \Delta_k, \gamma \geqslant 1$，则

$$\lim_{k\to\infty} \nabla f(x^k) = \lim_{k\to\infty} (J^k)^\mathrm{T} r^k = 0.$$

2. LMF 方法

信赖域型 LM 方法本质上是固定信赖域半径 Δ，通过迭代寻找满足条件 (6.7.12) 的乘子 λ，每一步迭代需要求解线性方程组

$$(J^\mathrm{T} J + \lambda I)d = -J^\mathrm{T} r.$$

这个求解过程在 LM 方法中会占据相当大的计算量，能否简化这个计算呢？在学习信赖域子问题求解方法时，我们仔细讨论了迭代法，图 6.16 表明，当 $\lambda > -\lambda_1$ 时，下降方向 d 的模长随着 λ 的增加而减小. 在 LM 方法中，一个显然的结论就是 $-\lambda_1 < 0$. 这就意味着 Δ 的大小被 λ 隐式地决定，直接调整 λ 的大小就相当于调整了信赖域半径 Δ 的大小. 因此，我们可构造基于 λ 更新的 LM 方法. 由于 LM 方程 (6.7.12) 和信赖域子问题的关系由 Fletcher 在 1981 年给出 [69]，因此基于 λ 更新的 LM 方法也被称为 LMF 方法，即每一步求解子问题：

$$\min_d \dfrac{1}{2}\|Jd + r\|_2^2 + \lambda \|d\|_2^2.$$

在 LMF 方法中，设第 k 步产生的迭代方向为 d^k，根据信赖域算法的思想，我们需要计算目标函数的预估下降量和实际下降量的比值 ρ_k，来确定下一步信赖域半径的大小. 这一比值很容易通过公式 (6.6.3) 计算，其中 $f(x)$ 和 $m_k(d)$ 分别取为 (6.7.1) 式和 (6.7.11) 式. 计算 ρ_k 后，我们根据 ρ_k 的大小来更新 λ_k. 当乘子 λ_k 增大时，信赖域半径会变小，反之亦然. 所以 λ_k 的变化策略应该和信赖域算法中 Δ_k 的恰好相反.

有了上面的叙述，接下来就可以给出 LMF 算法的框架了．通过比较得知 LMF 方法（算法 6.11）和信赖域算法 6.8 的结构非常相似．算法 6.11 对 γ_1, γ_2 等参数并不敏感．但根据信赖域方法的收敛定理 6.15，参数 η 可以取大于 0 的值来改善收敛结果．

算法 6.11　LMF 方法

1. 给定初始点 x^0，初始乘子 λ_0，$k \leftarrow 0$．
2. 给定参数 $0 \leqslant \eta < \bar{\rho}_1 < \bar{\rho}_2 < 1$，$\gamma_1 < 1 < \gamma_2$．
3. **while** 未达到收敛准则 **do**
4. 　求解 LM 方程 $((J^k)^\mathrm{T} J^k + \lambda I)d = -(J^k)^\mathrm{T} r^k$ 得到迭代方向 d^k．
5. 　根据 (6.6.3) 式计算下降率 ρ_k．
6. 　**if** $\rho_k < \bar{\rho}_1$ **then**
7. 　　扩大乘子（缩小信赖域半径）：$\lambda_{k+1} = \gamma_2 \lambda_k$．
8. 　**else**
9. 　　**if** $\rho_k > \bar{\rho}_2$ **then**
10. 　　　缩小乘子（扩大信赖域半径）：$\lambda_{k+1} = \gamma_1 \lambda_k$．
11. 　　**else**
12. 　　　乘子不变：$\lambda_{k+1} = \lambda_k$．
13. 　　**end if**
14. 　**end if**
15. 　**if** $\rho_k > \eta$ **then**
16. 　　更新 $x^{k+1} = x^k + d^k$．
17. 　**else**
18. 　　$x^{k+1} = x^k$．
19. 　**end if**
20. 　$k \leftarrow k + 1$．
21. **end while**

与 LM 方法相比，LMF 方法每一次迭代只需要求解一次 LM 方程，从而极大地减少了计算量，在编程方面也更容易实现．所以 LMF 方法在求解最小二乘问题中是很常见的做法．

6.7.4　大残量问题的拟牛顿法

前面两个小节分别介绍了高斯-牛顿法和 LM 方法，这两个算法针对小残量最小二乘问题十分有效．而在大残量问题中，海瑟矩阵 $\nabla^2 f(x)$ 的第二部分的作用不可忽视，仅仅考虑 $(J^k)^\mathrm{T} J^k$ 作为第 k 步的海瑟矩阵近似则会带来很大误差．在这种情况下高斯-牛顿法和 LM 方法很可能会失效．自然，我们可以将最小二乘问题 (6.7.1) 当成一般的无约束问题，并使用之前讨论过的牛顿法和拟牛顿法求解. 但对于很多问题来说, 各个残量分量的海瑟矩阵 $\nabla^2 r_i(x)$ 不易求出, 使用牛顿法会有很大开销; 而直接使用拟牛顿法对海瑟矩阵 $\nabla^2 f(x)$ 进行近似又似乎忽略了最小二乘问题的特殊结构. 有没有一个两全其美的办法呢?

海瑟矩阵表达式 (6.7.2b) 说明了 $\nabla^2 f(x)$ 由两部分组成: 一部分容易得出, 但不精确; 另一部分较难求得, 但在计算中又必不可少. 对于容易部分可以直接保留高斯–牛顿矩阵 $J^\mathrm{T} J$, 而对于较难部分则可以利用拟牛顿法来进行近似. 这就是我们求解大残量问题的基本思路, 它同时考虑了最小二乘问题的海瑟矩阵结构和计算量, 是一种混合的近似方法.

具体来说, 我们使用 B^k 来表示 $\nabla^2 f(x^k)$ 的近似矩阵, 即

$$B^k = (J^k)^\mathrm{T} J^k + T^k,$$

其中 T^k 是海瑟矩阵第二部分 $\sum_{j=1}^{m} r_j(x^k) \nabla^2 r_j(x^k)$ 的近似. 问题的关键在于如何构造矩阵 T^k, 回忆我们在建立拟牛顿法时, 构造拟牛顿格式主要分为两步: 一是找出拟牛顿条件, 二是根据拟牛顿条件来构造拟牛顿矩阵的低秩更新. 在这里我们使用相似的过程, 但注意 T^k 仅仅是拟牛顿矩阵 B^k 的一部分, 它不太可能满足割线条件 (6.5.3)（将其中的 B^{k+1} 替换成 T^{k+1}）. 我们的目标是让 T^{k+1} 和海瑟矩阵的第二部分尽量相似, 即

$$T^{k+1} \approx \sum_{j=1}^{m} r_j(x^{k+1}) \nabla^2 r_j(x^{k+1}).$$

由一阶泰勒展开得知, T^{k+1} 应该尽量保留原海瑟矩阵的性质, 即

$$\begin{aligned}
T^{k+1} s^k &\approx \left(\sum_{j=1}^{m} r_j(x^{k+1}) \nabla^2 r_j(x^{k+1}) \right) s^k \\
&= \sum_{j=1}^{m} r_j(x^{k+1}) \left(\nabla^2 r_j(x^{k+1}) \right) s^k \\
&\approx \sum_{j=1}^{m} r_j(x^{k+1}) (\nabla r_j(x^{k+1}) - \nabla r_j(x^k)) \\
&= (J^{k+1})^\mathrm{T} r^{k+1} - (J^k)^\mathrm{T} r^{k+1}.
\end{aligned}$$

令 $\hat{y}^k = (J^{k+1})^\mathrm{T} r^{k+1} - (J^k)^\mathrm{T} r^{k+1}$, 则 T^k 满足的拟牛顿条件为

$$T^{k+1} s^k = \hat{y}^k. \tag{6.7.15}$$

注意, 此处 $\hat{y}^k$ 不是原有的 y^k.

有了拟牛顿条件 (6.7.15), 我们就可以使用之前讲过的方法来构造拟牛顿格式了, 构造的过程完全相同, 这里不再赘述.

6.7.5 应用举例

第三章提到了相位恢复问题，它实际上是非线性最小二乘问题的重要应用．相位恢复的原始模型为

$$\min_{x \in \mathbb{C}^n} f(x) \stackrel{\text{def}}{=} \frac{1}{2} \sum_{j=1}^m \left(|\bar{a}_j^{\mathrm{T}} x|^2 - b_j \right)^2, \tag{6.7.16}$$

其中 $a_j \in \mathbb{C}^n$ 是已知的采样向量，$b_j \in \mathbb{R}$ 是观测的模长．

该问题的变量为复数，因此我们考虑使用 Wirtinger 导数 [39] 表示其梯度和雅可比矩阵．对于 $f(x)$，记 $\mathbf{x} = \begin{bmatrix} x \\ \bar{x} \end{bmatrix}$，则

$$\nabla f(x) = \sum_{j=1}^m \left(|\bar{a}_j^{\mathrm{T}} x|^2 - b_j \right) a_j \bar{a}_j^{\mathrm{T}} x,$$

以及

$$\nabla f(\mathbf{x}) = \begin{bmatrix} \nabla f(x) \\ \overline{\nabla f(x)} \end{bmatrix}.$$

那么，雅可比矩阵和高斯–牛顿矩阵分别为

$$J(\mathbf{x}) = \begin{bmatrix} (a_1^{\mathrm{T}} \bar{x})\bar{a}_1 & (a_2^{\mathrm{T}} \bar{x})\bar{a}_2 & \cdots & (a_m^{\mathrm{T}} \bar{x})\bar{a}_m \\ (\bar{a}_1^{\mathrm{T}} x)a_1 & (\bar{a}_2^{\mathrm{T}} x)a_2 & \cdots & (\bar{a}_m^{\mathrm{T}} x)a_m \end{bmatrix}^{\mathrm{T}},$$

$$\Psi(\mathbf{x}) = \bar{J}(\mathbf{x})^{\mathrm{T}} J(\mathbf{x}) = \sum_{j=1}^m \begin{bmatrix} |\bar{a}_j^{\mathrm{T}} x|^2 a_j \bar{a}_j^{\mathrm{T}} & (\bar{a}_j^{\mathrm{T}} x)^2 a_j a_j^{\mathrm{T}} \\ (a_j^{\mathrm{T}} \bar{x})^2 \bar{a}_j \bar{a}_j^{\mathrm{T}} & |\bar{a}_j^{\mathrm{T}} x|^2 \bar{a}_j a_j^{\mathrm{T}} \end{bmatrix}.$$

因此，在第 k 步，高斯–牛顿法求解方程

$$\Psi(\mathbf{x}^k) d^k = -\nabla f(\mathbf{x}^k)$$

以得到方向 d^k；LM 方法则求解正则化方程

$$\left(\Psi(\mathbf{x}^k) + \lambda_k \right) d^k = -\nabla f(\mathbf{x}^k), \tag{6.7.17}$$

其中 λ_k 是与 $f(\mathbf{x}^k)$ 相关的参数．这里取

$$\lambda_k = \begin{cases} 70000n \sqrt{nf(\mathbf{x}^k)}, & f(\mathbf{x}^k) \geqslant \dfrac{1}{900n} \|x^k\|_2^2, \\ \sqrt{f(\mathbf{x}^k)}, & \text{其他}. \end{cases}$$

当 $f(\mathbf{x}^k) \geqslant \dfrac{1}{900n} \|x^k\|_2^2$ 时，参数 $\lambda_k = 70000n \sqrt{nf(\mathbf{x}^k)}$ 能够保证算法有全局 Q-线性收敛速度．

同时，我们利用共轭梯度法求解线性方程 (6.7.17)，使得

$$\|(\Psi(\mathbf{x}^k) + \lambda_k)d^k + \nabla f(\mathbf{x}^k)\| \leqslant \eta_k \|\nabla f(\mathbf{x}^k)\|,$$

其中 $\eta_k > 0$ 是人为设置的参数.

考虑编码衍射模型，其中信号采集的格式为

$$b_j = \left|\sum_{t=0}^{n-1} x_t \bar{d}_l(t) \mathrm{e}^{-2\pi \mathrm{i} k t/n}\right|^2, \quad j=(l,k), \ 0 \leqslant k \leqslant n-1, \ 1 \leqslant l \leqslant L.$$

上式表明，对给定的 l，我们采集在波形（waveform）d_l 下信号 $\{x_t\}$ 的衍射图的模长. 通过改变 l 和相应的波形 d_l，可以生成一系列编码衍射图. 这里假设 $d_l, l=0,1,\cdots,L$ 是独立同分布的随机变量来模拟实际场景. 具体地，令 $d_l(t) = c_1 c_2$，其中

$$c_1 = \begin{cases} +1, & \text{依概率 } 0.25, \\ -1, & \text{依概率 } 0.25, \\ +\mathrm{i}, & \text{依概率 } 0.25, \\ -\mathrm{i}, & \text{依概率 } 0.25, \end{cases} \qquad c_2 = \begin{cases} \dfrac{\sqrt{2}}{2}, & \text{依概率 } 0.8, \\ \sqrt{3}, & \text{依概率 } 0.2. \end{cases}$$

我们分别测试不精确求解正则化方程 (6.7.17)（$\eta_k = 0.1$）的 LM 方法（ILM1）以及更精确（$\eta_k = \min\{0.1, \|\nabla f(\mathbf{x}^k)\|\}$）的 LM 方法（ILM2），求解 Wirtinger 梯度下降方法（WF）以及其加速版本 Nesterov 加速算法（Nes）. 真实信号 x 取为两张自然图片，分别为博雅塔和华表的图片，如图 6.19 所示. 这里图片可以看成 $m \times n$ 矩阵，其中行、列指标表示像素点所在位置，取值表示像素点的灰度值. 选取 $L = 20$，并收集相应的衍射图模长. 图 6.20 给出了不同算法的收敛情况，其中横坐标为 CPU 时间，纵坐标为当前迭代点 $\mathbf{x}^k$ 与真实信号 x 的相对误差，即 $\min\limits_{\phi \in [0,2\pi]} \dfrac{1}{\|x\|}\|\mathbf{x}^k - x\mathrm{e}^{\mathrm{i}\phi}\|$.

图 6.19
测试图片

(a) 博雅塔，图片像素为 601×541

(b) 华表，图片像素为 601×541

图 6.20 相对误差和计算时间对比图

6.8 总　　结

本章简单介绍了若干种经典的无约束优化算法，这些算法的起源都很早，但仍然能够流传至今并经受住时间的考验，正是因为它们在实际问题中取得了很好的效果. 虽然随着技术的进步，更高效、优美的算法不断被发展出来，但是本章所列出的算法形式及其背后所蕴含的思想仍然有很强的指导意义.

常用的精确线搜索算法有黄金分割法（0.618 方法）和斐波那契（Fibnacci）方法，读者可参考 [171] 与 [3]. 有关多项式插值类型的线搜索可以参考 [59]，满足 Wolfe 准则的非精确线搜索算法可参考 [69]. 基于 Wolfe 准则的线搜索算法有标准的子程序，直接调用即可，例如 MINPACK-2 [11]. 除在直线上进行搜索外，我们还有曲线搜索方法，这类方法大多用于牛顿类算法当中，以便产生负曲率方向. 其中基于二阶 Armijo 搜索准则的方法有 Goldfarb 方法 [83] 和 McCormick 方法 [131]；基于二阶 Wolfe 准则的算法有 Moré-Sorensen 方法 [136].

在梯度类算法中我们略去了非线性共轭梯度法的介绍. 早期的共轭梯度法由 Hestenes 和 Stiefel 在 1952 年提出 [101]，主要用于求解正定线性方程组. 它的基本思想是将求解线性方程组转化为一个正定二次函数的最小值问题. 之后 Fletcher 和 Reeves 将其移植到了一般的非线性函数上，并给出了 FR 格式 [68]. 由于线性共轭梯度法有很多等价格式，移植到非线性情况会对应不同的格式，例如 PR 格式 [153] 和 DY 格式 [50]. 非线性共轭梯度法往往比普通梯度法有更好的表现，一些有关收敛性的结果可参考 [51, 79, 94, 212].

牛顿法是利用海瑟矩阵构造下降方向的算法，它有很好的局部收敛性. 但经典牛顿法不够稳定，在实际应用中我们通常使用修正牛顿法求解. 比较古老的修正策略由 Goldstein 在 1967 年提出 [84]，当海瑟矩阵不正定时，选取负梯度作为下降方向. 这一做法完全舍弃了函数的二阶信息，不推荐使用. 而最简单的对海瑟矩阵的修正是 Goldfeld 提出的加常数倍单位矩阵的做法，即使用 $B^k + \tau_k I$ 作为海瑟矩阵，这个策略本质上和信赖域有一定联系. 修正的 Cholesky 分解法是 Gill 和 Murray 提出的 [80]，除此以外还有基于不定矩阵分解 [32] 的 Fletcher-Freeman 算法 [70]，这些算法都能有效提高牛顿法的稳定性. 有关牛顿–共轭梯度法读者可以参考 [89, 139]，使用有限差分格式近似牛顿矩阵的方法可参考 [175]，这些算法都能有效减少牛顿法的计算量.

在拟牛顿算法中比较重要的是 BFGS 方法和 L-BFGS 方法. L-BFGS 方法是可以利用在大规模无约束优化问题上的算法，更细致的讨论可以参见 [37, 123, 139, 144]. L-BFGS 算法的代码实现可参考 L-BFGS-B [134, 215] 以及其在 GPU 上的一种实现 [67]. 对于有些问题，目标函数的海瑟矩阵是稀疏的，此时如果直接用拟牛顿方法则会破坏稀疏性，所以我们必须根据原问题海瑟矩阵的稀疏结构来设计稀疏的拟牛顿更新. 这方面的内容可参考 [159, 182]，本书不做讨论.

在信赖域算法中，除本书介绍的两种算法以外，还有 Powell 提出的 Dogleg 方法 [158]，双折 Dogleg 方法 [58] 以及 Byrd 等人提出的二维子空间法 [38]. 有关截断共轭梯度法的更多性质可参考 [207]. 信赖域算法近几十年

的进展总结可参阅 [208].

高斯–牛顿法是较常用的求解非线性最小二乘问题的算法. 这个算法充分利用了最小二乘问题的结构, 是二阶算法很好的近似. 我们指出, 在求解其他问题时也可利用高斯–牛顿的思想来构造高效的算法. 例如, 若目标函数的海瑟矩阵可自然地写成两部分的和: 第一部分容易计算且占主要地位, 第二部分难以计算, 则可以先精确计算第一部分的值, 然后寻找第二部分的近似（或完全舍弃）. 这种做法的效果通常要比直接整体近似海瑟矩阵要好, 比较具体的应用可参考 [106].

本章中部分内容的编写参考了 [145], 包括线搜索方法、(拟) 牛顿类算法、信赖域算法、非线性最小二乘问题算法. 信赖域算法中的截断共轭梯度法参考了 [175], (次) 梯度算法参考了 Lieven Vandenberghe 教授的课件.

习 题 6

6.1 设 $f(x)$ 是连续可微函数，d^k 是一个下降方向，且 $f(x)$ 在射线 $\{x^k + \alpha d^k \mid \alpha > 0\}$ 上有下界．求证：当 $0 < c_1 < c_2 < 1$ 时，总是存在满足 Wolfe 准则 (6.1.4a) (6.1.4b) 的点．并举一个反例说明当 $0 < c_2 < c_1 < 1$ 时，满足 Wolfe 准则的点可能不存在．

6.2 f 为正定二次函数 $f(x) = \frac{1}{2}x^\mathrm{T} A x + b^\mathrm{T} x$，$d^k$ 为下降方向，x^k 为当前迭代点．试求出精确线搜索步长
$$\alpha_k = \arg\min_{\alpha > 0} f(x^k + \alpha d^k),$$
并由此推出最速下降法的步长满足 (6.2.2) 式（见定理 6.2）．

6.3 利用定理 6.5 证明推论 6.2．

6.4 考虑非光滑函数
$$f(x) = \max_{1 \leqslant i \leqslant K} x_i + \frac{1}{2}\|x\|^2,$$
其中 $x \in \mathbb{R}^n$，$K \in [1, n]$ 为一个给定的正整数．

(a) 求出 $f(x)$ 的最小值点 x^* 和对应的函数值 f^*；

(b) 证明 $f(x)$ 在区域 $\left\{x \mid \|x\| \leqslant \dfrac{1}{\sqrt{K}}\right\}$ 是 G-利普希茨连续的，其中 $G = 1 + \dfrac{1}{\sqrt{K}}$；

(c) 设初值 $x^0 = 0$，考虑使用次梯度法 (6.3.1) 对 $\min f(x)$ 进行求解，其中步长 α_k 可任意选取，证明：存在一种次梯度的取法，在 k（$k < K$）次迭代后
$$\hat{f}^k - f^* \geqslant \frac{GR}{2(1+\sqrt{K})},$$
其中 $\hat{f}^k$ 的定义和定理 6.5 相同，$R = \dfrac{1}{\sqrt{K}}$．根据此例子推出次梯度法的收敛速度 $\mathcal{O}\left(\dfrac{GR}{\sqrt{K}}\right)$ 是不能改进的．

6.5 考虑非平方 ℓ_2 正则项优化问题
$$\min \quad f(x) = \frac{1}{2}\|Ax - b\|_2^2 + \mu\|x\|_2,$$
其中 $A \in \mathbb{R}^{m \times n}$，注意这个问题并不是岭回归问题．

(a) 若 A 为列正交矩阵，即 $A^\mathrm{T} A = I$，利用不可微函数的一阶最优性条件求出该优化问题的显式解；

(b) 对一般的 A 我们可以使用迭代算法来求解这个问题，试设计出不引入次梯度的一种梯度类算法求解该优化问题．提示：$f(x)$ 仅在一点处不可导，若这个点不是最小值点，则次梯度法和梯度法等价．

6.6 设函数 $f(x) = \|x\|^\beta$，其中 $\beta > 0$ 为给定的常数．考虑使用经典牛顿法 (6.4.2) 对 $f(x)$ 进行极小化，初值 $x^0 \neq 0$．证明：

(a) 若 $\beta > 1$ 且 $\beta \neq 2$，则 x^k 收敛到 0 的速度为 Q-线性的；

(b) 若 $0 < \beta < 1$，则牛顿法发散；

(c) 试解释定理 6.6 在 (a) 中不成立的原因.

6.7 设矩阵 A 为 n 阶对称矩阵，d^k 为给定的非零向量. 若对任意满足 $\|d\| = \|d^k\|$ 的 $d \in \mathbb{R}^n$，均有 $(d - d^k)^T A(d - d^k) \geqslant 0$，证明：$A$ 是半正定矩阵.

6.8 设 $f(x)$ 为正定二次函数，且假定在迭代过程中 $(s^k - H^k y^k)^T y^k > 0$ 对任意的 k 均满足，其中 H^k 为由 SR1 公式 (6.5.10) 产生的拟牛顿矩阵. 证明：

$$H^k y^j = s^j, \quad j = 0, 1, \cdots, k-1,$$

其中 k 是任意给定的整数. 此结论说明对于正定二次函数，SR1 公式产生的拟牛顿矩阵在当前点处满足割线方程，且历史迭代产生的 (s^j, y^j) 也满足割线方程.

6.9 仿照 BFGS 公式的推导过程，试利用待定系数法推导 DFP 公式 (6.5.15).

6.10 考虑共轭梯度法中的 Hestenes-Stiefel (HS) 格式

$$d^{k+1} = -\nabla f(x^{k+1}) + \frac{\nabla f(x^{k+1})^T y^k}{(y^k)^T d^k} d^k,$$

其中 y^k 的定义如 (6.5.13) 式. 假设在迭代过程中 d^k 均为下降方向且精确搜索条件 $\nabla f(x^{k+1})^T d^k = 0$ 满足，试说明 HS 格式可看成是某一种特殊的拟牛顿方法.

提示：将 HS 格式改写为拟牛顿迭代格式，并根据此格式构造另一个拟牛顿矩阵使其满足割线方程 (6.5.4)，注意拟牛顿矩阵需要满足对称性和正定性.

6.11 证明等式 (6.5.20).

6.12 设 $m(d)$ 为具有如下形式的二次函数：

$$m(d) = g^T d + \frac{1}{2} d^T B d,$$

其中 B 为对称矩阵，证明以下结论：

(a) $m(d)$ 存在全局极小值当且仅当 B 半正定且 g 在 B 的值空间中；若 B 半正定，则满足 $Bd = -g$ 的 d 均为 $m(d)$ 的全局极小值点；

(b) $m(d)$ 的全局极小值唯一当且仅当 B 严格正定.

6.13 (小样本问题) 设 $J(x) \in \mathbb{R}^{m \times n}$ 为最小二乘问题 (6.7.1) 中 $r(x)$ 在点 x 处的雅可比矩阵，其中 $m \ll n$. 设 $J(x)$ 行满秩，证明：

$$\hat{d} = -J(x)^T (J(x) J(x)^T)^{-1} r(x)$$

给出了高斯–牛顿方程 (6.7.3) 的一个 ℓ_2 范数最小解.

第七章
约束优化算法

本章考虑约束优化问题

$$\min \quad f(x), \\ \text{s.t.} \quad x \in \mathcal{X}, \tag{7.0.1}$$

这里 $\mathcal{X} \subset \mathbb{R}^n$ 为问题的可行域. 与无约束问题不同，约束优化问题中自变量 x 不能任意取值，这导致许多无约束优化算法不能使用. 例如梯度法中沿着负梯度方向下降所得的点未必是可行点，要寻找的最优解处目标函数的梯度也不是零向量. 这使得约束优化问题比无约束优化问题要复杂许多. 本章将介绍一些罚函数法，它们将约束作为惩罚项加到目标函数中，从而转化为我们熟悉的无约束优化问题求解. 此外我们还针对线性规划这一特殊的约束优化问题介绍内点法，它的思想可以被应用到很多一般问题的求解.

7.1 罚函数法

7.1.1 等式约束的二次罚函数法

上一章介绍了各种各样的求解无约束优化问题的方法. 那么，我们能否通过将问题 (7.0.1) 变形为无约束优化问题来求解呢？为此考虑一种简单的情况，假设问题约束中仅含等式约束，即考虑问题

$$\min_x \quad f(x), \\ \text{s.t.} \quad c_i(x) = 0, \, i \in \mathcal{E}, \tag{7.1.1}$$

其中变量 $x \in \mathbb{R}^n$，$\mathcal{E}$ 为等式约束的指标集，$c_i(x)$ 为连续函数. 在某些特殊场合下，可以通过直接求解（非线性）方程组 $c_i(x) = 0$ 消去部分变量，将其转化为无约束问题. 但对一般的函数 $c_i(x)$ 来说，变量消去这一操作是不可实现的，我们必须采用其他方法来处理这种问题.

罚函数法的思想是将约束优化问题 (7.1.1) 转化为无约束优化问题来进行求解. 为了保证解的逼近质量，无约束优化问题的目标函数为原约束优化问题的目标函数加上与约束函数有关的惩罚项. 对于可行域外的点，惩罚项为正，即对该点进行惩罚；对于可行域内的点，惩罚项为 0，即不做任何惩罚. 因此，惩罚项会促使无约束优化问题的解落在可行域内.

对于等式约束问题，惩罚项的选取方式有很多，结构最简单的是二次函数. 这里给出二次罚函数的定义.

定义 7.1 (等式约束的二次罚函数)　对等式约束最优化问题 (7.1.1)，定义二次罚函数为

$$P_E(x,\sigma) = f(x) + \frac{1}{2}\sigma \sum_{i \in \mathcal{E}} c_i^2(x), \tag{7.1.2}$$

其中等式右端第二项称为惩罚项，$\sigma > 0$ 称为罚因子.

由于这种罚函数对不满足约束的点进行惩罚，在迭代过程中点列一般处于可行域之外，因此它也被称为**外点罚函数**. 二次罚函数的特点如下：对于非可行点而言，当 σ 变大时，惩罚项在罚函数中的权重加大，对罚函数求极小，相当于迫使其极小点向可行域靠近；在可行域中，$P_E(x,\sigma)$ 的极小点与约束最优化问题 (7.1.1) 的最优解相同.

为了直观理解罚函数的作用，我们给出一个例子.

例 7.1　考虑优化问题

$$\begin{aligned} \min \quad & x + \sqrt{3}y, \\ \text{s.t.} \quad & x^2 + y^2 = 1. \end{aligned}$$

容易求出该问题最优解为 $\left(-\dfrac{1}{2}, -\dfrac{\sqrt{3}}{2}\right)^{\mathrm{T}}$. 考虑二次罚函数

$$P_E(x,y,\sigma) = x + \sqrt{3}y + \frac{\sigma}{2}(x^2 + y^2 - 1)^2,$$

并在图 7.1 中绘制出 $\sigma = 1$ 和 $\sigma = 10$ 对应的罚函数的等高线. 可以看出，随着 σ 增大，二次罚函数 $P_E(x,y,\sigma)$ 的最小值和原问题最小值越来越接近，但最优点附近的等高线越来越趋于扁平，这导致求解无约束优化问题的难度变大. 此外，当 $\sigma = 10$ 时函数出现了一个极大值，罚函数图形在点 $\left(\dfrac{1}{2}, \dfrac{\sqrt{3}}{2}\right)^{\mathrm{T}}$ 附近出现了一个鞍点.

从以上例子知道，给定罚因子 σ，我们可通过求解 $P_E(x,\sigma)$ 的最小值点作为原问题的近似解. 但实际情况并不总是这样，下面这个例子表明，当 σ 选取过小时罚函数可能无下界.

例 7.2　考虑优化问题

$$\begin{aligned} \min \quad & -x^2 + 2y^2, \\ \text{s.t.} \quad & x = 1. \end{aligned}$$

通过消去变量容易得知最优解就是 $(1, 0)^{\mathrm{T}}$. 但考虑罚函数

$$P_E(x,y,\sigma) = -x^2 + 2y^2 + \frac{\sigma}{2}(x-1)^2,$$

可知对任意 $\sigma \leqslant 2$，该罚函数是无界的.

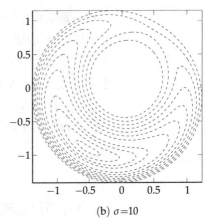

图 7.1 二次罚函数取不同 σ 时等高线的变化

出现以上现象的原因是当罚因子过小时,不可行点处的函数下降抵消了罚函数对约束违反的惩罚. 实际上所有外点罚函数法均存在这个问题,因此 σ 的初值选取不应该太小.

我们先在算法 7.1 中给出等式约束的二次罚函数法,之后对每一步进行具体解释.

算法 7.1 二次罚函数法

1. 给定 $\sigma_1 > 0, x^0, k \leftarrow 1$. 罚因子增长系数 $\rho > 1$.
2. **while** 未达到收敛准则 **do**
3.   以 x^k 为初始点,求解 $x^{k+1} = \arg\min\limits_{x} P_E(x, \sigma_k)$.
4.   选取 $\sigma_{k+1} = \rho \sigma_k$.
5. $k \leftarrow k + 1$.
6. **end while**

算法 7.1 的执行过程比较直观:即先选取一系列指数增长的罚因子 σ_k,然后针对每个罚因子求解二次罚函数 $P_E(x, \sigma_k)$ 的最小值点(或局部极小值点). 这种逐步增加罚因子的做法在实际中被广泛使用,例如在 LASSO 问题求解中这一策略被称为**连续化**(continuation). 算法第三行中 argmin 的含义是如下情况之一:

(1) x^{k+1} 是罚函数 $P_E(x, \sigma_k)$ 的全局极小解;

(2) x^{k+1} 是罚函数 $P_E(x, \sigma_k)$ 的局部极小解;

(3) x^{k+1} 不是罚函数 $P_E(x, \sigma_k)$ 严格的极小解,但近似满足一阶最优性条件 $\nabla_x P_E(x^{k+1}, \sigma_k) \approx 0$.

根据前面的叙述,在算法 7.1 中需要注意如下三点:第一,对参数 σ_k 的选取需要非常小心,若 σ_k 增长太快,则子问题不易求解(具体分析见下一小节末尾对算法数值困难的讨论). 若增长太慢,则算法需要的外迭代(算法中的

while 循环）数会增多. 一个比较合理的取法是根据当前 $P_E(x,\sigma_k)$ 的求解难度来确定 σ_k 的增幅，若当前子问题收敛很快，可以在下一步选取较大的 σ_{k+1}，否则就不宜过分增大 σ_k. 第二，在前面的例子中我们提到了 $P_E(x,\sigma)$ 在 σ 较小时可能无界，此时迭代就会发散. 当求解子问题时，一旦检测到迭代点发散就应该立即终止迭代并增大罚因子. 第三，子问题求解的精度必须足够精确，为保证收敛，子问题求解误差需要趋于零.

7.1.2 收敛性分析

本小节讨论等式约束的二次罚函数法的收敛性. 为了讨论方便，我们假设对每个 σ_k，$P_E(x,\sigma_k)$ 的最小值点都是存在的. 注意这个假设对某些优化问题是不对的，其本质原因是因为二次罚函数的惩罚力度不够，因此我们不会使用二次罚函数法去求解不满足此假设的优化问题.

定理 7.1 (二次罚函数法的收敛性 1) 设 x^{k+1} 是 $P_E(x,\sigma_k)$ 的全局极小解，σ_k 单调上升趋于无穷，则 $\{x^k\}$ 的每个极限点 x^* 都是原问题的全局极小解.

证明 设 $\bar{x}$ 是原问题 (7.1.1) 的全局极小解，即

$$f(\bar{x}) \leqslant f(x), \quad \forall\, x \text{ 满足 } c_i(x) = 0, i \in \mathcal{E}.$$

由定理条件，x^{k+1} 是 $P_E(x,\sigma_k)$ 的全局极小解，即 $P_E(x^{k+1},\sigma_k) \leqslant P_E(\bar{x},\sigma_k)$，所以

$$f(x^{k+1}) + \frac{\sigma_k}{2}\sum_{i\in\mathcal{E}}c_i^2(x^{k+1}) \leqslant f(\bar{x}) + \frac{\sigma_k}{2}\sum_{i\in\mathcal{E}}c_i^2(\bar{x}) = f(\bar{x}), \quad (7.1.3)$$

整理可得

$$\sum_{i\in\mathcal{E}}c_i^2(x^{k+1}) \leqslant \frac{2}{\sigma_k}(f(\bar{x}) - f(x^{k+1})). \quad (7.1.4)$$

设 x^* 是 $\{x^k\}$ 的一个极限点，为了方便，不妨设 $x^k \to x^*$. 在 (7.1.4) 式中令 $k \to \infty$，根据 $c_i(x)$ 和 $f(x)$ 的连续性以及 $\sigma_k \to +\infty$ 可知

$$\sum_{i\in\mathcal{E}}c_i^2(x^*) = 0.$$

这说明 x^* 是原问题的一个可行解. 由 (7.1.3) 式可得 $f(x^{k+1}) \leqslant f(\bar{x})$，两边取极限得 $f(x^*) \leqslant f(\bar{x})$. 再由 $\bar{x}$ 的最优性可知 $f(x^*) = f(\bar{x})$，即 x^* 也是全局极小解. □

以上定理表明，若可以找到子问题的全局极小解，则它们的极限点为原问题的最小值点. 但实际应用当中，求 $P_E(x,\sigma_k)$ 的全局极小解是难以做到的，我们只能将子问题求解到一定精度. 因此定理 7.1 的应用场合十分有限. 下面给出另一个定理，它从最优性条件给出了迭代点列的收敛性.

定理 7.2 (二次罚函数法的收敛性 2) 设 $f(x)$ 与 $c_i(x), i \in \mathcal{E}$ 连续可微，正数序列 $\varepsilon_k \to 0, \sigma_k \to +\infty$，在算法 7.1 中，子问题的解 x^{k+1} 满足 $\|\nabla_x P_E(x^{k+1}, \sigma_k)\| \leqslant \varepsilon_k$，而对 $\{x^k\}$ 的任何极限点 x^*，都有 $\{\nabla c_i(x^*), i \in \mathcal{E}\}$ 线性无关，则 x^* 是等式约束最优化问题 (7.1.1) 的 KKT 点，且

$$\lim_{k\to\infty}(-\sigma_k c_i(x^{k+1})) = \lambda_i^*, \quad \forall\, i \in \mathcal{E}, \tag{7.1.5}$$

其中 λ_i^* 是约束 $c_i(x^*) = 0$ 对应的拉格朗日乘子.

证明 容易求出 $P_E(x, \sigma_k)$ 的梯度为

$$\nabla_x P_E(x, \sigma_k) = \nabla f(x) + \sum_{i \in \mathcal{E}} \sigma_k c_i(x) \nabla c_i(x). \tag{7.1.6}$$

根据子问题求解的终止准则，对 x^{k+1} 我们有

$$\left\| \nabla f(x^{k+1}) + \sum_{i \in \mathcal{E}} \sigma_k c_i(x^{k+1}) \nabla c_i(x^{k+1}) \right\| \leqslant \varepsilon_k. \tag{7.1.7}$$

利用三角不等式 $\|a\| - \|b\| \leqslant \|a + b\|$ 可以把 (7.1.7) 式变形为

$$\left\| \sum_{i \in \mathcal{E}} c_i(x^{k+1}) \nabla c_i(x^{k+1}) \right\| \leqslant \frac{1}{\sigma_k}(\varepsilon_k + \|\nabla f(x^{k+1})\|). \tag{7.1.8}$$

为了方便，不妨设 $\{x^k\}$ 收敛于 x^*，在 (7.1.8) 式中不等号两边同时令 $k \to \infty$，根据 $f(x), c_i(x)$ 的连续性，

$$\sum_{i \in \mathcal{E}} c_i(x^*) \nabla c_i(x^*) = 0.$$

又由于 $\nabla c_i(x^*)$ 线性无关，此时必有 $c_i(x^*) = 0, \forall\, i \in \mathcal{E}$. 这表明 x^* 实际上是一个可行点.

以下我们说明点 x^* 满足 KKT 条件中的梯度条件，为此需要构造出拉格朗日乘子 $\lambda^* = (\lambda_1^*, \lambda_2^*, \cdots, \lambda_{|\mathcal{E}|}^*)^\mathrm{T}$，其中 $|\mathcal{E}|$ 表示 $\mathcal{E}$ 中元素的个数. 记

$$\nabla c(x) = [\nabla c_i(x)]_{i \in \mathcal{E}}, \tag{7.1.9}$$

并定义 $\lambda_i^k = -\sigma_k c_i(x^{k+1})$，$\lambda^k = (\lambda_1^k, \lambda_2^k, \cdots, \lambda_{|\mathcal{E}|}^k)^\mathrm{T}$，则梯度式 (7.1.6) 可以改写为

$$\nabla c(x^{k+1}) \lambda^k = \nabla f(x^{k+1}) - \nabla_x P_E(x^{k+1}, \sigma_k).$$

由条件知 $\nabla c(x^*)$ 是列满秩矩阵，而 $x^k \to x^*$，因此当 k 充分大时，$\nabla c(x^{k+1})$ 应该是列满秩矩阵，进而可以利用 $\nabla c(x^{k+1})$ 的广义逆来表示 λ^k：

$$\lambda^k = (\nabla c(x^{k+1})^\mathrm{T} \nabla c(x^{k+1}))^{-1} \nabla c(x^{k+1})^\mathrm{T} (\nabla f(x^{k+1}) - \nabla_x P_E(x^{k+1}, \sigma_k)).$$

等式两侧关于 k 取极限，并注意到 $\nabla_x P_E(x^{k+1},\sigma_k) \to 0$，我们有

$$\lambda^* \stackrel{\text{def}}{=} \lim_{k\to\infty} \lambda^k = (\nabla c(x^*)^{\mathrm{T}}\nabla c(x^*))^{-1}\nabla c(x^*)^{\mathrm{T}}\nabla f(x^*).$$

最后在梯度表达式 (7.1.6) 中令 $k \to \infty$ 可得

$$\nabla f(x^*) - \nabla c(x^*)\lambda^* = 0.$$

这说明 KKT 条件中的梯度条件成立，λ^* 就是点 x^* 对应的拉格朗日乘子．□

在定理 7.2 的证明过程中，还可以得到一个推论：不管 $\{\nabla c_i(x^*)\}$ 是否线性无关，通过算法 7.1 给出解 x^k 的聚点总是 $\phi(x) = \|c(x)\|^2$ 的一个稳定点．这说明即便没有找到可行解，我们也找到了使得约束 $c(x) = 0$ 违反度相对较小的一个解．此外，定理 7.2 虽然不要求每一个子问题精确求解，但要获得原问题的解，子问题解的精度需要越来越高．它并没有给出一个非渐近的误差估计，即没有说明当给定原问题解的目标精度时，子问题解的精度 ε_k 应该如何选取．

作为等式约束二次罚函数法的总结，最后简要分析一下算法 7.1 的数值困难．我们知道，要想得到原问题的解，罚因子 σ_k 必须趋于无穷．以下从矩阵条件数的角度说明，当 σ_k 趋于正无穷时，子问题求解难度会显著变大．考虑罚函数 $P_E(x,\sigma)$ 的海瑟矩阵：

$$\nabla^2_{xx} P_E(x,\sigma) = \nabla^2 f(x) + \sum_{i\in\mathcal{E}}\sigma c_i(x)\nabla^2 c_i(x) + \sigma \nabla c(x)\nabla c(x)^{\mathrm{T}}, \quad (7.1.10)$$

其中 $\nabla c(x)$ 如 (7.1.9) 式定义．现在考虑当 x 接近最优点时，海瑟矩阵的变化情况．由定理 7.2，在 $x \approx x^*$ 时，应该有 $-\sigma c_i(x) \approx \lambda_i^*$．根据这一近似，可以使用拉格朗日函数 $L(x,\lambda^*)$ 的海瑟矩阵来近似 (7.1.10) 式等号右边的前两项：

$$\nabla^2_{xx} P_E(x,\sigma) \approx \nabla^2_{xx} L(x,\lambda^*) + \sigma \nabla c(x)\nabla c(x)^{\mathrm{T}}, \quad (7.1.11)$$

其中 $\nabla c(x)\nabla c(x)^{\mathrm{T}}$ 是一个半正定矩阵且奇异，它有 $(n - |\mathcal{E}|)$ 个特征值都是 0．注意，(7.1.11) 式右边包含两个矩阵：一个定值矩阵和一个最大特征值趋于正无穷的奇异矩阵．从直观上来说，海瑟矩阵 $\nabla^2_{xx} P_E(x,\sigma)$ 的条件数将会越来越大，这意味着子问题的等高线越来越密集，使用梯度类算法求解将会变得非常困难．若使用牛顿法，则求解牛顿方程本身就是一个非常困难的问题．因此在实际应用中，我们不可能令罚因子趋于正无穷．

7.1.3 一般约束问题的二次罚函数法

上一小节仅考虑了等式约束优化问题，那么对于不等式约束的问题应该如何设计二次罚函数呢？不等式约束优化问题有如下形式：

$$\begin{aligned} \min \quad & f(x), \\ \text{s.t.} \quad & c_i(x) \leqslant 0, i \in \mathcal{I}. \end{aligned} \quad (7.1.12)$$

显然，它和等式约束优化问题最大的不同就是允许 $c_i(x) < 0$. 而若采用原来的方式定义罚函数为 $\|c(x)\|^2$，它也会惩罚 $c_i(x) < 0$ 的可行点，这显然不是我们需要的. 针对问题 (7.1.12)，我们必须对原有二次罚函数进行改造来得到新的二次罚函数，它应该具有如下特点：仅仅惩罚 $c_i(x) > 0$ 的那些点，而对可行点不作惩罚.

定义 7.2 (不等式约束的二次罚函数) 对不等式约束最优化问题 (7.1.12)，定义二次罚函数

$$P_I(x,\sigma) = f(x) + \frac{1}{2}\sigma \sum_{i \in \mathcal{I}} \tilde{c}_i^2(x), \quad (7.1.13)$$

其中等式右端第二项称为惩罚项，

$$\tilde{c}_i(x) = \max\{c_i(x), 0\}, \quad (7.1.14)$$

常数 $\sigma > 0$ 称为罚因子.

注意到函数 $h(t) = (\max\{t,0\})^2$ 关于 t 是可导的，因此 $P_I(x,\sigma)$ 的梯度也存在，可以使用梯度类算法来求解子问题. 然而一般来讲 $P_I(x,\sigma)$ 不是二阶可导的，因此不能直接利用二阶算法（如牛顿法）求解子问题，这也是不等式约束问题二次罚函数的不足之处. 求解不等式约束问题的罚函数法的结构和算法 7.1 完全相同，这里略去相关说明.

一般的约束优化问题可能既含等式约束又含不等式约束，它的形式为

$$\begin{aligned} \min \quad & f(x), \\ \text{s.t.} \quad & c_i(x) = 0, i \in \mathcal{E}, \\ & c_i(x) \leqslant 0, i \in \mathcal{I}. \end{aligned} \quad (7.1.15)$$

针对这个问题，我们只需要将两种约束的罚函数相加就能得到一般约束优化问题的二次罚函数.

定义 7.3 (一般约束的二次罚函数) 对一般约束最优化问题 (7.1.15)，定义二次罚函数

$$P(x,\sigma) = f(x) + \frac{1}{2}\sigma \left[\sum_{i \in \mathcal{E}} c_i^2(x) + \sum_{i \in \mathcal{I}} \tilde{c}_i^2(x) \right], \quad (7.1.16)$$

其中等式右端第二项称为惩罚项，$\tilde{c}_i(x)$ 的定义如 (7.1.14) 式，常数 $\sigma > 0$ 称为罚因子.

同样地，我们可以使用合适的办法来求解罚函数子问题，在这里不再叙述具体算法.

7.1.4 应用举例

许多优化问题建模都可以看成是应用了罚函数的思想，因此罚函数法也可自然应用到这类问题的求解中.

1. LASSO 问题求解

考虑 LASSO 问题
$$\min_x \quad \frac{1}{2}\|Ax - b\|^2 + \mu\|x\|_1,$$
其中 $\mu > 0$ 是正则化参数. 我们知道求解 LASSO 问题的最终目标是为了解决如下基追踪 (BP) 问题：
$$\min \quad \|x\|_1,$$
$$\text{s.t.} \quad Ax = b,$$
在这里 $Ax = b$ 是一个欠定方程组. 注意到 BP 问题是一个等式约束的非光滑优化问题，我们使用二次罚函数作用于等式约束 $Ax = b$，可得
$$\min_x \quad \|x\|_1 + \frac{\sigma}{2}\|Ax - b\|^2.$$
令 $\mu = \frac{1}{\sigma}$，则容易看出使用 $\frac{1}{\mu}$ 作为二次罚因子时，BP 问题的罚函数子问题就等价于 LASSO 问题. 这一观察至少说明了以下两点：第一，LASSO 问题的解和 BP 问题的解本身不等价，当 μ 趋于 0 时，LASSO 问题的解收敛到 BP 问题的解；第二，当 μ 比较小时，根据之前的讨论，此时 BP 问题罚函数比较病态，若直接求解则收敛速度会很慢. 根据罚函数的思想，罚因子应该逐渐增加到无穷，这等价于在 LASSO 问题中先取一个较大的 μ，之后再不断缩小 μ 直至达到我们所要求解的值. 具体算法在算法 7.2 中给出.

算法 7.2 LASSO 问题求解的罚函数法

1. 给定初值 x^0，最终参数 μ，初始参数 μ_0，因子 $\gamma \in (0,1)$，$k \leftarrow 0$.
2. **while** $\mu_k \geqslant \mu$ **do**
3.   以 x^k 为初值，求解问题 $x^{k+1} = \arg\min\limits_{x} \left\{ \frac{1}{2}\|Ax - b\|^2 + \mu_k\|x\|_1 \right\}$.
4.   **if** $\mu_k = \mu$ **then**
5.   停止迭代，输出 x^{k+1}.
6.   **else**
7.   更新罚因子 $\mu_{k+1} = \max\{\mu, \gamma\mu_k\}$.
8. $k \leftarrow k + 1$.
9.   **endif**
10. **end while**

求解 LASSO 子问题可以使用之前介绍过的次梯度法，也可以使用第八章的多种非光滑函数的优化方法求解．图 7.2 展示了分别使用罚函数法和次梯度法求解 LASSO 问题的结果，其中使用与第 6.2 节中同样的 A 和 b，并取 LASSO 问题的正则化参数为 $\mu = 10^{-3}$．在罚函数法中，令 μ 从 10 开始，因子 $\gamma = 0.1$，次梯度法选取固定步长 $\alpha = 0.0002$．

图 7.2
使用次梯度法和罚函数法求解 LASSO 问题

(a) 函数值变化趋势

(b) $\|Ax-b\|$ 变化趋势

从图 7.2 中我们可明显看到罚函数法的效果比直接使用次梯度法要好，在迭代初期，由于 μ 较大，这意味着约束 $Ax = b$ 可以不满足，从而算法可将优化的重点放到 $\|x\|_1$ 上；随着迭代进行，μ 单调减小，此时算法将更注重于可行性（$\|Ax - b\|$ 的大小）．直接取 $\mu = 10^{-3}$ 效果不佳，这是因为惩罚项

$\|Ax-b\|^2$ 的权重太大,次梯度法会尽量使得迭代点满足 $Ax=b$,而忽视了 $\|x\|_1$ 项的作用,图 7.2 也可说明这一问题. 在每个 LASSO 子问题中我们使用了次梯度法求解,若使用第八章的近似点梯度法求解子问题,那么算法 7.2 等价于求解 ℓ_1 极小化问题的 FPC (fixed-point continuation) 算法 [95].

2. 矩阵补全问题

第一章介绍了低秩矩阵恢复问题(又称矩阵补全问题),并引入了该问题的两种形式,即问题 (1.3.2) 和问题 (1.3.3). 若考虑问题 (1.3.2),即

$$\begin{aligned} \min \quad & \|X\|_*, \\ \text{s.t.} \quad & X_{ij}=M_{ij}, \quad (i,j)\in\Omega, \end{aligned}$$

对其中的等式约束引入二次罚函数可以得到

$$\min \quad \|X\|_* + \frac{\sigma}{2}\sum_{(i,j)\in\Omega}(X_{ij}-M_{ij})^2.$$

当罚因子 $\sigma=\dfrac{1}{\mu}$ 时,罚函数恰好对应问题 (1.3.3),即

$$\min \quad \mu\|X\|_* + \frac{1}{2}\sum_{(i,j)\in\Omega}(X_{ij}-M_{ij})^2. \tag{7.1.17}$$

因此我们可以使用罚函数法的策略求解矩阵补全问题,具体见算法 7.3.

算法 7.3 矩阵补全问题求解的罚函数法

1. 给定初值 X^0,最终参数 μ,初始参数 μ_0,因子 $\gamma\in(0,1)$,$k\leftarrow 0$.
2. **while** $\mu_k\geqslant\mu$ **do**
3.   以 x^k 为初值,$\mu=\mu_k$ 为正则化参数求解问题 (7.1.17),得 X^{k+1}.
4.   **if** $\mu_k=\mu$ **then**
5.   停止迭代,输出 x^{k+1}.
6.   **else**
7.   更新罚因子 $\mu_{k+1}=\max\{\mu,\gamma\mu_k\}$.
8. $k\leftarrow k+1$.
9.   **endif**
10. **end while**

由于我们还没有学习如何处理带核范数的优化问题,这里先跳过子问题求解的叙述. 实际上求解子问题 (7.1.17) 可使用之后讲到的近似点梯度法和加速近似点梯度法(包括 FISTA 算法)[16, 181]. 如果罚函数法使用(不精确)近似点梯度法求解每个子问题,则算法 7.3 实际上等价于 FPC (fixed-point continuation) 或 FPCA (fixed-point continuation with approximate SVD) 算法 [130].

7.1.5 其他类型的罚函数法

作为本节的扩展，我们再介绍一些其他类型的罚函数．

1. 内点罚函数法

前面介绍的二次罚函数均属于**外点罚函数**，即在求解过程中允许自变量 x 位于原问题可行域之外，当罚因子趋于无穷时，子问题最优解序列从可行域外部逼近最优解．自然地，如果我们想要使得子问题最优解序列从可行域内部逼近最优解，则需要构造**内点罚函数**．顾名思义，内点罚函数在迭代时始终要求自变量 x 不能违反约束，因此它主要用于不等式约束优化问题．

考虑含不等式约束的优化问题 (7.1.12)，为了使得迭代点始终在可行域内，当迭代点趋于可行域边界时，我们需要罚函数趋于正无穷，常用的罚函数是**对数罚函数**．

定义 7.4 (对数罚函数) 对不等式约束最优化问题 (7.1.12)，定义**对数罚函数**

$$P_I(x,\sigma) = f(x) - \sigma \sum_{i \in \mathcal{I}} \ln(-c_i(x)), \tag{7.1.18}$$

其中等式右端第二项称为惩罚项，$\sigma > 0$ 称为罚因子．

容易看到，$P_I(x,\sigma)$ 的定义域为 $\{x \mid c_i(x) < 0\}$，因此在迭代过程中自变量 x 严格位于可行域内部．当 x 趋于可行域边界时，由于对数罚函数的特点，$P_I(x,\sigma)$ 会趋于正无穷，这说明对数罚函数的极小值严格位于可行域内部．然而，对原问题 (7.1.12)，它的最优解通常位于可行域边界，即 $c_i(x) \leqslant 0$ 中至少有一个取到等号，此时我们需要调整罚因子 σ 使其趋于 0，这会减弱对数罚函数在边界附近的惩罚效果．

例 7.3 考虑优化问题

$$\min \quad x^2 + 2xy + y^2 + 2x - 2y,$$
$$\text{s.t.} \quad x \geqslant 0, y \geqslant 0,$$

容易求出该问题最优解为 $x = 0, y = 1$．我们考虑对数罚函数

$$P_I(x,y,\sigma) = x^2 + 2xy + y^2 + 2x - 2y - \sigma(\ln x + \ln y),$$

并在图 7.3 中绘制出 $\sigma = 1$ 和 $\sigma = 0.4$ 对应的等高线．可以看出，随着 σ 减小，对数罚函数 $P_I(x,y,\sigma)$ 的最小值点和原问题最小值点越来越接近，但当 x 和 y 趋于可行域边界时，对数罚函数趋于正无穷．

算法 7.4 给出了基于对数罚函数的优化方法．

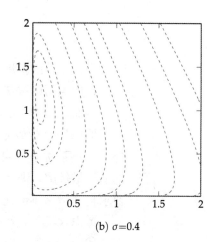

图 7.3 对数罚函数取不同 σ 时等高线变化

(a) $\sigma=1$ (b) $\sigma=0.4$

算法 7.4 对数罚函数法

1. 给定 $\sigma_0 > 0$，可行解 x^0，$k \leftarrow 0$. 罚因子缩小系数 $\rho \in (0,1)$.
2. **while** 未达到收敛准则 **do**
3. 以 x^k 为初始点，求解 $x^{k+1} = \underset{x}{\arg\min}\, P_I(x, \sigma_k)$.
4. 选取 $\sigma_{k+1} = \rho\sigma_k$.
5. $k \leftarrow k+1$.
6. **end while**

与二次罚函数法不同，算法 7.4 要求初始点 x^0 是一个可行解，这是根据对数罚函数法本身的要求．常用的收敛准则可以包含

$$\left| \sigma_k \sum_{i \in \mathcal{I}} \ln(-c_i(x^{k+1})) \right| \leqslant \varepsilon,$$

其中 $\varepsilon > 0$ 为给定的精度．实际上，可以证明（见习题 7.4）算法 7.4 产生的迭代点列满足

$$\lim_{k \to \infty} \sigma_k \sum_{i \in \mathcal{I}} \ln(-c_i(x^{k+1})) = 0.$$

同样地，内点罚函数法也会有类似外点罚函数法的数值困难，即当 σ 趋于 0 时，子问题 $P_I(x,\sigma)$ 的海瑟矩阵条件数会趋于无穷，因此对子问题的求解将会越来越困难．这个现象其实也可从图 7.3 中发现，读者可仿照二次罚函数的情形对对数罚函数进行类似的分析．

2. 精确罚函数法

我们已经介绍了二次罚函数和对数罚函数，它们的一个共同特点就是在求解的时候必须令罚因子趋于正无穷或零，这会带来一定的数值困难．而对于有些罚函数，在问题求解时不需要令罚因子趋于正无穷（或零），这种罚函数被称为**精确罚函数**．换句话说，若罚因子选取适当，对罚函数进行极小化得

到的解恰好就是原问题的精确解. 这个性质在设计算法时是非常有用的, 使用精确罚函数的算法通常会有比较好的性质.

常用的精确罚函数是 ℓ_1 罚函数.

定义 7.5 (ℓ_1 **罚函数**) 对一般约束最优化问题 (7.1.15), 定义 ℓ_1 罚函数

$$P(x,\sigma) = f(x) + \sigma\left[\sum_{i\in\mathcal{E}}|c_i(x)| + \sum_{i\in\mathcal{I}}\tilde{c}_i(x)\right], \tag{7.1.19}$$

其中等式右端第二项称为惩罚项, $\tilde{c}_i(x)$ 的定义如 (7.1.14) 式, 常数 $\sigma > 0$ 称为罚因子.

在这里和二次罚函数不同, 我们用绝对值代替平方来构造惩罚项, 实际上是对约束的 ℓ_1 范数进行惩罚. 注意, ℓ_1 罚函数不是可微函数, 求解此罚函数导出的子问题依赖第八章的内容.

下面的定理揭示了 ℓ_1 罚函数的精确性, 证明可参考 [96].

定理 7.3 设 x^* 是一般约束优化问题 (7.1.15) 的一个严格局部极小解, 且满足 KKT 条件 (5.5.8), 其对应的拉格朗日乘子为 $\lambda_i^*, i \in \mathcal{E} \cup \mathcal{I}$, 则当罚因子 $\sigma > \sigma^*$ 时, x^* 也为 $P(x,\sigma)$ 的一个局部极小解, 其中

$$\sigma^* = \|\lambda^*\|_\infty \stackrel{\text{def}}{=} \max_i |\lambda_i^*|.$$

定理 7.3 说明了对于精确罚函数, 当罚因子充分大 (不需要是正无穷) 时, 原问题的极小值点就是 ℓ_1 罚函数的极小值点, 这和定理 7.1 的结果是有区别的.

7.2 增广拉格朗日函数法

在二次罚函数法中, 根据定理 7.2, 我们有

$$c_i(x^{k+1}) \approx -\frac{\lambda_i^*}{\sigma_k}, \quad \forall i \in \mathcal{E}. \tag{7.2.1}$$

因此, 为了保证可行性, 罚因子必须趋于正无穷. 此时, 子问题因条件数爆炸而难以求解. 那么, 是否可以通过对二次罚函数进行某种修正, 使得对有限的罚因子, 得到的逼近最优解也是可行的? 增广拉格朗日函数法就是这样的一个方法.

7.2.1 等式约束优化问题的增广拉格朗日函数法

1. 增广拉格朗日函数法的构造

增广拉格朗日函数法的每一步构造一个增广拉格朗日函数，而该函数的构造依赖于拉格朗日函数和约束的二次罚函数. 具体地，对于等式约束优化问题 (7.1.1)，**增广拉格朗日函数**定义为

$$L_\sigma(x,\lambda) = f(x) + \sum_{i\in\mathcal{E}} \lambda_i c_i(x) + \frac{1}{2}\sigma\sum_{i\in\mathcal{E}} c_i^2(x), \tag{7.2.2}$$

即在拉格朗日函数的基础上，添加约束的二次罚函数. 在第 k 步迭代，给定罚因子 σ_k 和乘子 λ^k，增广拉格朗日函数 $L_{\sigma_k}(x,\lambda^k)$ 的最小值点 x^{k+1} 满足

$$\nabla_x L_{\sigma_k}(x^{k+1},\lambda^k) = \nabla f(x^{k+1}) + \sum_{i\in\mathcal{E}}(\lambda_i^k + \sigma_k c_i(x^{k+1}))\nabla c_i(x^{k+1}) = 0. \tag{7.2.3}$$

对于优化问题 (7.1.1)，其最优解 x^* 以及相应的乘子 λ^* 需满足

$$\nabla f(x^*) + \sum_{i\in\mathcal{E}} \lambda_i^* \nabla c_i(x^*) = 0. \tag{7.2.4}$$

为使增广拉格朗日函数法产生的迭代点列收敛到 x^*，需要保证等式 (7.2.3) (7.2.4) 在最优解处的一致性. 因此，对于充分大的 k，

$$\lambda_i^* \approx \lambda_i^k + \sigma_k c_i(x^{k+1}), \quad \forall i \in \mathcal{E}.$$

上式等价于

$$c_i(x^{k+1}) \approx \frac{1}{\sigma_k}(\lambda_i^* - \lambda_i^k), \tag{7.2.5}$$

所以，当 λ_i^k 足够接近 λ_i^* 时，点 x^{k+1} 处的约束违反度将会远小于 $\frac{1}{\sigma_k}$. 注意，在 (7.2.1) 式中约束违反度是正比于 $\frac{1}{\sigma_k}$ 的，即增广拉格朗日函数法可以通过有效地更新乘子来降低约束违反度. (7.2.5) 式表明，乘子的一个有效的更新格式为

$$\lambda_i^{k+1} = \lambda_i^k + \sigma_k c_i(x^{k+1}), \quad \forall i \in \mathcal{E}.$$

那么，我们得到了问题 (7.1.1) 的增广拉格朗日函数法，见算法 7.5，其中 $c(x) = [c_i(x)]_{i\in\mathcal{E}}$ 并沿用上一节中的定义：

$$\nabla c(x) = [\nabla c_i(x)]_{i\in\mathcal{E}}.$$

下面以一个例子来说明增广拉格朗日函数法相较于二次罚函数法在控制约束违反度上的优越性.

算法 7.5 增广拉格朗日函数法

1. 选取初始点 x^0，乘子 λ^0，罚因子 $\sigma_0 > 0$，罚因子更新常数 $\rho > 0$，约束违反度常数 $\varepsilon > 0$ 和精度要求 $\eta_k > 0$. 并令 $k = 0$.
2. **for** $k = 0, 1, 2, \cdots$ **do**
3. 　以 x^k 为初始点，求解
$$\min_x \quad L_{\sigma_k}(x, \lambda^k),$$
得到满足精度条件
$$\|\nabla_x L_{\sigma_k}(x, \lambda^k)\| \leqslant \eta_k$$
的解 x^{k+1}.
4. 　**if** $\|c(x^{k+1})\| \leqslant \varepsilon$ **then**
5. 　　返回近似解 x^{k+1}, λ^k，终止迭代.
6. 　**end if**
7. 　更新乘子：$\lambda^{k+1} = \lambda^k + \sigma_k c(x^{k+1})$.
8. 　更新罚因子：$\sigma_{k+1} = \rho \sigma_k$.
9. **end for**

例 7.4 考虑优化问题
$$\begin{aligned} \min \quad & x + \sqrt{3} y, \\ \text{s.t.} \quad & x^2 + y^2 = 1. \end{aligned} \tag{7.2.6}$$

容易求出该问题最优解为 $x^* = \left(-\dfrac{1}{2}, -\dfrac{\sqrt{3}}{2}\right)^{\mathrm{T}}$，相应的拉格朗日乘子 $\lambda^* = 1$.
我们考虑增广拉格朗日函数
$$L_\sigma(x, y, \lambda) = x + \sqrt{3} y + \lambda(x^2 + y^2 - 1) + \frac{\sigma}{2}(x^2 + y^2 - 1)^2,$$

并在图 7.4 中绘制出 $L_2(x, y, 0.9)$ 的等高线，图中标 "*" 的点为原问题的最优解 x^*，标 "○" 的点为罚函数或增广拉格朗日函数的最优解.

对于二次罚函数，其最优解约为 $(-0.5957, -1.0319)$，与最优解 x^* 的欧几里得距离约为 0.1915，约束违反度约为 0.4197.

对于增广拉格朗日函数，其最优解约为 $(-0.5100, -0.8833)$，与最优解 x^* 的欧几里得距离约为 0.02，约束违反度约为 0.0403.

可以看出，增广拉格朗日函数的最优解更接近真实解，与最优解的距离以及约束违反度都约为二次罚函数法的 $\dfrac{1}{10}$. 需要注意的是，这依赖于乘子的选取.

随着罚因子 σ_k 的变大，$L_{\sigma_k}(x, \lambda^k)$ 关于 x 的海瑟矩阵的条件数也会越来越大，从而使得迭代点 x^{k+1} 的求解难度提高. 但是，当 σ_k 和 σ_{k+1} 比较接近

图 7.4 二次罚函数和增广拉格朗日函数取罚因子 $\sigma = 2$ 时等高线变化

时, x^k 可以作为求解 x^{k+1} 的一个初始点, 从而加快收敛速度. 因此, 罚因子 σ_k 增长得不能太快. 但如果 σ_k 增长得太慢, 迭代点列 $\{x^k\}$ 收敛到原问题解的速度会下降. 在实际中, 我们需要注意参数 ρ 的选取, 一个经验的取法是 $\rho \in [2, 10]$.

2. 收敛性

增广拉格朗日函数作为罚函数的一种, 一个关于它的自然的问题是其极小值点和原问题 (7.1.1) 的极小值点有什么关系. 假设 x^*, λ^* 分别为等式约束问题 (7.1.1) 的局部极小解和相应的乘子, 并且二阶充分条件成立, 可以证明, 在已知 λ^* 的情况下, 对于有限大的 σ, x^* 也为增广拉格朗日函数 $L_\sigma(x, \lambda^*)$ 的严格局部极小解. 当 λ^* 未知时, 对于足够接近 λ^* 的 λ 以及足够大的 σ, 增广拉格朗日函数 $L_\sigma(x, \lambda)$ 的局部极小解会与 x^* 足够接近. 这也说明了增广拉格朗日函数在一定条件下是精确罚函数.

定理 7.4 设 x^*, λ^* 分别为问题 (7.1.1) 的局部极小解和相应的乘子, 并且在点 x^* 处 LICQ 和二阶充分条件成立. 那么, 存在一个有限大的常数 $\bar{\sigma}$, 使得对任意的 $\sigma \geqslant \bar{\sigma}$, x^* 都是 $L_\sigma(x, \lambda^*)$ 的严格局部极小解. 反之, 如果 x^* 为 $L_\sigma(x, \lambda^*)$ 的局部极小解且满足 $c_i(x^*) = 0, i \in \mathcal{E}$, 那么 x^* 为问题 (7.1.1) 的局部极小解.

证明 因为 x^* 为问题 (7.1.1) 的局部极小解且二阶充分条件成立, 所以

$$\nabla_x L(x^*, \lambda^*) = \nabla f(x^*) + \sum_{i \in \mathcal{E}} \lambda_i^* \nabla c_i(x^*) = 0,$$

$$u^{\mathrm{T}} \nabla_{xx}^2 L(x^*, \lambda^*) u = u^{\mathrm{T}} \left(\nabla^2 f(x^*) + \sum_{i \in \mathcal{E}} \lambda_i^* \nabla^2 c_i(x^*) \right) u \quad (7.2.7)$$

$$> 0, \quad \forall u \text{ 满足 } \nabla c(x^*)^{\mathrm{T}} u = 0.$$

根据上面的条件, 我们来证 x^* 对于 $L_\sigma(x, \lambda^*)$ 的最优性. 因为 $c_i(x^*) = 0, i \in \mathcal{E}$,

我们有
$$\nabla_x L_\sigma(x^*,\lambda^*) = \nabla_x L(x^*,\lambda^*) = 0,$$
$$\nabla_{xx}^2 L_\sigma(x^*,\lambda^*) = \nabla_{xx}^2 L(x^*,\lambda^*) + \sigma \nabla c(x^*)\nabla c(x^*)^\mathrm{T}.$$

对于充分大的 σ，可以证明
$$\nabla_{xx}^2 L_\sigma(x^*,\lambda^*) \succ 0.$$

事实上，如果对于任意的 $\sigma = k$, $k = 1,2,\cdots$ 都存在 u_k 满足 $\|u_k\| = 1$，且使得
$$u_k^\mathrm{T} \nabla_{xx}^2 L_\sigma(x^*,\lambda^*) u_k = u_k^\mathrm{T} \nabla_{xx}^2 L(x^*,\lambda^*) u_k + k\|\nabla c(x^*)^\mathrm{T} u_k\|^2 \leqslant 0,$$
则
$$\|\nabla c(x^*)^\mathrm{T} u_k\|^2 \leqslant -\frac{1}{k} u_k^\mathrm{T} \nabla_{xx}^2 L(x^*,\lambda^*) u_k \to 0, \quad k \to \infty.$$

因为 $\{u_k\}$ 为有界序列，必存在聚点，设为 u，那么
$$\nabla c(x^*)^\mathrm{T} u = 0, \quad u^\mathrm{T} \nabla_{xx}^2 L(x^*,\lambda^*) u \leqslant 0,$$

这与 (7.2.7) 式矛盾. 故存在有限大的 $\bar{\sigma}$，使得当 $\sigma \geqslant \bar{\sigma}$ 时，
$$\nabla_{xx}^2 L_\sigma(x^*,\lambda^*) \succ 0,$$

因而 x^* 是 $L_\sigma(x,\lambda^*)$ 的严格局部极小解.

反之，如果 x^* 满足 $c_i(x^*) = 0$ 且为 $L_\sigma(x,\lambda^*)$ 的局部极小解，那么对于任意与 x^* 充分接近的可行点 x，我们有
$$f(x^*) = L_\sigma(x^*,\lambda^*) \leqslant L_\sigma(x,\lambda^*) = f(x).$$

因此，x^* 为问题 (7.1.1) 的一个局部极小解. □

对于算法 7.5，通过进一步假设乘子点列的有界性以及收敛点处的约束品性，我们可以证明算法迭代产生的点列 $\{x^k\}$ 会有子列收敛到问题 (7.1.1) 的一阶稳定点.

定理 7.5 (增广拉格朗日函数法的收敛性) 假设乘子列 $\{\lambda^k\}$ 是有界的，罚因子 $\sigma_k \to +\infty$, $k \to \infty$，算法 7.5 中精度 $\eta_k \to 0$，迭代点列 $\{x^k\}$ 的一个子序列 $\{x^{k_j+1}\}$ 收敛到 x^*，并且在点 x^* 处 LICQ 成立. 那么存在 λ^*，满足
$$\lambda^{k_j+1} \to \lambda^*, \quad j \to \infty,$$
$$\nabla f(x^*) + \nabla c(x^*)\lambda^* = 0, \ c(x^*) = 0.$$

证明 对于增广拉格朗日函数 $L_{\sigma_k}(x,\lambda^k)$，
$$\nabla_x L_{\sigma_k}(x^{k+1},\lambda^k) = \nabla f(x^{k+1}) + \nabla c(x^{k+1})(\lambda^k + \sigma_k c(x^{k+1}))$$
$$= \nabla f(x^{k+1}) + \nabla c(x^{k+1})\lambda^{k+1} = \nabla_x L(x^{k+1},\lambda^{k+1}),$$

那么，对于任意使得 $\mathrm{rank}(\nabla c(x^{k_j+1})) = m = |\mathcal{E}|$ 的 k_j（根据假设和点 x^* 处 LICQ 成立，当 x^{k_j+1} 充分接近 x^* 时此式成立），

$$\lambda^{k_j+1} = \left(\nabla c(x^{k_j+1})^{\mathrm{T}}\nabla c(x^{k_j+1})\right)^{-1}\nabla c(x^{k_j+1})^{\mathrm{T}}\left(\nabla_x L_{\sigma_k}(x^{k_j+1},\lambda^{k_j}) - \nabla f(x^{k_j+1})\right).$$

因为 $\|\nabla_x L_{\sigma_k}(x^{k_j+1},\lambda^{k_j})\| \leqslant \eta_{k_j} \to 0$，我们有

$$\lambda^{k_j+1} \to \lambda^* \stackrel{\mathrm{def}}{=\!=} -\left(\nabla c(x^*)^{\mathrm{T}}\nabla c(x^*)\right)^{-1}\nabla c(x^*)^{\mathrm{T}}\nabla f(x^*)$$

以及

$$\nabla_x L(x^*,\lambda^*) = 0.$$

而 $\{\lambda^k\}$ 是有界的，并且 $\lambda^{k_j} + \sigma_{k_j}c(x^{k_j+1}) \to \lambda^*$，所以 $\{\sigma_{k_j}c(x^{k_j+1})\}$ 是有界的．又 $\sigma_k \to +\infty$，故

$$c(x^*) = 0. \qquad \square$$

定理 7.5 依赖于乘子列 $\{\lambda_k\}$ 的有界性，$\{x^k\}$ 的子序列收敛性，以及收敛点处的 LICQ. 这里，我们不加证明地给出更一般性的收敛结果，证明过程可以参考 [21]$^{\text{命题 2.7}}$.

定理 7.6 (增广拉格朗日函数法的收敛性——更弱的假设) 假设 x^*,λ^* 分别是问题 (7.1.1) 的严格局部极小解和相应的拉格朗日乘子，那么，存在足够大的常数 $\bar{\sigma} > 0$ 和足够小的常数 $\delta > 0$，如果对某个 k，有

$$\frac{1}{\sigma_k}\|\lambda^k - \lambda^*\| < \delta, \quad \sigma_k \geqslant \bar{\sigma},$$

则

$$\lambda^k \to \lambda^*, \quad x^k \to x^*.$$

同时，如果 $\limsup\limits_{k\to\infty}\sigma_k < +\infty$ 且 $\lambda^k \neq \lambda^*, \forall k$，则 $\{\lambda^k\}$ 收敛的速度是 Q-线性的；如果 $\limsup\limits_{k\to\infty}\sigma_k = +\infty$ 且 $\lambda^k \neq \lambda^*, \forall k$，则 $\{\lambda^k\}$ 收敛的速度是 Q-超线性的．

定理 7.6 不需要假设 $\{\sigma_k\}$ 趋于正无穷（尽管由 $\limsup\limits_{k\to\infty}\sigma_k = +\infty$ 可以推出 Q-超线性收敛）以及 $\{x^k\}$ 的子序列收敛性．相应地，这里需要找到合适的 λ^k 和 σ_k．

7.2.2 一般约束优化问题的增广拉格朗日函数法

对于一般约束优化问题

$$\begin{aligned}\min \quad & f(x), \\ \text{s.t.} \quad & c_i(x) = 0, i \in \mathcal{E}, \\ & c_i(x) \leqslant 0, i \in \mathcal{I},\end{aligned} \qquad (7.2.8)$$

也可以定义其增广拉格朗日函数以及设计相应的增广拉格朗日函数法. 在拉格朗日函数的定义中, 往往倾向于将简单的约束 (比如非负约束、盒子约束等) 保留, 对复杂的约束引入乘子. 这里, 对于带不等式约束的优化问题, 我们先通过引入松弛变量将不等式约束转化为等式约束和简单的非负约束, 再对保留非负约束形式的拉格朗日函数添加等式约束的二次罚函数来构造增广拉格朗日函数.

1. 增广拉格朗日函数

对于问题 (7.2.8), 通过引入松弛变量可以得到如下等价形式:

$$\begin{aligned} \min_{x,s} \quad & f(x), \\ \text{s.t.} \quad & c_i(x) = 0, i \in \mathcal{E}, \\ & c_i(x) + s_i = 0, i \in \mathcal{I}, \\ & s_i \geqslant 0, i \in \mathcal{I}. \end{aligned} \quad (7.2.9)$$

保留非负约束, 可以构造拉格朗日函数

$$L(x,s,\lambda,\mu) = f(x) + \sum_{i \in \mathcal{E}} \lambda_i c_i(x) + \sum_{i \in \mathcal{I}} \mu_i (c_i(x) + s_i), \quad s_i \geqslant 0, i \in \mathcal{I}.$$

记问题 (7.2.9) 等式约束的二次罚函数为 $p(x,s)$, 则

$$p(x,s) = \sum_{i \in \mathcal{E}} c_i^2(x) + \sum_{i \in \mathcal{I}} (c_i(x) + s_i)^2.$$

我们构造增广拉格朗日函数如下:

$$L_\sigma(x,s,\lambda,\mu) = f(x) + \sum_{i \in \mathcal{E}} \lambda_i c_i(x) + \sum_{i \in \mathcal{I}} \mu_i (c_i(x) + s_i) + \frac{\sigma}{2} p(x,s),$$
$$s_i \geqslant 0, i \in \mathcal{I},$$

其中 σ 为罚因子.

2. 增广拉格朗日函数法

在第 k 步迭代中, 给定乘子 λ^k, μ^k 和罚因子 σ_k, 我们需要求解如下问题:

$$\min_{x,s} \quad L_{\sigma_k}(x,s,\lambda^k,\mu^k), \quad \text{s.t.} \quad s \geqslant 0 \quad (7.2.10)$$

以得到 x^{k+1}, s^{k+1}. 求解问题 (7.2.10) 的一个有效的方法是投影梯度法 (将在第八章的近似点梯度法中介绍). 另外一种方法是消去 s, 求解只关于 x 的优化问题. 具体地, 固定 x, 关于 s 的子问题可以表示为

$$\min_{s \geqslant 0} \quad \sum_{i \in \mathcal{I}} \mu_i (c_i(x) + s_i) + \frac{\sigma_k}{2} \sum_{i \in \mathcal{I}} (c_i(x) + s_i)^2.$$

根据凸优化问题的最优性理论，s 为以上问题的一个全局最优解，当且仅当

$$s_i = \max\left\{-\frac{\mu_i}{\sigma_k} - c_i(x), 0\right\}, \quad i \in \mathcal{I}. \tag{7.2.11}$$

将 s_i 的表达式代入 L_{σ_k}，我们有

$$\begin{aligned} L_{\sigma_k}(x, \lambda^k, \mu^k) = & f(x) + \sum_{i \in \mathcal{E}} \lambda_i c_i(x) + \frac{\sigma_k}{2} \sum_{i \in \mathcal{E}} c_i^2(x) + \\ & \frac{\sigma_k}{2} \sum_{i \in \mathcal{I}} \left(\max\left\{\frac{\mu_i}{\sigma_k} + c_i(x), 0\right\}^2 - \frac{\mu_i^2}{\sigma_k^2} \right), \end{aligned} \tag{7.2.12}$$

其为关于 x 的连续可微函数（如果 $f(x), c_i(x), i \in \mathcal{I} \cup \mathcal{E}$ 连续可微）. 因此，问题 (7.2.10) 等价于

$$\min_{x \in \mathbb{R}^n} L_{\sigma_k}(x, \lambda^k, \mu^k),$$

并可以利用梯度法进行求解. 这样做的一个好处是，我们消去了变量 s，从而在低维空间 $\mathbb{R}^n$ 中（问题 (7.2.10) 的决策空间为 $\mathbb{R}^{n+|\mathcal{I}|}$）求解极小点.

对于问题 (7.2.9)，其最优解 x^*, s^* 和乘子 λ^*, μ^* 需满足 KKT 条件：

$$0 = \nabla f(x^*) + \sum_{i \in \mathcal{E}} \lambda_i^* \nabla c_i(x^*) + \sum_{i \in \mathcal{I}} \mu_i^* \nabla c_i(x^*),$$

$$\mu_i^* \geqslant 0, i \in \mathcal{I},$$

$$s_i^* \geqslant 0, i \in \mathcal{I}.$$

问题 (7.2.10) 的最优解 x^{k+1}, s^{k+1} 满足

$$\begin{aligned} 0 = & \nabla f(x^{k+1}) + \sum_{i \in \mathcal{E}} \left(\lambda_i^k + \sigma_k c_i(x^{k+1})\right) \nabla c_i(x^{k+1}) + \\ & \sum_{i \in \mathcal{I}} \left(\mu_i^k + \sigma_k(c_i(x^{k+1}) + s_i^{k+1})\right) \nabla c_i(x^{k+1}), \end{aligned}$$

$$s_i^{k+1} = \max\left\{-\frac{\mu_i^k}{\sigma_k} - c_i(x^{k+1}), 0\right\}, \quad i \in \mathcal{I}.$$

对比问题 (7.2.9) 和问题 (7.2.10) 的 KKT 条件，易知乘子的更新格式为

$$\lambda_i^{k+1} = \lambda_i^k + \sigma_k c_i(x^{k+1}), \quad i \in \mathcal{E},$$

$$\mu_i^{k+1} = \max\{\mu_i^k + \sigma_k c_i(x^{k+1}), 0\}, \quad i \in \mathcal{I}.$$

对于等式约束，约束违反度定义为

$$v_k(x^{k+1}) = \sqrt{\sum_{i \in \mathcal{E}} c_i^2(x^{k+1}) + \sum_{i \in \mathcal{I}} \left(c_i(x^{k+1}) + s_i^{k+1}\right)^2}.$$

根据 (7.2.11) 式消去 s，约束违反度为

$$v_k(x^{k+1}) = \sqrt{\sum_{i \in \mathcal{E}} c_i^2(x^{k+1}) + \sum_{i \in \mathcal{I}} \max\left\{c_i(x^{k+1}), -\frac{\mu_i^k}{\sigma_k}\right\}^2}.$$

综上，我们给出约束优化问题 (7.2.10) 的增广拉格朗日函数法，见算法 7.6. 该算法和算法 7.5 结构相似，但它给出了算法参数的一种具体更新方式. 每次计算出子问题的近似解 x^{k+1} 后，算法需要判断约束违反度 $v_k(x^{k+1})$ 是否满足精度要求. 若满足，则进行乘子的更新，并提高子问题求解精度，此时罚因子不变；若不满足，则不进行乘子的更新，并适当增大罚因子以便得到约束违反度更小的解.

算法 7.6 问题 (7.2.10) 的增广拉格朗日函数法

1. 选取初始点 x^0，乘子 λ^0, μ^0，罚因子 $\sigma_0 > 0$，约束违反度常数 $\varepsilon > 0$，精度常数 $\eta > 0$，以及常数 $0 < \alpha \leqslant \beta \leqslant 1$ 和 $\rho > 1$. 令 $\eta_0 = \dfrac{1}{\sigma_0}, \varepsilon_0 = \dfrac{1}{\sigma_0^\alpha}$ 以及 $k = 0$.
2. **for** $k = 0, 1, 2, \cdots$ **do**
3. 以 x^k 为初始点，求解
$$\min_x \ L_{\sigma_k}(x, \lambda^k, \mu^k),$$
 得到满足精度条件
$$\|\nabla_x L_{\sigma_k}(x^{k+1}, \lambda^k, \mu^k)\|_2 \leqslant \eta_k$$
 的解 x^{k+1}.
4. **if** $v_k(x^{k+1}) \leqslant \varepsilon_k$ **then**
5.   **if** $v_k(x^{k+1}) \leqslant \varepsilon$ 且 $\|\nabla_x L_{\sigma_k}(x^{k+1}, \lambda^k, \mu^k)\|_2 \leqslant \eta$ **then**
6.   得到逼近解 $x^{k+1}, \lambda^k, \mu^k$，终止迭代.
7.   **end if**
8.   更新乘子：
$$\lambda_i^{k+1} = \lambda_i^k + \sigma_k c_i(x^{k+1}), \quad i \in \mathcal{E},$$
$$\mu_i^{k+1} = \max\{\mu_i^k + \sigma_k c_i(x^{k+1}), 0\}, \quad i \in \mathcal{I}.$$
9.   罚因子不变：$\sigma_{k+1} = \sigma_k$.
10.   减小子问题求解误差和约束违反度：$\eta_{k+1} = \dfrac{\eta_k}{\sigma_{k+1}}, \varepsilon_{k+1} = \dfrac{\varepsilon_k}{\sigma_{k+1}^\beta}$.
11. **else**
12.   乘子不变：$\lambda^{k+1} = \lambda^k$.
13.   更新罚因子：$\sigma_{k+1} = \rho \sigma_k$.
14.   调整子问题求解误差和约束违反度：$\eta_{k+1} = \dfrac{1}{\sigma_{k+1}}, \varepsilon_{k+1} = \dfrac{1}{\sigma_{k+1}^\alpha}$.
15. **end if**
16. **end for**

7.2.3 凸优化问题的增广拉格朗日函数法

考虑凸优化问题

$$\begin{aligned} \min_{x \in \mathbb{R}^n} \quad & f(x), \\ \text{s.t.} \quad & c_i(x) \leqslant 0, \ i = 1, 2, \cdots, m, \end{aligned} \tag{7.2.13}$$

其中 $f:\mathbb{R}^n \to \mathbb{R}, c_i:\mathbb{R}^n \to \mathbb{R}, i=1,2,\cdots,m$ 为闭凸函数. 为了叙述的方便, 这里考虑不等式形式的凸优化问题. 定义可行域为 $\mathcal{X} = \{x \mid c_i(x) \leqslant 0, i=1,2,\cdots,m\}$.

对于问题 (7.2.13), 根据上一小节介绍的不等式约束的增广拉格朗日函数表达式 (7.2.12)(这里 $\mathcal{E} = \varnothing$), 其增广拉格朗日函数为

$$L_\sigma(x,\lambda) = f(x) + \frac{\sigma}{2}\sum_{i=1}^m \left(\max\left\{\frac{\lambda_i}{\sigma} + c_i(x), 0\right\}^2 - \frac{\lambda_i^2}{\sigma^2} \right),$$

其中 λ 和 σ 分别为乘子以及罚因子.

给定一列单调递增的乘子 $\sigma_k \uparrow \sigma_\infty$, 以及初始乘子 λ^0, 问题 (7.2.13) 的增广拉格朗日函数法为

$$\begin{cases} x^{k+1} \approx \mathop{\arg\min}\limits_{x \in \mathbb{R}^n} L_{\sigma_k}(x,\lambda^k), \\ \lambda^{k+1} = \lambda^k + \sigma_k \nabla_\lambda L_{\sigma_k}(x^{k+1},\lambda^k) = \max\{0, \lambda^k + \sigma_k c(x^{k+1})\}. \end{cases} \tag{7.2.14}$$

为了方便叙述, 以下定义 $\phi_k(x) = L_{\sigma_k}(x,\lambda^k)$. 由于 $\phi_k(x)$ 的最小值点的显式表达式通常是未知的, 我们往往调用迭代算法求其一个近似解. 为了保证收敛性, 我们要求该近似解至少满足如下非精确条件之一 [163, 204, 214]:

$$\phi_k(x^{k+1}) - \inf \phi_k \leqslant \frac{\varepsilon_k^2}{2\sigma_k}, \quad \varepsilon_k \geqslant 0, \sum_{k=1}^\infty \varepsilon_k < +\infty, \tag{7.2.15}$$

$$\phi_k(x^{k+1}) - \inf \phi_k \leqslant \frac{\delta_k^2}{2\sigma_k}\|\lambda^{k+1} - \lambda^k\|_2^2, \quad \delta_k \geqslant 0, \sum_{k=1}^\infty \delta_k < +\infty, \tag{7.2.16}$$

$$\mathrm{dist}(0, \partial \phi_k(x^{k+1})) \leqslant \frac{\delta_k'}{\sigma_k}\|\lambda^{k+1} - \lambda^k\|_2, \quad 0 \leqslant \delta_k' \to 0, \tag{7.2.17}$$

其中 $\varepsilon_k, \delta_k, \delta_k'$ 是人为设定的参数, $\mathrm{dist}(0, \partial \phi_k(x^{k+1}))$ 表示 0 到集合 $\partial \phi_k(x^{k+1})$ 的欧几里得距离. 根据 λ^{k+1} 的更新格式 (7.2.14), 容易得知

$$\begin{aligned}\|\lambda^{k+1} - \lambda^k\|_2 &= \|\max\{0, \lambda^k + \sigma_k c(x^{k+1})\} - \lambda^k\|_2 \\ &= \|\max\{-\lambda^k, \sigma_k c(x^{k+1})\}\|_2.\end{aligned}$$

由于 $\inf \phi_k$ 是未知的, 直接验证上述不精确条件中的 (7.2.15) 式和 (7.2.16) 式是数值上不可行的. 但是, 如果 ϕ_k 是 α-强凸函数 (在某些应用中可以计算出 α 或得到其估计值), 那么 (见习题 **2.15**)

$$\phi_k(x) - \inf \phi_k \leqslant \frac{1}{2\alpha}\mathrm{dist}^2(0, \partial \phi_k(x)). \tag{7.2.18}$$

根据 (7.2.18) 式, 可以进一步构造如下数值可验证的不精确条件:

$$\mathrm{dist}(0, \partial \phi_k(x^{k+1})) \leqslant \sqrt{\frac{\alpha}{\sigma_k}}\varepsilon_k, \quad \varepsilon_k \geqslant 0, \sum_{k=1}^\infty \varepsilon_k < +\infty,$$

$$\text{dist}(0,\partial\phi_k(x^{k+1})) \leqslant \sqrt{\frac{\alpha}{\sigma_k}}\delta_k\|\lambda^{k+1}-\lambda^k\|_2, \quad \delta_k \geqslant 0, \sum_{k=1}^{\infty}\delta_k < +\infty,$$

$$\text{dist}(0,\partial\phi_k(x^{k+1})) \leqslant \frac{\delta_k'}{\sigma_k}\|\lambda^{k+1}-\lambda^k\|_2, \quad 0 \leqslant \delta_k' \to 0.$$

这里，我们给出不精确条件 (7.2.15) 下的增广拉格朗日函数法 (7.2.14) 的收敛性. 证明细节可以参考 [163]^{定理 4}.

定理 7.7 (凸问题的增广拉格朗日函数法的收敛性) 假设 $\{x^k\},\{\lambda^k\}$ 为问题 (7.2.13) 的增广拉格朗日函数法 (7.2.14) 生成的序列，x^{k+1} 满足不精确条件 (7.2.15). 如果问题 (7.2.13) 的 Slater 约束品性成立，那么序列 $\{\lambda^k\}$ 是有界且收敛的，记极限为 λ^{∞}，并且 λ^{∞} 为对偶问题的一个最优解.

如果存在一个 γ，使得下水平集 $\{x \in \mathcal{X} \mid f(x) \leqslant \gamma\}$ 是非空有界的，那么序列 $\{x^k\}$ 也是有界的，并且其所有的聚点都是问题 (7.2.13) 的最优解.

注 7.1 这里的乘子 λ^k 与文章 [163] 中的互为相反数，其原因是在构造拉格朗日函数的时候，我们引入的乘子为 $-\lambda(\geqslant 0)$，而文章 [163] 引入的乘子为 $\lambda(\geqslant 0)$.

注 7.2 与定理 7.7 类似，同样有基于不精确条件 (7.2.16) (7.2.17) 的收敛性结果，见 [163]^{定理 5}.

7.2.4 基追踪问题的增广拉格朗日函数法

这一小节将以基追踪（BP）问题为例讨论增广拉格朗日函数法及其收敛性. 我们将看到针对一些凸问题，增广拉格朗日函数法会有比较特殊的性质，比如固定罚因子也能保证算法的收敛性甚至有限终止性等. 本小节的内容主要参考了 [206, 214].

设 $A \in \mathbb{R}^{m \times n}(m \leqslant n), b \in \mathbb{R}^m, x \in \mathbb{R}^n$，BP 问题 (4.1.8) 为

$$\min_{x \in \mathbb{R}^n} \|x\|_1, \quad \text{s.t.} \quad Ax = b. \tag{7.2.19}$$

引入拉格朗日乘子 $y \in \mathbb{R}^m$，BP 问题 (7.2.19) 的拉格朗日函数为

$$L(x,y) = \|x\|_1 + y^{\mathrm{T}}(Ax - b),$$

那么对偶函数

$$g(y) = \inf_x L(x,y) = \begin{cases} -b^{\mathrm{T}}y, & \|A^{\mathrm{T}}y\|_{\infty} \leqslant 1, \\ -\infty, & \text{其他}. \end{cases}$$

因此，我们得到如下对偶问题：

$$\min_{y \in \mathbb{R}^m} \quad b^{\mathrm{T}}y, \quad \text{s.t.} \quad \|A^{\mathrm{T}}y\|_\infty \leqslant 1. \tag{7.2.20}$$

通过引入变量 s，上述问题可以等价地写成

$$\min_{y \in \mathbb{R}^m, s \in \mathbb{R}^n} \quad b^{\mathrm{T}}y, \quad \text{s.t.} \quad A^{\mathrm{T}}y - s = 0, \|s\|_\infty \leqslant 1. \tag{7.2.21}$$

下面讨论如何对原问题和对偶问题应用增广拉格朗日函数法.

1. 原问题的增广拉格朗日函数法

引入罚因子 σ 和乘子 λ，问题 (7.2.19) 的增广拉格朗日函数为

$$L_\sigma(x,\lambda) = \|x\|_1 + \lambda^{\mathrm{T}}(Ax - b) + \frac{\sigma}{2}\|Ax - b\|_2^2. \tag{7.2.22}$$

在增广拉格朗日函数法的一般理论中，需要罚因子 σ 足够大来保证迭代收敛（控制约束违反度）. 对于 BP 问题 (7.2.19)，后面可以证明，对于固定的非负罚因子也能够保证收敛性（尽管在实际中动态调整罚因子可能会使得算法更快收敛）. 现在考虑固定罚因子 σ 情形的增广拉格朗日函数法. 在第 k 步迭代，更新格式为

$$\begin{cases} x^{k+1} = \underset{x \in \mathbb{R}^n}{\arg\min}\, L_\sigma(x,\lambda^k) = \underset{x \in \mathbb{R}^n}{\arg\min}\, \left\{\|x\|_1 + \frac{\sigma}{2}\left\|Ax - b + \frac{\lambda^k}{\sigma}\right\|_2^2\right\}, \\ \lambda^{k+1} = \lambda^k + \sigma(Ax^{k+1} - b). \end{cases} \tag{7.2.23}$$

设迭代的初始点为 $x^0 = \lambda^0 = 0$. 考虑迭代格式 (7.2.23) 中的第一步，假设 x^{k+1} 为 $L_\sigma(x,\lambda^k)$ 的一个全局极小解，那么

$$0 \in \partial\|x^{k+1}\|_1 + \sigma A^{\mathrm{T}}\left(Ax^{k+1} - b + \frac{\lambda^k}{\sigma}\right).$$

因此，

$$-A^{\mathrm{T}}\lambda^{k+1} \in \partial\|x^{k+1}\|_1. \tag{7.2.24}$$

满足上式的 x^{k+1} 往往是不能显式得到的，需要采用迭代算法来进行求解，比如上一章介绍的次梯度法，以及第八章将介绍的近似点梯度法，等等.

这里沿用第 6.2 节中的 A 和 b 的生成方式，且选取不同的稀疏度 $r = 0.1$ 和 $r = 0.2$. 我们固定罚因子 σ，并采用近似点梯度法作为求解器，不精确地求解关于 x 的子问题以得到 x^{k+1}. 具体地，设置求解精度 $\eta_k = 10^{-k}$，并且使用 BB 步长作为线搜索初始步长. 图 7.5 展示了算法产生的迭代点与最优点的距离变化以及约束违反度的走势. 从图中可以看到：对于 BP 问题，固定的 σ 也可以保证增广拉格朗日函数法收敛.

我们将证明对于固定的二次罚项系数 $\sigma = 1$，迭代格式 (7.2.23) 具有有限终止性. 根据 (7.2.24) 式，先证明迭代格式 (7.2.23) 的一些基本性质.

图 7.5 增广拉格朗日函数法求解 BP 问题

(a) 约束违反度

(b) 与最优点的距离

引理 7.1 设迭代序列 $\{x^k\}, \{\lambda^k\}$ 是迭代格式 (7.2.23) 从初始点 $x^0 = \lambda^0 = 0$ 产生的序列，则它们满足

（1）$\|Ax^k - b\|_2$ 是单调下降的：$\|Ax^{k+1} - b\|_2 \leqslant \|Ax^k - b\|_2$；

（2）若存在 $\tilde{x}$ 满足 $A\tilde{x} = b$, 则 $\dfrac{\sigma}{2}\|Ax^k - b\|_2^2 \leqslant \dfrac{1}{k}\|\tilde{x}\|_1$.

证明 由迭代格式 (7.2.23) 的第一步，

$$\|x^{k+1}\|_1 + (\lambda^k)^{\mathrm{T}}(Ax^{k+1} - b) + \frac{\sigma}{2}\|Ax^{k+1} - b\|_2^2$$
$$\leqslant \|x^k\|_1 + (\lambda^k)^{\mathrm{T}}(Ax^k - b) + \frac{\sigma}{2}\|Ax^k - b\|_2^2.$$

由于 $\|x\|_1$ 的凸性和 (7.2.24) 式,我们有
$$\|x^{k+1}\|_1 \geqslant \|x^k\|_1 + \langle -A^{\mathrm{T}}\lambda^k, x^{k+1} - x^k \rangle.$$
结合上面两式,
$$\|Ax^{k+1} - b\|_2 \leqslant \|Ax^k - b\|_2.$$
下面证明第二个结论. 由迭代格式 (7.2.23) 的第二步,
$$A^{\mathrm{T}}(\lambda^{k+1} - \lambda^k) = \sigma A^{\mathrm{T}}(Ax^{k+1} - b).$$
由 $\dfrac{\sigma}{2}\|Ax - b\|_2^2$ 和 $\|x\|_1$ 的凸性(分别应用于点 x^{k+1} 和 x^k 处)以及 (7.2.24) 式,我们有
$$\begin{aligned}&\frac{\sigma}{2}\|Ax^{k+1} - b\|_2^2 - \frac{\sigma}{2}\|Ax - b\|_2^2 \\ &\leqslant \langle A^{\mathrm{T}}(\lambda^{k+1} - \lambda^k), x^{k+1} - x \rangle \\ &= \langle A^{\mathrm{T}}\lambda^{k+1}, x^{k+1} - x \rangle - \langle A^{\mathrm{T}}\lambda^k, x^k - x \rangle - \langle A^{\mathrm{T}}\lambda^k, x^{k+1} - x^k \rangle \\ &\leqslant \langle A^{\mathrm{T}}\lambda^{k+1}, x^{k+1} - x \rangle - \langle A^{\mathrm{T}}\lambda^k, x^k - x \rangle + \|x^{k+1}\|_1 - \|x^k\|_1.\end{aligned}$$
由 $\|Ax^k - b\|_2$ 的单调性和 $\|x\|_1$ 的凸性,
$$\begin{aligned}&k\left(\frac{\sigma}{2}\|Ax^k - b\|_2^2 - \frac{\sigma}{2}\|Ax - b\|_2^2\right) \\ &\leqslant \sum_{j=1}^k \left(\frac{\sigma}{2}\|Ax^j - b\|_2^2 - \frac{\sigma}{2}\|Ax - b\|_2^2\right) \\ &\leqslant \langle A^{\mathrm{T}}\lambda^k, x^k - x \rangle + \|x^k\|_1 - \langle A^{\mathrm{T}}\lambda^0, x^0 - x \rangle - \|x^0\|_1 \\ &\leqslant \|x\|_1,\end{aligned}$$
取 $x = \tilde{x}$,则
$$\frac{\sigma}{2}\|Ax^k - b\|_2^2 \leqslant \frac{1}{k}\|\tilde{x}\|_1. \tag{7.2.25}$$

$\square$

下面的引理表明,增广拉格朗日函数法 (7.2.23) 得到的点列中的点如果是可行的,则为原问题 (7.2.19) 的一个最优解.

引理 7.2 假设问题 (7.2.19) 的可行域非空,x^k 是由迭代格式 (7.2.23) 得到的满足 $Ax^k = b$ 的迭代点,则 x^k 是 BP 问题 (7.2.19) 的一个解.

证明 对任意 x,由 $\|x\|_1$ 的凸性和 (7.2.24) 式,有
$$\begin{aligned}\|x^k\|_1 &\leqslant \|x\|_1 - \langle x - x^k, -A^{\mathrm{T}}\lambda^k \rangle \\ &= \|x\|_1 + \langle Ax - Ax^k, \lambda^k \rangle \\ &= \|x\|_1 + \langle Ax - b, \lambda^k \rangle,\end{aligned} \tag{7.2.26}$$

因此，对任意的满足 $Ax = b$ 的 x，都有 $\|x^k\|_1 \leqslant \|x\|_1$，于是 x^k 是问题 (7.2.19) 的最优解. □

根据上面的引理，还可以证明增广拉格朗日函数法 (7.2.23) 会在有限步迭代内收敛到问题 (7.2.19) 的最优解，即存在正整数 K，当 $k > K$ 时，x^k 为问题 (7.2.19) 的解.

定理 7.8 假设问题 (7.2.19) 的可行域非空，迭代序列 $\{x^k\}, \{\lambda^k\}$ 是由迭代格式 (7.2.23) 从初始点 $x^0 = \lambda^0 = 0$ 产生的，则存在正整数 K 使得任意的 $x^k, k \geqslant K$ 是问题 (7.2.19) 的解.

证明 对指标集 $\{1, 2, \cdots, n\}$ 的任一划分 (I_+^j, I_-^j, E^j)，令

$$U^j \stackrel{\text{def}}{=} U(I_+^j, I_-^j, E^j) = \{x \mid x_i \geqslant 0, i \in I_+^j; x_i \leqslant 0, i \in I_-^j; x_i = 0, i \in E^j\},$$

$$H^j \stackrel{\text{def}}{=} \min_{x \in \mathbb{R}^n} \left\{ \frac{1}{2} \|Ax - b\|_2^2 \,\Big|\, x \in U^j \right\}. \tag{7.2.27}$$

对于 λ^k，我们可以定义指标集 $\{1, 2, \cdots, n\}$ 的划分 (I_+^k, I_-^k, E^k) 为

$$I_+^k = \{i \mid (A^{\mathrm{T}} \lambda^k)_i = -1\}, \quad I_-^k = \{i \mid (A^{\mathrm{T}} \lambda^k)_i = 1\},$$
$$E^k = \{i \mid (A^{\mathrm{T}} \lambda^k)_i \in (-1, 1)\}.$$

由 U^j 的定义和 $-A^{\mathrm{T}} \lambda^k \in \partial \|x^k\|_1$ 知，$x^k \in U^k$.

因为问题 (7.2.19) 的可行域非空，故存在 $\tilde{x}$ 满足 $\|A\tilde{x} - b\| = 0$. 由引理 7.1 的 (2)，对任意满足 $H^j > 0$ 的 j，存在一个充分大的 K_j 使得 $x^k \notin U^j, \forall k \geqslant K_j$. 于是取 $K = \max_j \{K_j \mid H^j > 0\}$，有 $H^k = 0, \forall k \geqslant K$. 结合 $\|x\|_1$ 的凸性和 (7.2.24) 式，对 $k \geqslant K$ 我们有

$$\|x^k\|_1 + (\lambda^k)^{\mathrm{T}} A x^k \leqslant \|x\|_1 + (\lambda^k)^{\mathrm{T}} A x,$$

且容易验证等号成立当且仅当 $x \in U^k$（注意 $x^k \in U^k$）. 由于 $H^k = 0$，取 $\tilde{x} \in U^k$ 且 $\|A\tilde{x} - b\| = 0$，根据 x^{k+1} 的最优性有

$$\frac{\sigma}{2} \|Ax^{k+1} - b\|^2 \leqslant \|\tilde{x}\|_1 - \|x^{k+1}\|_1 + (\lambda^k)^{\mathrm{T}} A(\tilde{x} - x^{k+1}) + \frac{\sigma}{2} \|A\tilde{x} - b\|^2 \leqslant 0.$$

由引理 7.2 可知，$x^{k+1}, \forall k \geqslant K$ 都是问题 (7.2.19) 的最优解. □

定理 7.8 假设了关于 x^{k+1} 的子问题可以精确求解. 对于一般的矩阵 A（例如非对角的情形），该子问题的精确解是难以求得的. 在实际中，我们采用迭代算法来进行求解，具体算法会在第八章中介绍. 即使利用迭代算法求得近似解 x^{k+1}，增广拉格朗日函数法也有非常好的数值表现，因此在实际中非常受欢迎.

我们知道 BP 问题是线性规划问题的特例，因此，对于线性规划问题，是否也可以设计相应的增广拉格朗日函数法？答案是肯定的. 对于线性规划问题，我们可以类似地证明有限终止性 [120]. 对于一般凸优化问题的增广拉格朗日函数法，读者可以参考经典文献 [163].

2. 与 Bregman 算法的等价性

在文章 [206] 中，作者提出了求解 BP 问题 (7.2.19) 的 Bregman 迭代算法. 对于凸函数 $h(x) = \|x\|_1$，定义其 **Bregman 距离**：

$$D_h^g(x,y) = h(x) - h(y) - \langle g, x-y \rangle,$$

其中 $g \in \partial h(y)$ 为函数 h 在点 y 处的一个次梯度. 对于一般的凸函数 h，容易证明 $D_h^g(x,y) \neq D_h^g(y,x)$，所以 $D_h^g(x,y)$ 不一定是距离函数. 但是，我们可以证明：对于任意的 x,y，都有 $D_h^g(x,y) \geqslant 0$；对连接 x,y 的线段上的任一点 z，都有 $D_h^g(x,y) \geqslant D_h^g(z,y)$.

有了 Bregman 距离之后，问题 (7.2.19) 的 Bregman 迭代算法为

$$\begin{cases} x^{k+1} = \underset{x \in \mathbb{R}^n}{\arg\min} \left\{ D_h^{g^k}(x,x^k) + \frac{1}{2}\|Ax - b\|_2^2 \right\}, \\ g^{k+1} = g^k - A^\mathrm{T}(Ax^{k+1} - b). \end{cases} \quad (7.2.28)$$

在上面的格式中，我们需要说明 $g^{k+1} \in \partial h(x^{k+1})$. 事实上，根据点 x^{k+1} 的最优性条件，

$$0 \in \partial h(x^{k+1}) - g^k + A^\mathrm{T}(Ax^{k+1} - b),$$

因此，

$$g^{k+1} = g^k - A^\mathrm{T}(Ax^{k+1} - b) \in \partial h(x^{k+1}).$$

对比增广拉格朗日函数法 (7.2.23)，令罚因子 $\sigma = 1$ 并记算法的初始点为 x^0, λ^0，不难看出，如果算法 (7.2.28) 的初始点设置为 $(x^0, -A^\mathrm{T}\lambda^0)$，那么在第 k 步迭代有如下对应关系：

$$g^k = -A^\mathrm{T}\lambda^k.$$

也就是说，在合理选取初始点的情况下，两个算法得到的迭代点列是完全一致的.

3. 对偶问题的增广拉格朗日函数法

考虑对偶问题 (7.2.21)：

$$\min_{y \in \mathbb{R}^m, s \in \mathbb{R}^n} b^\mathrm{T} y, \quad \text{s.t.} \quad A^\mathrm{T} y - s = 0, \ \|s\|_\infty \leqslant 1.$$

引入拉格朗日乘子 λ 和罚因子 σ，增广拉格朗日函数为

$$L_\sigma(y,s,\lambda) = b^\mathrm{T} y + \lambda^\mathrm{T}(A^\mathrm{T} y - s) + \frac{\sigma}{2}\|A^\mathrm{T} y - s\|_2^2, \quad \|s\|_\infty \leqslant 1.$$

那么，增广拉格朗日函数法的迭代格式为

$$\begin{cases} (y^{k+1}, s^{k+1}) = \underset{y, \|s\|_\infty \leqslant 1}{\arg\min} L_{\sigma_k}(y, s, \lambda^k) \\ \qquad\qquad\quad = \underset{y, \|s\|_\infty \leqslant 1}{\arg\min} \left\{ b^\mathrm{T} y + \frac{\sigma_k}{2} \left\| A^\mathrm{T} y - s + \frac{\lambda^k}{\sigma_k} \right\|_2^2 \right\}, \\ \lambda^{k+1} = \lambda^k + \sigma_k (A^\mathrm{T} y^{k+1} - s^{k+1}), \\ \sigma_{k+1} = \min\{\rho \sigma_k, \bar{\sigma}\}, \end{cases}$$

其中 $\rho > 1$ 和 $\bar{\sigma} < +\infty$ 为算法参数. 由于 (y^{k+1}, s^{k+1}) 的显式表达式是未知的，我们需要利用迭代算法来进行求解.

除了利用投影梯度法求解关于 (y, s) 的联合最小化问题外，还可以利用最优性条件将 s 用 y 来表示，转而求解只关于 y 的最小化问题. 具体地，关于 s 的极小化问题为

$$\min_s \quad \frac{\sigma}{2} \left\| A^\mathrm{T} y - s + \frac{\lambda}{\sigma} \right\|_2^2, \quad \text{s.t.} \quad \|s\|_\infty \leqslant 1.$$

通过简单地推导，可知

$$s = \mathcal{P}_{\|s\|_\infty \leqslant 1} \left(A^\mathrm{T} y + \frac{\lambda}{\sigma} \right), \tag{7.2.29}$$

其中 $\mathcal{P}_{\|s\|_\infty \leqslant 1}$ 为集合 $\{s \mid \|s\|_\infty \leqslant 1\}$ 的投影算子，即

$$\mathcal{P}_{\|s\|_\infty \leqslant 1}(x) = \max\{\min\{x, 1\}, -1\}.$$

将 s 的表达式代入增广拉格朗日函数中，我们得到

$$L_\sigma(y, \lambda) = b^\mathrm{T} y + \frac{\sigma}{2} \left\| \psi \left(A^\mathrm{T} y + \frac{\lambda}{\sigma} \right) \right\|_2^2 - \frac{\lambda^2}{2\sigma},$$

其中 $\psi(x) = \mathrm{sign}(x) \max\{|x| - 1, 0\}$, $\mathrm{sign}(x)$ 表示 x 的符号，即

$$\mathrm{sign}(x) = \begin{cases} 1, & x > 0, \\ 0, & x = 0, \\ -1, & x < 0. \end{cases}$$

注意，为了记号简洁，此处仍然使用 L_σ 来表示增广拉格朗日函数，但变量个数有所变化.

消去 s 的增广拉格朗日函数法为

$$\begin{cases} y^{k+1} = \underset{y}{\arg\min} \left\{ b^\mathrm{T} y + \frac{\sigma_k}{2} \left\| \psi \left(A^\mathrm{T} y + \frac{\lambda^k}{\sigma_k} \right) \right\|_2^2 \right\}, \\ \lambda^{k+1} = \sigma_k \psi \left(A^\mathrm{T} y^{k+1} + \frac{\lambda^k}{\sigma_k} \right), \\ \sigma_{k+1} = \min\{\rho \sigma_k, \bar{\sigma}\}. \end{cases} \tag{7.2.30}$$

在迭代格式 (7.2.30) 的第一步中，我们不能得到关于 y^{k+1} 的显式表达式. 但是由于 $L_{\sigma_k}(y,\lambda^k)$ 关于 y 是连续可微的，且其梯度为

$$\nabla_y L_{\sigma_k}(y,\lambda^k) = b + \sigma_k A\psi\left(A^{\mathrm{T}}y + \frac{\lambda^k}{\sigma_k}\right),$$

可以利用梯度法对其进行求解. 除此之外，还可以采用半光滑牛顿法，相关内容可以参考 [119, 214].

记 $\phi_k(y) = L_{\sigma_k}(y,\lambda^k)$. 为了保证收敛性，根据一般凸优化问题的增广拉格朗日函数法的收敛条件 (7.2.15)，我们要求 y^{k+1} 满足

$$\phi_k(y^{k+1}) - \inf \phi_k \leqslant \frac{\varepsilon_k^2}{2\sigma_k}, \quad \varepsilon_k \geqslant 0, \sum_{k=1}^{\infty}\varepsilon_k < +\infty, \qquad (7.2.31)$$

其中 ε_k 是人为设定的参数.

根据定理 7.7，有如下收敛性定理：

定理 7.9 假设 $\{y^k\},\{\lambda^k\}$ 是由迭代格式 (7.2.30) 产生的序列，并且 y^{k+1} 的求解精度满足 (7.2.31) 式，而矩阵 A 是行满秩的. 那么，序列 $\{y^k\}$ 是有界的，且其任一聚点均为问题 (7.2.21) 的最优解. 同时，序列 $\{\lambda^k\}$ 有界且收敛，其极限为原问题 (7.2.19) 的某个最优解.

注 7.3 定理 7.9 假设 A 是行满秩的，因此，我们知道可行域

$$\mathcal{X} = \{y \mid \|A^{\mathrm{T}}y\|_{\infty} \leqslant 1\}$$

是有界的. 由于 $0 \in \mathcal{X}$，故 $\{x \in \mathcal{X} \mid f(x) \leqslant 0\}$ 是非空有界的. 根据约束的线性性，易知问题 (7.2.20) 的 Slater 约束品性成立.

这里注意，ϕ_k 只是凸的，并不是强凸的. 我们可以通过添加 $\frac{1}{2\sigma_k}\|y-y^k\|_2^2$，并求解

$$y^{k+1} \approx \underset{y}{\arg\min} \left\{\phi_k(y) + \frac{1}{2\sigma_k}\|y-y^k\|_2^2\right\}$$

使得 y^{k+1} 满足不精确条件 (7.2.31). 此时，函数

$$\phi_k(y) + \frac{1}{2\sigma_k}\|y-y^k\|_2^2$$

是 $\frac{1}{\sigma_k}$-强凸的. 修改后的迭代点列的收敛性基本与原问题增广拉格朗日函数法的一致，证明细节可以参考 [120, 214].

7.2.5 半定规划问题的增广拉格朗日函数法

考虑半定规划问题 (5.4.18):

$$\begin{aligned}&\min_{X\in\mathcal{S}^n} \quad \langle C,X\rangle,\\ &\text{s.t.} \quad \langle A_i,X\rangle = b_i,\ i=1,2,\cdots,m,\\ &\qquad X\succeq 0,\end{aligned} \qquad (7.2.32)$$

和其对偶问题 (5.4.20):

$$\begin{aligned}&\min_{y\in\mathbb{R}^m} \quad -b^{\mathrm{T}}y,\\ &\text{s.t.} \quad \sum_{i=1}^m y_i A_i \preceq C.\end{aligned} \qquad (7.2.33)$$

我们可以利用增广拉格朗日函数法求解. 对于原问题 (7.2.32), 引入乘子 $\lambda\in\mathbb{R}^m$, 罚因子 σ, 并记 $\mathcal{A}(X) = (\langle A_1,X\rangle, \langle A_2,X\rangle, \cdots, \langle A_m,X\rangle)^{\mathrm{T}}$, 则增广拉格朗日函数为

$$L_\sigma(X,\lambda) = \langle C,X\rangle - \lambda^{\mathrm{T}}(\mathcal{A}(X)-b) + \frac{\sigma}{2}\|\mathcal{A}(X)-b\|_2^2, \quad X\succeq 0,$$

那么, 增广拉格朗日函数法为

$$\begin{cases} X^{k+1} \approx \displaystyle\operatorname*{argmin}_{X\in\mathcal{S}_+^n} L_{\sigma_k}(X,\lambda^k),\\ \lambda^{k+1} = \lambda^k - \sigma_k(\mathcal{A}(X^{k+1})-b),\\ \sigma_{k+1} = \min\{\rho\sigma_k,\bar{\sigma}\}.\end{cases} \qquad (7.2.34)$$

当迭代收敛时, X^k 和 λ^k 分别收敛到问题 (7.2.32) 和问题 (7.2.33) 的解.

同样地, 我们也可以采用增广拉格朗日函数法求解对偶问题 (7.2.33). 具体地, 引入松弛变量 $S\succeq 0$, 乘子 $\Lambda\in\mathcal{S}^n$ 以及罚因子 σ, 增广拉格朗日函数为

$$L_\sigma(y,S,\Lambda) = -b^{\mathrm{T}}y + \left\langle \Lambda, \sum_{i=1}^m y_i A_i + S - C\right\rangle + \frac{\sigma}{2}\left\|\sum_{i=1}^m y_i A_i + S - C\right\|_F^2.$$

在第 k 步, 增广拉格朗日函数法的更新公式为

$$(y^{k+1}, S^{k+1}) \approx \operatorname*{argmin}_{y\in\mathbb{R}^m} L_{\sigma_k}(y,S,\Lambda^k),$$

$$\Lambda^{k+1} = \Lambda^k + \sigma_k\left(\sum_{i=1}^m y_i^{k+1} A_i + S^{k+1} - C\right),$$

$$\sigma_{k+1} = \min\{\rho\sigma_k,\bar{\sigma}\}.$$

我们可以利用最优性条件消去 S. 具体地, 关于 S 的极小化问题为

$$\min_{S\in\mathcal{S}_+^n} \frac{\sigma}{2}\left\|\sum_{i=1}^m y_i A_i + S - C + \frac{\Lambda}{\sigma}\right\|_F^2.$$

通过简单地推导，我们有

$$S = \mathcal{P}_{\mathcal{S}_+^n}\left(C - \sum_{i=1}^m y_i A_i - \frac{\Lambda}{\sigma}\right), \tag{7.2.35}$$

其中 $\mathcal{P}_{\mathcal{S}_+^n}$ 为到半定锥集 $\mathcal{S}_+^n$ 的投影算子.

将 (7.2.35) 式代入增广拉格朗日函数，我们有

$$L_\sigma(y, \Lambda) = -b^\mathrm{T} y + \frac{\sigma}{2}\left(\left\|\mathcal{P}_{\mathcal{S}_+^n}\left(\sum_{i=1}^m y_i A_i - C + \frac{\Lambda}{\sigma}\right)\right\|_F^2 - \frac{\|\Lambda\|_F^2}{\sigma^2}\right).$$

那么，增广拉格朗日函数法为

$$\begin{cases} y^{k+1} \approx \underset{y \in \mathbb{R}^m}{\arg\min}\ L_{\sigma_k}(y, \Lambda^k), \\ \Lambda^{k+1} = \sigma_k \mathcal{P}_{\mathcal{S}_+^n}\left(\sum_{i=1}^m y_i^{k+1} A_i - C + \frac{\Lambda^k}{\sigma_k}\right), \\ \sigma_{k+1} = \min\{\rho\sigma_k, \overline{\sigma}\}. \end{cases} \tag{7.2.36}$$

可以验证 $L_{\sigma_k}(y, \Lambda^k)$ 关于 y 是连续可微的，并利用梯度法求得 y^{k+1}. 另外，还可以验证 $L_{\sigma_k}(y, \Lambda^k)$ 关于 y 是强半光滑的，因而可以调用半光滑牛顿法来进行更快速地求解. 这部分相关内容可以参考 [214]. 当迭代收敛时，y^k 和 Λ^k 分别收敛到问题 (7.2.33) 和问题 (7.2.32) 的解.

对比 (7.2.34) 式和 (7.2.36) 式的第一步，我们可以发现：(7.2.34) 式中的 X^{k+1} 是在半正定锥 $\mathcal{S}_+^n$ 中进行求解，这是一个约束优化问题. 但是 (7.2.36) 式中的 y^{k+1} 是在向量空间 $\mathbb{R}^m$ 中进行求解，并且其对应于一个可微的无约束优化问题. 因此，在实际中，如果问题 (7.2.32) 中的约束个数 m 较少时，我们一般先考虑其对偶问题（半定规划问题对偶的对偶为其本身），即问题 (7.2.33)，然后再用增广拉格朗日函数法进行求解.

7.3 线性规划内点法

线性规划是非常经典的约束优化问题，它的目标函数和约束都是线性函数. 因为其形式简单，在现实中有非常多的应用，线性规划一直受到人们的格外关注. 求解线性规划问题的算法非常之多，最经典的要数 Dantzig 在 1947 年提出的单纯形法 [52]. 我们知道，由于线性规划问题具有特殊结构，它的解必然是在可行域的顶点（或某一边界处）取到，而单纯形法则是通过某种方式不断列出可行域的顶点然后一步一步寻找问题的最优解. 由于线性规划可

行域的顶点数可能多达 $\mathcal{O}(2^n)$，其中 n 为自变量维数，因此单纯形法在最坏情况下的复杂度是指数量级的．实际上我们也可以构造出特殊的例子，使得单纯形法遍历可行域中的每一个顶点．这一现象表明，对于某些大型问题和病态问题，单纯形法的效果可能很差，我们必须寻找其他办法来求解线性规划问题．

在大约 30 年后，内点法应运而生，其中比较实用的算法是 Karmarkar 在 1984 年提出的线性规划算法 [111]．内点法是在可行域内部寻找一条路径最终抵达其边界，这和单纯形法有着截然不同的思想．由于迭代点处于可行域内部，因此求解每个子问题的计算代价都远高于仅仅在可行域边界移动的单纯形法．然而内点法的一步迭代对问题解的改善是显著的，正因为如此，可以证明内点法实际上是一个多项式时间算法．本节介绍线性规划内点法的基本思想以及一些实现过程，但略去技术细节方面的讨论．

7.3.1 原始-对偶算法

首先写出线性规划的原始问题和对偶问题

$$(\text{P}) \quad \begin{aligned} \min \quad & c^\mathrm{T} x, \\ \text{s.t.} \quad & Ax = b, \\ & x \geqslant 0, \end{aligned} \qquad (\text{D}) \quad \begin{aligned} \max \quad & b^\mathrm{T} y, \\ \text{s.t.} \quad & A^\mathrm{T} y + s = c, \\ & s \geqslant 0, \end{aligned} \tag{7.3.1}$$

并写出问题 (7.3.1) 的 KKT 条件：

$$Ax = b, \tag{7.3.2a}$$

$$A^\mathrm{T} y + s = c, \tag{7.3.2b}$$

$$x_i s_i = 0, \quad i = 1, 2, \cdots, n, \tag{7.3.2c}$$

$$x \geqslant 0, s \geqslant 0. \tag{7.3.2d}$$

原始-对偶算法作为一种内点法，它实际上是利用条件 (7.3.2) 不断在可行域的相对内部产生迭代点的过程．具体来说，原始-对偶算法构造的解满足条件 (7.3.2a) (7.3.2b) 以及 (7.3.2d)，而只能近似地满足条件 (7.3.2c)．当条件 (7.3.2d) 满足且条件 (7.3.2c) 对任意的 i 不满足时，我们有 $x_i s_i > 0, i = 1, 2, \cdots, n$，这意味着点 (x, s) 为可行域的相对内点，也是内点法得名的原因．

注 7.4 实际上单纯形法的构造也可理解为利用了 KKT 条件 (7.3.2)．不过它舍弃了条件 $x \geqslant 0, s \geqslant 0$，并保证其他三个条件在迭代过程中成立．而条件 (7.3.2a)—(7.3.2c) 处理起来并不复杂，因此单纯形法迭代一步是非常迅速的，其终止准则恰好可以是检查迭代点是否满足条件 (7.3.2d)．

由上面的分析可知，条件 (7.3.2c) 在内点法中不能严格满足，而我们想要算法最终收敛到线性规划问题的解，因此希望 $x_i s_i \to 0, \forall i$. 这个条件就可以作为内点法的终止条件. 实际上，我们可以对内点 $x > 0, s > 0$ 定义互补条件 (7.3.2c) 违反度的度量

$$\mu = \frac{1}{n}\sum_{i=1}^{n} x_i s_i = \frac{x^{\mathrm{T}} s}{n}, \tag{7.3.3}$$

也称为**对偶间隙**. 当 μ 趋于 0 时，(x,s) 将越来越接近可行域的边界.

综上所述，线性规划原始-对偶算法的目标是给定当前可行点 (x,y,s)，寻找下一个点

$$(\tilde{x}, \tilde{y}, \tilde{s}) = (x, y, s) + (\Delta x, \Delta y, \Delta z)$$

使得如下条件成立：

$$\begin{cases} A^{\mathrm{T}}\tilde{y} + \tilde{s} = c, & \tilde{s} > 0, \\ A\tilde{x} = b, & \tilde{x} > 0, \\ \tilde{x}_i \tilde{s}_i = \sigma\mu, & i = 1, 2, \cdots, n. \end{cases} \tag{7.3.4}$$

其中 $0 < \sigma < 1$ 是取定的常数. 条件 (7.3.4) 也被称为是**扰动 KKT 条件**，最后一个条件可进一步使用分量乘积简化为 $\tilde{x} \odot \tilde{s} = \sigma\mu\mathbf{1}$. 可以用如下方式来理解最后一个条件：假设 μ 是当前点 (x, y, s) 处的对偶间隙，我们希望迭代下一步时这个度量将会缩小一个比例 σ.

我们通过如下方法近似求解 (7.3.4)：首先展开方程组可以得到

$$\begin{cases} A(x + \Delta x) = b, \\ A^{\mathrm{T}}(y + \Delta y) + (s + \Delta s) = c, \\ (s + \Delta s) \odot (x + \Delta x) = \sigma\mu\mathbf{1}, \end{cases}$$

去除高阶非线性项 $\Delta x \odot \Delta s$ 后得到线性方程组：

$$\begin{cases} A\Delta x = r_p \stackrel{\text{def}}{=} b - Ax, \\ A^{\mathrm{T}}\Delta y + \Delta s = r_d \stackrel{\text{def}}{=} c - s - A^{\mathrm{T}}y, \\ x \odot \Delta s + s \odot \Delta x = r_c \stackrel{\text{def}}{=} \sigma\mu\mathbf{1} - x \odot s, \end{cases}$$

其中 $r = (r_p, r_d, r_c)^{\mathrm{T}}$ 刻画了 KKT 条件 (7.3.2) 的残量. 记 $L_x = \mathrm{Diag}(x)$，$L_s = \mathrm{Diag}(s)$，我们将方程组化为矩阵形式

$$\begin{bmatrix} A & 0 & 0 \\ 0 & A^{\mathrm{T}} & I \\ L_s & 0 & L_x \end{bmatrix} \begin{bmatrix} \Delta x \\ \Delta y \\ \Delta s \end{bmatrix} = \begin{bmatrix} r_p \\ r_d \\ r_c \end{bmatrix}. \tag{7.3.5}$$

利用矩阵分块消元，可以直接求解方程 (7.3.5)，得到

$$\begin{cases} \Delta y &= (AL_s^{-1}L_xA^{\mathrm{T}})^{-1}(r_p + AL_s^{-1}(L_xr_d - r_c)), \\ \Delta s &= r_d - A^{\mathrm{T}}\Delta y, \\ \Delta x &= -L_s^{-1}(L_x\Delta s - r_c), \end{cases} \quad (7.3.6)$$

其中 $AL_s^{-1}L_xA^{\mathrm{T}}$ 是对称矩阵，当 A 满秩时，$AL_s^{-1}L_xA^{\mathrm{T}}$ 正定.

一般来说，即使初始点 (x,y,s) 是可行的，求解线性方程组 (7.3.5) 产生的更新 $(\tilde{x},\tilde{y},\tilde{s})$ 也不一定是可行解. 由于前两个方程 (7.3.2a) (7.3.2b) 是线性的，在迭代过程中可以一直满足，但是 $x>0, s>0$ 这个约束不能保证一直成立. 为此我们考虑采用线搜索中的回溯法来确定一个合适的更新

$$(x^{k+1}, y^{k+1}, s^{k+1}) = (x^k, y^k, s^k) + \alpha_k(\Delta x^k, \Delta y^k, \Delta s^k), \quad (7.3.7)$$

其中 $\alpha_k = \alpha_0 \rho^{k_0}$，并选取最小的整数 k_0 使得 $x^{k+1}>0, s^{k+1}>0$，这里 $\rho \in (0,1)$，α_0 是给定常数.

适用于求解线性规划的原始-对偶算法可总结为如下过程：

（1）给定初始可行点 (x^0, y^0, s^0)，令 $k \leftarrow 0$；

（2）构造方程 (7.3.5)，获得解 (7.3.6)；

（3）使用线搜索 (7.3.7) 求得下一步可行解；

（4）若满足停机条件，终止；否则令 $k \leftarrow k+1$，转步（2）.

从算法的迭代过程来看，原始-对偶算法有点类似于带约束的线搜索类算法，即先确定下降方向 $(\Delta x, \Delta y, \Delta s)$，再选取合适的步长使得下一步迭代点仍然是可行域的严格内点. 该算法的主要计算量来自方程 (7.3.5) 的求解. 步长 α_k 的选取也是内点法的一个关键因素，我们在下一个小节将介绍更好的选择步长的方法.

7.3.2 路径追踪算法

我们用动态的观点再次考察扰动的 KKT 条件 (7.3.4). 随着迭代进行，这个条件中的 μ 将趋于 0. 根据隐函数定理，给定 μ 时条件 (7.3.4) 决定的解是存在唯一的，原始-对偶算法的过程就是在不断寻找满足该条件的点的近似. 对任意的 μ，满足条件 (7.3.4) 的点是非常重要的. 为此我们引入下面的定义：

定义 7.6 (中心路径) 给定参数 $\tau > 0$，点 (x_τ, y_τ, s_τ) 满足如下方程：

$$\begin{aligned} Ax &= b, \\ A^{\mathrm{T}}y + s &= c, \\ x_i s_i &= \tau, \quad i = 1, 2, \cdots, n, \\ x &> 0, s > 0, \end{aligned} \quad (7.3.8)$$

则称单参数曲线
$$\mathcal{C} = \{(x_\tau, y_\tau, s_\tau) \mid \tau > 0\} \tag{7.3.9}$$
为**中心路径**，称方程 (7.3.8) 为**中心路径方程**.

实际上，从罚函数角度来说，可以证明方程 (7.3.8) 实际是罚函数形式优化问题
$$\min_x \ c^T x - \tau \sum_{i=1}^n \ln x_i, \quad \text{s.t.} \quad Ax = b$$
的最优性条件.

在这里注意，由上一小节给出的原始-对偶算法产生的迭代点序列虽然是可行解，但是它们一般不在中心路径上. 原因有两点：一是因为求解方程 (7.3.5) 时忽略了高阶项 $\Delta x \odot \Delta s$，在这一步引入了误差；二是因为采用了线搜索来选取 α_k，这只能保证下一步的点落在可行域 $x > 0, s > 0$ 内，而中心路径方程要求 $x \odot s$ 的每个分量都有相同的值 τ，在实际迭代中这个条件一般不会满足. 实际上，中心路径这一名字也是由此而来. 我们知道 $x_i s_i = 0$ 意味着点 (x, s) 已经接近可行域的边缘，如果继续进行迭代，则迭代点将会紧贴定义域边缘进行更新，这有违于内点法的思想. 比较理想的情况就是 $x_i s_i$ 能以较一致的速度下降到 0，而不是各个分量下降参差不齐，以上就是我们考虑中心路径的原因.

我们希望在原始-对偶算法中，迭代点列 $\{(x^k, y^k, s^k)\}$ 应该在中心路径 $\mathcal{C}$ 附近移动，跟随曲线 $\mathcal{C}$ 直至到达最优值点，这就是下面要介绍的路径追踪算法. 将点列 (x^k, y^k, s^k) 限制在中心路径 $\mathcal{C}$ 附近的方式就是选取合适的线搜索算法. 考虑线性规划问题的严格可行域
$$\mathcal{F}^\circ = \{(x, y, s) \mid Ax = b, A^T y + s = c, x > 0, s > 0\},$$
并定义中心路径邻域为
$$\mathcal{N}_{-\infty}(\gamma) = \{(x, y, s) \in \mathcal{F}^\circ \mid x_i s_i \geq \gamma \mu, \ \forall \ i\}, \tag{7.3.10}$$
如图 7.6. (7.3.10) 式是其中一种较常用的中心路径邻域，当某点处于这个邻域中时，$x \odot s$ 的每个分量至少为 $\gamma \mu$，其中 γ 通常取一个较小的正数，如 10^{-3}，且一般不大于迭代算法 (7.3.4) 中的 σ. 当 γ 趋于 0 时，邻域 $\mathcal{N}_{-\infty}(\gamma)$ 将会与可行域越来越接近.

有了中心路径邻域的概念，我们就可以写出带路径追踪的原始-对偶算法了（也简称为路径追踪算法，见算法 7.7）. 该算法的关键在于如何选取最大的 α_k. 实际上，由方程 (7.3.5) 的性质，只需要保证在下一步迭代时 (x, y, s) 满足 $x_i s_i \geq \gamma \mu$ 即可. 这是关于 α 的 n 个二次不等式，求解比较容易. 再结合条件 $x > 0, s > 0$ 就能很容易地确定 α_k，细节留给读者完成.

图 7.6 中心路径以及中心路径邻域 $\mathcal{N}_{-\infty}(\gamma)$

算法 7.7 路径追踪算法

1. 选取初值 $(x^0, y^0, s^0) \in \mathcal{F}^\circ$, 参数 $0 < \gamma < \sigma < 1$, $k \leftarrow 0$.
2. **while** 未达到收敛准则 **do**
3. 求解方程 (7.3.5) 得到更新 $(\Delta x, \Delta y, \Delta s)$.
4. 选取最大的 $\alpha \in (0, 1]$ 使得下一步迭代点落在 $\mathcal{N}_{-\infty}(\gamma)$ 内, 记为 α_k.
5. 更新 $(x^{k+1}, y^{k+1}, s^{k+1}) = (x^k, y^k, s^k) + \alpha_k (\Delta x, \Delta y, \Delta s)$.
6. $k \leftarrow k + 1$.
7. **end while**

接下来直接给出算法 7.7 的一些性质，详细的证明可参考 [145]。

引理 7.3 设 $(x, y, s) \in \mathcal{N}_{-\infty}(\gamma)$，记

$$(x(\alpha), y(\alpha), s(\alpha)) = (x, y, s) + \alpha(\Delta x, \Delta y, \Delta s),$$

则对任意的 $\alpha \in \left[0, 2^{3/2} \dfrac{\sigma}{n} \gamma \dfrac{1-\gamma}{1+\gamma}\right]$，有

$$(x(\alpha), y(\alpha), s(\alpha)) \in \mathcal{N}_{-\infty}(\gamma).$$

引理 7.3 说明了在算法 7.7 中至少可以选取

$$\alpha_k = 2^{3/2} \frac{\sigma}{n} \gamma \frac{1-\gamma}{1+\gamma},$$

虽然这样选取的 α_k 不一定是最大的.

基于上面的结果，有如下的收敛性：

定理 7.10 (原始-对偶算法的收敛性) 给定参数 $0 < \gamma < \sigma < 1$, 设 $\mu_k = \dfrac{(x^k)^{\mathrm{T}} s^k}{n}$ 为算法 7.7 产生的**对偶间隙**，且初值 $(x^0, y^0, s^0) \in \mathcal{N}_{-\infty}(\gamma)$，则存在与维数 n 无关的常数 c，使得对任意的 k 有

$$\mu_{k+1} \leqslant \left(1 - \frac{c}{n}\right) \mu_k.$$

进一步地，对任意给定的精度 $\varepsilon \in (0, 1)$，存在迭代步数 $K = \mathcal{O}\left(n \ln \dfrac{1}{\varepsilon}\right)$ 使得

$$\mu_k \leqslant \varepsilon \mu_0, \quad \forall k \geqslant K.$$

定理 7.10 表明对偶间隙是呈指数式趋于 0 的，且当维数 n 越大时收敛到 0 的速度也就越慢．这个结果揭示了内点法确实可以做到在多项式时间内产生给定精度的解，从这方面来看它比单纯形法更加快速，在实际应用中也是如此．虽然在最初的设计中，内点法的效率远不如单纯形法，但随着人们的不断完善，内点法已经成为主流的线性规划求解算法之一，并且在很多问题上要优于单纯形法．或许在将来的某一天，人们会继续加深对线性规划这一经典问题的理解，从而设计出更好的算法来取代内点法．

7.4　总　结

本章介绍了一般约束优化问题的罚函数法、增广拉格朗日函数法以及线性规划问题的内点法．相较于罚函数法，增广拉格朗日函数法具有更好的理论性质（尤其是对凸优化问题）．关于凸优化问题的增广拉格朗日函数法，读者可以进一步参考 [163]．我们知道增广拉格朗日函数法的困难之一是决策变量的更新．除了前面介绍的利用半光滑性质，还可以利用交替方向乘子法，其给出了一种有效的更新方式，我们会在第八章中详细介绍该方法．

目前，单纯形法和内点法以及它们的变形可以有效解决很多线性规划问题．内点法也是解决中小规模半定规划问题的主要算法．对于大规模半定规划问题，由于每一次迭代时形成和求解线性系统的计算代价比较昂贵，内点法的计算效率受到很大的限制．近年来，人们发展了一些基于增广拉格朗日函数的算法，能部分解决一些内点法不太适用的问题．对于一般的约束优化问题，也可以设计相应有效的内点法．相关的内容读者可以参考 [145]第19章．

本章的罚函数法、一般优化问题的增广拉格朗日函数法、线性规划内点法相关内容的编写参考了 [145]，凸优化问题、基追踪问题的增广拉格朗日函数法的编写参考了 [163, 204, 206, 214]．

习 题 7

7.1 构造一个等式约束优化问题，使得它存在一个局部极小值，但对于任意的 $\sigma > 0$，它的二次罚函数是无界的.

7.2 考虑等式约束优化问题

$$\min \quad -x_1 x_2 x_3,$$
$$\text{s.t.} \quad x_1 + 2x_2 + 3x_3 = 60.$$

使用二次罚函数求解该问题，当固定罚因子 σ_k 时，写出二次罚函数的最优解 x^{k+1}. 当 $\sigma_k \to +\infty$ 时，写出该优化问题的解并求出约束的拉格朗日乘子. 此外，当罚因子 σ 满足什么条件时，二次罚函数的海瑟矩阵 $\nabla^2_{xx} P_E(x, \sigma)$ 是正定的？

7.3 考虑等式约束优化问题

$$\min \quad f(x), \quad \text{s.t.} \quad c_i(x) = 0, i \in \mathcal{E},$$

定义一般形式的罚函数

$$P_E(x, \sigma) = f(x) + \sigma \sum_{i \in \mathcal{E}} \varphi(c_i(x)),$$

其中 $\varphi(t)$ 是充分光滑的函数，且 $t = 0$ 是其 s 阶零点（$s \geqslant 2$），即

$$\varphi(0) = \varphi'(0) = \cdots = \varphi^{(s-1)}(0) = 0, \quad \varphi^{(s)}(0) \neq 0.$$

设 x^k, σ_k 的选取方式和算法 7.1 的相同，且 $\{x^k\}$ 存在极限 x^*，在点 x^* 处 LICQ（见定义 5.9）成立.

(a) 证明：$\sigma_k (c_i(x^k))^{s-1}, \forall i \in \mathcal{E}$ 极限存在，其极限 λ_i^* 为约束 $c_i(x^*) = 0$ 对应的拉格朗日乘子；

(b) 求 $P_E(x, \sigma)$ 关于 x 的海瑟矩阵 $\nabla^2_{xx} P_E(x, \sigma)$；

(c) 设在 (a) 中 $\lambda_i^* \neq 0, \forall i \in \mathcal{E}$，证明：当 $\sigma_k \to +\infty$ 时，$\nabla^2_{xx} P_E(x^k, \sigma_k)$ 有 m 个特征值的模长与 $\sigma_k^{1/(s-1)}$ 同阶，其中 $m = |\mathcal{E}|$.

7.4 考虑不等式约束优化问题 (7.1.12)，其中 f 在可行域 $\mathcal{X}$ 上有下界，现使用对数罚函数法进行求解（算法 7.4）. 假设在算法 7.4 的每一步子问题中能求出罚函数的全局极小值点 x^{k+1}，证明：算法 7.4 在有限次迭代后终止，或者

$$\lim_{k \to \infty} c_k \sum_{i \in \mathcal{I}} \ln(-c_i(x^{k+1})) = 0$$

并且

$$\lim_{k \to \infty} f(x^k) = \inf_{x \in \text{int} \mathcal{X}} f(x).$$

7.5 考虑一般约束优化问题 (7.1.15)，现在针对等式约束使用二次罚函数，对不等式约束使用对数罚函数：

$$P(x,\sigma) = f(x) + \frac{\sigma}{2}\sum_{i\in\mathcal{E}}c_i^2(x) - \frac{1}{\sigma}\sum_{i\in\mathcal{I}}\ln(-c_i(x)),$$

其中 **dom** $P = \{x \mid c_i(x) < 0, i \in \mathcal{I}\}$. 令罚因子 $\sigma_k \to +\infty$，定义

$$x^{k+1} = \arg\min_x P(x,\sigma_k).$$

假定涉及的所有函数都是连续的，$\{x \mid c_i(x) \leqslant 0, i \in \mathcal{I}\}$ 是有界闭集，x^* 为问题 (7.1.15) 的解. 试证明如下结论：

(a) $\lim\limits_{k\to\infty} P(x^{k+1},\sigma_k) = f(x^*)$；

(b) $\lim\limits_{k\to\infty} \sigma_k \sum\limits_{i\in\mathcal{E}} c_i^2(x^{k+1}) = 0$；

(c) $\lim\limits_{k\to\infty} \dfrac{1}{\sigma_k}\sum\limits_{i\in\mathcal{I}}\ln(-c_i(x^{k+1})) = 0$.

7.6 (Morrison 方法) 考虑等式约束优化问题 (7.1.1)，设其最优解为 x^*. 令 M 是最优函数值 $f(x^*)$ 的一个下界估计 (即 $M \leqslant f(x^*)$)，构造辅助函数

$$v(M,x) = [f(x) - M]^2 + \sum_{i\in\mathcal{E}} c_i^2(x),$$

Morrison 方法的迭代步骤如下：

$$x^k = \arg\min_x v(M_k, x),$$
$$M_{k+1} = M_k + \sqrt{v(M_k, x^k)}.$$

试回答以下问题：

(a) 证明：$f(x^k) \leqslant f(x^*)$；

(b) 若 $M_k \leqslant f(x^*)$，证明：$M_{k+1} \leqslant f(x^*)$；

(c) 证明：$\lim\limits_{k\to\infty} M_k = f(x^*)$；

(d) 求 $v(M,x)$ 关于 x 的海瑟矩阵，并说明 Morrison 方法和算法 7.1 的联系.

7.7 考虑不等式约束优化问题

$$\min \ f(x), \quad \text{s.t.} \quad c_i(x) \leqslant 0, i \in \mathcal{I}.$$

(a) 定义函数 $F(x) = \sup\limits_{\lambda_i \geqslant 0}\left\{f(x) + \sum\limits_{i\in\mathcal{I}}\lambda_i c_i(x)\right\}$，证明：原问题等价于无约束优化问题 $\min\limits_x F(x)$；

(b) 定义函数

$$\hat{F}(x,\lambda^k,\sigma_k) = \sup_{\lambda_i \geqslant 0}\left\{f(x) + \sum_{i\in\mathcal{I}}\lambda_i c_i(x) - \frac{\sigma_k}{2}\sum_{i\in\mathcal{I}}(\lambda_i - \lambda_i^k)^2\right\},$$

求 $\hat{F}(x,\lambda^k,\sigma_k)$ 的显式表达式；

(c) 考虑如下优化算法：

$$x^k = \underset{x}{\arg\min}\, \hat{F}(x, \lambda^k, \sigma_k),$$

$$\lambda^{k+1} = \underset{\lambda \geqslant 0}{\arg\max} \left\{ \sum_{i \in \mathcal{I}} \lambda_i c_i(x^k) - \frac{\sigma_k}{2} \sum_{i \in \mathcal{I}} (\lambda_i - \lambda_i^k)^2 \right\},$$

$$\sigma_{k+1} = \min\{\rho \sigma_k, \bar{\sigma}\}.$$

试说明其与算法 7.5 的区别和联系.

7.8 对于 LASSO 问题

$$\min_{x \in \mathbb{R}^n} \frac{1}{2} \|Ax - b\|_2^2 + \mu \|x\|_1,$$

写出该问题及其对偶问题的增广拉格朗日函数法.

7.9 考虑线性规划问题

$$\min_{x \in \mathbb{R}^n} c^\mathrm{T} x, \quad \text{s.t.} \quad Ax = b,\, x \geqslant 0.$$

(a) 写出该问题及其对偶问题的增广拉格朗日函数法；

(b) 分析有限终止性.

7.10 证明：方程 (7.3.5) 的系数矩阵非奇异当且仅当 A 是行满秩的.

7.11 给出求解方程 (7.3.5)（即内点法线性系统子问题）的详细过程.

7.12 对线性规划问题 (7.3.1) 中的原始问题 (P)，构造带等式约束的内点罚函数子问题

$$\min \quad c^\mathrm{T} x - \tau \sum_{i=1}^n \ln x_i,$$
$$\text{s.t.} \quad Ax = b,$$

其中 $\tau > 0$ 为罚因子. 试说明求解该问题与求解中心路径方程 (7.3.8) 等价，进一步说明当 $\tau \to 0$ 时，该问题的解收敛于满足 KKT 方程 (7.3.2) 的点.

7.13 详细说明在算法 7.7 中如何选取最大的 α 使得 $\alpha \in \mathcal{N}_{-\infty}(\gamma)$.

7.14 考虑部分变量为自由变量（即无非负约束）的线性规划问题：

$$\min_{x,y} \quad c^\mathrm{T} x + d^\mathrm{T} y,$$
$$\text{s.t.} \quad A_1 x + A_2 y = b,$$
$$x \geqslant 0,$$

在这里注意变量 y 没有非负约束. 试推导求解此问题的原始-对偶算法，给出类似于 (7.3.5) 式的方程组并给出其解的显式表达式.

第八章
复合优化算法

本章主要考虑如下复合优化问题:

$$\min_{x\in\mathbb{R}^n}\quad \psi(x) \stackrel{\text{def}}{=\!=} f(x) + h(x), \tag{8.0.1}$$

其中 $f(x)$ 为可微函数（可能非凸），$h(x)$ 可能为不可微函数. 问题 (8.0.1) 出现在很多应用领域中，例如压缩感知、图像处理、机器学习等，如何高效求解该问题是近年来的热门课题. 第六章曾利用光滑化的思想处理不可微项 $h(x)$，但这种做法没有充分利用 $h(x)$ 的性质，在实际应用中有一定的局限性. 而本章将介绍若干适用于求解问题 (8.0.1) 的方法并给出一些理论性质. 我们首先引入针对问题 (8.0.1) 直接进行求解的近似点梯度法和 Nesterov 加速算法，之后介绍求解特殊结构复合优化问题的近似点算法、分块坐标下降法、对偶算法以及交替方向乘子法，最后介绍处理 $\nabla f(x)$ 难以精确计算情形的随机优化算法.

需要注意的是，许多实际问题并不直接具有本章介绍的算法所能处理的形式，我们需要利用拆分、引入辅助变量等技巧将其进行等价变形，最终化为合适的优化问题. 具体可参考第 8.4 节和第 8.6 节的内容. 此外，本章涉及的定理证明需要较多第二章中的内容. 为了方便，我们默认所有次梯度计算规则的前提成立（加法、线性变量替换等，见第 2.7.4 小节）. 这些前提在绝大多数应用中都会满足.

8.1 近似点梯度法

在机器学习、图像处理领域中，许多模型包含两部分：一部分是误差项，一般为光滑函数；另一部分是正则项，可能为非光滑函数，用来保证求解问题的特殊结构. 例如最常见的 LASSO 问题就是用 ℓ_1 范数构造正则项保证求解的参数是稀疏的，从而起到筛选变量的作用. 由于有非光滑部分的存在，此类问题属于非光滑的优化问题，我们可以考虑使用次梯度算法进行求解. 然而次梯度算法并不能充分利用光滑部分的信息，也很难在迭代中保证非光滑项对应的解的结构信息，这使得次梯度算法在求解这类问题时往往收敛较慢. 本节将介绍求解这类问题非常有效的一种算法——近似点梯度算法. 它能克服次梯度算法的缺点，充分利用光滑部分的信息，并在迭代过程中显式地保证解的结构，从而能够达到和求解光滑问题的梯度算法相近的收敛速度. 在后面的内容中，我们首先引入邻近算子，它是近似点梯度算法中处理非光滑部分的关键；接着介绍近似点梯度算法的迭代格式，并给出一些实际的例子；最后给出这个算法的一些收敛性证明，并将看到它确实有和光滑梯度算法相似的收敛速度. 为了讨论简便, 我们主要介绍凸函数的情形. 最后一小节简单介绍非凸函数的邻近算子, 供感兴趣的读者阅读.

8.1.1 邻近算子

邻近算子是处理非光滑问题的一个非常有效的工具, 也与许多算法的设计密切相关, 比如我们即将介绍的近似点梯度法和近似点算法. 当然该算子并不局限于非光滑函数, 也可以用来处理光滑函数. 本小节将介绍邻近算子的相关内容, 为引入近似点梯度算法做准备.

首先给出邻近算子的定义.

定义 8.1 (邻近算子) 对于一个凸函数 h, 定义它的邻近算子为

$$\text{prox}_h(x) = \underset{u \in \mathbf{dom}\, h}{\arg\min} \left\{ h(u) + \frac{1}{2}\|u - x\|^2 \right\}. \tag{8.1.1}$$

可以看到, 邻近算子的目的是求解一个距 x 不算太远的点, 并使函数值 $h(x)$ 也相对较小. 一个很自然的问题是, 上面给出的邻近算子的定义是不是有意义的, 即定义中的优化问题的解是不是存在唯一的. 若答案是肯定的, 我们就可使用邻近算子去构建迭代格式. 下面的定理将给出定义中优化问题解的存在唯一性.

定理 8.1 (邻近算子是良定义的) 如果 h 是适当的闭凸函数, 则对任意的 x, $\text{prox}_h(x)$ 的值存在且唯一.

证明 为了简化证明, 我们假设 h 至少在定义域内的一点处存在次梯度, 保证次梯度存在的一个充分条件是 $\mathbf{dom}\, h$ 内点集非空. 对于比较复杂的情况读者可参考 [14]^{命题 12.15}. 定义辅助函数

$$m(u) = h(u) + \frac{1}{2}\|u - x\|^2,$$

下面利用 Weierstrass 定理（定理 5.1）来说明 $m(u)$ 最小值点的存在性. 因为 $h(u)$ 是凸函数, 且至少在一点处存在次梯度, 所以 $h(u)$ 有全局下界:

$$h(u) \geqslant h(v) + \theta^{\mathrm{T}}(u - v),$$

这里 $v \in \mathbf{dom}\, h$, $\theta \in \partial h(v)$. 进而得到

$$m(u) = h(u) + \frac{1}{2}\|u - x\|^2$$

$$\geqslant h(v) + \theta^{\mathrm{T}}(u - v) + \frac{1}{2}\|u - x\|^2,$$

这表明 $m(u)$ 具有二次下界. 容易验证 $m(u)$ 为适当闭函数且具有强制性（当 $\|u\| \to +\infty$ 时, $m(u) \to +\infty$）, 根据定理 5.1 可知 $m(u)$ 存在最小值.

接下来证明唯一性. 注意到 $m(u)$ 是强凸函数, 根据命题 2.3 的结果可直接得出 $m(u)$ 的最小值唯一. 综上 $\mathrm{prox}_h(x)$ 是良定义的. □

另外, 根据最优性条件可以得到如下等价结论:

定理 8.2 (邻近算子与次梯度的关系) 如果 h 是适当的闭凸函数, 则

$$u = \mathrm{prox}_h(x) \Leftrightarrow x - u \in \partial h(u).$$

证明 若 $u = \mathrm{prox}_h(x)$, 则由最优性条件得 $0 \in \partial h(u) + (u - x)$, 因此有 $x - u \in \partial h(u)$.

反之, 若 $x - u \in \partial h(u)$, 则由次梯度的定义可得到

$$h(v) \geqslant h(u) + (x - u)^\mathrm{T}(v - u), \quad \forall v \in \mathbf{dom}\, h,$$

两边同时加 $\dfrac{1}{2}\|v - x\|^2$, 即有

$$h(v) + \frac{1}{2}\|v - x\|^2 \geqslant h(u) + (x - u)^\mathrm{T}(v - u) + \frac{1}{2}\|v - x\|^2$$

$$\geqslant h(u) + \frac{1}{2}\|u - x\|^2, \quad \forall v \in \mathbf{dom}\, h.$$

因此我们得到 $u = \mathrm{prox}_h(x)$. □

用 th 代替 h, 上面的等价结论形式上可以写成

$$u = \mathrm{prox}_{th}(x) \Leftrightarrow u \in x - t\partial h(u).$$

邻近算子的计算实际上可以看成是次梯度算法的隐式格式（后向迭代）, 这实际是近似点算法的迭代格式（见第 8.3 节）. 对于非光滑情形, 由于次梯度不唯一, 显式格式的迭代并不唯一, 而隐式格式却能得到唯一解. 此外在步长的选择上面, 隐式格式也要优于显式格式.

下面给出一些常见的例子. 计算邻近算子的过程实际上是在求解一个优化问题, 我们给出 ℓ_1 范数和 ℓ_2 范数对应的计算过程, 其他例子读者可以自行验证.

例 8.1 (邻近算子的例子) 在下面所有例子中, 常数 $t > 0$ 为正实数.
（1）ℓ_1 范数:

$$h(x) = \|x\|_1, \quad \mathrm{prox}_{th}(x) = \mathrm{sign}(x) \max\{|x| - t, 0\}.$$

证明 邻近算子 $u = \text{prox}_{th}(x)$ 的最优性条件为

$$x - u \in t\partial\|u\|_1 = \begin{cases} \{t\}, & u > 0, \\ [-t, t], & u = 0, \\ \{-t\}, & u < 0, \end{cases}$$

因此，当 $x > t$ 时，$u = x - t$；当 $x < -t$ 时，$u = x + t$；当 $x \in [-t, t]$ 时，$u = 0$，即有 $u = \text{sign}(x)\max\{|x| - t, 0\}$. □

(2) ℓ_2 范数：

$$h(x) = \|x\|_2, \quad \text{prox}_{th}(x) = \begin{cases} \left(1 - \dfrac{t}{\|x\|_2}\right)x, & \|x\|_2 \geqslant t, \\ 0, & \text{其他}. \end{cases}$$

证明 邻近算子 $u = \text{prox}_{th}(x)$ 的最优性条件为

$$x - u \in t\partial\|u\|_2 = \begin{cases} \left\{\dfrac{tu}{\|u\|_2}\right\}, & u \neq 0, \\ \{w \mid \|w\|_2 \leqslant t\}, & u = 0, \end{cases}$$

因此，当 $\|x\|_2 > t$ 时，$u = x - \dfrac{tx}{\|x\|_2}$；当 $\|x\|_2 \leqslant t$ 时，$u = 0$. □

(3) 二次函数（其中 A 对称正定）：

$$h(x) = \frac{1}{2}x^{\mathrm{T}}Ax + b^{\mathrm{T}}x + c, \quad \text{prox}_{th}(x) = (I + tA)^{-1}(x - tb).$$

(4) 负自然对数的和：

$$h(x) = -\sum_{i=1}^{n} \ln x_i, \quad \text{prox}_{th}(x)_i = \frac{x_i + \sqrt{x_i^2 + 4t}}{2}, \quad i = 1, 2, \cdots, n.$$

除了直接利用定义计算，很多时候可以利用已知邻近算子的结果，计算其他邻近算子. 下面我们给出一些常用的运算规则. 运用这些简单的规则，可以求解更复杂的邻近算子.

例 8.2 (邻近算子的运算规则) 由邻近算子的定义和基本的计算推导，我们可以得出邻近算子满足如下运算规则：

(1) 变量的常数倍放缩以及平移 ($\lambda \neq 0$)：

$$h(x) = g(\lambda x + a), \quad \text{prox}_h(x) = \frac{1}{\lambda}(\text{prox}_{\lambda^2 g}(\lambda x + a) - a);$$

(2) 函数（及变量）的常数倍放缩 ($\lambda > 0$)：

$$h(x) = \lambda g\left(\frac{x}{\lambda}\right), \quad \text{prox}_h(x) = \lambda \text{prox}_{\lambda^{-1}g}\left(\frac{x}{\lambda}\right);$$

（3）加上线性函数：
$$h(x) = g(x) + a^{\mathrm{T}}x, \quad \mathrm{prox}_h(x) = \mathrm{prox}_g(x-a);$$

（4）加上二次项 ($u > 0$)：
$$h(x) = g(x) + \frac{u}{2}\|x-a\|_2^2, \quad \mathrm{prox}_h(x) = \mathrm{prox}_{\theta g}(\theta x + (1-\theta)a),$$

其中 $\theta = \dfrac{1}{(1+u)}$；

（5）向量函数：
$$h\left(\begin{bmatrix} x \\ y \end{bmatrix}\right) = \varphi_1(x) + \varphi_2(y), \quad \mathrm{prox}_h\left(\begin{bmatrix} x \\ y \end{bmatrix}\right) = \begin{bmatrix} \mathrm{prox}_{\varphi_1}(x) \\ \mathrm{prox}_{\varphi_2}(y) \end{bmatrix}.$$

对于一般的复合函数，我们很难给出其邻近算子的显式解. 不过当外层函数的邻近算子有显式解且内层函数是特殊的仿射函数的时候，求解复合函数的邻近算子就会容易得多. 下面的例子给出了一般函数复合仿射变换的结果.

例 8.3 (仿射变换与邻近算子) 已知函数 $g(x)$ 和矩阵 A，设 $h(x) = g(Ax+b)$. 在通常情况下，我们不能使用 g 的邻近算子直接计算关于 h 的邻近算子. 然而，如果有 $AA^{\mathrm{T}} = \dfrac{1}{\alpha}I$（其中 α 为任意正常数），则

$$\mathrm{prox}_h(x) = (I - \alpha A^{\mathrm{T}}A)x + \alpha A^{\mathrm{T}}(\mathrm{prox}_{\alpha^{-1}g}(Ax+b) - b).$$

例如，$h(x_1, x_2, \cdots, x_m) = g(x_1 + x_2 + \cdots + x_m)$ 的邻近算子为

$$\mathrm{prox}_h(x_1, x_2, \cdots, x_m)_i = x_i - \frac{1}{m}\left(\sum_{j=1}^m x_j - \mathrm{prox}_{mg}\left(\sum_{j=1}^m x_j\right)\right).$$

证明 考虑如下优化问题：
$$\begin{aligned} \min_{u,y} \quad & g(y) + \tfrac{1}{2}\|u-x\|^2, \\ \text{s.t.} \quad & Au + b = y, \end{aligned}$$

则其解中的 $u = \mathrm{prox}_h(x)$. 固定 y 对于 u 求极小值，这是一个到仿射集的投影问题，其解为

$$\begin{aligned} u &= x + A^{\mathrm{T}}(AA^{\mathrm{T}})^{-1}(y - b - Ax) \\ &= (I - \alpha A^{\mathrm{T}}A)x + \alpha A^{\mathrm{T}}(y-b). \end{aligned}$$

将其代入优化问题，将目标函数化为

$$g(y) + \frac{\alpha^2}{2}\|A^{\mathrm{T}}(y-b-Ax)\|^2 = g(y) + \frac{\alpha}{2}\|y-b-Ax\|^2,$$

由此得到 $y = \text{prox}_{\alpha^{-1}g}(Ax + b)$，再代入 u 的表达式中即可得到结果. □

另外一种比较常用的邻近算子是关于示性函数的邻近算子. 集合 C 的示性函数定义为

$$I_C(x) = \begin{cases} 0, & x \in C, \\ +\infty, & \text{其他}, \end{cases}$$

它可以用来把约束变成目标函数的一部分.

例 8.4 (闭凸集上的投影) 设 C 为 $\mathbb{R}^n$ 上的闭凸集，则示性函数 I_C 的邻近算子为点 x 到集合 C 的投影，即

$$\text{prox}_{I_C}(x) = \underset{u}{\arg\min} \left\{ I_C(u) + \frac{1}{2}\|u - x\|^2 \right\}$$
$$= \underset{u \in C}{\arg\min} \|u - x\|^2 = \mathcal{P}_C(x).$$

此外，应用定理 8.2 可进一步得到

$$u = \mathcal{P}_C(x) \Leftrightarrow x - u \in \partial I_C(u)$$
$$\Leftrightarrow (x - u)^{\text{T}}(z - u) \leqslant I_C(z) - I_C(u) = 0, \quad \forall z \in C.$$

此结论有较强的几何意义：若点 x 位于 C 外部，则从投影点 u 指向 x 的向量与任意起点为 u 且指向 C 内部的向量的夹角为直角或钝角.

8.1.2 近似点梯度法

下面将引入本节的重点——近似点梯度算法. 我们将考虑如下复合优化问题：

$$\min \quad \psi(x) = f(x) + h(x), \tag{8.1.2}$$

其中函数 f 为可微函数，其定义域 $\mathbf{dom}\,f = \mathbb{R}^n$，函数 h 为凸函数，可以是非光滑的，并且一般计算此项的邻近算子并不复杂. 比如 LASSO 问题，两项分别为 $f(x) = \dfrac{1}{2}\|Ax - b\|^2, h(x) = \mu\|x\|_1$. 一般的带凸集约束的优化问题也可以用 (8.1.2) 式表示，即对问题

$$\min_{x \in C} \quad \phi(x),$$

复合优化问题中的两项可以写作 $f(x) = \phi(x)$，$h(x) = I_C(x)$，其中 $I_C(x)$ 为示性函数.

近似点梯度法的思想非常简单：注意到 $\psi(x)$ 有两部分，对于光滑部分 f 做梯度下降，对于非光滑部分 h 使用邻近算子，则近似点梯度法的迭代公式为

$$x^{k+1} = \text{prox}_{t_k h}(x^k - t_k \nabla f(x^k)), \tag{8.1.3}$$

其中 $t_k > 0$ 为每次迭代的步长,它可以是一个常数或者由线搜索得出. 近似点梯度法跟众多算法都有很强的联系,在一些特定条件下,近似点梯度法还可以转化为其他算法:当 $h(x) = 0$ 时,迭代公式变为梯度下降法

$$x^{k+1} = x^k - t_k \nabla f(x^k);$$

当 $h(x) = I_C(x)$ 时,迭代公式变为投影梯度法

$$x^{k+1} = \mathcal{P}_C(x^k - t_k \nabla f(x^k)).$$

近似点梯度法可以总结为算法 8.1.

算法 8.1 近似点梯度法

1. **输入**:函数 $f(x), h(x)$,初始点 x^0,初始化 $k \leftarrow 1$.
2. **while** 未达到收敛准则 **do**
3. $\quad x^{k+1} = \text{prox}_{t_k h}(x^k - t_k \nabla f(x^k))$.
4. $\quad k \leftarrow k + 1$.
5. **end while**

如何理解近似点梯度法?根据邻近算子的定义,把迭代公式展开:

$$\begin{aligned} x^{k+1} &= \underset{u}{\arg\min} \left\{ h(u) + \frac{1}{2t_k} \|u - x^k + t_k \nabla f(x^k)\|^2 \right\} \\ &= \underset{u}{\arg\min} \left\{ h(u) + f(x^k) + \nabla f(x^k)^{\mathrm{T}} (u - x^k) + \frac{1}{2t_k} \|u - x^k\|^2 \right\}, \end{aligned}$$

可以发现,近似点梯度法实质上就是将问题的光滑部分线性展开再加上二次项并保留非光滑部分,然后求极小来作为每一步的估计. 此外,根据定理 8.2,近似点梯度算法可以形式上写成

$$x^{k+1} = x^k - t_k \nabla f(x^k) - t_k g^k, \quad g^k \in \partial h(x^{k+1}).$$

其本质是对光滑部分做显式梯度下降,关于非光滑部分做隐式梯度下降.

算法 8.1 中步长 t_k 的选取较为关键. 当 f 为梯度 L-利普希茨连续函数时,可取固定步长 $t_k = t \leqslant \dfrac{1}{L}$. 当 L 未知时可使用线搜索准则

$$f(x^{k+1}) \leqslant f(x^k) + (\nabla f(x^k))^{\mathrm{T}} (x^{k+1} - x^k) + \frac{1}{2t_k} \|x^{k+1} - x^k\|^2. \tag{8.1.4}$$

我们将在第 8.1.4 小节中解释这样选取的原因. 此外,还可利用 BB 步长作为 t_k 的初始估计并用非单调线搜索准则进行校正. 由于 $\psi(x)$ 是不可微的函数,利用格式 (6.2.7) 或格式 (6.2.8) 进行计算时,应使用 $\nabla f(x^k)$ 和 $\nabla f(x^{k-1})$(即

光滑部分的梯度）计算与其对应的 y^{k-1}. 类似地，仿照准则 (6.1.6) 可构造如下适用于近似点梯度法的非单调线搜索准则：

$$\psi(x^{k+1}) \leqslant C^k - \frac{c_1}{2t_k}\|x^{k+1} - x^k\|^2, \tag{8.1.5}$$

其中 $c_1 \in (0,1)$ 为正常数，C^k 的定义同 (6.1.6) 式. 注意，定义 C^k 时需要使用整体函数值 $\psi(x^k)$.

8.1.3 应用举例

1. LASSO 问题求解

这里介绍如何使用近似点梯度法来求解 LASSO 问题

$$\min_x \ \mu\|x\|_1 + \frac{1}{2}\|Ax - b\|^2.$$

令 $f(x) = \frac{1}{2}\|Ax - b\|^2$，$h(x) = \mu\|x\|_1$，则

$$\nabla f(x) = A^{\mathrm{T}}(Ax - b),$$
$$\mathrm{prox}_{t_k h}(x) = \mathrm{sign}(x)\max\{|x| - t_k\mu, 0\}.$$

求解 LASSO 问题的近似点梯度算法可以由下面的迭代格式给出：

$$y^k = x^k - t_k A^{\mathrm{T}}(Ax^k - b),$$
$$x^{k+1} = \mathrm{sign}(y^k)\max\{|y^k| - t_k\mu, 0\},$$

即第一步做梯度下降，第二步做收缩. 特别地，第二步收缩算子保证了迭代过程中解的稀疏结构. 这也解释了为什么近似点梯度算法效果好的原因.

我们用同第 6.2 节中一样的 A 和 b，并取 $\mu = 10^{-3}$. 采用连续化的近似点梯度法来求解，分别取固定步长 $t = \dfrac{1}{L}$，这里 $L = \lambda_{\max}(A^{\mathrm{T}}A)$，和结合线搜索的 BB 步长. 停机准则和参数 μ 的连续化设置和第 6.2 节中的光滑化梯度法一致，结果如图 8.1. 可以看到结合线搜索的 BB 步长能够显著提高算法的收敛速度，且比第 6.2 节中的光滑化梯度法收敛得更快.

2. 低秩矩阵恢复

考虑低秩矩阵恢复模型 (1.3.3)：

$$\min_{X \in \mathbb{R}^{m \times n}} \ \mu\|X\|_* + \frac{1}{2}\sum_{(i,j) \in \Omega}(X_{ij} - M_{ij})^2,$$

其中 M 是想要恢复的低秩矩阵，但是只知道其在下标集 Ω 上的值. 令

$$f(X) = \frac{1}{2}\sum_{(i,j) \in \Omega}(X_{ij} - M_{ij})^2, \quad h(X) = \mu\|X\|_*,$$

图 8.1 近似点梯度法求解 LASSO 问题

定义矩阵 $P \in \mathbb{R}^{m \times n}$:

$$P_{ij} = \begin{cases} 1, & (i,j) \in \Omega, \\ 0, & \text{其他}, \end{cases}$$

则

$$f(X) = \frac{1}{2} \|P \odot (X - M)\|_F^2,$$

$$\nabla f(X) = P \odot (X - M),$$

$$\text{prox}_{t_k h}(X) = U \text{Diag}(\max\{|d| - t_k \mu, 0\}) V^\mathrm{T},$$

其中 $X = U \text{Diag}(d) V^\mathrm{T}$ 为矩阵 X 的约化的奇异值分解. 近似点梯度法的迭代格式为

$$Y^k = X^k - t_k P \odot (X^k - M),$$

$$X^{k+1} = \text{prox}_{t_k h}(Y^k).$$

3. 小波模型求解

下面考虑小波分解模型:

$$\min_u \quad \|\lambda \odot (Wu)\|_1 + \frac{1}{2}\|Au - b\|^2, \tag{8.1.6}$$

其中 $W \in \mathbb{R}^{m \times n}$ 是紧小波框架算子, 即满足 $W^\mathrm{T} W = I$, 第二项为问题的损失函数. 利用紧框架的性质, 可以引入 $d = Wu$, 则 $u = W^\mathrm{T} d$, 我们可以使用近似点梯度法求解对应的合成模型

$$\min_d \quad \|\lambda \odot d\|_1 + \frac{1}{2}\|AW^\mathrm{T} d - b\|^2. \tag{8.1.7}$$

令 $f(d) = \frac{1}{2}\|AW^\mathrm{T} d - b\|^2$, $h(d) = \|\lambda \odot d\|_1$, 则

$$\nabla f(d) = WA^\mathrm{T}(AW^\mathrm{T} d - b),$$

$$\text{prox}_{t_k h}(d) = \text{sign}(d) \max\{|d| - t_k \lambda, 0\}.$$

近似点梯度算法可以由下面的迭代格式给出：

$$y^k = d^k - t_k W A^\mathrm{T}(AW^\mathrm{T} d^k - b),$$
$$d^{k+1} = \text{sign}(y^k) \max\{|y^k| - t_k \lambda, 0\}.$$

4. 平衡小波模型求解

平衡小波模型也是图像处理领域一个非常重要的模型，它可以写成如下形式：

$$\min_{\alpha} \ \|\lambda \odot \alpha\|_1 + \frac{\kappa}{2}\|(I - WW^\mathrm{T})\alpha\|^2 + \frac{1}{2}\|AW^\mathrm{T}\alpha - b\|^2. \tag{8.1.8}$$

这里并不要求 W 是紧框架，即不要求 $W^\mathrm{T} W = I$. 为了使用近似点梯度算法，令

$$f(\alpha) = \frac{\kappa}{2}\|(I - WW^\mathrm{T})\alpha\|^2 + \frac{1}{2}\|AW^\mathrm{T}\alpha - b\|^2, \quad h(\alpha) = \|\lambda \odot \alpha\|_1,$$

则

$$\nabla f(\alpha) = \kappa(I - WW^\mathrm{T})\alpha + WA^\mathrm{T}(AW^\mathrm{T}\alpha - b),$$
$$\text{prox}_{t_k h}(\alpha) = \text{sign}(\alpha) \max\{|\alpha| - t_k \lambda, 0\}.$$

近似点梯度算法可以由下面的迭代格式给出：

$$y^k = \alpha^k - t_k(\kappa(I - WW^\mathrm{T})\alpha^k + WA^\mathrm{T}(AW^\mathrm{T}\alpha^k - b)),$$
$$\alpha^{k+1} = \text{sign}(y^k) \max\{|y^k| - t_k \lambda, 0\}.$$

8.1.4 收敛性分析

本小节介绍近似点梯度算法的收敛性. 在提出近似点梯度算法时，我们仅仅要求 $f(x)$ 为可微函数，但在收敛性分析时则要求 $f(x)$ 也为凸函数.

假设 8.1 （1）f 在其定义域 $\mathbf{dom} f = \mathbb{R}^n$ 内为凸的；∇f 在常数 L 意义下利普希茨连续，即

$$\|\nabla f(x) - \nabla f(y)\| \leqslant L\|x - y\|, \quad \forall x, y;$$

（2）h 是适当的闭凸函数（因此 prox_{th} 的定义是合理的）；

（3）函数 $\psi(x) = f(x) + h(x)$ 的最小值 ψ^* 是有限的，并且在点 x^* 处可以取到（并不要求唯一）.

以上条件可以保证近似点梯度法的收敛结果：在定步长 $t_k = t \in \left(0, \dfrac{1}{L}\right]$ 的情况下，迭代点 x^k 处的函数值 $\psi(x^k)$ 以 $\mathcal{O}\left(\dfrac{1}{k}\right)$ 的速率收敛到 ψ^*。

在正式给出收敛定理之前，我们先引入一个新函数。

定义 8.2 (梯度映射) 设 $f(x)$ 和 $h(x)$ 满足假设 8.1，$t > 0$ 为正常数，定义梯度映射为

$$G_t(x) = \frac{1}{t}(x - \operatorname{prox}_{th}(x - t\nabla f(x))). \tag{8.1.9}$$

通过计算可以发现 $G_t(x)$ 为近似点梯度法每次迭代中的负的"搜索方向"，即

$$x^{k+1} = \operatorname{prox}_{th}(x^k - t\nabla f(x^k)) = x^k - tG_t(x^k).$$

这里需要注意的是，$G_t(x)$ 并不是 $\psi = f + h$ 的梯度或者次梯度，而由之前邻近算子与次梯度的关系可以得出

$$G_t(x) - \nabla f(x) \in \partial h(x - tG_t(x)). \tag{8.1.10}$$

此外，$G_t(x)$ 作为"搜索方向"，与算法的收敛性有很强的关系：$G_t(x) = 0$ 当且仅当 x 为 $\psi(x) = f(x) + h(x)$ 的最小值点。

有了上面的铺垫，我们介绍近似点梯度法的收敛性。

定理 8.3 在假设 8.1 下，取定步长为 $t_k = t \in \left(0, \dfrac{1}{L}\right]$，设 $\{x^k\}$ 是由迭代格式 (8.1.3) 产生的序列，则

$$\psi(x^k) - \psi^* \leqslant \frac{1}{2kt}\|x^0 - x^*\|^2. \tag{8.1.11}$$

证明 利用假设 8.1 中的利普希茨连续的性质，根据二次上界 (2.2.3) 可以得到

$$f(y) \leqslant f(x) + \nabla f(x)^{\mathrm{T}}(y - x) + \frac{L}{2}\|y - x\|^2, \quad \forall x, y \in \mathbb{R}^n.$$

令 $y = x - tG_t(x)$，有

$$f(x - tG_t(x)) \leqslant f(x) - t\nabla f(x)^{\mathrm{T}}G_t(x) + \frac{t^2 L}{2}\|G_t(x)\|^2.$$

若 $0 < t \leqslant \dfrac{1}{L}$，则

$$f(x - tG_t(x)) \leqslant f(x) - t\nabla f(x)^{\mathrm{T}}G_t(x) + \frac{t}{2}\|G_t(x)\|^2. \tag{8.1.12}$$

此外，由 $f(x),h(x)$ 为凸函数，对任意 $z \in \mathbf{dom}\,\psi$ 我们有

$$h(z) \geqslant h(x - tG_t(x)) + (G_t(x) - \nabla f(x))^{\mathrm{T}}(z - x + tG_t(x)),$$
$$f(z) \geqslant f(x) + \nabla f(x)^{\mathrm{T}}(z - x),$$

其中关于 $h(z)$ 的不等式利用了关系式 (8.1.10). 整理得

$$h(x - tG_t(x)) \leqslant h(z) - (G_t(x) - \nabla f(x))^{\mathrm{T}}(z - x + tG_t(x)), \quad (8.1.13)$$
$$f(x) \leqslant f(z) - \nabla f(x)^{\mathrm{T}}(z - x). \quad (8.1.14)$$

将 (8.1.12)—(8.1.14) 式相加可得对任意 $z \in \mathbf{dom}\,\psi$ 有

$$\psi(x - tG_t(x)) \leqslant \psi(z) + G_t(x)^{\mathrm{T}}(x - z) - \frac{t}{2}\|G_t(x)\|^2. \quad (8.1.15)$$

因此，对于每一步的迭代，

$$\tilde{x} = x - tG_t(x),$$

在全局不等式 (8.1.15) 中，取 $z = x^*$ 有

$$\begin{aligned}
\psi(\tilde{x}) - \psi^* &\leqslant G_t(x)^{\mathrm{T}}(x - x^*) - \frac{t}{2}\|G_t(x)\|^2 \\
&= \frac{1}{2t}\left(\|x - x^*\|^2 - \|x - x^* - tG_t(x)\|^2\right) \\
&= \frac{1}{2t}\left(\|x - x^*\|^2 - \|\tilde{x} - x^*\|^2\right).
\end{aligned} \quad (8.1.16)$$

分别取 $x = x^{i-1}, \tilde{x} = x^i, t = t_i = \dfrac{1}{L}$, $i = 1, 2, \cdots, k$，代入不等式 (8.1.16) 并累加，

$$\begin{aligned}
\sum_{i=1}^k (\psi(x^i) - \psi^*) &\leqslant \frac{1}{2t}\sum_{i=1}^k \left(\|x^{i-1} - x^*\|^2 - \|x^i - x^*\|^2\right) \\
&= \frac{1}{2t}\left(\|x^0 - x^*\|^2 - \|x^k - x^*\|^2\right) \\
&\leqslant \frac{1}{2t}\|x^0 - x^*\|^2.
\end{aligned}$$

注意到在不等式 (8.1.15) 中，取 $z = x$ 即可得到算法为下降法:

$$\psi(\tilde{x}) \leqslant \psi(x) - \frac{t}{2}\|G_t(x)\|^2,$$

即 $\psi(x^i)$ 为非增的. 因此

$$\psi(x^k) - \psi^* \leqslant \frac{1}{k}\sum_{i=1}^k (\psi(x^i) - \psi^*) \leqslant \frac{1}{2kt}\|x^0 - x^*\|^2. \qquad \square$$

在定理 8.3 中，收敛性要求步长小于等于 ∇f 对应的利普希茨常数 L 的倒数. 但是在实际应用中，我们经常很难知道 L，因此可以考虑线搜索的技巧.

注意到之所以需要 $t \leqslant \dfrac{1}{L}$ 的条件是因为不等式 (8.1.12)，所以线搜索策略可以是从某个 $t = \hat{t} > 0$ 开始进行回溯（$t \leftarrow \beta t$），直到满足不等式

$$f(x - tG_t(x)) \leqslant f(x) - t\nabla f(x)^{\mathrm{T}} G_t(x) + \frac{t}{2}\|G_t(x)\|^2. \tag{8.1.17}$$

注意，(8.1.17) 式与前面给出的线搜索准则 (8.1.4) 是等价的，这也说明了该准则的合理性．

类似于定理 8.3，我们有如下收敛性定理：

定理 8.4 在假设 8.1 下，从某个 $t = \hat{t} > 0$ 开始进行回溯（$t \leftarrow \beta t$）直到满足不等式 (8.1.17)，设 $\{x^k\}$ 是由迭代格式 (8.1.3) 产生的序列，则

$$\psi(x^k) - \psi^* \leqslant \frac{1}{2k\min\{\hat{t},\beta/L\}}\|x^0 - x^*\|^2.$$

证明 由定理 8.3 的证明过程，当 $0 < t \leqslant \dfrac{1}{L}$ 时，不等式 (8.1.17) 成立，因此由线搜索所得的步长 t 应该满足 $t \geqslant t_{\min} = \min\left\{\hat{t}, \dfrac{\beta}{L}\right\}$．利用和定理 8.3 同样的证明方法，我们有 $\psi(x^i) < \psi(x^{i-1})$，且

$$\psi(x^i) - \psi^* \leqslant \frac{1}{2t_{\min}}\left(\|x^{i-1} - x^*\|^2 - \|x^i - x^*\|^2\right).$$

从 $i = 1$ 到 $i = k$ 累加所有的不等式，并利用 $\psi(x^i)$ 是非增的，可得上界估计

$$\psi(x^k) - \psi^* \leqslant \frac{1}{2kt_{\min}}\|x^0 - x^*\|^2. \qquad \Box$$

*8.1.5　非凸函数的邻近算子与近似点梯度法

作为本节的拓展，我们简单介绍对一般非凸函数如何定义邻近算子以及它的一些简单性质．同时将给出在非凸情况下近似点梯度法的结构．

根据凸函数邻近算子的定义 (8.1.1)，形式上邻近算子是计算一个函数的最小值点．我们引入凸性是为了保证最小值点存在唯一，而且方便计算．当 h 为非凸函数时，唯一性一般不能保证，但是至少可以保证最小值点存在．因此对非凸函数定义邻近算子是可行的．

本小节对有下界的适当闭函数定义邻近算子．

定义 8.3 (适当闭函数的邻近算子) 设 h 是适当闭函数，且具有有限的下界，即满足 $\inf\limits_{x \in \mathbf{dom}\, h} h(x) > -\infty$，定义 h 的**邻近算子**为

$$\mathrm{prox}_h(x) = \underset{u \in \mathbf{dom}\, h}{\arg\min}\left\{h(u) + \frac{1}{2}\|u - x\|^2\right\}.$$

这里和凸函数情形不同的是，非凸函数 h 的邻近算子是一个集合函数，即 $\text{prox}_h(x)$ 是一个集合．在凸函数的情形下，由于解的存在唯一性，$\text{prox}_h(x)$ 只包含一个点．

我们定义了非凸函数 h 的邻近算子 prox_h，一个自然的问题是，prox_h 是否是良定义的？对适当闭函数，可以证明 prox_h 是良定义的．

命题 8.1 设 h 是适当闭函数且 $\inf\limits_{x \in \mathbf{dom}\, h} h(x) > -\infty$，则对任意的 $x \in \mathbf{dom}\, h$，$\text{prox}_h(x)$ 是 $\mathbb{R}^n$ 上的非空紧集．

证明 定义 $g(u) = h(u) + \dfrac{1}{2}\|u - x\|^2$，设 $\inf\limits_{x \in \mathbf{dom}\, h} h(x) = l$．取 $u_0 \in \mathbf{dom}\, h$，由于二次函数 $\dfrac{1}{2}\|u - x\|^2$ 无上界，因此存在 $R > 0$，使得当 $\|u - x\| > R$ 时

$$\frac{1}{2}\|u - x\|^2 > g(u_0) - l,$$

即对任意满足 $\|u - x\| > R$ 的 u，我们有

$$g(u) > g(u_0).$$

这说明下水平集 $\{u \mid g(u) \leqslant g(u_0)\}$ 含于球 $\{u \mid \|u - x\| \leqslant R\}$ 内，即 g 有一个非空有界下水平集．显然 $g(u)$ 是闭函数，由 Weierstrass 定理（定理 5.1）可知，$g(u)$ 的最小值点集合 $\text{prox}_h(x)$ 是非空紧集． □

以上命题说明，对于适当闭函数 h，总是可以定义它的邻近算子 prox_h，尽管在实际使用的时候我们往往只选择 prox_h 中的一个元素．

下面简要介绍 prox_h 的性质．我们知道，对凸函数 h，有最优性条件

$$u = \text{prox}_h(x) \Leftrightarrow x - u \in \partial h(u).$$

这实际上是定理 8.2 的结果．对于适当闭函数 h，是否也有类似的性质呢？

由于 h 不是凸函数，所以在一般情况下 $0 \in \partial h(x^*)$ 不能保证 x^* 是局部极小点．通常将所有满足 $0 \in \partial h(x)$ 的点称为 $f(x)$ 的临界点（或稳定点），这和讨论光滑函数的情形是一致的．根据一阶必要条件容易得出下面的结论：

推论 8.1 设 h 是适当闭函数且有下界，$u \in \text{prox}_h(x)$，则

$$x - u \in \partial h(u).$$

证明 容易计算出 $g(v) = h(v) + \dfrac{1}{2}\|v - x\|^2$ 的次微分（见定义 5.3）为

$$\partial g(v) = \partial h(v) + \{v - x\},$$

其中"+"表示集合间的加法. 根据 u 的定义以及定理 5.7 我们有

$$0 \in \partial g(u) = \partial h(u) + \{u - x\},$$

而这又等价于

$$x - u \in \partial h(u). \qquad \square$$

此推论说明在非凸情形下也能得到类似定理 8.2 的性质. 这在分析非凸问题算法收敛性时有很大帮助. 我们在以后介绍分块坐标下降法收敛性的时候会进一步说明这些性质是如何应用在算法分析中的.

在本小节的最后, 我们引入在非凸情形下的近似点梯度法. 为此仍然考虑复合优化问题 (8.1.2):

$$\min \quad \psi(x) = f(x) + h(x),$$

在这里 $f(x)$ 是可微函数, $h(x)$ 为适当闭函数（不一定为凸）, 则可以写出近似点梯度法为

$$x^{k+1} \in \text{prox}_{t_k h}(x^k - t_k \nabla f(x^k)), \tag{8.1.18}$$

其中 $t_k > 0$ 为步长, 可以取为固定值或由线搜索算法得出. 由于非凸函数的邻近算子没有唯一性, 在迭代时往往选取 $\text{prox}_{t_k h}$ 中的一个元素. 此时的近似点梯度算法也具有收敛性, 其收敛性实际上是分块坐标下降法收敛性的特殊情形. 具体内容将在第 8.4 节中介绍.

8.2 Nesterov 加速算法

上一节分析了近似点梯度算法的收敛速度: 如果光滑部分的梯度是利普希茨连续的, 则目标函数的收敛速度可以达到 $\mathcal{O}\left(\dfrac{1}{k}\right)$. 一个自然的问题是如果仅用梯度信息, 我们能不能取得更快的收敛速度. Nesterov 分别在 1983 年、1988 年和 2005 年提出了三种改进的一阶算法, 收敛速度能达到 $\mathcal{O}\left(\dfrac{1}{k^2}\right)$.

实际上, 这三种算法都可以应用到近似点梯度算法上. 在 Nesterov 加速算法刚提出的时候, 由于牛顿算法有更快的收敛速度, Nesterov 加速算法在当时并没有引起太多的关注. 但近年来, 随着数据量的增大, 牛顿型方法由于其过大的计算复杂度, 不便于有效地应用到实际中, Nesterov 加速算法作为一种快速的一阶算法重新被挖掘出来并迅速流行起来. Beck 和 Teboulle 就在 2008 年给出了 Nesterov 在 1983 年提出的算法的近似点梯度法版本——FISTA. 本

节将对这些加速方法做一定的介绍和总结，主要讨论凸函数的加速算法，并给出相应的例子和收敛性证明. 作为补充，我们也将简单介绍非凸问题上的加速算法.

8.2.1 FISTA 算法

考虑如下复合优化问题：

$$\min_{x \in \mathbb{R}^n} \psi(x) = f(x) + h(x), \tag{8.2.1}$$

其中 $f(x)$ 是连续可微的凸函数且梯度是利普希茨连续的（利普希茨常数是 L），$h(x)$ 是适当的闭凸函数. 优化问题 (8.2.1) 由光滑部分 $f(x)$ 和非光滑部分 $h(x)$ 组成，可以使用近似点梯度法来求解这一问题，但是其收敛速度只有 $\mathcal{O}\left(\dfrac{1}{k}\right)$. 很自然地，我们希望能够加速近似点梯度算法，这就是本小节要介绍的 FISTA 算法.

FISTA 算法由两步组成：第一步沿着前两步的计算方向计算一个新点，第二步在该点处做一步近似点梯度迭代，即

$$y^k = x^{k-1} + \frac{k-2}{k+1}(x^{k-1} - x^{k-2}),$$
$$x^k = \mathrm{prox}_{t_k h}(y^k - t_k \nabla f(y^k)).$$

图 8.2 给出 FISTA 算法的迭代序列图. 可以看到这一做法对每一步迭代的计算量几乎没有影响，而带来的效果是显著的. 如果选取 t_k 为固定的步长并小于等于 $\dfrac{1}{L}$，其收敛速度达到了 $\mathcal{O}\left(\dfrac{1}{k^2}\right)$，我们将在收敛性分析中给出推导过程. 完整的 FISTA 算法见算法 8.2.

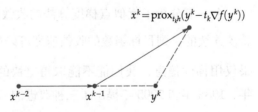

图 8.2
FISTA 一次迭代

为了对算法做更好的推广，可以给出 FISTA 算法的一个等价变形，只是把原来算法中的第一步拆成两步迭代，相应算法见算法 8.3. 当 $\gamma_k = \dfrac{2}{k+1}$ 时，并且取固定步长时，两个算法是等价的. 但是当 γ_k 采用别的取法时，算法 8.3 将给出另一个版本的加速算法.

算法 8.2 FISTA 算法

1. **输入**: $x^0 = x^{-1} \in \mathbb{R}^n$, $k \leftarrow 1$.
2. **while** 未达到收敛准则 **do**
3. 计算 $y^k = x^{k-1} + \dfrac{k-2}{k+1}(x^{k-1} - x^{k-2})$,
4. 选取 $t_k = t \in \left(0, \dfrac{1}{L}\right]$, 计算 $x^k = \operatorname{prox}_{t_k h}(y^k - t_k \nabla f(y^k))$.
5. $k \leftarrow k + 1$.
6. **end while**

算法 8.3 FISTA 算法的等价变形

1. **输入**: $v_0 = x_0 \in \mathbb{R}^n$, $k \leftarrow 1$.
2. **while** 未达到收敛准则 **do**
3. 计算 $y^k = (1 - \gamma_k)x^{k-1} + \gamma_k v^{k-1}$.
4. 选取 t_k, 计算 $x^k = \operatorname{prox}_{t_k h}(y^k - t_k \nabla f(y^k))$.
5. 计算 $v^k = x^{k-1} + \dfrac{1}{\gamma_k}(x^k - x^{k-1})$.
6. $k \leftarrow k + 1$.
7. **end while**

对于该算法框架，我们需要确定如何选取步长 t_k 和 γ_k，这决定了算法的收敛速度. 首先给出使算法 8.3 以 $\mathcal{O}\left(\dfrac{1}{k^2}\right)$ 的速度收敛的条件（具体的证明将在后面给出）：

$$f(x^k) \leqslant f(y^k) + \langle \nabla f(y^k), x^k - y^k \rangle + \dfrac{1}{2t_k}\|x^k - y^k\|_2^2, \tag{8.2.2}$$

$$\gamma_1 = 1, \quad \dfrac{(1-\gamma_i)t_i}{\gamma_i^2} \leqslant \dfrac{t_{i-1}}{\gamma_{i-1}^2}, \quad i > 1, \tag{8.2.3}$$

$$\dfrac{\gamma_k^2}{t_k} = \mathcal{O}\left(\dfrac{1}{k^2}\right). \tag{8.2.4}$$

可以看到当取 $t_k = \dfrac{1}{L}$, $\gamma_k = \dfrac{2}{k+1}$ 时，以上条件满足. 而且 γ_k 的选取并不唯一，例如我们可以采取

$$\gamma_1 = 1, \quad \dfrac{1}{\gamma_k} = \dfrac{1}{2}\left(1 + \sqrt{1 + \dfrac{4}{\gamma_{k-1}}}\right)$$

来得到序列 $\{\gamma_k\}$，这样导出的算法的收敛速度依然是 $\mathcal{O}\left(\dfrac{1}{k^2}\right)$.

在算法 8.2 和算法 8.3 中都要求步长满足 $t_k \leqslant \dfrac{1}{L}$，此时条件 (8.2.2) 满足.

然而, 对绝大多数问题我们不知道函数 ∇f 的利普希茨常数. 为了在这种情况下条件 (8.2.2) 依然能满足, 需要使用线搜索来确定合适的 t_k, 同时选取 γ_k 使得条件 (8.2.3) 和条件 (8.2.4) 同时满足, 从而使得算法达到 $\mathcal{O}\left(\dfrac{1}{k^2}\right)$ 的收敛速度. 下面给出两个线搜索算法, 在执行它们时条件 (8.2.2)—(8.2.4) 同时得到满足, 进而可以得到相同收敛速度的结合线搜索的 FISTA 算法.

第一种方法比较直观, 类似于近似点梯度算法, 它是在算法 8.3 的第 4 行中加入线搜索, 并取 $\gamma_k = \dfrac{2}{k+1}$, 以回溯的方式找到满足条件 (8.2.2) 的 t_k 即可. 每一次的起始步长取为前一步的步长 t_{k-1}, 通过不断指数式地减小步长 t_k 来使得条件 (8.2.2) 得到满足. 注意, 当 t_k 足够小时, 条件 (8.2.2) 是一定会得到满足的, 因此不会出现线搜索无法终止的情况. 容易验证条件 (8.2.3) (8.2.4) 在迭代过程中也得到满足. 该算法的具体过程见算法 8.4.

算法 8.4　线搜索算法 1

1. **输入**: $t_k = t_{k-1} > 0$, $\rho < 1$, 参照点 y^k 及其梯度 $\nabla f(y^k)$.
2. 计算 $x^k = \text{prox}_{t_k h}(y^k - t_k \nabla f(y^k))$.
3. **while** 条件 (8.2.2) 对 x^k, y^k 不满足 **do**
4. 　$t_k \leftarrow \rho t_k$.
5. 　重新计算 $x^k = \text{prox}_{t_k h}(y^k - t_k \nabla f(y^k))$.
6. **end while**
7. **输出**: 迭代点 x^k, 步长 t_k.

在第一种方法中线搜索的初始步长 t_k 取为上一步的步长 t_{k-1}, 并在迭代过程中不断减小, 这不利于算法较快收敛. 注意到算法 8.3 中参数 γ_k 也是可调的, 这进一步增加了设计线搜索算法的灵活性. 第二种线搜索方法不仅改变步长 t_k 而且改变 γ_k, 所以 y^k 也随之改变. 该算法的具体过程见算法 8.5.

由 γ_k 的计算可知, 其一定满足条件 (8.2.3) 且有 $0 < \gamma_k \leqslant 1$, 并且 t_k 的选取必有一个下界 $t_{\min}$. 关于 $\dfrac{\gamma_k^2}{t_k}$ 的估计, 我们有

$$\frac{\sqrt{t_{k-1}}}{\gamma_{k-1}} = \frac{\sqrt{(1-\gamma_k)t_k}}{\gamma_k} \leqslant \frac{\sqrt{t_k}}{\gamma_k} - \frac{\sqrt{t_k}}{2},$$

这里的不等号是由于 $\sqrt{1-x}$ 在点 $x=0$ 处的凹性. 反复利用上式可得

$$\frac{\sqrt{t_k}}{\gamma_k} \geqslant \sqrt{t_1} + \frac{1}{2}\sum_{i=2}^{k} \sqrt{t_i},$$

因此

$$\frac{\gamma_k^2}{t_k} \leqslant \frac{1}{\left(\sqrt{t_1} + \dfrac{1}{2}\sum_{i=2}^{k}\sqrt{t_i}\right)^2} \leqslant \frac{4}{t_{\min}(k+1)^2} = \mathcal{O}\left(\frac{1}{k^2}\right). \tag{8.2.5}$$

以上的分析说明了条件 (8.2.3) 和条件 (8.2.4) 在算法 8.5 的执行中也得到满足.

算法 8.5　线搜索算法 2

1. **输入**: $t_k = \hat{t} > 0$, $t_{k-1} > 0$, $\rho < 1$.
2. **loop**
3. 　　取 γ_k 为关于 γ 的方程 $t_{k-1}\gamma^2 = t_k\gamma_{k-1}^2(1-\gamma)$ 的正根.
4. 　　计算 $y^k = (1-\gamma_k)x^{k-1} + \gamma_k v^{k-1}$ 和梯度 $\nabla f(y^k)$.
5. 　　计算 $x^k = \text{prox}_{t_k h}(y^k - t_k \nabla f(y^k))$.
6. 　　**if** 条件 (8.2.2) 对 x^k, y^k 不满足 **then**
7. 　　　　$t_k \leftarrow \rho t_k$.
8. 　　**else**
9. 　　　　结束循环.
10. 　　**end if**
11. **end loop**
12. **输出**: 迭代点 x^k, 步长 t_k.

算法 8.5 的执行过程比算法 8.4 的复杂. 由于它同时改变了 t_k 和 γ_k, 迭代点 x^k 和参照点 y^k 在线搜索的过程中都发生了变化, 点 y^k 处的梯度也需要重新计算. 但此算法给我们带来的好处就是步长 t_k 不再单调下降, 在迭代后期也可以取较大值, 这会进一步加快收敛.

总的来说, 固定步长的 FISTA 算法对于步长的选取是较为保守的, 为了保证收敛, 有时不得不选取一个很小的步长, 这使得固定步长的 FISTA 算法收敛较慢. 如果采用线搜索, 则在算法执行过程中会有很大机会选择符合条件的较大步长, 因此线搜索可能加快算法的收敛, 但代价就是每一步迭代的复杂度变高. 在实际的 FISTA 算法中, 需要权衡固定步长和线搜索算法的利弊, 从而选择针对特定问题的高效算法.

原始的 FISTA 算法不是一个下降算法, 这里给出一个 FISTA 的下降算法变形, 只需要对算法 8.3 的第 4 行进行修改. 在计算邻近算子之后, 我们并不立即选取此点作为新的迭代点, 而是检查函数值在当前点处是否下降, 只有当函数值下降时才更新迭代点. 假设经过近似点映射之后的点为 u, 则对当前点 x^k 做如下更新:

$$x^k = \begin{cases} u, & \psi(u) \leqslant \psi(x^{k-1}), \\ x^{k-1}, & \psi(u) > \psi(x^{k-1}). \end{cases} \quad (8.2.6)$$

完整的下降 FISTA 算法的结构如算法 8.6 所示, 其中 $\psi(x^k) \leqslant \psi(x^{k-1})$ 恒成立. 在实际计算过程中, 由于步长或 γ_k 会随着 k 变化, 因此 (8.2.6) 式中的 $\psi(u) > \psi(x^{k-1})$ 不会一直成立, 即算法不会停留在某个 x^{k-1} 而不进行更新. 步长和 γ_k 的选取只需使用固定步长 $t_k \leqslant \dfrac{1}{L}$, $\gamma_k = \dfrac{2}{k+1}$ 或者使用前述的任意一种线搜索方法均可.

算法 8.6 下降 FISTA 算法

1. **输入**：$v^0 = x^0 \in \mathbb{R}^n$，初始化 $k \leftarrow 1$.
2. **while** 未达到收敛准则 **do**
3.   计算 $y = (1 - \gamma_k)x^{k-1} + \gamma_k v^{k-1}$.
4.   计算 $u = \text{prox}_{t_k h}(y - t_k \nabla f(y))$.
5.   使用 (8.2.6) 式更新迭代点 x^k.
6.   计算 $v^k = x^{k-1} + \dfrac{1}{\gamma_k}(x^k - x^{k-1})$.
7. $k \leftarrow k + 1$.
8. **end while**

8.2.2 其他加速算法

本小节将给出除 FISTA 算法外的另外两种加速算法，它们分别是 Nesterov 在 1988 年和 2005 年提出的算法的推广版本．此外，本小节还将简单提一下针对非凸复合优化问题的 Nesterov 加速算法．

对于复合优化问题 (8.2.1)，我们给出第二类 Nesterov 加速算法，见算法 8.7．

算法 8.7 第二类 Nesterov 加速算法

1. **输入**：令 $x^0 = y^0$，初始化 $k \leftarrow 1$.
2. **while** 未达到收敛准则 **do**
3.   计算 $z^k = (1 - \gamma_k)x^{k-1} + \gamma_k y^{k-1}$.
4.   计算 $y^k = \text{prox}_{(t_k/\gamma_k)h}\left(y^{k-1} - \dfrac{t_k}{\gamma_k}\nabla f(z^k)\right)$.
5.   计算 $x^k = (1 - \gamma_k)x^{k-1} + \gamma_k y^k$.
6. $k \leftarrow k + 1$.
7. **end while**
8. **输出**：x^k.

第二类 Nesterov 加速算法的一步迭代可参考图 8.3．和经典 FISTA 算法的一个重要区别在于，第二类 Nesterov 加速算法中的三个序列 $\{x^k\}$，$\{y^k\}$ 和 $\{z^k\}$ 都可以保证在定义域内．而 FISTA 算法中的序列 $\{y^k\}$ 不一定在定义域内．在第二类 Nesterov 加速算法中，我们同样可以取 $\gamma_k = \dfrac{2}{k+1}$，$t_k = \dfrac{1}{L}$ 来获得 $\mathcal{O}\left(\dfrac{1}{k^2}\right)$ 的收敛速度．

针对问题 (8.2.1) 的第三类 Nesterov 加速算法框架见算法 8.8．该算法和第二类 Nesterov 加速算法 8.7 的区别仅仅在于 y^k 的更新，第三类 Nesterov

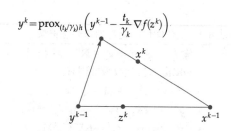

图 8.3
第二类 Nesterov 加速算法的一步迭代

加速算法计算 y^k 时需要利用全部已有的 $\nabla f(z^i), i = 1, 2, \cdots, k$. 同样地，该算法取 $\gamma_k = \dfrac{2}{k+1}$, $t_k = \dfrac{1}{L}$ 时，也有 $\mathcal{O}\left(\dfrac{1}{k^2}\right)$ 的收敛速度.

算法 8.8 第三类 Nesterov 加速算法

1. **输入：** 令 $x^0 \in \mathbf{dom}\, h$, $y^0 = \underset{x \in \mathbf{dom}\, h}{\arg\min} \|x\|^2$. 初始化 $k \leftarrow 1$.
2. **while** 未达到收敛准则 **do**
3.   计算 $z^k = (1 - \gamma_k)x^{k-1} + \gamma_k y^{k-1}$.
4.   计算 $y^k = \mathrm{prox}_{(t_k \sum_{i=1}^k 1/\gamma_i)h}\left(-t_k \sum_{i=1}^k \dfrac{1}{\gamma_i} \nabla f(z^i)\right)$.
5.   计算 $x^k = (1 - \gamma_k)x^{k-1} + \gamma_k y^k$.
6. $k \leftarrow k + 1$.
7. **end while**
8. **输出：** x^k.

除了针对凸问题的加速算法，还有针对非凸复合优化问题的加速算法. 仍然考虑问题 (8.2.1) 的形式，这里并不要求 f 是凸的，但是要求其是可微的且梯度是利普希茨连续的，h 与之前的要求相同. 将针对凸函数的加速算法做一些修改，我们可以给出非凸复合优化问题的加速梯度法框架. 在算法 8.9 中，λ_k 和 t_k 分别为更新 y^k 和 x^k 的步长参数. 从形式上看，算法 8.9 和之前我们接触的任何一种算法都不相同，但可以证明当 λ_k 和 t_k 取特定值时，它等价于之前介绍过的第二类 Nesterov 加速算法（见课后习题）.

在非凸函数情形下，一阶算法一般只能保证收敛到一个稳定点，并不能保证收敛到最优解，因此无法用函数值与最优值的差来衡量优化算法解的精度. 类似于非凸光滑函数利用梯度作为停止准则，对于非凸复合函数 (8.2.1)，我们利用梯度映射（定义 8.2）来判断算法是否收敛. 注意到 $G_t(x) = 0$ 是优化问题 (8.2.1) 的一阶必要条件，因此利用 $\|G_{t_k}(x^k)\|$ 来刻画算法 8.9 的收敛速度. 可以证明，当 f 为凸函数时，算法 8.9 的收敛速度与 FISTA 算法的相同，两者都为 $\mathcal{O}\left(\dfrac{1}{k^2}\right)$；当 f 为非凸函数时，算法 8.9 也收敛，且收敛速度为 $\mathcal{O}\left(\dfrac{1}{k}\right)$，详见 [77].

算法 8.9 复合优化问题的加速算法框架

1. **输入：** 令 $x^0 = y^0 \in \mathbb{R}^n$，取 $\{\gamma_k\}$，$\gamma_1 = 1$，$\gamma_k \in (0,1)$ ($k \geqslant 2$)，初始化 $k \leftarrow 1$.
2. **while** 未达到收敛准则 **do**
3. $\quad z^k = \gamma_k y^{k-1} + (1 - \gamma_k) x^{k-1}$,
4. $\quad y^k = \text{prox}_{\lambda_k h}(y^{k-1} - \lambda_k \nabla f(z^k))$,
5. $\quad x^k = \text{prox}_{t_k h}(z^k - t_k \nabla f(z^k))$.
6. $\quad k \leftarrow k + 1$.
7. **end while**
8. **输出：** x^k.

8.2.3 应用举例

之前我们用近似点梯度算法求解的模型，都可以用 Nesterov 加速算法来求解. 为了简化篇幅，此处不再重复叙述对应的优化问题，而是直接给出相应的加速算法迭代格式.

1. LASSO 问题求解

求解 LASSO 问题的 FISTA 算法可以由下面的迭代格式给出：

$$y^k = x^{k-1} + \frac{k-2}{k+1}(x^{k-1} - x^{k-2}),$$

$$w^k = y^k - t_k A^{\text{T}}(Ay^k - b),$$

$$x^k = \text{sign}(w^k)\max\{|w^k| - t_k \mu, 0\}.$$

与近似点梯度算法相同，由于最后一步将 w^k 中绝对值小于 $t_k \mu$ 的分量置零，该算法可保证迭代过程中解具有稀疏结构. 再给出第二类 Nesterov 加速算法：

$$z^k = (1 - \gamma_k)x^{k-1} + \gamma_k y^{k-1},$$

$$w^k = y^{k-1} - \frac{t_k}{\gamma_k} A^{\text{T}}(Az^k - b),$$

$$y^k = \text{sign}(w^k)\max\left\{|w^k| - \frac{t_k}{\gamma_k}\mu, 0\right\},$$

$$x^k = (1 - \gamma_k)x^{k-1} + \gamma_k y^k,$$

和第三类 Nesterov 加速算法：

$$z^k = (1 - \gamma_k)x^{k-1} + \gamma_k y^{k-1},$$

$$w^k = -t_k \sum_{i=1}^{k} \frac{1}{\gamma_i} A^{\text{T}}(Az^i - b),$$

$$y^k = \text{sign}(w^k)\max\left\{|w^k| - t_k \sum_{i=1}^{k} \frac{1}{\gamma_i}\mu, 0\right\},$$

$$x^k = (1 - \gamma_k)x^{k-1} + \gamma_k y^k.$$

我们用同第 6.2 节中一样的 A 和 b，并取 $\mu = 10^{-3}$，分别利用连续化近似点梯度法、连续化 FISTA 算法、连续化第二类 Nesterov 加速算法来求解问题，并分别取固定步长 $t = \dfrac{1}{L}$，这里 $L = \lambda_{\max}(A^\mathrm{T} A)$，和结合线搜索的 BB 步长．停机准则与参数 μ 的连续化设置和第 6.2 节中的光滑化梯度法一致．结果如图 8.4．可以看到：就固定步长而言，FISTA 算法相较于第二类 Nesterov 加速算法收敛得略快一些，也可注意到 FISTA 算法是非单调算法．同时，BB 步长和线搜索技巧可以加速算法的收敛速度．此外，带线搜索的近似点梯度法可以比带线搜索的 FISTA 算法更快收敛．

图 8.4 使用近似点梯度法以及不同的加速算法求解 LASSO 问题

2. 小波模型求解

针对合成小波模型求解的 FISTA 算法和第二类 Nesterov 加速算法可以由下面的迭代格式给出：

$$y^k = d^{k-1} + \frac{k-2}{k+1}(d^{k-1} - d^{k-2}),$$
$$w^k = y^k - t_k W A^\mathrm{T}(A W^\mathrm{T} y^k - b),$$
$$d^k = \mathrm{sign}(w^k)\max\{|w^k| - t_k \lambda, 0\}$$

和

$$z^k = (1 - \gamma_k)d^{k-1} + \gamma_k y^{k-1},$$
$$w^k = y^{k-1} - \frac{t_k}{\gamma_k} W A^\mathrm{T}(A W^\mathrm{T} z^k - b),$$
$$y^k = \mathrm{sign}(w^k)\max\left\{|w^k| - \frac{t_k}{\gamma_k}\lambda, 0\right\},$$
$$d^k = (1 - \gamma_k)d^{k-1} + \gamma_k y^k.$$

3. 平衡小波模型求解

平衡小波模型求解的 FISTA 算法可以写成

$$y^k = \alpha^{k-1} + \frac{k-2}{k+1}(\alpha^{k-1} - \alpha^{k-2}),$$
$$w^k = y^k - t_k(\kappa(I - WW^T)y^k + WA^T(AW^Ty^k - b)),$$
$$\alpha^k = \text{sign}(w^k)\max\{|w^k| - t_k\lambda, 0\},$$

而相应的第二类 Nesterov 加速算法的格式为

$$z^k = (1 - \gamma_k)\alpha^{k-1} + \gamma_k y^{k-1},$$
$$w^k = y^{k-1} - \frac{t_k}{\gamma_k}(\kappa(I - WW^T)z^k + WA^T(AW^Tz^k - b)),$$
$$y^k = \text{sign}(w^k)\max\left\{|w^k| - \frac{t_k}{\gamma_k}\lambda, 0\right\},$$
$$\alpha^k = (1 - \gamma_k)\alpha^{k-1} + \gamma_k y^k.$$

8.2.4 收敛性分析

本小节将给出 Nesterov 加速算法收敛速度的理论分析，我们将只针对凸优化问题分析 FISTA 算法和第二类 Nesterov 加速算法的收敛速度，而对于第三类 Nesterov 加速算法和非凸问题的加速算法，有兴趣的读者可以自行阅读相关文献.

下面的定理给出了固定步长的 FISTA 算法的收敛速度.

定理 8.5 (固定步长 FISTA 算法收敛速度) 在假设 8.1 的条件下，当用算法 8.3 求解凸复合优化问题 (8.2.1) 时，若取固定步长 $t_k = \dfrac{1}{L}$，则

$$\psi(x^k) - \psi(x^*) \leqslant \frac{2L}{(k+1)^2}\|x^0 - x^*\|^2. \tag{8.2.7}$$

证明 首先根据 $x^k = \text{prox}_{t_k h}(y^k - t_k \nabla f(y^k))$，可知

$$-x^k + y^k - t_k \nabla f(y^k) \in t_k \partial h(x^k).$$

故对于任意的 x，有

$$t_k h(x) \geqslant t_k h(x^k) + \langle -x^k + y^k - t_k \nabla f(y^k), x - x^k \rangle. \tag{8.2.8}$$

另一方面由 f 梯度利普希茨连续和 $t_k = \dfrac{1}{L}$ 可以得到

$$f(x^k) \leqslant f(y^k) + \langle \nabla f(y^k), x^k - y^k \rangle + \frac{1}{2t_k}\|x^k - y^k\|^2. \tag{8.2.9}$$

结合以上两个不等式，对于任意的 x 有

$$\begin{aligned}\psi(x^k) &= f(x^k) + h(x^k) \\ &\leqslant h(x) + f(y^k) + \langle \nabla f(y^k), x - y^k \rangle + \frac{1}{t_k}\langle x^k - y^k, x - x^k \rangle + \\ &\quad \frac{1}{2t_k}\|x^k - y^k\|^2 \\ &\leqslant h(x) + f(x) + \frac{1}{t_k}\langle x^k - y^k, x - x^k \rangle + \frac{1}{2t_k}\|x^k - y^k\|^2 \\ &= \psi(x) + \frac{1}{t_k}\langle x^k - y^k, x - x^k \rangle + \frac{1}{2t_k}\|x^k - y^k\|^2. \end{aligned} \quad (8.2.10)$$

在 (8.2.10) 式中分别取 $x = x^{k-1}$ 和 $x = x^*$，并记 $\psi(x^*) = \psi^*$，再分别乘 $1-\gamma_k$ 和 γ_k 并相加得到

$$\begin{aligned}&\psi(x^k) - \psi^* - (1-\gamma_k)(\psi(x^{k-1}) - \psi^*) \\ &\leqslant \frac{1}{t_k}\langle x^k - y^k, (1-\gamma_k)x^{k-1} + \gamma_k x^* - x^k \rangle + \frac{1}{2t_k}\|x^k - y^k\|^2. \end{aligned} \quad (8.2.11)$$

结合迭代式

$$v^k = x^{k-1} + \frac{1}{\gamma_k}(x^k - x^{k-1}),$$

$$y^k = (1-\gamma_k)x^{k-1} + \gamma_k v^{k-1},$$

不等式 (8.2.11) 可以化为

$$\begin{aligned}&\psi(x^k) - \psi^* - (1-\gamma_k)(\psi(x^{k-1}) - \psi^*) \\ &\leqslant \frac{1}{2t_k}(\|y^k - (1-\gamma_k)x^{k-1} - \gamma_k x^*\|^2 - \|x^k - (1-\gamma_k)x^{k-1} - \gamma_k x^*\|^2) \\ &= \frac{\gamma_k^2}{2t_k}(\|v^{k-1} - x^*\|^2 - \|v^k - x^*\|^2). \end{aligned} \quad (8.2.12)$$

注意到 t_k, γ_k 的取法满足不等式

$$\frac{1-\gamma_k}{\gamma_k^2}t_k \leqslant \frac{1}{\gamma_{k-1}^2}t_{k-1}, \quad (8.2.13)$$

可以得到一个有关相邻两步迭代的不等式

$$\frac{t_k}{\gamma_k^2}(\psi(x^k) - \psi^*) + \frac{1}{2}\|v^k - x^*\|^2 \leqslant \frac{t_{k-1}}{\gamma_{k-1}^2}(\psi(x^{k-1}) - \psi^*) + \frac{1}{2}\|v^{k-1} - x^*\|^2. \quad (8.2.14)$$

反复利用 (8.2.14) 式，我们有

$$\frac{t_k}{\gamma_k^2}(\psi(x^k) - \psi^*) + \frac{1}{2}\|v^k - x^*\|^2 \leqslant \frac{t_1}{\gamma_1^2}(\psi(x^1) - \psi^*) + \frac{1}{2}\|v^1 - x^*\|^2. \quad (8.2.15)$$

对 $k=1$，注意到 $\gamma_1 = 1, v^0 = x^0$，再次利用 (8.2.12) 式可得

$$\begin{aligned}&\frac{t_1}{\gamma_1^2}(\psi(x^1) - \psi^*) + \frac{1}{2}\|v^1 - x^*\|^2 \\ &\leqslant \frac{(1-\gamma_1)t_1}{\gamma_1^2}(\psi(x^0) - \psi^*) + \frac{1}{2}\|v^0 - x^*\|^2 = \frac{1}{2}\|x^0 - x^*\|^2.\end{aligned} \quad (8.2.16)$$

结合 (8.2.15) 式和 (8.2.16) 式可以得到 (8.2.7) 式. □

在定理 8.5 的证明中关键的一步在于建立 (8.2.14) 式，而建立这个递归关系并不需要 $t = \dfrac{1}{L}, \gamma_k = \dfrac{2}{k+1}$ 这一具体条件，我们只需要保证条件 (8.2.2) 和条件 (8.2.3) 成立即可. 条件 (8.2.2) 主要依赖于 $f(x)$ 的梯度利普希茨连续性；而条件 (8.2.3) 的成立依赖于 γ_k 和 t_k 的选取. 最后，条件 (8.2.4) 的成立保证了算法 8.3 的收敛速度达到 $\mathcal{O}\left(\dfrac{1}{k^2}\right)$. 也就是说，如果抽取条件 (8.2.2)—(8.2.4) 作为算法收敛的一般条件，则可以证明一大类 FISTA 算法的变形都具有 $\mathcal{O}\left(\dfrac{1}{k^2}\right)$ 的收敛速度.

推论 8.2 (一般 FISTA 算法的收敛速度) 在假设 8.1 的条件下，当用算法 8.3 求解凸复合优化问题 (8.2.1) 时，若迭代点 x^k, y^k，步长 t_k 以及组合系数 γ_k 满足条件 (8.2.2)—(8.2.4)，则

$$\psi(x^k) - \psi(x^*) \leqslant \frac{C}{k^2}, \quad (8.2.17)$$

其中 C 仅与函数 f，初始点 x^0 的选取有关. 特别地，采用线搜索算法 8.4 和算法 8.5 的 FISTA 算法具有 $\mathcal{O}\left(\dfrac{1}{k^2}\right)$ 的收敛速度.

在这里我们指出，虽然已经抽象出了 t_k, γ_k 满足的条件，但我们无法再找到其他的 t_k, γ_k 来进一步改善 FISTA 算法的收敛速度，即 $\mathcal{O}\left(\dfrac{1}{k^2}\right)$ 是 FISTA 算法所能达到的最高的收敛速度.

第二类 Nesterov 加速算法的收敛性分析可以使用相同的技术得到.

定理 8.6 (第二类 Nesterov 加速算法收敛速度) 取 $\gamma_k = \dfrac{2}{k+1}$ 和 $t_k = \dfrac{1}{L}$，利用算法 8.7 求解问题 (8.2.1) 有如下收敛性结果：

$$\psi(x^k) - \psi(x^*) \leqslant \frac{2L}{(k+1)^2}\|x^0 - x^*\|^2. \quad (8.2.18)$$

证明 首先根据 $y^k = \text{prox}_{(t_k/\gamma_k)h}\left(y^{k-1} - \dfrac{t_k}{\gamma_k}\nabla f(z^k)\right)$，可知

$$\gamma_k(y^{k-1} - y^k) - t_k\nabla f(z^k) \in t_k \partial h(y^k),$$

故对于任意的 x，有

$$t_k h(x) \geqslant t_k h(y^k) + \langle \gamma_k(y^{k-1} - y^k) - t_k \nabla f(z^k), x - y^k \rangle. \tag{8.2.19}$$

再由 h 的凸性，

$$h(x^k) \leqslant (1 - \gamma_k) h(x^{k-1}) + \gamma_k h(y^k),$$

消去 $h(y^k)$ 得到

$$h(x^k) \leqslant (1 - \gamma_k) h(x^{k-1}) + \\ \gamma_k \left[h(x) - \left\langle \frac{\gamma_k}{t_k}(y^{k-1} - y^k) - \nabla f(z^k), x - y^k \right\rangle \right]. \tag{8.2.20}$$

利用 f 的凸性和梯度利普希茨连续的性质，我们有

$$\begin{aligned} f(x^k) &\leqslant f(z^k) + \langle \nabla f(z^k), x^k - z^k \rangle + \frac{L}{2} \|x^k - z^k\|^2 \\ &= f(z^k) + \langle \nabla f(z^k), x^k - z^k \rangle + \frac{1}{2t_k} \|x^k - z^k\|^2. \end{aligned} \tag{8.2.21}$$

用迭代步 3 减去迭代步 1 有 $x^k - z^k = \gamma_k(y^k - y^{k-1})$，将此等式与

$$x^k = (1 - \gamma_k) x^{k-1} + \gamma_k y^k$$

代入上式右端得

$$f(x^k) \leqslant f(z^k) + \langle \nabla f(z^k), (1 - \gamma_k) x^{k-1} + \gamma_k y^k - z^k \rangle + \frac{\gamma_k^2}{2t_k} \|y^k - y^{k-1}\|^2. \tag{8.2.22}$$

注意到

$$\begin{aligned} &f(z^k) + \langle \nabla f(z^k), (1 - \gamma_k) x^{k-1} + \gamma_k y^k - z^k \rangle \\ &= (1 - \gamma_k)[f(z^k) + \langle \nabla f(z^k), x^{k-1} - z^k \rangle] + \\ &\quad \gamma_k[f(z^k) + \langle \nabla f(z^k), y^k - z^k \rangle] \\ &\leqslant (1 - \gamma_k) f(x^{k-1}) + \gamma_k[f(z^k) + \langle \nabla f(z^k), y^k - z^k \rangle], \end{aligned} \tag{8.2.23}$$

结合不等式 (8.2.22) (8.2.23) 得到

$$f(x^k) \leqslant (1 - \gamma_k) f(x^{k-1}) + \gamma_k[f(z^k) + \langle \nabla f(z^k), y^k - z^k \rangle] + \frac{\gamma_k^2}{2t_k} \|y^k - y^{k-1}\|^2. \tag{8.2.24}$$

将 (8.2.20) 式与 (8.2.24) 式相加，并结合

$$f(x) \geqslant f(z^k) + \langle \nabla f(z^k), x - z^k \rangle,$$

再取 $x = x^*$,

$$\begin{aligned}
\psi(x^k) &- (1-\gamma_k)\psi(x^{k-1}) \\
&\leqslant \gamma_k\left[h(x^*) + f(x^*) - \frac{\gamma_k}{t_k}\langle y^{k-1} - y^k, x^* - y^k\rangle\right] + \frac{\gamma_k^2}{2t_k}\|y^k - y^{k-1}\|^2 \\
&\leqslant \gamma_k\psi(x^*) + \frac{\gamma_k^2}{2t_k}(\|y^{k-1} - x^*\|^2 - \|y^k - x^*\|^2).
\end{aligned} \quad (8.2.25)$$

这个不等式和 (8.2.12) 式的形式完全相同，因此后续过程可按照定理 8.5 进行推导，最终我们可以得到 (8.2.18) 式. □

同样地，注意到定理 8.6 推导的关键步骤仍为条件 (8.2.2)—(8.2.4)，因此对采用线搜索步长的第二类 Nesterov 加速算法，我们仍然有相同的收敛结果.

推论 8.3 (一般第二类 Nesterov 加速算法的收敛速度) 当用算法 8.7 求解凸复合优化问题 (8.2.1) 时，若迭代点 x^k, y^k，步长 t_k 以及组合系数 γ_k 满足条件 (8.2.2)—(8.2.4)，则

$$\psi(x^k) - \psi(x^*) \leqslant \frac{C}{k^2}, \quad (8.2.26)$$

其中 C 仅与函数 f，初始点 x^0 的选取有关.

8.3 近似点算法

前两节分别讨论了近似点梯度算法和 Nesterov 加速算法，它们能够处理部分不可微的目标函数. 对于一般形式的目标函数，可以用近似点算法，该算法是近似点梯度算法的一种特殊情况. 我们将其单独拿出来讨论，是因为近似点算法具有一些特殊的理论性质，例如其与增广拉格朗日函数法有某种等价关系. 本节首先给出近似点算法的格式和其加速版本，然后叙述其与增广拉格朗日函数法的关系，最后讨论近似点算法的收敛性以及介绍 Moreau-Yosida 正则化，以便进一步理解该算法.

8.3.1 近似点算法

本小节将讨论如下一般形式的最优化问题：

$$\min_x \psi(x), \quad (8.3.1)$$

其中 ψ 是一个适当的闭凸函数，这里并不要求 ψ 是可微的或连续的（例如 ψ 的一部分可以是凸集的示性函数）. 对于不可微的 ψ，我们可以用次梯度算法，

但是该方法往往收敛较慢，且收敛条件比较苛刻．我们也可以考虑如下隐式格式的次梯度算法：
$$x^{k+1} = x^k - t_k \partial \psi(x^{k+1}), \tag{8.3.2}$$
上面的格式只是形式上的．类似于之前的近似点梯度算法，可以用邻近算子表示隐式格式：近似点算法格式可以写成
$$\begin{aligned} x^{k+1} &= \operatorname{prox}_{t_k \psi}(x^k) \\ &= \underset{u}{\arg\min} \left\{ \psi(u) + \frac{1}{2t_k} \|u - x^k\|_2^2 \right\}, \end{aligned} \tag{8.3.3}$$
其中 t_k 为第 k 步迭代时的步长，可为固定值或通过某种合适的线搜索策略得到．回顾近似点梯度法的迭代格式，会发现这个算法可以看做是近似点梯度法在 $f(x) = 0$ 时的情况，但不同之处在于：在近似点梯度法中，非光滑项 $h(x)$ 的邻近算子通常比较容易计算；而在近似点算法中，$\psi(x)$ 的邻近算子通常是难以求解的，绝大多数情况下需借助其他类型的迭代法进行（不精确）求解．

注 8.1 在近似点算法迭代格式 (8.3.3) 中，我们构造了一个看似比原问题 (8.3.1) 形式更复杂的子问题．这样的构造带来的好处是：子问题的目标函数是一个强凸函数，更加便于使用迭代法进行求解．

与近似点梯度法类似，同样可以对近似点算法进行加速．与其对应的 FISTA 算法的迭代格式可以写成
$$x^k = \operatorname{prox}_{t_k \psi} \left(x^{k-1} + \gamma_k \frac{1 - \gamma_{k-1}}{\gamma_{k-1}} (x^{k-1} - x^{k-2}) \right),$$
第二类 Nesterov 加速算法的迭代格式可以写成
$$v^k = \operatorname{prox}_{(t_k/\gamma_k)\psi}(v^{k-1}), \quad x^k = (1 - \gamma_k)x^{k-1} + \gamma_k v^k.$$
关于算法参数的选择，我们提出两种策略：
- 策略 1：取固定步长 $t_k = t$ 以及 $\gamma_k = \dfrac{2}{k+1}$；
- 策略 2：对于可变步长 t_k，当 $k = 1$ 时取 $\gamma_1 = 1$；当 $k > 1$ 时，γ_k 由方程
$$\frac{(1 - \gamma_k)t_k}{\gamma_k^2} = \frac{t_{k-1}}{\gamma_{k-1}^2}$$
确定．

8.3.2 与增广拉格朗日函数法的关系

这一小节将讨论近似点算法与增广拉格朗日函数法之间的关系．这是近似点算法一个非常重要的性质，了解该性质能增进对增广拉格朗日函数的理

解. 考虑具有如下形式的优化问题:
$$\min_{x\in\mathbb{R}^n}\quad f(x)+h(Ax), \tag{8.3.4}$$
其中 f,h 为适当的闭凸函数. 容易计算出其对偶问题为
$$\max\quad \psi(z)=-f^*(-A^\mathrm{T}z)-h^*(z), \tag{8.3.5}$$
其中 f^*,h^* 分别为 f,h 的共轭函数.

问题 (8.3.4) 描述了很广泛的一类凸优化问题, 我们给出三个常见的例子.

例 8.5 (1) 当 h 是单点集 $\{b\}$ 的示性函数时, 问题 (8.3.4) 等价于线性等式约束优化问题:
$$\min_{x\in\mathbb{R}^n}\quad f(x),$$
$$\text{s.t.}\quad Ax=b.$$

(2) 当 h 是凸集 C 上的示性函数时, 问题 (8.3.4) 等价于约束问题
$$\min\quad f(x),$$
$$\text{s.t.}\quad Ax\in C.$$

(3) 当 $h(y)=\|y-b\|$ 时, 问题 (8.3.4) 等价于正则优化问题
$$\min\quad f(x)+\|Ax-b\|.$$

对于对偶问题 (8.3.5), 我们使用近似点算法进行更新, 即
$$z^{k+1}=\operatorname{prox}_{t\psi}(z^k)=\mathop{\arg\min}_{z}\left\{f^*(-A^\mathrm{T}z)+h^*(z)+\frac{1}{2t_k}\|z-z^k\|_2^2\right\}.$$

而对于原问题 (8.3.4), 我们引入中间变量 y, 可以得到其等价形式
$$\begin{aligned}\min\quad & f(x)+h(y),\\ \text{s.t.}\quad & Ax=y.\end{aligned} \tag{8.3.6}$$

对问题 (8.3.6) 可以用增广拉格朗日函数法进行求解, 其迭代格式分为最小化增广拉格朗日函数和对偶更新两步:
$$(x^{k+1},y^{k+1})=\mathop{\arg\min}_{x,y}\left\{f(x)+h(y)+\frac{t_k}{2}\left\|Ax-y+\frac{1}{t_k}z^k\right\|_2^2\right\},$$
$$z^{k+1}=z^k+t_k(Ax^{k+1}-y^{k+1}).$$

接下来介绍本节最重要的结论: 对对偶问题 (8.3.5) 用近似点算法, 实际上等价于对原问题 (8.3.6) 用增广拉格朗日函数法. 由于问题 (8.3.4) 和问题 (8.3.5) 的自变量不同, 我们必须理清二者变量的对应关系. 下面有关共轭函数的结论是证明两个算法等价关系的基础.

命题 8.2 设 $f(x)$ 是适当的闭凸函数，$f^*(y)$ 是其共轭函数，则对任意的 $y \in \mathbf{dom}\, f^*$ 和 $x \in \mathbf{dom}\, f$ 有

$$y \in \partial f(x) \Leftrightarrow x \in \partial f^*(y).$$

证明 由于 f 是适当闭函数，根据定理 2.15 有 $f^{**} = f$. 根据 $f^*(y)$ 的定义，$y \in \partial f(x)$ 即表明 x 满足最优性条件，因此

$$x^\mathrm{T} y - f(x) = f^*(y).$$

由自共轭性得

$$f^{**}(x) = f(x) = x^\mathrm{T} y - f^*(y),$$

这说明 y 是最优值点，即 y 满足最优性条件 $x \in \partial f^*(y)$. 另一个方向的结论可类似地得到. □

为了方便，我们将增广拉格朗日函数法一步迭代写为如下形式：

$$(\hat{x}, \hat{y}) = \operatorname*{arg\,min}_{x,y} \{f(x) + h(y) + z^\mathrm{T}(Ax - y) + \frac{t}{2}\|Ax - y\|_2^2\},$$

$$u = z + t(A\hat{x} - \hat{y}).$$

下面证明上述迭代中 u 的更新实际等价于近似点算法的更新.

证明 问题

$$\min_{x,y} \ f(x) + h(y) + z^\mathrm{T}(Ax - y) + \frac{t}{2}\|Ax - y\|_2^2$$

可以写为

$$\min_{x,y,w} \ f(x) + h(y) + \frac{t}{2}\|w\|_2^2,$$
$$\text{s.t.} \quad Ax - y + \frac{z}{t} = w.$$

对约束 $Ax - y + \frac{z}{t} = w$ 引入乘子 u，由最优性条件有

$$A\hat{x} - \hat{y} + \frac{z}{t} = w, \quad -A^\mathrm{T} u \in \partial f(\hat{x}), \quad u \in \partial h(\hat{y}), \quad tw = u,$$

消去 w 得 $u = z + t(A\hat{x} - \hat{y})$. 下面只需要讨论 $\hat{x}$ 和 $\hat{y}$ 满足的条件. 根据命题 8.2 可知

$$\hat{x} \in \partial f^*(-A^\mathrm{T} u), \quad \hat{y} \in \partial h^*(u),$$

代入 u 的表达式最终可得到

$$0 \in -A\partial f^*(-A^\mathrm{T} u) + \partial h^*(u) + \frac{1}{t}(u - z).$$

这正是 $u = \text{prox}_{t\psi}(z)$ 的最优性条件.

另一方面, 若有 $u = \text{prox}_{t\psi}(z)$, 则选取 $\hat{x} \in \partial f^*(-A^T u)$ 及 $\hat{y} \in \partial h^*(u)$, 即可恢复出增广拉格朗日函数法中的变量. □

本节说明, 针对某些形式的问题, 对原问题应用增广拉格朗日函数法等价于对对偶问题应用近似点算法. 实际上, 此结论对不少优化问题都是成立的. 由于增广拉格朗日函数法是一类比较有效的处理约束优化问题的算法, 根据等价性, 如果子问题能够高效求解, 近似点算法也应该具有不错的表现. 这一点将在应用举例中具体说明.

8.3.3 应 用 举 例

1. LASSO 问题求解

考虑 LASSO 问题

$$\min_{x \in \mathbb{R}^n} \mu \|x\|_1 + \frac{1}{2}\|Ax - b\|_2^2. \tag{8.3.7}$$

引入变量 $y = Ax - b$, 问题 (8.3.7) 可以等价地转化为

$$\min_{x,y} \psi(x,y) \stackrel{\text{def}}{=\!=} \mu\|x\|_1 + \frac{1}{2}\|y\|_2^2 + I_\mathcal{D}(x,y), \tag{8.3.8}$$

其中 $\mathcal{D} = \{(x,y) \mid Ax - y = b\}$, $I_\mathcal{D}$ 为集合 $\mathcal{D}$ 的示性函数.

对于问题 (8.3.8), 我们采用近似点算法进行求解, 其第 k 步迭代为

$$(x^{k+1}, y^{k+1}) \approx \arg\min_{x,y} \left\{ \psi(x,y) + \frac{1}{2t_k}\left(\|x - x^k\|_2^2 + \|y - y^k\|_2^2\right) \right\}, \tag{8.3.9}$$

其中 t_k 为步长. 由于问题 (8.3.9) 没有显式解, 我们需要采用迭代算法来进行求解, 比如罚函数法、增广拉格朗日函数法等.

除了直接求解问题 (8.3.9), 另一种比较实用的方式是通过对偶问题的解来构造 (x^{k+1}, y^{k+1}). 引入拉格朗日乘子 z, 问题 (8.3.9) 的对偶函数为

$$\begin{aligned}
\Phi_k(z) = &\inf_x \left\{ \mu\|x\|_1 + z^T Ax + \frac{1}{2t_k}\|x - x^k\|_2^2 \right\} + \\
&\inf_y \left\{ \frac{1}{2}\|y\|_2^2 - z^T y + \frac{1}{2t_k}\|y - y^k\|_2^2 \right\} - b^T z \\
= &\mu \Gamma_{\mu t_k}(x^k - t_k A^T z) - \frac{1}{2t_k}\left(\|x^k - t_k A^T z\|_2^2 - \|x^k\|_2^2\right) - \\
&\frac{t_k}{2(t_k+1)}\|z\|_2^2 - \frac{1}{t_k+1}z^T y^k + \frac{1}{2(t_k+1)}\|y^k\|_2^2 - b^T z.
\end{aligned}$$

这里,

$$\Gamma_{\mu t_k}(u) = \inf_x \left\{ \|x\|_1 + \frac{1}{2\mu t_k}\|x - u\|_2^2 \right\}.$$

注意到 $\Gamma_{\mu t_k}(u)$ 的表达式可以利用 ℓ_1 范数的邻近算子得到,记函数 $q_{\mu t_k}: \mathbb{R} \to \mathbb{R}$ 为

$$q_{\mu t_k}(v) = \begin{cases} \dfrac{v^2}{2\mu t_k}, & |v| \leqslant \mu t_k, \\ |v| - \dfrac{\mu t_k}{2}, & |v| > \mu t_k, \end{cases}$$

则

$$\Gamma_{\mu t_k}(u) = \sum_{i=1}^{n} q_{\mu t_k}(u_i),$$

其为极小点 $x = \mathrm{prox}_{\mu t_k \|\cdot\|_1}(u)$ 处的目标函数值. 易知 $\Gamma_{\mu t_k}(u)$ 是关于 u 的连续可微函数且梯度为

$$\nabla_u \Gamma_{\mu t_k}(u) = \dfrac{1}{\mu t_k}(u - \mathrm{prox}_{\mu t_k \|\cdot\|_1}(u)).$$

那么,问题 (8.3.9) 的对偶问题为

$$\max_{z} \; \Phi_k(z).$$

设对偶问题的逼近最优解为 z^{k+1},那么根据问题 (8.3.9) 的最优性条件,

$$\begin{cases} x^{k+1} = \mathrm{prox}_{\mu t_k \|\cdot\|_1}\left(x^k - t_k A^{\mathrm{T}} z^{k+1}\right), \\ y^{k+1} = \dfrac{1}{t_k + 1}(y^k + t_k z^{k+1}). \end{cases}$$

综上,在第 k 步迭代,LASSO 问题 (8.3.7) 的近似点算法的迭代格式写为

$$\begin{cases} z^{k+1} \approx \underset{z}{\arg\max} \; \Phi_k(z), \\ x^{k+1} = \mathrm{prox}_{\mu t_k \|\cdot\|_1}\left(x^k - t_k A^{\mathrm{T}} z^{k+1}\right), \\ y^{k+1} = \dfrac{1}{t_k + 1}(y^k + t_k z^{k+1}). \end{cases} \quad (8.3.10)$$

因为 $\Phi_k(z)$ 的最大值点的显式表达式是未知的,所以需要使用迭代算法近似求解. 根据 $\Phi_k(z)$ 的连续可微性,我们可以调用梯度法进行求解. 另外,还可以证明 $\Phi_k(z)$ 是半光滑的,从而调用半光滑牛顿法来更有效地求解,相关内容可以参考 [119]. 为了保证算法 (8.3.10) 的收敛性,根据文章 [163],我们采用以下不精确收敛准则:

$$\|\nabla \Phi_k(z^{k+1})\|_2 \leqslant \sqrt{\dfrac{\alpha_k}{t_k}} \varepsilon_k, \quad \varepsilon_k \geqslant 0, \sum_{k=1}^{\infty} \varepsilon_k < +\infty,$$

$$\|\nabla \Phi_k(z^{k+1})\|_2 \leqslant \sqrt{\dfrac{\alpha_k}{t_k}} \delta_k \|(x^{k+1}, y^{k+1}) - (x^k, y^k)\|_2, \quad \delta_k \geqslant 0, \sum_{k=1}^{\infty} \delta_k < +\infty,$$

其中 ε_k, δ_k 是人为设定的参数,α_k 为 Φ_k 的强凹参数(即 $-\Phi_k$ 的强凸参数)的一个估计.

我们用同第 6.2 节中一样的 A 和 b，分别取 $\mu = 10^{-2}, 10^{-3}$，利用近似点算法来求解问题，取固定步长 $t_k = t = 10^3$，其中子问题利用梯度下降法进行不精确求解，精度参数设置为 $\alpha_k = \dfrac{t}{t+1}, \varepsilon_k = \delta_k = \dfrac{8}{k^2}$，结果如图 8.5 所示. 可以看到：近似点算法收敛所需要的外部迭代数很少，主要计算都在内迭代求解更新 z 的子问题上. 对于 z 的子问题求解，我们利用了半光滑牛顿法来进行加速.

图 8.5 近似点算法求解 LASSO 问题

2. 逆协方差矩阵估计

第三章介绍了逆协方差矩阵估计问题，该问题可以写为

$$\min_{X} \quad \langle S, X \rangle - \ln \det X + \lambda \|X\|_1, \tag{8.3.11}$$

其中 S 是已知的对称矩阵，通常由样本协方差矩阵得到. 引入变量 Y，问题 (8.3.11) 可以等价转化为

$$\min_{X,Y} \quad \psi(X, Y) \stackrel{\text{def}}{=\!=} -\ln \det X + \langle S, X \rangle + \lambda \|Y\|_1 + I_{\mathcal{D}}(X, Y), \tag{8.3.12}$$

其中 $\mathcal{D} = \{(X, Y) \mid X - Y = 0\}$，$I_{\mathcal{D}}$ 为集合 $\mathcal{D}$ 的示性函数.

在第 k 步迭代，近似点算法求解如下问题：

$$\min_{X,Y} \quad \psi(X, Y) + \frac{1}{2t_k} \left(\|X - X^k\|_F^2 + \|Y - Y^k\|_F^2 \right). \tag{8.3.13}$$

类似于 LASSO 问题的求解，我们通过求解问题 (8.3.13) 的对偶问题来构造逼

近解 (X^{k+1}, Y^{k+1}). 引入乘子 Z, 问题 (8.3.13) 的对偶函数可以写为

$$\begin{aligned}\Phi_k(Z) &= \inf_X \left\{ -\ln\det X + \langle Z, X\rangle + \frac{1}{2t_k}\|X - X^k\|_F^2 \right\} + \\ &\quad \inf_Y \left\{ \lambda\|Y\|_1 + \langle S - Z, Y\rangle + \frac{1}{2t_k}\|Y - Y^k\|_F^2 \right\} \\ &= \inf_X \left\{ -\ln\det X + \frac{1}{2t_k}\|X - X^k + t_k Z\|_F^2 \right\} - \\ &\quad \frac{1}{2t_k}\left(\|X^k - t_k Z\|_F^2 - \|X^k\|_F^2\right) + \\ &\quad \inf_Y \left\{ \lambda\|Y\|_1 + \frac{1}{2t_k}\|Y - Y^k + t_k(S - Z)\|_F^2 \right\} - \\ &\quad \frac{1}{2t_k}\left(\|Y_k - t_k(S - Z)\|_F^2 - \|Y^k\|_F^2\right) \\ &= \Gamma_{t_k}^1(X^k - t_k Z) - \frac{1}{2t_k}\left(\|X^k - t_k Z\|_F^2 - \|X^k\|_F^2\right) + \\ &\quad \lambda\Gamma_{\lambda t_k}^2(Y^k - t_k(S - Z)) - \frac{1}{2t_k}\left(\|Y_k - t_k(S - Z)\|_F^2 - \|Y^k\|_F^2\right),\end{aligned}$$

其中

$$\Gamma_{t_k}^1(A) = \inf_X \left\{ -\ln\det X + \frac{1}{2t_k}\|X - A\|_F^2 \right\}.$$

对于对称矩阵 A, 记其特征值分解为 $A = Q\mathrm{Diag}(d_1, d_2, \cdots, d_n)Q^\mathrm{T}$, 以及定义函数

$$q_{t_k}^+(v) = \frac{1}{2}(\sqrt{v^2 + 4t_k} + v), \quad q_{t_k}^-(v) = \frac{1}{2}(\sqrt{v^2 + 4t_k} - v), \quad v \in \mathbb{R},$$

并记

$$\begin{aligned}A^+ &= Q\mathrm{Diag}(q_{t_k}^+(d_1), q_{t_k}^+(d_2), \cdots, q_{t_k}^+(d_n))Q^\mathrm{T}, \\ A^- &= Q\mathrm{Diag}(q_{t_k}^-(d_1), q_{t_k}^-(d_2), \cdots, q_{t_k}^-(d_n))Q^\mathrm{T}.\end{aligned}$$

那么, $\Gamma_{t_k}^1(A)$ 表达式中的最小值在 $X = A^+$ 处取得, 相应的最小值为

$$\Gamma_{t_k}^1(A) = -t_k \ln\det(A^+) + \frac{1}{2}\|A^-\|_F^2,$$

其是连续可微的, 且梯度为

$$\nabla_A \Gamma_{t_k}^1(A) = A - A^+.$$

同样地, 类似于 LASSO 问题中 ℓ_1 范数的最小化问题, 我们有

$$\Gamma_{\lambda t_k}^2(U) = \inf_Y \left\{ \|Y\|_1 + \frac{1}{2\lambda t_k}\|Y - U\|_2^2 \right\} = \sum_{ij} q_{\lambda t_k}(U_{ij}),$$

且相应的极小点为 $Y = \text{prox}_{\lambda t_k \|\cdot\|_1}(U)$. 函数 $\Gamma^2_{\lambda t_k}(U)$ 关于 U 是连续可微的, 其梯度为

$$\nabla_U \Gamma^2_{\lambda t_k}(U) = \frac{1}{\lambda t_k}(U - \text{prox}_{\lambda t_k \|\cdot\|_1}(U)).$$

那么, 问题 (8.3.13) 的对偶问题为

$$\max_Z \ \Phi_k(Z).$$

在第 k 步迭代, 问题 (8.3.11) 的近似点算法的格式为

$$\begin{cases} Z^{k+1} \approx \arg\max_Z \ \Phi_k(Z), \\ X^{k+1} = \text{prox}_{-t_k \ln\det(\cdot)}\left(X^k - t_k Z^{k+1}\right), \\ Y^{k+1} = \text{prox}_{\lambda t_k \|\cdot\|_1}\left(Y^k - t_k(S - Z^{k+1})\right). \end{cases}$$

注意到 Φ_k 不是强凹函数, 我们往往会减去近似点项以保证强凹性, 即将上式的第一步改成求解优化问题

$$Z^{k+1} \approx \arg\max_Z \ \hat{\Phi}_k(Z) \stackrel{\text{def}}{=\!=} \Phi_k(Z) - \frac{1}{2t_k}\|Z - Z^k\|_F^2.$$

因为 $\hat{\Phi}_k(Z)$ 的最大值点的显式表达式是未知的, 所以需要使用迭代算法近似求解. 根据 $\hat{\Phi}_k(Z)$ 的连续可微性, 我们可以调用梯度法进行求解. 另外, 还可以证明 $\hat{\Phi}_k(Z)$ 是半光滑的, 从而调用半光滑牛顿法来更有效地求解 [203, 213]. 根据文章 [163], 我们采用以下不精确收敛准则:

$$\|\nabla \hat{\Phi}_k(Z^{k+1})\|_2 \leqslant \sqrt{\frac{\alpha}{t_k}} \varepsilon_k, \ \varepsilon_k \geqslant 0, \sum_{k=1}^{\infty} \varepsilon_k < +\infty.$$

$$\|\nabla \hat{\Phi}_k(Z^{k+1})\|_2 \leqslant \sqrt{\frac{\alpha}{t_k}} \delta_k \|(X^{k+1}, Y^{k+1}) - (X^k, Y^k)\|_F, \quad \delta_k \geqslant 0, \sum_{k=1}^{\infty} \delta_k < +\infty,$$

其中 ε_k, δ_k 是人为设定的参数, α 为 $\hat{\Phi}_k$ 的强凹参数的一个估计, 可取为 $\dfrac{1}{t_k}$. 更多内容可以参考 [203, 213].

8.3.4 收敛性分析

这一小节给出近似点算法的收敛性分析. 首先我们给出近似点算法收敛的基本定理.

定理 8.7 设 ψ 是适当的闭凸函数 (从而 $\text{prox}_{t\psi}(x)$ 对任意的 x 存在且唯一), 最优值 ψ^* 有限且在点 x^* 处可达, 则对近似点算法有

$$\psi(x^k) - \psi^* \leqslant \frac{\|x^0 - x^*\|_2^2}{2\sum_{i=1}^k t_i}, \quad \forall k \geqslant 1.$$

证明 由于近似点算法可看做近似点梯度法的特殊情况，我们的证明也将沿用近似点梯度法中的分析过程，这里仅指出关键步骤的不同之处. 由于 $f(x) = 0$，所以对任意的 $t > 0$，

$$f(x - tG_t(x)) \leqslant t\nabla f(x)^\mathrm{T} G_t(x) + \frac{t}{2}\|G_t(x)\|_2^2,$$

其中 $G_t(x)$ 的定义见 (8.1.9) 式. 运用近似点梯度法中的证明，我们有

$$t_i(\psi(x^i) - \psi^*) \leqslant \frac{1}{2}(\|x^{i-1} - x^*\|_2^2 - \|x^i - x^*\|_2^2),$$

且 $\{\psi(x^i)\}$ 是单调下降的序列. 因此

$$\left(\sum_{i=1}^k t_i\right)(\psi(x^k) - \psi^*) \leqslant \sum_{i=1}^k t_i(\psi(x^i) - \psi^*) \leqslant \frac{1}{2}\|x^0 - x^*\|_2^2.$$

这样就完成了对定理 8.7 的证明. □

上述定理使得我们可以通过每次迭代的步长来控制算法的收敛性. 若 $\sum_{i=1}^k t_i \to +\infty$，则算法收敛. 特别地，如果步长 t_i 固定或有正下界，则收敛速度为 $\mathcal{O}\left(\dfrac{1}{k}\right)$. 与定理 8.3 不同，由于 $f(x) = 0$，我们无需对步长 t_i 提出额外的要求，即每一步的 t_i 可以为任意值. 理论上可以取充分大的 t_i 使得近似点算法经过较少的迭代步即可收敛，但这种做法实际的意义并不大. 这是因为过大的 t_i 会导致子问题难以求解，从近似点算法的形式也可以看出，当 $t_i = +\infty$ 时子问题与原问题是等价的.

类似地，可以给出加速版本的收敛性.

定理 8.8 设 ψ 是适当的闭凸函数，最优值 ψ^* 有限且在点 x^* 处达到. 假设参数 t_k, γ_k 按照第 8.3.1 小节中的策略 1 或者策略 2 选取，那么迭代序列 $\{\psi(x^k)\}$ 满足

$$\psi(x^k) - \psi^* \leqslant \frac{2\|x^0 - x^*\|_2^2}{\left(2\sqrt{t_1} + \sum_{i=2}^k \sqrt{t_i}\right)^2}, \quad k \geqslant 1.$$

证明 在 $f(x) = 0$ 的情况下使用 Nesterov 加速算法中的证明，这里仅指出关键步骤的不同之处. 由于 $f(x) = 0$，对任意的 $t > 0$，

$$f(x) \leqslant f(y) + \nabla f(y)^\mathrm{T}(x - y) + \frac{1}{2t}\|x - y\|_2^2, \quad \forall\, x, y,$$

于是结论

$$\psi(x^k) - \psi^* \leqslant \frac{\gamma_k^2}{2t_k}\|x^0 - x^*\|_2^2 \tag{8.3.14}$$

依然成立. 对于固定步长 $t_k = t$ 和 $\gamma_k = \dfrac{2}{k+1}$,

$$\frac{\gamma_k^2}{2t_k} = \frac{2}{(k+1)^2 t};$$

而对于变步长, 根据 (8.2.5) 式,

$$\frac{\gamma_k^2}{2t_k} \leqslant \frac{2}{\left(2\sqrt{t_1} + \sum\limits_{i=2}^{k} \sqrt{t_i}\right)^2}.$$

对于以上两种参数选择策略, 分别将对应不等式代入 (8.3.14) 式就得到定理中的结论. □

这个定理意味着当 $\sum\limits_{i=1}^{k} \sqrt{t_i} \to +\infty$ 时算法收敛, 且步长 t_i 取固定值或有正下界时, 其收敛速度可达到 $\mathcal{O}\left(\dfrac{1}{k^2}\right)$. 同样地, 即使理论上可以取 t_i 为任意大的值, 实际上仍需控制其上界以便子问题可快速求解.

8.3.5 Moreau-Yosida 正则化

这一小节介绍 Moreau-Yosida 正则化, 并通过此概念从另一个角度理解近似点算法. 首先我们给出 Moreau-Yosida 正则化的定义.

定义 8.4 (Moreau-Yosida 正则化) 设 $f(x)$ 是适当的闭凸函数, $t > 0$ 为给定的常数, 则 f 的以 t 为参数的 **Moreau-Yosida 正则化** $f_{(t)}(x)$ (又称为 Moreau envelope) 定义为

$$\begin{aligned} f_{(t)}(x) &= \inf_u \left\{ f(u) + \frac{1}{2t}\|u-x\|_2^2 \right\} \\ &= f(\operatorname{prox}_{tf}(x)) + \frac{1}{2t}\|\operatorname{prox}_{tf}(x) - x\|_2^2. \end{aligned}$$

根据定义, Moreau-Yosida 正则化实际上是将最优解 $u = \operatorname{prox}_{tf}(x)$ 代回了与之对应的优化问题

$$\min_u \ f(u) + \frac{1}{2t}\|u - x\|_2^2$$

中而得到的关于 x 的函数. 容易验证, $f_{(t)}(x)$ 的定义域为 $\mathbb{R}^n$ (利用定理 8.1), 且为凸函数 (定理 2.13 中的性质 (8)).

当 f 具有特殊形式时, $f_{(t)}(x)$ 可以计算出显式解. 下面给出一些例子.

例 8.6 示性函数与 ℓ_1 范数的 Moreau-Yosida 正则化.

（1）f 是集合 C 上的示性函数，即 $f(x) = I_C(x)$，则 $f_{(t)}(x) = \dfrac{1}{2t}\text{dist}^2(x, C)$，其中 $\text{dist}(x, C)$ 是点 x 与集合 C 的欧几里得距离：

$$\begin{aligned}f_{(t)}(x) &= \inf_{u}\left\{I_C(u) + \frac{1}{2t}\|u - x\|_2^2\right\} \\ &= \inf_{u \in C}\left\{\frac{1}{2t}\|u - x\|_2^2\right\} \\ &= \frac{1}{2t}\text{dist}^2(x, C).\end{aligned}$$

（2）设 $f(x) = \|x\|_1$，则 $f_{(t)}(x)$ 是 Huber 损失函数：

$$f_{(t)}(x) = \sum_{k=1}^{n}\phi_t(x_k),$$

其中

$$\phi_t(z) = \begin{cases} \dfrac{z^2}{2t}, & |z| \leqslant t, \\ |z| - \dfrac{t}{2}, & |z| > t. \end{cases}$$

注意到此时 $f_{(t)}(x)$ 定义式中右端目标函数是分量可分的，

$$\begin{aligned}f_{(t)}(x) &= \min_{u}\left\{\|u\|_1 + \frac{1}{2t}\|u - x\|_2^2\right\} \\ &= \sum_{k=1}^{n}\min_{u_k}\left\{|u_k| + \frac{1}{2t}(u_k - x_k)^2\right\} \\ &= \sum_{k=1}^{n}\phi_t(x_k).\end{aligned}$$

在例 8.6 中我们观察到，虽然函数 $f(x)$ 可能为不光滑甚至不连续的函数，其 Moreau-Yosida 正则化 $f_{(t)}(x)$ 却是光滑的. 实际上，这对一般的适当闭凸函数也是成立的，即有如下结果：

定理 8.9 (Moreau-Yosida 正则化的可微性)　设 $f(x)$ 为适当的闭凸函数，$f_{(t)}(x)$ 为其 Moreau-Yosida 正则化，则 $f_{(t)}(x)$ 在全空间可微，且其梯度

$$\nabla f_{(t)}(x) = \frac{x - \text{prox}_{tf}(x)}{t}.$$

证明 考虑 $f_{(t)}(x)$ 的共轭函数 $f_{(t)}^*(y)$：

$$\begin{aligned}
f_{(t)}^*(y) &= \sup_x \{y^\mathrm{T} x - f_{(t)}(x)\} \\
&= \sup_x \left\{ y^\mathrm{T} x - \inf_u \left\{ f(u) + \frac{1}{2t}\|u-x\|_2^2 \right\} \right\} \\
&= \sup_x \sup_u \left\{ y^\mathrm{T} x - f(u) - \frac{1}{2t}\|u-x\|_2^2 \right\} \\
&= \sup_u \{y^\mathrm{T} u - f(u)\} + \frac{t}{2}\|y\|_2^2 \\
&= f^*(y) + \frac{t}{2}\|y\|_2^2.
\end{aligned}$$

根据 [149] 中的结论，$f_{(t)}$ 满足自共轭性，即 $f_{(t)} = f_{(t)}^{**}$. 利用这个性质可以对 $f_{(t)}(x)$ 的形式进行改写：

$$\begin{aligned}
f_{(t)}(x) = f_{(t)}^{**}(x) &= \sup_y \left\{ x^\mathrm{T} y - f_{(t)}^*(y) \right\} \\
&= \sup_y \left\{ x^\mathrm{T} y - f^*(y) - \frac{t}{2}\|y\|_2^2 \right\}.
\end{aligned}$$

上式右端函数的最大值点 y 存在唯一，且满足 $x \in \partial f_{(t)}^*(y)$. 根据命题 8.2 知，对任意的 x 存在唯一的 y 使得 $y \in \partial f_{(t)}(x)$，即 $f_{(t)}(x)$ 是可微函数.

为了推导 $\nabla f_{(t)}(x)$，我们首先对 $f_{(t)}(x)$ 的形式进行改写：

$$\begin{aligned}
f_{(t)}(x) &= \inf_u \left\{ f(u) + \frac{1}{2t}\|u-x\|_2^2 \right\} \\
&= \frac{\|x\|_2^2}{2t} - \frac{1}{t}\sup_u \left\{ x^\mathrm{T} u - tf(u) - \frac{1}{2}\|u\|_2^2 \right\} \\
&= \frac{\|x\|_2^2}{2t} - \frac{1}{t}\left(tf + \frac{1}{2}\|\cdot\|_2^2 \right)^*(x).
\end{aligned}$$

再次利用命题 8.2 可以得到

$$\begin{aligned}
\nabla f_{(t)}(x) &= \frac{x}{t} - \frac{1}{t}\nabla \left(tf + \frac{1}{2}\|\cdot\|_2^2 \right)^*(x) \\
&= \frac{x}{t} - \frac{1}{t}\mathop{\mathrm{argmax}}_u \left\{ x^\mathrm{T} u - tf(u) - \frac{1}{2}\|u\|_2^2 \right\} \\
&= \frac{x}{t} - \frac{1}{t}\mathop{\mathrm{argmin}}_u \left\{ tf(u) + \frac{1}{2}\|u-x\|_2^2 \right\} \\
&= \frac{x - \mathrm{prox}_{tf}(x)}{t}.
\end{aligned} \tag{8.3.15}$$

定理 8.9 说明了 Moreau-Yosida 正则化是原函数 f 的一个光滑化函数，且拥有光滑化参数 t. 实际上，利用本章后面的结果（引理 8.5）可进一步说明

$\nabla f_{(t)}(x)$ 是利普希茨连续的（参数为 $\dfrac{1}{t}$）. 如果考虑如下优化问题：

$$\min_x \quad f_{(t)}(x) = \inf_u \left\{ f(u) + \frac{1}{2t}\|u - x\|_2^2 \right\}, \tag{8.3.16}$$

该问题和最小化 $f(x)$ 同解，但相比直接最小化 $f(x)$ 来说，$f_{(t)}(x)$ 具有可微且梯度利普希茨连续的优点. 我们可以对 (8.3.16) 式使用固定步长（$t_k = t$）的梯度下降法求解：

$$x^{k+1} = x^k - t\nabla f_{(t)}(x^k) = \text{prox}_{tf}(x^k).$$

这就是近似点算法的迭代格式 (8.3.3). 综上所述，近似点算法可以理解为先使用 Moreau-Yosida 正则化对目标函数进行光滑化，之后再对光滑化的目标函数应用梯度下降导出的算法.

8.4 分块坐标下降法

在许多实际的优化问题中，人们所考虑的目标函数虽然有成千上万的自变量，对这些变量联合求解目标函数的极小值通常很困难，但这些自变量具有某种"可分离"的形式：当固定其中若干变量时，函数的结构会得到极大的简化. 这种特殊的形式使得人们可以将原问题拆分成数个只有少数自变量的子问题. 分块坐标下降法（block coordinate descent，BCD）正是利用了这样的思想来求解这种具有特殊结构的优化问题，在多数实际问题中有良好的数值表现. 本节介绍分块坐标下降法的基本迭代格式和一些最近的收敛性结果，同时给出一些例子来说明其在具体问题上的应用.

8.4.1 问题描述

考虑具有如下形式的问题：

$$\min_{x \in \mathcal{X}} \quad F(x_1, x_2, \cdots, x_s) = f(x_1, x_2, \cdots, x_s) + \sum_{i=1}^{s} r_i(x_i), \tag{8.4.1}$$

其中 $\mathcal{X}$ 是优化问题的可行域，这里将自变量 x 拆分成 s 个变量块 $x_1, x_2, \cdots, x_s$，每个变量块 $x_i \in \mathbb{R}^{n_i}$. 函数 f 是关于 x 的可微函数，每个 $r_i(x_i)$ 关于 x_i 是适当的闭凸函数，但不一定可微.

在问题 (8.4.1) 中，目标函数 F 的性质体现在 f，每个 r_i 以及自变量的分块上. 通常情况下，f 对于所有变量块 x_i 不可分，但单独考虑每一块自变量时，f 有简单结构；r_i 只和第 i 个自变量块有关，因此 r_i 在目标函数中是一个可分项. 求解问题 (8.4.1) 的难点在于如何利用分块结构处理不可分的函数 f.

注 8.2 在给出问题 (8.4.1) 时，唯一引入凸性的部分是 r_i. 其余部分没有引入凸性，可行域 $\mathcal{X}$ 不是一定是凸集，f 也不一定是凸函数.

需要指出的是，并非所有问题都适合按照问题 (8.4.1) 进行处理. 下面给出六个可以化成问题 (8.4.1) 的实际例子，第 8.4.3 小节将介绍如何使用分块坐标下降法求解它们.

例 8.7 (分组 LASSO[179]) 考虑线性模型 $b = a^T x + \varepsilon$，现在对 x 使用分组 LASSO 模型建模. 设矩阵 $A \in \mathbb{R}^{n \times p}$ 和向量 $b \in \mathbb{R}^n$ 分别由上述模型中自变量和响应变量的 n 组观测值组成. 参数 $x = (x_1, x_2, \cdots, x_G) \in \mathbb{R}^p$ 可以分成 G 组，且 $\{x_i\}_{i=1}^G$ 中只有少数的非零向量. 则分组 LASSO 对应的优化问题可表示为

$$\min_x \frac{1}{2n} \|b - Ax\|_2^2 + \lambda \sum_{i=1}^G \sqrt{p_i} \|x_i\|_2.$$

在这个例子中待优化的变量共有 G 块.

例 8.8 (聚类问题) 在第三章中我们介绍了 K-均值聚类问题的等价形式：

$$\begin{aligned}
\min_{\Phi, H} \quad & \|A - \Phi H\|_F^2, \\
\text{s.t.} \quad & \Phi \in \mathbb{R}^{n \times k}, \text{每一行只有一个元素为 1，其余为 0}, \\
& H \in \mathbb{R}^{k \times p}.
\end{aligned} \quad (8.4.2)$$

这是一个矩阵分解问题，自变量总共有两块. 注意到变量 Φ 取值在离散空间上，因此聚类问题不是凸问题.

例 8.9 (低秩矩阵恢复 [160]) 设 $b \in \mathbb{R}^m$ 是已知的观测向量，$\mathcal{A}$ 是线性映射. 考虑求解下面的极小化问题：

$$\min_{X,Y} \frac{1}{2} \|\mathcal{A}(XY) - b\|_2^2 + \alpha \|X\|_F^2 + \beta \|Y\|_F^2,$$

其中 $\alpha, \beta > 0$ 为正则化参数. 这里正则化的作用是消除解 (X, Y) 在放缩意义下的不唯一性. 在这个例子中自变量共有两块.

类似的例子还有非负矩阵分解与非负张量分解.

例 8.10 (非负矩阵分解 [148]) 设 M 是已知矩阵，考虑求解如下极小化问题：

$$\min_{X,Y \geqslant 0} \frac{1}{2} \|XY - M\|_F^2 + \alpha r_1(X) + \beta r_2(Y).$$

在这个例子中自变量共有两块，且均有非负的约束.

例 8.11 (非负张量分解 [194]) 设 $\mathcal{M}$ 是已知张量，考虑求解如下极小化问题：

$$\min_{A_1,\cdots,A_N \geq 0} \frac{1}{2}\|\mathcal{M} - A_1 \circ A_2 \circ \cdots \circ A_N\|_F^2 + \sum_{i=1}^{N} \lambda_i r_i(A_i),$$

其中 "∘" 表示张量的外积运算．在这个例子中自变量的块数为 N．

在第四章中我们提到了字典学习问题，它也具有形式 (8.4.1)．

例 8.12 (字典学习) 设 $A \in \mathbb{R}^{m \times n}$ 为 n 个观测，每个观测的信号维数是 m，现在我们要从 A 中学习出一个字典 $D \in \mathbb{R}^{m \times k}$ 和系数矩阵 $X \in \mathbb{R}^{k \times n}$，使之为如下问题的解：

$$\begin{aligned} \min_{D,X} \quad & \frac{1}{2n}\|DX - A\|_F^2 + \lambda\|X\|_1, \\ \text{s.t.} \quad & \|D\|_F \leq 1. \end{aligned}$$

在这里自变量有两块，分别为 D 和 X，此外对 D 还存在球约束 $\|D\|_F \leq 1$．

上述的所有例子中，函数 f 关于变量全体一般是非凸的，这使得求解问题 (8.4.1) 变得很有挑战性．首先，应用在非凸问题上的算法的收敛性不易分析，很多针对凸问题设计的算法通常会失效；其次，目标函数的整体结构十分复杂，这使得变量的更新需要很大计算量．对于这类问题，我们最终的目标是要设计一种算法，它具有简单的变量更新格式，同时具有一定的（全局）收敛性．而分块坐标下降法则是处理这类问题较为有效的算法．

8.4.2 算法结构

考虑问题 (8.4.1)，我们所感兴趣的分块坐标下降法具有如下更新方式：按照 $x_1, x_2, \cdots, x_s$ 的次序依次固定其他 $(s-1)$ 块变量极小化 F，完成一块变量的极小化后，它的值便立即被更新到变量空间中，更新下一块变量时将使用每个变量最新的值．根据这种更新方式定义辅助函数

$$f_i^k(x_i) = f(x_1^k, \cdots, x_{i-1}^k, x_i, x_{i+1}^{k-1}, \cdots, x_s^{k-1}),$$

其中 x_j^k 表示在第 k 次迭代中第 j 块自变量的值，x_i 是函数的自变量．函数 f_i^k 表示在第 k 次迭代更新第 i 块变量时所需要考虑的目标函数的光滑部分．考虑第 i 块变量时前 $(i-1)$ 块变量已经完成更新，因此上标为 k，而后面下标从 $i+1$ 起的变量仍为旧的值，因此上标为 $k-1$．

在每一步更新中，通常使用以下三种更新格式之一：

$$x_i^k = \operatorname*{arg\,min}_{x_i \in \mathcal{X}_i^k} \left\{ f_i^k(x_i) + r_i(x_i) \right\}, \tag{8.4.3}$$

$$x_i^k = \underset{x_i \in \mathcal{X}_i^k}{\arg\min} \left\{ f_i^k(x_i) + \frac{L_i^{k-1}}{2} \|x_i - x_i^{k-1}\|_2^2 + r_i(x_i) \right\}, \tag{8.4.4}$$

$$x_i^k = \underset{x_i \in \mathcal{X}_i^k}{\arg\min} \left\{ \langle \hat{g}_i^k, x_i - \hat{x}_i^{k-1} \rangle + \frac{L_i^{k-1}}{2} \|x_i - \hat{x}_i^{k-1}\|_2^2 + r_i(x_i) \right\}, \tag{8.4.5}$$

其中 $L_i^k > 0$ 为常数,

$$\mathcal{X}_i^k = \{x \in \mathbb{R}^{n_i} \mid (x_1^k, \cdots, x_{i-1}^k, x, x_{i+1}^{k-1}, \cdots, x_s^{k-1}) \in \mathcal{X}\}.$$

在更新格式 (8.4.5) 中,$\hat{x}_i^{k-1}$ 采用外推定义:

$$\hat{x}_i^{k-1} = x_i^{k-1} + \omega_i^{k-1}(x_i^{k-1} - x_i^{k-2}), \tag{8.4.6}$$

其中 $\omega_i^k \geq 0$ 为外推的**权重**,$\hat{g}_i^k \overset{\text{def}}{=\!\!=} \nabla f_i^k(\hat{x}_i^{k-1})$ 为外推点处的梯度. 在 (8.4.6) 式中取权重 $\omega_i^k = 0$ 即可得到不带外推的更新格式,此时计算 (8.4.5) 式等价于进行一次近似点梯度法的更新. 在 (8.4.5) 式使用外推是为了加快分块坐标下降法的收敛速度. 我们可以通过如下的方式理解这三种格式: 格式 (8.4.3) 是最直接的,即固定其他分量然后对单一变量求极小; 格式 (8.4.4) 则是增加了一个近似点项 $\frac{L_i^{k-1}}{2}\|x_i - x_i^{k-1}\|_2^2$ 来限制下一步迭代不应该与当前位置相距过远,增加近似点项的作用是使得算法能够收敛; 格式 (8.4.5) 首先对 $f_i^k(x)$ 进行线性化以简化子问题的求解,在此基础上引入了 Nesterov 加速算法的技巧加快收敛.

为了直观地说明分块坐标下降法的迭代过程,我们给出一个简单的例子.

例 8.13 考虑二元二次函数的优化问题

$$\min \quad f(x,y) = x^2 - 2xy + 10y^2 - 4x - 20y,$$

现在对变量 x, y 使用分块坐标下降法求解. 当固定 y 时,可知当 $x = 2 + y$ 时函数取极小值; 当固定 x 时,可知当 $y = 1 + \frac{x}{10}$ 时函数取极小值. 故采用格式 (8.4.3) 的分块坐标下降法为

$$x^{k+1} = 2 + y^k, \tag{8.4.7}$$

$$y^{k+1} = 1 + \frac{x^{k+1}}{10}. \tag{8.4.8}$$

图 8.6 描绘了当初始点为 $(x,y) = (0.5, 0.2)$ 时的迭代点轨迹,可以看到在进行了 7 次迭代后,迭代点与最优解已充分接近. 回忆一下我们在例 6.2 中曾经对一个类似的问题使用过梯度法,而梯度法的收敛相当缓慢. 一个直观的解释是: 对于比较病态的问题,由于分块坐标下降法是对逐个分量处理,它能较好地捕捉目标函数的各向异性,而梯度法则会受到很大影响.

图 8.6
分块坐标下降法迭代轨迹

结合上述更新格式 (8.4.3)—(8.4.5) 可以得到分块坐标下降法的基本框架, 详见算法 8.10.

算法 8.10 分块坐标下降法

1. **初始化**: 选择两组初始点 $(x_1^{-1}, x_2^{-1}, \cdots, x_s^{-1}) = (x_1^0, x_2^0, \cdots, x_s^0)$.
2. **for** $k = 1, 2, \cdots$ **do**
3.   **for** $i = 1, 2, \cdots$ **do**
4.   使用格式 (8.4.3) 或 (8.4.4) 或 (8.4.5) 更新 x_i^k.
5.   **end for**
6.   **if** 满足停机条件 **then**
7.   返回 $(x_1^k, x_2^k, \cdots, x_s^k)$, 算法终止.
8.   **end if**
9. **end for**

算法 8.10 的子问题可采用三种不同的更新格式, 一般来说这三种格式会产生不同的迭代序列, 可能会收敛到不同的解, 坐标下降算法的数值表现也不相同. 格式 (8.4.3) 是最直接的更新方式, 它严格保证了整个迭代过程的目标函数值是下降的. 然而由于 f 的形式复杂, 子问题求解难度较大. 在收敛性方面, 格式 (8.4.3) 在强凸问题上可保证目标函数收敛到极小值, 但在非凸问题上不一定收敛. 格式 (8.4.4) (8.4.5) 则是对格式 (8.4.3) 的修正, 不保证迭代过程目标函数的单调性, 但可以改善收敛性结果. 使用格式 (8.4.4) 可使得算法收敛性在函数 F 为非严格凸时有所改善. 格式 (8.4.5) 实质上为目标函数的一阶泰勒展开近似, 在一些测试问题上有更好的表现, 可能的原因是使用一阶近似可以避开一些局部极小值点. 此外, 格式 (8.4.5) 的计算量很小, 比较容易实现.

在实际的应用中, 三种更新格式都有适用的问题, 如果子问题可以写出显式解, 则使用分块坐标下降算法可以节省相当一部分计算量. 在每一步更新中, 三种迭代格式 (8.4.3)—(8.4.5) 对不同自变量块可以混合使用, 不必仅仅局限于一种. 但对于同一个变量块, 在整个迭代中应该使用相同的格式. 例如在之后介绍的字典学习问题中, 若对变量 D 使用格式 (8.4.3), 对变量 X 使用格式 (8.4.5), 则两个子问题都有显式解. 因此更新格式的混用使得分块坐标下降法变得更加灵活.

值得注意的是,对于非凸函数 $f(x)$,分块坐标下降法(算法 8.10)可能失效. Powell 在 1973 年就给出了一个使用格式 (8.4.3) 但不收敛的例子 [157].

例 8.14 令函数

$$F(x_1,x_2,x_3) = -x_1x_2 - x_2x_3 - x_3x_1 + \sum_{i=1}^{3}[(x_i-1)_+^2 + (-x_i-1)_+^2],$$

其中 $(x_i-1)_+^2$ 的含义为先对 $x_i - 1$ 取正部再平方. 设 $\varepsilon > 0$,初始点取为

$$x^0 = \left(-1-\varepsilon, 1+\frac{\varepsilon}{2}, -1-\frac{\varepsilon}{4}\right),$$

容易验证迭代序列满足

$$x^k = (-1)^k \cdot (-1,1,-1) + \left(-\frac{1}{8}\right)^k \cdot \left(-\varepsilon, \frac{\varepsilon}{2}, -\frac{\varepsilon}{4}\right),$$

这个迭代序列有两个聚点 $(-1,1,-1)$ 与 $(1,-1,1)$,但这两个点都不是 F 的稳定点.

以上例子表明,分块坐标下降法的收敛性需要更多的假设,对非凸函数使用此方法可能会失败.

8.4.3 应用举例

1. LASSO 问题求解

下面介绍如何使用分块坐标下降法来求解 LASSO 问题

$$\min_{x} \mu\|x\|_1 + \frac{1}{2}\|Ax-b\|^2. \tag{8.4.9}$$

由于目标函数的 $\|x\|_1$ 部分是可分的,因此第 i 块变量即为 x 的第 i 个分量. 为了方便,在考虑第 i 块的更新时,将自变量 x 记为

$$x = \begin{bmatrix} x_i \\ \bar{x}_i \end{bmatrix},$$

其中 $\bar{x}_i$ 为 x 去掉第 i 个分量而形成的列向量. 而相应地,矩阵 A 在第 i 块的更新记为

$$A = [a_i \quad \bar{A}_i],$$

其中 $\bar{A}_i$ 为矩阵 A 去掉第 i 列而形成的矩阵. 这里为了方便表示,同时将 x 和 A 的分量顺序进行了调整,但调整后的问题依然和原问题是等价的.

以下我们推导分块坐标下降法的更新格式. 在第 i 块的更新中, 考虑直接极小化的格式 (8.4.3), 原问题可以写为

$$\min_{x_i} \quad \mu|x_i| + \mu\|\bar{x}_i\|_1 + \frac{1}{2}\|a_i x_i - (b - \bar{A}_i \bar{x}_i)\|^2. \tag{8.4.10}$$

做替换 $c_i = b - \bar{A}_i \bar{x}_i$, 并注意到仅与 $\bar{x}_i$ 有关的项是常数, 原问题等价于

$$\min_{x_i} \quad f_i(x_i) \stackrel{\text{def}}{=\!=} \mu|x_i| + \frac{1}{2}\|a_i\|^2 x_i^2 - a_i^{\mathrm{T}} c_i x_i. \tag{8.4.11}$$

对函数 (8.4.11), 可直接写出它的最小值点

$$x_i^k = \arg\min_{x_i} f_i(x_i) = \begin{cases} \dfrac{a_i^{\mathrm{T}} c_i - \mu}{\|a_i\|^2}, & a_i^{\mathrm{T}} c_i > \mu, \\ \dfrac{a_i^{\mathrm{T}} c_i + \mu}{\|a_i\|^2}, & a_i^{\mathrm{T}} c_i < -\mu, \\ 0, & \text{其他}. \end{cases} \tag{8.4.12}$$

因此可写出 LASSO 问题的分块坐标下降法, 见算法 8.11.

算法 8.11 LASSO 问题的分块坐标下降法

1. 输入 A, b, 参数 μ. 初始化 $x^0 = 0$, $k \leftarrow 1$.
2. **while** 未达到收敛准则 **do**
3.   **for** $i = 1, 2, \cdots, n$ **do**
4.   根据定义计算 $\bar{x}_i, c_i$.
5.   使用公式 (8.4.12) 计算 x_i^k.
6.   **end for**
7. $k \leftarrow k + 1$.
8. **end while**

我们用同第 6.2 节中一样的 A 和 b, 分别取 $\mu = 10^{-2}, 10^{-3}$, 并调用连续化坐标下降法进行求解, 其中停机准则和参数 μ 的连续化设置和第 6.2 节中的光滑化梯度法一致, 结果如图 8.7 所示. 可以看到, 在结合连续化策略之后, 坐标下降法可以很快地收敛到问题的解. 相比其他算法, 坐标下降法不需要调节步长参数.

2. K-均值聚类算法

下面对聚类问题 (8.4.2) 使用分块坐标下降法进行求解. 其目标函数为

$$\min_{\Phi, H} \quad \|A - \Phi H\|_F^2,$$
$$\text{s.t.} \quad \Phi \in \mathbb{R}^{n \times k}, \text{每一行只有一个元素为 1, 其余为 0},$$
$$H \in \mathbb{R}^{k \times p}.$$

图 8.7 分块坐标下降法求解 LASSO 问题

接下来分别讨论在固定 Φ 和 H 的条件下如何极小化另一块变量.

当固定 H 时, 设 Φ 的每一行为 ϕ_i^T, 那么根据矩阵分块乘法,

$$A - \Phi H = \begin{bmatrix} a_1^\mathrm{T} \\ a_2^\mathrm{T} \\ \vdots \\ a_n^\mathrm{T} \end{bmatrix} - \begin{bmatrix} \phi_1^\mathrm{T} \\ \phi_2^\mathrm{T} \\ \vdots \\ \phi_n^\mathrm{T} \end{bmatrix} H = \begin{bmatrix} a_1^\mathrm{T} - \phi_1^\mathrm{T} H \\ a_2^\mathrm{T} - \phi_2^\mathrm{T} H \\ \vdots \\ a_n^\mathrm{T} - \phi_n^\mathrm{T} H \end{bmatrix}.$$

注意到 ϕ_i 只有一个分量为 1, 其余分量为 0, 不妨设其第 j 个分量为 1, 此时 $\phi_i^\mathrm{T} H$ 相当于将 H 的第 j 行取出, 因此 $\|a_i^\mathrm{T} - \phi_i^\mathrm{T} H\|$ 为 a_i^T 与 H 的第 j 个行向量的距离. 我们的最终目的是极小化 $\|A - \Phi H\|_F^2$, 所以 j 应该选矩阵 H 中距离 a_i^T 最近的那一行, 即

$$\Phi_{ij} = \begin{cases} 1, & j = \underset{l}{\arg\min} \|a_i - h_l\|, \\ 0, & \text{其他}, \end{cases}$$

其中 h_l^T 表示矩阵 H 的第 l 行.

当固定 Φ 时, 此时考虑 H 的每一行 h_j^T, 根据目标函数的等价性,

$$\|A - \Phi H\|_F^2 = \sum_{j=1}^k \sum_{a \in S_j} \|a - h_j\|^2,$$

因此只需要对每个 h_j 求最小即可. 设 $\bar{a}_j$ 是目前第 j 类所有点的均值，则

$$\sum_{a \in S_j} \|a - h_j\|^2 = \sum_{a \in S_j} \|a - \bar{a}_j + \bar{a}_j - h_j\|^2$$

$$= \sum_{a \in S_j} (\|a - \bar{a}_j\|^2 + \|\bar{a}_j - h_j\|^2 + 2\langle a - \bar{a}_j, \bar{a}_j - h_j \rangle)$$

$$= \sum_{a \in S_j} (\|a - \bar{a}_j\|^2 + \|\bar{a}_j - h_j\|^2),$$

这里利用了交叉项 $\sum_{a \in S_j} \langle a - \bar{a}_j, \bar{a}_j - h_j \rangle = 0$ 的事实. 因此容易看出, 此时 h_j 直接取为 $\bar{a}_j$ 即可达到最小值.

综上, 我们得到了针对聚类问题的分块坐标下降法, 它每一次迭代分为两步:

（1）固定参考点 H, 将每个样本点分到和其最接近的参考点代表的类中;

（2）固定聚类方式 $\varPhi$, 重新计算每个类所有点的均值并将其作为新的参考点.

这个过程恰好就是经典的 K-均值聚类算法, 因此可以得到结论: K-均值聚类算法本质上是一个分块坐标下降法.

3. 非负矩阵分解

非负矩阵分解问题 [148] 也可以使用分块坐标下降法求解. 现在考虑最基本的非负矩阵分解问题

$$\min_{X,Y \geqslant 0} \quad \frac{1}{2}\|XY - M\|_F^2. \tag{8.4.13}$$

它的一个等价形式为

$$\min_{X,Y} \quad \frac{1}{2}\|XY - M\|_F^2 + I_{\geqslant 0}(X) + I_{\geqslant 0}(Y), \tag{8.4.14}$$

其中 $I_{\geqslant 0}(\cdot)$ 为集合 $\{X \mid X \geqslant 0\}$ 的示性函数. 不难验证问题 (8.4.14) 具有形式 (8.4.1).

以下考虑求解方法. 注意到 X 和 Y 耦合在一起, 在固定 Y 的条件下, 我们无法直接按照格式 (8.4.3) 或格式 (8.4.4) 的形式给出子问题的显式解. 若要采用这两种格式需要额外设计算法求解子问题, 最终会产生较大计算量. 但我们总能使用格式 (8.4.5) 来对子问题进行线性化, 从而获得比较简单的更新格式. 令 $f(X,Y) = \frac{1}{2}\|XY - M\|_F^2$, 则

$$\frac{\partial f}{\partial X} = (XY - M)Y^{\mathrm{T}}, \quad \frac{\partial f}{\partial Y} = X^{\mathrm{T}}(XY - M). \tag{8.4.15}$$

注意到在格式 (8.4.5) 中, 当 $r_i(X)$ 为凸集示性函数时即是求解到该集合的投

影，因此得到分块坐标下降法如下：

$$X^{k+1} = \max\{X^k - t_k^x(X^kY^k - M)(Y^k)^{\mathrm{T}}, 0\},$$
$$Y^{k+1} = \max\{Y^k - t_k^y(X^k)^{\mathrm{T}}(X^kY^k - M), 0\},$$
(8.4.16)

其中 t_k^x, t_k^y 是步长，分别对应格式 (8.4.5) 中的 $\dfrac{1}{L_i^k}, i=1,2$.

4. 字典学习

第三章提到了字典学习问题 (3.9.1)，在实际中带关于变量 D 的罚函数的形式也很常见：

$$\min \quad \frac{1}{2n}\|DX - A\|_F^2 + \lambda\|X\|_1 + \frac{\mu}{2}\|D\|_F^2. \tag{8.4.17}$$

注意问题 (8.4.17) 和原问题 (3.9.1) 的区别是使用罚函数 $\dfrac{\mu}{2}\|D\|_F^2$ 代替 F 范数约束 $\|D\|_F \leqslant 1$，在一定条件下它们是等价的．现在我们考虑使用分块坐标下降法来求解问题 (8.4.17)．

优化问题 (8.4.17) 的变量总共有两块，当固定变量 D 时，考虑函数

$$f_D(X) = \frac{1}{2n}\|DX - A\|_F^2 + \lambda\|X\|_1.$$

注意到对 $f_D(X)$ 直接极小化是 n 个 LASSO 问题，无法求出显式解，为此我们可以使用格式 (8.4.5)．通过直接计算可得 $f_D(X)$ 中光滑部分的梯度为

$$G = \frac{1}{n}D^{\mathrm{T}}(DX - A),$$

因此格式 (8.4.5) 等价于

$$X^{k+1} = \mathrm{prox}_{t_k\lambda\|\cdot\|_1}\left(X^k - \frac{t_k}{n}(D^k)^{\mathrm{T}}(D^kX^k - A)\right),$$

其中 t_k 为步长．

当固定变量 X 时，考虑函数

$$f_X(D) = \frac{1}{2n}\|DX - A\|_F^2 + \frac{\mu}{2}\|D\|_F^2.$$

注意到对 $f_X(D)$ 直接极小化是 m 个岭回归问题，可求出显式解，所以我们可以使用格式 (8.4.3)．计算关于 D^{T} 的梯度为

$$\nabla_{D^{\mathrm{T}}}f_X(D) = \frac{1}{n}X(X^{\mathrm{T}}D^{\mathrm{T}} - A^{\mathrm{T}}) + \mu D^{\mathrm{T}},$$

令梯度为零向量，可得

$$D = AX^{\mathrm{T}}(XX^{\mathrm{T}} + n\mu I)^{-1}.$$

因为 $X \in \mathbb{R}^{k \times n}$，其中 $k \ll n$，所以 XX^T 是一个比较小的矩阵，可以方便地求出它的逆. 故格式 (8.4.3) 等价于

$$D^{k+1} = A(X^{k+1})^\mathrm{T}(X^{k+1}(X^{k+1})^\mathrm{T} + n\mu I)^{-1}.$$

若先更新 X 再更新 D，则最终可以得到如下的分块坐标下降法：

$$X^{k+1} = \mathrm{prox}_{t_k \lambda \|\cdot\|_1}\left(X^k - \frac{t_k}{n}(D^k)^\mathrm{T}(D^k X^k - A)\right), \tag{8.4.18}$$

$$D^{k+1} = A(X^{k+1})^\mathrm{T}(X^{k+1}(X^{k+1})^\mathrm{T} + n\mu I)^{-1}. \tag{8.4.19}$$

5. 最大割问题的非凸松弛

第四章提到最大割问题的半定松弛 (4.5.8)，在实际算法设计中也会考虑一种基于半定松弛的非凸松弛：

$$\begin{aligned}
\text{(半定松弛)} \quad &\min \quad \langle C, X \rangle, \\
&\text{s.t.} \quad X_{ii} = 1, i = 1, 2, \cdots, n, \\
&\qquad X \succeq 0; \\
\text{(非凸松弛)} \quad &\min \quad \langle C, V^\mathrm{T} V \rangle, \\
&\text{s.t.} \quad v_i \in \mathbb{R}^p, \|v_i\| = 1, i = 1, 2, \cdots, n, \\
&\qquad V = [v_1, v_2, \cdots, v_n].
\end{aligned} \tag{8.4.20}$$

比较两种松弛方式可知，非凸松弛通过引入分解 $X = V^\mathrm{T} V$ 并限制 V 的每一列的 ℓ_2 范数为 1，将半定松弛中的 X 对角线元素为 1 以及 X 半正定的约束消去了. 但这两个问题一般不等价，当 p 充分大时二者等价. 实际计算中通常选取一个较小的 p.

问题 (8.4.20) 中的非凸松弛有个自然的分块结构：矩阵 V 是按列分成 n 块的，因此可以用分块坐标下降法求解. 以格式 (8.4.3) 为例，取定 i，固定其余 $v_j, j \neq i$，我们只考虑目标函数和 v_i 相关的部分，因为目标函数为

$$\mathrm{Tr}\left(\begin{bmatrix} C_{11} & \cdots & C_{1i} & \cdots & C_{1n} \\ \vdots & & \vdots & & \vdots \\ C_{i1} & \cdots & C_{ii} & \cdots & C_{in} \\ \vdots & & \vdots & & \vdots \\ C_{n1} & \cdots & C_{ni} & \cdots & C_{nn} \end{bmatrix} \begin{bmatrix} v_1^\mathrm{T} v_1 & \cdots & v_1^\mathrm{T} v_i & \cdots & v_1^\mathrm{T} v_n \\ \vdots & & \vdots & & \vdots \\ v_i^\mathrm{T} v_1 & \cdots & v_i^\mathrm{T} v_i & \cdots & v_i^\mathrm{T} v_n \\ \vdots & & \vdots & & \vdots \\ v_n^\mathrm{T} v_1 & \cdots & v_n^\mathrm{T} v_i & \cdots & v_n^\mathrm{T} v_n \end{bmatrix}\right),$$

根据以上矩阵分块示意图可知与 v_i 有关的部分为

$$C_{ii} v_i^\mathrm{T} v_i + \sum_{j \neq i}(C_{ij} + C_{ji}) v_i^\mathrm{T} v_j.$$

注意到约束 $\|v_i\| = 1$，因此上式中的第一项是常数，可以忽略；同时最大割问题中的 C 是对称矩阵，因此 $C_{ij} = C_{ji}$. 结合以上两点，最终在第 i 步我们求解的子问题是：

$$\begin{aligned} \min \quad & f_i(v_i) = \Big(\sum_{j \neq i} C_{ji} v_j^{\mathrm{T}}\Big) v_i, \\ \text{s.t.} \quad & \|v_i\| = 1. \end{aligned} \tag{8.4.21}$$

根据柯西不等式，

$$\Big(\sum_{j \neq i} C_{ji} v_j^{\mathrm{T}}\Big) v_i \geqslant -\Big\|\sum_{j \neq i} C_{ji} v_j\Big\| \|v_i\| = -\Big\|\sum_{j \neq i} C_{ji} v_j\Big\|,$$

等号取到当且仅当

$$v_i = \frac{-\sum_{j \neq i} C_{ji} v_j}{\Big\|\sum_{j \neq i} C_{ji} v_j\Big\|}.$$

因此我们可得到求解最大割问题的分块坐标下降法，见算法 8.12.

算法 8.12 最大割问题的分块坐标下降法 [191]

1. 初始化 v_i 且使得 $\|v_i\| = 1$.
2. **while** 未达到收敛准则 **do**
3.   **for** $i = 1, 2, \cdots, n$ **do**
4.   计算 $b_i = \sum_{j \neq i} C_{ji} v_j$.
5.   更新 $v_i = -\dfrac{b_i}{\|b_i\|}$.
6.   **end for**
7. **end while**

同理为了增加算法的稳定性，也可考虑使用格式 (8.4.4) 来求解此问题，读者可自行推导相关算法.

*8.4.4 收敛性分析

本小节对格式 (8.4.5) 在 $s = 2$ 且非凸的情况下进行收敛性分析. 这一分析技术主要的工具是 Kurdyka-Łojasiewicz（在后面的分析中简记为 KL）性质. 感兴趣的读者可以参考文献 [24].

为了叙述简便，我们重新对问题 (8.4.1) 定义记号. 考虑问题

$$\min \quad \Psi(x, y) \stackrel{\text{def}}{=\!=} f(x) + g(y) + H(x, y), \quad (x, y) \in \mathbb{R}^n \times \mathbb{R}^m, \tag{8.4.22}$$

其中 f 和 g 为适当闭函数，H 为其定义域上的连续可微函数. 注意 f 和 g 不再是凸函数，这和上一小节的问题有所区别.

对问题 (8.4.22)，格式 (8.4.5) 化为如下基本形式（取 $\hat{g}_i^{k+1}$ 为 $\nabla_x H(x^k, y^k)$ 或 $\nabla_y H(x^k, y^k)$，$\hat{x}_i^k$ 为 x^k 或 y^k）：

$$x^{k+1} \in \text{prox}_{c_k f}(x^k - c_k \nabla_x H(x^k, y^k)), \tag{8.4.23}$$

$$y^{k+1} \in \text{prox}_{d_k g}(y^k - d_k \nabla_y H(x^{k+1}, y^k)). \tag{8.4.24}$$

其中 c_k, d_k 为步长参数，对应格式 (8.4.5) 中的 L_i^k，具体取法和函数 $\Psi(x,y)$ 本身的性质有关，在后面的讨论中会给出．格式 (8.4.23) (8.4.24) 与格式 (8.4.5) 有所区别，由于 f 和 g 不是凸函数，相应地 prox_f 和 prox_g 是集合函数，在迭代过程中只要求 x^{k+1} 和 y^{k+1} 是相应集合中的一个元素即可．为了保证 prox_f 和 prox_g 是良定义的，我们对 f 和 g 还需要提出下界有限的假设．

注 8.3 由于自变量只有两块，对光滑部分 H 我们采用的是线性化处理，因此格式 (8.4.23) (8.4.24) 又称为**近似点交替线性化方法**．当变量只有一块时，该方法退化成非凸情形的近似点梯度法，收敛性可类似地建立．

为了分析算法的收敛性，我们先给出目标问题 (8.4.22) 所要满足的一个假设．

假设 8.2 在问题 (8.4.22) 中，函数 f, g, H 满足：

（1）$f: \mathbb{R}^n \to (-\infty, +\infty]$，$g: \mathbb{R}^m \to (-\infty, +\infty]$ 均为适当下半连续函数，且 $\inf\limits_{\mathbb{R}^n \times \mathbb{R}^m} \Psi > -\infty$，$\inf\limits_{\mathbb{R}^n} f > -\infty$，以及 $\inf\limits_{\mathbb{R}^m} g > -\infty$；

（2）$H: \mathbb{R}^n \times \mathbb{R}^m \to \mathbb{R}$ 是连续可微函数，且 ∇H 在有界集上是联合利普希茨连续的，即对于任意的 $B_1 \times B_2 \subset \mathbb{R}^n \times \mathbb{R}^m$，存在 $L > 0$ 使得对于任意的 $(x_i, y_i) \in B_1 \times B_2, i = 1, 2$ 有

$$\begin{aligned}&\|(\nabla_x H(x_1, y_1) - \nabla_x H(x_2, y_2), \nabla_y H(x_1, y_1) - \nabla_y H(x_2, y_2))\| \\ &\leqslant L\|(x_1 - x_2, y_1 - y_2)\|.\end{aligned} \tag{8.4.25}$$

根据假设 8.2 中的（2），在有界集上 H 关于每个分量都是梯度 L-利普希茨连续的，且参数与另一分量无关，即

$$\|\nabla_x H(x_1, y) - \nabla_x H(x_2, y)\| \leqslant L\|x_1 - x_2\|,$$
$$\|\nabla_y H(x, y_1) - \nabla_y H(x, y_2)\| \leqslant L\|y_1 - y_2\|.$$

在假设 8.2 下，可以直接写出 $\Psi(x,y)$ 的次微分：

$$\partial \Psi(x,y) = (\nabla_x H(x,y) + \partial f(x), \nabla_y H(x,y) + \partial g(y)), \tag{8.4.26}$$

其中"+"表示集合间的加法．注意，这里的次微分应使用非凸函数的定义 5.3.

有了以上基本概念的铺垫，我们可以分析近似点交替线性化方法在问题 (8.4.22) 上的收敛性了. 分析过程主要分为三个步骤: 推导每一步迭代的函数值充分下降量, 证明子列的收敛性, 证明全序列的收敛性.

1. 充分下降

第一步是推导算法的充分下降量. 下面的引理揭示了近似点交替线性化方法每一步迭代的充分下降性, 它本质上是邻近算子的性质和梯度利普希茨连续函数性质的结合.

引理 8.1 设 $h: \mathbb{R}^d \to \mathbb{R}$ 是连续可微函数, 梯度 ∇h 是利普希茨连续的, 相应的常数为 L_h, $\sigma: \mathbb{R}^d \to (-\infty, +\infty]$ 是适当下半连续函数且 $\inf_{\mathbb{R}^d} \sigma > -\infty$. 固定 $t < \dfrac{1}{L_h}$, 则对任意的 $u \in \mathbf{dom}\,\sigma$ 和 $\tilde{u} \in \mathrm{prox}_{t\sigma}(u - t\nabla h(u))$, 有

$$h(\tilde{u}) + \sigma(\tilde{u}) \leqslant h(u) + \sigma(u) - \frac{1}{2}\left(\frac{1}{t} - L_h\right)\|\tilde{u} - u\|^2. \tag{8.4.27}$$

证明 首先根据 σ 的假设, $\tilde{u}$ 是良定义的. 根据 $\tilde{u}$ 的最优性, 有

$$\langle \tilde{u} - u, \nabla h(u) \rangle + \frac{1}{2t}\|\tilde{u} - u\|^2 + \sigma(\tilde{u}) \leqslant \sigma(u).$$

再结合二次上界 (2.2.3), 有

$$\begin{aligned}
h(\tilde{u}) + \sigma(\tilde{u}) &\leqslant h(u) + \langle \tilde{u} - u, \nabla h(u) \rangle + \frac{L_h}{2}\|\tilde{u} - u\|^2 + \sigma(\tilde{u}) \\
&\leqslant h(u) + \frac{L_h}{2}\|\tilde{u} - u\|^2 + \sigma(u) - \frac{1}{2t}\|\tilde{u} - u\|^2 \\
&= h(u) + \sigma(u) - \frac{1}{2}\left(\frac{1}{t} - L_h\right)\|\tilde{u} - u\|^2,
\end{aligned}$$

即可得到 (8.4.27) 式成立. □

在引理 8.1 的证明中没有利用 $t < \dfrac{1}{L_h}$ 这个条件, 这是因为 (8.4.27) 式对任意的 $t > 0$ 均成立. 要求 $t < \dfrac{1}{L_h}$ 是为了让每一步有充分的下降量, 从而使得近似点梯度迭代是一个下降算法.

利用以上引理可推导出近似点交替线性化方法的单步充分下降量. 在问题 (8.4.22) 中, 定义迭代点序列

$$z^k = (x^k, y^k), \quad \forall\, k \geqslant 0,$$

则对于序列 $\{z^k\}$ 我们有如下的充分下降定理:

定理 8.10 (充分下降) 在假设 8.2 的条件下, $\{z^k\}$ 为迭代格式 (8.4.23) (8.4.24) 产生的迭代序列, 且假设 $\{z^k\}$ 有界. 取步长 $c_k = d_k = \dfrac{1}{\gamma L}$, 其中 $\gamma > 1$ 是常数, L 为 ∇H 的利普希茨系数, 则以下结论成立:

（1）迭代点处的函数值序列 $\{\Psi(z^k)\}$ 是单调下降的，且

$$\frac{\rho_1}{2}\|z^{k+1}-z^k\|^2 \leqslant \Psi(z^k)-\Psi(z^{k+1}), \quad \forall k \geqslant 0, \tag{8.4.28}$$

其中 $\rho_1 = (\gamma-1)L$；

（2）序列 $\{\|z^{k+1}-z^k\|\}_{k=1}^{\infty}$ 平方可和，即

$$\sum_{k=1}^{\infty}(\|x^{k+1}-x^k\|^2+\|y^{k+1}-y^k\|^2) = \sum_{k=1}^{\infty}\|z^{k+1}-z^k\|^2 < +\infty, \tag{8.4.29}$$

并由此推出 $\lim_{k\to\infty}\|z^{k+1}-z^k\| = 0$.

证明　（1）根据假设 8.2 的（2），$H(x,y)$ 关于每个分量都是利普希茨连续的，由引理 8.1 可得到每一步关于 x^k 和 y^k 的下降量估计：

$$\begin{aligned}
&H(x^{k+1},y^k) + f(x^{k+1}) \\
&\leqslant H(x^k,y^k) + f(x^k) - \frac{1}{2}\left(\frac{1}{c_k}-L\right)\|x^{k+1}-x^k\|^2 \\
&= H(x^k,y^k) + f(x^k) - \frac{1}{2}(\gamma-1)L\|x^{k+1}-x^k\|^2,
\end{aligned}$$

以及

$$\begin{aligned}
&H(x^{k+1},y^{k+1}) + g(y^{k+1}) \\
&\leqslant H(x^{k+1},y^k) + g(y^k) - \frac{1}{2}\left(\frac{1}{d_k}-L\right)\|y^{k+1}-y^k\|^2 \\
&= H(x^{k+1},y^k) + g(y^k) - \frac{1}{2}(\gamma-1)L\|y^{k+1}-y^k\|^2.
\end{aligned}$$

将上述两个不等式相加，消去 $H(x^{k+1},y^k)$，得到

$$\begin{aligned}
&\Psi(z^k) - \Psi(z^{k+1}) \\
&= H(x^k,y^k) + f(x^k) + g(y^k) - H(x^{k+1},y^{k+1}) - f(x^{k+1}) - g(y^{k+1}) \\
&\geqslant \frac{1}{2}(\gamma-1)L(\|x^{k+1}-x^k\|^2+\|y^{k+1}-y^k\|^2).
\end{aligned} \tag{8.4.30}$$

由此立即可得

$$\frac{\rho_1}{2}\|z^{k+1}-z^k\|^2 \leqslant \Psi(z^k) - \Psi(z^{k+1}). \tag{8.4.31}$$

此外，容易得知迭代点处的函数值 $\{\Psi(z^k)\}$ 关于 k 是单调递减的．又根据假设 $\inf\Psi > -\infty$ 可知 $\Psi(z^k)$ 单调下降收敛到一个有限的数 Ψ^*.

（2）设 N 为任意的整数，在 (8.4.31) 式中对 k 求和，得

$$\sum_{k=0}^{N-1}\|z^{k+1}-z^k\|^2 \leqslant \frac{2}{\rho_1}(\Psi(z^0)-\Psi(z^N)) \leqslant \frac{2}{\rho_1}(\Psi(z^0)-\Psi^*).$$

令 $N \to \infty$ 即可得 $\sum_{k=0}^{\infty} \|z^{k+1} - z^k\|^2 < +\infty$, 从而

$$\lim_{k \to \infty} \|z^{k+1} - z^k\| = 0. \qquad \square$$

定理 8.10 表明进行一轮近似点交替线性化迭代后, 函数值下降量的下界可被相邻迭代点之间的距离控制. 几乎所有下降类的算法在一定条件下都会满足这个性质. 到此我们完成了算法收敛性分析的第一个步骤.

2. 次梯度上界

在上一步中我们证明了迭代点处的函数值 Ψ^k 最终会收敛到某个值, 但是这个值和局部最优解的关系还没有明确说明. 而序列 $\{z^k\}$ 的收敛性质在上面的定理中也没有体现. 在这一部分我们将讨论序列 $\{z^k\}$ 是否会趋于某个临界点, 这是收敛性框架中的第二个步骤.

引理 8.2 (次梯度上界) 在假设 8.2 的条件下, 设 $\{z^k\}$ 是由迭代格式 (8.4.23) (8.4.24) 产生的**有界序列**, 对任意的整数 k, 定义

$$A_x^k = \frac{1}{c_{k-1}}(x^{k-1} - x^k) + \nabla_x H(x^k, y^k) - \nabla_x H(x^{k-1}, y^{k-1}), \qquad (8.4.32)$$

以及

$$A_y^k = \frac{1}{d_{k-1}}(y^{k-1} - y^k) + \nabla_y H(x^k, y^k) - \nabla_y H(x^k, y^{k-1}), \qquad (8.4.33)$$

则有 $(A_x^k, A_y^k) \in \partial \Psi(x^k, y^k)$ 且

$$\|(A_x^k, A_y^k)\| \leqslant \|A_x^k\| + \|A_y^k\| \leqslant \rho_2 \|z^k - z^{k-1}\|, \qquad (8.4.34)$$

其中 $\rho_2 = (2\gamma + 3)L$, γ 和 L 的定义同定理 8.10.

证明 由迭代格式 (8.4.23), 当更新 x^k 时,

$$x^k = \underset{x \in \mathbb{R}^n}{\arg\min} \left\{ \langle x - x^{k-1}, \nabla_x H(x^{k-1}, y^{k-1}) \rangle + \frac{1}{2c_{k-1}} \|x - x^{k-1}\|^2 + f(x) \right\},$$

由一阶最优性条件可知

$$\nabla_x H(x^{k-1}, y^{k-1}) + \frac{1}{c_{k-1}}(x^k - x^{k-1}) + u^k = 0,$$

其中 $u^k \in \partial f(x^k)$ 为 f 的一个次梯度. 因此我们有

$$\nabla_x H(x^{k-1}, y^{k-1}) + u^k = \frac{1}{c_{k-1}}(x^{k-1} - x^k).$$

同理, 由迭代格式 (8.4.24) 可知关于 y^k 有

$$\nabla_y H(x^k, y^{k-1}) + v^k = \frac{1}{d_{k-1}}(y^{k-1} - y^k),$$

其中 $v^k \in \partial g(y^k)$ 为 g 的一个次梯度.

由 A_x^k, A_y^k 的定义和 $\partial \Psi$ 的表达式 (8.4.26) 可得

$$A_x^k = \nabla_x H(x^k, y^k) + u^k \in \partial_x \Psi(x^k, y^k),$$
$$A_y^k = \nabla_y H(x^k, y^k) + v^k \in \partial_y \Psi(x^k, y^k),$$

即有 $(A_x^k, A_y^k) \in \partial \Psi(x^k, y^k)$, 我们需要证明的第一个结论因此成立.

下面估计 A_x^k 和 A_y^k 的模长. 这里需要借助假设 8.2 的 (2), 即 ∇H 在有界集上关于 (x, y) 是联合利普希茨连续的. 因此对 $\|A_x^k\|$ 我们有

$$\|A_x^k\| \leqslant \frac{1}{c_{k-1}} \|x^{k-1} - x^k\| + \|\nabla_x H(x^k, y^k) - \nabla_x H(x^{k-1}, y^{k-1})\|$$
$$\leqslant \frac{1}{c_{k-1}} \|x^{k-1} - x^k\| + L(\|x^{k-1} - x^k\| + \|y^{k-1} - y^k\|)$$
$$= \left(L + \frac{1}{c_{k-1}}\right) \|x^{k-1} - x^k\| + L\|y^{k-1} - y^k\|$$
$$= (\gamma + 1)L\|x^{k-1} - x^k\| + L\|y^{k-1} - y^k\|$$
$$\leqslant (\gamma + 2)L\|z^{k-1} - z^k\|,$$

其中, 第二个不等式是根据 ∇H 的利普希茨连续性, 最后一个不等式是将 $\|x^{k-1} - x^k\|$ 和 $\|y^{k-1} - y^k\|$ 统一放大为 $\|z^{k-1} - z^k\|$.

另一方面, 对 $\|A_y^k\|$ 的估计只需要用到 ∇H 关于 y 的利普希茨连续性:

$$\|A_y^k\| \leqslant \frac{1}{d_{k-1}} \|y^k - y^{k-1}\| + \|\nabla_y H(x^k, y^k) - \nabla_y H(x^k, y^{k-1})\|$$
$$\leqslant \frac{1}{d_{k-1}} \|y^k - y^{k-1}\| + L\|y^k - y^{k-1}\|$$
$$= \left(\frac{1}{d_{k-1}} + L\right) \|y^k - y^{k-1}\|$$
$$\leqslant (\gamma + 1)L\|z^k - z^{k-1}\|.$$

结合这两个估计我们最终得到

$$\|(A_x^k, A_y^k)\| \leqslant \|A_x^k\| + \|A_y^k\| \leqslant (2\gamma + 3)L\|z^k - z^{k-1}\| = \rho_2 \|z^k - z^{k-1}\|. \quad \square$$

从以上分析知道, 随着迭代的进行, $\partial \Psi(z^k)$ 将会包含一个模长不断趋于 0 的向量, 这暗示着某种收敛性. 在迭代序列 $\{z^k\}$ 是有界的这一假设下, 由于有界序列一定有收敛的子列, 因此猜想 $\{z^k\}$ 的极限点应该与 Ψ 的临界点有一定的关系. 实际上, 我们有如下引理:

引理 8.3 (极限点集的性质) 定义 $\omega(z^0)$ 为近似点交替线性化方法从点 z^0 出发产生迭代序列的所有极限点集, 且 $\{z^k\}$ 是有界序列, 则以下结论成立:

（1）$\emptyset \neq \omega(z^0) \subset \text{crit}\,\Psi$，其中 $\text{crit}\,\Psi$ 定义为 Ψ 所有的临界点；

（2）z^k 与集合 $\omega(z^0)$ 的距离趋于 0，即

$$\lim_{k \to \infty} \text{dist}(z^k, \omega(z^0)) = 0; \tag{8.4.35}$$

（3）$\omega(z^0)$ 是非空的连通紧集；

（4）Ψ 在 $\omega(z^0)$ 上是一个有限的常数.

引理 8.3 的证明比较繁琐，读者可在 [24] 中找到严格的证明. 该引理表明从点 z^0 出发产生的点列 $\{z^k\}$ 的极限点都是 Ψ 的临界点（次梯度集含有零向量）. 至此我们已经得到了迭代序列 $\{z^k\}$ 的子列收敛性，这至少保证了算法在迭代过程中与临界点越来越接近. 一个自然的问题就是：$\{z^k\}$ 全序列在何种条件下收敛？这就要进入理论分析的第三个步骤：利用函数的 KL 性质.

3. 利用 KL 性质证明全序列收敛

证明 $\{z^k\}$ 的全序列收敛性需要引入与 KL 性质相关的一些定义和概念. 为了记号方便，给定实数 $\alpha \leqslant \beta$，定义 $[\alpha, \beta]$ 关于函数 σ 的原像为

$$[\alpha \leqslant \sigma \leqslant \beta] = \{x \in \mathbb{R}^d \,|\, \alpha \leqslant \sigma(x) \leqslant \beta\}.$$

可类似地定义 $[\alpha < \sigma < \beta]$. 接下来引入 Φ_η 函数类的概念.

定义 8.5 (Φ_η 函数类) 定义 Φ_η 是凹连续函数 $\varphi: [0, \eta) \to \mathbb{R}_+$ 的集合且满足如下条件：

（1）$\varphi(0) = 0$；

（2）φ 在 $(0, \eta)$ 内连续可微，在点 0 处连续；

（3）对任意的 $s \in (0, \eta)$，都有 $\varphi'(s) > 0$.

根据上面的定义我们可引入 KL 性质.

定义 8.6 (Kurdyka-Łojasiewicz (KL) 性质) 设 $\sigma: \mathbb{R}^d \to (-\infty, +\infty]$ 是适当下半连续函数.

（1）称函数 σ 在给定点 $\bar{u} \in \mathbf{dom}\,\partial\sigma \stackrel{\text{def}}{=} \{u \,|\, \partial\sigma(u) \neq \emptyset\}$ 处具有 **KL 性质**，若存在 $\eta \in (0, +\infty]$ 和 $\bar{u}$ 的一个邻域 U 以及函数 $\varphi \in \Phi_\eta$，使得

$$\forall u \in U \cap [\sigma(\bar{u}) < \sigma < \sigma(\bar{u}) + \eta],$$

以下不等式成立：

$$\varphi'(\sigma(u) - \sigma(\bar{u})) \cdot \text{dist}(0, \partial\sigma(u)) \geqslant 1,$$

其中 $\text{dist}(x, S)$ 表示点 x 到集合 S 的距离.

（2）若 σ 在 $\mathbf{dom}\,\partial\sigma$ 上处处满足 KL 性质，则称 σ 是一个 **KL 函数**.

一大类函数都具有 KL 性质，该性质刻画了函数本身在给定点 $\bar{u}$ 处的某种行为．显然，如果点 $\bar{u}$ 不是函数 σ 的临界点，那么 KL 性质在点 $\bar{u}$ 处自然成立．因此 KL 性质成立的不平凡情形是 $\bar{u}$ 是 σ 的临界点，即 $0 \in \partial \sigma(\bar{u})$．在这种情况下 KL 性质保证了"函数 σ 可被锐化"．直观上来说，令

$$\tilde{\varphi}(u) = \varphi(\sigma(u) - \sigma(\bar{u})),$$

KL 性质在某种条件下可以改写成

$$\mathrm{dist}(0, \partial \tilde{\varphi}(u)) \geqslant 1,$$

其中 u 的取法需要保证 $\sigma(u) > \sigma(\bar{u})$．以上性质表明，无论 u 多么接近临界点 $\bar{u}$，函数 $\tilde{\varphi}(u)$ 的次梯度的模长均大于 1．所以 KL 性质也被称为是函数 σ 在**重参数化子** φ 下的一个**锐化**，这种几何性质在分析一阶算法的收敛性时起到关键的作用．

由于非凸问题有多个临界点，有时单个点 $\bar{u}$ 处的 KL 性质是不够的，我们需要引入一致 KL 性质．

引理 8.4 (一致 KL 性质) 设 Ω 是紧集，$\sigma: \mathbb{R}^d \to (-\infty, +\infty]$ 是适当下半连续函数，在 Ω 上为常数且在 Ω 的每个点处都满足 KL 性质，则存在 $\varepsilon > 0, \eta > 0, \varphi \in \Phi_\eta$，使得对任意 $\bar{u} \in \Omega$ 和所有如下集合中的 u：

$$\{u \in \mathbb{R}^d | \mathrm{dist}(u, \Omega) < \varepsilon\} \cap [\sigma(\bar{u}) < \sigma < \sigma(\bar{u}) + \eta],$$

有

$$\varphi'(\sigma(u) - \sigma(\bar{u})) \mathrm{dist}(0, \partial \sigma(u)) \geqslant 1.$$

证明 因为 $\mathbb{R}^d$ 上的紧集可以由有限多个开集覆盖，因此该问题可在有限个点上进行讨论．设 μ 是 σ 在 Ω 上的取值．由于 Ω 是紧集，根据有限覆盖定理，存在有限多个开球 $B(u_i, \varepsilon_i)$（其中 $u_i \in \Omega, i = 1, 2, \cdots, p$）使得 $\Omega \subset \bigcup_{i=1}^{p} B(u_i, \varepsilon_i)$．

现在考虑这些点 u_i．在点 u_i 处 KL 性质成立，设 $\varphi_i: [0, \eta_i) \to \mathbb{R}_+$ 是对应的重参数化子，则对任意的 $u \in B(u_i, \varepsilon_i) \cap [\mu < \sigma < \mu + \eta_i]$，有逐点的 KL 性质：

$$\varphi_i'(\sigma(u) - \mu) \mathrm{dist}(0, \partial \sigma(u)) \geqslant 1. \tag{8.4.36}$$

取充分小的 $\varepsilon > 0$ 使得

$$U_\varepsilon \stackrel{\mathrm{def}}{=\!=} \{u \in \mathbb{R}^d | \mathrm{dist}(u, \Omega) \leqslant \varepsilon\} \subset \bigcup_{i=1}^{p} B(u_i, \varepsilon_i).$$

取 $\eta = \min_i \eta_i$,以及
$$\varphi(s) = \int_0^s \max_i \varphi_i'(t)\mathrm{d}t, \quad s \in [0,\eta).$$
容易验证 $\varphi \in \Phi_\eta$.

对任意的 $u \in U_\varepsilon \cap [\mu < \sigma < \mu + \eta]$,$u$ 必定落在某个球 $B(u_{i_0}, \varepsilon_{i_0})$ 中,我们有
$$\varphi'(\sigma(u) - \mu)\mathrm{dist}(0, \partial\sigma(u)) = \max_i \varphi_i'(\sigma(u) - \mu)\mathrm{dist}(0, \partial\sigma(u))$$
$$\geqslant \varphi_{i_0}'(\sigma(u) - \mu)\mathrm{dist}(0, \partial\sigma(u)) \geqslant 1,$$
即一致 KL 性质成立. □

注意,该引理和普通 KL 性质的区别是 φ,η 的取法对 $\bar{u}$ 是一致的,不再依赖于 $\bar{u}$ 的具体位置. 同时 u 选择的范围也相应地扩大了. 有了上面的准备工作,我们可以利用 KL 性质证明 $\{z^k\}$ 的全序列收敛性.

定理 8.11 (有限长度性质) 设 Ψ 是 KL 函数,且满足假设 8.2,$\{z^k\}$ 是有界序列,则以下结论成立:

(1) 序列 $\{z^k\}$ 的长度有限,即
$$\sum_{k=1}^{\infty} \|z^{k+1} - z^k\| < +\infty; \tag{8.4.37}$$

(2) 序列 $\{z^k\}$ 收敛到 Ψ 的一个临界点 $z^* = (x^*, y^*)$.

证明 由于 $\{z^k\}$ 是有界序列,存在收敛子列 $\{z^{k_q}\} \to \bar{z}, q \to \infty$. 和之前的推导类似,不管全序列 $\{z^k\}$ 收敛性如何,对应的函数值列 $\{\Psi(z^k)\}$ 总是收敛的,且
$$\lim_{k \to \infty} \Psi(z^k) = \Psi(\bar{z}). \tag{8.4.38}$$
以下不妨设 $\Psi(\bar{z}) < \Psi(z^k), \forall k \in \mathbb{N}$. 这是因为若存在 $\bar{k}$ 使得 $\Psi(z^{\bar{k}}) = \Psi(\bar{z})$,由充分下降性 (8.4.28) 可知 $z^{k+1} = z^k$,进而有 $z^k = z^{\bar{k}}, \forall k > \bar{k}$. 结论自然成立.

由极限 (8.4.38) 和极限点集 $\omega(z^0)$ 的性质 (8.4.35),可知对任意的 $\varepsilon, \eta > 0$,存在充分大的正整数 l,使得对任意的 $k > l$,
$$\Psi(z^k) < \Psi(\bar{z}) + \eta, \quad \mathrm{dist}(z^k, \omega(z^0)) < \varepsilon.$$

以上的分析说明当 k 充分大时,迭代点序列最终会满足一致 KL 性质的前提. 下面就在这个结论下分别证明定理 8.11 的两个结论.

(1) 根据临界点的性质,$\omega(z^0)$ 是非空紧集,且 Ψ 在 $\omega(z^0)$ 上是常数. 在引理 8.4 中令 $\Omega = \omega(z^0)$,对任意的 $k > l$,
$$\varphi'(\Psi(z^k) - \Psi(\bar{z}))\mathrm{dist}(0, \partial\Psi(z^k)) \geqslant 1. \tag{8.4.39}$$

根据引理 8.2 可知

$$\mathrm{dist}(0,\partial\Psi(z^k)) \leqslant \|(A_x^k, A_y^k)\| \leqslant \rho_2\|z^k - z^{k-1}\|.$$

代入 KL 性质有

$$\varphi'(\Psi(z^k) - \Psi(\bar{z})) \geqslant \frac{1}{\rho_2}\|z^k - z^{k-1}\|^{-1}. \tag{8.4.40}$$

另外，由 φ 的凹性，有

$$\begin{aligned}&\varphi(\Psi(z^k) - \Psi(\bar{z})) - \varphi(\Psi(z^{k+1}) - \Psi(\bar{z})) \\ &\geqslant \varphi'(\Psi(z^k) - \Psi(\bar{z}))(\Psi(z^k) - \Psi(z^{k+1})).\end{aligned} \tag{8.4.41}$$

为了表示方便，定义

$$\Delta_{p,q} = \varphi(\Psi(z^p) - \Psi(\bar{z})) - \varphi(\Psi(z^q) - \Psi(\bar{z})),$$

其中 p, q 为任意正整数. 定义常数

$$C = \frac{2\rho_2}{\rho_1} > 0.$$

根据不等式 (8.4.41)，并使用 (8.4.40) 式和定理 8.10 分别估计不等号右边的两项，有

$$\begin{aligned}\Delta_{k,k+1} &\geqslant \varphi'(\Psi(z^k) - \Psi(\bar{z}))(\Psi(z^k) - \Psi(z^{k+1})) \\ &\geqslant \frac{1}{\rho_2}\|z^k - z^{k-1}\|^{-1} \cdot \frac{\rho_1}{2}\|z^{k+1} - z^k\|^2 \\ &= \frac{\|z^{k+1} - z^k\|^2}{C\|z^k - z^{k-1}\|},\end{aligned} \tag{8.4.42}$$

等价于

$$\|z^{k+1} - z^k\| \leqslant \sqrt{C\Delta_{k,k+1}\|z^k - z^{k-1}\|}.$$

根据基本不等式 $2\sqrt{ab} \leqslant a + b, \forall a, b > 0$，我们取 $a = \|z^k - z^{k-1}\|, b = C\Delta_{k,k+1}$，则

$$2\|z^{k+1} - z^k\| \leqslant \|z^k - z^{k-1}\| + C\Delta_{k,k+1}. \tag{8.4.43}$$

对任意的 $k > l$，在 (8.4.43) 式中把 k 换成 i，并对 $i = l+1, l+2, \cdots, k$ 求和，得

$$\begin{aligned}2\sum_{i=l+1}^{k}\|z^{i+1} - z^i\| &\leqslant \sum_{i=l+1}^{k}\|z^i - z^{i-1}\| + C\sum_{i=l+1}^{k}\Delta_{i,i+1} \\ &\leqslant \sum_{i=l+1}^{k}\|z^{i+1} - z^i\| + \|z^{l+1} - z^l\| + C\Delta_{l+1,k+1}.\end{aligned}$$

最后一个不等式是因为 $\Delta_{p,q} + \Delta_{q,r} = \Delta_{p,r}$.

注意到上式不等号右边刚好可以和左边部分抵消，我们有

$$\sum_{i=l+1}^{k} \|z^{i+1} - z^i\|$$
$$\leqslant \|z^{l+1} - z^l\| + C\left(\varphi(\Psi(z^{l+1}) - \Psi(\bar{z})) - \varphi(\Psi(z^{k+1}) - \Psi(\bar{z}))\right)$$
$$\leqslant \|z^{l+1} - z^l\| + C\varphi(\Psi(z^{l+1}) - \Psi(\bar{z})).$$

不等式右边是有界的数且与 k 无关，由级数收敛的定义立即可得

$$\sum_{k=1}^{\infty} \|z^{k+1} - z^k\| < +\infty.$$

（2）在 (8.4.37) 式的前提下 $\{z^k\}$ 全序列收敛是显然的. 这等价于证明 $\{z^k\}$ 是柯西列. 对任意的 $q > p > l$,

$$z^q - z^p = \sum_{k=p}^{q-1} (z^{k+1} - z^k),$$

根据三角不等式，

$$\|z^q - z^p\| = \left\|\sum_{k=p}^{q-1} (z^{k+1} - z^k)\right\| \leqslant \sum_{k=p}^{q-1} \|z^{k+1} - z^k\|,$$

而 $\|z^{k+1} - z^k\|$ 的可和性意味着 $\sum_{k=l+1}^{\infty} \|z^{k+1} - z^k\|$ 趋于零. 因此 $\{z^k\}$ 是一个柯西列，算法产生的迭代序列有全序列收敛性. □

定理 8.11 的（1）有别于定理 8.10 的（2）：后者只得到了 $\|z^{k+1} - z^k\|$ 平方可和的结论，而前者则说明从 z^0 出发，迭代序列的轨迹长度是有限的. 这个结论显然比定理 8.10 中的要强，也是推导全序列收敛的关键.

4. 一般问题的收敛性分析框架

总结以上三个步骤，我们实际上建立了一大类非凸问题优化算法的收敛性分析框架. 给定函数 $\Psi: \mathbb{R}^d \to (-\infty, +\infty]$ 为适当下半连续函数，考虑极小化问题

$$\min_{z \in \mathbb{R}^d} \Psi(z).$$

对任意的一般性算法 $\mathcal{A}$，假定算法 $\mathcal{A}$ 以如下方式产生迭代序列 $\{z^k\}_{k \in \mathbb{N}}$：

$$z^0 \in \mathbb{R}^d, \quad z^{k+1} = \mathcal{A}(z^k), \quad k = 0, 1, \cdots.$$

我们的最终目标是要证明算法 $\mathcal{A}$ 产生的**全序列**收敛到 Ψ 的一个稳定点. 注意，在一般的分析框架下能比较容易地得到序列 $\{z^k\}$ 的子列收敛性，若函数满足 KL 性质，则可以得到迭代序列的全序列收敛性.

我们采用了如下步骤来证明该算法的收敛性:

(1) **充分下降**: 算法 $\mathcal{A}$ 本质上是一个下降算法, 且每一步的下降量有一个下界估计:

$$\rho_1 \|z^{k+1} - z^k\|^2 \leqslant \Psi(z^k) - \Psi(z^{k+1}), \quad k = 0, 1, \cdots,$$

其中 ρ_1 是与迭代次数 k 无关的常数.

(2) **每次迭代时次梯度的上界**: 假设算法 $\mathcal{A}$ 的迭代序列有界, 则在这一步需要找到另一个常数 ρ_2 使得次梯度有一个上界估计:

$$\|w^{k+1}\| \leqslant \rho_2 \|z^{k+1} - z^k\|, \quad w^k \in \partial \Psi(z^k), \quad k = 0, 1, \cdots.$$

(3) **应用 KL 性质**: 假设 Ψ 是一个 KL 函数, 且迭代序列 $\{z^k\}$ 有界, 证明 $\{z^k\}$ 是一个柯西列.

前两个步骤是证明多数算法的基本步骤, 当这两个性质成立时, 对任意的算法 $\mathcal{A}$ 产生的迭代序列的聚点集合都为非空连通紧集, 且这些聚点都是 Ψ 的临界点. 此外, 前两个性质的成立依赖于算法本身的理论性质, 而 KL 性质本质上是函数自身的性质, 不依赖算法 $\mathcal{A}$ 的结构. 因此第三步是推导全序列收敛的关键.

8.5 对偶算法

对于复合优化问题, 许多实际问题的原始问题有时候比较难以处理, 这时候一个非常重要的技巧是考虑它的对偶问题. 本节将讲解两种算法: 一种是把前面提到的算法应用到对偶问题上, 例如对偶近似点梯度法; 另一种是同时把原始问题和对偶问题结合起来考虑, 例如原始-对偶混合梯度类的算法. 我们将看到这两种算法的思想将极大地丰富求解问题的手段. 为了方便起见, 这一节主要考虑如下形式的问题:

$$(\mathrm{P}) \quad \min_{x \in \mathbb{R}^n} \ \psi(x) = f(x) + h(Ax), \tag{8.5.1}$$

其中 f, h 都是闭凸函数, $A \in \mathbb{R}^{m \times n}$ 为实数矩阵. 通过引入约束 $y = Ax$, 可以写出与问题 (8.5.1) 等价的约束优化问题:

$$\begin{aligned} \min \quad & f(x) + h(y), \\ \text{s.t.} \quad & y = Ax. \end{aligned} \tag{8.5.2}$$

对约束 $y = Ax$ 引入乘子 z，得到拉格朗日函数

$$L(x,y,z) = f(x) + h(y) - z^T(y - Ax)$$
$$= (f(x) + (A^Tz)^Tx) + (h(y) - z^Ty).$$

利用共轭函数的定义 (2.6.1)，可计算拉格朗日对偶问题为

$$(D) \quad \max_z \quad \phi(z) = -f^*(-A^Tz) - h^*(z). \tag{8.5.3}$$

特别值得注意的是，本章讲解的算法不局限于求解上述形式的问题，在学习过程中注意灵活推广到求解其他形式的问题.

8.5.1 对偶近似点梯度法

在实际应用中，我们会发现许多时候对偶问题的求解会比原始问题的求解容易很多，这时候可以把之前讲过的各种算法，例如梯度下降算法、近似点梯度算法、增广拉格朗日函数法等，应用到对偶问题上. 本小节我们将近似点梯度算法应用到对偶问题上，得到对偶近似点梯度法，还将讨论与其等价的、针对原始问题设计的算法.

对偶问题 (8.5.3) 是无约束的复合优化形式，因此可以考虑第 8.1 节的近似点梯度算法. 要使用该算法，首先要解决的问题是对偶问题的目标函数 $\phi(z)$ 是否是"可微函数 + 凸函数"的复合形式. 如果假设原始问题中 $f(x)$ 是闭的强凸函数（强凸参数为 μ），下面的引理说明其共轭函数是定义在全空间 $\mathbb{R}^n$ 上的梯度利普希茨连续函数：

引理 8.5 (强凸函数共轭函数的性质) 设 $f(x)$ 是适当且闭的强凸函数，其强凸参数为 $\mu > 0$，$f^*(y)$ 是 $f(x)$ 的共轭函数，则 $f^*(y)$ 在全空间 $\mathbb{R}^n$ 上有定义，且 $f^*(y)$ 是梯度 $\dfrac{1}{\mu}$-利普希茨连续的可微函数.

证明 显然对任意的 $y \in \mathbb{R}^n$，函数 $f(x) - x^Ty$ 是强凸函数，根据定理 8.1 的证明过程立即知道对任意的 $y \in \mathbb{R}^n$，存在唯一的 $x \in \mathbf{dom} f$，使得 $f^*(y) = x^Ty - f(x)$. 根据凸优化问题的一阶最优性条件可知

$$y \in \partial f(x) \Leftrightarrow f^*(y) = x^Ty - f(x).$$

此外根据定理 2.15 可知 $f(x)$ 的二次共轭为其本身，于是对同一组 x,y 我们有

$$x^Ty - f^*(y) = f(x) = f^{**}(x) = \sup_y \{x^Ty - f^*(y)\}.$$

这说明 y 也使得 $x^Ty - f^*(y)$ 取到最大值. 根据一阶最优性条件，

$$x \in \partial f^*(y).$$

再根据 x 的唯一性容易推出 $\partial f^*(y)$ 中只含一个元素,故 $f^*(y)$ 可微.

下证其为梯度 $\dfrac{1}{\mu}$-利普希茨连续的. 对任意的 y_1, y_2,存在唯一的 $x_1, x_2 \in \mathbf{dom}\, f$ 使得
$$y_1 \in \partial f(x_1), \quad y_2 \in \partial f(x_2).$$
根据次梯度性质以及 $f(x) - \dfrac{\mu}{2}\|x\|^2$ 是凸函数,
$$f(x_2) - \frac{\mu}{2}\|x_2\|^2 \geqslant f(x_1) - \frac{\mu}{2}\|x_1\|^2 + (y_1 - \mu x_1)^{\mathrm{T}}(x_2 - x_1),$$
$$f(x_1) - \frac{\mu}{2}\|x_1\|^2 \geqslant f(x_2) - \frac{\mu}{2}\|x_2\|^2 + (y_2 - \mu x_2)^{\mathrm{T}}(x_1 - x_2),$$
将上述两式相加得
$$(y_1 - y_2)^{\mathrm{T}}(x_1 - x_2) \geqslant \mu \|x_1 - x_2\|^2.$$
根据 x 和 y 的关系我们有 $x_1 = \nabla f^*(y_1), x_2 = \nabla f^*(y_2)$,代入上式可得
$$(y_1 - y_2)^{\mathrm{T}}(\nabla f^*(y_1) - \nabla f^*(y_2)) \geqslant \mu \|\nabla f^*(y_1) - \nabla f^*(y_2)\|^2.$$
注意到这正是 $\nabla f^*(y)$ 的余强制性,根据引理 6.1 可知 $\nabla f^*(y)$ 是 $\dfrac{1}{\mu}$-利普希茨连续的. □

经过上面的推导,我们知道 ∇f^* 是利普希茨连续函数,因此在对偶问题 (8.5.3) 中 $f^*(-A^{\mathrm{T}}z)$ 是梯度 $\dfrac{1}{\mu}\|A\|_2^2$-利普希茨连续的函数,这是因为对于任意的 z_1, z_2,有
$$\|A\nabla f^*(-A^{\mathrm{T}}z_1) - A\nabla f^*(-A^{\mathrm{T}}z_2)\| \leqslant \frac{1}{\mu}\|A\|_2 \|A^{\mathrm{T}}(z_1 - z_2)\|$$
$$\leqslant \frac{\|A\|_2^2}{\mu}\|z_1 - z_2\|.$$

考虑在对偶问题上应用近似点梯度算法,每次迭代更新如下:
$$z^{k+1} = \mathrm{prox}_{th^*}(z^k + tA\nabla f^*(-A^{\mathrm{T}}z^k)), \tag{8.5.4}$$

这里注意对偶问题是取最大值,因此邻近算子内部应该取上升方向. 引入变量 $x^{k+1} = \nabla f^*(-A^{\mathrm{T}}z^k)$,利用共轭函数的性质得 $-A^{\mathrm{T}}z^k \in \partial f(x^{k+1})$. 因此迭代格式 (8.5.4) 等价于
$$\begin{aligned} x^{k+1} &= \underset{x}{\arg\min}\{f(x) + (A^{\mathrm{T}}z^k)^{\mathrm{T}}x\}, \\ z^{k+1} &= \mathrm{prox}_{th^*}(z^k + tAx^{k+1}). \end{aligned} \tag{8.5.5}$$

迭代格式 (8.5.5) 仅仅将计算 $\nabla f^*(-A^\mathrm{T} z^k)$ 化成了一个共轭函数的求解问题，本质上和迭代格式 (8.5.4) 是一样的．但下面的分析会提供另一种角度来理解对偶近似点梯度法．

我们先引入有关邻近算子和共轭函数的一个重要性质：Moreau 分解．

引理 8.6 (Moreau 分解) 设 f 是定义在 $\mathbb{R}^n$ 上的适当的闭凸函数，则对任意的 $x \in \mathbb{R}^n$，
$$x = \mathrm{prox}_f(x) + \mathrm{prox}_{f^*}(x); \tag{8.5.6}$$
或更一般地，
$$x = \mathrm{prox}_{\lambda f}(x) + \lambda \mathrm{prox}_{\lambda^{-1} f^*}\left(\frac{x}{\lambda}\right), \tag{8.5.7}$$
其中 $\lambda > 0$ 为任意正实数．

引理 8.6 的证明并不复杂，主要思路和引理 8.5 完全相同，细节留给读者完成．Moreau 分解的结论非常漂亮，它表明：对任意的闭凸函数 f，空间 $\mathbb{R}^n$ 上的恒等映射总可以分解成两个函数 f 与 f^* 邻近算子的和．根据 Moreau 分解的一般形式（取 $\lambda = t, f = h^*$，并注意到 $h^{**} = h$），我们有
$$\begin{aligned} z^k + tAx^{k+1} &= \mathrm{prox}_{th^*}(z^k + tAx^{k+1}) + t\mathrm{prox}_{t^{-1}h}\left(\frac{z^k}{t} + Ax^{k+1}\right) \\ &= z^{k+1} + t\mathrm{prox}_{t^{-1}h}\left(\frac{z^k}{t} + Ax^{k+1}\right), \end{aligned}$$

由此给出对偶近似点梯度法等价的针对原始问题的更新格式：
$$\begin{aligned} x^{k+1} &= \operatorname*{argmin}_x\{f(x) + (z^k)^\mathrm{T} Ax\}, \\ y^{k+1} &= \mathrm{prox}_{t^{-1}h}\left(\frac{z^k}{t} + Ax^{k+1}\right) \\ &= \operatorname*{argmin}_y\left\{h(y) - (z^k)^\mathrm{T}(y - Ax^{k+1}) + \frac{t}{2}\|Ax^{k+1} - y\|_2^2\right\}, \\ z^{k+1} &= z^k + t(Ax^{k+1} - y^{k+1}). \end{aligned} \tag{8.5.8}$$

如果我们写出约束优化问题 (8.5.2) 的拉格朗日函数和增广拉格朗日函数
$$\begin{aligned} L(x,y,z) &= f(x) + h(y) - z^\mathrm{T}(y - Ax), \\ L_t(x,y,z) &= f(x) + h(y) - z^\mathrm{T}(y - Ax) + \frac{t}{2}\|y - Ax\|^2, \end{aligned}$$
则迭代格式 (8.5.8) 可以等价地写为
$$\begin{aligned} x^{k+1} &= \operatorname*{argmin}_x L(x, y^k, z^k), \\ y^{k+1} &= \operatorname*{argmin}_y L_t(x^{k+1}, y, z^k), \\ z^{k+1} &= z^k + t(Ax^{k+1} - y^{k+1}). \end{aligned} \tag{8.5.9}$$

迭代格式 (8.5.9) 又称为**交替极小化方法**：第一步迭代为在拉格朗日函数中关于 x 求极小，第二步迭代为在增广拉格朗日函数中关于 y 求极小，第三步迭代为更新拉格朗日乘子．交替极小化方法与下一节介绍的交替方向乘子法有非常相似的结构．上面的分析表明，对偶近似点梯度法等价于对原始问题 (8.5.2) 使用交替极小化方法．若 f 可分，可将 x 的求解划分成几个独立的子问题求解；在 z 的更新中，步长 t 可以为常数，或者由线搜索决定．在上述更新框架下，还可以考虑引入加速版本的近似点梯度算法．

下面我们给出四个例子来说明如何拆分和使用对偶近似点梯度算法．

例 8.15 (正则化范数近似) 假设 f 是强凸函数，考虑

$$\min\quad f(x) + \|Ax - b\|,$$

其中 $\|\cdot\|$ 是任意一种范数．对应原始问题 (8.5.1)，有 $h(y) = \|y - b\|$，可计算出 $h(y)$ 的共轭函数为

$$h^*(z) = \begin{cases} b^\mathrm{T} z, & \|z\|_* \leqslant 1, \\ +\infty, & \text{其他}, \end{cases}$$

其中 $\|\cdot\|_*$ 表示 $\|\cdot\|$ 的对偶范数．从而对偶问题为

$$\max_{\|z\|_* \leqslant 1}\quad -f^*(-A^\mathrm{T} z) - b^\mathrm{T} z,$$

应用对偶近似点梯度法，更新如下：

$$x^{k+1} = \underset{x}{\arg\min}\{f(x) + (A^\mathrm{T} z^k)^\mathrm{T} x\},$$
$$z^{k+1} = \mathcal{P}_{\|z\|_* \leqslant 1}(z^k + t(Ax^{k+1} - b)).$$

例 8.16 假设 f 是强凸函数，考虑

$$\min\quad f(x) + \sum_{i=1}^{p} \|B_i x\|_2,$$

即 $h(y_1, y_2, \cdots, y_p) = \sum_{i=1}^{p} \|y_i\|_2$，且

$$A = [B_1^\mathrm{T}\quad B_1^\mathrm{T}\quad \cdots\quad B_p^\mathrm{T}]^\mathrm{T}.$$

假定 $B_i \in \mathbb{R}^{m_i \times n}$，记 C_i 是 $\mathbb{R}^{m_i}$ 中的单位欧几里得球，根据 $\|\cdot\|_2$ 的共轭函数定义，对偶问题形式如下：

$$\max_{\|z_i\|_2 \leqslant 1}\quad -f^*\left(-\sum_{i=1}^{p} B_i^\mathrm{T} z_i\right),$$

从而对偶近似点梯度法更新如下：

$$x^{k+1} = \arg\min_{x} \left\{ f(x) + \left(\sum_{i=1}^{p} B_i^{\mathrm{T}} z_i\right)^{\mathrm{T}} x \right\},$$

$$z_i^{k+1} = \mathcal{P}_{C_i}(z_i^k + tB_i x^{k+1}), \quad i = 1, 2, \cdots, p.$$

例 8.17 (在凸集交上的极小化)　假设 f 是强凸函数，考虑

$$\min \ f(x),$$
$$\text{s.t.} \ x \in C_1 \cap C_2 \cap \cdots \cap C_m,$$

其中 C_i 为闭凸集，易于计算投影. 记 $h(y_1, y_2, \cdots, y_m) = \sum_{i=1}^{m} I_{C_i}(y_i)$，以及

$$A = [I \quad I \quad \cdots \quad I]^{\mathrm{T}},$$

从而对偶问题形式如下：

$$\max_{z_i \in C_i} \ -f^*\left(-\sum_{i=1}^{m} z_i\right) - \sum_{i=1}^{m} I_{C_i}^*(z_i),$$

利用共轭函数的性质可知 $I_{C_i}^*(z_i)$ 是集合 C_i 的支撑函数，其显式表达式不易求出. 因此我们利用 Moreau 分解将迭代格式写成交替极小化方法的形式：

$$x^{k+1} = \arg\min_{x} \left\{ f(x) + \left(\sum_{i=1}^{m} z_i\right)^{\mathrm{T}} x \right\},$$

$$y_i^{k+1} = \mathcal{P}_{C_i}\left(\frac{z_i^k}{t} + x^{k+1}\right), \quad i = 1, 2, \cdots, m,$$

$$z_i^{k+1} = z_i^k + t(x^{k+1} - y_i^{k+1}), \quad i = 1, 2, \cdots, m.$$

例 8.18 (可分问题的拆分)　假设 f_i 是强凸函数，h_i^* 有易于计算的邻近算子. 考虑

$$\min \ \sum_{j=1}^{n} f_j(x_j) + \sum_{i=1}^{m} h_i(A_{i1} x_1 + A_{i2} x_2 + \cdots + A_{in} x_n),$$

其对偶问题形式如下：

$$\max \ -\sum_{i=1}^{m} h_i^*(z_i) - \sum_{j=1}^{n} f_j^*(-A_{1j}^{\mathrm{T}} z_1 - A_{2j}^{\mathrm{T}} z_2 - \cdots - A_{mj}^{\mathrm{T}} z_m).$$

对偶近似点梯度法更新如下：

$$x_j^{k+1} = \arg\min_{x_j} \left\{ f_j(x_j) + \left(\sum_{i=1}^{m} A_{ij} z_i^k\right)^{\mathrm{T}} x_j \right\}, \quad j = 1, 2, \cdots, n,$$

$$z_i^{k+1} = \operatorname{prox}_{th_i^*}\left(z_i + t\sum_{j=1}^{n} A_{ij} x_j^{k+1}\right), \quad i = 1, 2, \cdots, m.$$

8.5.2 原始-对偶混合梯度算法

本小节介绍另外一种非常重要的算法——原始-对偶混合梯度（primal-dual hybrid gradient, PDHG）算法. 对于给定的优化问题，我们可以从原始问题或对偶问题出发来设计相应算法求解. 那么能否将两个方面结合起来呢？PDHG 算法就是借鉴了这样的思想. 相比于直接在原始问题上或者对偶问题上应用优化算法求解，PDHG 算法在每次迭代时同时考虑原始变量和对偶变量的更新. 这使得它在一定程度上可以有效避免单独针对原始问题或对偶问题求解算法中可能出现的问题，例如，原始问题梯度为零向量或不可微，对偶问题形式复杂，等等. 本小节将介绍原始-对偶混合梯度算法以及它的一个变形——Chambolle-Pock 算法. 在这里需要注意，由于本书在之前引入了线性规划的原始-对偶算法，本节中讲述的算法的名称很容易和它的混淆. 为了避免歧义我们使用 PDHG 算法来特指本节的原始-对偶混合梯度法，读者应当注意这个区别.

PDHG 算法的构造要从鞍点问题谈起. 我们仍然考虑原问题 (8.5.1)：

$$\min \quad f(x) + h(Ax),$$

其中 f,h 是适当的闭凸函数. 由于 h 有自共轭性，我们将问题 (8.5.1) 变形为

$$(\mathrm{L_{PD}}) \quad \min_x \max_z \quad \psi_{\mathrm{PD}}(x,z) \stackrel{\text{def}}{=} f(x) - h^*(z) + z^\mathrm{T} A x. \tag{8.5.10}$$

可以看到此时问题 (8.5.1) 变成了一个极小-极大问题，即关于变量 x 求极小，关于变量 z 求极大，这是一个典型的鞍点问题.

另一种常用的鞍点问题定义方式是直接利用带约束的问题 (8.5.2) 构造拉格朗日函数. 问题

$$\min_{x\in\mathbb{R}^n, y\in\mathbb{R}^m} \quad f(x) + h(y), \quad \text{s.t.} \quad y = Ax$$

相应的鞍点问题形式如下：

$$(\mathrm{L_P}) \quad \min_{x,y} \max_z \quad f(x) + h(y) + z^\mathrm{T}(Ax - y). \tag{8.5.11}$$

类似地，在对偶问题 (8.5.3) 中引入变量 $w = -A^\mathrm{T} z$，则可定义鞍点问题

$$(\mathrm{L_D}) \quad \min_p \max_{w,z} \quad -f^*(w) - h^*(z) + p^\mathrm{T}(w + A^\mathrm{T} z). \tag{8.5.12}$$

鞍点问题是关于某些变量求极小的同时关于另一些变量求极大，直接求解比较困难. PDHG 算法的思想就是分别对两类变量应用近似点梯度法. 以

求解问题 (8.5.10) 为例，PDHG 算法交替更新原始变量以及对偶变量，其迭代格式如下：

$$\begin{aligned}
z^{k+1} &= \underset{z}{\arg\max}\left\{-h^*(z) + \langle Ax^k, z - z^k\rangle - \frac{1}{2\delta_k}\|z - z^k\|_2^2\right\} \\
&= \operatorname{prox}_{\delta_k h^*}(z^k + \delta_k Ax^k), \\
x^{k+1} &= \underset{x}{\arg\min}\left\{f(x) + (z^{k+1})^{\mathrm{T}} A(x - x^k) + \frac{1}{2\alpha_k}\|x - x^k\|_2^2\right\} \\
&= \operatorname{prox}_{\alpha_k f}(x^k - \alpha_k A^{\mathrm{T}} z^{k+1}),
\end{aligned} \quad (8.5.13)$$

其中 α_k, δ_k 分别为原始变量和对偶变量的更新步长．它在第一步固定原始变量 x^k 针对对偶变量做梯度上升，在第二步固定更新后的对偶变量 z^{k+1} 针对原始变量做梯度下降．在这里注意，原始变量和对偶变量的更新顺序是无关紧要的，若先更新原始变量，其等价于在另一初值下先更新对偶变量．

事实上，PDHG 算法在 $\alpha_k = +\infty, \delta_k = +\infty$ 这两种特殊情况下等价于近似点梯度算法分别应用于对偶问题和原问题．首先考虑 $\alpha_k = +\infty$ 的情形．此时交换两步迭代的顺序，PDHG 算法 (8.5.13) 可以写为

$$\begin{aligned}
x^{k+1} &= \underset{x}{\arg\min}\{f(x) + (z^k)^{\mathrm{T}} Ax\}, \\
z^{k+1} &= \operatorname{prox}_{\delta_k h^*}(z^k + \delta_k Ax^{k+1}).
\end{aligned} \quad (8.5.14)$$

可以看到，其实质上就是迭代格式 (8.5.5)，其中 δ_k 是步长．类似地，我们也可以写出 $\delta_k = +\infty$ 的情形：

$$\begin{aligned}
z^{k+1} &= \underset{z}{\arg\min}\{h^*(z) - (Ax^k)^{\mathrm{T}} z\}, \\
x^{k+1} &= \operatorname{prox}_{\alpha_k f}(x^k - \alpha_k A^{\mathrm{T}} z^{k+1})).
\end{aligned} \quad (8.5.15)$$

假定 h 和 h^* 都是可微的，由迭代格式 (8.5.15) 的第一式的最优性条件，可知 $Ax^k = \nabla h^*(z^{k+1})$．再利用共轭函数的性质，有 $z^{k+1} = \nabla h(Ax^k)$，所以 x^{k+1} 的更新等价于

$$x^{k+1} = \operatorname{prox}_{\alpha_k f}(x^k - \alpha_k A^{\mathrm{T}} \nabla h(Ax^k)).$$

这实际上就是对原问题应用近似点梯度算法．

PDHG 算法的收敛性需要比较强的条件，在有些情形下未必收敛．这里再介绍 PDHG 算法的一个变形——Chambolle-Pock 算法 [41]．它与 PDHG 算法的区别在于多了一个外推步，具体的迭代格式如下：

$$\begin{aligned}
z^{k+1} &= \operatorname{prox}_{\delta_k h^*}(z^k + \delta_k Ay^k), \\
x^{k+1} &= \operatorname{prox}_{\alpha_k f}(x^k - \alpha_k A^{\mathrm{T}} z^{k+1}), \\
y^{k+1} &= 2x^{k+1} - x^k.
\end{aligned} \quad (8.5.16)$$

我们会在后面的小节中证明，当取常数步长 $\alpha_k = t, \delta_k = s$ 时，该算法的收敛性在 $\sqrt{st} < \dfrac{1}{\|A\|_2}$ 的条件下成立.

8.5.3 应用举例

1. LASSO 问题求解

考虑 LASSO 问题

$$\min_{x \in \mathbb{R}^n} \quad \psi(x) \stackrel{\text{def}}{=\!=} \mu \|x\|_1 + \frac{1}{2}\|Ax - b\|_2^2.$$

我们取 $f(x) = \mu \|x\|_1$ 和 $h(x) = \dfrac{1}{2}\|x - b\|_2^2$，相应的鞍点问题 (8.5.10) 的形式如下：

$$\min_{x \in \mathbb{R}^n} \max_{z \in \mathbb{R}^m} \quad f(x) - h^*(z) + z^\mathrm{T} A x.$$

根据共轭函数的定义，

$$h^*(z) = \sup_{y \in \mathbb{R}^m} \left\{ y^\mathrm{T} z - \frac{1}{2}\|y - b\|_2^2 \right\} = \frac{1}{2}\|z\|_2^2 + b^\mathrm{T} z.$$

应用 PDHG 算法，x^{k+1} 和 z^{k+1} 的更新格式分别为

$$z^{k+1} = \mathrm{prox}_{\delta_k h^*}(z^k + \delta_k A x^k) = \frac{1}{\delta_k + 1}\left(z^k + \delta_k A x^k - \delta_k b\right),$$

$$x^{k+1} = \mathrm{prox}_{\alpha_k \mu \|\cdot\|_1}(x^k - \alpha_k A^\mathrm{T} z^{k+1}).$$

这里 δ_k, α_k 为步长. 同样地，可以写出 Chambolle-Pock 算法格式为

$$z^{k+1} = \frac{1}{\delta_k + 1}\left(z^k + \delta_k A y^k - \delta_k b\right),$$

$$x^{k+1} = \mathrm{prox}_{\alpha_k \mu \|\cdot\|_1}(x^k - \alpha_k A^\mathrm{T} z^{k+1}),$$

$$y^{k+1} = 2 x^{k+1} - x^k.$$

我们用同第 6.2 节中一样的 A 和 b，并取 $\mu = 10^{-3}$，分别采用带连续化策略的 PDHG 算法和 Chambolle-Pock 算法来进行求解，这里取 $\delta_k = 1$ 和 $\alpha_k = \dfrac{1}{\|A\|_2^2}$. 停机准则和参数 μ 的连续化设置与第 6.2 节中的光滑化梯度法一致，结果如图 8.8 所示. 可以看到，尽管 PDHG 算法在某些情况下没有收敛性保证，但它在这个例子上比 Chambolle-Pock 算法稍快一些.

2. TV-L^1 模型

考虑去噪情形下的 TV-L^1 模型 (3.11.6)（即 $\mathcal{A}$ 为矩阵空间的恒等算子）：

$$\min_{U \in \mathbb{R}^{n \times n}} \quad \|U\|_{TV} + \lambda \|U - B\|_1,$$

图 8.8
PDHG 算法和
Chambolle-Pock
算法求解 LASSO
问题

其中 $\|U\|_{TV}$ 为全变差，其定义参见 (3.11.3) 式，即可以用离散的梯度（线性）算子 $D: \mathbb{R}^{n\times n} \to \mathbb{R}^{n\times n\times 2}$ 表示为

$$\|U\|_{TV} = \sum_{1\leqslant i,j \leqslant n} \|(DU)_{ij}\|_2.$$

对任意的 $W, V \in \mathbb{R}^{n\times n\times 2}$，记

$$\|W\| = \sum_{1\leqslant i,j \leqslant n} \|w_{ij}\|_2, \quad \langle W, V\rangle = \sum_{1\leqslant i,j \leqslant n, 1\leqslant k \leqslant 2} w_{i,j,k} v_{i,j,k},$$

其中 $w_{ij} \in \mathbb{R}^2$ 且 $\|\cdot\|$ 定义了 $\mathbb{R}^{n\times n\times 2}$ 上的一种范数. 利用 $\|\cdot\|$ 的定义，有

$$\|U\|_{TV} = \|DU\|.$$

对应于问题 (8.5.1)，我们取 D 为相应的线性算子，并取

$$f(U) = \lambda \|U - B\|_1, \ U \in \mathbb{R}^{n\times n}, \quad h(W) = \|W\|, \ W \in \mathbb{R}^{n\times n\times 2}.$$

相应的鞍点问题 (8.5.10) 如下：

$$(\mathrm{L_{PD}}) \quad \min_{U \in \mathbb{R}^{n\times n}} \max_{V \in \mathbb{R}^{n\times n\times 2}} f(U) - h^*(V) + \langle V, DU\rangle.$$

根据共轭函数的定义，

$$h^*(V) = \sup_{U \in \mathbb{R}^{n\times n\times 2}} \{\langle U, V\rangle - \|U\|\} = \begin{cases} 0, & \max_{i,j} \|v_{ij}\|_2 \leqslant 1, \\ +\infty, & \text{其他}. \end{cases}$$

记 $\mathcal{V} = \{V \in \mathbb{R}^{n\times n\times 2} | \max_{ij} \|v_{ij}\|_2 \leqslant 1\}$，其示性函数记为 $I_\mathcal{V}(V)$，则问题 ($\mathrm{L_{PD}}$) 可以整理为

$$\min_U \max_V \ f(U) + \langle V, DU\rangle - I_\mathcal{V}(V).$$

应用 PDHG 算法，则 V^{k+1} 的更新为

$$V^{k+1} = \text{prox}_{sI_\mathcal{V}}(V^k + sDU^k) = \mathcal{P}_\mathcal{V}(V^k + sDU^k), \qquad (8.5.17)$$

即 $V^k + sDU^k$ 在 $\mathcal{V}$ 上的投影，而 U^{k+1} 的更新如下：

$$\begin{aligned}
U^{k+1} &= \text{prox}_{tf}(U^k + tGV^{k+1}) \\
&= \underset{U}{\arg\min}\left\{\lambda\|U-B\|_1 + \langle V^{k+1}, DU\rangle + \frac{1}{2t}\|U-U^k\|_F^2\right\} \\
&\Leftrightarrow (U^{k+1})_{ij} = \begin{cases}(U^k + tGV^{k+1})_{ij} - t\lambda, & (U^k + tGV^{k+1})_{ij} > B_{ij} + t\lambda, \\ (U^k + tGV^{k+1})_{ij} + t\lambda, & (U^k + tGV^{k+1})_{ij} < B_{ij} - t\lambda, \\ B_{ij}, & |(U^k + tGV^{k+1})_{ij} - B_{ij}| \leqslant t\lambda,\end{cases}
\end{aligned}$$

其中 $G: \mathbb{R}^{n\times n\times 2} \to \mathbb{R}^{n\times n}$ 为离散的散度算子，其满足

$$\langle V, DU\rangle = -\langle GV, U\rangle, \quad \forall\, U \in \mathbb{R}^{n\times n}, V \in \mathbb{R}^{n\times n\times 2}.$$

若应用 Chambolle-Pock 算法，那么 U^{k+1} 的更新保持不变，仅需调整 V^{k+1} 的更新为 $V^k + sD(2U^{k+1} - U^k)$ 在 $\mathcal{V}$ 上的投影．

3. 图像填充模型

考虑问题

$$\min_{U\in\mathbb{R}^{n\times n}} \|U\|_{TV} + \frac{\lambda}{2}\|U-B\|_F^2.$$

类似于上一个例子中的分析，我们取 D 为相应的线性算子，并取

$$f(U) = \frac{\lambda}{2}\|U-B\|_F^2, U \in \mathbb{R}^{n\times n}, \quad h(W) = \|W\|, W \in \mathbb{R}^{n\times n\times 2}.$$

一般的鞍点问题叙述如下：

$$(\text{L}_{\text{PD}}) \min_{U}\max_{V} \quad f(U) + \langle V, DU\rangle - I_\mathcal{V}(V),$$

其中 $\mathcal{V}$ 与 TV-L^1 模型中的定义一致．应用 PDHG 算法，则 V^{k+1} 的更新为 (8.5.17) 式．引入离散的散度算子 G，U^{k+1} 的更新如下：

$$\begin{aligned}
U^{k+1} &= \text{prox}_{tf}(U^k + tGV^{k+1}) \\
&= \underset{U}{\arg\min}\left\{\frac{\lambda}{2}\|U-B\|_F^2 + \langle V^{k+1}, DU\rangle + \frac{1}{2t}\|U-U^k\|_F^2\right\} \\
&\Leftrightarrow (U^{k+1})_{ij} = \frac{(U^k + tGV^{k+1})_{ij} + t\lambda B_{ij}}{1 + t\lambda}.
\end{aligned}$$

同样地，Chambolle-Pock 算法的更新表达式也可类似地推出．

4. 图像反卷积模型

考虑问题

$$\min_{U \in \mathbb{R}^{n \times n}} \|U\|_{TV} + \frac{\lambda}{2} \|\mathcal{A}U - B\|_F^2,$$

其中 $\mathcal{A}U = K_{\mathcal{A}} * U$ 为卷积算子，且 $K_{\mathcal{A}}$ 是 $\mathcal{A}$ 的卷积核对应的矩阵.

类似于 TV-L^1 模型中的分析，对应于问题 (8.5.1)，取 D 为相应的线性算子，并取

$$f(U) = \frac{\lambda}{2} \|\mathcal{A}U - B\|_F^2, \ U \in \mathbb{R}^{n \times n}, \quad h(W) = \|W\|, \ W \in \mathbb{R}^{n \times n \times 2}.$$

类似地，一般的鞍点问题叙述如下：

$$(\text{L}_{\text{PD}}) \ \min_U \max_V \quad f(U) + \langle V, DU \rangle - I_{\mathcal{V}}(V),$$

其中 $\mathcal{V}$ 与 TV-L^1 模型中的定义一致.

应用 PDHG 算法，则 V^{k+1} 的更新仍为 (8.5.17) 式，而 U^{k+1} 的更新为

$$\begin{aligned} U^{k+1} &= \text{prox}_{tf}(U^k + tGV^{k+1}) \\ &= \arg\min_u \left\{ \frac{\lambda}{2} \|\mathcal{A}U - B\|_F^2 + \frac{1}{2t} \|U - (U^k + tGV^{k+1})\|_F^2 \right\}, \end{aligned}$$

其中 G 为离散的散度算子. 根据凸二次函数的最优性条件，可知 U^{k+1} 满足如下方程：

$$\lambda \mathcal{A}^*(\mathcal{A}U^{k+1} - B) + \frac{1}{t}(U^{k+1} - (U^k + tGV^{k+1})) = 0,$$

其中 $\mathcal{A}^*$ 是 $\mathcal{A}$ 的共轭算子，且其卷积核对应的矩阵为 $K_{\mathcal{A}^*}$. 由于 $\mathcal{A}U = K_{\mathcal{A}} * U$ 具有卷积的形式，我们可以利用快速傅里叶变换 $\mathcal{F}$ 和其逆变换 $\mathcal{F}^{-1}$ 来快速求解上面的线性方程组. 根据

$$\mathcal{F}(\mathcal{A}U) = \mathcal{F}(K_{\mathcal{A}} * U) = \mathcal{F}(K_{\mathcal{A}}) \odot \mathcal{F}(U),$$

这里 $\odot$ 表示逐分量相乘，我们有

$$\mathcal{F}(K_{\mathcal{A}^*}) \odot \left(\mathcal{F}(K_{\mathcal{A}}) \odot \mathcal{F}(U^{k+1}) - \mathcal{F}(B) \right) + \frac{1}{t\lambda} \mathcal{F}(U^{k+1} - (U^k + tGV^{k+1})) = 0.$$

利用关系式 $\mathcal{F}(K_{\mathcal{A}^*}) = \overline{\mathcal{F}(K_{\mathcal{A}})}$，可得 U^{k+1} 的显式表达式

$$U^{k+1} = \mathcal{F}^{-1} \left(\frac{\mathcal{F}(U^k + tGV^{k+1}) + t\lambda \mathcal{F}(B) \odot \overline{\mathcal{F}(K_{\mathcal{A}})}}{1 + t\lambda |\mathcal{F}(K_{\mathcal{A}})|^2} \right),$$

以上表达式中除 $\mathcal{F}, \mathcal{F}^{-1}, G$ 外，其余均为逐分量的运算.

8.5.4 收敛性分析

本小节给出对偶近似点梯度法和 Chambolle-Pock 算法的收敛性.

1. 对偶近似点梯度法的收敛性

对偶近似点梯度法函数值的收敛性可以从近似点梯度法的收敛性得到（定理 8.3）. 这里我们给一个更强的结果，即迭代点收敛到原问题和对偶问题的解，证明可参考 [64]^{定理 2.2} 以及 [48]^{定理 3.4}.

定理 8.12 (对偶近似点梯度法的收敛性) 给定初始值 z^0, x^0，序列 $\{(x^k, z^k)\}$ 由迭代格式 (8.5.5) 生成. 假设 f 是强凸的闭函数（强凸参数为 μ）且步长 $t \in \left(0, \dfrac{\mu}{\|A\|_2^2}\right]$，则 $\{z^k\}$ 收敛到对偶问题 (D) 的解，$\{x^k\}$ 收敛到原问题 (P) 的唯一解.

定理 8.12 主要说明了原始变量和对偶变量同时收敛到相应问题的最优解，但它并没有说明原始变量的收敛速度. 而通过近似点梯度法的收敛性结果，我们容易得知对偶变量 $\{z^k\}$ 在函数值的意义下具有 $\mathcal{O}\left(\dfrac{1}{k}\right)$ 的收敛速度.

*2. Chambolle-Pock 算法的收敛性

下面讨论 Chambolle-Pock 算法 (8.5.16) 的收敛性. 由于 PDHG 类算法针对鞍点问题设计，在讨论收敛性时也应该在鞍点的意义下讨论. 对问题 (8.5.10)，设 X, Z 分别为变量 x, z 的取值空间，若点 $(\hat{x}, \hat{z})$ 满足

$$\psi_{\text{PD}}(x, \hat{z}) \geqslant \psi_{\text{PD}}(\hat{x}, \hat{z}) \geqslant \psi_{\text{PD}}(\hat{x}, z), \quad \forall\, x \in X, z \in Z,$$

则称 $(\hat{x}, \hat{z})$ 是问题 (8.5.10) 的一个**鞍点**，其中 ψ_{PD} 的定义见该问题.

为了更方便地刻画点 (x, z) 的最优性，我们引入**部分原始–对偶间隙**的概念.

定义 8.7 (部分原始–对偶间隙) 对任意子集 $B_1 \times B_2 \subset X \times Z$，定义**部分原始–对偶间隙**为

$$\mathcal{G}_{B_1 \times B_2}(x, z) = \max_{z' \in B_2} \psi_{\text{PD}}(x, z') - \min_{x' \in B_1} \psi_{\text{PD}}(x', z). \tag{8.5.18}$$

不难验证，只要鞍点 $(\hat{x}, \hat{z}) \in B_1 \times B_2$，就有

$$\begin{aligned}
\mathcal{G}_{B_1 \times B_2}(x, z) &\geqslant \psi_{\text{PD}}(x, \hat{z}) - \psi_{\text{PD}}(\hat{x}, z) \\
&= (\psi_{\text{PD}}(x, \hat{z}) - \psi_{\text{PD}}(\hat{x}, \hat{z})) + (\psi_{\text{PD}}(\hat{x}, \hat{z}) - \psi_{\text{PD}}(\hat{x}, z)) \\
&\geqslant 0 + 0 = 0,
\end{aligned} \tag{8.5.19}$$

并且在鞍点处，

$$\mathcal{G}_{B_1 \times B_2}(\hat{x}, \hat{z}) = 0.$$

此外，容易验证当点 $(\hat{x},\hat{z}) \in \text{int}(B_1 \times B_2)$ 且满足 $\mathcal{G}_{B_1 \times B_2}(\hat{x},\hat{z}) = 0$ 时，$(\hat{x},\hat{z})$ 是一个鞍点.

有了上面的铺垫，我们给出 Chambolle-Pock 算法的收敛性.

定理 8.13 (Chambolle-Pock **算法的收敛性** [41]) 设 f,h 为闭凸函数，问题 (8.5.10) 存在鞍点 $(\hat{x},\hat{z})$. 在迭代格式 (8.5.16) 中取步长 $\alpha_k = t, \delta_k = s$，且满足 $st < \dfrac{1}{L}$（$L = \|A\|_2^2$），则该迭代格式产生的序列 $\{(x^k, z^k)\}$ 具有以下性质：

（1）$\forall k$，(x^k, z^k) 有界，且满足

$$\frac{\|x^k - \hat{x}\|^2}{2t} + \frac{\|z^k - \hat{z}\|^2}{2s} \leqslant C\left(\frac{\|x^0 - \hat{x}\|^2}{2t} + \frac{\|z^0 - \hat{z}\|^2}{2s}\right), \tag{8.5.20}$$

其中常数 $C \leqslant (1 - Lst)^{-1}$；

（2）记 $\bar{x}_N = \dfrac{1}{N} \sum\limits_{k=1}^{N} x^k$，$\bar{z}_N = \dfrac{1}{N} \sum\limits_{k=1}^{N} z^k$，则对于任意有界区域 $B_1 \times B_2 \subset X \times Z$，有

$$\mathcal{G}_{B_1 \times B_2}(\bar{x}_N, \bar{z}_N) \leqslant \frac{D(B_1, B_2)}{N}, \tag{8.5.21}$$

其中

$$D(B_1, B_2) = \sup_{(x,z) \in B_1 \times B_2} \left\{\frac{\|x - x^0\|^2}{2t} + \frac{\|z - z^0\|^2}{2s}\right\};$$

进一步地，序列 $\{(\bar{x}_N, \bar{z}_N)\}_{N=1}^{\infty}$ 的聚点为问题 (8.5.10) 的一个鞍点；

（3）存在问题 (8.5.10) 的一个鞍点 (x^*, z^*) 使得 $x^k \to x^*$，$z^k \to z^*$.

证明 为了方便推导，首先考虑算法的一般格式：

$$\begin{aligned} z^{k+1} &= \text{prox}_{sh^*}(z^k + sA\bar{x}), \\ x^{k+1} &= \text{prox}_{tf}(x^k - tA^T \bar{z}). \end{aligned} \tag{8.5.22}$$

这里和算法 (8.5.16) 不同的是，我们使用 $\bar{x}, \bar{z}$ 来表示更新 x, z 时的参考点. 当它们取特定值时，以上格式可以为 PDHG 算法或 Chambolle-Pock 算法. 根据邻近算子的性质，

$$\begin{aligned} -A^T\bar{z} + \frac{x^k - x^{k+1}}{t} &\in \partial f(x^{k+1}), \\ A\bar{x} + \frac{z^k - z^{k+1}}{s} &\in \partial h^*(z^{k+1}). \end{aligned}$$

根据次梯度的定义，对于任意的 $(x,z) \in X \times Z$ 有

$$\begin{aligned} f(x) &\geqslant f(x^{k+1}) + \frac{1}{t}(x - x^{k+1})^T(x^k - x^{k+1}) - (x - x^{k+1})^T A^T \bar{z}, \\ h^*(z) &\geqslant h^*(z^{k+1}) + \frac{1}{s}(z - z^{k+1})^T(z^k - z^{k+1}) + (z - z^{k+1})^T A\bar{x}. \end{aligned} \tag{8.5.23}$$

将上述两个不等式相加，并引入二次项可以整理得到（具体细节请读者自行推导）

$$\frac{\|x-x^k\|^2}{2t} + \frac{\|z-z^k\|^2}{2s} - \frac{\|x-x^{k+1}\|^2}{2t} - \frac{\|z-z^{k+1}\|^2}{2s}$$
$$\geqslant [f(x^{k+1}) - h^*(z) + (x^{k+1})^\mathrm{T} A^\mathrm{T} z] -$$
$$[f(x) - h^*(z^{k+1}) + x^\mathrm{T} A^\mathrm{T} z^{k+1}] +$$
$$\frac{\|x^k - x^{k+1}\|^2}{2t} + \frac{\|z^k - z^{k+1}\|^2}{2s} +$$
$$(x^{k+1} - \bar{x})^\mathrm{T} A^\mathrm{T} (z^{k+1} - z) - (x^{k+1} - x)^\mathrm{T} A^\mathrm{T} (z^{k+1} - \bar{z}).$$
(8.5.24)

在后续推导中可以看到，上述不等式右端最后两项表达式在证明收敛性过程中有重要作用. 将迭代格式 (8.5.16) 代入不等式 (8.5.24)，即取 $\bar{x} = 2x^k - x^{k-1}$，$\bar{z} = z^{k+1}$，那么不等式 (8.5.24) 右端最后两项表达式

$$(x^{k+1} - \bar{x})^\mathrm{T} A^\mathrm{T} (z^{k+1} - z) - (x^{k+1} - x)^\mathrm{T} A^\mathrm{T} (z^{k+1} - \bar{z})$$
$$= (x^{k+1} - x^k - (x^k - x^{k-1}))^\mathrm{T} A^\mathrm{T} (z^{k+1} - z)$$
$$= (x^{k+1} - x^k)^\mathrm{T} A^\mathrm{T} (z^{k+1} - z) - (x^k - x^{k-1})^\mathrm{T} A^\mathrm{T} (z^k - z) -$$
$$(x^k - x^{k-1})^\mathrm{T} A^\mathrm{T} (z^{k+1} - z^k)$$
$$\geqslant (x^{k+1} - x^k)^\mathrm{T} A^\mathrm{T} (z^{k+1} - z) - (x^k - x^{k-1})^\mathrm{T} A^\mathrm{T} (z^k - z) -$$
$$\sqrt{L} \|x^k - x^{k-1}\| \|z^{k+1} - z^k\|,$$
(8.5.25)

应用柯西不等式即得到最后的不等号. 又利用 $2ab \leqslant \alpha a^2 + \dfrac{b^2}{\alpha}$ 对任意的 $\alpha > 0$ 均成立，有

$$\sqrt{L} \|x^k - x^{k-1}\| \|z^{k+1} - z^k\|$$
$$\leqslant \frac{\sqrt{L}\alpha t}{2t} \|x^k - x^{k-1}\|^2 + \frac{\sqrt{L}s}{2\alpha s} \|z^{k+1} - z^k\|^2,$$
(8.5.26)

取 $\alpha = \sqrt{\dfrac{s}{t}}$，则

$$\sqrt{L}\alpha t = \sqrt{L\frac{s}{\alpha}} = \sqrt{Lst} < 1,$$

从而合并 (8.5.24) 式和 (8.5.25) 式得到，对于任意的 $(x,z) \in X \times Z$，

$$\frac{\|x-x^k\|^2}{2t} + \frac{\|z-z^k\|^2}{2s} - \frac{\|x-x^{k+1}\|^2}{2t} - \frac{\|z-z^{k+1}\|^2}{2s}$$
$$\geqslant [f(x^{k+1}) - h^*(z) + (x^{k+1})^\mathrm{T} A^\mathrm{T} z] - [f(x) - h^*(z^{k+1}) + x^\mathrm{T} A^\mathrm{T} z^{k+1}] +$$
$$(1 - \sqrt{Lst}) \frac{\|z^k - z^{k+1}\|^2}{2s} + \frac{\|x^k - x^{k+1}\|^2}{2t} - \sqrt{Lst} \frac{\|x^{k-1} - x^k\|^2}{2t} +$$
$$(x^{k+1} - x^k)^\mathrm{T} A^\mathrm{T} (z^{k+1} - z) - (x^k - x^{k-1})^\mathrm{T} A^\mathrm{T} (z^k - z).$$
(8.5.27)

将上述不等式中的 k 从 0 遍历至 $N-1$ 并求和，消掉不等式两边共同项后有

$$\sum_{k=1}^{N}\left\{[f(x^k)-h^*(z)+(x^k)^{\mathrm{T}}A^{\mathrm{T}}z]-[f(x)-h^*(z^k)+x^{\mathrm{T}}A^{\mathrm{T}}z^k]\right\}+$$
$$\frac{\|x-x^N\|^2}{2t}+\frac{\|z-z^N\|^2}{2s}+(1-\sqrt{Lst})\sum_{k=1}^{N}\frac{\|z^k-z^{k-1}\|^2}{2s}+$$
$$(1-\sqrt{Lst})\sum_{k=1}^{N-1}\frac{\|x^k-x^{k-1}\|^2}{2t}+\frac{\|x^N-x^{N-1}\|^2}{2t}$$
$$\leqslant\frac{\|x-x^0\|^2}{2t}+\frac{\|z-z^0\|^2}{2s}+(x^N-x^{N-1})^{\mathrm{T}}A^{\mathrm{T}}(z^N-z),$$
(8.5.28)

其中约定 $x^{-1}=x^0$. 再一次应用柯西不等式，以及 $2ab\leqslant\alpha a^2+\dfrac{b^2}{\alpha}$ 对任意的 $\alpha>0$ 均成立，可以得到

$$(x^N-x^{N-1})^{\mathrm{T}}A^{\mathrm{T}}(z^N-z)\leqslant\|x^N-x^{N-1}\|\cdot\sqrt{L}\|z^N-z\|$$
$$\leqslant\frac{1}{2t}\|x^N-x^{N-1}\|^2+\frac{Lst}{2s}\|z-z^N\|^2.$$

不等式 (8.5.28) 可进一步整理为

$$\sum_{k=1}^{N}\left\{[f(x^k)-h^*(z)+(x^k)^{\mathrm{T}}A^{\mathrm{T}}z]-[f(x)-h^*(z^k)+x^{\mathrm{T}}A^{\mathrm{T}}z^k]\right\}+$$
$$\frac{\|x-x^N\|^2}{2t}+(1-Lst)\frac{\|z-z^N\|^2}{2s}+(1-\sqrt{Lst})\sum_{k=1}^{N}\frac{\|z^k-z^{k-1}\|^2}{2s}+$$
$$(1-\sqrt{Lst})\sum_{k=1}^{N-1}\frac{\|x^k-x^{k-1}\|^2}{2t}$$
$$\leqslant\frac{\|x-x^0\|^2}{2t}+\frac{\|z-z^0\|^2}{2s}.$$
(8.5.29)

若取 $(x,z)=(\hat{x},\hat{z})$，则由鞍点性质可知

$$[f(x^k)-h^*(\hat{z})+(x^k)^{\mathrm{T}}A^{\mathrm{T}}\hat{z}]-[f(\hat{x})-h^*(z^k)+\hat{x}^{\mathrm{T}}A^{\mathrm{T}}z^k]\geqslant 0.$$

进而不等式 (8.5.29) 中左边每一项都是正的，结论（1）成立.

从不等式 (8.5.29) 出发，利用 f,h^* 的凸性，以及 $\bar{x}_N,\bar{z}_N$ 的定义，有

$$[f(\bar{x}_N)-h^*(z)+(\bar{x}_N)^{\mathrm{T}}A^{\mathrm{T}}z]-[f(x)-h^*(\bar{z}_N)+x^{\mathrm{T}}A^{\mathrm{T}}\bar{z}_N]$$
$$\leqslant\frac{1}{N}\sum_{k=1}^{N}\left\{[f(x^k)-h^*(z)+(x^k)^{\mathrm{T}}A^{\mathrm{T}}z]-[f(x)-h^*(z^k)+x^{\mathrm{T}}A^{\mathrm{T}}z^k]\right\}$$
$$\leqslant\frac{1}{N}\left(\frac{\|x-x^0\|^2}{2t}+\frac{\|z-z^0\|^2}{2s}\right).$$
(8.5.30)

从而结论（2）中 (8.5.21) 式成立. 由（1）知 $\{(x^k,z^k)\}$ 是有界序列，因此其均值列 $\{(\bar{x}_N,\bar{z}_N)\}$ 也为有界序列. 记 $(x^\sharp,z^\sharp)$ 为序列 $\{(\bar{x}_N,\bar{z}_N)\}$ 的聚点，利用

f, h^* 的凸性以及闭性（下半连续性），对 (8.5.30) 式左右同时取下极限，可知对任意的 $(x,z) \in X \times Z$，

$$[f(x^\sharp) - h^*(z) + (x^\sharp)^{\mathrm{T}} A^{\mathrm{T}} z] - [f(x) - h^*(z^\sharp) + x^{\mathrm{T}} A^{\mathrm{T}} z^\sharp] \leqslant 0. \qquad (8.5.31)$$

从而 $(x^\sharp, z^\sharp)$ 也是问题 (8.5.10) 的一个鞍点. 至此仅剩（3）待证明.

为了证明 $\{(x^k, z^k)\}$ 全序列收敛到问题 (8.5.10) 的鞍点，我们采用的大致思路为：先说明其子列收敛，然后再利用 (8.5.27) 式估计序列中其他点到子列极限点的误差（进而证明全序列收敛），最后说明该极限点是鞍点. 根据结论（1），$\{(x^k, z^k)\}$ 是有界点列，因此存在子列 $\{(x^{k_l}, z^{k_l})\}$ 收敛于 (x^*, z^*). 在 (8.5.27) 式中令 $(x, z) = (x^*, z^*)$，并将 k 从 k_l 取至 $N-1, N > k_l$ 并求和，有

$$\frac{\|x^* - x^N\|^2}{2t} + \frac{\|z^* - z^N\|^2}{2s} +$$
$$(1 - \sqrt{Lst}) \sum_{k=k_l+1}^{N} \frac{\|z^k - z^{k-1}\|^2}{2s} - \frac{\|x^{k_l} - x^{k_l-1}\|^2}{2t} +$$
$$(1 - \sqrt{Lst}) \sum_{k=k_l}^{N-1} \frac{\|x^k - x^{k-1}\|^2}{2t} + \frac{\|x^N - x^{N-1}\|^2}{2t} +$$
$$(x^N - x^{N-1})^{\mathrm{T}} A^{\mathrm{T}} (z^N - z^*) - (x^{k_l} - x^{k_l-1})^{\mathrm{T}} A^{\mathrm{T}} (z^{k_l} - z^*)$$
$$\leqslant \frac{\|x^* - x^{k_l}\|^2}{2t} + \frac{\|z^* - z^{k_l}\|^2}{2s}.$$

去掉上式中不等式左边的求和项（正项），我们有如下估计：

$$\frac{\|x^* - x^N\|^2}{2t} + \frac{\|z^* - z^N\|^2}{2s}$$
$$\leqslant \frac{\|x^* - x^{k_l}\|^2}{2t} + \frac{\|z^* - z^{k_l}\|^2}{2s} + \frac{\|x^{k_l} - x^{k_l-1}\|^2}{2t} - \frac{\|x^N - x^{N-1}\|^2}{2t} +$$
$$(x^{k_l} - x^{k_l-1})^{\mathrm{T}} A^{\mathrm{T}} (z^{k_l} - z^*) - (x^N - x^{N-1})^{\mathrm{T}} A^{\mathrm{T}} (z^N - z^*).$$

注意到

$$x^{k_l} \to x^*, \quad (x^{k_l} \text{ 的定义})$$
$$x^N - x^{N-1} \to 0, \quad (\text{由 (8.5.29) 式推出})$$
$$\{z^k\} \text{有界}, \quad (\text{本定理中（1）的结论})$$

所以当 $N \to \infty$ 时，$x^N \to x^*, z^N \to z^*$，全序列收敛性得证. 最后，由全序列收敛可知均值 $(\bar{x}_N, \bar{z}_N)$ 也收敛到 (x^*, z^*)，根据（1）的结论和极限的唯一性立即得到 $(x^\sharp, z^\sharp) = (x^*, z^*)$，即收敛到问题 (8.5.10) 的一个鞍点. □

8.6 交替方向乘子法

统计学、机器学习和科学计算中出现了很多结构复杂且可能非凸、非光滑的优化问题. 交替方向乘子法很自然地提供了一个适用范围广泛、容易理解和实现、可靠性不错的解决方案. 该方法是在 20 世纪 70 年代发展起来的，与许多其他算法等价或密切相关，如对偶分解、乘子方法、Douglas-Rachford Splitting 方法、Dykstra 交替投影方法、Bregman 对于带 ℓ_1 范数问题的迭代算法，近似点算法等. 本节首先介绍交替方向乘子法的基本算法；在介绍了 Douglas-Rachford Splitting 方法之后，说明将其应用在对偶问题上与将交替方向乘子法应用在原始问题上等价；然后给出交替方向乘子法的一些变形技巧，以及它和其他一些算法的关系；接着给出大量实际问题中的例子，并展示如何用交替方向乘子法来求解这些问题；最后给出交替方向乘子法的收敛性证明.

8.6.1 交替方向乘子法

本节考虑如下凸问题:

$$\begin{aligned} \min_{x_1,x_2} \quad & f_1(x_1) + f_2(x_2), \\ \text{s.t.} \quad & A_1x_1 + A_2x_2 = b, \end{aligned} \tag{8.6.1}$$

其中 f_1, f_2 是适当的闭凸函数，但不要求是光滑的，$x_1 \in \mathbb{R}^n, x_2 \in \mathbb{R}^m, A_1 \in \mathbb{R}^{p \times n}, A_2 \in \mathbb{R}^{p \times m}, b \in \mathbb{R}^p$. 这个问题的特点是目标函数可以分成彼此分离的两块，但是变量被线性约束结合在一起. 常见的一些无约束和带约束的优化问题都可以表示成这一形式. 下面的一些例子将展示如何把某些一般的优化问题转化为适用交替方向乘子法求解的标准形式.

例 8.19 可以分成两块的无约束优化问题

$$\min_x \quad f_1(x) + f_2(x).$$

为了将此问题转化为标准形式 (8.6.1)，需要将目标函数改成可分的形式. 我们可以通过引入一个新的变量 z 并令 $x = z$，将问题转化为

$$\begin{aligned} \min_{x,z} \quad & f_1(x) + f_2(z), \\ \text{s.t.} \quad & x - z = 0. \end{aligned}$$

例 8.20 带线性变换的无约束优化问题

$$\min_x \quad f_1(x) + f_2(Ax).$$

类似地，我们可以引入一个新的变量 z，令 $z = Ax$，则问题变为

$$\min_{x,z} \quad f_1(x) + f_2(z),$$
$$\text{s.t.} \quad Ax - z = 0.$$

对比问题 (8.6.1) 可知 $A_1 = A$ 和 $A_2 = -I$.

例 8.21 凸集上的约束优化问题

$$\min_x \quad f(x),$$
$$\text{s.t.} \quad Ax \in C,$$

其中 $C \subset \mathbb{R}^n$ 为凸集. 对于集合约束 $Ax \in C$，我们可以用示性函数 $I_C(\cdot)$ 将其添加到目标函数中，那么问题可以转化为例 8.20 中的形式

$$\min_x \quad f(x) + I_C(Ax),$$

其中 $I_C(z)$ 是集合 C 的示性函数，即

$$I_C(z) = \begin{cases} 0, & z \in C, \\ +\infty, & \text{其他}. \end{cases}$$

再引入约束 $z = Ax$，那么问题转化为

$$\min_{x,z} \quad f(x) + I_C(z),$$
$$\text{s.t.} \quad Ax - z = 0.$$

例 8.22 全局一致性问题（global consensus problem）[30]

$$\min_x \quad \sum_{i=1}^N \phi_i(x).$$

令 $x = z$，并将 x 复制 N 份，分别为 x_i，那么问题转化为

$$\min_{x_i, z} \quad \sum_{i=1}^N \phi_i(x_i),$$
$$\text{s.t.} \quad x_i - z = 0, \, i = 1, 2, \cdots, N.$$

在这里注意，以形式上看全局一致性问题仍然具有问题 (8.6.1) 的结构：如果令

$$x = (x_1^T, x_2^T, \cdots, x_N^T)^T$$

以及
$$f_1(x) = \sum_{i=1}^{N} \phi_i(x_i), \quad f_2(z) = 0,$$

则此问题可以化为
$$\min_{x,z} \quad f_1(x) + f_2(z),$$
$$\text{s.t.} \quad A_1 x - A_2 z = 0,$$

其中矩阵 A_1, A_2 定义为
$$A_1 = \begin{bmatrix} I & & & \\ & I & & \\ & & \ddots & \\ & & & I \end{bmatrix}, \quad A_2 = \begin{bmatrix} I \\ I \\ \vdots \\ I \end{bmatrix}.$$

在全局一致性问题的例子中，我们将问题重写为具有两个变量块的形式，而不是简单地将问题 (8.6.1) 推广为多个变量块的形式. 这样做是有一定原因的，我们将在应用举例部分给出解答.

例 8.23　共享问题（sharing problem）[30]
$$\min_{x_i} \quad \sum_{i=1}^{N} f_i(x_i) + g\left(\sum_{i=1}^{N} x_i\right).$$

为了使目标函数可分，我们将 g 的变量 x_i 分别复制一份为 z_i，那么该问题转化为
$$\min_{x_i, z_i} \quad \sum_{i=1}^{N} f_i(x_i) + g\left(\sum_{i=1}^{N} z_i\right),$$
$$\text{s.t.} \quad x_i - z_i = 0, \, i = 1, 2, \cdots, N.$$

容易验证此问题也具有问题 (8.6.1) 的形式.

下面给出交替方向乘子法（alternating direction method of multipliers, ADMM）的迭代格式，首先写出问题 (8.6.1) 的增广拉格朗日函数

$$L_\rho(x_1, x_2, y) = f_1(x_1) + f_2(x_2) + y^{\mathrm{T}}(A_1 x_1 + A_2 x_2 - b) + \frac{\rho}{2}\|A_1 x_1 + A_2 x_2 - b\|_2^2, \tag{8.6.2}$$

其中 $\rho > 0$ 是二次罚项的系数. 常见的求解带约束问题的增广拉格朗日函数法为如下更新：

$$(x_1^{k+1}, x_2^{k+1}) = \operatorname*{arg\,min}_{x_1, x_2} L_\rho(x_1, x_2, y^k), \tag{8.6.3}$$

$$y^{k+1} = y^k + \tau\rho(A_1 x_1^{k+1} + A_2 x_2^{k+1} - b), \tag{8.6.4}$$

其中 τ 为步长. 在实际求解中, 第一步迭代 (8.6.3) 同时对 x_1 和 x_2 进行优化有时候比较困难, 而固定一个变量求解关于另一个变量的极小问题可能比较简单, 因此我们可以考虑对 x_1 和 x_2 交替求极小, 这就是交替方向乘子法的基本思路. 其迭代格式可以总结如下:

$$x_1^{k+1} = \arg\min_{x_1} L_\rho(x_1, x_2^k, y^k), \tag{8.6.5}$$

$$x_2^{k+1} = \arg\min_{x_2} L_\rho(x_1^{k+1}, x_2, y^k), \tag{8.6.6}$$

$$y^{k+1} = y^k + \tau\rho(A_1 x_1^{k+1} + A_2 x_2^{k+1} - b), \tag{8.6.7}$$

其中 τ 为步长, 通常取值于 $\left(0, \dfrac{1+\sqrt{5}}{2}\right)$. 关于这样选择步长的收敛性, 我们将在证明收敛性的小节中介绍.

观察交替方向乘子法的迭代格式, 第一步固定 x_2, y 对 x_1 求极小; 第二步固定 x_1, y 对 x_2 求极小; 第三步更新拉格朗日乘子 y. 这一迭代格式和之前讨论的交替极小化方法 (8.5.9) 非常相似. 它们的区别是交替极小化方法的第一步是针对拉格朗日函数求极小, 而 ADMM 的第一步将其换成了增广拉格朗日函数. 虽然从形式上看两个算法只是略有差别, 但这种改变会带来截然不同的算法表现. ADMM 的一个最直接的改善就是去掉了目标函数 $f_1(x)$ 强凸的要求, 其本质还是由于它引入了二次罚项. 而在交替极小化方法中我们要求 $f(x)$ 为强凸函数.

需要注意的是, 虽然交替方向乘子法引入了二次罚项, 但对一般的闭凸函数 f_1 和 f_2, 迭代格式 (8.6.5) 和迭代格式 (8.6.6) 在某些特殊情况下仍然不是良定义的. 本节假设每个子问题的解均是存在且唯一的, 但读者应当注意到这个假设对一般的闭凸函数是不成立的.

与无约束优化问题不同, 交替方向乘子法针对的问题 (8.6.1) 是带约束的优化问题, 因此算法的收敛准则应当借助约束优化问题的最优性条件 (KKT 条件). 因为 f_1, f_2 均为闭凸函数, 约束为线性约束, 所以当 Slater 条件成立时, 可以使用凸优化问题的 KKT 条件来作为交替方向乘子法的收敛准则. 问题 (8.6.1) 的拉格朗日函数为

$$L(x_1, x_2, y) = f_1(x_1) + f_2(x_2) + y^T(A_1 x_1 + A_2 x_2 - b).$$

根据定理 5.13, 若 x_1^*, x_2^* 为问题 (8.6.1) 的最优解, y^* 为对应的拉格朗日乘子, 则以下条件满足:

$$0 \in \partial_{x_1} L(x_1^*, x_2^*, y^*) = \partial f_1(x_1^*) + A_1^T y^*, \tag{8.6.8a}$$

$$0 \in \partial_{x_2} L(x_1^*, x_2^*, y^*) = \partial f_2(x_2^*) + A_2^T y^*, \tag{8.6.8b}$$

$$A_1 x_1^* + A_2 x_2^* = b. \tag{8.6.8c}$$

在这里条件 (8.6.8c) 又称为原始可行性条件，条件 (8.6.8a) 和条件 (8.6.8b) 又称为对偶可行性条件. 由于问题中只含等式约束，KKT 条件中的互补松弛条件可以不加考虑. 在 ADMM 迭代中，我们得到的迭代点实际为 (x_1^k, x_2^k, y^k)，因此收敛准则应当针对 (x_1^k, x_2^k, y^k) 检测条件 (8.6.8). 接下来讨论如何具体计算这些收敛准则.

一般来说，原始可行性条件 (8.6.8c) 在迭代中是不满足的，为了检测这个条件，需要计算原始可行性残差

$$r^k = A_1 x_1^k + A_2 x_2^k - b$$

的模长，这一计算是比较容易的. 下面来看两个对偶可行性条件. 考虑 ADMM 迭代更新 x_2 的步骤

$$x_2^k = \arg\min_x \left\{ f_2(x) + \frac{\rho}{2} \left\| A_1 x_1^k + A_2 x - b + \frac{y^{k-1}}{\rho} \right\|^2 \right\},$$

假设这一子问题有显式解或能够精确求解，根据最优性条件不难推出

$$0 \in \partial f_2(x_2^k) + A_2^T [y^{k-1} + \rho(A_1 x_1^k + A_2 x_2^k - b)]. \tag{8.6.9}$$

注意到当 ADMM 步长 $\tau = 1$ 时，根据迭代 (8.6.7) 可知上式方括号中的表达式就是 y^k，最终我们有

$$0 \in \partial f_2(x_2^k) + A_2^T y^k,$$

这恰好就是条件 (8.6.8b). 上面的分析说明在 ADMM 迭代过程中，若 x_2 的更新能取到精确解且步长 $\tau = 1$，对偶可行性条件 (8.6.8b) 是自然成立的，因此无需针对条件 (8.6.8b) 单独验证最优性条件. 然而，在迭代过程中条件 (8.6.8a) 却不能自然满足. 实际上，由 x_1 的更新公式

$$x_1^k = \arg\min_x \left\{ f_1(x) + \frac{\rho}{2} \left\| A_1 x + A_2 x_2^{k-1} - b + \frac{y^{k-1}}{\rho} \right\|^2 \right\},$$

假设子问题能精确求解，根据最优性条件

$$0 \in \partial f_1(x_1^k) + A_1^T [\rho(A_1 x_1^k + A_2 x_2^{k-1} - b) + y^{k-1}].$$

注意，这里 x_2 上标是 $k-1$，因此根据 ADMM 的第三式 (8.6.7)，同样取 $\tau = 1$，我们有

$$0 \in \partial f_1(x_1^k) + A_1^T (y^k + \rho A_2 (x_2^{k-1} - x_2^k)). \tag{8.6.10}$$

对比条件 (8.6.8a) 可知多出来的项为 $\rho A_1^{\mathrm{T}} A_2(x_2^{k-1} - x_2^k)$，因此要检测对偶可行性只需要检测残差

$$s^k = A_1^{\mathrm{T}} A_2(x_2^{k-1} - x_2^k)$$

是否充分小，这一检测同样也是比较容易的. 综上，当 x_2 更新取到精确解且 $\tau = 1$ 时，判断 ADMM 是否收敛只需要检测前述两个残差 r^k, s^k 是否充分小：

$$\begin{aligned} 0 \approx \|r^k\| &= \|A_1 x_1^k + A_2 x_2^k - b\| \quad \text{（原始可行性）}, \\ 0 \approx \|s^k\| &= \|A_1^{\mathrm{T}} A_2(x_2^{k-1} - x_2^k)\| \quad \text{（对偶可行性）}. \end{aligned} \tag{8.6.11}$$

8.6.2 Douglas-Rachford Splitting 算法

Douglas-Rachford Splitting (DRS) 算法是一类非常重要的算子分裂算法. 它可以用于求解下面的无约束优化问题：

$$\min_x \ \psi(x) = f(x) + h(x), \tag{8.6.12}$$

其中 f 和 h 是闭凸函数. DRS 算法的迭代格式是

$$x^{k+1} = \text{prox}_{th}(z^k), \tag{8.6.13}$$

$$y^{k+1} = \text{prox}_{tf}(2x^{k+1} - z^k), \tag{8.6.14}$$

$$z^{k+1} = z^k + y^{k+1} - x^{k+1}, \tag{8.6.15}$$

其中 t 是一个正的常数. 我们还可以通过一系列变形来得到 DRS 格式的等价迭代. 首先在原始 DRS 格式中按照 y, z, x 的顺序进行更新，则有

$$\begin{aligned} y^{k+1} &= \text{prox}_{tf}(2x^k - z^k), \\ z^{k+1} &= z^k + y^{k+1} - x^k, \\ x^{k+1} &= \text{prox}_{th}(z^{k+1}). \end{aligned}$$

引入辅助变量 $w^k = z^k - x^k$，并注意到上面迭代中变量 z^k, z^{k+1} 可以消去，则得到 DRS 算法的等价迭代格式

$$y^{k+1} = \text{prox}_{tf}(x^k - w^k), \tag{8.6.16}$$

$$x^{k+1} = \text{prox}_{th}(w^k + y^{k+1}), \tag{8.6.17}$$

$$w^{k+1} = w^k + y^{k+1} - x^{k+1}. \tag{8.6.18}$$

DRS 格式还可以写成关于 z^k 的不动点迭代的形式

$$z^{k+1} = T(z^k), \tag{8.6.19}$$

其中
$$T(z) = z + \text{prox}_{tf}(2\text{prox}_{th}(z) - z) - \text{prox}_{th}(z).$$

将 DRS 格式写成不动点迭代的形式是有好处的：第一，它去掉了迭代中的 x^k, y^k 变量，使得算法形式更加简洁；第二，对不动点迭代的收敛性研究有一些常用的工具和技术手段，例如泛函分析中的压缩映射原理；第三，针对不动点迭代可写出很多种不同类型的加速算法．

下面的定理给出 T 的不动点与 $f+h$ 的极小值之间的关系：

定理 8.14 （1）若 z 是 (8.6.19) 式中 T 的一个不动点，即 $z = T(z)$，则 $x = \text{prox}_{th}(z)$ 是问题 (8.6.12) 的一个最小值点．

（2）若 x 是问题 (8.6.12) 的一个最小值点，则存在 $u \in t\partial f(x) \cap (-t\partial h(x))$，且 $x - u = T(x - u)$，即 $x - u$ 是 T 的一个不动点．

证明 （1）如果 z 是 T 的一个不动点，即
$$z = T(z) = z + \text{prox}_{tf}(2\text{prox}_{th}(z) - z) - \text{prox}_{th}(z),$$

令 $x = \text{prox}_{th}(z)$，则
$$\text{prox}_{tf}(2x - z) = x = \text{prox}_{th}(z).$$

由邻近算子的定义和最优性条件得
$$x - z \in t\partial f(x), \quad z - x \in t\partial h(x).$$

因此，
$$0 \in t\partial f(x) + t\partial h(x).$$

根据凸优化问题的一阶充要条件知，$x = \text{prox}_{th}(z)$ 是问题 (8.6.12) 的一个最小值点．

（2）因为 x 是问题 (8.6.12) 的一个最小值点，根据一阶充要条件，
$$0 \in t\partial f(x) + t\partial h(x),$$

这等价于存在 $u \in t\partial f(x) \cap (-t\partial h(x))$．由定理 8.2,
$$u \in t\partial f(x) \Leftrightarrow x = \text{prox}_{tf}(x + u),$$
$$u \in (-t\partial h(x)) \Leftrightarrow x = \text{prox}_{th}(x - u),$$

然后可以得到
$$\text{prox}_{tf}(2\text{prox}_{th}(x - u) - (x - u)) - \text{prox}_{th}(x - u) = 0,$$

即
$$x - u = T(x - u).$$

对于不动点迭代，我们可以通过添加松弛项来加快收敛速度，即
$$z^{k+1} = z^k + \rho(T(z^k) - z^k),$$

其中当 $1 < \rho < 2$ 时是超松弛，当 $0 < \rho < 1$ 时是欠松弛. 从而得到 DRS 算法的松弛版本

$$\begin{aligned}x^{k+1} &= \text{prox}_{th}(z^k),\\ y^{k+1} &= \text{prox}_{tf}(2x^{k+1} - z^k),\\ z^{k+1} &= z^k + \rho(y^{k+1} - x^{k+1}),\end{aligned}$$

其等价形式为
$$\begin{aligned}y^{k+1} &= \text{prox}_{tf}(x^k - w^k),\\ x^{k+1} &= \text{prox}_{th}((1-\rho)x^k + \rho y^{k+1} + w^k),\\ w^{k+1} &= w^k + \rho y^{k+1} + (1-\rho)x^k - x^{k+1}.\end{aligned}$$

DRS 算法和 ADMM 有一定的等价关系，考虑本章开始引入的可分的凸问题 (8.6.1)：

$$\begin{aligned}\min_{x_1,x_2} \quad & f_1(x_1) + f_2(x_2),\\ \text{s.t.} \quad & A_1 x_1 + A_2 x_2 = b,\end{aligned}$$

它的对偶问题为无约束复合优化问题
$$\min_z \underbrace{b^\mathrm{T} z + f_1^*(-A_1^\mathrm{T} z)}_{f(z)} + \underbrace{f_2^*(-A_2^\mathrm{T} z)}_{h(z)}, \tag{8.6.20}$$

根据问题 (8.6.20) 的结构拆分出 $f(z)$ 和 $h(z)$，我们对该问题使用 DRS 算法求解. 下面这个定理表明，对原问题 (8.6.1) 使用 ADMM 求解等价于将 DRS 算法应用在对偶问题 (8.6.20) 上.

定理 8.15 如果 $w^1 = -tA_2 x_2^0$，那么对问题 (8.6.20) 应用迭代格式 (8.6.16)—(8.6.18) 等价于应用 ADMM 到问题 (8.6.1).

证明 对于迭代格式 (8.6.16)，其最优性条件为
$$0 \in tb - tA_1 \partial f_1^*(-A_1^\mathrm{T} y^{k+1}) - x^k + w^k + y^{k+1},$$

上式等价于存在 $x_1^k \in \partial f_1^*(-A_1^T y^{k+1})$，使得

$$y^{k+1} = x^k - w^k + t(A_1 x_1^k - b). \tag{8.6.21}$$

根据命题 8.2，$-A_1^T y^{k+1} \in \partial f_1(x_1^k)$，故

$$-A_1^T(x^k - w^k + t(A_1 x_1^k - b)) \in \partial f_1(x_1^k).$$

这就是更新

$$x_1^k = \mathop{\arg\min}_{x_1} \left\{ f_1(x_1) + (x^k)^T (A_1 x_1 - b) + \frac{t}{2} \left\| A_1 x_1 - b - \frac{w^k}{t} \right\|_2^2 \right\}$$

的最优性条件.

类似地，迭代 (8.6.17) 的最优性条件为

$$0 \in t A_2 \partial f_2^*(-A_2^T x^{k+1}) + w^k + y^{k+1} - x^{k+1},$$

其等价于存在 $x_2^k \in \partial f_2^*(-A_2^T x^{k+1})$，使得

$$x^{k+1} = x^k + t(A_1 x_1^k + A_2 x_2^k - b). \tag{8.6.22}$$

同样地，根据命题 8.2，$-A_2^T x^{k+1} \in \partial f_2(x_2^k)$，所以可得

$$-A_2^T(x^k + t(A_1 x_1^k + A_2 x_2^k - b)) \in \partial f_2(x_2^k),$$

其等价于

$$x_2^k = \mathop{\arg\min}_{x_2} \left\{ f_2(x_2) + (x^k)^T (A_2 x_2) + \frac{t}{2} \| A_1 x_1 + A_2 x_2 - b \|_2^2 \right\}.$$

由 (8.6.21) 式和 (8.6.22) 式可得 w-更新转化为 $w^{k+1} = -t A_2 x_2^k$. 令 $z^k = x^{k+1}$，总结上面的更新，可得

$$x_1^k = \mathop{\arg\min}_{x_1} \left\{ f_1(x_1) + (z^{k-1})^T A_1 x_1 + \frac{t}{2} \| A_1 x_1 + A_2 x_2^{k-1} - b \|^2 \right\},$$

$$x_2^k = \mathop{\arg\min}_{x_2} \left\{ f_2(x_2) + (z^{k-1})^T A_2 x_2 + \frac{t}{2} \| A_1 x_1^k + A_2 x_2 - b \|^2 \right\},$$

$$z^k = z^{k-1} + t(A_1 x_1^k + A_2 x_2^k - b),$$

这就是交替方向乘子法应用到问题 (8.6.1)，其中罚因子 $\rho = t$，步长 $\tau = 1$.

以上论证过程均可以逆推，因此等价性成立. □

8.6.3 常见变形和技巧

本小节将给出交替方向乘子法的一些变形以及实现交替方向乘子法的一些技巧.

1. 线性化

我们构造 ADMM 的初衷是将自变量拆分，最终使得关于 x_1 和 x_2 的子问题有显式解. 但是在实际应用中，有时子问题并不容易求解，或者没有必要精确求解. 那么如何寻找子问题的一个近似呢？

不失一般性，我们考虑第一个子问题，即

$$\min_{x_1} \ f_1(x_1) + \frac{\rho}{2}\|A_1x_1 - v^k\|^2, \tag{8.6.23}$$

其中

$$v^k = b - A_2x_2^k - \frac{1}{\rho}y^k. \tag{8.6.24}$$

当子问题不能显式求解时，可采用**线性化**的方法 [147] 近似求解问题 (8.6.23). 线性化技巧实际上是使用近似点项对子问题目标函数进行二次近似. 当子问题目标函数可微时，线性化将问题 (8.6.23) 变为

$$x_1^{k+1} = \mathop{\arg\min}_{x_1} \left\{ \left(\nabla f_1(x_1^k) + \rho A_1^{\mathrm{T}}\left(A_1x_1^k - v^k\right)\right)^{\mathrm{T}} x_1 + \frac{1}{2\eta_k}\|x_1 - x_1^k\|_2^2 \right\},$$

其中 η_k 是步长参数，这等价于做一步梯度下降. 当目标函数不可微时，可以考虑只将二次项线性化，即

$$x_1^{k+1} = \mathop{\arg\min}_{x_1} \left\{ f_1(x_1) + \rho\left(A_1^{\mathrm{T}}(A_1x_1^k - v^k)\right)^{\mathrm{T}} x_1 + \frac{1}{2\eta_k}\|x_1 - x_1^k\|_2^2 \right\},$$

这等价于求解子问题 (8.6.23) 时做一步近似点梯度步. 当然，若 $f_1(x_1)$ 是可微函数与不可微函数的和时，也可将其可微部分线性化.

2. 缓存分解

如果目标函数中含二次函数，例如 $f_1(x_1) = \frac{1}{2}\|Cx_1 - d\|_2^2$，那么针对 x_1 的更新 (8.6.5) 等价于求解线性方程组

$$(C^{\mathrm{T}}C + \rho A_1^{\mathrm{T}}A_1)x_1 = C^{\mathrm{T}}d + \rho A_1^{\mathrm{T}}v^k,$$

其中 v^k 的定义如 (8.6.24) 式. 虽然子问题有显式解，但是每步求解的复杂度仍然比较高，这时候可以考虑用**缓存分解**的方法. 首先对 $C^{\mathrm{T}}C + \rho A_1^{\mathrm{T}}A_1$ 进行 Cholesky 分解并缓存分解的结果，在每步迭代中只需要求解简单的三角形方程组；当 ρ 发生更新时，就要重新进行分解. 特别地，当 $C^{\mathrm{T}}C + \rho A_1^{\mathrm{T}}A_1$ 一部分容易求逆，另一部分是低秩的情形时，可以用 SMW 公式 (B.1.2) 来求逆.

3. 优化转移

有时候为了方便求解子问题，可以用一个性质好的矩阵 D 近似二次项 $A_1^{\mathrm{T}}A_1$，此时子问题 (8.6.23) 替换为

$$x_1^{k+1} = \mathop{\arg\min}_{x_1} \left\{ f_1(x_1) + \frac{\rho}{2}\|A_1x_1 - v^k\|_2^2 + \frac{\rho}{2}(x_1 - x_1^k)^{\mathrm{T}}(D - A_1^{\mathrm{T}}A_1)(x_1 - x_1^k) \right\},$$

其中 v^k 的定义如 (8.6.24) 式，这种方法也称为**优化转移**. 通过选取合适的 D，当计算 $\mathop{\arg\min}\limits_{x_1}\{f_1(x_1) + \frac{\rho}{2}x_1^{\mathrm{T}}Dx_1\}$ 明显比计算 $\mathop{\arg\min}\limits_{x_1}\{f_1(x_1) + \frac{\rho}{2}x_1^{\mathrm{T}}A_1^{\mathrm{T}}A_1x_1\}$ 要容易时，优化转移可以极大地简化子问题的计算. 特别地，当 $D = \frac{\eta_k}{\rho}I$ 时，优化转移等价于做单步的近似点梯度步.

4. 二次罚项系数的动态调节

动态调节二次罚项系数在交替方向乘子法的实际应用中是一个非常重要的数值技巧. 在介绍 ADMM 时我们引入了原始可行性和对偶可行性（分别用 $\|r^k\|$ 和 $\|s^k\|$ 度量），见 (8.6.11) 式. 在实际求解过程中，二次罚项系数 ρ 太大会导致原始可行性 $\|r^k\|$ 下降很快，但是对偶可行性 $\|s^k\|$ 下降很慢；二次罚项系数太小，则会有相反的效果. 这样都会导致收敛比较慢或得到的解的可行性很差. 一个自然的想法是在每次迭代时动态调节惩罚系数 ρ 的大小，从而使得原始可行性和对偶可行性能够以比较一致的速度下降到零. 这种做法通常可以改善算法在实际中的收敛效果，以及使算法表现更少地依赖于惩罚系数的初始选择. 一个简单有效的方式是令

$$\rho^{k+1} = \begin{cases} \gamma_p \rho^k, & \|r^k\| > \mu \|s^k\|, \\ \dfrac{\rho^k}{\gamma_d}, & \|s^k\| > \mu \|r^k\|, \\ \rho^k, & \text{其他,} \end{cases}$$

其中 $\mu > 1, \gamma_p > 1, \gamma_d > 1$ 是参数，常见的选择为 $\mu = 10, \gamma_p = \gamma_d = 2$. 该惩罚参数更新方式背后的想法是在迭代过程中，将原始可行性 $\|r^k\|$ 和对偶可行性 $\|s^k\|$ 保持在彼此的 μ 倍内. 如果发现 $\|r^k\|$ 或 $\|s^k\|$ 下降过慢就应该相应增大或减小二次罚项系数 ρ^k. 但在改变 ρ^k 的时候需要注意，若之前利用了缓存分解的技巧，此时分解需要重新计算. 更一般地，我们可以考虑对每一个约束给一个不同的惩罚系数，甚至可以将增广拉格朗日函数 (8.6.2) 中的二次项 $\frac{\rho}{2}\|r\|^2$ 替换为 $\frac{\rho}{2}r^{\mathrm{T}}Pr$，其中 P 是一个对称正定矩阵. 如果 P 在整个迭代过程中是不变的，我们可以将这个一般的交替方向乘子法解释为将标准的交替方向乘子法应用在修改后的初始问题上——等式约束 $A_1x_1 + A_2x_2 - b = 0$ 替换为 $F(A_1x_1 + A_2x_2 - b) = 0$，其中 F 为 P 的 Cholesky 因子，即 $F^{\mathrm{T}}F = P$ 且 F 是对角元为正数的上三角形矩阵.

5. 超松弛

另外一种想法是用**超松弛**的技巧，在 (8.6.6) 式与 (8.6.7) 式中，$A_1x_1^{k+1}$ 可以被替换为

$$\alpha_k A_1 x_1^{k+1} - (1 - \alpha_k)(A_2 x_2^k - b),$$

其中 $\alpha_k \in (0,2)$ 是一个松弛参数. 当 $\alpha_k > 1$ 时, 这种技巧称为超松弛; 当 $\alpha_k < 1$ 时, 这种技巧称为欠松弛. 实验表明 $\alpha_k \in [1.5, 1.8]$ 的超松弛可以提高收敛速度.

6. 多块与非凸问题的 ADMM

在引入问题 (8.6.1) 时, 我们提到了有两块变量 x_1, x_2. 这个问题不难推广到有多块变量的情形:

$$\min_{x_1, x_2, \cdots, x_N} f_1(x_1) + f_2(x_2) + \cdots + f_N(x_N), \\ \text{s.t.} \quad A_1 x_1 + A_2 x_2 + \cdots + A_N x_N = b, \tag{8.6.25}$$

这里 $f_i(x_i)$ 是闭凸函数, $x_i \in \mathbb{R}^{n_i}, A_i \in \mathbb{R}^{m \times n_i}$. 同样可以写出问题 (8.6.25) 的增广拉格朗日函数 $L_\rho(x_1, x_2, \cdots, x_N, y)$, 相应的多块 ADMM 迭代格式为

$$\begin{aligned}
x_1^{k+1} &= \arg\min_x L_\rho(x, x_2^k, \cdots, x_N^k, y^k), \\
x_2^{k+1} &= \arg\min_x L_\rho(x_1^{k+1}, x, \cdots, x_N^k, y^k), \\
&\cdots\cdots\cdots\cdots \\
x_N^{k+1} &= \arg\min_x L_\rho(x_1^{k+1}, x_2^{k+1}, \cdots, x, y^k), \\
y^{k+1} &= y^k + \tau\rho(A_1 x_1^{k+1} + A_2 x_2^{k+1} + \cdots + A_N x_N^{k+1} - b),
\end{aligned}$$

其中 $\tau \in \left(0, \dfrac{\sqrt{5}+1}{2}\right)$ 为步长参数.

针对非凸问题, ADMM 格式可能不是良定义的, 即每个子问题可能不存在最小值或最小值点不唯一. 若只考虑子问题解存在的情形, 我们依然可以形式上利用 ADMM 格式 (8.6.5)—(8.6.7) 对非凸问题进行求解. 这里 argmin 应该理解为选取子问题最小值点中的一个.

和有两块变量的凸问题上的 ADMM 格式相比, 多块 (非凸) ADMM 可能不具有收敛性. 但在找到有效算法之前, 这两种 ADMM 算法的变形都是值得一试的. 它们在某些实际问题上也有不错的效果.

8.6.4 应用举例

本小节给出一些交替方向乘子法的应用实例. 在实际中, 大多数问题并不直接具有问题 (8.6.1) 的形式. 我们需要通过一系列拆分技巧将问题化成 ADMM 的标准形式, 同时要求每一个子问题尽量容易求解. 需要指出的是, 对同一个问题可能有多种拆分方式, 不同方式导出的最终算法可能差异巨大, 读者应当选择最容易求解的拆分方式.

1. LASSO 问题

LASSO 问题为

$$\min \quad \mu\|x\|_1 + \frac{1}{2}\|Ax - b\|^2.$$

这是典型的无约束复合优化问题，我们可以很容易地将其写成 ADMM 标准问题形式：

$$\min_{x,z} \quad f(x) + h(z),$$
$$\text{s.t.} \quad x = z,$$

其中 $f(x) = \frac{1}{2}\|Ax - b\|^2$，$h(z) = \mu\|z\|_1$. 对于此问题，交替方向乘子法迭代格式为

$$\begin{aligned}
x^{k+1} &= \underset{x}{\arg\min} \left\{ \frac{1}{2}\|Ax - b\|^2 + \frac{\rho}{2}\left\|x - z^k + \frac{1}{\rho}y^k\right\|^2 \right\}, \\
&= (A^\mathrm{T} A + \rho I)^{-1}(A^\mathrm{T} b + \rho z^k - y^k), \\
z^{k+1} &= \underset{z}{\arg\min} \left\{ \mu\|z\|_1 + \frac{\rho}{2}\left\|x^{k+1} - z + \frac{1}{\rho}y^k\right\|^2 \right\}, \\
&= \text{prox}_{(\mu/\rho)\|\cdot\|_1}\left(x^{k+1} + \frac{1}{\rho}y^k\right), \\
y^{k+1} &= y^k + \tau\rho(x^{k+1} - z^{k+1}).
\end{aligned}$$

注意，因为 $\rho > 0$，所以 $A^\mathrm{T} A + \rho I$ 总是可逆的. x 迭代本质上是计算一个岭回归问题（ℓ_2 范数平方正则化的最小二乘问题）；而对 z 的更新为 ℓ_1 范数的邻近算子，同样有显式解. 在求解 x 迭代时，若使用固定的罚因子 ρ，我们可以缓存矩阵 $A^\mathrm{T} A + \rho I$ 的初始分解，从而减小后续迭代中的计算量. 需要注意的是，在 LASSO 问题中，矩阵 $A \in \mathbb{R}^{m \times n}$ 通常有较多的列（即 $m \ll n$），因此 $A^\mathrm{T} A \in \mathbb{R}^{n \times n}$ 是一个低秩矩阵，二次罚项的作用就是将 $A^\mathrm{T} A$ 增加了一个正定项. 该 ADMM 的主要运算量来自更新 x 变量时求解线性方程组，复杂度为 $\mathcal{O}(n^3)$（若使用缓存分解技术或 SMW 公式 (B.1.2) 则可进一步降低每次迭代的运算量）.

接下来考虑 LASSO 问题的对偶问题

$$\begin{aligned}
\min \quad & b^\mathrm{T} y + \frac{1}{2}\|y\|^2, \\
\text{s.t.} \quad & \|A^\mathrm{T} y\|_\infty \leq \mu.
\end{aligned} \tag{8.6.26}$$

将 $\|A^\mathrm{T} y\|_\infty \leq \mu$ 变成示性函数放在目标函数中，并引入约束 $A^\mathrm{T} y + z = 0$，可

以得到如下等价问题：

$$\min\ \underbrace{b^\mathrm{T} y + \frac{1}{2}\|y\|^2}_{f(y)} + \underbrace{I_{\|z\|_\infty \leqslant \mu}(z)}_{h(z)}, \quad (8.6.27)$$
$$\text{s.t.}\ \ A^\mathrm{T} y + z = 0.$$

对约束 $A^\mathrm{T} y + z = 0$ 引入乘子 x，对偶问题的增广拉格朗日函数为

$$L_\rho(y,z,x) = b^\mathrm{T} y + \frac{1}{2}\|y\|^2 + I_{\|z\|_\infty \leqslant \mu}(z) - x^\mathrm{T}(A^\mathrm{T} y + z) + \frac{\rho}{2}\|A^\mathrm{T} y + z\|^2.$$

在这里我们故意引入符号 x 作为拉格朗日乘子，实际上可以证明（见习题 8.18）x 恰好对应的是原问题的自变量．以下说明如何求解每个子问题．当固定 y,x 时，对 z 的更新即向无穷范数球 $\{z \mid \|z\|_\infty \leqslant \mu\}$ 做欧几里得投影，即将每个分量截断在区间 $[-\mu, \mu]$ 中；当固定 z, x 时，对 y 的更新即求解线性方程组

$$(I + \rho A A^\mathrm{T})y = A(x^k - \rho z^{k+1}) - b.$$

因此得到 ADMM 迭代格式为

$$\begin{aligned}
z^{k+1} &= \mathcal{P}_{\|z\|_\infty \leqslant \mu}\left(\frac{x^k}{\rho} - A^\mathrm{T} y^k\right), \\
y^{k+1} &= (I + \rho A A^\mathrm{T})^{-1}\left(A(x^k - \rho z^{k+1}) - b\right), \\
x^{k+1} &= x^k - \tau\rho(A^\mathrm{T} y^{k+1} + z^{k+1}).
\end{aligned}$$

注意，虽然 ADMM 应用于对偶问题也需要求解一个线性方程组，但由于 LASSO 问题的特殊性（$m \ll n$），求解 y 更新的线性方程组需要的计算量是 $\mathcal{O}(m^3)$，使用缓存分解技巧后可进一步降低至 $\mathcal{O}(m^2)$，这大大小于针对原问题的 ADMM．

对原问题，另一种可能的拆分方法是

$$\min\ \underbrace{\mu\|x\|_1}_{f(x)} + \underbrace{\frac{1}{2}\|z\|^2}_{h(z)},$$
$$\text{s.t.}\ \ z = Ax - b,$$

可以写出其增广拉格朗日函数为

$$L_\rho(x,z,y) = \mu\|x\|_1 + \frac{1}{2}\|z\|^2 + y^\mathrm{T}(Ax - b - z) + \frac{\rho}{2}\|Ax - b - z\|^2.$$

但是如果对这种拆分方式使用 ADMM，求解 x 的更新本质上还是在求解一个 LASSO 问题！这种变形方式将问题绕回了起点，因此并不是一个实用的方法．

我们用同第 6.2 节中一样的 A 和 b，并取 $\mu = 10^{-3}$，分别使用 ADMM 求解原问题和对偶问题，这里取 $\tau = 1.618$，原问题和对偶问题的参数 ρ 分别为

0.01 和 100，终止条件设为 $|f(x^k) - f(x^{k-1})| < 10^{-8}$ 和最大迭代步数 2000. 此外，对于原问题的 ADMM，我们还添加终止条件 $\|x^k - z^k\| < 10^{-10}$；相应地，对于对偶问题，额外的终止条件取为 $\|A^\mathrm{T} y^k + z^k\| < 10^{-10}$，算法结果见图 8.9. 这里的 ADMM 没有使用连续化策略来调整 μ，因此可以看出 ADMM 相对其他算法的强大之处. 此外，对于这个例子，求解原问题需要的迭代步较少，但求解对偶问题每一步迭代所需要的时间更短，综合来看 ADMM 求解对偶问题时更快.

图 8.9 ADMM 求解 LASSO 问题

2. 广义 LASSO 问题

广义 LASSO 问题的定义为

$$\min_x \quad \mu\|Fx\|_1 + \frac{1}{2}\|Ax - b\|^2. \tag{8.6.28}$$

在 LASSO 问题中，增加 $\|x\|_1$ 项是要保证 x 的稀疏性，而对许多问题，x 本身不稀疏，但在某种变换下是稀疏的. 一个重要的例子是当 $F \in \mathbb{R}^{(n-1) \times n}$ 是一阶差分矩阵，即

$$F_{ij} = \begin{cases} 1, & j = i + 1, \\ -1, & j = i, \\ 0, & \text{其他}, \end{cases}$$

且 $A = I$ 时，广义 LASSO 问题为

$$\min_x \quad \frac{1}{2}\|x - b\|^2 + \mu \sum_{i=1}^{n-1} |x_{i+1} - x_i|,$$

这个问题就是图像去噪问题的 TV 模型 [165]；当 $A = I$ 且 F 是二阶差分矩阵时，问题 (8.6.28) 称为一范数趋势滤波 [112]. 下面介绍如何使用 ADMM 求

解问题 (8.6.28). 通过引入约束 $Fx = z$, 我们将问题 (8.6.28) 写为交替方向乘子法所对应问题的形式:

$$\min_{x,z} \quad \frac{1}{2}\|Ax - b\|^2 + \mu\|z\|_1, \\ \text{s.t.} \quad Fx - z = 0, \tag{8.6.29}$$

引入乘子 y, 问题(8.6.29)的增广拉格朗日函数

$$L_\rho(x,z,y) = \frac{1}{2}\|Ax - b\|^2 + \mu\|z\|_1 + y^\mathrm{T}(Fx - z) + \frac{\rho}{2}\|Fx - z\|^2.$$

此问题的 x 迭代是求解方程组

$$(A^\mathrm{T}A + \rho F^\mathrm{T}F)x = A^\mathrm{T}b + \rho F^\mathrm{T}\left(z^k - \frac{y^k}{\rho}\right),$$

而 z 迭代依然通过 ℓ_1 范数的邻近算子. 因此交替方向乘子法所产生的迭代为

$$x^{k+1} = (A^\mathrm{T}A + \rho F^\mathrm{T}F)^{-1}\left(A^\mathrm{T}b + \rho F^\mathrm{T}\left(z^k - \frac{y^k}{\rho}\right)\right),$$
$$z^{k+1} = \mathrm{prox}_{(\mu/\rho)\|\cdot\|_1}\left(Fx^{k+1} + \frac{y^k}{\rho}\right),$$
$$y^{k+1} = y^k + \tau\rho(Fx^{k+1} - z^{k+1}).$$

在这个问题中, ADMM 迭代的主要计算量仍在 x 更新上. 由于图像去噪问题涉及的变量数量可能有上百万, 这一步迭代就要涉及求解一个百万量级的线性方程组. 在这种数据规模下不适合再使用矩阵分解的方式求解方程组, 而应当注意系数矩阵的特殊结构. 对于全变差去噪问题, $A^\mathrm{T}A + \rho F^\mathrm{T}F$ 是三对角矩阵, 所以此时 x 迭代可以在 $\mathcal{O}(n)$ 的时间复杂度内解决 [85]; 对于图像去模糊问题, A 是卷积算子, 则利用傅里叶变换可将求解方程组的复杂度降低至 $\mathcal{O}(n\ln n)$; 对于一范数趋势滤波问题, $A^\mathrm{T}A + \rho F^\mathrm{T}F$ 是五对角矩阵, 所以 x 迭代仍可以在 $\mathcal{O}(n)$ 的时间复杂度内解决.

3. 逆协方差矩阵估计

第三章介绍了概率图模型和逆协方差矩阵估计问题. 该问题的基本形式是

$$\min_X \quad \langle S, X \rangle - \ln\det X + \mu\|X\|_1, \tag{8.6.30}$$

其中 S 是已知的对称矩阵, 通常由样本协方差矩阵得到. 变量 $X \in \mathcal{S}_{++}^n$, $\|\cdot\|_1$ 定义为矩阵所有元素绝对值的和. 文献 [167] 说明在这个问题上, 交替方向乘子法具有非常好的表现. 接下来我们说明如何应用交替方向乘子法.

目标函数由光滑项和非光滑项组成，因此引入约束 $X = Z$ 将问题的两部分分离：

$$\min \underbrace{\langle S, X \rangle - \ln \det X}_{f(X)} + \underbrace{\mu \|Z\|_1}_{h(Z)},$$
$$\text{s.t.} \quad X = Z.$$

引入乘子 U 作用在约束 $X - Z = 0$ 上，可得增广拉格朗日函数

$$L_\rho(X, Z, U) = \langle S, X \rangle - \ln \det X + \mu \|Z\|_1 + \langle U, X - Z \rangle + \frac{\rho}{2} \|X - Z\|_F^2.$$

这里注意，针对矩阵情形我们应当使用 F 范数替换 ℓ_2 范数作为增广拉格朗日函数法的罚项。接下来就是分别写出 ADMM 子问题的显式解。首先，固定 Z^k, U^k，则 X 子问题是凸光滑问题，对 X 求矩阵导数并令其为零，

$$S - X^{-1} + U^k + \rho(X - Z^k) = 0.$$

这是一个关于 X 的矩阵方程，可以求出满足上述矩阵方程的唯一正定的 X 为

$$X^{k+1} = Q \mathrm{Diag}(x_1, x_2, \cdots, x_n) Q^{\mathrm{T}},$$

其中 Q 包含矩阵 $S - \rho Z^k + U^k$ 的所有特征向量，x_i 的表达式为

$$x_i = \frac{-d_i + \sqrt{d_i^2 + 4\rho}}{2\rho},$$

d_i 为矩阵 $S - \rho Z^k + U^k$ 的第 i 个特征值。其次，固定 X^{k+1}, U^k，则 Z 的更新为矩阵 ℓ_1 范数的邻近算子。最后是常规的乘子更新。读者可在习题 8.4 中推导相关结论。

4. 矩阵分离问题

考虑矩阵分离问题 (3.8.2)：

$$\min_{X,S} \quad \|X\|_* + \mu \|S\|_1, \tag{8.6.31}$$
$$\text{s.t.} \quad X + S = M,$$

其中 $\|\cdot\|_*$ 与 $\|\cdot\|_1$ 分别表示矩阵的核范数与 ℓ_1 范数。引入乘子 Y 作用在约束 $X + S = M$ 上，我们可以得到此问题的增广拉格朗日函数

$$L_\rho(X, S, Y) = \|X\|_* + \mu \|S\|_1 + \langle Y, X + S - M \rangle + \frac{\rho}{2} \|X + S - M\|_F^2. \tag{8.6.32}$$

在第 $(k+1)$ 步，交替方向乘子法分别求解关于 X 和 S 的子问题来更新得到 X^{k+1} 和 S^{k+1}。对于 X 子问题，

$$X^{k+1} = \arg\min_X L_\rho(X, S^k, Y^k)$$

$$\begin{aligned}
&= \underset{X}{\arg\min} \left\{ \|X\|_* + \frac{\rho}{2} \left\| X + S^k - M + \frac{Y^k}{\rho} \right\|_F^2 \right\} \\
&= \underset{X}{\arg\min} \left\{ \frac{1}{\rho}\|X\|_* + \frac{1}{2} \left\| X + S^k - M + \frac{Y^k}{\rho} \right\|_F^2 \right\} \\
&= U\mathrm{Diag}\left(\mathrm{prox}_{(1/\rho)\|\cdot\|_1}(\sigma(A))\right) V^\mathrm{T},
\end{aligned}$$

其中 $A = M - S^k - \dfrac{Y^k}{\rho}$，$\sigma(A)$ 为 A 的所有非零奇异值构成的向量并且 $U\mathrm{Diag}(\sigma(A))V^\mathrm{T}$ 为 A 的约化奇异值分解. 对于 S 子问题，

$$\begin{aligned}
S^{k+1} &= \underset{S}{\arg\min}\ L_\rho(X^{k+1},S,Y^k) \\
&= \underset{S}{\arg\min} \left\{ \mu\|S\|_1 + \frac{\rho}{2} \left\| X^{k+1} + S - M + \frac{Y^k}{\rho} \right\|_F^2 \right\} \\
&= \mathrm{prox}_{(\mu/\rho)\|\cdot\|_1}\left(M - X^{k+1} - \frac{Y^k}{\rho} \right).
\end{aligned}$$

对于乘子 Y，依然使用常规更新，即

$$Y^{k+1} = Y^k + \tau\rho(X^{k+1} + S^{k+1} - M).$$

那么，交替方向乘子法的迭代格式为

$$\begin{aligned}
X^{k+1} &= U\mathrm{Diag}\left(\mathrm{prox}_{(1/\rho)\|\cdot\|_1}(\sigma(A))\right) V^\mathrm{T}, \\
S^{k+1} &= \mathrm{prox}_{(\mu/\rho)\|\cdot\|_1}\left(M - L^{k+1} - \frac{Y^k}{\rho} \right), \\
Y^{k+1} &= Y^k + \tau\rho(X^{k+1} + S^{k+1} - M).
\end{aligned}$$

5. 全局一致性优化问题

第 8.6.1 小节介绍了全局一致性优化问题

$$\min_x\ \sum_{i=1}^N \phi_i(x)$$

并给出了一个拆分方式

$$\min_{x_i,z}\ \sum_{i=1}^N \phi_i(x_i),$$
$$\text{s.t.}\quad x_i - z = 0,\ i = 1,2,\cdots,N,$$

其增广拉格朗日函数

$$L_\rho(x_1,\cdots,x_N,z,y_1,\cdots,y_N) = \sum_{i=1}^N \phi_i(x_i) + \sum_{i=1}^N y_i^\mathrm{T}(x_i - z) + \frac{\rho}{2}\sum_{i=1}^N \|x_i - z\|^2.$$

固定 z^k, y_i^k，更新 x_i 的公式为

$$x_i^{k+1} = \arg\min_x \left\{ \phi_i(x) + \frac{\rho}{2} \left\| x - z^k + \frac{y_i^k}{\rho} \right\|^2 \right\}, \tag{8.6.33}$$

在这里注意，虽然表面上看增广拉格朗日函数有 $(N+1)$ 个变量块，但本质上还是两个变量块．这是因为在更新某 x_i 时并没有利用 x_i 的信息，所有 x_i 可以看成一个整体．相应地，所有乘子 y_i 也可以看成一个整体．迭代式 (8.6.33) 的具体计算依赖于 ϕ_i 的形式，在一般情况下更新 x_i 的表达式为

$$x_i^{k+1} = \text{prox}_{\phi_i/\rho}\left(z^k - \frac{y_i^k}{\rho}\right).$$

固定 x_i^{k+1}, y_i^k，问题关于 z 是二次函数，因此可以直接写出显式解：

$$z^{k+1} = \frac{1}{N} \sum_{i=1}^{N} \left(x_i^{k+1} + \frac{y_i^k}{\rho} \right).$$

综上，该问题的交替方向乘子法迭代格式为

$$x_i^{k+1} = \text{prox}_{\phi_i/\rho}\left(z^k - \frac{y_i^k}{\rho}\right), \quad i = 1, 2, \cdots, N,$$

$$z^{k+1} = \frac{1}{N} \sum_{i=1}^{N} \left(x_i^{k+1} + \frac{y_i^k}{\rho} \right),$$

$$y_i^{k+1} = y_i^k + \tau\rho(x_i^{k+1} - z^{k+1}), \quad i = 1, 2, \cdots, N.$$

6. 非凸集合上的优化问题

非凸集合上的优化问题可以表示为

$$\begin{aligned} \min \quad & f(x), \\ \text{s.t.} \quad & x \in S, \end{aligned} \tag{8.6.34}$$

其中 f 是闭凸函数，但 S 是非凸集合．利用例 8.22 的技巧，对集合 S 引入示性函数 $I_S(z)$ 并做拆分，可得到问题 (8.6.34) 的等价优化问题：

$$\begin{aligned} \min \quad & f(x) + I_S(z), \\ \text{s.t.} \quad & x - z = 0. \end{aligned} \tag{8.6.35}$$

其增广拉格朗日函数

$$L_\rho(x, z, y) = f(x) + I_S(z) + y^\mathrm{T}(x - z) + \frac{\rho}{2}\|x - z\|^2.$$

由于 f 是闭凸函数，固定 z, y 后对 x 求极小就是计算邻近算子：

$$x^{k+1} = \text{prox}_{f/\rho}\left(z^k - \frac{y^k}{\rho}\right).$$

固定 x,y，对 z 求极小实际上是到非凸集合上的投影问题：

$$z^{k+1} = \arg\min_{z \in S} \frac{1}{2} \left\| z - \left(x^{k+1} + \frac{y^k}{\rho} \right) \right\|^2 = \mathcal{P}_S \left(x^{k+1} + \frac{y^k}{\rho} \right).$$

一般来说，由于 S 是非凸集合，计算 $\mathcal{P}_S$ 是比较困难的（例如不能保证存在性和唯一性），但是当 S 有特定结构时，到 S 上的投影可以精确求解。

（1）基数：如果 $S = \{x \mid \|x\|_0 \leqslant c\}$，其中 $\|\cdot\|_0$ 表示 ℓ_0 范数，即非零元素的数目，那么计算任意向量 v 到 S 中的投影就是保留 v 分量中绝对值从大到小排列的前 c 个，其余分量变成 0. 假设 v 的各个分量满足

$$|v_{i_1}| \geqslant |v_{i_2}| \geqslant \cdots \geqslant |v_{i_n}|,$$

则投影算子可写成

$$(\mathcal{P}_S(v))_i = \begin{cases} v_i, & i \in \{i_1, i_2, \cdots, i_c\}, \\ 0, & \text{其他}. \end{cases}$$

（2）低秩投影：当变量 $x \in \mathbb{R}^{m \times n}$ 是矩阵时，一种常见的非凸约束是在低秩矩阵空间中进行优化问题求解，即 $S = \{x \mid \text{rank}(x) \leqslant r\}$. 此时到低秩矩阵空间上的投影等价于对 x 做截断奇异值分解. 设 x 的奇异值分解为

$$x = \sum_{i=1}^{\min\{m,n\}} \sigma_i u_i v_i^{\mathrm{T}},$$

其中 $\sigma_1 \geqslant \sigma_2 \geqslant \cdots \geqslant \sigma_{\min\{m,n\}} \geqslant 0$ 为奇异值，u_i, v_i 为对应的左右奇异向量，则 $\mathcal{P}_S$ 的表达式为

$$\mathcal{P}_S(x) = \sum_{i=1}^{r} \sigma_i u_i v_i^{\mathrm{T}}.$$

（3）布尔（Bool）约束：如果限制变量 x 只能在 $\{0,1\}$ 中取值，即 $S = \{0,1\}^n$，容易验证 $\mathcal{P}_S(v)$ 就是简单地把 v 的每个分量 v_i 变为 0 和 1 中离它更近的数，一种实现方式是分别对它们做四舍五入操作。

7. 非负矩阵分解和补全

非负矩阵分解和补全是一个非常重要的统计学习方法，它可以看作非负矩阵分解问题和低秩矩阵补全问题的结合，即已知一个非负矩阵的部分元素，求其非负分解。

假设我们有从一个非负、秩为 r 的矩阵 $M \in \mathbb{R}^{m \times n}$ 中采样的部分元素 $M_{i,j}$, $(i,j) \in \Omega \subset \{1,2,\cdots,m\} \times \{1,2,\cdots,n\}$，目标是要找到非负矩阵 $X \in \mathbb{R}^{m \times q}, Y \in \mathbb{R}^{q \times n}$ 使得 $\|M - XY\|_F^2$ 极小. 一般地，因为数据和应用问题的不同，q 可以等于、小于或者大于 r. 定义矩阵 $P \in \mathbb{R}^{m \times n}$：

$$P_{ij} = \begin{cases} 1, & (i,j) \in \Omega, \\ 0, & \text{其他}, \end{cases}$$

则非负矩阵分解和补全问题可以写成如下形式：

$$\min_{X,Y} \quad \|P \odot (XY - M)\|_F^2,$$
$$\text{s.t.} \quad X_{ij} \geqslant 0, Y_{ij} \geqslant 0, \forall i,j.$$

注意，这个问题是非凸的.

为了利用交替方向乘子法的优势，我们考虑如下等价形式：

$$\min_{U,V,X,Y,Z} \quad \frac{1}{2}\|XY - Z\|_F^2,$$
$$\text{s.t.} \quad X = U, Y = V,$$
$$U \geqslant 0, V \geqslant 0,$$
$$P \odot (Z - M) = 0.$$

对于等式约束 $X = U$ 和 $Y = V$ 分别引入拉格朗日乘子 Λ 和 Π，并保留非负约束 $U \geqslant 0, V \geqslant 0$ 和观测值约束 $P \odot (Z - M) = 0$，则增广拉格朗日函数为

$$\begin{aligned}&L_{\alpha,\beta}(X,Y,Z,U,V,\Lambda,\Pi)\\&=\frac{1}{2}\|XY - Z\|_F^2 + \langle \Lambda, X - U \rangle + \langle \Pi, Y - V \rangle +\\&\quad \frac{\alpha}{2}\|X - U\|_F^2 + \frac{\beta}{2}\|Y - V\|_F^2.\end{aligned} \quad (8.6.36)$$

应用交替方向乘子法，可得

$$X^{k+1} = \mathop{\arg\min}_{X} L_{\alpha,\beta}(X,Y^k,Z^k,U^k,V^k,\Lambda^k,\Pi^k),$$
$$Y^{k+1} = \mathop{\arg\min}_{Y} L_{\alpha,\beta}(X^{k+1},Y,Z^k,U^k,V^k,\Lambda^k,\Pi^k),$$
$$Z^{k+1} = \mathop{\arg\min}_{P \odot (Z-M)=0} L_{\alpha,\beta}(X^{k+1},Y^{k+1},Z,U^k,V^k,\Lambda^k,\Pi^k),$$
$$U^{k+1} = \mathop{\arg\min}_{U \geqslant 0} L_{\alpha,\beta}(X^{k+1},Y^{k+1},Z^{k+1},U,V^k,\Lambda^k,\Pi^k),$$
$$V^{k+1} = \mathop{\arg\min}_{V \geqslant 0} L_{\alpha,\beta}(X^{k+1},Y^{k+1},Z^{k+1},U^{k+1},V,\Lambda^k,\Pi^k),$$
$$\Lambda^{k+1} = \Lambda^k + \tau\alpha(X^{k+1} - U^{k+1}),$$
$$\Pi^{k+1} = \Pi^k + \tau\beta(Y^{k+1} - V^{k+1}).$$

将子问题求解，可得

$$X^{k+1} = (Z^k(Y^k)^{\mathrm{T}} + \alpha U^k - \Lambda^k)(Y^k(Y^k)^{\mathrm{T}} + \alpha I)^{-1},$$
$$Y^{k+1} = ((X^{k+1})^{\mathrm{T}}X^{k+1} + \beta I)^{-1}((X^{k+1})^{\mathrm{T}}Z^k + \beta V^k - \Pi^k),$$
$$Z^{k+1} = X^{k+1}Y^{k+1} + P \odot (M - X^{k+1}Y^{k+1}),$$

$$U^{k+1} = \mathcal{P}_+\left(X^{k+1} + \frac{\Lambda^k}{\alpha}\right),$$

$$V^{k+1} = \mathcal{P}_+\left(Y^{k+1} + \frac{\Pi^k}{\beta}\right),$$

$$\Lambda^{k+1} = \Lambda^k + \tau\alpha(X^{k+1} - U^{k+1}),$$

$$\Pi^{k+1} = \Pi^k + \tau\beta(Y^{k+1} - V^{k+1}),$$

其中 $(\mathcal{P}_+(A))_{ij} = \max\{a_{ij}, 0\}$. 注意，该格式为多块交替方向乘子法，其收敛性可能需要较强的假设.

8. 多块交替方向乘子法的反例

这里给出一个多块交替方向乘子法的例子，并且从数值上说明若直接采用格式 (8.6.25)，则算法未必收敛.

考虑最优化问题

$$\begin{aligned} \min \quad & 0, \\ \text{s.t.} \quad & A_1 x_1 + A_2 x_2 + A_3 x_3 = 0, \end{aligned} \quad (8.6.37)$$

其中 $A_i \in \mathbb{R}^3$, $i = 1, 2, 3$ 为三维空间中的非零向量，$x_i \in \mathbb{R}$, $i = 1, 2, 3$ 是自变量. 问题 (8.6.37) 实际上就是求解三维空间中的线性方程组，若 A_1, A_2, A_3 线性无关，则问题 (8.6.37) 只有零解. 此时容易计算出最优解对应的乘子为 $y = (0, 0, 0)^\mathrm{T}$.

现在我们推导多块交替方向乘子法的格式. 问题 (8.6.37) 的增广拉格朗日函数为

$$L_\rho(x, y) = 0 + y^\mathrm{T}(A_1 x_1 + A_2 x_2 + A_3 x_3) + \frac{\rho}{2}\|A_1 x_1 + A_2 x_2 + A_3 x_3\|^2.$$

当固定 x_2, x_3, y 时，对 x_1 求最小可推出

$$A_1^\mathrm{T} y + \rho A_1^\mathrm{T}(A_1 x_1 + A_2 x_2 + A_3 x_3) = 0,$$

整理可得

$$x_1 = -\frac{1}{\|A_1\|^2} A_1^\mathrm{T}\left(\frac{y}{\rho} + A_2 x_2 + A_3 x_3\right).$$

可类似地计算 x_2, x_3 的表达式，因此多块交替方向乘子法的迭代格式可以写为

$$\begin{aligned} x_1^{k+1} &= -\frac{1}{\|A_1\|^2} A_1^\mathrm{T}\left(\frac{y^k}{\rho} + A_2 x_2^k + A_3 x_3^k\right), \\ x_2^{k+1} &= -\frac{1}{\|A_2\|^2} A_2^\mathrm{T}\left(\frac{y^k}{\rho} + A_1 x_1^{k+1} + A_3 x_3^k\right), \\ x_3^{k+1} &= -\frac{1}{\|A_3\|^2} A_3^\mathrm{T}\left(\frac{y^k}{\rho} + A_1 x_1^{k+1} + A_2 x_2^{k+1}\right), \\ y^{k+1} &= y^k + \rho(A_1 x_1^{k+1} + A_2 x_2^{k+1} + A_3 x_3^{k+1}). \end{aligned} \quad (8.6.38)$$

对此问题而言，罚因子取不同值仅仅是将乘子 y^k 缩放了常数倍，所以罚因子 ρ 的任意取法（包括动态调节）都是等价的. 在数值实验中我们不妨取 $\rho = 1$.

格式 (8.6.38) 的收敛性与 $A_i, i = 1, 2, 3$ 的选取有关. 为了方便，令 $A = [A_1, A_2, A_3]$ 以及 $x = (x_1, x_2, x_3)^{\mathrm{T}}$，并选取 A 为

$$\widetilde{A} = \begin{bmatrix} 1 & 1 & 1 \\ 1 & 1 & 2 \\ 1 & 2 & 2 \end{bmatrix} \quad \text{或} \quad \widehat{A} = \begin{bmatrix} 1 & 1 & 2 \\ 0 & 1 & 1 \\ 0 & 0 & 1 \end{bmatrix}.$$

在迭代中，自变量初值选为 $(1,1,1)^{\mathrm{T}}$，乘子选为 $(0,0,0)^{\mathrm{T}}$. 图 8.10 记录了在两

图 8.10 选取不同 A 时的数值结果

(a) 系数矩阵为 $\widetilde{A}$

(b) 系数矩阵为 $\widehat{A}$

种不同 A 条件下，x 和 y 的 ℓ_2 范数随迭代的变化过程. 可以看到，当 $A = \tilde{A}$ 时数值结果表明迭代是发散的，而当 $A = \hat{A}$ 时数值结果表明迭代是收敛的. 另一个比较有趣的观察是，在图 8.10(b) 中，$\|x\|$ 与 $\|y\|$ 并不是单调下降的，而是在下降的同时有规律地振荡. 实际上，文献 [43] 中具体解释了 A 取 $\tilde{A}$ 会导致发散的原因.

*8.6.5 收敛性分析

本节主要讨论交替方向乘子法 (8.6.5)—(8.6.7) 在问题 (8.6.1) 上的收敛性，更详细的讨论请参考 [45]. 在此之前我们先引入一些必要的假设.

假设 8.3 （1）$f_1(x), f_2(x)$ 均为闭凸函数，且每个 ADMM 迭代子问题存在唯一解；

（2）原问题 (8.6.1) 的解集非空，且 Slater 条件满足.

假设 8.3 给出的条件是很基本的，f_1 和 f_2 的凸性保证了要求解的问题是凸问题，每个子问题存在唯一解是为了保证迭代的良定义；而在 Slater 条件满足的情况下，原问题的 KKT 对和最优解是对应的，因此可以很方便地使用 KKT 条件来讨论收敛性.

由于原问题解集非空，不妨设 (x_1^*, x_2^*, y^*) 是 KKT 对，即满足条件 (8.6.8)

$$-A_1^{\mathrm{T}} y^* \in \partial f_1(x_1^*), \quad -A_2^{\mathrm{T}} y^* \in \partial f_2(x_2^*), \quad A_1 x_1^* + A_2 x_2^* = b.$$

我们最终的目的是证明 ADMM 迭代序列 $\{(x_1^k, x_2^k, y^k)\}$ 收敛到原问题的一个 KKT 对，因此引入如下记号来表示当前迭代点和 KKT 对的误差：

$$(e_1^k, e_2^k, e_y^k) \stackrel{\text{def}}{=\!=} (x_1^k, x_2^k, y^k) - (x_1^*, x_2^*, y^*).$$

我们进一步引入如下辅助变量来简化之后的证明：

$$\begin{aligned}
u^k &= -A_1^{\mathrm{T}}[y^k + (1-\tau)\rho(A_1 e_1^k + A_2 e_2^k) + \rho A_2(x_2^{k-1} - x_2^k)], \\
v^k &= -A_2^{\mathrm{T}}[y^k + (1-\tau)\rho(A_1 e_1^k + A_2 e_2^k)], \\
\Psi_k &= \frac{1}{\tau\rho}\|e_y^k\|^2 + \rho\|A_2 e_2^k\|^2, \\
\Phi_k &= \Psi_k + \max\{1-\tau, 1-\tau^{-1}\}\rho\|A_1 e_1^k + A_2 e_2^k\|^2,
\end{aligned} \qquad (8.6.39)$$

其中 u^k, v^k 和每个子问题的最优性条件有很大联系，见 (8.6.9) 式和 (8.6.10) 式，而 Ψ_k 和 Φ_k 则是误差向量 e_1^k, e_2^k, e_y^k 的某种度量.

在这些记号的基础上，我们有如下结果：

引理 8.7 假设 $\{(x_1^k, x_2^k, y^k)\}$ 为交替方向乘子法产生一个迭代序列，那么，对任意的 $k \geqslant 1$ 有
$$u^k \in \partial f_1(x_1^k), \quad v^k \in \partial f_2(x_2^k), \tag{8.6.40}$$
$$\begin{aligned}\Phi_k - \Phi_{k+1} \geqslant{} & \min\{\tau, 1+\tau-\tau^2\}\rho\|A_2(x_2^k - x_2^{k+1})\|^2 + \\ & \min\left\{1, 1+\frac{1}{\tau}-\tau\right\}\rho\|A_1 e_1^{k+1} + A_2 e_2^{k+1}\|^2.\end{aligned} \tag{8.6.41}$$

证明 先证明 (8.6.40) 式的两个结论. 根据交替方向乘子法的迭代过程, 对 x_1^{k+1} 我们有
$$0 \in \partial f_1(x_1^{k+1}) + A_1^{\mathrm{T}} y^k + \rho A_1^{\mathrm{T}}(A_1 x_1^{k+1} + A_2 x_2^k - b).$$
将 $y^k = y^{k+1} - \tau\rho(A_1 x_1^{k+1} + A_2 x_2^{k+1} - b)$ 代入上式, 消去 y^k 就有
$$-A_1^{\mathrm{T}}\left(y^{k+1} + (1-\tau)\rho(A_1 x_1^{k+1} + A_2 x_2^{k+1} - b) + \rho A_2(x_2^k - x_2^{k+1})\right) \in \partial f_1(x_1^{k+1}).$$
根据 u^k 的定义自然有 $u^k \in \partial f_1(x_1^k)$（注意代回 $b = A_1 x_1^* + A_2 x_2^*$）. 类似地, 对 x_2^{k+1} 我们有
$$0 \in \partial f_2(x_2^{k+1}) + A_2^{\mathrm{T}} y^k + \rho A_2^{\mathrm{T}}(A_1 x_1^{k+1} + A_2 x_2^{k+1} - b),$$
同样利用 y^k 的表达式消去 y^k, 得到
$$-A_2^{\mathrm{T}}\left(y^{k+1} + (1-\tau)\rho(A_1 x_1^{k+1} + A_2 x_2^{k+1} - b)\right) \in \partial f_2(x_2^{k+1}),$$
根据 v^k 的定义自然有 $v^k \in \partial f_2(x_2^k)$.

接下来证明不等式 (8.6.41). 首先根据 (x_1^*, x_2^*, y^*) 的最优性条件以及关系式 (8.6.40),
$$\begin{aligned}u^{k+1} \in \partial f_1(x_1^{k+1}), & \quad -A_1^{\mathrm{T}} y^* \in \partial f_1(x_1^*), \\ v^{k+1} \in \partial f_2(x_2^{k+1}), & \quad -A_2^{\mathrm{T}} y^* \in \partial f_2(x_2^*).\end{aligned}$$
根据凸函数的单调性,
$$\langle u^{k+1} + A_1^{\mathrm{T}} y^*, x_1^{k+1} - x_1^* \rangle \geqslant 0,$$
$$\langle v^{k+1} + A_2^{\mathrm{T}} y^*, x_2^{k+1} - x_2^* \rangle \geqslant 0.$$
将上述两个不等式相加, 结合 u^{k+1}, v^{k+1} 的定义, 并注意到恒等式
$$A_1 x_1^{k+1} + A_2 x_2^{k+1} - b = (\tau\rho)^{-1}(y^{k+1} - y^k) = (\tau\rho)^{-1}(e_y^{k+1} - e_y^k), \tag{8.6.42}$$
我们就可以得到
$$\begin{aligned}& \frac{1}{\tau\rho}\left\langle e_y^{k+1}, e_y^k - e_y^{k+1}\right\rangle - (1-\tau)\rho\|A_1 x_1^{k+1} + A_2 x_2^{k+1} - b\|^2 + \\ & \rho\langle A_2(x_2^{k+1} - x_2^k), A_1 x_1^{k+1} + A_2 x_2^{k+1} - b\rangle - \\ & \rho\langle A_2(x_2^{k+1} - x_2^k), A_2 e_2^{k+1}\rangle \geqslant 0.\end{aligned} \tag{8.6.43}$$

不等式 (8.6.43) 的形式和不等式 (8.6.41) 还有一定差异，主要的差别就在

$$\rho \langle A_2(x_2^{k+1} - x_2^k), A_1 x_1^{k+1} + A_2 x_2^{k+1} - b \rangle$$

这一项上．我们来估计这一项的上界．为了方便，引入新符号

$$\nu^{k+1} = y^{k+1} + (1-\tau)\rho(A_1 x_1^{k+1} + A_2 x_2^{k+1} - b),$$
$$M^{k+1} = (1-\tau)\rho \langle A_2(x_2^{k+1} - x_2^k), A_1 x_1^k + A_2 x_2^k - b \rangle,$$

则 $-A_2^{\mathrm{T}} \nu^{k+1} \in \partial f_2(x_2^{k+1})$ 以及 $-A_2^{\mathrm{T}} \nu^k \in \partial f_2(x_2^k)$．再利用单调性知

$$\langle -A_2^{\mathrm{T}}(\nu^{k+1} - \nu^k), x_2^{k+1} - x_2^k \rangle \geqslant 0. \tag{8.6.44}$$

根据这些不等式关系我们最终得到

$$\begin{aligned}
& \rho \langle A_2(x_2^{k+1} - x_2^k), A_1 x_1^{k+1} + A_2 x_2^{k+1} - b \rangle \\
={} & (1-\tau)\rho \langle A_2(x_2^{k+1} - x_2^k), A_1 x_1^{k+1} + A_2 x_2^{k+1} - b \rangle + \\
& \langle A_2(x_2^{k+1} - x_2^k), y^{k+1} - y^k \rangle \\
={} & M^{k+1} + \langle \nu^{k+1} - \nu^k, A_2(x_2^{k+1} - x_2^k) \rangle \\
\leqslant{} & M^{k+1},
\end{aligned}$$

其中第一个等号利用了关系式 (8.6.42)，第二个等号利用了 ν^k 的定义（注意 M^{k+1} 中 x_1 和 x_2 的上标的变化），最后的不等式则是直接应用 (8.6.44) 式．

估计完这一项之后，不等式 (8.6.43) 可以放缩成

$$\frac{1}{\tau\rho} \langle e_y^{k+1}, e_y^k - e_y^{k+1} \rangle - (1-\tau)\rho \|A_1 x_1^{k+1} + A_2 x_2^{k+1} - b\|^2 +$$
$$M^{k+1} - \rho \langle A_2(x_2^{k+1} - x_2^k), A_2 e_2^{k+1} \rangle \geqslant 0.$$

上式中含有内积项，利用恒等式

$$\langle a, b \rangle = \frac{1}{2}(\|a\|^2 + \|b\|^2 - \|a-b\|^2) = \frac{1}{2}(\|a+b\|^2 - \|a\|^2 - \|b\|^2),$$

进一步得到

$$\begin{aligned}
& \frac{1}{\tau\rho}(\|e_y^k\|^2 - \|e_y^{k+1}\|^2) - (2-\tau)\rho \|A_1 x_1^{k+1} + A_2 x_2^{k+1} - b\|^2 + \\
& 2M^{k+1} - \rho \|A_2(x_2^{k+1} - x_2^k)\|^2 - \rho \|A_2 e_2^{k+1}\|^2 + \rho \|A_2 e_2^k\|^2 \geqslant 0.
\end{aligned} \tag{8.6.45}$$

此时除了 M^{k+1} 中的项，不等式 (8.6.45) 中的其他项均在不等式 (8.6.41) 中出现．由于 M^{k+1} 的符号和 τ 的取法有关，下面我们针对 τ 的两种取法进行讨论．

情形一 $\tau \in (0,1]$，此时 $M^{k+1} \geqslant 0$，根据基本不等式，

$$2\langle A_2(x_2^{k+1} - x_2^k), A_1 x_1^k + A_2 x_2^k - b\rangle$$
$$\leqslant \|A_2(x_2^{k+1} - x_2^k)\|^2 + \|A_1 x_1^k + A_2 x_2^k - b\|^2.$$

代入不等式 (8.6.45) 得到

$$\frac{1}{\tau\rho}\|e_y^k\|^2 + \rho\|A_2 e_2^k\|^2 + (1-\tau)\rho\|A_1 e_1^k + A_2 e_2^k\|^2 -$$
$$\left[\frac{1}{\tau\rho}\|e_y^{k+1}\|^2 + \rho\|A_2 e_2^{k+1}\|^2 + (1-\tau)\rho\|A_1 e_1^{k+1} + A_2 e_2^{k+1}\|^2\right] \quad (8.6.46)$$
$$\geqslant \rho\|A_1 x_1^{k+1} + A_2 x_2^{k+1} - b\|^2 + \tau\rho\|A_2(x_2^{k+1} - x_2^k)\|^2.$$

情形二 $\tau > 1$，此时 $M^{k+1} < 0$，根据基本不等式，

$$-2\langle A_2(x_2^{k+1} - x_2^k), A_1 x_1^k + A_2 x_2^k - b\rangle$$
$$\leqslant \tau\|A_2(x_2^{k+1} - x_2^k)\|^2 + \frac{1}{\tau}\|A_1 x_1^k + A_2 x_2^k - b\|^2.$$

同样代入不等式 (8.6.45) 可以得到

$$\frac{1}{\tau\rho}\|e_y^k\|^2 + \rho\|A_2 e_2^k\|^2 + \left(1 - \frac{1}{\tau}\right)\rho\|A_1 e_1^k + A_2 e_2^k\|^2 -$$
$$\left[\frac{1}{\tau\rho}\|e_y^{k+1}\|^2 + \rho\|A_2 e_2^{k+1}\|^2 + \left(1 - \frac{1}{\tau}\right)\rho\|A_1 e_1^{k+1} + A_2 e_2^{k+1}\|^2\right] \quad (8.6.47)$$
$$\geqslant \left(1 + \frac{1}{\tau} - \tau\right)\rho\|A_1 x_1^{k+1} + A_2 x_2^{k+1} - b\|^2 +$$
$$(1 + \tau - \tau^2)\rho\|A_2(x_2^{k+1} - x_2^k)\|^2.$$

整合 (8.6.46) 式和 (8.6.47) 式即可得到不等式 (8.6.41)。注意，只有当 $\tau \in \left(0, \frac{1+\sqrt{5}}{2}\right)$ 时，(8.4.41) 式中不等号右侧的项才为非负。 □

引理 8.7 中 (8.6.40) 式直接利用了每个子问题的最优性条件以及 KKT 条件。不等式 (8.4.41) 的证明比较复杂，它实际上是 [66]^{定理 B.1} 的一个简化版本。这个不等式的直观解释是迭代点误差的某种度量 Φ_k 是单调有界的。

有了引理 8.7 的基础，我们给出主要的收敛性定理。

定理 8.16 在假设 8.3 的条件下，进一步假定 A_1, A_2 列满秩。如果 $\tau \in \left(0, \frac{1+\sqrt{5}}{2}\right)$，则序列 $\{(x_1^k, x_2^k, y^k)\}$ 收敛到原问题的一个 KKT 对。

证明 引理 8.7 表明 $\{\Phi_k\}$ 是有界列，根据 Φ_k 的定义 (8.6.39) 可知

$$\|e_y^k\|, \quad \|A_2 e_2^k\|, \quad \|A_1 e_1^k + A_2 e_2^k\|$$

均有界. 根据不等式

$$\|A_1 e_1^k\| \leqslant \|A_1 e_1^k + A_2 e_2^k\| + \|A_2 e_2^k\|,$$

可以进一步推出 $\{\|A_1 e_1^k\|\}$ 也是有界序列. 注意到 $A_1^{\mathrm{T}} A_1 \succ 0, A_2^{\mathrm{T}} A_2 \succ 0$, 因此以上有界性也等价于 $\{(x_1^k, x_2^k, y^k)\}$ 是有界序列.

引理 8.7 的另一个直接结果就是无穷级数

$$\sum_{k=0}^{\infty} \|A_1 e_1^k + A_2 e_2^k\|^2, \quad \sum_{k=0}^{\infty} \|A_2(x_2^{k+1} - x_2^k)\|^2$$

都是收敛的, 这表明

$$\begin{aligned}\|A_1 e_1^k + A_2 e_2^k\| &= \|A_1 x_1^k + A_2 x_2^k - b\| \to 0, \\ \|A_2(x_2^{k+1} - x_2^k)\| &\to 0.\end{aligned} \tag{8.6.48}$$

利用这些结果我们就可以推导收敛性了. 首先证明迭代点子列的收敛性. 由于 $\{(x_1^k, x_2^k, y^k)\}$ 是有界序列, 因此它存在一个收敛子列, 设

$$(x_1^{k_j}, x_2^{k_j}, y^{k_j}) \to (x_1^{\infty}, x_2^{\infty}, y^{\infty}).$$

使用 (8.6.39) 式中的 u^k 和 v^k 的定义以及 (8.6.48) 式可得 $\{u^k\}$ 与 $\{v^k\}$ 相应的子列也收敛:

$$u^{\infty} \stackrel{\text{def}}{=} \lim_{j \to \infty} u^{k_j} = -A_1^{\mathrm{T}} y^{\infty}, \quad v^{\infty} \stackrel{\text{def}}{=} \lim_{j \to \infty} v^{k_j} = -A_2^{\mathrm{T}} y^{\infty}. \tag{8.6.49}$$

从 (8.6.40) 式我们知道对于任意的 $k \geqslant 1$, 有 $u^k \in \partial f_1(x_1^k)$, $v^k \in \partial f_2(x_2^k)$. 利用定理 2.19 中次梯度映射的图像是闭集可知

$$-A_1 y^{\infty} \in \partial f_1(x_1^{\infty}), \quad -A_2 y^{\infty} \in \partial f_2(x_2^{\infty}).$$

由 (8.6.48) 式可知

$$\lim_{j \to \infty} \|A_1 x_1^{k_j} + A_2 x_2^{k_j} - b\| = \|A_1 x_1^{\infty} + A_2 x_2^{\infty} - b\| = 0.$$

这表明 $(x_1^{\infty}, x_2^{\infty}, y^{\infty})$ 是原问题的一个 KKT 对. 因此上述分析中的 (x_1^*, x_2^*, y^*) 均可替换为 $(x_1^{\infty}, x_2^{\infty}, y^{\infty})$.

为了说明 $\{(x_1^k, x_2^k, y^k)\}$ 全序列的收敛性, 我们注意到 Φ_k 是单调下降的, 且对子列 $\{\Phi_{k_j}\}$,

$$\begin{aligned}&\lim_{j \to \infty} \Phi_{k_j} \\ &= \lim_{j \to \infty} \left(\frac{1}{\tau \rho} \|e_y^{k_j}\|^2 + \rho \|A_2 e_2^{k_j}\|^2 + \max\left\{1 - \tau, 1 - \frac{1}{\tau}\right\} \rho \|A_1 e_1^{k_j} + A_2 e_2^{k_j}\|^2 \right) \\ &= 0.\end{aligned}$$

由于单调序列的子列收敛等价于全序列收敛，因此 $\lim\limits_{k\to\infty}\Phi_k=0$，从而可以立即得到

$$0 \leqslant \limsup_{k\to\infty} \frac{1}{\tau\rho}\|e_y^k\|^2 \leqslant \limsup_{k\to\infty}\Phi_k = 0,$$

$$0 \leqslant \limsup_{k\to\infty} \rho\|A_2 e_2^k\|^2 \leqslant \limsup_{k\to\infty}\Phi_k = 0,$$

$$0 \leqslant \limsup_{k\to\infty} \left\{\max\left\{1-\tau, 1-\frac{1}{\tau}\right\}\rho\|A_1 e_1^k + A_2 e_2^k\|^2\right\} \leqslant \limsup_{k\to\infty}\Phi_k = 0.$$

这说明

$$\|e_y^k\| \to 0, \quad \|A_2 e_2^k\| \to 0, \quad \|A_1 e_1^k + A_2 e_2^k\| \to 0,$$

进一步有

$$0 \leqslant \limsup_{k\to\infty} \|A_1 e_1^k\| \leqslant \lim_{k\to\infty}(\|A_2 e_2^k\| + \|A_1 e_1^k + A_2 e_2^k\|) = 0.$$

注意到 $A_1^\mathrm{T} A_1 \succ 0$, $A_2^\mathrm{T} A_2 \succ 0$，所以最终我们得到全序列收敛：

$$(x_1^k, x_2^k, y^k) \to (x_1^\infty, x_2^\infty, y^\infty). \qquad \square$$

8.7 随机优化算法

随着大数据时代的来临，以及机器学习和深度学习等人工智能领域的发展，许多大规模的优化问题随之产生，它们对传统优化理论和算法都产生了巨大的挑战．幸运的是，这些问题往往与概率和统计学科有很大联系，由此促使了随机优化算法的广泛使用．随机算法的思想可以追溯到 Monro-Robbins 算法 [162]，相比传统优化算法，随机优化算法能极大地节省每步迭代的运算量，从而使得算法在大规模数据中变得可行．本节将介绍随机梯度算法的基本形式和收敛性理论，以及当前在深度学习领域广泛应用的一些随机梯度型算法．

为了方便理解本节主要考虑的问题形式，我们首先介绍机器学习的一个基本模型——监督学习模型．假定 (a,b) 服从概率分布 P，其中 a 为输入，b 为标签．我们的任务是要给定输入 a 预测标签 b，即要决定一个最优的函数 ϕ 使得期望风险 $\mathbb{E}[L(\phi(a),b)]$ 最小，其中 $L(\cdot,\cdot)$ 表示损失函数，用来衡量预测的准确度，函数 ϕ 为某个函数空间中的预测函数．在实际问题中我们并不知道真实的概率分布 P，而是随机采样得到的一个数据集

$$\mathcal{D} = \{(a_1,b_1),(a_2,b_2),\cdots,(a_N,b_N)\}.$$

然后我们用经验风险来近似期望风险,并将预测函数 $\phi(\cdot)$ 参数化为 $\phi(\cdot;x)$ 以缩小要找的预测函数的范围,即要求解下面的极小化问题:

$$\min_x \quad \frac{1}{N} \sum_{i=1}^{N} L(\phi(a_i;x), b_i). \tag{8.7.1}$$

对应于随机优化问题 (4.4.1),我们有 $\zeta_i = (a_i, b_i)$ 以及

$$f_i(x) = L(\phi(a_i;x), b_i), \quad h(x) = 0.$$

在机器学习中,大量的问题都可以表示为问题 (8.7.1) 的形式. 由于数据规模巨大,计算目标函数的梯度变得非常困难,但是可以通过采样的方式只计算部分样本的梯度来进行梯度下降,往往也能达到非常好的数值表现,而每步的运算量却得到了极大的减小.

我们将主要考虑如下随机优化问题:

$$\min_{x \in \mathbb{R}^n} \quad f(x) \stackrel{\text{def}}{=\!=} \frac{1}{N} \sum_{i=1}^{N} f_i(x), \tag{8.7.2}$$

其中 $f_i(x)$ 对应第 i 个样本的损失函数. 问题 (8.7.2) 也称为随机优化问题的有限和形式.

8.7.1 随机梯度下降算法

下面为了讨论方便,先假设问题 (8.7.2) 中每一个 $f_i(x)$ 是凸的、可微的,因此可以运用梯度下降算法

$$x^{k+1} = x^k - \alpha_k \nabla f(x^k) \tag{8.7.3}$$

来求解原始的优化问题. 在迭代格式 (8.7.3) 中,

$$\nabla f(x^k) = \frac{1}{N} \sum_{i=1}^{N} \nabla f_i(x^k).$$

在绝大多数情况下,我们不能通过化简的方式得到 $\nabla f(x^k)$ 的表达式,要计算这个梯度必须计算出所有的 $\nabla f_i(x^k), i = 1, 2, \cdots, N$ 然后将它们相加. 然而在机器学习中,采集到的样本量是巨大的,因此计算 $\nabla f(x^k)$ 需要非常大的计算量. 使用传统的梯度法求解机器学习问题并不是一个很好的做法.

既然梯度的计算很复杂,有没有减少计算量的方法呢?这就是下面要介绍的随机梯度下降算法 (SGD). 它的基本迭代格式为

$$x^{k+1} = x^k - \alpha_k \nabla f_{s_k}(x^k), \tag{8.7.4}$$

其中 s_k 是从 $\{1,2,\cdots,N\}$ 中随机等可能地抽取的一个样本，α_k 称为步长[①]。通过对比 (8.7.3) 式和 (8.7.4) 式可知，随机梯度算法不去计算全梯度 $\nabla f(x^k)$，而是从众多样本中随机抽出一个样本 s_i，然后仅仅计算这个样本处的梯度 $\nabla f_{s_k}(x^k)$，以此作为 $\nabla f(x^k)$ 的近似。注意，在全梯度 $\nabla f(x^k)$ 的表达式中含系数 $\frac{1}{N}$，而迭代格式 (8.7.4) 中不含 $\frac{1}{N}$。这是因为我们要保证随机梯度的条件期望恰好是全梯度，即

$$\mathbb{E}_{s_k}[\nabla f_{s_k}(x^k)|x^k] = \nabla f(x^k).$$

这里使用条件期望的符号 $\mathbb{E}[\cdot|x^k]$ 的原因是迭代点 x^k 本身也是一个随机变量。

实际计算中每次只抽取一个样本 s_k 的做法比较极端，常用的形式是小批量（mini-batch）随机梯度法，即随机选择一个元素个数很少的集合 $\mathcal{I}_k \subset \{1,2,\cdots,N\}$，然后执行迭代格式

$$x^{k+1} = x^k - \frac{\alpha_k}{|\mathcal{I}_k|} \sum_{s \in \mathcal{I}_k} \nabla f_s(x^k),$$

其中 $|\mathcal{I}_k|$ 表示 $\mathcal{I}_k$ 中的元素个数。本节后面的阐述中虽然只考虑最简单形式的随机梯度下降算法 (8.7.4)，但很多变形和分析都可以推广到小批量随机梯度法。

随机梯度下降法使用一个样本点的梯度代替了全梯度，并且每次迭代选取的样本点是随机的，这使得每次迭代时计算梯度的复杂度变为了原先的 $\frac{1}{N}$，在样本量 N 很大的时候无疑是一个巨大的改进。但正因为如此，算法中也引入了随机性，一个自然的问题是这样的算法还会有收敛性吗？如果收敛，是什么意义下的收敛？这些问题将在第 8.7.3 小节中给出具体的回答。

当 $f_i(x)$ 是凸函数但不一定可微时，我们可以用 $f_i(x)$ 的次梯度代替梯度进行迭代。这就是随机次梯度算法，它的迭代格式为

$$x^{k+1} = x^k - \alpha_k g^k, \tag{8.7.5}$$

其中 α_k 为步长，$g^k \in \partial f_{s_k}(x^k)$ 为随机次梯度，其期望为真实的次梯度。

随机梯度算法在深度学习中得到了广泛的应用，下面介绍其在深度学习中的一些变形。

1. 动量方法

传统的梯度法在问题比较病态时收敛速度非常慢，随机梯度下降法也有类似的问题。为了克服这一缺陷，人们提出了动量方法（momentum），旨在加速学习。该方法在处理高曲率或是带噪声的梯度上非常有效，其思想是在算法迭代时一定程度上保留之前更新的方向，同时利用当前计算的梯度调

[①] 在机器学习和深度学习领域中，更多的时候被称为学习率 (learning rate)。

整最终的更新方向. 这样一来, 可以在一定程度上增加稳定性, 从而学习得更快, 并且还有一定摆脱局部最优解的能力. 从形式上来看, 动量方法引入了一个速度变量 v, 它代表参数移动的方向和大小. 动量方法的具体迭代格式如下:

$$v^{k+1} = \mu_k v^k - \alpha_k \nabla f_{s_k}(x^k), \tag{8.7.6}$$

$$x^{k+1} = x^k + v^{k+1}. \tag{8.7.7}$$

在计算当前点的随机梯度 $\nabla f_{s_i}(x^k)$ 后, 我们并不是直接将其更新到变量 x^k 上, 即不完全相信这个全新的更新方向, 而是将其和上一步更新方向 v^k 做线性组合来得到新的更新方向 v^{k+1}. 由动量方法迭代格式立即得出当 $\mu_k = 0$ 时该方法退化成随机梯度下降法. 在动量方法中, 参数 μ_k 的范围是 $[0,1)$, 通常取 $\mu_k \geqslant 0.5$, 其含义为迭代点带有较大惯性, 每次迭代会在原始迭代方向的基础上做一个小的修正. 在普通的梯度法中, 每一步迭代只用到了当前点的梯度估计, 动量方法的更新方向还使用了之前的梯度信息. 当许多连续的梯度指向相同的方向时, 步长就会很大, 这从直观上看也是非常合理的.

图 8.11 比较了梯度法和动量方法在例 6.2 中的表现. 可以看到普通梯度法生成的点列会在椭圆的短轴方向上来回移动, 而动量方法生成的点列更快收敛到了最小值点.

图 8.11
动量方法在海瑟矩阵为病态条件下的表现

2. Nesterov 加速算法

针对光滑问题的 Nesterov 加速算法迭代的随机版本为

$$y^{k+1} = x^k + \mu_k(x^k - x^{k-1}), \tag{8.7.8}$$

$$x^{k+1} = y^{k+1} - \alpha_k \nabla f_{s_k}(y^{k+1}), \tag{8.7.9}$$

其中 $\mu_k = \dfrac{k-1}{k+2}$, 步长 α_k 是一个固定值或者由线搜索确定. 现在我们通过一些等价变形来说明 Nesterov 加速算法可以看成是某种动量方法. 首先在第 k 步迭代引入速度变量

$$v^k = x^k - x^{k-1}.$$

再合并原始 Nesterov 加速算法的两步迭代可以得到

$$x^{k+1} = x^k + \mu_k(x^k - x^{k-1}) - \alpha_k \nabla f_{s_k}(x^k + \mu_k(x^k - x^{k-1})).$$

如果定义有关 v^{k+1} 的迭代式

$$v^{k+1} = \mu_k v^k - \alpha_k \nabla f_{s_k}(x^k + \mu_k v^k),$$

则得到关于 x^k 和 v^k 的等价迭代：

$$v^{k+1} = \mu_k v^k - \alpha_k \nabla f_{s_k}(x^k + \mu_k v^k), \tag{8.7.10}$$

$$x^{k+1} = x^k + v^{k+1}. \tag{8.7.11}$$

与动量方法相比，二者的主要差别在梯度的计算上．Nesterov 加速算法先对点施加速度的作用，再求梯度，这可以理解为对标准动量方法做了一个校正．

3. AdaGrad

在一般的随机梯度法中，调参是一个很大的难点，参数设置的好坏对算法的性能有显著的影响．所以我们希望算法能在运行的过程中，根据当前情况自发地调整参数，这就是 AdaGrad(adaptive subgradient methods) 的出发点．对无约束光滑凸优化问题，点 x 是问题的解等价于该点处梯度为零向量．但对大部分问题而言，梯度的每个分量收敛到零的速度是不同的．传统梯度算法只有一个统一的步长 α_k 来调节每一步迭代，它没有针对每一个分量考虑．当梯度的某个分量较大时，可以推断出在该方向上函数变化比较剧烈，此时应该用小步长；当梯度的某个分量较小时，在该方向上函数比较平缓，此时应该用大步长．AdaGrad 就是根据这个思想设计的．

令 $g^k = \nabla f_{s_k}(x^k)$，为了记录整个迭代过程中梯度各个分量的累积情况，引入向量

$$G^k = \sum_{i=1}^{k} g^i \odot g^i.$$

从 G^k 的定义可知，G^k 的每个分量表示迭代过程中梯度在该分量处的累积平方和．当 G^k 的某分量较大时，我们认为该分量变化比较剧烈，因此应采用小步长，反之亦然．因此 AdaGrad 的迭代格式为

$$x^{k+1} = x^k - \frac{\alpha}{\sqrt{G^k + \varepsilon \mathbf{1}_n}} \odot g^k, \tag{8.7.12}$$

$$G^{k+1} = G^k + g^{k+1} \odot g^{k+1}, \tag{8.7.13}$$

这里 $\dfrac{\alpha}{\sqrt{G^k + \varepsilon \mathbf{1}_n}}$ 中的除法和求根运算都是对向量每个分量分别操作的（下同），α 为初始步长，引入 $\varepsilon \mathbf{1}_n$ 这一项是为了防止除零运算．可以看到 AdaGrad 的步长大致反比于历史梯度累积值的算术平方根，所以梯度较大时步长下降很快，反之则下降较慢，这样做的效果就是在参数空间更平缓的方向上，前后两次迭代的距离较大．在凸优化问题中 AdaGrad 有比较好的理论性质，但

实际应用中也发现在训练深度神经网络模型时，从训练开始就累积梯度平方会导致步长过早或过多减小.

如果在 AdaGrad 中使用真实梯度 $\nabla f(x^k)$，那么 AdaGrad 也可以看成是一种介于一阶和二阶的优化算法. 考虑 $f(x)$ 在点 x^k 处的二阶泰勒展开:

$$f(x) \approx f(x^k) + \nabla f(x^k)^{\mathrm{T}}(x - x^k) + \frac{1}{2}(x - x^k)^{\mathrm{T}} B^k (x - x^k),$$

我们知道选取不同的 B^k 可以导出不同的优化算法. 例如使用常数倍单位矩阵近似 B^k 时可以得到梯度法；利用海瑟矩阵作为 B^k 时可以得到牛顿法. 而 AdaGrad 则是使用一个对角矩阵来作为 B^k. 具体地，取

$$B^k = \frac{1}{\alpha} \mathrm{Diag}(\sqrt{G^k + \varepsilon \mathbf{1}_n})$$

时导出的算法就是 AdaGrad. 读者可自行验证.

4. RMSProp

RMSProp（root mean square propagation）是对 AdaGrad 的一个改进，该方法在非凸问题上可能表现更好. AdaGrad 会累加之前所有的梯度分量平方，这就导致步长是单调递减的，因此在训练后期步长会非常小，同时这样做也加大了计算的开销. 所以 RMSProp 提出只需使用离当前迭代点比较近的项，同时引入衰减参数 ρ. 具体地，令

$$M^{k+1} = \rho M^k + (1 - \rho) g^{k+1} \odot g^{k+1},$$

再对其每个分量分别求根，就得到均方根 (root mean square)

$$R^k = \sqrt{M^k + \varepsilon \mathbf{1}_n}, \tag{8.7.14}$$

最后将均方根的倒数作为每个分量步长的修正，得到 RMSProp 迭代格式：

$$x^{k+1} = x^k - \frac{\alpha}{R^k} \odot g^k, \tag{8.7.15}$$

$$M^{k+1} = \rho M^k + (1 - \rho) g^{k+1} \odot g^{k+1}. \tag{8.7.16}$$

引入参数 ε 同样是为了防止分母为 0 的情况发生. 一般取 $\rho = 0.9, \alpha = 0.001$. 可以看到 RMSProp 和 AdaGrad 的唯一区别是将 G^k 替换成了 M^k.

5. AdaDelta

AdaDelta 在 RMSProp 的基础上，对历史的 Δx^k 也同样累积平方并求均方根：

$$D^k = \rho D^{k-1} + (1 - \rho) \Delta x^k \odot \Delta x^k, \tag{8.7.17}$$

$$T^k = \sqrt{D^k + \varepsilon \mathbf{1}_n}, \tag{8.7.18}$$

然后使用 T^{k-1} 和 R^k 的商对梯度进行校正，完整的过程如算法 8.13 所示，其中 T^k 和 R^k 的定义分别为 (8.7.18) 式和 (8.7.14) 式.

算法 8.13 AdaDelta

1. 输入 x^1, ρ, ε.
2. 置初值 $M^0 = 0, D^0 = 0$.
3. **for** $k = 1, 2, \cdots, K$ **do**
4. 随机选取 $i \in \{1, 2, \cdots, N\}$，计算梯度 $g^k = \nabla f_i(x^k)$.
5. 计算 $M^k = \rho M^{k-1} + (1-\rho)g^k \odot g^k$.
6. 计算 $\Delta x^k = -\dfrac{T^{k-1}}{R^k} \odot g^k$.
7. 计算 $D^k = \rho D^{k-1} + (1-\rho)\Delta x^k \odot \Delta x^k$.
8. $x^{k+1} \leftarrow x^k + \Delta x^k$.
9. **end for**

注意，计算步长时 T 和 R 的下标相差 1，这是因为我们还没有计算出 Δx^k 的值，无法使用 T^k 进行计算. AdaDelta 的特点是步长选择较为保守，同时也改善了 AdaGrad 步长单调下降的缺陷.

6. Adam

Adam（adaptive moment estimation）本质上是带动量项的 RMSProp，它利用梯度的一阶矩估计和二阶矩估计动态调整每个参数步长. 虽然 RMSProp 也采用了二阶矩估计，但是缺少修正因子，所以它在训练初期可能有比较大的偏差. Adam 的优点主要在于经过偏差修正后，每一次迭代的步长都有一个确定范围，使得参数比较平稳.

与 RMSProp 和动量方法相比，Adam 算法可以看成是带修正的二者的结合. 在 Adam 中不直接使用随机梯度作为基础的更新方向，而是选择了一个动量项进行更新：

$$S^k = \rho_1 S^{k-1} + (1-\rho_1)g^k.$$

与此同时它和 RMSProp 类似，也会记录迭代过程中梯度的二阶矩：

$$M^k = \rho_2 M^{k-1} + (1-\rho_2)g^k \odot g^k.$$

与原始动量方法和 RMSProp 的区别是，由于 S^k 和 M^k 本身带有偏差，Adam 不直接使用这两个量更新，而是在更新前先对其进行修正：

$$\hat{S}^k = \frac{S^k}{1-\rho_1^k}, \quad \hat{M}^k = \frac{M^k}{1-\rho_2^k},$$

这里 ρ_1^k, ρ_2^k 分别表示 ρ_1, ρ_2 的 k 次方. Adam 最终使用修正后的一阶矩和二阶矩进行迭代点的更新：

$$x^{k+1} = x^k - \frac{\alpha}{\sqrt{\hat{M}^k + \varepsilon \mathbf{1}_n}} \odot \hat{S}^k.$$

我们将完整的迭代过程整理到算法 8.14 中. 这里参数 ρ_1 通常选为 0.9, ρ_2 选为 0.999, 全局步长 $\alpha = 0.001$.

上面的很多算法已经被实现在主流的深度学习框架中, 可以非常方便地用于训练神经网络: 在 Pytorch 里实现的算法有 AdaDelta, AdaGrad, Adam, Nesterov, RMSProp 等; 在 Tensorflow 里实现的算法则有 AdaDelta, AdaGrad, AdaGradDA, ProximalAdagrad, Ftrl, Momentum, CenteredRMSProp 和 Adam 等.

算法 8.14   Adam

1. 给定步长 α, 矩估计的指数衰减速率 ρ_1, ρ_2, x^1.
2. 置初值 $S^0 = 0$, $M^0 = 0$.
3. **for** $k = 1, 2, \cdots, K$ **do**
4.   随机选取 $i \in \{1, 2, \cdots, N\}$, 计算梯度 $g^k = \nabla f_i(x^k)$.
5.   更新一阶矩估计: $S^k = \rho_1 S^{k-1} + (1 - \rho_1) g^k$.
6.   更新二阶矩估计: $M^k = \rho_2 M^{k-1} + (1 - \rho_2) g^k \odot g^k$.
7.   修正一阶矩的偏差: $\hat{S}^k = \dfrac{S^k}{1 - \rho_1^k}$.
8.   修正二阶矩的偏差: $\hat{M}^k = \dfrac{M^k}{1 - \rho_2^k}$.
9. $x^{k+1} \leftarrow x^k - \dfrac{\alpha}{\sqrt{\hat{M}^k} + \varepsilon \mathbf{1}_n} \odot \hat{S}^k$.
10. **end for**

8.7.2 应用举例

随机优化在机器学习的监督模型中有非常多的应用, 本小节介绍两个例子——逻辑回归和神经网络.

1. 逻辑回归

逻辑回归是最基本的线性分类模型, 它经常用来作为各种分类模型的比较标准. 给定数据集 $\{(a_i, b_i)\}_{i=1}^N$, 带 ℓ_2 范数平方正则项的逻辑回归对应的优化问题 (8.7.2) 可以写成如下形式:

$$\min_{x \in \mathbb{R}^n} f(x) = \frac{1}{N} \sum_{i=1}^N f_i(x) = \frac{1}{N} \sum_{i=1}^N \ln(1 + \exp(-b_i \cdot a_i^\mathrm{T} x)) + \lambda \|x\|_2^2,$$

其中

$$f_i(x) = \ln(1 + \exp(-b_i \cdot a_i^\mathrm{T} x)) + \lambda \|x\|_2^2.$$

每步我们随机取一个下标 i_k 对应的梯度 $\nabla f_{i_k}(x^k)$ 做随机梯度下降, 其迭代格式可以写成

$$x^{k+1} = x^k - \alpha_k \nabla f_{i_k}(x^k) = x^k - \alpha_k \left(\frac{-\exp(-b_{i_k} \cdot a_{i_k}^\mathrm{T} x^k) b_{i_k} a_{i_k}}{1 + \exp(-b_{i_k} \cdot a_{i_k}^\mathrm{T} x^k)} + 2\lambda x^k \right),$$

其中 i_k 为从 $\{1, 2, \cdots, N\}$ 中随机抽取的一个样本, α_k 为步长.

这里和第 6.4 节一样, 采用 LIBSVM 网站的数据集并令 $\lambda = \dfrac{10^{-2}}{N}$, 分别测试不同随机算法在数据集 CINA 和 a9a 上的表现. 我们采用网格搜索方法来确定随机算法中的参数值, 对每个参数重复 5 次数值实验并取其平均表现. 对比发现: 对随机梯度算法, 步长 $\alpha_k = 10^{-3}$ 表现最好. 动量方法中取 $\mu_k = 0.8, \alpha_k = 10^{-3}$; AdaGrad, RMSProp 和 Adam 中的 α 分别取为 $0.4, 10^{-3}, 5 \cdot 10^{-3}$, 数值稳定参数均设置为 $\varepsilon = 10^{-7}$, 数值结果见图 8.12. 随机算法的批量大小 (batch size) 表示每次迭代所采用的样本数 (即随机生成的下标 i 的个数). 在横坐标中, 每个时期 (epoch) 表示计算了 N 次分量函数 f_i 的梯度. 可以看到, 加入了动量之后, 随机梯度法的收敛加快, 但没有自适应类梯度方法快. 值得注意的是, 当批量大小从 1 变成 10 时, 随机梯度法和动量方法达到相同精度需要的时期数变多, 但大的批量大小对应的算法效率更高 (计算梯度时矩阵乘法的并行效率以及内存利用率会更高). 在自适应梯

图 8.12 使用不同类型的随机梯度法求解逻辑回归问题

度类方法中，AdaGrad 对该凸问题收敛最快，Adam 次之. 在 a9a 数据集上，RMSProp 和 AdaDelta 在批量大小为 1 时尾部出现函数值上升（尽管设置更小的 α 可以避免出现上升，但会大大降低目标函数值的下降速度），批量大小为 10 时算法产生的 x 对应的目标函数值更小.

2. 多层感知机神经网络

多层感知机也叫全连接神经网络，是一种基本的网络结构，第 1.4 节已经简要地介绍了这一模型. 考虑有 L 个隐藏层的多层感知机，给定输入 $a \in \mathbb{R}^p$，则多层感知机的输出可用如下迭代过程表示：

$$y^{(l)} = t(x^{(l)} y^{(l-1)} + w^{(l)}), \quad l = 1, 2, \cdots, L+1,$$

其中 $x^{(l)} \in \mathbb{R}^{m_{l-1} \times m_l}$ 为系数矩阵，$w^{(l)} \in \mathbb{R}^{m_l}$ 为非齐次项，$t(\cdot)$ 为非线性激活函数. 该感知机的输出为 $y^{(L+1)}$.

现在用非线性函数 $h(a;x)$ 来表示该多层感知机，其中

$$x = (x^{(1)}, x^{(2)}, \cdots, x^{(L)}, w^{(1)}, w^{(2)}, \cdots, w^{(L)})$$

表示所有网络参数的集合，则学习问题可以表示成经验损失函数求极小问题：

$$\min \quad \frac{1}{N} \sum_{i=1}^{N} L(h(a_i; x), b_i).$$

同样地，由于目标函数表示成了样本平均的形式，我们可以用随机梯度算法

$$x^{k+1} = x^k - \tau_k \nabla_x L(h(a_{s_k}; x^k), b_{s_k}),$$

其中 s_k 为从 $\{1, 2, \cdots, N\}$ 中随机抽取的一个样本. 算法最核心的部分为求梯度，由于函数具有复合结构，因此可以采用后传算法. 假定已经得到关于第 l 隐藏层的导数 $\dfrac{\partial L}{\partial y^{(l)}}$，然后可以通过下面递推公式得到关于第 l 隐藏层参数的导数以及关于前一个隐藏层的导数：

$$\begin{aligned}
\frac{\partial L}{\partial w^{(l)}} &= \frac{\partial L}{\partial y^{(l)}} \odot \frac{\partial t}{\partial z}, \\
\frac{\partial L}{\partial x^{(l)}} &= \left(\frac{\partial L}{\partial y^{(l)}} \odot \frac{\partial t}{\partial z} \right) (y^{(l-1)})^{\mathrm{T}}, \\
\frac{\partial L}{\partial y^{(l-1)}} &= (x^{(l)})^{\mathrm{T}} \left(\frac{\partial L}{\partial y^{(l)}} \odot \frac{\partial t}{\partial z} \right),
\end{aligned} \quad (8.7.19)$$

其中 $\odot$ 为逐元素相乘. 完整的后传算法见算法 8.15.

算法 8.15 后传算法

1. $g \leftarrow \nabla_{\hat{y}} L(\hat{y}, b_{s_k})$.
2. **for** $l = L+1, L, \cdots, 1$ **do**
3. $\quad g \leftarrow g \odot \dfrac{\partial t}{\partial z}$.
4. $\quad \dfrac{\partial L}{\partial w^{(l)}} = g$.
5. $\quad \dfrac{\partial L}{\partial x^{(l)}} = g(y^{(l-1)})^{\mathrm{T}}$.
6. $\quad g \leftarrow (x^{(l)})^{\mathrm{T}} g$.
7. **end for**

8.7.3 收敛性分析

随机梯度算法具有不确定性，这样的算法会有收敛性吗？本小节将比较细致地回答这一问题. 概括来说，随机梯度下降法的收敛性依赖于步长的选取以及函数 f 本身的性质，在不同条件下会有不同结果. 这一点和梯度法是类似的. 我们将对目标函数分别为一般凸函数和可微强凸函数的情况进行讨论.

1. 一般凸函数下随机梯度算法的收敛性

首先考虑每个 $f_i(x)$ 是凸函数的情况，此时只假设 $f_i(x)$ 存在次梯度. 相应地，随机梯度下降法在这种情况下实际上是随机次梯度算法. 在介绍具体定理之前，我们先列出算法和函数所满足的基本假设.

假设 8.4 对问题 (8.7.2) 使用迭代算法 (8.7.4) 时，

（1）每个 $f_i(x)$ 是闭凸函数，存在次梯度；

（2）随机次梯度二阶矩是一致有界的，即存在 M，对任意的 $x \in \mathbb{R}^n$ 以及随机下标 s_k，有

$$\mathbb{E}_{s_k}[\|g^k\|^2] \leqslant M^2 < +\infty, \quad g^k \in \partial f_{s_k}(x^k);$$

（3）迭代的随机点列 $\{x^k\}$ 处处有界，即存在 $R > 0$，使得

$$\|x^k - x^*\| \leqslant R, \quad \forall k,$$

其中 x^* 是问题 (8.7.2) 的最优解.

我们有如下重要的引理：

引理 8.8 在假设 8.4 的条件下，令 $\{\alpha_k\}$ 是任一正步长序列，$\{x^k\}$ 是由随机次梯度法产生的序列，那么对所有的 $K \geqslant 1$，有

$$\sum_{k=1}^{K} \alpha_k \mathbb{E}[f(x^k) - f(x^*)] \leqslant \frac{1}{2} \mathbb{E}[\|x^1 - x^*\|^2] + \frac{1}{2} \sum_{k=1}^{K} \alpha_k^2 M^2. \tag{8.7.20}$$

证明 令 $\bar{g}^k = \mathbb{E}[g^k|x^k]$, $\zeta^k = g^k - \bar{g}^k$. 由随机次梯度法的性质,

$$\bar{g}^k = \mathbb{E}[g^k|x^k] \in \partial f(x^k),$$

也就是说 $\bar{g}^k$ 就是次梯度. 由次梯度的性质,

$$\langle \bar{g}^k, x^* - x^k \rangle \leqslant f(x^*) - f(x^k),$$

可以推得

$$\begin{aligned}
&\frac{1}{2}\|x^{k+1} - x^*\|^2 \\
=& \frac{1}{2}\|x^k - \alpha_k g^k - x^*\|^2 \\
=& \frac{1}{2}\|x^k - x^*\|^2 + \alpha_k \langle g^k, x^* - x^k \rangle + \frac{\alpha_k^2}{2}\|g^k\|^2 \\
=& \frac{1}{2}\|x^k - x^*\|^2 + \alpha_k \langle \bar{g}^k, x^* - x^k \rangle + \frac{\alpha_k^2}{2}\|g^k\|^2 + \alpha_k \langle \zeta^k, x^* - x^k \rangle \\
\leqslant& \frac{1}{2}\|x^k - x^*\|^2 + \alpha_k(f(x^*) - f(x^k)) + \frac{\alpha_k^2}{2}\|g^k\|^2 + \alpha_k \langle \zeta^k, x^* - x^k \rangle.
\end{aligned} \tag{8.7.21}$$

注意到 $\mathbb{E}[\zeta^k|x^k] = \mathbb{E}[g^k|x^k] - \bar{g}^k = 0$, 再利用条件期望的性质就有

$$\mathbb{E}[\langle \zeta^k, x^* - x^k \rangle] = \mathbb{E}[\mathbb{E}[\langle \zeta^k, x^* - x^k \rangle | x^k]] = 0.$$

对不等式 (8.7.21) 两端求数学期望就得到

$$\begin{aligned}
&\alpha_k \mathbb{E}[f(x^k) - f(x^*)] \\
\leqslant& \frac{1}{2}\mathbb{E}[\|x^k - x^*\|^2] - \frac{1}{2}\mathbb{E}[\|x^{k+1} - x^*\|^2] + \frac{\alpha_k^2}{2}M^2.
\end{aligned} \tag{8.7.22}$$

两边对 k 求和即证. □

引理 8.8 没有直接说明收敛性, 因为此时步长 α_k 的选取还是未知的. 根据该引理, 我们很容易得到随机次梯度算法在收缩步长下的收敛性.

定理 8.17 (随机次梯度算法的收敛性 1) 在假设 8.4 的条件下, 令 $A_K = \sum_{i=1}^{K} \alpha_i$, 定义 $\bar{x}_K = \dfrac{1}{A_K} \sum_{k=1}^{K} \alpha_k x^k$, 则

$$\mathbb{E}[f(\bar{x}_K) - f(x^*)] \leqslant \frac{R^2 + \sum\limits_{k=1}^{K} \alpha_k^2 M^2}{2\sum\limits_{k=1}^{K} \alpha_k}. \tag{8.7.23}$$

证明 由 $f(x)$ 的凸性以及引理 8.8 立即得到

$$A_k \mathbb{E}[f(\bar{x}_K) - f(x^*)] \leqslant \sum_{k=1}^{K} \alpha_k \mathbb{E}[f(x^k) - f(x^*)]$$

$$\leqslant \frac{1}{2}\mathbb{E}[\|x^1 - x^*\|^2] + \frac{1}{2}\sum_{k=1}^{K}\alpha_k^2 M^2$$

$$= \frac{R^2 + \sum_{k=1}^{K}\alpha_k^2 M^2}{2}.$$

不等式两边同除以 A_K 得到

$$\mathbb{E}[f(\bar{x}_K) - f(x^*)] \leqslant \frac{R^2 + \sum_{k=1}^{K}\alpha_k^2 M^2}{2A_K}. \qquad \square$$

从定理 8.17 可以看到，当

$$\sum_{k=1}^{\infty}\alpha_k = +\infty, \quad \text{且} \quad \frac{\sum_{k=1}^{K}\alpha_k^2}{\sum_{k=1}^{K}\alpha_k} \to 0$$

时，随机次梯度算法收敛. 对一个固定的步长 α，不等式 (8.7.23) 右侧有一个不随 K 递减的常数，因此固定步长随机次梯度算法在函数值取期望意义下是不收敛的，它仅仅能找到一个次优解：

$$\mathbb{E}[f(\bar{x}_K) - f(x^*)] \leqslant \frac{R^2}{2K\alpha} + \frac{\alpha M^2}{2}.$$

特别地，对于给定的迭代次数 K，若选取固定步长 $\alpha = \dfrac{R}{M\sqrt{K}}$，则可以达到 $\mathcal{O}\left(\dfrac{1}{\sqrt{K}}\right)$ 的精度，即

$$\mathbb{E}[f(\bar{x}_K) - f(x^*)] \leqslant \frac{RM}{\sqrt{K}}.$$

定理 8.17 的收敛性是在步长加权平均意义下的收敛性，在步长不增的情况下，我们可以得到直接平均意义下的收敛性.

定理 8.18 (随机次梯度算法的收敛性 2) 在假设 8.4 的条件下，令 $\{\alpha_k\}$ 是一个不增的正步长序列，$\bar{x}_K = \dfrac{1}{K}\sum_{k=1}^{K}x^k$，则

$$\mathbb{E}[f(\bar{x}_K) - f(x^*)] \leqslant \frac{R^2}{2K\alpha_K} + \frac{1}{2K}\sum_{k=1}^{K}\alpha_k M^2. \tag{8.7.24}$$

证明 对引理 8.8 中的 (8.7.22) 式两边同除以 α_k，就有

$$\mathbb{E}[f(x^k) - f(x^*)] \leqslant \frac{1}{2\alpha_k}\mathbb{E}[\|x^k - x^*\|_2^2] - \frac{1}{2\alpha_k}\mathbb{E}[\|x^{k+1} - x^*\|_2^2] + \frac{\alpha_k}{2}M^2.$$

再对 k 求和，并且利用 $f(x)$ 的凸性和 α_k 的单调性得

$$\mathbb{E}[f(\bar{x}_K) - f(x^*)] \leqslant \frac{1}{K}\sum_{k=1}^{K}\mathbb{E}[f(x^k) - f(x^*)]$$

$$\leqslant \frac{1}{2K}\left(\frac{1}{\alpha_1}\mathbb{E}[\|x^1 - x^*\|^2] + \sum_{k=1}^{K}\alpha_k M^2 + \right.$$

$$\left.\sum_{k=2}^{K}\left(\frac{1}{\alpha_k} - \frac{1}{\alpha_{k-1}}\right)\mathbb{E}[\|x^k - x^*\|^2]\right)$$

$$\leqslant \frac{R^2}{2K\alpha_K} + \frac{1}{2K}\sum_{k=1}^{K}\alpha_k M^2. \qquad \square$$

注意该定理和定理 8.17 的不同之处在于 $\bar{x}_K$ 的定义.

通过选取 $\mathcal{O}\left(\dfrac{1}{\sqrt{k}}\right)$ 阶数的步长，我们可以得到目标函数的收敛速度为 $\mathcal{O}\left(\dfrac{1}{\sqrt{K}}\right)$.

推论 8.4 在假设 8.4 的条件下，令 $\alpha_k = \dfrac{R}{M\sqrt{k}}$，则

$$\mathbb{E}[f(\bar{x}_K) - f(x^*)] \leqslant \frac{3RM}{2\sqrt{K}}, \tag{8.7.25}$$

其中 $\bar{x}_K$ 的定义和定理 8.18 相同.

证明 注意到

$$\sum_{k=1}^{K}\frac{1}{\sqrt{k}} \leqslant \int_0^K \frac{1}{\sqrt{t}}\mathrm{d}t = 2\sqrt{K},$$

将 $\alpha_k = \dfrac{R}{M\sqrt{k}}$ 代入 (8.7.24) 式就得到

$$\mathbb{E}[f(\bar{x}_K) - f(x^*)] \leqslant \frac{R^2}{2K\dfrac{R}{M\sqrt{K}}} + \frac{RM}{2K}2\sqrt{K} = \frac{3RM}{2\sqrt{K}}. \qquad \square$$

前面的定理分析了随机次梯度算法在期望意义下的收敛性和收敛速度，我们可以发现它和非随机次梯度算法具有相同的收敛速度——$\mathcal{O}\left(\dfrac{1}{\sqrt{K}}\right)$. 而随机次梯度算法每步的计算代价远小于非随机次梯度算法每步的计算代价，这一定程度上解释了为什么随机算法在一些问题中的表现要远远好于非随机算法.

很多情况下仅有期望的分析是不够的，我们需要更细致的刻画，下面主要讨论随机次梯度算法在依概率意义下的收敛性和收敛速度。

定理 8.19 选择推论 8.4 中的步长 α_k，使得 $\mathbb{E}[f(\bar{x}_K) - f(x^*)] \to 0$，那么我们有依概率收敛 $f(\bar{x}_K) - f(x^*) \xrightarrow{P} 0 \, (K \to \infty)$，即对任意的 $\varepsilon > 0$，都有

$$\lim_{K \to \infty} P(f(\bar{x}_K) - f(x^*) \geqslant \varepsilon) = 0. \tag{8.7.26}$$

证明 由马尔可夫不等式立即得到

$$P(f(\bar{x}_K) - f(x^*) \geqslant \varepsilon) \leqslant \frac{1}{\varepsilon} \mathbb{E}[f(\bar{x}_K) - f(x^*)] \to 0. \qquad \square$$

上面的定理只保证目标函数值是依概率收敛的，下面将进行更加细致的分析，给出其收敛速度。

定理 8.20 (随机次梯度算法的收敛性 3) 在假设 8.4 的条件下，进一步假设对于所有的随机次梯度 g，有 $\|g\| \leqslant M$，那么对任意的 $\varepsilon > 0$，

$$f(\bar{x}_K) - f(x^*) \leqslant \frac{R^2}{2K\alpha_K} + \frac{1}{2K} \sum_{k=1}^{K} \alpha_k M^2 + \frac{RM}{\sqrt{K}} \varepsilon \tag{8.7.27}$$

以大于等于 $1 - e^{-\varepsilon^2/2}$ 的概率成立，其中步长列 $\{\alpha_k\}$ 是单调不增序列，$\bar{x}_K$ 的定义和定理 8.18 中的定义相同.

证明 令 $\bar{g}^k = \mathbb{E}[g^k | x^k]$，$\zeta^k = g^k - \bar{g}^k$. 在引理 8.8 中，由 (8.7.21) 式的推导过程我们已经得到

$$f(x^k) - f(x^*) \leqslant \frac{1}{2\alpha_k} \|x^k - x^*\|^2 - \frac{1}{2\alpha_k} \|x^{k+1} - x^*\|^2 + \frac{\alpha_k}{2} \|g^k\|^2 + \alpha_k \langle \zeta^k, x^* - x^k \rangle.$$

两边对 k 求和，并利用 $f(x)$ 的凸性与 α_k 的单调性就有

$$f(\bar{x}_K) - f(x^*) \leqslant \frac{1}{K} \sum_{k=1}^{K} f(x^k) - f(x^*)$$

$$\leqslant \frac{R^2}{2K\alpha_K} + \frac{1}{2K} \sum_{k=1}^{K} \alpha_k \|g^k\|^2 + \frac{1}{K} \sum_{k=1}^{K} \langle \zeta^k, x^* - x^k \rangle$$

$$\leqslant \frac{R^2}{2K\alpha_K} + \frac{1}{2K} \sum_{k=1}^{K} \alpha_k M^2 + \frac{1}{K} \sum_{k=1}^{K} \langle \zeta^k, x^* - x^k \rangle.$$

令 $\omega = \dfrac{R^2}{2K\alpha_K} + \dfrac{1}{2K} \sum_{k=1}^{K} \alpha_k M^2$，得到

$$P(f(\bar{x}_K) - f(x^*) - \omega \geqslant t) \leqslant P\left(\frac{1}{K} \sum_{k=1}^{K} \langle \zeta^k, x^* - x^k \rangle \geqslant t \right). \tag{8.7.28}$$

设 $Z^k = (x^1, x^2, \cdots, x^{k+1})$. 因为

$$\mathbb{E}[\zeta^k | Z^{k-1}] = \mathbb{E}[\zeta^k | x^k] = 0, \quad \mathbb{E}[x^k | Z^{k-1}] = x^k,$$

我们知道 $\langle \zeta^k, x^* - x^k \rangle$ 是一个鞅差序列（见定义 B.10）. 同时由

$$\|\zeta^k\| = \|g^k - \bar{g}^k\| \leqslant 2M$$

推出

$$|\langle \zeta^k, x^* - x^k \rangle| \leqslant \|\zeta^k\| \|x^* - x^k\| \leqslant 2MR,$$

即 $\langle \zeta^k, x^* - x^k \rangle$ 有界. 由 Azuma-Hoeffding 不等式（定理 B.6），就得到

$$P\left(\frac{1}{K} \sum_{k=1}^{K} \langle \zeta^k, x^* - x^k \rangle \geqslant t \right) \leqslant \exp\left(-\frac{Kt^2}{2M^2 R^2} \right).$$

将 $t = \dfrac{MR\varepsilon}{\sqrt{K}}$ 代入，有

$$P\left(\frac{1}{K} \sum_{k=1}^{K} \langle \zeta^k, x^* - x^k \rangle \geqslant \frac{MR\varepsilon}{\sqrt{K}} \right) \leqslant \exp\left(-\frac{\varepsilon^2}{2} \right).$$

结合 (8.7.28) 式，定理得证. □

定理 8.20 给出随机次梯度算法的收敛性更加细致的刻画. 如果取 $\alpha_k = \dfrac{R}{\sqrt{k}M}$，并令 $\delta = \mathrm{e}^{-\varepsilon^2/2}$，就有

$$P\left(f(\bar{x}_K) - f(x^*) \leqslant \frac{3RM}{2\sqrt{K}} + \frac{RM\sqrt{2\ln\frac{1}{\delta}}}{\sqrt{K}} \right) \geqslant 1 - \delta.$$

可以看到除一个很小的概率外，函数值以 $\mathcal{O}\left(\dfrac{1}{\sqrt{K}}\right)$ 的速度收敛.

2. 可微强凸函数下随机梯度算法的收敛性

在前面的讨论中，我们知道对一般凸优化问题而言，随机梯度下降法的收敛速度是 $\mathcal{O}\left(\dfrac{1}{\sqrt{K}}\right)$. 如果 $f(x)$ 有更好的性质，例如 $f(x)$ 是可微强凸函数，随机梯度下降法的收敛速度会有改善吗？下面将指出：若 $f(x)$ 是可微强凸函数，则随机梯度下降法的收敛速度可以提升到 $\mathcal{O}\left(\dfrac{1}{K}\right)$.

首先我们列出这一部分的统一假设.

假设 8.5 对问题 (8.7.2) 使用迭代算法 (8.7.4) 时,

(1) $f(x)$ 是可微函数,每个 $f_i(x)$ 存在梯度;

(2) $f(x)$ 是梯度利普希茨连续的,相应常数为 L;

(3) $f(x)$ 是强凸函数,强凸参数为 μ;

(4) 随机梯度二阶矩是一致有界的,即存在 M,对任意的 $x \in \mathbb{R}^n$ 以及随机下标 s^k,有

$$\mathbb{E}_{s_k}[\|\nabla f_{s_k}\|^2] \leqslant M^2 < +\infty.$$

下面的定理将给出随机梯度算法在固定步长下的收敛性分析.

定理 8.21 (随机梯度算法的收敛性) 在假设 8.5 的条件下,定义 $\Delta_k = \|x^k - x^*\|$. 对固定的步长 $\alpha_k = \alpha, 0 < \alpha < \dfrac{1}{2\mu}$,有

$$\mathbb{E}[f(x^{K+1}) - f(x^*)] \leqslant \frac{L}{2}\mathbb{E}[\Delta_{K+1}^2] \leqslant \frac{L}{2}\left[(1-2\alpha\mu)^K \Delta_1^2 + \frac{\alpha M^2}{2\mu}\right]. \tag{8.7.29}$$

证明 根据随机梯度算法的更新公式,

$$\begin{aligned}
\Delta_{k+1}^2 &= \|x^{k+1} - x^*\|^2 = \|x^k - \alpha_k \nabla f_{s_k}(x^k) - x^*\|^2 \\
&= \|x^k - x^*\|^2 - 2\alpha_k \langle \nabla f_{s_k}(x^k), x^k - x^* \rangle + \alpha_k^2 \|\nabla f_{s_k}(x^k)\|^2 \\
&= \Delta_k^2 - 2\alpha_k \langle \nabla f_{s_k}(x^k), x^k - x^* \rangle + \alpha_k^2 \|\nabla f_{s_k}(x^k)\|^2,
\end{aligned}$$

其中比较难处理的一项是 $\langle \nabla f_{s_k}(x^k), x^k - x^* \rangle$,原因是 s_k 和 x^k 都具有随机性. 由条件期望的性质 $\mathbb{E}[X] = \mathbb{E}[\mathbb{E}[X|Y]]$,有

$$\begin{aligned}
&\mathbb{E}_{s_1,s_2,\cdots,s_k}[\langle \nabla f_{s_k}(x^k), x^k - x^* \rangle] \\
&= \mathbb{E}_{s_1,s_2,\cdots,s_{k-1}}[\mathbb{E}_{s_k}[\langle \nabla f_{s_k}(x^k), x^k - x^* \rangle | s_1, s_2, \cdots, s_{k-1}]] \\
&= \mathbb{E}_{s_1,s_2,\cdots,s_{k-1}}[\langle \mathbb{E}_{s_k}[\nabla f_{s_k}(x^k) | s_1, s_2, \cdots, s_{k-1}], x^k - x^* \rangle] \\
&= \mathbb{E}_{s_1,s_2,\cdots,s_{k-1}}[\langle \nabla f(x^k), x^k - x^* \rangle] \\
&= \mathbb{E}_{s_1,s_2,\cdots,s_k}[\langle \nabla f(x^k), x^k - x^* \rangle].
\end{aligned}$$

推导过程利用了 x^k 仅仅和 $s_1, s_2, \cdots, s_{k-1}$ 有关,因此固定 $s_1, s_2, \cdots, s_{k-1}$ 后 x^k 是一个常数. 我们通过取数学期望的方式,将 $\nabla f_{s_k}(x^k)$ 替换成了 $\nabla f(x^k)$. 根据强凸函数的单调性,

$$\langle \nabla f(x^k), x^k - x^* \rangle = \langle \nabla f(x^k) - \nabla f(x^*), x^k - x^* \rangle \geqslant \mu \|x^k - x^*\|^2.$$

因此利用随机梯度二阶矩的一致有界性以及对 $\langle \nabla f(x^k), x^k - x^* \rangle$ 进行放缩可以得到

$$\mathbb{E}_{s_1,s_2,\cdots,s_k}[\Delta_{k+1}^2] \leqslant (1 - 2\alpha\mu)\mathbb{E}_{s_1,s_2,\cdots,s_k}[\Delta_k^2] + \alpha^2 M^2. \tag{8.7.30}$$

对 k 做归纳，就得到

$$\mathbb{E}_{s_1,s_2,\cdots,s_K}[\Delta_{K+1}^2] \leqslant (1-2\alpha\mu)^K \Delta_1^2 + \sum_{i=0}^{K-1}(1-2\alpha\mu)^i \alpha^2 M^2. \tag{8.7.31}$$

由定理条件，$0 < 2\alpha\mu < 1$，则

$$\sum_{i=0}^{K-1}(1-2\alpha\mu)^i < \sum_{i=0}^{\infty}(1-2\alpha\mu)^i = \frac{1}{2\alpha\mu},$$

所以

$$\mathbb{E}_{s_1,s_2,\cdots,s_K}[\Delta_{K+1}^2] \leqslant (1-2\alpha\mu)^K \Delta_1^2 + \frac{\alpha M^2}{2\mu}. \tag{8.7.32}$$

注意，证明进行到这一步并没有利用 $f(x)$ 梯度 L-利普希茨连续这一条件. 我们已经能够得到迭代点列在期望意义下的一些收敛结果. 如果再利用梯度 L-利普希茨连续函数的二次上界 (2.2.3)，可以得到

$$f(x^{K+1}) - f(x^*) \leqslant \langle \nabla f(x^*), x^{K+1} - x^* \rangle + \frac{L}{2}\|x^{K+1} - x^*\|^2.$$

利用 $\nabla f(x^*) = 0$ 并对上式左右两边取期望可得

$$\mathbb{E}[f(x^{K+1}) - f(x^*)] \leqslant \frac{L}{2}\mathbb{E}[\Delta_{K+1}^2] \leqslant \frac{L}{2}\left[(1-2\alpha\mu)^K \Delta_1^2 + \frac{\alpha M^2}{2\mu}\right].$$

此即目标函数值在期望的意义下的收敛结果. □

可以看到，对于固定的步长，算法不能保证收敛，这是因为 (8.7.32) 式的右端有不随 K 变化的常数. 如果设置递减的步长，收敛速度可以达到 $\mathcal{O}\left(\dfrac{1}{K}\right)$，这个结论将在下面的定理中给出.

定理 8.22 (随机梯度算法的收敛速度) [28]^{定理 4.7}　在定理 8.21 的结果中，取递减的步长

$$\alpha_k = \frac{\beta}{k+\gamma},$$

其中 $\beta > \dfrac{1}{2\mu}$，$\gamma > 0$，使得 $\alpha_1 \leqslant \dfrac{1}{2\mu}$，那么对于任意的 $k \geqslant 1$，都有

$$\mathbb{E}[f(x^k) - f(x^*)] \leqslant \frac{L}{2}\mathbb{E}[\Delta_k^2] \leqslant \frac{L}{2}\frac{v}{\gamma+k}, \tag{8.7.33}$$

这里 $v = \max\left\{\dfrac{\beta^2 M^2}{2\beta\mu - 1}, (\gamma+1)\Delta_1^2\right\}$.

证明　定理 8.21 已经证明了

$$\mathbb{E}_{s_1,s_2,\cdots,s_k}[\Delta_{k+1}^2] \leqslant (1-2\alpha_k\mu)\mathbb{E}_{s_1,s_2,\cdots,s_k}[\Delta_k^2] + \alpha_k^2 M^2.$$

我们采用数学归纳法证明 (8.7.33) 式. 当 $k = 1$ 时, 由 v 的定义知 (8.7.33) 式成立. 现假设该式对 k 成立, 为了记号简便, 定义 $\hat{k} = \gamma + k$, 则 $\alpha_k = \dfrac{\beta}{\hat{k}}$. 由归纳假设,

$$\begin{aligned}
\mathbb{E}[\Delta_{k+1}^2] &\leqslant \left(1 - \frac{2\beta\mu}{\hat{k}}\right) \frac{v}{\hat{k}} + \frac{\beta^2 M^2}{\hat{k}^2} \\
&= \frac{\hat{k} - 2\beta\mu}{\hat{k}^2} v + \frac{\beta^2 M^2}{\hat{k}^2} \\
&= \frac{\hat{k} - 1}{\hat{k}^2} v - \frac{2\beta\mu - 1}{\hat{k}^2} v + \frac{\beta^2 M^2}{\hat{k}^2} \\
&\leqslant \frac{v}{\hat{k} + 1},
\end{aligned}$$

最后一个不等式用到了 v 的定义. 所以 (8.7.33) 式对 $k + 1$ 也成立. □

本小节分析了次梯度算法和梯度下降法的普通版本和随机版本的收敛速度, 它们的算法复杂度如表 8.1 所示. 这里复杂度是指计算梯度的次数, ε 代表希望达到的精度, N 表示样本数量. 对于普通梯度下降方法, 每一次迭代都需要计算 N 次梯度, 而随机算法只需要计算一次. 我们可以看到次梯度算法的普通版本和随机版本的收敛速度并没有差别, 而每步的计算量能大大降低. 但是在可微光滑和强凸情形下, 随机梯度算法的收敛速度要慢于梯度算法. 下一小节将讨论产生这一差别的原因, 并介绍方差减小技术来改进它.

表 8.1 梯度下降法的算法复杂度

算法	f 凸 (次梯度算法)	f 可微强凸	f 可微强凸且 L-光滑
随机算法	$\mathcal{O}\left(\dfrac{1}{\varepsilon^2}\right)$	$\mathcal{O}\left(\dfrac{1}{\varepsilon}\right)$	$\mathcal{O}\left(\dfrac{1}{\varepsilon}\right)$
普通算法	$\mathcal{O}\left(\dfrac{N}{\varepsilon^2}\right)$	$\mathcal{O}\left(\dfrac{N}{\varepsilon}\right)$	$\mathcal{O}\left(N\ln\left(\dfrac{1}{\varepsilon}\right)\right)$

8.7.4 方差减小技术

上一小节证明了在次梯度情形以及 $f(x)$ 可微强凸的条件下, 随机梯度方法的算法复杂度要小于普通的梯度法. 但是我们也发现随机方法容易受到梯度估计噪声的影响, 这使得它在固定步长下不能收敛, 并且在递减步长下也只能达到 R-次线性收敛速度 $\mathcal{O}\left(\dfrac{1}{k}\right)$, 而普通梯度法在强凸且梯度 L-利普希茨连续的条件下可以达到 Q-线性收敛速度. 下面分析这两种算法的主要区别.

在假设 8.5 的条件下，对梯度下降法有

$$\begin{aligned}
\Delta_{k+1}^2 &= \|x^{k+1} - x^*\|^2 = \|x^k - \alpha \nabla f(x^k) - x^*\|^2 \\
&= \Delta_k^2 - 2\alpha \langle \nabla f(x^k), x^k - x^* \rangle + \alpha^2 \|\nabla f(x^k)\|^2 \\
&\leqslant (1 - 2\alpha\mu)\Delta_k^2 + \alpha^2 \|\nabla f(x^k)\|_2^2 \quad (\mu\text{-强凸}) \\
&\leqslant (1 - 2\alpha\mu + \alpha^2 L^2)\Delta_k^2. \quad (L\text{-光滑})
\end{aligned} \tag{8.7.34}$$

对随机梯度下降法，利用条件期望的性质（具体细节读者可自行验证）有

$$\begin{aligned}
\mathbb{E}[\Delta_{k+1}^2] &= \mathbb{E}[\|x^{k+1} - x^*\|_2^2] = \mathbb{E}[\|x^k - \alpha \nabla f_{s_k}(x^k) - x^*\|^2] \\
&= \mathbb{E}[\Delta_k^2] - 2\alpha \mathbb{E}[\langle \nabla f_{s_k}(x^k), x^k - x^* \rangle] + \alpha^2 \mathbb{E}[\|\nabla f_{s_k}(x^k)\|^2] \\
&= \mathbb{E}[\Delta_k^2] - 2\alpha \mathbb{E}[\langle \nabla f(x^k), x^k - x^* \rangle] + \alpha^2 \mathbb{E}[\|\nabla f_{s_k}(x^k)\|^2] \\
&\leqslant (1 - 2\alpha\mu)\mathbb{E}[\Delta_k^2] + \alpha^2 \mathbb{E}[\|\nabla f_{s_k}(x^k)\|^2] \quad (\mu\text{-强凸}) \\
&= (1 - 2\alpha\mu)\mathbb{E}[\Delta_k^2] + \alpha^2 \mathbb{E}[\|\nabla f_{s_k}(x^k) - \nabla f(x^k) + \nabla f(x^k)\|^2] \\
&\leqslant (1 - 2\alpha\mu + \alpha^2 L^2)\mathbb{E}[\Delta_k^2] + \alpha^2 \mathbb{E}[\|\nabla f_{s_k}(x^k) - \nabla f(x^k)\|^2],
\end{aligned}$$

也即

$$\mathbb{E}[\Delta_{k+1}^2] \leqslant \underbrace{(1 - 2\alpha\mu + \alpha^2 L^2)\mathbb{E}[\Delta_k^2]}_{A} + \underbrace{\alpha^2 \mathbb{E}[\|\nabla f_{s_k}(x^k) - \nabla f(x^k)\|^2]}_{B}. \tag{8.7.35}$$

从上面的分析中可以看到两种算法的主要差别就在 B 项上，也就是梯度估计的某种方差. 它导致了随机梯度算法只能有 $\mathcal{O}\left(\dfrac{1}{k}\right)$ 的收敛速度. 但是在许多机器学习的应用中，随机梯度算法的真实的收敛速度可能会更快一些. 这主要是因为许多应用对解的精度要求并没有太高，而在开始部分方差较小，即有 $B \ll A$，那么我们会观察到近似 Q-线性收敛速度；而随着迭代步数增多，方差逐渐增大，算法最终的收敛速度为 $\mathcal{O}\left(\dfrac{1}{k}\right)$. 所以为了能获得比较快的渐近收敛速度，我们的主要目标就是减少方差项 B 来加快随机梯度算法的收敛速度. 下面将要介绍三种减小方差的算法：

- SAG (stochastic average gradient)
- SAGA[①]
- SVRG (stochastic variance reduced gradient)

相对于普通的随机梯度算法使用更多的样本点，这些算法的基本思想都是通过利用之前计算得到的信息来减小方差，最终获得 Q-线性收敛速度.

---

① 和 SAG 算法不同，SAGA 算法名字本身并不是四个英文单词的缩写.

1. SAG 算法和 SAGA 算法

在随机梯度下降法中，每一步迭代仅仅使用了当前点的随机梯度，而迭代计算的历史随机梯度则直接丢弃不再使用. 当迭代接近收敛时，上一步的随机梯度同样也是当前迭代点处梯度的一个很好的估计. 随机平均梯度法 (SAG) 就是基于这一想法构造的. 在迭代中，SAG 算法记录所有之前计算过的随机梯度，再与当前新计算的随机梯度求平均，最终作为下一步的梯度估计. 具体来说，SAG 算法在内存中开辟了存储 N 个随机梯度的空间

$$[g_1^k, g_2^k, \cdots, g_N^k],$$

分别用于记录和第 i 个样本相关的最新的随机梯度. 在第 k 步更新时，若抽取的样本点下标为 s_k，则计算随机梯度后将 $g_{s_k}^k$ 的值更新为当前的随机梯度值，而其他未抽取到的下标对应的 g_i^k 保持不变. 每次 SAG 算法更新使用的梯度方向是所有 g_i^k 的平均值. 它的数学迭代格式为

$$x^{k+1} = x^k - \frac{\alpha_k}{N} \sum_{i=1}^N g_i^k, \tag{8.7.36}$$

其中 g_i^k 的更新方式为

$$g_i^k = \begin{cases} \nabla f_{s_k}(x^k), & i = s_k, \\ g_i^{k-1}, & \text{其他}, \end{cases} \tag{8.7.37}$$

这里 s_k 是第 k 次迭代随机抽取的样本. 由 g_i^k 的更新方式不难发现，每次迭代时只有一个 g_i^k 的内容发生了改变，而其他的 g_i^k 是直接沿用上一步的值. 因此 SAG 迭代公式还可以写成

$$x^{k+1} = x^k - \alpha_k \left(\frac{1}{N} (\nabla f_{s_k}(x^k) - g_{s_k}^{k-1}) + \frac{1}{N} \sum_{i=1}^N g_i^{k-1} \right), \tag{8.7.38}$$

其中 g_i^k 的更新方式如 (8.7.37) 式. 在 SAG 算法中 $\{g_i^k\}$ 的初值可简单地取为零向量或中心化的随机梯度向量，我们不加证明地指出，SAG 算法每次使用的随机梯度的条件期望并不是真实梯度 $\nabla f(x^k)$，但随着迭代进行，随机梯度的期望和真实梯度的偏差会越来越小.

接下来直接给出 SAG 算法的收敛性分析.

定理 8.23 (SAG 算法的收敛性 [168]) 在假设 8.5 的条件下，取固定步长 $\alpha_k = \dfrac{1}{16L}$, g_i^k 的初值取为零向量，则对任意的 k，我们有

$$\mathbb{E}[f(x^k)] - f(x^*) \leqslant \left(1 - \min\left\{\frac{\mu}{16L}, \frac{1}{8N}\right\}\right)^k C_0,$$

其中常数 C_0 为与 k 无关的常数.

上述定理表明 SAG 算法确实有 Q-线性收敛速度. 但是 SAG 算法的缺点在于需要存储 N 个梯度向量, 当样本量 N 很大时, 这无疑是一个很大的开销. 因此 SAG 算法在实际中很少使用, 它的主要价值在于算法的思想. 很多其他实用算法都是根据 SAG 算法变形而来的.

SAGA 算法是 SAG 算法的一个修正. 我们知道 SAG 算法每一步的随机梯度的条件期望并不是真实梯度, 这其实是一个缺陷. SAGA 算法则使用无偏的梯度向量作为更新方向, 它的迭代方式为

$$x^{k+1} = x^k - \alpha_k \left(\nabla f_{s_k}(x^k) - g_{s_k}^{k-1} + \frac{1}{N} \sum_{i=1}^{N} g_i^{k-1} \right). \tag{8.7.39}$$

对比 (8.7.38) 式可以发现, SAGA 算法去掉了 $\nabla f_{s_k}(x^k) - g_{s_k}^{k-1}$ 前面的系数 $\frac{1}{N}$. 可以证明每次迭代使用的梯度方向都是无偏的, 即

$$\mathbb{E}\left[\nabla f_{s_k}(x^k) - g_{s_k}^{k-1} + \frac{1}{N} \sum_{i=1}^{N} g_i^{k-1} \Big| x^k \right] = \nabla f(x^k).$$

SAGA 算法同样有 Q-线性收敛速度, 实际上我们有如下结果:

定理 8.24 (SAGA 算法的收敛性 [55]) 在假设 8.5 的条件下, 取固定步长 $\alpha_k = \dfrac{1}{2(\mu N + L)}$, 定义 $\Delta_k = \|x^k - x^*\|$, 则对任意的 $k \geqslant 1$ 有

$$\mathbb{E}[\Delta_k^2] \leqslant \left(1 - \frac{\mu}{2(\mu N + L)}\right)^k \left(\Delta_1^2 + \frac{N(f(x^1) - f(x^*))}{\mu N + L}\right). \tag{8.7.40}$$

如果强凸的参数 μ 是未知的, 也可以取 $\alpha = \dfrac{1}{3L}$, 此时有类似的收敛结果.

2. SVRG 算法

与 SAG 算法和 SAGA 算法不同, SVRG 算法通过周期性缓存全梯度的方法来减小方差. 具体做法是在随机梯度下降方法中每经过 m 次迭代就设置一个检查点, 计算一次全梯度, 在之后的 m 次迭代中将这个全梯度作为参考点来达到减小方差的目的. 令 $\tilde{x}^j$ 是第 j 个检查点, 则我们需要计算点 $\tilde{x}^j$ 处的全梯度

$$\nabla f(\tilde{x}^j) = \frac{1}{N} \sum_{i=1}^{N} \nabla f_i(\tilde{x}^j),$$

在之后的迭代中使用方向 v^k 作为更新方向:

$$v^k = \nabla f_{s_k}(x^k) - (\nabla f_{s_k}(\tilde{x}^j) - \nabla f(\tilde{x}^j)), \tag{8.7.41}$$

其中 $s_k \in \{1, 2, \cdots, N\}$ 是随机选取的一个样本. 注意到给定 $s_1, s_2, \cdots, s_{k-1}$ 时 $x^k, \tilde{x}^j$ 均为定值, 由 v^k 的表达式可知

$$\mathbb{E}[v^k | s_1, s_2, \cdots, s_{k-1}] = \mathbb{E}[\nabla f_{s_k}(x^k) | x^k] - \mathbb{E}[\nabla f_{s_k}(\tilde{x}^j) - \nabla f(\tilde{x}^j) | s_1, s_2, \cdots, s_{k-1}]$$
$$= \nabla f(x^k) - 0 = \nabla f(x^k),$$

即 v^k 在条件期望的意义下是 $\nabla f(x^k)$ 的一个无偏估计. 公式 (8.7.41) 有简单的直观理解. 事实上, 我们希望用 $\nabla f_{s_k}(\tilde{x}^j)$ 去估计 $\nabla f(\tilde{x}^j)$, 那么 $\nabla f_{s_k}(\tilde{x}^j) - \nabla f(\tilde{x}^j)$ 就可以看作梯度估计的误差, 所以在每一步随机梯度迭代中用该项来对 $\nabla f_{s_k}(x^k)$ 做一个校正.

接下来分析方差, 并通过数学的方法说明为什么选取参考点会使得估计的方差变小. 这里需要作一个额外的假设

$$\|\nabla f_i(x) - \nabla f_i(y)\| \leqslant L\|x - y\|, \quad i = 1, 2, \cdots, N,$$

也即 $f(x)$ 的每一个子函数都是梯度 L-利普希茨连续的. 为记号方便, 令 $y = \tilde{x}^j$, x^* 为 $f(x)$ 的最小值点, $\Delta_k = \|x^k - x^*\|$ 为 x^k 与 x^* 的距离, 则

$$\begin{aligned}
\mathbb{E}[\|v^k\|^2] &= \mathbb{E}[\|\nabla f_{s_k}(x^k) - (\nabla f_{s_k}(y) - \nabla f(y))\|^2] \\
&= \mathbb{E}[\|\nabla f_{s_k}(x^k) - \nabla f_{s_k}(y) + \nabla f(y) + \nabla f_{s_k}(x^*) - \nabla f_{s_k}(x^*)\|^2] \\
&\leqslant 2\mathbb{E}[\|\nabla f_{s_k}(x^k) - \nabla f_{s_k}(x^*)\|^2] + 2\mathbb{E}[\|\nabla f_{s_k}(y) - \nabla f(y) - \nabla f_{s_k}(x^*)\|^2] \\
&\leqslant 2L^2 \mathbb{E}[\Delta_k^2] + 2\mathbb{E}[\|\nabla f_{s_k}(y) - \nabla f_{s_k}(x^*)\|^2] \\
&\leqslant 2L^2 \mathbb{E}[\Delta_k^2] + 2L^2 \mathbb{E}[\|y - x^*\|^2],
\end{aligned}$$

(8.7.42)

其中第一个不等式是因为 $\|a + b\|^2 \leqslant 2\|a\|^2 + 2\|b\|^2$, 第二个不等式使用了有关二阶矩的不等式

$$\mathbb{E}[\|\xi - \mathbb{E}\xi\|^2] \leqslant \mathbb{E}[\|\xi\|^2].$$

从上面的不等式可以看出, 如果 x^k 和 y 非常接近 x^*, 梯度估计的方差就很小. 显然频繁地更新 y 可以使得方差更小, 但是这样同时也增加了计算全梯度的次数.

算法 8.16 给出了完整的 SVRG 算法, 在这里注意为了之后推导收敛性的方便, 我们将 SVRG 算法写成了二重循环的形式. 在 SVRG 算法中, 只给出了 $\tilde{x}^j$ 的一种更新方法, 实际上 $\tilde{x}^j$ 可以有其他的选法, 例如随机选取前 m 步的 x^k 中的一个. 与 SAG 算法和 SAGA 算法不同, SVRG 算法不需要分配存储空间来记录 N 个梯度向量, 但它的代价在于每 m 步都要计算一次全梯度, 在每次迭代的时候也需要多计算一个梯度 $\nabla f_{s_k}(\tilde{x}^j)$.

算法 8.16 SVRG 算法

1. 给定 $\tilde{x}^0$, 步长 α, 更新次数 m.
2. 计算全梯度 $\nabla f(x^0)$.
3. **for** $j = 1, 2, \cdots, J$ **do**
4.   赋值 $y = \tilde{x}^{j-1}$, $x^1 = \tilde{x}^{j-1}$.
5.   计算全梯度 $\nabla f(y)$.
6.   **for** $k = 1, 2, \cdots, m$ **do**
7.   随机选取 $s_k \in \{1, 2, \cdots, N\}$.
8.   计算 $v^k = \nabla f_{s_k}(x^k) - (\nabla f_{s_k}(y) - \nabla f(y))$.
9.   更新 $x^{k+1} = x^k - \alpha v^k$.
10.   **end for**
11.   计算参考点 $\tilde{x}^j = \dfrac{1}{m}\sum\limits_{i=1}^{m} x^i$.
12. **end for**

下面分析 SVRG 算法的收敛性. 这里的收敛性是针对参考点序列 $\{\tilde{x}^j\}$ 而言的.

定理 8.25 (SVRG 算法的收敛性 [110]) 设每个 $f_i(x)$ 是可微凸函数, 且梯度为 L-利普希茨连续的, 函数 $f(x)$ 是强凸的, 强凸参数为 μ. 在算法 8.16 中取步长 $\alpha \in \left(0, \dfrac{1}{2L}\right)$, 并且 m 充分大使得

$$\rho = \frac{1}{\mu\alpha(1-2L\alpha)m} + \frac{2L\alpha}{1-2L\alpha} < 1, \tag{8.7.43}$$

那么 SVRG 算法对于参考点 $\tilde{x}^j$ 在函数值期望的意义下有 Q-线性收敛速度:

$$\mathbb{E}[f(\tilde{x}^j) - f(x^*)] \leqslant \rho \mathbb{E}[f(\tilde{x}^{j-1}) - f(x^*)]. \tag{8.7.44}$$

证明 定义 $\Delta_k = \|x^k - x^*\|$ 为 x^k 与最优解 x^* 的距离, 与之前的误差分析类似, 对算法 8.16 中的内层循环（固定 j）进行分析可以得到

$$\begin{aligned}
\mathbb{E}[\Delta_{k+1}^2] &= \mathbb{E}[\|x^{k+1} - x^*\|^2] = \mathbb{E}[\|x^k - \alpha v^k - x^*\|^2] \\
&= \mathbb{E}[\Delta_k^2] - 2\alpha \mathbb{E}[\langle v^k, x^k - x^* \rangle] + \alpha^2 \mathbb{E}[\|v^k\|^2] \\
&= \mathbb{E}[\Delta_k^2] - 2\alpha \mathbb{E}[\langle \nabla f(x^k), x^k - x^* \rangle] + \alpha^2 \mathbb{E}[\|v^k\|^2] \\
&\leqslant \mathbb{E}[\Delta_k^2] - 2\alpha \mathbb{E}[f(x^k) - f(x^*)] + \alpha^2 \mathbb{E}[\|v^k\|^2].
\end{aligned}$$

接下来构造辅助函数

$$\phi_i(x) = f_i(x) - f_i(x^*) - \nabla f_i(x^*)(x - x^*),$$

注意到 $\phi_i(x)$ 也是凸函数且梯度 L-利普希茨连续，根据推论 2.1 的结论，我们有

$$\frac{1}{2L}\|\nabla\phi_i(x)\|^2 \leqslant \phi_i(x) - \phi_i(x^*).$$

展开 $\phi_i(x)$ 与 $\nabla\phi_i(x)$ 的表达式可得

$$\|\nabla f_i(x) - \nabla f_i(x^*)\|^2 \leqslant 2L[f_i(x) - f_i(x^*) - \nabla f_i(x^*)^{\mathrm{T}}(x - x^*)].$$

对 i 从 1 到 N 进行求和，注意 $\nabla f(x^*) = 0$，就得到

$$\frac{1}{N}\sum_{i=1}^{N}\|\nabla f_i(x) - \nabla f_i(x^*)\|^2 \leqslant 2L[f(x) - f(x^*)], \quad \forall\, x. \tag{8.7.45}$$

利用 (8.7.42) 式的推导过程容易推出 v^k 二阶矩的上界表达式

$$\mathbb{E}[\|v^k\|^2] \leqslant 2\mathbb{E}[\|\nabla f_{s_k}(x^k) - \nabla f_{s_k}(x^*)\|^2] + 2\mathbb{E}[\|\nabla f_{s_k}(\tilde{x}^{j-1}) - \nabla f_{s_k}(x^*)\|^2].$$

对上式右侧第一项，我们有

$$\begin{aligned}
&\mathbb{E}[\|\nabla f_{s_k}(x^k) - \nabla f_{s_k}(x^*)\|^2]\\
=&\mathbb{E}[\mathbb{E}[\|\nabla f_{s_k}(x^k) - \nabla f_{s_k}(x^*)\|^2 | s_1, s_2, \cdots, s_{k-1}]]\\
=&\mathbb{E}\left[\frac{1}{N}\cdot\sum_{i=1}^{N}\|\nabla f_i(x^k) - \nabla f_i(x^*)\|^2\right]\\
\leqslant & 2L\mathbb{E}[f(x^k) - f(x^*)],
\end{aligned}$$

这里第二个等式直接利用求期望的公式，最后的不等式利用了不等式 (8.7.45)。类似地，对右侧第二项，我们有

$$\mathbb{E}[\|\nabla f_{s_k}(\tilde{x}^{j-1}) - \nabla f_{s_k}(x^*)\|^2] \leqslant 2L\mathbb{E}[f(\tilde{x}^{j-1}) - f(x^*)].$$

最终可得对 $\mathbb{E}[\|v^k\|^2]$ 的估计：

$$\mathbb{E}[\|v^k\|^2] \leqslant 4L(\mathbb{E}[f(x^k) - f(x^*)] + \mathbb{E}[f(\tilde{x}^{j-1}) - f(x^*)]).$$

将 $\mathbb{E}[\|v^k\|^2]$ 的上界代入对 $\mathbb{E}[\Delta_{k+1}^2]$ 的估计，就有

$$\begin{aligned}
\mathbb{E}[\Delta_{k+1}^2] \leqslant&\, \mathbb{E}[\Delta_k^2] - 2\alpha\mathbb{E}[f(x^k) - f(x^*)] + \alpha^2\mathbb{E}[\|v^k\|^2]\\
\leqslant&\, \mathbb{E}[\Delta_k^2] - 2\alpha(1 - 2\alpha L)\mathbb{E}[f(x^k) - f(x^*)] +\\
&\, 4L\alpha^2\mathbb{E}[f(\tilde{x}^{j-1}) - f(x^*)].
\end{aligned}$$

对 k 从 1 到 m 求和，并且注意到 $x^1 = \tilde{x}^{j-1}$ 就可以得到

$$\mathbb{E}[\Delta_{m+1}^2] + 2\alpha(1 - 2\alpha L)\sum_{k=1}^{m}\mathbb{E}[f(x^k) - f(x^*)]$$

$$\leqslant \mathbb{E}[\|\tilde{x}^{j-1} - x^*\|^2] + 4L\alpha^2 m\mathbb{E}[f(\tilde{x}^{j-1}) - f(x^*)]$$
$$\leqslant \frac{2}{\mu}\mathbb{E}[f(\tilde{x}^{j-1}) - f(x^*)] + 4L\alpha^2 m\mathbb{E}[f(\tilde{x}^{j-1}) - f(x^*)],$$

其中最后一个不等式利用了 $f(x)$ 强凸的性质.

注意到 $\tilde{x}^j = \frac{1}{m}\sum_{k=1}^{m} x^k$，所以

$$\mathbb{E}[f(\tilde{x}^j) - f(x^*)]$$
$$\leqslant \frac{1}{m}\sum_{k=1}^{m}\mathbb{E}[f(x^k) - f(x^*)]$$
$$\leqslant \frac{1}{2\alpha(1-2\alpha L)m}\left(\frac{2}{\mu} + 4mL\alpha^2\right)\mathbb{E}[f(\tilde{x}^{j-1}) - f(x^*)]$$
$$= \rho\mathbb{E}[f(\tilde{x}^{j-1}) - f(x^*)].$$

定理得证. □

8.8 总 结

本章介绍了众多求解复合优化问题的算法，这些算法可以应用到常见的大部分凸优化问题上. 针对非凸问题，适用的算法有近似点梯度法、分块坐标下降法、交替方向乘子法以及随机优化算法. Nesterov 加速算法和近似点算法在经过合适变形后也可推广到一些非凸问题上. 由于在非凸情形下原始问题和对偶问题之间可能缺乏明显的关系，对偶算法应用在此类问题上比较困难. 读者需要在应用算法之前判断优化问题的种类，之后选择合适的算法求解.

近似点梯度法是解决非光滑、无约束、规模较大问题的常用算法. 通常情况下它能利用问题的结构，有着比次梯度法更好的表现. 有关近似点梯度法更进一步的讨论我们推荐读者阅读文献 [149]. 近似点梯度算法还有一些变形，比如镜像下降算法 [15]、条件梯度算法 [72, 108]、惯性近似点梯度法 [146]，有兴趣的读者可以自行了解. 近似点算法可以理解成一种特殊的近似点梯度算法，也可以理解成次梯度算法的隐式格式. 同时，近似点算法与增广拉格朗日函数法有着非常密切的关系，由于其等价性，增广拉格朗日函数法可以视作（次）梯度算法隐式格式的一种实现方式.

Nesterov 加速算法能够对近似点梯度算法进行加速，对于凸复合优化问题目标函数，收敛速度能够从 $\mathcal{O}\left(\frac{1}{k}\right)$ 提高到 $\mathcal{O}\left(\frac{1}{k^2}\right)$. 但 Nesterov 算法最

初是如何构造出来的并没有一个很直观的解释，人们只能将这一贡献归功于 Nesterov 本人强大的数学推导能力．直观理解 Nesterov 加速算法的本质是一个很有意思的课题，例如，文献 [173] 的作者提出使用微分方程的观点来解释 Nesterov 加速算法．通过理解 Nesterov 加速算法的背后原理，人们或许能够构造出其他非平凡的加速算法．本章主要给出了常用的一些 Nesterov 加速算法，有关 FISTA 算法的部分参考了 [16, 17]，第二类 Nesterov 加速算法在 [141] 中提出，第三类 Nesterov 加速算法可参考 [19, 140]．值得注意的是，这些加速算法框架同样可以应用到非凸的复合优化问题中，[76–78] 给出了非凸函数情形下的收敛性分析．更多有关加速算法的结果我们推荐读者阅读 [142, 143, 184]．

除 Nesterov 加速算法外，实际上还有很多其他类型的加速算法．例如深度学习中的动量算法 [155, 176] 以及在很多领域广泛应用的安德森加速算法 [5, 189]，有兴趣的读者可以自己了解相关内容.

分块坐标下降法的历史可以追溯到 1960 年之前，它由于算法结构简单且易于实现而受到一些应用数学家的关注．然而当时分块坐标下降法并不是一个很流行的算法，由于其过于简单、收敛速度缓慢，人们的研究重点大多在其他有较快收敛速度的算法上．分块坐标下降法的复兴主要是由统计学习和机器学习推动的，这些问题的特点是自变量维数高，而且不需要求解太精确，因此分块坐标下降法非常适用于处理大规模问题．有关收敛性方面的结论也是非常多，早在 1963 年，文章 [193] 就给出了格式 (8.4.3) 对凸函数的收敛结果，之后 [129, 183] 对凸函数的收敛性做了进一步改善．对一类特殊函数，文章 [10, 90] 给出了格式 (8.4.4) 的收敛性结果．在分块坐标下降算法中，每个变量块更新的顺序对算法的表现有很大影响，常用的做法是循环更新、随机更新以及选取梯度模长最大的分量更新等，随机更新的分块坐标下降法还可衍生出异步并行算法，详见 [18, 124, 125, 161]．其他的一些有关分块坐标下降法的综述可参考 [198]．

当原始问题求解过于困难时，其对偶问题可能比较容易求解．对偶算法就是利用这种思想设计的算法．在算法的构造当中，共轭函数起到了非常关键的作用．有关共轭函数的性质读者可参考 [102] 的第十章，[26] 的第七章以及 [164]．我们没有介绍原始–对偶混合梯度法 (PDHG) 的收敛性，实际上 PDHG 收敛需要更强的条件，更详细的讨论推荐读者阅读 [97, 98]．

早期的交替方向乘子法可以参考 1975 年左右针对变分问题提出的算法 [74, 81]，其在 21 世纪初产生了大量的相关应用．因为其结构简单、易于实现，交替方向乘子法很快受到人们的青睐．但该方法本身也具有一定的缺陷，例如正文给出了多块变量的交替方向乘子法的反例，该反例来自 [43]．为了解决这一问题，人们提出 RP-ADMM [174]，即如果每一轮迭代的乘子更新前随机独立地改变多块变量的更新顺序,那么这种算法在求解上述问题时在期望意义下收敛. 此后 RP-ADMM 被拓展到不可分的多块凸优化问题上 [44]. 正文还提到交替方向乘子法在一般情况下每一步可能不是良定义的,因此人们提出了近似点交替方向乘子法 [66],即在更新 x_1 与 x_2 子问题目标函数中再添加正定二次项. 近几十年也有许多文献对交替方向乘子法的收敛性有进一步讨论,读者可参考文献 [57, 99, 104, 105].

随机优化的早期研究可参考 1951 年的 Monro-Robbins 算法 [162]. 最近一些年,随着大数据和深度学习等相关领域的发展,随机优化算法受到了人们的大量关注和研究. 我们这里介绍了无约束光滑优化问题的随机梯度法以及相应的方差减少和加速技术. 除了梯度方法外,人们也研究了随机拟牛顿法 [25, 36, 137, 200] 和带有子采样的牛顿法 [20, 34, 35, 132, 152, 201]. 对于目标函数中带非光滑项的情形,也有相应的随机近似点梯度类算法,见 [169, 199]. 对于约束优化问题(例如随机主成分分析)的随机梯度法,感兴趣的读者可以参考 [109, 210].

本章的部分内容基于 Lieven Vandenberghe 教授的课件编写,包含近似点梯度法、Nesterov 加速算法、近似点算法、对偶分解算法、交替方向乘子法. 分块坐标下降法结构叙述主要参考了 [202],相关的收敛性分析主要参考了 [24]. Chambolle-Pock 算法收敛性的编写参考了 [41]. 交替方向乘子法方面的内容同时参考了印卧涛教授的课件,相关的收敛性分析主要参考了 [45].

习 题 8

8.1 证明例 8.1 中（3）（4）的邻近算子的形式.

8.2 证明例 8.2 中的运算法则成立.

8.3 求下列函数的邻近算子：

(a) $f(x) = I_C(x)$，其中 $C = \{(x,t) \in \mathbb{R}^{n+1} | \|x\|_2 \leqslant t\}$；

(b) $f(x) = \inf\limits_{y \in C} \|x - y\|$，其中 C 是闭凸集；

(c) $f(x) = \dfrac{1}{2} \inf\limits_{y \in C} \|x - y\|^2$，其中 C 是闭凸集.

8.4 对矩阵函数我们也可类似地定义邻近算子，只需将向量版本中的 ℓ_2 范数替换为 F 范数，即

$$\text{prox}_f(X) = \underset{U \in \mathbf{dom}\, f}{\arg\min} \left\{ f(U) + \frac{1}{2} \|U - X\|_F^2 \right\}.$$

试求出如下函数的邻近算子表达式：

(a) $f(U) = \|U\|_1$，其中 $\mathbf{dom}\, f = \mathbb{R}^{m \times n}$；

(b) $f(U) = -\ln\det(U)$，其中 $\mathbf{dom}\, f = \{U \mid U \succ 0\}$，这里邻近算子的自变量 X 为对称矩阵（不一定正定）；

(c) $f(U) = \|U\|_*$，其中 $\mathbf{dom}\, f = \mathbb{R}^{m \times n}$；

(d) $f(U) = I_C(U)$，其中 $C = \{U \in \mathcal{S}^n \mid U \succeq 0\}$.

8.5 对一般复合优化问题的加速算法（算法 8.9），试证明：

(a) 当 $t_k = \gamma_k \lambda_k$ 且 $h(x) = 0$ 时，算法 8.9 等价于第二类 Nesterov 加速算法；

(b) 当 $t_k = \lambda_k$ 时，算法 8.9 等价于近似点梯度法.

8.6 假设 f 是闭凸函数，证明 Moreau 分解的成立，即

$$x = \text{prox}_f(x) + \text{prox}_{f^*}(x), \quad \forall x.$$

8.7 假设 f 是闭凸函数，证明 Moreau 分解的推广成立，即对任意的 $\lambda > 0$ 有

$$x = \text{prox}_{\lambda f}(x) + \lambda \text{prox}_{\lambda^{-1} f^*} \left(\frac{x}{\lambda} \right), \quad \forall x.$$

提示：利用 Moreau 分解的结论.

8.8 根据不等式 (8.5.23) 推导不等式 (8.5.24).

8.9 写出关于 LASSO 问题的鞍点问题形式，并写出原始–对偶混合梯度算法和 Chambolle-Pock 算法.

8.10 设函数 $f(x_1, x_2) = |x_1 - x_2| - \min\{x_1, x_2\}$，其定义域为 $[0,1] \times [0,1]$. 试推导基于格式 (8.4.3) 的分块坐标下降法（将 x_1 和 x_2 分别看做一个变量块），此算法是否收敛？

8.11 试对分组 LASSO 问题（即例 8.7）推导出基于格式 (8.4.4) 的分块坐标下降法.

8.12 考虑最大割问题的非凸松弛

$$\begin{aligned}\min\quad & \langle C, V^{\mathrm{T}}V\rangle, \\ \text{s.t.}\quad & \|v_i\| = 1,\ i = 1, 2, \cdots, n, \\ & V = [v_1, v_2, \cdots, v_n] \in \mathbb{R}^{p\times n}.\end{aligned}$$

仿照算法 8.12 的构造过程，推导出使用格式 (8.4.4) 的分块坐标下降法.

8.13 考虑约束优化问题

$$\begin{aligned}\min\quad & \max\{\mathrm{e}^{-x} + y, y^2\}, \\ \text{s.t.}\quad & y \geqslant 2,\end{aligned}$$

其中 $x, y \in \mathbb{R}$ 为自变量.

(a) 通过引入松弛变量 z，试说明该问题等价于

$$\begin{aligned}\min\quad & \max\{\mathrm{e}^{-x} + y, y^2\} + I_{\mathbb{R}_+}(z), \\ \text{s.t.}\quad & y - z = 2;\end{aligned}$$

(b) 推导 (a) 中问题的对偶问题，并求出原问题的最优解；

(c) 对 (a) 中的问题形式，使用 ADMM 求解时可能会遇到什么问题？

8.14 写出对于线性规划对偶问题运用 ADMM 的迭代格式，以及与之等价的对于原问题的 DRS 迭代格式，并指出 ADMM 和 DRS 算法更新变量之间的关系.

8.15 相关系数矩阵逼近问题的定义为

$$\begin{aligned}\min\quad & \frac{1}{2}\|X - G\|_F^2, \\ \text{s.t.}\quad & X_{ii} = 1,\ i = 1, 2, \cdots, n, \\ & X \succeq 0.\end{aligned}$$

其中自变量 X 取值于对称矩阵空间 $\mathcal{S}^n$，G 为给定的实对称矩阵. 这个问题在金融领域中有重要的应用. 由于误差等因素，根据实际观测得到的相关系数矩阵的估计 G 往往不具有相关系数矩阵的性质（如对角线为 1，正定性），我们的最终目标是找到一个和 G 最接近的相关系数矩阵 X. 试给出满足如下要求的算法：

(a) 对偶近似点梯度法，并给出化简后的迭代公式；

(b) 针对原问题的 ADMM，并给出每个子问题的显式解.

8.16 鲁棒主成分分析问题是将一个已知矩阵 M 分解成一个低秩部分 L 和一个稀疏部分 S 的和，即求解如下优化问题：

$$\begin{aligned}\min\quad & \|L\|_* + \lambda\|S\|_1, \\ \text{s.t.}\quad & L + S = M,\end{aligned}$$

其中 L, S 均为自变量. 写出求解鲁棒主成分分析问题的 ADMM 格式，并说明如何求解每个子问题. 提示：可以利用习题 8.4 的结论.

8.17 考虑 ℓ_0 范数优化问题的罚函数形式：

$$\min\quad \lambda\|x\|_0 + \frac{1}{2}\|Ax - b\|^2,$$

其中 $A \in \mathbb{R}^{m\times n}$ $(m < n)$ 为实矩阵，$\|\cdot\|_0$ 为 ℓ_0 范数，即非零元素的个数. 试针对 ℓ_0 范数优化问题形式化推导具有两个变量块的 ADMM 格式. 在算法中每个子问题是如何求解的？

8.18 试说明 LASSO 对偶问题中，若在问题 (8.6.27) 中对约束

$$A^{\mathrm{T}}y + z = 0$$

引入乘子 x，则 x 恰好对应 LASSO 原问题 (8.6.26) 中的自变量．

8.19 实现关于 LASSO 问题使用以下算法的程序，并比较它们的效率：

(a) 近似点梯度算法；

(b) Nesterov 加速算法；

(c) 交替方向乘子法；

(d) Chambolle-Pock 算法；

(e) 分块坐标下降法；

(f) 随机近似点梯度算法．

8.20 设 $f(x) = \dfrac{1}{N}\sum\limits_{i=1}^{N} f_i(x)$，其中每个 $f_i(x)$ 是可微函数，且 $f(x)$ 为梯度 L-利普希茨连续的．$\{x^k\}$ 是由随机梯度下降法产生的迭代序列，s_k 为第 k 步随机抽取的下标．证明：

$$\mathbb{E}[\|\nabla f_{s_k}(x^k)\|^2] \leqslant L^2 \mathbb{E}[\|x^k - x^*\|^2] + \mathbb{E}[\|\nabla f_{s_k}(x^k) - \nabla f(x^k)\|^2],$$

其中 x^* 是 $f(x)$ 的一个最小值点．

8.21 在 SAGA 算法中，每一步的下降方向取为

$$v^k = \nabla f_{s_k}(x^k) - g_{s_k}^{k-1} + \frac{1}{N}\sum_{i=1}^{N} g_i^{k-1},$$

假设初值 $g_i^0 = 0, i = 1, 2, \cdots, N$，证明：

$$\mathbb{E}[v^k | s_1, s_2, \cdots, s_{k-1}] = \nabla f(x^k).$$

附录 A

符号表

附录 A 符号表

符号	含义
$\mathbb{R}$	实数集合
$\overline{\mathbb{R}}$	广义实数集合
$\mathbb{R}^n$	n 维欧几里得空间
$\mathbb{R}^{m\times n}$	$m\times n$ 矩阵空间
$\mathcal{S}^n$	n 阶对称矩阵空间
$\mathcal{S}^n_+$	n 阶对称半正定矩阵空间
$\mathcal{S}^n_{++}$	n 阶对称正定矩阵空间
$\operatorname{int} S$	集合 S 的内点
$\operatorname{affine} S$	集合 S 的仿射包
$\operatorname{conv} S$	集合 S 的凸包
$\operatorname{cone} S$	集合 S 的锥包
$A\subseteq B$	集合 A 是 B 的子集
$A\subset B$	集合 A 是 B 的真子集
$A+B$	集合 A 与 B 的加法（分别从 A 与 B 中选取一个元素相加构成的集合）
$A-B$	集合 A 与 B 的减法（分别从 A 与 B 中选取一个元素相减构成的集合）
$N_\delta(x)$	点 x 处半径为 δ 的邻域
$\operatorname{dist}(x,S)$	点 x 到集合 S 的欧几里得距离
$a\stackrel{\text{def}}{=\!=}b$	表达式 a 的定义为表达式 b
x	最优化问题的变量
x^k	最优化算法在第 k 步时自变量 x 的值
x^*	最优化问题的最优解
x^{T}	向量或矩阵的转置
$\bar{x}^{\mathrm{T}}$	向量或矩阵的共轭转置
$\operatorname{dom} f$	函数 f 的定义域
$\operatorname{epi} f$	函数 f 的上方图
$\nabla f(x)$	函数 f 在点 x 处的梯度
$\nabla^2 f(x)$	函数 f 在点 x 处的海瑟矩阵
$\partial f(x;d)$	函数 f 在点 x 处关于方向 d 的方向导数
$\partial f(x)$	函数 f 在点 x 处的次微分
$\operatorname*{arg\,min}_{x\in\mathcal{X}} f(x)$	函数 f 在可行域 $\mathcal{X}$ 中的一个最小值点
$\operatorname*{arg\,max}_{x\in\mathcal{X}} f(x)$	函数 f 在可行域 $\mathcal{X}$ 中的一个最大值点
$\operatorname{sign}(x)$	符号函数

续表

符号	含义
$\ln(x)$	自然对数（以 e 为底）
d^k	最优化算法在第 k 步时的下降方向
α_k	最优化算法在第 k 步时的步长
$x \geqslant 0$	向量 x 每一个分量都大于或等于 0，即 $x_i \geqslant 0, i = 1, 2, \cdots, n$
$x \odot y$	向量或矩阵 x 和 y 的 Hadamard 积（逐分量相乘）
$\langle x, y \rangle$	向量或矩阵 x 和 y 的内积
$\mathcal{R}(X)$	矩阵 X 的像空间
$\mathcal{N}(X)$	矩阵 X 的零空间
$\mathrm{Tr}(X)$	矩阵 X 的迹
$\det(X)$	矩阵 X 的行列式
$X \succeq 0$	矩阵 X 半正定
$X \succeq Y$	矩阵 $X - Y$ 半正定
$X \succ 0$	矩阵 X 严格正定
$X \succ Y$	矩阵 $X - Y$ 严格正定
$\|x\|, \|x\|_2$	向量 x 的 ℓ_2 范数
$\|x\|_1$	向量 x 的 ℓ_1 范数（所有分量绝对值的和）
$\|X\|_2$	矩阵 X 的谱范数（最大奇异值）
$\|X\|_1$	矩阵 X 的 ℓ_1 范数（所有分量绝对值的和）
$\|X\|_F$	矩阵 X 的 F 范数
$\|X\|_*$	矩阵 X 的核范数（所有奇异值的和）
$\mathrm{diag}(X)$	方阵 X 所有对角线元素组成的向量
$\mathrm{Diag}(x)$	以向量 x 元素生成的对角矩阵
s^k	在拟牛顿算法中，相邻两次迭代点的差 $x^{k+1} - x^k$
y^k	在拟牛顿算法中，相邻两次迭代点处梯度的差，即 $\nabla f(x^{k+1}) - \nabla f(x^k)$
B^k	二阶算法中第 k 步海瑟矩阵的近似矩阵
H^k	二阶算法中第 k 步海瑟矩阵逆的近似矩阵
$\mathcal{E}$	约束优化问题中所有等式约束指标集合
$\mathcal{I}$	约束优化问题中所有不等式约束指标集合
$\mathcal{A}(x)$	约束优化问题中点 x 处的积极集
$P_E(x, \sigma)$	等式约束罚函数
$P_I(x, \sigma)$	不等式约束罚函数
$L(x, \lambda)$	拉格朗日函数
$L_\sigma(x, \lambda)$	增广拉格朗日函数

续表

符号	含义
$\mathrm{prox}_f(x)$	函数 f 的邻近算子
$I_S(x)$	集合 S 的示性函数
$\mathcal{P}_S(x)$	点 x 到闭集 S 的欧几里得投影
$P(A)$	随机事件 A 的概率
$\mathbb{E}[X]$	随机变量 X 的数学期望
$\mathbb{E}[X|Y]$	随机变量 X 关于 Y 的条件期望

附录 B

数学基础

B.1 线性代数基础

B.1.1 矩阵内积与迹

类似于向量的内积，我们可以定义矩阵的内积. 具体地，对于两个 $m \times n$ 矩阵 A, B，其内积定义为

$$\langle A, B \rangle = \sum_{i,j} a_{ij} b_{ij}.$$

从定义可以看出 $\langle A, B \rangle = \langle B, A \rangle$. 对于方阵 $A \in \mathbb{R}^{m \times m}$，我们可以定义 A 的迹，记为 $\text{Tr}(A) = \sum_{i=1}^{m} a_{ii}$. 容易看出 $\text{Tr}(A) = \text{Tr}(A^\text{T})$. 那么对于 $m \times n$ 矩阵 A, B，以下关系式成立：

$$\langle A, B \rangle = \text{Tr}(AB^\text{T}) = \text{Tr}(B^\text{T} A).$$

更一般地，假设 $A_1, A_2, \cdots, A_m$ 的维数是相容的（A_i 的列数等于 A_{i+1} 的行数，$i = 1, 2, \cdots, m-1$，且 A_m 的列数等于 A_1 的行数），则

$$\text{Tr}(A_1 A_2 \cdots A_m) = \text{Tr}(A_2 A_3 \cdots A_m A_1) = \cdots = \text{Tr}(A_m A_1 \cdots A_{m-1}).$$

B.1.2 正交矩阵与（半）正定矩阵

对于方阵 A 和同阶单位矩阵 I，若 $A^\text{T} A = AA^\text{T} = I$，则称 A 为正交矩阵. 对于矩阵 $A \in \mathbb{R}^{m \times n}$，其中 $m > n$，若 $A^\text{T} A = I$，则称 A 为列正交矩阵. 对于对称矩阵 $A \in \mathcal{S}^m$，定义如下二次型：

$$f(x) = x^\text{T} A x = \sum_{i,j=1}^{m} a_{ij} x_i x_j.$$

如果对于任意的向量 $x \in \mathbb{R}^m$ 都有 $f(x) \geqslant 0$ 成立，则称 A 为半正定矩阵，记为 $A \succeq 0$；进一步地，如果对于任意的非零向量 x，都有 $f(x) > 0$ 成立，则称 A 为正定矩阵，记为 $A \succ 0$.

B.1.3 矩阵的秩

定义 B.1 (秩) 给定一个 $m \times n$ 矩阵 A，其 m 个行向量的极大线性无关组对应的向量个数称为矩阵的行秩；其 n 个列向量的极大线性无关组对应的向量个数称为矩阵的列秩. 矩阵的行秩与列秩统称为矩阵的**秩**，记为 $\text{rank}(A)$.

有了秩的概念，我们讨论线性方程组 $Ax = b$ 解的存在性问题会容易很多. 定义增广矩阵 $\widehat{A} = [A, b]$. 如果方程组的解存在，即 b 可以由 A 的列向量线性表出，因此 $\text{rank}(A) = \text{rank}(\widehat{A})$; 反之也成立. 具体地，有如下定理:

定理 B.1 对于线性方程组 $Ax = b$, 其中 $A \in \mathbb{R}^{m \times n}, x \in \mathbb{R}^n, b \in \mathbb{R}^m$, 如下结论成立:

（1）方程组有解 $\Leftrightarrow \text{rank}(A) = \text{rank}(\widehat{A})$;

（2）在方程组有解的情况下，方程组有唯一解 $\Leftrightarrow \text{rank}(A) = n$, 否则有无穷多组解.

B.1.4 像空间和零空间

为了进一步理解矩阵秩的概念以及线性方程组解的存在性，我们定义与矩阵本身相关的两个线性空间.

定义 B.2 (像空间和零空间) 对于矩阵 $A \in \mathbb{R}^{m \times n}$, 定义像空间 $\mathcal{R}(A) = \{y \mid y = Ax, x \in \mathbb{R}^n\}$, 零空间 $\mathcal{N}(A) = \{x \mid Ax = 0, x \in \mathbb{R}^n\}$.

从定义容易看出，像空间 $\mathcal{R}(A)$ 的维数，记为 $\dim(\mathcal{R}(A))$, 等于矩阵的秩 $\text{rank}(A)$. 此外，线性方程组 $Ax = b$ 有解，当且仅当 $b \in \mathcal{R}(A)$, 并且方程的解都可以表示为 $x^* + v$, 其中 $Ax^* = b, v \in \mathcal{N}(A)$. 对于像空间与零空间的维数关系，我们不加证明地给出如下结论:

$$\dim(\mathcal{R}(A)) + \dim(\mathcal{N}(A)) = n.$$

进一步地，给定任意矩阵 $A \in \mathbb{R}^{m \times n}$, 全空间 $\mathbb{R}^n$ 都可以写成如下正交分解:

$$\mathbb{R}^n = \mathcal{N}(A) \oplus \mathcal{R}(A^\mathrm{T}), \quad \mathcal{N}(A) \perp \mathcal{R}(A^\mathrm{T}).$$

这个结论在推导线性空间的一些基本性质时尤其有用.

B.1.5 行 列 式

借助变换的概念，我们定义方阵的行列式，记为 $\det(A)$.

定义 B.3 (行列式) 给定方阵 $A \in \mathbb{R}^{n \times n}$, 其行列式定义为

$$\det(A) = \sum_{\sigma \in S_n} (-1)^{\tau(\sigma)} \prod_{i=1}^n a_{i\sigma(i)},$$

其中 S_n 是 $1, 2, \cdots, n$ 的所有全排列的集合，$\tau(\sigma)$ 为排列 σ 的逆序数.

对于两个方阵 $A, B \in \mathbb{R}^{n \times n}$ 和常数 $c \in \mathbb{R}$，我们有
（1）$\det(A) = \det(A^\mathrm{T})$；
（2）$\det(AB) = \det(A)\det(B)$；
（3）$\det(cA) = c^n \det(A)$．
根据行列式是否为 0，我们可以将方阵分为两类．

定义 B.4 (奇异与非奇异) 对于方阵 A，若 $\det(A) = 0$，则称其为**奇异**的，否则为**非奇异**的．

对于非奇异矩阵 A，可以证明 $\mathrm{rank}(A) = n$．如果 A 奇异，那么有 $\mathrm{rank}(A) \leqslant n - 1$．由于非奇异矩阵的满秩性，其对应的线性方程组的解总是存在并且唯一的．

B.1.6 特征值与特征向量

定义 B.5 (特征值与特征向量) 对于矩阵 $A \in \mathbb{R}^{n \times n}$，若存在某个非零向量 $v \in \mathbb{R}^n$ 和 $\lambda \in \mathbb{R}$，使得 $Av = \lambda v$，则称 λ 为该矩阵的特征值，v 为 A 的（对应于特征值 λ 的）特征向量．矩阵 $A - \lambda I$ 的零空间称为特征值 λ 的特征子空间．

容易看出，λ 是 A 的特征值的充要条件是 $\det(\lambda I - A) = 0$．由行列式的定义可知，$\det(\lambda I - A)$ 是一个关于 λ 的 n 次多项式，我们称其为矩阵 A 的特征多项式，一般用 $p_A(\lambda)$ 表示．因为 $p_A(\lambda)$ 是 n 次多项式，故其有 n 个复根．特别地，对于一个对角矩阵，我们可知其特征值全体就是其对角线元素构成的集合．对于特征值 λ，如果它是特征多项式的单根，我们称之为**单特征值**；如果它是特征多项式的重根，我们称之为**重特征值**．n 阶方阵有 n 个特征值（计重数）．

在求解和分析矩阵的特征值与特征向量时，一个重要的概念是相似矩阵．

定义 B.6 (相似矩阵) 设 $A, B \in \mathbb{R}^{n \times n}$，若存在非奇异矩阵 $X \in \mathbb{R}^{n \times n}$，使得

$$B = XAX^{-1},$$

则称 A 与 B 是相似的．

相似关系是矩阵之间的一种等价关系．根据行列式的性质，我们知道相似矩阵有相同的特征多项式，因而有相同的特征值．因此，如果能找到非奇异矩阵 X 使得矩阵 XAX^{-1} 是对角的，那么我们就找到了 A 的全体特征值（XAX^{-1} 的对角线元素）．

对于矩阵的特征值与特征子空间，我们不加证明地给出以下性质：
（1）单特征值对应的特征子空间的维数为 1；

（2）特征子空间的维数不大于对应特征值的重数.

通过展开特征多项式 $p_A(\lambda)$ 并利用韦达（Viète）定理，我们可以得到行列式、迹与特征值的关系：给定 $A \in \mathbb{R}^{n \times n}$ 及其特征值 $\lambda_1, \lambda_2, \cdots, \lambda_n$，那么

$$\det(A) = \prod_{i=1}^{n} \lambda_i, \quad \operatorname{Tr}(A) = \sum_{i=1}^{n} \lambda_i.$$

B.1.7 广义逆

在一般问题中，矩阵 A 不是方阵，即使是方阵，也不一定可逆. 因此，我们需要定义矩阵的广义逆. 对于矩阵 $A \in \mathbb{R}^{m \times n}$，其广义逆是指使得

$$AGA = A \tag{B.1.1}$$

成立的 $G \in \mathbb{R}^{n \times m}$. 一般来说广义逆是不唯一的. 可以看到当 $m = n$ 且 A 可逆时，其广义逆唯一，即为 A^{-1}.

我们介绍一类特殊的广义逆，即 Moore-Penrose 逆，记为 $A^\dagger$，其满足

（1）$AA^\dagger A = A$；

（2）$A^\dagger A A^\dagger = A^\dagger$；

（3）$AA^\dagger$ 为对称矩阵；

（4）$A^\dagger A$ 为对称矩阵.

可以证明这种广义逆矩阵总是存在且是唯一的. 我们给出一种 Moore-Penrose 逆矩阵的构造方法. 记 $r = \operatorname{rank}(A)$，那么 A 可以做一个满秩分解，即 $A = BC$，其中 $B \in \mathbb{R}^{m \times r}$, $C \in \mathbb{R}^{r \times n}$，且 $\operatorname{rank}(A) = \operatorname{rank}(B) = \operatorname{rank}(C) = r$，那么 Moore-Penrose 逆矩阵可以表示为

$$A^\dagger = C^\mathrm{T}(CC^\mathrm{T})^{-1}(B^\mathrm{T}B)^{-1}B^\mathrm{T}.$$

进一步地，我们给出 Moore-Penrose 逆的一些性质.

引理 B.1　设 $A \in \mathbb{R}^{m \times n}$，其 Moore-Penrose 逆为 $A^\dagger$，则

（1）$(A^\dagger)^\dagger = A$；

（2）$(A^\mathrm{T})^\dagger = (A^\dagger)^\mathrm{T}$；

（3）$A^\dagger A A^\mathrm{T} = A^\mathrm{T}$.

有了 Moore-Penrose 广义逆矩阵之后，对于线性方程组 $Ax = b$（假设其解存在，即 $b \in \mathcal{R}(A)$），其任意解可以表示为 $x = A^\dagger b + (I - A^\dagger A)w$，其中 $w \in \mathbb{R}^n$ 为任意向量.

B.1.8 Sherman-Morrison-Woodbury 公式

一般来说，求解矩阵的逆矩阵是比较困难的，我们只能对低阶矩阵和一些带有特殊结构的矩阵来快速求逆. 这里介绍一类带特殊结构的矩阵的逆矩阵，其在实际中被广泛应用. 具体地，假设已知某个矩阵的逆矩阵（或者其逆矩阵可以很容易地算出），我们对该矩阵做了一些改动得到一个新矩阵，那么新矩阵的逆矩阵与原矩阵的逆矩阵之间存在着某种联系. Sherman-Morrison-Woodbury（SMW）公式就给出了原矩阵和其在秩 k 更新后的矩阵的逆矩阵之间的关系.

定理 B.2 (SMW 公式) 设 $A \in \mathbb{R}^{n \times n}$ 为可逆矩阵，给定矩阵 $U \in \mathbb{R}^{n \times k}$, $C \in \mathbb{R}^{k \times k}$, $V \in \mathbb{R}^{k \times n}$ 且 C 可逆. 那么 $A + UCV$ 可逆当且仅当 $C^{-1} + VA^{-1}U$ 可逆，且此时 $A + UCV$ 的逆矩阵可以表示为

$$(A + UCV)^{-1} = A^{-1} - A^{-1}U(C^{-1} + VA^{-1}U)^{-1}VA^{-1}. \tag{B.1.2}$$

当 $k = 1$ 且 $C = 1$ 时，可以得到一个更为简单而实用的推论.

推论 B.1 设 $A \in \mathbb{R}^{n \times n}$ 为可逆矩阵，给定向量 $u, v \in \mathbb{R}^n$. 那么 $A + uv^\mathrm{T}$ 可逆当且仅当 $1 + v^\mathrm{T} A^{-1} u \neq 0$，且此时 $A + uv^\mathrm{T}$ 的逆矩阵可以表示为

$$(A + uv^\mathrm{T})^{-1} = A^{-1} - \frac{A^{-1}uv^\mathrm{T}A^{-1}}{1 + v^\mathrm{T}A^{-1}u}.$$

当 $C = I$ 时，我们有如下结论：

推论 B.2 设 $A \in \mathbb{R}^{n \times n}$ 为可逆矩阵，给定矩阵 $U \in \mathbb{R}^{n \times k}, V \in \mathbb{R}^{k \times n}$. 那么 $A + UV$ 可逆当且仅当 $I + VA^{-1}U$ 可逆，且此时 $A + UV$ 的逆矩阵可以表示为

$$(A + UV)^{-1} = A^{-1} - A^{-1}U(I + VA^{-1}U)^{-1}VA^{-1}.$$

B.1.9 Schur 补

Schur 补是线性代数中一个重要的概念，是处理分块矩阵的常用工具. 设分块矩阵 $M \in \mathbb{R}^{(m+n) \times (m+n)}$，且有结构

$$M = \begin{bmatrix} A & B \\ C & D \end{bmatrix},$$

其中 $A \in \mathbb{R}^{m \times m}, D \in \mathbb{R}^{n \times n}$. 若 D 可逆，则 D 在 M 中的 Schur 补为 $A - BD^{-1}C$；若 A 可逆，则 A 在 M 中的 Schur 补为 $D - CA^{-1}B$.

Schur 补的来源是矩阵的初等行变换（即矩阵分块消元）. 假设 D 可逆，定义初等行变换

$$L = \begin{bmatrix} I & -BD^{-1} \\ 0 & I \end{bmatrix},$$

矩阵 L 左乘 M 的效果就是使用 M 的第二行的块消去第一行第二列的块，即

$$LM = \begin{bmatrix} I & -BD^{-1} \\ 0 & I \end{bmatrix} \begin{bmatrix} A & B \\ C & D \end{bmatrix} = \begin{bmatrix} A - BD^{-1}C & 0 \\ C & D \end{bmatrix}.$$

再定义初等列变换

$$R = \begin{bmatrix} I & 0 \\ -D^{-1}C & I \end{bmatrix},$$

则 R 右乘 M 的效果就是使用 M 的第二列的块消去第一列第二行的块. 结合 L 和 R 我们有

$$LMR = \begin{bmatrix} A - BD^{-1}C & 0 \\ 0 & D \end{bmatrix},$$

与 D 相对的块正好是 D 在 M 中的 Schur 补.

利用 Schur 补可得到一个关于正定矩阵的判定方法.

定理 B.3 设分块矩阵 M 有形式

$$M = \begin{bmatrix} A & B \\ B^T & C \end{bmatrix},$$

其中矩阵 A 正定，则矩阵 M 正定当且仅当 A 的 Schur 补 $C - B^T A^{-1} B$ 正定.

B.2 数值代数基础

B.2.1 解线性方程组

数值代数中的一个基本问题是：给定矩阵 $A \in \mathbb{R}^{m \times n}$ 和向量 $b \in \mathbb{R}^m$，求解 $x \in \mathbb{R}^n$ 使得 $Ax = b$ 成立，即求解线性方程组 $Ax = b$. 若 A 可逆，则 $Ax = b$ 的解可以写为 $x = A^{-1} b$. 通常来说，矩阵求逆的代价比直接解对应的线性方程组的代价要高，因此在计算机中我们应该尽量避免求逆运算.

一般的求解稠密矩阵 A 对应的线性方程组的流程如下：

（1）将矩阵 $A \in \mathbb{R}^{n \times n}$ 分解为若干个简单矩阵的乘积（一般 2 到 3 个）：

$$A = A_1 A_2 \cdots A_k,$$

A_i 一般为对角矩阵、（上）下三角形矩阵、正交矩阵等.

（2）通过求解 k 个更简单的方程组来求出原方程组的解 x：

$$A_1 x_1 = b, \quad A_2 x_2 = x_1, \quad \cdots, \quad A_k x = x_{k-1}.$$

通常矩阵分解这一步的计算量占主导地位．这里列举一些在求解线性方程组中常用的矩阵分解.

1. LU 分解，Cholesky 分解，对称不定矩阵分解

考虑非奇异矩阵 $A \in \mathbb{R}^{n \times n}$，其 LU 分解可以表示为

$$PA = LU,$$

其中 L 为对角元均为 1 的下三角形矩阵，U 为上三角形矩阵，P 是排列矩阵．LU 分解实际上就是对矩阵 A 进行高斯消元的过程，由于消元中可能会出现主元为零的情况，因此需要引入排列矩阵 P 来交换系数矩阵 A 的行的顺序．特别地，当矩阵 A 对称正定时，存在对角元均为正数的下三角形矩阵 $L \in \mathbb{R}^{n \times n}$，使得 $A = LL^\mathrm{T}$．我们称之为正定矩阵的 Cholesky 分解．该分解还有一个等价的形式：$A = LDL^\mathrm{T}$，其中 L 是对角元均为 1 的下三角形矩阵，D 是对角元为正数的对角矩阵．和 Cholesky 分解相比，该形式的优点是计算过程中不需要进行开方运算．当 A 对称不定时，我们有对称不定矩阵分解，即存在排列矩阵 P，对角元均为 1 的下三角形矩阵 L 和块对角矩阵 D，使得 $PAP^\mathrm{T} = LDL^\mathrm{T}$，其中 D 的每一个对角块为 1×1 或 2×2 矩阵.

LU 分解、Cholesky 分解和对称不定矩阵分解是矩阵计算中最基本的分解方式，它们被用于解决一般的稠密线性方程组问题．有了这些分解后，我们接下来需要求解一系列系数矩阵为三角形矩阵或（块）对角矩阵的方程组问题，后面会介绍这些有特殊结构的矩阵对应的方程组的求法．通常来讲，对一般矩阵的 LU 分解所需运算量（复杂度）为 $\mathcal{O}\left(\dfrac{2n^3}{3}\right)$，而 Cholesky 分解复杂度为 $\mathcal{O}\left(\dfrac{n^3}{3}\right)$，为 LU 分解复杂度的一半，原因是 Cholesky 分解利用了对称正定矩阵的结构．所以在实际计算中，我们需要针对不同类型的矩阵调用不同的分解方式来提高效率.

2. QR 分解

QR 分解（又称为正交分解）是数值代数中的另一种分解，它可作用于一般的长方形矩阵上．对于"瘦高"形状的矩阵 $A \in \mathbb{R}^{m \times n}$，其中 $m \geqslant n$，它的 QR 分解可以表示为

$$A = QR,$$

其中 $Q \in \mathbb{R}^{m \times m}$ 为正交矩阵，$R \in \mathbb{R}^{m \times n}$ 是上三角形矩阵，如图 B.1 所示.

图 B.1 QR 分解

$$A = Q \begin{pmatrix} R \\ 0 \end{pmatrix}$$

我们注意到 R 的下半部分都是零，而当 $m \gg n$ 时，这种分解方式会极大地浪费存储空间，因为 Q 的后 $(m-n)$ 列是多余的。我们将这部分列向量去除可以得到约化的 QR 分解（又称经济的 QR 分解）：

$$A = QR,$$

其中 $Q \in \mathbb{R}^{m \times n}$ 满足 $Q^\mathrm{T}Q = I$，$R \in \mathbb{R}^{n \times n}$ 为上三角形矩阵，如图 B.2 所示。

图 B.2 约化的 QR 分解

对于列满秩矩阵 A，其满足 R 对角元为正数的约化的 QR 分解是唯一的，即有如下定理：

定理 B.4 (约化的 QR 分解的唯一性) 对于矩阵 $A \in \mathbb{R}^{m \times n} (m \geqslant n)$，假设其列满秩，即 $\mathrm{rank}(A) = n$，那么 A 有唯一的使得上三角形矩阵 R 的对角元为正数（即 $r_{ii} > 0$）的约化的 QR 分解。

我们有多种途径来得到 QR 分解，例如 Gram-Schmidt 正交化或 Householder 三角化，这里不详细展开具体实现过程。

与 LU 分解不同，QR 分解除了可以求解线性方程组之外，还可以用于估计矩阵的秩和求解线性最小二乘问题。若 A 是方阵，则求解 $Ax = b$ 等价于求解 $Rx = Q^\mathrm{T}b$；而对于线性最小二乘问题，利用约化的 QR 分解可以求出其最小二乘解；还可以根据 QR 分解中 R 对角元的零元素个数大致判断 A 的秩[①]。

QR 分解的计算量通常要比 LU 分解的计算量等更大，例如进行 $m \times n$ 矩阵的约化的 QR 分解至少需要 $\mathcal{O}\left(\dfrac{4mn^2}{3}\right)$ 的计算量。但 QR 分解的优点是数值稳定性较好，可以用于求解欠定方程组或超定方程组（即最小二乘问题）。

B.2.2 系数矩阵为特殊矩阵的方程组解法

利用矩阵分解可将一般的矩阵分解成结构简单的矩阵，接下来介绍如何求解这些带特殊结构的矩阵对应的方程组。

---

① 这种做法不稳定，一般是利用选主元的 QR 分解对矩阵的秩进行估计，这种 QR 分解一般又称为 RRQR（rank revealing QR）分解。

1. (块) 对角矩阵

对应于 n 阶对角矩阵 A 的线性方程组 $Ax = b$ 的求解是简单的,

$$x = A^{-1}b = \left(\frac{b_1}{a_{11}}, \frac{b_2}{a_{22}}, \cdots, \frac{b_n}{a_{nn}}\right)^{\mathrm{T}},$$

其计算量为 $\mathcal{O}(n)$. 类似地, 当 A 为块对角矩阵时,

$$x = A^{-1}b = \begin{bmatrix} A_{11}^{-1}b_1 \\ A_{22}^{-1}b_2 \\ \vdots \\ A_{kk}^{-1}b_k \end{bmatrix},$$

其中 k 为 A 对角线的块数, b 的分块方式和 A 相同.

2. 三角形矩阵

另一类常见的矩阵是上三角形矩阵和下三角形矩阵, 我们以 n 阶下三角形矩阵 A 为例来介绍对应的线性方程组 $Ax = b$ 的求解方法. 具体地, 我们可以利用前向替代法来依次求解 $x_1, x_2, \ldots, x_n$, 即

$$\begin{aligned} x_1 &= \frac{b_1}{a_{11}}, \\ x_2 &= \frac{1}{a_{22}}(b_2 - a_{21}x_1), \\ x_3 &= \frac{1}{a_{33}}(b_3 - a_{31}x_1 - a_{32}x_2), \\ &\cdots\cdots\cdots\cdots \\ x_n &= \frac{1}{a_{nn}}(b_n - a_{n1}x_1 - a_{n2}x_2 - \cdots - a_{n,n-1}x_{n-1}), \end{aligned}$$

其计算量为 $\mathcal{O}(n^2)$. 而对于上三角形矩阵也有类似的方法, 称之为后向替代法, 即按照 $x_n, x_{n-1}, \cdots, x_1$ 的顺序依次进行求解.

3. 正交矩阵

对于一般的正交矩阵 A, 因为 $A^{\mathrm{T}}A = I$, 故线性方程组 $Ax = b$ 的解可以表示为 $x = A^{\mathrm{T}}b$. 计算量为 $\mathcal{O}(2n^2)$.

4. 有结构子块的矩阵

若矩阵中某个子块带有一定的结构, 如为对角阵、正交矩阵等, 那么如何有效利用该结构来更快地求解线性方程组也是实际中常常遇到的问题. 考虑线性方程组

$$\begin{bmatrix} A_{11} & A_{12} \\ A_{21} & A_{22} \end{bmatrix} \begin{bmatrix} x_1 \\ x_2 \end{bmatrix} = \begin{bmatrix} b_1 \\ b_2 \end{bmatrix}, \tag{B.2.1}$$

其中 $x_1 \in \mathbb{R}^{n_1}, x_2 \in \mathbb{R}^{n_2}$, 子块 $A_{ij} \in \mathbb{R}^{n_i \times n_j}$, A_{11} 非奇异且带有一定的结构. 对于该线性方程组的求解, 利用前 n_1 个等式, 我们有 $x_1 = A_{11}^{-1}(b_1 - A_{12}x_2)$, 因

此只需要求出 x_2. 将 x_1 的表达式代入后 n_2 个等式，可得

$$(A_{22} - A_{21}A_{11}^{-1}A_{12})x_2 = b_2 - A_{21}A_{11}^{-1}b_1,$$

从而将一个高维的问题转化为较低维的问题. 我们给出该方法的具体步骤：

（1）计算 $A_{11}^{-1}A_{12}$ 和 $A_{11}^{-1}b_1$；
（2）计算 $S = A_{22} - A_{21}(A_{11}^{-1}A_{12})$ 和 $\tilde{b} = b_2 - A_{21}(A_{11}^{-1}b_1)$；
（3）求解线性方程组 $Sx_2 = \tilde{b}$；
（4）求解线性方程组 $A_{11}x_1 = b_1 - A_{12}x_2$.

下面分析各个步骤主要的计算量：

步骤（1）需要对 A_{11} 进行分解，用 f 表示分解的计算量，之后求解 $(n_2 + 1)$ 个方程，s 是解方程的计算量，故计算量约为 $f + n_2 s$；

步骤（2）的计算量主要来自求 $A_{21}(A_{11}^{-1}A_{12})$，计算量约为 $2n_2^2 n_1$；

步骤（3）的主要计算量是对 S 的分解，其计算量为 $\frac{2}{3}n_2^3$；

步骤（4）的计算量来自计算 $A_{12}x_2$，可忽略，

故其总的计算量约为 $f + n_2 s + 2n_2^2 n_1 + \frac{2}{3}n_2^3$. 而用一般的方法来求解方程组 (B.2.1) 所需的计算量大约为

$$\frac{2}{3}(n_1 + n_2)^3 = \frac{2}{3}n_1^3 + 2n_1^2 n_2 + 2n_1 n_2^2 + \frac{2}{3}n_2^3.$$

若 A_{11} 带有一定的结构，如上三角形矩阵，那么计算量约为 $n_1^2 n_2 + 2n_2^2 n_1 + \frac{2}{3}n_2^3$；若 A_{11} 为对角矩阵，则计算量降低为约 $2n_2^2 n_1 + \frac{2}{3}n_2^3$.

5. 结构矩阵加上低秩项

考虑线性方程组

$$(A + UV)x = b, \tag{B.2.2}$$

其中可逆矩阵 $A \in \mathbb{R}^{n \times n}$ 具有一定结构，即假设求解 $Au = c$ 是非常容易的，$U \in \mathbb{R}^{n \times k}, V \in \mathbb{R}^{k \times n}$. 实际上，这等价于求解

$$\begin{bmatrix} A & U \\ V & -I \end{bmatrix} \begin{bmatrix} x \\ y \end{bmatrix} = \begin{bmatrix} b \\ 0 \end{bmatrix}, \tag{B.2.3}$$

这就转化为了上一节所讨论的矩阵. 利用前面的做法，我们先求解线性方程组

$$(I + VA^{-1}U)y = VA^{-1}b,$$

然后求解线性方程组 $Ax = b - Uy$. 这实际上这给出了推论 B.2 的一个证明. 另外，讨论可知该方法的计算量为 $f + ks + 2k^2 n + \frac{2}{3}k^3$，其中 f 为分解矩阵 A 的计算量，s 为求解的计算量.

B.2.3 特征值分解与奇异值分解

矩阵的特征值与特征向量求解是线性代数的另一个基本问题，在数据降维、聚类分析等各种实际问题中有重要的应用．对于具体的优化问题而言，其海瑟矩阵的特征值与特征向量也在算法设计和理论分析中扮演着重要角色．在半定规划和低秩矩阵优化等问题中，很多一阶算法的每一次迭代都需要用到特征值分解或奇异值分解．因此，如何在计算机中求解一个矩阵的特征值分解或奇异值分解也是数值代数研究的问题之一．

1. 特征值分解

对于矩阵 $A \in \mathbb{R}^{n \times n}$，若存在非奇异矩阵 $X \in \mathbb{R}^{n \times n}$ 和对角矩阵 $\Sigma \in \mathbb{R}^{n \times n}$，使得

$$A = X\Sigma X^{-1},$$

则称 A 可对角化，并称上式为 A 的特征值分解．矩阵 Σ 的对角元为 A 的**特征值**，矩阵 X 的每一列为其对应的**特征向量**．

计算一个任意方阵的特征值分解通常来说是比较难的，其最大的困难是对任意的方阵 A，上述特征值分解未必存在．然而在很多优化问题中，我们研究的往往是实对称矩阵．而实对称矩阵的特征值分解有非常好的性质：

（1）实对称矩阵的所有特征值均为实数；

（2）实对称矩阵对应于不同特征值的特征向量是相互正交的；

（3）实对称矩阵可以正交对角化，即存在正交矩阵 U，使得 $U^{\mathrm{T}}AU$ 为对角矩阵．

从上面的结果可以看出，实对称矩阵的特征值分解总是存在的，即给定 $A \in \mathcal{S}^n$，其有分解

$$A = U\Lambda U^{\mathrm{T}}, \tag{B.2.4}$$

其中 $U \in \mathbb{R}^{n \times n}$ 为正交矩阵，$\Lambda = \mathrm{Diag}(\lambda_1, \lambda_2, \cdots, \lambda_n)$ 为对角矩阵并且 λ_i, $i = 1, 2, \cdots, n$ 对应于 A 的特征值．记 $U = [u_1, u_2, \cdots, u_n]$，那么 u_i 为特征值 λ_i 对应的特征向量，我们还可以将 (B.2.4) 式写成如下秩一矩阵之和的形式（又称为外积形式）：

$$A = \sum_{i=1}^{n} \lambda_i u_i u_i^{\mathrm{T}}.$$

对于矩阵特征值分解的计算，非常自然的想法是计算矩阵 A 的特征多项式 $p_A(\lambda)$．但是由于计算行列式是困难的，并且多项式的求根同样在数值上是困难的，所以这一方法通常行不通．在数值代数中，矩阵特征值分解的计算也分为直接法和迭代法，直接法如 QR 方法，迭代法如幂法、Krylov 子空间法等，我们这里不详细展开．

2. 奇异值分解

特征值分解关注的对象一般是实对称矩阵. 当矩阵不是方阵时, 我们可以考虑它的奇异值分解. 该分解在信息检索、统计学、信号与图像处理中有大量的应用, 并经常出现在各种算法中, 也是一种非常具有实用意义和理论意义的矩阵分解.

定理 B.5 设 $A \in \mathbb{R}^{m \times n}(m \geqslant n)$, 则存在正交矩阵 $U \in \mathbb{R}^{m \times m}$ 和 $V \in \mathbb{R}^{n \times n}$, 使得

$$A = U \begin{bmatrix} \Sigma \\ 0 \end{bmatrix} V^{\mathrm{T}}, \tag{B.2.5}$$

其中 $\Sigma = \mathrm{Diag}(\sigma_1, \sigma_2 \cdots, \sigma_n)$, $\sigma_i \in \mathbb{R}$ 且 $\sigma_1 \geqslant \sigma_2 \geqslant \cdots \geqslant \sigma_n \geqslant 0$.

我们称 (B.2.5) 式为矩阵 A 的奇异值分解, $\sigma_1, \sigma_2, \cdots, \sigma_n$ 为 A 的奇异值, U 和 V 的每一列分别称为左、右奇异向量. 设 $r = \mathrm{rank}(A) \leqslant n$ 为矩阵 A 的秩, 当 $r < n$ 时, Σ 中只有 r 个元素不为 0, 因此可以得到约化的奇异值分解:

$$A = U_r \Sigma_r V_r^{\mathrm{T}},$$

其中 $U_r \in \mathbb{R}^{m \times r}$ 为 (B.2.5) 式中 U 的前 r 列, $\Sigma_r \in \mathbb{R}^{r \times r}$ 为 Σ 的左上方 $r \times r$ 子块, $V_r^{\mathrm{T}} \in \mathbb{R}^{r \times n}$ 为 V^{T} 的前 r 行. 从 U_r 和 V_r 的取法我们有 $U_r^{\mathrm{T}} U_r = V_r^{\mathrm{T}} V_r = I_r$. 注意, 此时 $U_r U_r^{\mathrm{T}}$ 和 $V_r V_r^{\mathrm{T}}$ 均不等于单位矩阵.

计算一个矩阵的奇异值分解可转化为对称矩阵的特征值分解问题. 由定义式 (B.2.5) 可知 $A^{\mathrm{T}}A = V \Sigma^{\mathrm{T}} \Sigma V^{\mathrm{T}}$, 即 $A^{\mathrm{T}}A$ 与 $\Sigma^{\mathrm{T}} \Sigma$ 相似, 所以要求 A 的奇异值, 只需要求 $A^{\mathrm{T}}A$ 的特征值. 其流程可以表示如下:

（1）计算 $A^{\mathrm{T}}A$;
（2）计算 $A^{\mathrm{T}}A$ 的特征值分解: $A^{\mathrm{T}}A = V \Lambda V^{\mathrm{T}}$;
（3）对 Λ 所有对角元素开根号: $\Sigma = \sqrt{\Lambda}$;
（4）求解正交矩阵 U, 使得 $U \begin{bmatrix} \Sigma \\ 0 \end{bmatrix} = AV$（可以利用 QR 分解）.

需要指出的是, 因为 $A^{\mathrm{T}}A$ 损失了原矩阵 A 的部分信息, 可能会带来数值不稳定, 所以在一些应用中并不会直接对矩阵相乘. 但其本身也有一个优点: 当 $n \ll m$ 时, 上述流程中涉及的是 n 阶小方阵的特征值分解, 因而求解起来很快并且只需要存储 n 维的特征向量. 另一种方法是将这一问题转化为另一个矩阵的特征值分解. 具体地, 对于矩阵 A 及其奇异值分解 $A = U \Sigma V^{\mathrm{T}}$, 我们构造矩阵

$$H = \begin{bmatrix} 0 & A^{\mathrm{T}} \\ A & 0 \end{bmatrix}, \quad X = \begin{bmatrix} V & V \\ U & -U \end{bmatrix},$$

那么

$$HX = X \begin{bmatrix} \Sigma & 0 \\ 0 & -\Sigma \end{bmatrix}.$$

故而可以将 A 的奇异值分解问题转化为 H 的特征值分解问题. 这一做法是数值稳定的, 但会使得问题的维数变高, 并且有需要更大的存储量和迭代次数.

B.2.4 数值代数软件

线性代数中向量和矩阵之间的运算作为基本操作 (子程序), 被广泛应用于各种数值编程中. 因此, 这些基本操作的有效实现备受关注. 本书最后三章大量涉及优化算法的编写. 在实际应用中, 一个算法的性能除了和算法本身的性质 (如收敛速度、参数选取) 有关, 跟算法的软件实现也有密切的关系. 同样算法的不同实现, 性能可能会相差很多, 而导致性能差别的原因之一是数值代数软件的使用方式. 正确地选取和使用数值代数软件是编写出高效算法的必备条件. 本小节简单介绍一些常用的数值代数软件. 需要注意的是, 后面介绍的很多软件包 (如 BLAS 和 LAPACK) 已经集成到 MATLAB 等平台, 使用时一般不需要额外的处理 (但仍然需要注意代码本身的写法). 如果需要基于 C, C++, FORTRAN 等语言实现算法, 这时需要特别注意调用合适的程序.

1. Basic Linear Algebra Subroutines (BLAS)

基本线性代数子程序 BLAS 提供了一种计算上非常有效的应用程序接口. 它最初是用 FORTRAN 语言编写的, 同时也有着标准的接口. 通过使用接口, 我们可以调用进而编写高级的线性代数程序. BLAS 的实现通常会针对特定的机器来优化加速, 因而带来显著的性能优势. 同时, 它还可以利用特殊的硬件指令集来实现向量化, 这些指令集含 avx 指令集, sse 指令集等.

BLAS 实现了数值代数的基本操作. 这些操作进一步按照运算量划分为三个层次:

- 层次 1 $\mathcal{O}(n)$ 向量操作: 向量加法、数乘、点乘、范数;
- 层次 2 $\mathcal{O}(n^2)$ 矩阵-向量操作: 矩阵-向量乘积, 三角矩阵-向量求解, 矩阵的秩一更新 ($A \leftarrow A + uv^\mathrm{T}$) 及对称矩阵的秩二更新 ($A \leftarrow A + uv^\mathrm{T} + vu^\mathrm{T}$, 其中 A 为对称矩阵);
- 层次 3 $\mathcal{O}(n^3)$ 矩阵-矩阵操作: 矩阵-矩阵乘积, 三角矩阵-矩阵求解, 低秩更新.

我们总是选用更高层次的 BLAS 程序而不是多次利用低层次的 BLAS 程序来达到同样的效果. 举例来说, 为了完成如下操作:

$$A \leftarrow A + \sum_{i=1}^{k} x_i y_i^\mathrm{T}, \quad A \in \mathbb{R}^{m \times n}, x_i \in \mathbb{R}^m, y_i \in \mathbb{R}^n,$$

通常有两个选择: 调用 k 次层次 2 的程序,

$$A \leftarrow A + x_1 y_1^\mathrm{T}, A \leftarrow A + x_2 y_2^\mathrm{T}, \cdots, A \leftarrow A + x_k y_k^\mathrm{T};$$

或者仅调用一次层次 3 的程序，

$$A \leftarrow A + XY^T, \quad X = [x_1, x_2, \cdots, x_k], Y = [y_1, y_2, \cdots, y_k].$$

而后者表现得更好.

使用 BLAS 是因为它通常会比我们自己实现的矩阵操作要快，经过优化的 BLAS 库一般快 10 倍或是更多. 其原因是 BLAS 库在实现时考虑了硬件特性，通过选取适合机器处理器和高速缓存的块大小来达到最佳的表现. 严格来说，BLAS 是一种规范，它规定了线性代数操作子程序的接口. 在保证接口形式相同的条件下，它可以有很多种不同的实现. 比较常用的有如下的软件包：

- 官方的 BLAS [23]：由 netlib 提供，是历史最悠久的版本，最初是用 FORTRAN 语言编写，之后有了 C, C++ 语言接口（CBLAS, BLAS++）.
- ATLAS [197]：全名为 Automatically Tuned Linear Algebra Software，它是利用自动编码生成器和检测方法来生成一个对于特定计算机的优化 BLAS 库，比传统的 BLAS 更高效.
- Intel MKL [190]：全名为 Intel Math Kernel Library，它是 Intel 公司开发的数学库，针对 Intel CPU 进行优化. 其中包含完整的 BLAS 运算，且支持串行和并行计算.

上面介绍的 BLAS 库仅仅针对稠密矩阵进行设计. 由于稀疏矩阵的数据结构与一般的矩阵不同，所以也需要相应的 BLAS 库，但是至今为止并没有一个标准的稀疏 BLAS 库，我们列出一些常用的库：

- 官方的稀疏 BLAS [22, 23, 61, 117].
- C++: Boost uBlas, Matrix Template Library, SparseLib++.
- Intel MKL [190]：在 Intel MKL 中也集成了稀疏 BLAS 的运算，并且支持串行和并行计算.
- SciPy [187]：有 Python 语言接口的科学计算软件包，支持稀疏矩阵的操作.

2. Linear Algebra PACKage (LAPACK)

LAPACK 则是基于 BLAS 来实现线性系统的求解和矩阵的分解等更为高级的操作，故其与 BLAS 支持相同的数据类型与矩阵结构. 该程序包的最初版本（1.0 版本）发行于 1992 年，3.0 版本发行于 2000 年，成功替代了之前的 EISPACK 与 LINPACK. LAPACK 的结构要比 BLAS 更复杂，子程序可以被分为三类：辅助子程序、计算子程序和驱动子程序，其中的计算子程序和驱动子程序与求解线性代数基本问题直接相关.

辅助子程序主要完成的是一些底层的操作，例如：

- 获取当前机器的机器精度和寄存器大小;
- 生成均匀分布或高斯分布的随机数;
- 使用低层次 BLAS 运算完成矩阵分解.

计算子程序主要利用 BLAS 层次 3 运算完成某些单一、特定的任务:
- 矩阵分解,包括 LU 分解、Cholesky 分解、对称不定矩阵分解和 QR 分解等;
- 将对称(埃尔米特(Hermite))矩阵化为三对角矩阵,以便进行特征值分解的后续步骤;
- 三对角矩阵的特征值分解和二对角矩阵的奇异值分解.

驱动子程序则通过调用一系列计算子程序来解决标准的线性代数问题,如
- 线性方程组:$Ax = b$;
- 线性最小二乘问题:$\min_{x} \|b - Ax\|_2$;
- 线性最小范数问题:

$$\min \ \|c - Ax\|_2 \quad \text{s.t.} \quad Bx = d,$$
$$\min \ \|y\|_2 \quad \text{s.t.} \quad Ax + By = d;$$

- 实对称矩阵的特征值分解.

概括来说,数值代数中介绍的算法大都可以在 LAPACK 中找到实现. 通过自行组合计算子程序里的函数,我们也可利用 LAPACK 来构造特定功能的子程序. 常见的 LAPACK 实现有如下两种:

- 官方 LAPACK [6]:由 netlib 提供,是历史最悠久的版本,最初用 FORTRAN 语言编写,之后有了 C, C++ 语言接口(LAPACKE, LAPACK++).
- Intel MKL [190]:在 Intel MKL 中也实现了完整的 LAPACK 功能,且支持串行和并行计算.

和 BLAS 类似,LAPACK 是针对稠密矩阵设计的数学库,它不能处理稀疏矩阵的分解. 现有的对稀疏矩阵实现线性系统求解和矩阵分解操作的库中,较全面的是 SuiteSparse [53],其他的还有 PARDISO [54],MUMPS [4],SuperLU [118] 和 SPOOLES [8] 等.

3. 其他版本的 BLAS 和 LAPACK

在这里我们给出其他的 BLAS, LAPACK 实现,这些软件包不具有官方 BLAS, LAPACK 的标准接口,但也是常用的软件.

- Portable, Extensible Toolkit for Scientific Computation (PETSc),用 C 语言实现的高效稀疏矩阵、常微分线性方程数学库 [13].

- Hypre，在并行机上使用的 C 程序库，其中实现了大量的稀疏矩阵运算，主要用于求解有限元的多重网格问题．更多内容可参考 [65]．
- Elemental，一个在并行机上使用的 C++ 程序库，主要用于解决稠密线性系统问题和对稀疏线性系统利用直接法求解．感兴趣的读者可以参考 [156]．
- Eigen [92]，一个使用 C++ 语言实现的模板库，有完整的矩阵、向量封装并且实现了部分 BLAS, LAPACK 操作，可以结合 Intel MKL 使用．
- ScaLAPACK，在并行机上使用的高性能线性系统子程序库，主要解决稠密的和带状的线性系统问题．更多相关内容可以参考 [46]．
- cuBLAS, cuSolver，由 NVIDIA 实现的在 GPU 上运行的 BLAS, LAPACK 库，有非常高的性能．
- MAGMA，在 GPU 上使用的高性能线性代数程序库，和 LAPACK 的功能类似，对于异构和混合系统使用"多核 + GPU"系统．使用手册可以参考 [27]．
- PLASMA，一个利用多核处理器和 Xeon Phi 协处理器解决稠密线性代数问题的软件包．详细内容可以参考 [33]．

4. 线性特征值（奇异值）问题求解软件

线性特征值（奇异值）问题主要分为稠密矩阵特征值（奇异值）问题和稀疏矩阵特征值（奇异值）问题．求解稠密矩阵特征值（奇异值）问题的算法已经集成在 LAPACK 软件包中，而处理稀疏矩阵特征值（奇异值）问题的软件包种类非常多，以下给出一些常见的实现：

- ARPACK，一个求解大规模对称、非对称稀疏矩阵特征值分解的软件包，最早用 FORTRAN 语言编写，是早期 MATLAB 内置函数 `eigs` 的后台实现．目前已经有单机版本和并行版本，详细内容可参考 [115]．
- FEAST，一个求解复数特征值问题的软件包，主要用于求解给定区间、复平面给定区域内所有特征值，目前已经被集成在 Intel MKL 中．详情可参考 [154]．
- SLEPc (the Scalable Library for Eigenvalue Problem Computations)，一个基于 PETSc 开发的求解大规模稀疏矩阵特征值问题和广义特征值问题的软件包，用 C 语言编写，支持在并行机上运行，详情可参考 [100]．
- PROPACK [114]，一个求解稠密、稀疏矩阵 SVD 的软件包，主要实现了 Lanczos 算法及其变形算法．
- LMSVD (Limited Memory SVD)，基于块 Krylov 子空间迭代法的有限内存 SVD 求解程序，详情可参考 [126]．

B.3 概率基础

本节中涉及的概率论知识主要用于第三章中概率统计建模部分以及第八章中随机算法部分. 我们只给出一些必要的定义以及常用的结论,更加细致全面的讨论推荐读者阅读 [63].

B.3.1 概率空间

概率论中的一个最基本概念是**概率空间**,它是一个三元组 $(\Omega, \mathcal{F}, P)$,其中 Ω 是样本空间,$\mathcal{F}$ 是事件域,以及 $P: \mathcal{F} \to [0,1]$ 是概率函数. 事件域 $\mathcal{F}$ 为样本空间 Ω 幂集(即所有子集构成的集合)的一个非空子集并且满足

(1)空集 $\emptyset \in \mathcal{F}$;

(2)如果 $A \in \mathcal{F}$,那么有 $A^c \in \mathcal{F}$;

(3)如果可列(包含有限的情形)个 $A_n \in \mathcal{F}, n = 1, 2, \cdots$,则 $\bigcup_{n=1}^{\infty} A_n \in \mathcal{F}$.

二元组 $(\Omega, \mathcal{F})$ 也被称为可测空间,即我们可以在上面定义概率函数(概率测度). 具体地,概率是定义在事件域 $\mathcal{F}$ 上的一个实值函数,记为 $P: \mathcal{F} \to \mathbb{R}$,并且满足

(1)非负性:对任一事件 $A \in \mathcal{F}$,有 $P(A) \geqslant 0$;

(2)正则性:$P(\Omega) = 1$;

(3)可列可加性:如果 $A_1, A_2, \cdots$ 互不相交,那么

$$P\left(\bigcup_{i=1}^{\infty} A_i\right) = \sum_{i=1}^{\infty} P(A_i).$$

这样的 $P(A), A \in \mathcal{F}$ 表示事件 A 发生的概率. 由定义容易推出,$P(A) \leqslant P(B)$,$\forall A \subseteq B$ 以及 $P(\emptyset) = 0$.

B.3.2 随机变量

1. 定义与可测性

实际中许多随机现象的样本空间和事件域都是比较复杂的,而且我们并非需要关心事件域中的所有事件. 为了更好地描述随机事件及其发生的概率,我们引入随机变量的概念. 它相当于将一个随机现象量化的过程. 随机变量 X 是定义在样本空间 Ω 上的实值函数,即 $X: \Omega \to \mathbb{R}$. 也就是说,对于样本

空间 Ω 的一个样本点 ω，随机变量将其映射为一个实数 $X(\omega)$。类似地，我们可以引入**随机向量**的概念。随机向量 $\boldsymbol{X}$ 将样本点 $\omega \in \Omega$ 映射为 $\mathbb{R}^n$ 中的向量，即 $\boldsymbol{X}: \Omega \to \mathbb{R}^n$。直观来看，随机向量的每一个分量都是随机变量。

通过引入随机变量，我们可以将关注的重点转移到随机变量本身的取值，而无需太多关注这个取值到底是对应了哪一个样本点。为了使得我们仍旧能在原概率空间 $(\Omega, \mathcal{F}, P)$ 上研究所定义的随机变量 X，必须假设 X 满足一定的要求。一个最基本的要求就是**可测性**，即对任意的 $t \in \mathbb{R}$，集合 $\{\omega \mid X(\omega) > t\}$ 总是属于 $\mathcal{F}$，此时也称 X 关于事件域 $\mathcal{F}$ 可测。有了可测性我们就可以将概率作用在随机变量上：给定样本空间中的概率函数 P，随机变量 X 大于某个值 x 的概率为 $P(\{\omega \mid X(\omega) > x\})$。为了方便，我们一般简记为 $P(X > x)$。类似地，可以定义 $P(X = x)$ 或更一般的 $P(X \in A)$，其中 A 是 **Borel** 集，即 $\mathbb{R}$ 中开区间经过可列次交、并、补运算得到的集合全体。

需要注意的是，随机变量的可测性是一个很重要的概念，它实际上刻画了随机变量至多包含的信息量。接下来用一个例子来说明此概念。设样本空间 $\Omega = \{1, 2, \cdots, 8\}$，随机变量 X 的定义为

$$X(\omega) = \begin{cases} 0, & \omega \text{ 是偶数}, \\ 1, & \omega \text{ 是奇数}. \end{cases}$$

现在我们讨论 X 可测性的问题。显然，X 关于 Ω 的幂集是可测的，但 X 本身并没有提供与 Ω 的幂集等量的信息。即对 X 观测只能得到 0 或 1（只能知道 ω 的奇偶性），并不能知道 ω 的其他性质（例如 ω 是否比 2 大、是否是 3 的倍数等）。所以我们感兴趣的是使得 X 具有可测性的事件域中**最小的那个**，在这个例子中为

$$\mathcal{F} = \{\varnothing, \{1, 3, 5, 7\}, \{2, 4, 6, 8\}, \Omega\}.$$

容易看出 X 提供的信息和 $\mathcal{F}$ 提供的信息是等量的。为了强调这一关系，我们引入一个新的定义：X 诱导的事件域。

定义 B.7 (诱导的事件域) 设 X 为 Ω 上的随机变量，则

$$\sigma(X) = \bigcap \{\mathcal{F} \mid X \text{ 关于 } \mathcal{F} \text{ 可测}\}$$

称为随机变量 X **诱导的事件域**。

实际上容易验证

$$\sigma(X) = \{\{\omega \mid X(\omega) \in B\} \mid B \in \mathcal{B}\},$$

其中 $\mathcal{B}$ 表示 Borel 集。这给出了 $\sigma(X)$ 的一个显式表达式。

2. 离散型随机变量与连续型随机变量

常见的随机变量分为离散型随机变量与连续型随机变量. 离散型随机变量的值域是 $\mathbb{R}$ 中的有限个或者可列个离散点, 而连续型随机变量的值域是 $\mathbb{R}$ 中的一个区间. 对于离散型随机变量 X, 可以通过定义在所有可列个取值上的概率来确定 X 取任意值的概率. 而对于连续型随机变量 X, 则是通过定义 X 取值于所有左开右闭区间 $(a,b]$ 的概率来确定 X 取任意值的概率. 根据概率的定义,

$$P(a < X \leqslant b) = P(X \leqslant b) - P(X \leqslant a).$$

因此, 我们只需要定义 $P(X \leqslant a)$, 就可以知道该连续型随机变量的取值概率. 这对离散型随机变量也成立.

因为随机变量 X 的取值概率由 $P(X \leqslant x)$ 决定, 我们定义随机变量的分布函数为

$$F(x) = P(X \leqslant x), \quad x \in \mathbb{R}.$$

此时, 称 X 服从分布 $F(x)$, 记为 $X \sim F(x)$. 对于一个随机变量, 如果其分布函数已知, 那么其取任意值的概率都可以计算得到. 由概率函数的性质, 我们知道分布函数 $F(x)$ 一定是存在的, 并且满足

（1）单调性：$F(x)$ 是单调不减函数, 即对于任意的 $x_1, x_2 \in \mathbb{R}$, 如果 $x_1 < x_2$, 那么 $F(x_1) \leqslant F(x_2)$;

（2）有界性：对任意的 $x \in \mathbb{R}$, 有 $0 \leqslant F(x) \leqslant 1$, 并且

$$\lim_{x \to +\infty} F(x) = 1, \quad \lim_{x \to -\infty} F(x) = 0;$$

（3）右连续性：$F(x)$ 是右连续函数, 即对任意的 x_0, 有

$$\lim_{x \to x_0+} F(x) = F(x_0).$$

关于证明细节, 感兴趣的读者可以自行推导.

对于连续型随机变量, 另一个常用的函数是概率密度函数. 它描述了随机变量取值在某个点附近的可能性, 这有助于我们分析随机变量的期望、方差等特征. 对于连续型变量 X, 如果存在函数 $f(x)$ 使得

$$F(x) = \int_{-\infty}^{x} f(t) \mathrm{d}t,$$

那么称 $f(x)$ 为 X 的概率密度函数. 根据分布函数 $F(x)$ 的性质, 概率密度函数 $f(x)$ 满足

（1）非负性：对任意的 $x \in \mathbb{R}$, 有 $f(x) \geqslant 0$;

（2）归一性：$f(x)$ 在整个实数轴上积分为 1, 即

$$\int_{-\infty}^{+\infty} f(x) \mathrm{d}x = 1;$$

（3）相容性：对任意的 $a,b \in \mathbb{R}$ 且 $a < b$，有

$$P(a < x \leqslant b) = F(b) - F(a) = \int_a^b f(x)\mathrm{d}x.$$

根据概率密度函数的定义，我们知道对连续型随机变量 X 有

$$P(X = x) = 0, \quad \forall \, x \in \mathbb{R},$$

即连续型变量取任意单点的概率为 0.

类似地，对离散型随机变量 X，常用的函数为分布律（概率质量函数）. 它的定义为

$$p(x) = P(X = x), \quad x \in \mathbb{R}.$$

因为离散型随机变量的值域仅有可列个点，所以其分布律 $p(\cdot)$ 仅在可列个点处取值非零.

3. 数学期望

给定一个随机变量 X，其数学期望记为 $\mathbb{E}[X]$，用来反映 X 在概率意义下的平均值. 具体地，对于离散型随机变量 X，假设其取值集合为 $\{x_1, x_2, \cdots\}$，分布律为 $p(x)$. 若级数 $\sum_{i=1}^{\infty} x_i p(x_i)$ 是绝对收敛的，则称其为 X 的数学期望，即

$$\mathbb{E}[X] = \sum_{i=1}^{\infty} x_i p(x_i).$$

这可以看成是用 $p(x_i)$ 作为权重的加权和. 对于连续型随机变量，设其概率密度函数为 $f(x)$，如果积分 $\int_{-\infty}^{+\infty} |xf(x)|\mathrm{d}x$ 收敛，则称 $\int_{-\infty}^{+\infty} xf(x)\mathrm{d}x$ 为 X 的数学期望，即

$$\mathbb{E}[X] = \int_{-\infty}^{+\infty} xf(x)\mathrm{d}x.$$

根据随机变量的数学期望的定义，我们易知其满足以下性质：

命题 B.1 (数学期望的基本性质) 设 X, Y 是定义在概率空间 $(\Omega, \mathcal{F}, P)$ 上的随机变量，且 $\mathbb{E}[X], \mathbb{E}[Y]$ 均存在，则

（1）线性性：$\mathbb{E}[aX + bY] = a\mathbb{E}[X] + b\mathbb{E}[Y]$，在这里 a, b 为任意实数；

（2）保号性：如果 $X \geqslant Y$，则 $E[X] \geqslant E[Y]$；

（3）常数随机变量的数学期望是其本身，即若 $P(X = a) = 1$（$a \in \mathbb{R}$ 为常数），那么 $\mathbb{E}[X] = a$.

4. 方差

为了衡量随机变量的取值与其数学期望的偏离程度，我们引入方差的概念. 给定一个随机变量 X，其数学期望为 $\mathbb{E}[X]$. 假设 $\mathbb{E}[(X - \mathbb{E}[X])^2]$ 存在，我们定义其为随机变量 X 的方差，记为 $\mathrm{Var}(X)$，即

$$\mathrm{Var}(X) = \mathbb{E}\left[(X - \mathbb{E}[X])^2\right],$$

这可以看做 X 的取值与其数学期望 $\mathbb{E}[X]$ 的距离平方加权和. 此外容易利用数学期望的性质证明

$$\mathrm{Var}(X) = \mathbb{E}[X^2] - (\mathbb{E}[X])^2.$$

对于随机变量 X, 假设其方差 $\mathrm{Var}(X)$ 存在, 易知其满足以下性质:

命题 B.2 (方差的基本性质) (1) 非负性: $\mathrm{Var}(X) \geqslant 0$;
(2) 常数随机变量的方差是 0, 即若 $P(X = a) = 1$ ($a \in \mathbb{R}$ 为常数), 那么 $\mathrm{Var}(X) = 0$;
(3) 对于任意给定的常数 $a, b \in \mathbb{R}$, 有 $\mathrm{Var}(aX + b) = a^2 \mathrm{Var}(X)$.

5. 联合分布

上文讨论了单个随机变量的概率分布及其数字特征. 在实际中, 我们经常感兴趣的是两个或者多个随机变量同时取值的概率, 即联合分布.

对于两个随机变量 X 和 Y, 定义联合分布函数为

$$F(a, b) = P(X \leqslant a, Y \leqslant b), \quad -\infty < a, b < +\infty.$$

通过联合分布函数可以得到随机变量 X 的分布函数:

$$F_X(a) = P(X \leqslant a) = P(X \leqslant a, Y < +\infty) = \lim_{b \to +\infty} F(a, b).$$

同样地, 随机变量 Y 的分布函数为

$$F_Y(b) = P(Y \leqslant b) = P(X < +\infty, Y \leqslant b) = \lim_{a \to +\infty} F(a, b).$$

我们也称这种只含部分分量的分布函数为**边缘分布函数**.

对于 X 和 Y 都是离散型随机变量的情形, 联合分布律可以定义为

$$p(x, y) = P(X = x, Y = y).$$

假设 $p(x, y)$ 已知, 我们可以计算 X 和 Y 的边缘分布律:

$$p_X(x) = \sum_{y: p(x,y) > 0} p(x, y), \quad p_Y(y) = \sum_{x: p(x,y) > 0} p(x, y).$$

对于 X 和 Y 都是连续型随机变量的情形, 如果存在函数 $f(x, y)$, 使得对任意实数集合 A, B, 有

$$P(X \in A, Y \in B) = \int_B \int_A f(x, y) \mathrm{d}x \mathrm{d}y$$

成立, 那么称 $f(x, y)$ 为 X 和 Y 的联合密度函数. 类似地, 针对部分分量的密度函数也被称为**边缘密度函数**:

$$f_X(x) = \int_{-\infty}^{+\infty} f(x, y) \mathrm{d}y, \quad f_Y(y) = \int_{-\infty}^{+\infty} f(x, y) \mathrm{d}x.$$

注意，联合分布函数给出的信息要多于所有边缘分布函数给出的信息的和，即我们可以通过联合分布函数来计算任意的边缘分布函数，但通过边缘分布函数一般是无法反推联合分布函数的．出现这种情况的主要原因是多个随机变量之间有相互的耦合作用，一个随机变量的取值可以影响其他的变量，而这在边缘分布中是体现不出来的．

为了进一步讨论随机变量之间的相互关系，我们引入独立性的概念．如果对任意的实数 a,b，事件 $\{X \leqslant a\}$ 与 $\{Y \leqslant b\}$ 是相互独立的，即

$$P(X \leqslant a, Y \leqslant b) = P(X \leqslant a)P(Y \leqslant b)$$

成立，则称随机变量 X 和 Y 是相互独立的．因此，此时有

$$F(a,b) = F_X(a)F_Y(b), \quad \forall a,b \in \mathbb{R}.$$

如果 X 和 Y 是离散的，则

$$p(x,y) = p_X(x)p_Y(y);$$

如果 X 和 Y 是连续的，则

$$f(x,y) = f_X(x)f_Y(y).$$

当两个随机变量不相互独立时，我们引入随机变量协方差的概念来衡量两个随机变量之间的相关性．具体地，对于随机变量 X 和 Y，协方差 $\mathrm{Cov}(X,Y)$ 定义为

$$\begin{aligned}\mathrm{Cov}(X,Y) &= \mathbb{E}[(X - \mathbb{E}[X])(Y - \mathbb{E}[Y])] \\ &= \mathbb{E}[XY - Y\mathbb{E}[X] - X\mathbb{E}[Y] + \mathbb{E}[X]\mathbb{E}[Y]] \\ &= \mathbb{E}[XY] - \mathbb{E}[X]\mathbb{E}[Y].\end{aligned}$$

如果 X 和 Y 是相互独立的，容易验证 $\mathrm{Cov}(X,Y) = 0$．随机变量 X 和 Y 协方差为零的情况又被称为 X 和 Y **不相关**．上面的论述说明独立性是不相关性的一个充分条件，但一般情况下不相关性无法推出独立性．

B.3.3 条件期望

条件期望是概率论中一个重要的概念，其在实际问题中有着广泛应用．我们知道随机变量之间往往都有一定的相关性，假设现在有随机向量 $(X, Y_1, Y_2, \cdots, Y_n)$，并且我们已经观测到了 $(Y_1, Y_2, \cdots, Y_n)$．一个自然的问题是：如何根据 $(Y_1, Y_2, \cdots, Y_n)$ 来对 X 进行预测？根据预测的实际含义，进行预测时应当仅仅使用 $(Y_1, Y_2, \cdots, Y_n)$ 的信息，且使得某种"误差"最小．因为

预测时使用的也是随机变量，所以我们实际上需要度量两个随机变量之间的距离．

1. L^2 空间

为了在特定概率空间中引入度量，我们先引入 L^2 空间的定义．

定义 B.8 (L^2 **空间**) 设概率空间 $(\Omega, \mathcal{F}, P)$，定义 L^2 空间为

$$L^2(\Omega, \mathcal{F}, P) = \{X \mid \mathbb{E}[X^2] < +\infty\}, \tag{B.3.1}$$

即 L^2 空间为二阶矩有限的随机变量构成的集合．

考虑 L^2 空间的好处是我们可以在其上引入内积的概念．设随机变量 $X, Y \in L^2(\Omega, \mathcal{F}, P)$，定义 X 与 Y 的内积

$$\langle X, Y \rangle = \mathbb{E}[XY].$$

有了内积，就可在 L^2 空间上引入范数和距离：

$$\|X\|_{L^2} = \sqrt{\mathbb{E}[X^2]},$$
$$d(X, Y) = \sqrt{\langle X - Y, X - Y \rangle} = \sqrt{\mathbb{E}[(X - Y)^2]}.$$

L^2 空间的严格定义需要以测度论和泛函分析为基础，在这里我们不进行深入讨论．读者可以将 L^2 空间和欧几里得空间 $\mathbb{R}^n$ 进行类比来理解内积和范数等概念．

2. L^2 空间上随机变量的条件期望

介绍了 L^2 空间之后，我们可以引入随机变量的条件期望了．给定随机向量 $(Y_1, Y_2, \cdots, Y_n)$，现在我们要预测随机变量 X，也就是要找一个仅用 $(Y_1, Y_2, \cdots, Y_n)$ 表示的 L^2 空间上的随机变量，使得其与 X 的距离最小．写成数学语言即为寻找一个 n 元函数 f，使得

$$d(f(Y_1, Y_2, \cdots, Y_n), X) = \inf_{Z \in L^2(\Omega, \mathcal{F}, P)} d(Z, X), \tag{B.3.2}$$

这里要求 $f(Y_1, Y_2, \cdots, Y_n)$ 也为 L^2 空间上的随机变量．

根据几何直观，$f(Y_1, Y_2, \cdots, Y_n)$ 应该为 X 到由 $Y_1, Y_2, \cdots, Y_n$ 张成空间上的投影，即对任意随机变量 $g(Y_1, Y_2, \cdots, Y_n)$，我们有

$$\langle X - f(Y_1, Y_2, \cdots, Y_n), g(Y_1, Y_2, \cdots, Y_n) \rangle = 0.$$

化简上式可以得到条件期望的定义．

定义 B.9 (L^2 **空间上随机变量的条件期望**) 设 $X, Y_1, Y_2, \cdots, Y_n$ 为 $(\Omega, \mathcal{F}, P)$ 上的随机变量且 $\mathbb{E}[X^2] < +\infty$，$f$ 为 n 元函数，若

（1）$f(Y_1, Y_2, \cdots, Y_n) \in L^2(\Omega, \mathcal{F}, P)$；

（2）对任意 $g(Y_1, Y_2, \cdots, Y_n) \in L^2(\Omega, \mathcal{F}, P)$，有

$$\mathbb{E}[Xg(Y_1, Y_2, \cdots, Y_n)] = \mathbb{E}[f(Y_1, Y_2, \cdots, Y_n)g(Y_1, Y_2, \cdots, Y_n)], \quad \text{(B.3.3)}$$

则称随机变量 $f(Y_1, Y_2, \cdots, Y_n)$ 为 X 关于 $(Y_1, Y_2, \cdots, Y_n)$ 的**条件期望**，并记为 $\mathbb{E}[X|Y_1, Y_2, \cdots, Y_n]$.

从定义可以看出，条件期望是随机变量而非具体数值. 这与数学期望有本质的区别. 另一个重要的观察是，条件期望 $\mathbb{E}[X|Y_1, Y_2, \cdots, Y_n]$ 关于 $\sigma(Y_1, Y_2, \cdots, Y_n)$ 可测，可用 $(Y_1, Y_2, \cdots, Y_n)$ 表示出来. 但随机变量 X 不一定关于 $\sigma(Y_1, Y_2, \cdots, Y_n)$ 可测，用 $(Y_1, Y_2, \cdots, Y_n)$ 一般不能表示 X，和 X 最接近的表示是条件期望 $\mathbb{E}[X|Y_1, Y_2, \cdots, Y_n]$.

3. 一些例子

上述条件期望的定义比较抽象，我们用两个具体的例子来说明条件数学期望如何计算.

例 B.1 (离散型随机变量的条件期望) 设 X 和 Y 是两个离散型随机变量，有联合分布律

$$p_{ij} = P(X = x_i, Y = y_j), \quad i, j = 1, 2, \cdots,$$

接下来计算 $\mathbb{E}[X|Y]$. 根据定义，我们需要寻找一个仅仅和 Y 有关的随机变量 $f(Y)$ 使得 (B.3.3) 式成立. 注意到 $\sigma(Y)$ 中随机变量结构是已知的，若 $f(Y) \in \sigma(Y)$，则

$$f(Y)(\omega) = \begin{cases} f_1, & Y(\omega) = y_1, \\ f_2, & Y(\omega) = y_2, \\ \cdots\cdots \end{cases}$$

我们需要确定的就是 f_i 的值. (B.3.3) 式等价于

$$\sum_{i,j} p_{ij} x_i g_j = \sum_{i,j} p_{ij} f_j g_j,$$

整理等号左右两边有

$$\sum_j \left(\sum_i x_i p_{ij} \right) g_j = \sum_j \left(f_j \sum_i p_{ij} \right) g_j.$$

注意到 g_j 是任意的，因此我们有

$$f_j = \frac{\sum_i x_i p_{ij}}{\sum_i p_{ij}}.$$

例 B.2 (连续型随机变量的条件期望) 设 X 和 Y 是两个连续型随机变量, 有联合密度函数 $p(x,y) > 0$, 接下来计算 $\mathbb{E}[X|Y]$. 这同样化为求一个函数 f 使得 (B.3.3) 式成立. 对任意的 g, 我们有

$$\mathbb{E}[Xg(Y)] = \int_{\mathbb{R}^2} xg(y)p(x,y)\mathrm{d}x\mathrm{d}y$$

以及

$$\mathbb{E}[f(Y)g(Y)] = \int_{\mathbb{R}^2} f(y)g(y)p(x,y)\mathrm{d}x\mathrm{d}y.$$

交换积分顺序, 先关于 x 积分再关于 y 积分, 并使得上述两积分相等, 则

$$\int_{\mathbb{R}} \Big(\int_{\mathbb{R}} xp(x,y)\mathrm{d}x\Big)g(y)\mathrm{d}y = \int_{\mathbb{R}} \Big(\int_{\mathbb{R}} p(x,y)\mathrm{d}x\Big)f(y)g(y)\mathrm{d}y.$$

由 $g(y)$ 的任意性可知

$$f(y) = \frac{\int_{\mathbb{R}} xp(x,y)\mathrm{d}x}{\int_{\mathbb{R}} p(x,y)\mathrm{d}x}.$$

注意, 分母即是 Y 的边缘密度.

4. 条件期望的性质

最后列出一些重要的条件期望的性质. 这些性质在推导随机算法的时候非常有用. 为了方便, 下面用黑体的 $\boldsymbol{Y}$ 来表示随机向量 $(Y_1, Y_2, \cdots, Y_n)$.

命题 B.3 (全期望公式)

$$\mathbb{E}[X] = \mathbb{E}[\mathbb{E}[X|\boldsymbol{Y}]].$$

证明 在 (B.3.3) 式中取 $g(\boldsymbol{Y}) = 1$ 即可得到结论. □

全期望公式表明对条件期望再取一次数学期望就得到 X 本身的数学期望. 这个性质尤其有用, 在很多情况下我们为了减少要分析的随机变量的个数经常需要逆用这个公式.

命题 B.4 (线性性和单调性) （1）若 a, b 为任意实数, 则

$$\mathbb{E}[aX_1 + bX_2|\boldsymbol{Y}] = a\mathbb{E}[X_1|\boldsymbol{Y}] + b\mathbb{E}[X_2|\boldsymbol{Y}];$$

（2）若 $X_1 \geqslant X_2$, 则 $\mathbb{E}[X_1|\boldsymbol{Y}] \geqslant \mathbb{E}[X_2|\boldsymbol{Y}]$.

命题 B.4 说明条件期望也具有和数学期望类似的性质.

命题 B.5 设 Z 关于 $\sigma(\boldsymbol{Y})$ 可测, 则
（1）$\mathbb{E}[Z|\boldsymbol{Y}] = Z$;
（2）$\mathbb{E}[XZ|\boldsymbol{Y}] = Z\mathbb{E}[X|\boldsymbol{Y}]$.

命题 B.5 的证明是显然的，我们可通过如下方式来理解该命题的直观含义：(1) 表明，若 Z 本身就可以用 Y 来表示，那么其条件期望显然就是它自己；(2) 表明，当固定 Y 时，由于 Z 关于 $\sigma(Y)$ 可测，因此求条件期望时可以看成一个常数，从而利用"线性性"得到结论.

命题 B.6 (相互独立变量的条件期望) 设随机向量 $\boldsymbol{X}=(X_1, X_2, \cdots, X_m)$ 与随机向量 $\boldsymbol{Y}$ 独立，h 是 m 元函数且 $\mathbb{E}[|h(\boldsymbol{X})|]$ 有限，则

$$\mathbb{E}[h(\boldsymbol{X})|\boldsymbol{Y}] = \mathbb{E}[h(\boldsymbol{X})].$$

命题 B.6 说明，当 $h(\boldsymbol{X})$ 和 $\boldsymbol{Y}$ 相互独立时，$h(\boldsymbol{X})$ 关于 $\boldsymbol{Y}$ 的条件期望是恒为常值 $\mathbb{E}[h(\boldsymbol{X})]$ 的随机变量. 这从相互独立本身的含义也可以看出：$h(\boldsymbol{X})$ 的数学期望与是否给定 $\boldsymbol{Y}$ 是没有关系的.

B.3.4 随机变量的收敛性

随机变量本质上是定义在样本空间上的函数. 和函数列一样，我们可以定义一列随机变量的极限. 给定概率空间 $(\Omega, \mathcal{F}, P)$ 中的一列随机变量 $\{X_n\}_{n=1}^{\infty}$，若存在随机变量 X，使得事件

$$\{\omega | \lim_{n \to \infty} X_n(\omega) = X(\omega)\}$$

发生的概率为 1，那么就称随机变量序列 $\{X_n\}_{n=1}^{\infty}$ **几乎必然收敛**到 X，记作

$$X_n \xrightarrow{\text{a.s.}} X \quad \text{或} \quad P\left(\lim_{n \to \infty} X_n = X\right) = 1.$$

因此，假设一列随机变量 $\{X_n\}_{n=1}^{\infty}$ 几乎必然收敛到 X，那么不收敛到 X 的样本点组成的事件发生的概率为 0.

相较于几乎必然收敛，一个弱化的版本是依概率收敛. 如果对于任意的 $\varepsilon > 0$，都有

$$\lim_{n \to \infty} P(|X_n - X| \geqslant \varepsilon) = 0,$$

那么称随机变量序列 $\{X_n\}_{n=1}^{\infty}$ **依概率收敛**到 X. 依概率收敛的直观含义是当任意给定 $\varepsilon > 0$ 且 n 趋于无穷时，事件 "X_n 与 X 的距离大于 ε" 发生的概率趋于零. 依概率收敛并没有要求 X_n 具体到每一个样本点 ω 上的极限行为，因此它比几乎必然收敛要弱. 实际上几乎必然收敛可以推出依概率收敛，但反过来结论不成立. 读者可尝试构造出依概率收敛的序列 $\{X_n\}_{n=1}^{\infty}$，但 $\{X_n\}_{n=1}^{\infty}$ 在所有样本点上不收敛（即几乎必然不收敛）.

B.3.5 随机过程

1. 基本定义

一个随机过程 $\{X(t), t \in T\}$ 是一串随机变量的集合，即对于每个 $t \in T$，$X(t)$ 为一个随机变量。t 一般用来指代不同的时刻，我们称 $X(t)$ 为随机过程在时刻 t 的状态。随机过程的状态空间定义为所有随机变量 $X(t)$ 的取值集合。从定义来看，一个随机过程是一族随机变量，其描述一个物理过程随时间的演化。例如 $X(t)$ 可以为某商场在时刻 t 的顾客数，或者为某粒子在时刻 t 的空间坐标等。

集合 T 称为随机过程的指标集。如果 T 是一个可数集合，对应的随机过程称为离散随机过程；如果 T 是实数轴上的一个区间，对应的随机过程称为连续随机过程。比如 $\{X_n, n = 0, 1, \cdots\}$ 为一个离散随机过程，$\{X(t), t \geqslant 0\}$ 为一个连续随机过程。

2. 马尔可夫过程

在一个随机过程中，$X(t)$ 与 t 的关系往往是很复杂的。但是在很多实际问题中，当给定当前状态以及过去所有状态时，未来状态的条件分布仅依赖于当前状态，而与过去的状态无关。这种性质称为马尔可夫性质，具有马尔可夫性质的随机过程称为马尔可夫过程。具体地，假设 $\{X(t), t \geqslant 0\}$ 为一个连续随机过程，马尔可夫性质是指

$$P(X(t+h) = y | X(s) = x(s), s \leqslant t)$$
$$= P(X(t+h) = y | X(t) = x(t)), \quad \forall h > 0.$$

对于离散随机过程，也可类似地定义马尔可夫性质。

3. 鞅

鞅是随机过程论中一个基本概念，其在随机过程的理论分析中扮演着重要角色。本书利用鞅的一些知识来分析随机算法的收敛性。

定义 B.10 (离散鞅) 设 $\{X_n, n = 1, 2, \cdots\}$ 和 $\{Z_n, n = 1, 2, \cdots\}$ 为 $(\Omega, \mathcal{F}, P)$ 上的随机过程，如果对于任意正整数 n，

（1）$\mathbb{E}[|X_n|] < +\infty$；

（2）$X_n \in \sigma(Z_1, Z_2, \cdots, Z_n)$；

（3）$\mathbb{E}[X_{n+1} | Z_1, Z_2, \cdots, Z_n] = X_n$，

则称 $\{X_n, n = 1, 2, \cdots\}$ 为（关于 $\{Z_n, n = 1, 2, \cdots\}$ 的）**离散鞅**。若在上面定义中，（3）改为

$$\mathbb{E}[X_{n+1} | Z_1, Z_2, \cdots, Z_n] = 0, \quad n = 1, 2, \cdots,$$

则称 $\{X_n, n = 1, 2, \cdots\}$ 为（关于 $\{Z_n, n = 1, 2, \cdots\}$ 的）**鞅差序列**。

类似地，对于连续时间随机过程 $\{X(t), t \geqslant 0\}$ 也可定义连续鞅，由于我们没有用到这部分知识，所以略去说明.

可以通过这样的方式来理解鞅：令 $\{X_n\} = \{Z_n\}$，在给定 $X_1, X_2, \cdots, X_n$ 后，对 X_{n+1} 的最佳预测就是 X_n. 换句话说，我们没有办法通过所有历史信息来预测一个鞅序列到底是上升还是下降，最好的预测就是当前 X_n 的值.

我们利用下面的例子来进一步说明鞅的含义. 假设进行一次多轮投资，每一轮有 $\frac{1}{2}$ 的概率获利，其利润等于投入的本金，还有 $\frac{1}{2}$ 的概率亏损全部已经投入的本金. 在每轮投资进行之前，可以根据先前盈亏情况来决定这一轮的本金. 设在第 n 轮投资结束后总资产为 X_n，η_n 为第 n 轮获利情况，即

$$P(\eta_n = \pm 1) = \frac{1}{2},$$

且 η_n 之间相互独立. 为了方便，令 $\boldsymbol{X}_n = (X_0, X_1, \cdots, X_n)$，设 $a_n(\boldsymbol{X}_{n-1})$ 为第 n 轮投资的本金，注意这里 a_n 只与时刻 $n-1$ 之前的历史资产有关. 显然，在 n 轮投资结束后，总资产 X_n 的表达式为

$$X_n = X_0 + \sum_{i=1}^{n} a_i(\boldsymbol{X}_{i-1})\eta_i. \tag{B.3.4}$$

容易计算出，当给定 $\boldsymbol{X}_{n-1}$ 时，X_n 的条件期望为

$$\mathbb{E}[X_n | \boldsymbol{X}_{n-1}] = \mathbb{E}\left[X_0 + \sum_{i=1}^{n} a_i(\boldsymbol{X}_{i-1})\eta_i \Big| \boldsymbol{X}_{n-1}\right]$$

$$= X_0 + \sum_{i=1}^{n-1} a_i(\boldsymbol{X}_{i-1}) + \mathbb{E}[a_n(\boldsymbol{X}_{n-1})\eta_n | \boldsymbol{X}_{n-1}]$$

$$= X_{n-1} + a_n(\boldsymbol{X}_{n-1})\mathbb{E}[\eta_n | \boldsymbol{X}_{n-1}] = X_{n-1}.$$

这表明 $\{X_n\}$ 是一个鞅. 上面推导的另一个解释为：无论使用何种策略 a_n 来决定本金，我们对下一轮预测的结果总是"不盈不亏".

B.3.6 概率不等式

这里介绍一些常用的概率不等式.

1. Jensen 不等式

给定一个凸函数 ϕ，假设随机变量 X 的期望 $\mathbb{E}[X]$ 存在以及 $\mathbb{E}[\phi(X)]$ 存在，那么

$$\phi(\mathbb{E}[X]) \leqslant \mathbb{E}[\phi(X)],$$

这个不等式称为概率 Jensen 不等式. 当 X 为离散型随机变量时，根据凸函数的性质，

$$\phi(\mathbb{E}[X]) = \phi\left(\sum_{i=1}^{\infty} p_i x_i\right) \leqslant \sum_{i=1}^{\infty} p_i \phi(x_i) = \mathbb{E}[\phi(X)].$$

当 X 为连续型随机变量时,根据积分定义可以用类似的方式证出 Jensen 不等式. 通过取 $\phi(x) = |x|$ 和 $\phi(x) = x^2$,我们有

$$|\mathbb{E}[X]| \leqslant \mathbb{E}[|X|] \quad \text{和} \quad (\mathbb{E}[X])^2 \leqslant \mathbb{E}[X^2].$$

2. 马尔可夫不等式

设 X 为一个非负随机变量,则对任意的实数 $a > 0$,有

$$P(X \geqslant a) \leqslant \frac{\mathbb{E}[X]}{a}.$$

我们针对连续随机变量的情形给出其证明. 根据随机变量的定义,

$$\mathbb{E}[X] = \int_{-\infty}^{+\infty} x f(x) \mathrm{d}x \geqslant \int_{a}^{+\infty} x f(x) \mathrm{d}x \geqslant \int_{a}^{+\infty} a f(x) \mathrm{d}x = a P(X \geqslant a).$$

3. 切比雪夫不等式

方差是用来刻画随机变量偏离其平均值的程度大小. 利用方差的定义,可以得到切比雪夫(Chebyshev)不等式

$$P(|X - \mathbb{E}[X]| \geqslant a) \leqslant \frac{\mathrm{Var}(X)}{a^2},$$

其中实数 $a > 0$. 不妨设 $\mathbb{E}[X] = 0$(如果 $\mathbb{E}[X] \neq 0$,可令 $\hat{X} = X - \mathbb{E}[X]$ 并对 $\hat{X}$ 进行分析),那么不等式变为

$$P(|X| \geqslant a) \leqslant \frac{\mathrm{Var}(X)}{a^2},$$

其证明过程如下:

$$P(|X| \geqslant a) = \int_{(-\infty, -a] \cup [a, +\infty)} f(x) \mathrm{d}x \leqslant \int_{(-\infty, -a] \cup [a, +\infty)} \frac{x^2}{a^2} f(x) \mathrm{d}x$$

$$\leqslant \frac{1}{a^2} \int_{-\infty}^{+\infty} x^2 f(x) \mathrm{d}x = \frac{1}{a^2} \mathrm{Var}(X).$$

4. Azuma-Hoeffding 不等式

下面给出非常有用的 Azuma-Hoeffding 不等式,它是鞅版本的 Hoeffding 不等式.

定理 B.6 (Azuma-Hoeffding 不等式) 设 $X_1, X_2, \cdots$ 是鞅差序列,且对所有的 i,有 $|X_i| \leqslant B$,则对任意的 $t > 0$ 有

$$P\left(\sum_{i=1}^{n} X_i \geqslant t\right) \leqslant \exp\left(-\frac{2t^2}{nB^2}\right), \tag{B.3.5}$$

$$P\left(\sum_{i=1}^{n} X_i \leqslant -t\right) \leqslant \exp\left(-\frac{2t^2}{nB^2}\right). \tag{B.3.6}$$

特别地，我们经常会将上面定理中的不等式写成关于样本均值的形式，如果令 $\delta = \dfrac{t}{n}$，则有

$$P\left(\frac{1}{n}\sum_{i=1}^{n} X_i \geqslant \delta\right) \leqslant \exp\left(-\frac{2n\delta^2}{B^2}\right).$$

如果 $\{X_i\}$ 是独立同分布的且 $\mathbb{E}[X_i] = \mu$，则 $\{X_i - \mu\}$ 是鞅差序列，所以根据定理 B.6 可得

$$P\left(\left|\frac{1}{n}\sum_{i=1}^{n} X_i - \mu\right| \geqslant \delta\right) \leqslant 2\exp\left(-\frac{2n\delta^2}{B^2}\right).$$

参考文献

[1] ABADI M, AGARWAL A, BARHAM P, et al. TensorFlow: large-scale machine learning on heterogeneous systems [Z]. Tensorflow, 2015.

[2] ABSIL P A, MAHONY R, SEPULCHRE R. Optimization algorithms on matrix manifolds [M]. Princeton: Princeton University Press, 2009.

[3] ADBY P. Introduction to optimization methods [M]. Berlin: Springer Science & Business Media, 2013.

[4] AMESTOY P R, DUFF I S, KOSTER J, et al. A fully asynchronous multifrontal solver using distributed dynamic scheduling [J]. SIAM Journal on Matrix Analysis and Applications, 2001, 23(1): 15–41.

[5] ANDERSON D G. Iterative procedures for nonlinear integral equations [J]. Journal of the ACM (JACM), 1965, 12(4): 547–560.

[6] ANDERSON E, BAI Z, BISCHOF C, et al. LAPACK users' guide [M]. 3rd ed. Philadelphia: Society for Industrial, 1999.

[7] ARORA R, COTTER A, SREBRO N. Stochastic optimization of PCA with capped MSG [C]//Advances in Neural Information Processing Systems. Cambridge, Massachusetts: MIT Press, 2013: 1815–1823.

[8] ASHCRAFT C, PIERCE D, WAH D K, et al. The reference manual for SPOOLES, release 2.2: An object oriented software library for solving sparse linear systems of equations [Z]. Seattle: Boeing Shared Service Group, 1999.

[9] AUBERT G, KORNPROBST P. Mathematical problems in image processing: partial differential equations and the calculus of variations [M]. Berlin: Springer Science & Business Media, 2006.

[10] AUSLENDER A. Asymptotic properties of the Fenchel dual functional and applications to decomposition problems [J]. Journal of Optimization Theory and Applications, 1992, 73(3): 427–449.

[11] AVERICK B M, CARTER R G, XUE G L, et al. The MINPACK-2 test problem collection [R]. Chicago: Argonne National Lab., 1992.

[12] BAIRE R, DENJOY A. Leçons sur les fonctions discontinues: professées au Collège de France [M]. Paris: Gauthier-Villars, 1905.

[13] BALAY S, GROPP W D, MCINNES L C, et al. Efficient management of parallelism in object oriented numerical software libraries [C]// ARGE E, BRUASET A M, LANGTANGEN H P. Modern software tools in scientific computing. Berlin: Birkhäuser Press, 1997: 163–202.

[14] BAUSCHKE H H, COMBETTES P L, et al. Convex analysis and monotone operator theory in Hilbert spaces [M]. New York: Springer, 2011.

[15] BECK A, TEBOULLE M. Mirror descent and nonlinear projected subgradient methods for convex optimization [J]. Operations Research Letters, 2003, 31(3): 167–175.

[16] BECK A, TEBOULLE M. A fast iterative shrinkage-thresholding algorithm for linear inverse problems [J]. SIAM Journal on Imaging Sciences, 2009, 2(1): 183–202.

[17] BECK A, TEBOULLE M. Gradient-based algorithms with applications to signal-recovery problems [M]// Convex Optimization in Signal Processing and Communications. Cambridge, UK: Cambridge University Press, 2009: 42–88.

[18] BECK A, TETRUASHVILI L. On the convergence of block coordinate descent type methods [J]. SIAM Journal on Optimization, 2013, 23 (4): 2037–2060.

[19] BECKER S, BOBIN J, CANDÈS E J. NESTA: A fast and accurate firstorder method for sparse recovery [J]. SIAM Journal on Imaging Sciences, 2011, 4(1): 1–39.

[20] BERAHAS A S, BOLLAPRAGADA R, NOCEDAL J. An investigation of Newton-sketch and subsampled Newton methods [J]. Optimization Methods and Software, 2020: 1–20.

[21] BERTSEKAS D P. Constrained optimization and Lagrange multiplier methods [M]. Salt Lake: Academic press, 2014.

[22] BINDEL D, DEMMEL J, KAHAN W, et al. On computing Givens rotations reliably and efficiently [J]. ACM Transactions on Mathematical Software(TOMS), 2002, 28(2): 206–238.

[23] BLACKFORD L S, PETITET A, POZO R, et al. An updated set of basic linear algebra subprograms(BLAS) [J]. ACM Transactions on Mathematical Software, 2002, 28(2): 135–151.

[24] BOLTE J, SABACH S, TEBOULLE M. Proximal alternating linearized minimization for nonconvex and nonsmooth problems [J]. Mathematical Programming, 2014, 146(1): 459–494.

[25] BORDES A, BOTTOU L, GALLINARI P. SGD-QN: careful quasi-Newton stochastic gradient descent [J]. Journal of Machine Learning Research, 2009, 10(59): 1737–1754.

[26] BORWEIN J, LEWIS A S. Convex analysis and nonlinear optimization: theory and examples [M]. Berlin: Springer Science & Business Media, 2010.

[27] BOSMA W, CANNON J, PLAYOUST C. The Magma algebra system I: the user language [J]. Journal of Symbolic Computation, 1997, 24 (3–4): 235–265.

[28] BOTTOU L, CURTIS F E, NOCEDAL J. Optimization methods for large-scale machine learning [J]. SIAM Review, 2018, 60(2): 223–311.

[29] BOUMAL N, MISHRA B, ABSIL P A, et al. Manopt, a MATLAB toolbox for optimization on manifolds [J]. Journal of Machine Learning Research, 2014, 15(42): 1455–1459.

[30] BOYD S, PARIKH N, CHU E, et al. Distributed optimization and statistical learning via the alternating direction method of multipliers [J]. Foundations and Trends in Machine learning, 2011, 3(1): 1–122.

[31] BOYD S, VANDENBERGHE L. Convex optimization [M]. Cambridge, UK: Cambridge University Press, 2004.

[32] BUNCH J R, PARLETT B N. Direct methods for solving symmetric indefinite systems of linear equations [J]. SIAM Journal on Numerical Analysis, 1971, 8(4): 639–655.

[33] BUTTARI A, LANGOU J, KURZAK J, et al. A class of parallel tiled linear algebra algorithms for multicore architectures [J]. Parallel Computing, 2009, 35(1): 38–53.

[34] BYRD R H, CHIN G M, NEVEITT W, et al. On the use of stochastic Hessian information in optimization methods for machine learning [J]. SIAM Journal on Optimization, 2011, 21(3): 977–995.

[35] BYRD R H, CHIN G M, NOCEDAL J, et al. Sample size selection in optimization methods for machine learning [J]. Mathematical Programming, 2012, 134(1): 127–155.

[36] BYRD R H, HANSEN S L, NOCEDAL J, et al. A stochastic quasi- Newton method for large-scale optimization [J]. SIAM Journal on Optimization, 2016, 26(2): 1008–1031.

[37] BYRD R H, NOCEDAL J, SCHNABEL R B. Representations of quasi- Newton matrices and their use in limited memory methods [J]. Mathematical Programming, 1994, 63(1–3): 129–156.

[38] BYRD R H, SCHNABEL R B, SHULTZ G A. Approximate solution of the trust region problem by minimization over two-dimensional subspaces [J]. Mathematical Programming, 1988, 40(1–3): 247–263.

[39] CANDÈS E J, LI X, SOLTANOLKOTABI M. Phase retrieval via Wirtinger flow: theory and algorithms [J]. IEEE Transactions on Information Theory, 2015, 61(4): 1985–2007.

[40] CANDÈS E J, STROHMER T, VORONINSKI V. Phaselift: exact and stable signal recovery from magnitude measurements via convex programming [J]. Communications on Pure and Applied Mathematics, 2013, 66(8): 1241–1274.

[41] CHAMBOLLE A, POCK T. A first-order primal-dual algorithm for convex problems with applications to imaging [J]. Journal of Mathematical Imaging and Vision, 2011, 40(1): 120–145.

[42] CHANG C C, LIN C J. LIBSVM: A library for support vector machines [J]. ACM Transactions on Intelligent Systems and Technology(TIST), 2011, 2 (3): 1–27.

[43] CHEN C, HE B, YE Y, et al. The direct extension of ADMM for multi-block convex minimization problems is not necessarily convergent [J]. Mathematical Programming, 2016, 155(1–2): 57–79.

[44] CHEN C, LI M, LIU X, et al. On the convergence of multi-block alternating direction method of multipliers and block coordinate descent method [J]. ArXiv: 1508.00193, 2015.

[45] CHEN L, SUN D, TOH K C. A note on the convergence of ADMM for linearly constrained convex optimization problems [J]. Computational Optimization and Applications, 2017, 66(2): 327–343.

[46] CHOI J, DONGARRA J J, POZO R, et al. ScaLAPACK: A scalable linear algebra library for distributed memory concurrent computers [C]//The Fourth Symposium on the Frontiers of Massively Parallel Computation. Washington: IEEE Computer Society Press, 1992: 120–127.

[47] COLLOBERT R, KAVUKCUOGLU K, FARABET C. Torch7: A MATLABlike environment for machine learning [C]//NIPS 2011. [S.l.]: NIPS Foundation, 2011.

[48] COMBETTES P L, WAJS V R. Signal recovery by proximal forwardbackward splitting [J]. Multiscale Modeling & Simulation, 2005, 4(4): 1168–1200.

[49] CPLEX ILOG. User's Manual 12.7 [Z]. 2016.

[50] DAI Y H, YUAN Y X. A nonlinear conjugate gradient method with a strong global convergence property [J]. SIAM Journal on Optimization, 1999, 10(1): 177–182.

[51] DAI Y, HAN J, LIU G, et al. Convergence properties of nonlinear conjugate gradient methods [J]. SIAM Journal on Optimization, 2000, 10(2): 345–358.

[52] DANTZIG G. Linear programming and extensions [M]. Princeton: Princeton University Press, 2016.

[53] DAVIS T A. Algorithm 1000: SuiteSparse:GraphBLAS: graph algorithms in the language of sparse linear algebra [J]. ACM Trans on Mathematical Software, 2019, 45(4).

[54] DE CONINCK A, DE BAETS B, KOUROUNIS D, et al. Needles: toward large-scale genomic prediction with marker-by-environment interaction [J]. Genetics, 2016, 203(1): 543–555.

[55] DEFAZIO A, BACH F, LACOSTE-JULIEN S. SAGA: A fast incremental gradient method with support for non-strongly convex composite objectives [C]//Advances in Neural Information Processing Systems. Cambridge, Massachusetts: MIT Press, 2014: 1646–1654.

[56] DEMMEL J W. Applied numerical linear algebra [M]. Philadelphia: SIAM, 1997.

[57] DENG W, YIN W. On the global and linear convergence of the generalized alternating direction method of multipliers [J]. Journal of Scientific Computing, 2016, 66(3): 889–916.

[58] DENNIS J E, MEI H. Two new unconstrained optimization algorithms which use function and gradient values [J]. Journal of Optimization Theory and Applications, 1979, 28(4): 453–482.

[59] DENNIS JR J E, SCHNABEL R B. Numerical methods for unconstrained optimization and nonlinear equations [M]. Philadelphia: SIAM, 1996.

[60] DIAMOND S, BOYD S. CVXPY: a Python-embedded modeling language for convex optimization [J]. The Journal of Machine Learning Research, 2016, 17(1): 2909–2913.

[61] DONGARRA J. Basic linear algebra subprograms technical forum standard [J]. High Performance Applications and Supercomputing, 2002, 16(1): 1–199.

[62] DUBOVITSKII A Y, MILYUTIN A A. Extremum problems in the presence of restrictions [J]. USSR Computational Mathematics and Mathematical Physics, 1965, 5(3): 1–80.

[63] DURRETT R. Probability: theory and examples [M]. 5th ed. Cambridge, UK: Cambridge University Press, 2019.

[64] ESSER E, ZHANG X, CHAN T F. A general framework for a class of first order primal-dual algorithms for convex optimization in imaging science [J]. SIAM Journal on Imaging Sciences, 2010, 3(4): 1015–1046.

[65] FALGOUT R D, YANG U M. Hypre: A library of high performance preconditioners [C]//International Conference on Computational Science. Amsterdam: [s.n.], 2002: 632–641.

[66] FAZEL M, PONG T K, SUN D, et al. Hankel matrix rank minimization with applications to system identification and realization [J]. SIAM Journal on Matrix Analysis and Applications, 2013, 34(3): 946–977.

[67] FEI Y, RONG G, WANG B, et al. Parallel L-BFGS-B algorithm on GPU [J]. Computers & Graphics, 2014, 40: 1–9.

[68] FLETCHER R, REEVES C M. Function minimization by conjugate gradients [J]. The Computer Journal, 1964, 7(2): 149–154.

[69] FLETCHER R. Practical methods of optimization [M]. New Jersey: John Wiley & Sons, 2013.

[70] FLETCHER R, FREEMAN T. A modified Newton method for minimization [J]. Journal of Optimization Theory and Applications, 1977, 23(3): 357–372.

[71] FOURER R, GAY D M, KERNIGHAN B W. A modeling language for Mathematical Programming [J]. Management Science, 1990, 36(5): 519–554.

[72] FRANK M, WOLFE P. An algorithm for quadratic programming [J]. Naval Research Logistics Quarterly, 1956, 3(1–2): 95–110.

[73] FRIEDMAN J, HASTIE T, TIBSHIRANI R. The elements of statistical learning [M]. 2nd ed. New York: Springer, 2009.

[74] GABAY D, MERCIER B. A dual algorithm for the solution of non linear variational problems via finite element approximation [M]. [S.l.]: Institut de recherche d'informatique et d'automatique, 1975.

[75] GAO Y, SUN D. A majorized penalty approach for calibrating rank constrained correlation matrix problems [R]. Singapore: National University of Singapore, 2010.

[76] GHADIMI S, LAN G. Stochastic first-and zeroth-order methods for nonconvex stochastic programming [J]. SIAM Journal on Optimization, 2013, 23(4): 2341–2368.

[77] GHADIMI S, LAN G. Accelerated gradient methods for nonconvex nonlinear and stochastic programming [J]. Mathematical Programming, 2016, 156(1–2): 59–99.

[78] GHADIMI S, LAN G, ZHANG H. Mini-batch stochastic approximation methods for nonconvex stochastic composite optimization [J]. Mathematical Programming, 2016, 155(1–2): 267–305.

[79] GILBERT J C, NOCEDAL J. Global convergence properties of conjugate gradient methods for optimization [J]. SIAM Journal on Optimization, 1992, 2(1): 21–42.

[80] GILL P E, MURRAY W, WRIGHT M H. Practical optimization [M]. Philadelphia: Society for Industrial, 2019.

[81] GLOWINSKI R, MARROCO A. Sur l'approximation, par éléments finis d'ordre un, et la résolution, par pénalisation-dualité d'une classe de problèmes de Dirichlet

non linéaires [J]. Revue française d'automatique, informatique, recherche opérationnelle. Analyse numérique, 1975, 9(R2): 41–76.

[82] GOEMANS M X, WILLIAMSON D P. Improved approximation algorithms for maximum cut and satisfiability problems using semidefinite programming [J]. Journal of the ACM(JACM), 1995, 42(6): 1115–1145.

[83] GOLDFARB D. Curvilinear path steplength algorithms for minimization which use directions of negative curvature [J]. Mathematical Programming, 1980, 18(1): 31–40.

[84] GOLDSTEIN A, PRICE J. An effective algorithm for minimization [J]. Numerische Mathematik, 1967, 10(3): 184–189.

[85] GOLUB G H, VAN LOAN C F. Matrix computations [M]. 4th ed. Baltimore: Johns Hopkins University Press, 2012.

[86] GOODFELLOW I, BENGIO Y, COURVILLE A. Deep learning [M]. Cambridge, Massachusetts: MIT press, 2016.

[87] GOODFELLOW I, POUGET-ABADIE J, MIRZA M, et al. Generative adversarial nets [C]//Advances in Neural Information Processing Systems. Cambridge, Massachusetts: MIT Press, 2014: 2672–2680.

[88] GRANT M, BOYD S, YE Y. CVX: MATLAB software for disciplined convex programming [Z]. 2008.

[89] GRIPPO L, LAMPARIELLO F, LUCIDI S. A truncated Newton method with nonmonotone line search for unconstrained optimization [J]. Journal of Optimization Theory and Applications, 1989, 60(3): 401–419.

[90] GRIPPO L, SCIANDRONE M. On the convergence of the block nonlinear Gauss-Seidel method under convex constraints [J]. Operations Research Letters, 2000, 26(3): 127–136.

[91] GRIPPO L, LAMPARIELLO F, LUCIDI S. A nonmonotone line search technique for Newton's method [J]. SIAM Journal on Numerical Analysis, 1986, 23(4): 707–716.

[92] GUENNEBAUD G, JACOB B, et al. Eigen v3 [Z]. 2010.

[93] Gurobi Optimization LLC. Gurobi Optimizer Reference Manual [Z]. 2018.

[94] HAGER W W, ZHANG H. A survey of nonlinear conjugate gradient methods [J]. Pacific Journal of Optimization, 2006, 2(1): 35–58.

[95] HALE E T, YIN W, ZHANG Y. Fixed-point continuation for ℓ_1-minimization: Methodology and convergence [J]. SIAM Journal on Optimization, 2008, 19(3): 1107–1130.

[96] HAN S P, MANGASARIAN O L. Exact penalty functions in nonlinear programming [J]. Mathematical Programming, 1979, 17(1): 251–269.

[97] HE B, YOU Y, YUAN X. On the convergence of primal-dual hybrid gradient algorithm [J]. SIAM Journal on Imaging Sciences, 2014, 7 (4): 2526–2537.

[98] HE B, YUAN X. Convergence analysis of primal-dual algorithms for a saddle-point problem: from contraction perspective [J]. SIAM Journal on Imaging Sciences, 2012, 5(1): 119–149.

[99] HE B, YUAN X. On the O(1/n) convergence rate of the Douglas-Rachford alternating direction method [J]. SIAM Journal on Numerical Analysis, 2012, 50(2): 700–709.

[100] HERNANDEZ V, ROMAN J E, VIDAL V. SLEPc: A scalable and flexible toolkit for the solution of eigenvalue problems [J]. ACM Trans. Math. Software, 2005, 31(3): 351–362.

[101] HESTENES M R, STIEFEL E. Methods of conjugate gradients for solving linear systems [M]. Washington: NBS, 1952.

[102] HIRIART-URRUTY J B, LEMARÉCHAL C. Convex analysis and minimization algorithms I: Fundamentals [M]. Berlin: Springer Science & Business Media, 2013.

[103] HOLMSTRÖM K, GÖRAN A O, EDVALL M M. User's guide for TOMLAB/KNITRO V6 [Z]. Seattle: TOMLAB Optimization, 2009.

[104] HONG M, LUO Z Q. On the linear convergence of the alternating direction method of multipliers [J]. Mathematical Programming, 2017, 162(1–2): 165–199.

[105] HONG M, LUO Z Q, RAZAVIYAYN M. Convergence analysis of alternating direction method of multipliers for a family of nonconvex problems [J]. SIAM Journal on Optimization, 2016, 26(1): 337–364.

[106] HU J, JIANG B, LIN L, et al. Structured quasi-Newton methods for optimization with orthogonality constraints [J]. SIAM Journal on Scientific Computing, 2019, 41(4): A2239–A2269.

[107] HU J, MILZAREK A, WEN Z, et al. Adaptive quadratically regularized Newton method for Riemannian optimization [J]. SIAM Journal on Matrix Analysis and Applications, 2018, 39(3): 1181–1207.

[108] JAGGI M. Revisiting Frank-Wolfe: projection-free sparse convex optimization [C]// DASGUPTA S, MCALLESTER D. Proceedings of Machine Learning Research: Proceedings of the 30th International Conference on Machine Learning: vol. 28: 1. Atlanta: PMLR, 2013: 427–435.

[109] JIANG B, MA S, SO A M C, et al. Vector transport-free SVRG with general retraction for Riemannian optimization: complexity analysis and practical implementation [J]. ArXiv:1705.09059, 2017.

[110] JOHNSON R, ZHANG T. Accelerating stochastic gradient descent using predictive variance reduction [C]//Advances in Neural Information Processing Systems. Cambridge, Massachusetts: MIT Press, 2013: 315–323.

[111] KARMARKAR N. A new polynomial-time algorithm for linear programming [C]// Proceedings of the sixteenth annual ACM Symposium on Theory of Computing. New York: Association for Computer Machinery, 1984: 302–311.

[112] KIM S J, KOH K, BOYD S, et al. ℓ_1 trend filtering [J]. SIAM Review, 2009, 51(2): 339–360.

[113] LANDWEBER L. An iteration formula for Fredholm integral equations of the first kind [J]. American Journal of Mathematics, 1951, 73 (3): 615–624.

[114] LARSEN R. Lanczos bidiagonalization with partial reorthogonalization [J]. DAIMI Report Series, 1998, 27(537).

[115] LEHOUCQ R B, SORENSEN D C, YANG C. ARPACK users' guide: solution of large-scale eigenvalue problems with implicitly restarted Arnoldi methods [M]. Philadelphia: SIAM, 1998.

[116] LEVENBERG K. A method for the solution of certain non-linear problems in least squares [J]. Quarterly of Applied Mathematics, 1944, 2(2): 164–168.

[117] LI X S, DEMMEL J W, BAILEY D H, et al. Design, implementation and testing of extended and mixed precision BLAS [J]. ACM Transactions on Mathematical Software(TOMS), 2002, 28(2): 152–205.

[118] LI X S, DEMMEL J, GILBERT J, et al. SuperLU [M]//Encyclopedia of Parallel Computing. Boston: Springer US, 2011: 1955–1962.

[119] LI X, SUN D, TOH K C. A highly efficient semismooth Newton augmented Lagrangian method for solving Lasso problems [J]. SIAM Journal on Optimization, 2018, 28(1): 433–458.

[120] LI X, SUN D, TOH K C. An asymptotically superlinearly convergent semismooth Newton augmented Lagrangian method for linear programming [J]. ArXiv:1903.09546, 2019.

[121] LI Y, WEN Z, YANG C, et al. A semismooth Newton method for semidefinite programs and its applications in electronic structure calculations [J]. SIAM Journal on Scientific Computing, 2018, 40 (6): A4131–A4157.

[122] LIANG S, SRIKANT R. Why deep neural networks for function approximation? [J]. ArXiv:1610.04161, 2016.

[123] LIU D C, NOCEDAL J. On the limited memory BFGS method for large scale optimization [J]. Mathematical Programming, 1989, 45 (1–3): 503–528.

[124] LIU J, WRIGHT S J. Asynchronous stochastic coordinate descent: Parallelism and convergence properties [J]. SIAM Journal on Optimization, 2015, 25(1): 351–376.

[125] LIU J, WRIGHT S J, RÉ C, et al. An asynchronous parallel stochastic coordinate descent algorithm [J]. The Journal of Machine Learning Research, 2015, 16(1): 285–322.

[126] LIU X, WEN Z, ZHANG Y. Limited memory block Krylov subspace optimization for computing dominant singular value decompositions [J]. SIAM Journal on Scientific Computing, 2013, 35(3): A1641–A1668.

[127] LOFBERG J. YALMIP: A toolbox for modeling and optimization in MATLAB [C]// Computer Aided Control Systems Design, 2004 IEEE International Symposium on Robotics and Automation. Washington: IEEE, 2004: 284–289.

[128] LUENBERGER D G, YE Y. Linear and nonlinear programming [M]. 4th ed. Berlin: Springer Publishing Company, Incorporated, 2015.

[129] LUO Z Q, TSENG P. On the convergence of the coordinate descent method for convex differentiable minimization [J]. Journal of Optimization Theory and Applications, 1992, 72(1): 7–35.

[130] MA S, GOLDFARB D, CHEN L. Fixed point and Bregman iterative methods for matrix rank minimization [J]. Mathematical Programming, 2011, 128(1–2): 321–353.

[131] MCCORMICK G P. A modification of Armijo's step-size rule for negative curvature [J]. Mathematical Programming, 1977, 13(1): 111–115.

[132] MILZAREK A, XIAO X, CEN S, et al.Astochastic semismooth Newton method for nonsmooth nonconvex optimization [J]. SIAM Journal on Optimization, 2019, 29(4): 2916–2948.

[133] MITLIAGKAS I, CARAMANIS C, JAIN P. Memory limited, streaming PCA [C]// Advances in Neural Information Processing Systems. Cambridge Massachusetts: MIT Press, 2013: 2886–2894.

[134] MORALES J L, NOCEDAL J. Remark on "algorithm 778: L-BFGSB: Fortran subroutines for large-scale bound constrained optimization" [J]. ACM Transactions on Mathematical Software (TOMS), 2011, 38(1): 7:1–7:4.

[135] MORDUKHOVICH B S,NAMNM, YEN N. Fréchet subdifferential calculus and optimality conditions in nondifferentiable programming [J]. Optimization, 2006, 55(5–6): 685–708.

[136] MORÉ J J, SORENSEN D C. On the use of directions of negative curvature in a modified Newton method [J]. Mathematical Programming, 1979, 16(1): 1–20.

[137] MORITZ P, NISHIHARA R, JORDAN M.Alinearly-convergent stochastic L-BFGS algorithm [C]//Artificial Intelligence and Statistics. [S.l.: s.n.], 2016: 249–258.

[138] MOSEK ApS. The MOSEK optimization toolbox [Z]. 2017.

[139] NASH S G, NOCEDAL J. A numerical study of the limited memory BFGS method and the truncated-Newton method for large scale optimization [J]. SIAM Journal on Optimization, 1991, 1(3): 358–372.

[140] NESTEROV Y. Smooth minimization of non-smooth functions [J]. Mathematical Programming, 2005, 103(1): 127-152.

[141] NESTEROV Y. On an approach to the construction of optimal methods of minimization of smooth convex functions [J]. Ekonomika i Mateaticheskie Metody, 1988, 24(3): 509–517.

[142] NESTEROV Y. Introductory lectures on convex programming volume i: basic course [J]. Lecture notes, 1998, 3(4): 5.

[143] NESTEROV Y. Lectures on convex optimization [M]. Berlin: Springer, 2018.

[144] NOCEDAL J. Updating quasi-Newton matrices with limited storage [J]. Mathematics of computation, 1980, 35(151): 773–782.

[145] NOCEDAL J, WRIGHT S. Numerical optimization [M]. 2nd ed. Berlin: Springer Science & Business Media, 2006.

[146] OCHS P, CHEN Y, BROX T, et al. IPiano: inertial proximal algorithm for nonconvex optimization [J]. SIAM Journal on Imaging Sciences, 2014, 7(2): 1388–1419.

[147] OUYANG Y, CHEN Y, LAN G, et al. An accelerated linearized alternating direction method of multipliers [J]. SIAM Journal on Imaging Sciences, 2015, 8(1): 644–681.

[148] PAATERO P, TAPPER U. Positive matrix factorization:Anon-negative factor model with optimal utilization of error estimates of data values [J]. Environmetrics, 1994, 5(2): 111–126.

[149] PARIKH N, BOYD S, et al. Proximal algorithms [J]. Foundations and Trends in Optimization, 2014, 1(3): 127–239.

[150] PETERSEN K B, PEDERSEN M S. The matrix cookbook [Z]. Version 20121115. 2012.

[151] PEYRÉ G, CUTURI M, et al. Computational optimal transport [J]. Foundations and Trends in Machine Learning, 2019, 11(5–6): 355–607.

[152] PILANCI M, WAINWRIGHT M J. Newton sketch: A near lineartime optimization algorithm with linear-quadratic convergence [J]. SIAM Journal on Optimization, 2017, 27(1): 205–245.

[153] POLAK E, RIBIERE G. Note sur la convergence de méthodes de directions conjuguées [J]. ESAIM: Mathematical Modelling and Numerical Analysis-Modélisation Mathématique et Analyse Numérique, 1969, 3(R1): 35–43.

[154] POLIZZI E. Density-matrix-based algorithm for solving eigenvalue problems [J]. Physical Review B, 2009, 79(11): 115112.

[155] POLYAK B T. Some methods of speeding up the convergence of iteration methods [J]. USSR Computational Mathematics and Mathematical Physics, 1964, 4(5): 1–17.

[156] POULSON J, MARKER B, VAN DE GEIJN R A, et al. Elemental: a new framework for distributed memory dense matrix computations [J]. ACM Transactions on Mathematical Software (TOMS), 2013, 39(2): 13.

[157] POWELL MJ D. On search directions for minimization algorithms [J]. Mathematical Programming, 1973, 4(1): 193–201.

[158] POWELL MJ D. A new algorithm for unconstrained optimization [G]// Nonlinear Programming. Amsterdam: Elsevier, 1970: 31–65.

[159] POWELL M. A note on quasi-Newton formulae for sparse second derivative matrices [J]. Mathematical Programming, 1981, 20(1): 144–151.

[160] RECHT B, FAZEL M, PARRILO P. Guaranteed minimum-rank solutions of linear matrix equations via nuclear norm minimization [J]. SIAM Review, 2010, 52(3): 471–501.

[161] RICHTÁRIK P, TAKÁ M. Iteration complexity of randomized blockcoordinate descent methods for minimizing a composite function [J]. Mathematical Programming, 2014, 144(1–2): 1–38.

[162] ROBBINS H, MONRO S, et al. A stochastic approximation method [J]. The Annals of Mathematical Statistics, 1951, 22(3): 400–407.

[163] ROCKAFELLAR R T. Augmented Lagrangians and applications of the proximal point algorithm in convex programming [J]. Mathematics of Operations Research, 1976, 1(2): 97–116.

[164] ROCKAFELLAR R. Convex analysis [M]. Princeton: Princeton University Press, 1970.

[165] RUDIN L I, OSHER S, FATEMI E. Nonlinear total variation based noise removal algorithms [J]. Physica D: Nonlinear Phenomena, 1992, 60(1–4): 259–268.

[166] RUSZCZYSKI A P, RUSZCZYNSKI A. Nonlinear optimization [M]. Princeton: Princeton University Press, 2006.

[167] SCHEINBERG K, MA S, GOLDFARB D. Sparse inverse covariance selection via alternating linearization methods [C]//Advances in Neural Information Processing Systems. Cambridge, Massachusetts: MIT Press, 2010: 2101–2109.

[168] SCHMIDT M, LE ROUX N, BACH F. Minimizing finite sums with the stochastic average gradient [J]. Mathematical Programming, 2017, 162(1–2): 83–112.

[169] SHALEV-SHWARTZ S, ZHANG T. Accelerated proximal stochastic dual coordinate ascent for regularized loss minimization [C]// International Conference on Machine Learning. [S.l. : s.n.], 2014: 64–72.

[170] SIMON D, ABELL J. A majorization algorithm for constrained correlation matrix approximation [J]. Linear Algebra and its Applications, 2010, 432(5): 1152–1164.

[171] SNYMAN J A. Practical mathematical optimization [M]. Berlin: Springer, 2005.

[172] STEIHAUG T. The conjugate gradient method and trust regions in large scale optimization [J]. SIAM Journal on Numerical Analysis, 1983, 20(3): 626–637.

[173] SU W, BOYD S, CANDÈS E. A differential equation for modeling Nesterov's accelerated gradient method: theory and insights [C]// Advances in Neural Information Processing Systems. Cambridge, Massachusetts: MIT Press, 2014: 2510–2518.

[174] SUN R, LUO Z Q, YE Y. On the expected convergence of randomly permuted ADMM [J]. ArXiv:1503.06387, 2015.

[175] SUN W, YUAN Y X. Optimization theory and methods: nonlinear programming [M]. Berlin: Springer Science & Business Media, 2006.

[176] SUTSKEVER I, MARTENS J, DAHL G, et al. On the importance of initialization and momentum in deep learning [C]//International Conference on Machine Learning. [S.l. : s.n.], 2013: 1139–1147.

[177] SUTTON R S, BARTO A G. Reinforcement learning: An introduction [M]. Cambridge, Massachusetts: MIT press, 2018.

[178] TAHA H A. Operations research: an introduction [M]. New Jersey: Pearson/ Prentice Hall, 2011.

[179] TIBSHIRANI R. Regression shrinkage and selection via the Lasso [J]. Journal of the Royal Statistical Society. Series B (Methodological), 1996: 267–288.

[180] TIKHONOV A N, ARSENIN V I. Solutions of ill-posed problems [M]. Washington: Vh Winston, 1977.

[181] TOH K C, YUN S. An accelerated proximal gradient algorithm for nuclear norm regularized linear least squares problems [J]. Pacific Journal of Optimization, 2010, 6(615–640): 15.

[182] TOINT P. A note about sparsity exploiting quasi-Newton updates [J]. Mathematical Programming, 1981, 21(1): 172–181.

[183]　TSENG P. Dual coordinate ascent methods for non-strictly convex minimization [J]. Mathematical Programming, 1993, 59(1): 231–247.

[184]　TSENG P. On accelerated proximal gradient methods for convexconcave optimization [J]. Submitted to SIAM Journal on Optimization, 2008, 2: 3.

[185]　TÜTÜNCÜ R, TOH K C, TODD M. SDPT3—a MATLAB software package for semidefinite-quadratic-linear programming, version 3.0 [Z]. 2001.

[186]　UDELL M, MOHAN K, ZENG D, et al. Convex optimization in Julia [C]// Proceedings of the First Workshop for High Performance Technical Computing in Dynamic Languages. [S.l. : s.n.], 2014: 18–28.

[187]　VIRTANEN P, GOMMERS R, OLIPHANT T E, et al. SCIPY 1.0: fundamental algorithms for scientific computing in Python [J]. Nature Methods, 2020, 17: 261–272.

[188]　WÄCHTER A, BIEGLER L T. On the implementation of an interiorpoint filter linesearch algorithm for large-scale nonlinear programming [J]. Mathematical Programming, 2006, 106(1): 25–57.

[189]　WALKER H F, NI P. Anderson acceleration for fixed-point iterations [J]. SIAM Journal on Numerical Analysis, 2011, 49(4): 1715–1735.

[190]　WANG E, ZHANG Q, SHEN B, et al. Intel math kernel library [G]//Highperformance computing on the Intel Xeon Phi. Berlin: Springer, 2014: 167–188.

[191]　WANG P W, CHANG W C, KOLTER J Z. The mixing method: coordinate descent for low-rank semidefinite programming [J]. ArXiv:1706.00476, 2017.

[192]　WANG Y X, ZHANG Y J. Nonnegative matrix factorization: A comprehensive review [J]. IEEE Transactions on Knowledge and Data Engineering, 2012, 25(6): 1336–1353.

[193]　WARGA J. Minimizing certain convex functions [J]. Journal of the Society for Industrial and Applied Mathematics, 1963, 11(3): 588–593.

[194]　WELLING M, WEBER M. Positive tensor factorization [J]. Pattern Recognition Letters, 2001, 22: 1255–1261.

[195]　WEN F, CHU L, LIU P, et al. A survey on nonconvex regularizationbased sparse and low-rank recovery in signal processing, statistics, and machine learning [J]. IEEE Access, 2018, 6: 69883–69906.

[196]　WEN Z, YIN W. A feasible method for optimization with orthogonality constraints [J]. Mathematical Programming, 2013, 142(1–2): 397–434.

[197]　WHALEY R C, DONGARRA J. Automatically tuned linear algebra software [C]// Ninth SIAM Conference on Parallel Processing for Scientific Computing. [S.l. : s.n.], 1999.

[198]　WRIGHT S J. Coordinate descent algorithms [J]. Mathematical Programming, 2015, 151(1): 3–34.

[199]　XIAO L, ZHANG T. A proximal stochastic gradient method with progressive variance reduction [J]. SIAM Journal on Optimization, 2014, 24(4): 2057–2075.

[200] XU P, ROOSTA F, MAHONEY M W. Second-order optimization for non-convex machine learning: an empirical study [M]//Proceedings of the 2020 SIAM international conference on data mining. [S.l. : s.n.]: 199–207.

[201] XU P, YANG J, ROOSTA-KHORASANI F, et al. Sub-sampled Newton methods with non-uniform sampling [C]//Advances in Neural Information Processing Systems. [S.l. : s.n.], 2016: 3000–3008.

[202] XU Y, YIN W. A block coordinate descent method for regularized multiconvex optimization with applications to nonnegative tensor factorization and completion [J]. SIAM Journal on Imaging Sciences, 2013, 6(3): 1758–1789.

[203] YANG J, SUN D, TOH K C. A proximal point algorithm for logdeterminant optimization with group Lasso regularization [J]. SIAM Journal on Optimization, 2013, 23(2): 857–893.

[204] YANG L, SUN D, TOH K C. SDPNAL+: a majorized semismooth Newton-CG augmented Lagrangian method for semidefinite programming with nonnegative constraints [J]. Mathematical Programming Computation, 2015, 7(3): 331–366.

[205] YIN W. Analysis and generalizations of the linearized Bregman method [J]. SIAM Journal on Imaging Sciences, 2010, 3(4): 856–877.

[206] YIN W, OSHER S, GOLDFARB D, et al. Bregman iterative algorithms for ℓ_1-minimization with applications to compressed sensing [J]. SIAM Journal on Imaging Sciences, 2008, 1(1): 143–168.

[207] YUAN Y X. On the truncated conjugate gradient method [J]. Mathematical Programming, 2000, 87(3): 561–573.

[208] YUAN Y X. Recent advances in trust region algorithms [J]. Mathematical Programming, 2015, 151(1): 249–281.

[209] ZHANG H, HAGER W W. A nonmonotone line search technique and its application to unconstrained optimization [J]. SIAM Journal on Optimization, 2004, 14(4): 1043–1056.

[210] ZHANG H, REDDI S J, SRA S. Riemannian SVRG: fast stochastic optimization on Riemannian manifolds [C]//Advances in Neural Information Processing Systems. [S.l. : s.n.], 2016: 4592–4600.

[211] ZHANG J, LIU H, WEN Z, et al. A sparse completely positive relaxation of the modularity maximization for community detection [J]. SIAM Journal on Scientific Computing, 2018, 40(5): A3091–A3120.

[212] ZHANG L, ZHOU W, LI D. Global convergence of a modified Fletcher-Reeves conjugate gradient method with Armijo-type line search [J]. Numerische Mathematik, 2006, 104(4): 561–572.

[213] ZHANG N, ZHANG Y, SUN D, et al. An efficient linearly convergent regularized proximal point algorithm for fused multiple graphical Lasso problems [J]. ArXiv:1902.06952, 2019.

[214] ZHAO X Y, SUN D, TOH K C. A Newton-CG augmented Lagrangian method for

semidefinite programming [J]. SIAM Journal on Optimization, 2010, 20(4): 1737–1765.

[215] ZHU C, BYRD R H, LU P, et al. Algorithm 778: L-BFGS-B: Fortran subroutines for large-scale bound-constrained optimization [J]. ACM Transactions on Mathematical Software (TOMS), 1997, 23(4): 550–560.

[216] 徐树方，高立，张平文. 数值线性代数 [M]. 北京: 北京大学出版社，2013.

[217] 徐树方，钱江. 矩阵计算六讲 [M]. 北京: 高等教育出版社，2011.

[218] 袁亚湘，孙文瑜. 最优化理论与方法 [M]. 北京: 科学出版社，2011.

索 引

α-下水平集	38	L-BFGS 方法	248
ℓ_1 罚函数	295	～的紧形式	250, 251
L^2 空间	495	～的双循环递归算法	248
		LASSO 问题	8, 88
AdaDelta	439	LASSO 问题求解	
AdaGrad	438	～的 Chambolle-Pock 算法	397
Adam	440	～的 Nesterov 加速算法	348
ADMM（见交替方向乘子法）		～的 PDHG 算法	397
AMPL	145	～的次梯度法	230
Azuma-Hoeffding 不等式	501	～的分块坐标下降法	372
		～的交替方向乘子法	418, 419
BB 步长	220	～的近似点算法	358
BB 方法	219, 249	～的近似点梯度法	334
Bellman 方程	112	～的梯度法	221
BP 问题（见基追踪问题）		Levenberg-Marquardt 方法（见 LM 方法）	
Bregman 距离	310	LICQ（见线性无关约束品性）	
Bregman 算法	310	LM 方法	270
		LMF 方法	272
Chambolle-Pock 算法	396	信赖域型～	270
Cholesky 分解	237, 479	LU 分解	479
修正的～	237		
continuation（见连续化）		MFCQ	179
CVX	144	Momentum（见动量方法）	
		Moreau 分解	392
Douglas-Rachford Splitting 算法	411	Moreau-Rockafellar 定理	67
Dubovitskii-Milyutin 定理	68	Moreau-Yosida 正则化	364
Farkas 引理	179	Nesterov 加速算法	
Fenchel 不等式	58	FISTA 算法	342
Fréchet 可微	30, 33	～的等价变形	342
Frobenius 内积	29	～的线搜索	344
		下降～	345
Gâteaux 可微	34	第二类～	346
		第三类～	346
Huber 损失函数	221, 365	非凸问题的～	347
		随机优化问题的～	437
Jensen 不等式	500		
		PDHG 算法（见原始对偶混合梯度法）	
K-均值聚类	103, 368, 373		
KKT 对	181	QR 分解	271, 479
KKT 条件			
凸优化问题的～	187	ReLU 函数	11, 124
一般约束优化问题的～	181	RMSProp	439
KL 性质（见 Kurdyka-Łojasiewicz 性质）			
Kurdyka-Łojasiewicz 性质	384		

SAG 算法	454
SAGA 算法	455
Sigmoid 函数	11, 90
Slater 约束品性	185
Steihaug-CG（见截断共轭梯度法）	
SVRG 算法	455
Tikhonov 正则化	88
Weierstrass 定理	153, 328
Zoutendijk 条件	213

A

鞍点	158
凹函数	47

B

半定规划	132
～的对偶	171
半空间	43
半正定锥	44
闭函数	39
步长	207

C

超平面	43
次梯度	60
次微分	60, 162

D

大残量问题	266
带微分方程约束优化问题	127
单调映射	50
导数	
Fréchet ～	33
矩阵 Gâteaux ～	34
低秩矩阵恢复	9
电子结构计算	139
动量方法	436

动作价值函数	125
对称不定矩阵分解	477
对偶变量（见拉格朗日乘子）	
对偶间隙	166
对偶近似点梯度法	390
对偶可行解	166
对偶锥	167
对数罚函数	293
多层感知机	10, 443
多面体	44

E

二次罚函数	
不等式约束的 ～	289
等式约束的 ～	284
一般约束的 ～	289
二次共轭函数	59
二次上界	32
二次下界	56
二次约束二次规划问题	133

F

罚函数法	283
法锥	189
范数	
ℓ_p ～	27
～ 的相容性	28
Frobenius ～	28
核 ～	29
矩阵 2 ～	28
矩阵 ～	28
算子 ～	28
向量 ～	27
方差减小技术	452
仿射包	42
仿射集	41
非负矩阵分解	138
分布函数	491
分布律	490
分布式鲁棒优化	131
分块坐标下降法	369

分离超平面定理	45
分组 LASSO	89, 368
复合优化问题	127, 327
～的一阶必要条件	161

G

概率测度	489
概率空间	489
概率密度函数	491
概率图模型	94
高斯–牛顿算法	267
割线方程	241
共轭函数	57
广义不等式	166
广义实值函数	37

H

海瑟矩阵	30
互补松弛条件	181
回归分析	85
回退法	209
混合整数规划	140

J

基追踪问题	6, 121, 196, 290, 305
积极集	175
极锥	188
几何最优性条件	174
价值函数	125
交替方向乘子法	408
多块～	417
线性化～	415
交替极小化方法	393
截断共轭梯度法	260
近似点交替线性化方法	379
近似点算法	355
近似点梯度法	332
精度矩阵	95
精确罚函数	294
局部极小解（点）	16

矩阵分离问题	100
矩阵内积（见 Frobenius 内积）	
矩阵优化	136
卷积神经网络	12
决策变量	3

K

柯西不等式	27, 29, 62
柯西点	262
可行点（见可行解）	
可行解	3
可行域	3

L

拉格朗日乘子	164
拉格朗日对偶函数	165
拉格朗日对偶问题	165
拉格朗日函数	164
广义不等式约束优化问题的～	168
离散的全变差	107
离散的散度算子	107
连续化	285, 292
临界锥	182
邻近算子	328, 339
岭回归	88
鲁棒主成分分析（见矩阵分离问题）	
路径追踪算法	319
逻辑回归	90

M

马尔可夫不等式	501
马尔可夫决策过程	111
马尔可夫随机场	94
目标函数	3

N

内点罚函数	293
拟牛顿格式	
BFGS 公式	244

DFP 公式		245
SR1 公式		243
牛顿法		
	~ 的收敛性	234, 238
	非精确 ~	238
	经典 ~	234
	修正 ~	236
牛顿方程		234
牛顿方向		234

Q

奇异值分解		484
	奇异向量	484
	奇异值	484
	约化 ~	484
前馈神经网络（见多层感知机）		
强对偶原理		166, 185
强化学习		110
强拟凸函数		154
强凸函数		47
	强凸参数	47
	~ 的等价定义	47
切比雪夫不等式		501
切锥		173
球		
	范数 ~	44
	欧几里得 ~	43
曲率条件		242
全变差		106
全局极小解（点）		16

R

融合 LASSO	90
弱对偶原理	165

S

上方图	39
深度 Q 学习	125
深度学习	10
事件域	489, 490

似然函数		82
	对数 ~	82
示性函数		58, 332
适当函数		38
适当锥		166
收敛速度		
	Q-~	20
	R-~	21
收敛准则		17
数据插值		124
数据拟合		122
数值计算软件		
	ARPACK	488
	ATLAS	486
	BLAS	485, 486
	Intel MKL	486, 487
	LAPACK	486
	SciPy	486
松弛		83, 85
搜索方向		207
算法收敛性		
	全局依点列收敛	19
	依点列收敛	18
	依函数值收敛	19
随机变量		489
	~ 的边缘分布	493
	~ 的独立性	494
	~ 的方差	492
	~ 的几乎必然收敛	498
	~ 的可测性	490
	~ 的联合分布	493
	~ 的数学期望	492
	~ 的相关性	494
	~ 的依概率收敛	498
随机过程		
	离散鞅	499
	连续鞅	500
	马尔科夫过程	499
	鞅差序列	499
随机梯度下降算法		435
随机优化问题		130
随机主成分分析		131

T

泰勒展开	31, 52
特征值分解	483
特征向量	483
正交对角化	483
特征值	483
∼ 的外积形式	483
梯度	30
梯度利普希茨连续	32
梯度映射	337
条件期望	496
停机准则	18
透视函数	53, 65
凸包	42
凸函数	47
凸函数方向导数	64
凸集	41
凸组合	42
图像处理模型	
全变差模型	106
盲反卷积模型	130
TV-L^1 模型	107, 397
反卷积模型	400
图像去噪	129
图像填充	399
小波模型	108
椭球	43

W

外点罚函数	284
唯一性定理	155
稳定点	157
无约束优化最优性条件	
二阶必要条件	157
二阶充分条件	157
一阶必要条件	156

X

稀疏优化	5
下半连续函数	39
下降方向	156, 207
线搜索准则	
Armijo 准则	209
Goldstein 准则	210
Wolfe 准则	211
非单调 ∼	211
线性规划	4, 119
∼ 的 KKT 条件	195, 315
∼ 的对偶	169
∼ 的对偶间隙	316, 319
∼ 的扰动 KKT 条件	316
不等式形 ∼	119
标准形 ∼	119
线性规划内点法	314
线性化可行方向锥	175
线性无关约束品性	177
线性约束品性	179
相对内点	184
相关系数矩阵估计	139
相位恢复	96, 274
相位提升	98
小残量问题	266
信赖域	254
信赖域半径	254
信赖域算法	253

Y

压缩感知	5
雅可比矩阵	31
严格分离定理	45
严格互补松弛条件	181
严格局部极小解（点）	17
严格凸函数	47
样本空间	489
优化算法软件	143
有限内存 BFGS 方法（见 L-BFGS 方法）	
余强制性	217
原始–对偶混合梯度算法	396
原始–对偶算法	315
约束集合（见可行域）	
约束品性	173

约束优化最优性条件
    二阶必要条件 182
    二阶充分条件 182
    一阶最优性条件（见 KKT 条件）
运输问题 120

Z

增广拉格朗日函数 296, 301
增广拉格朗日函数法 295
    半定规划问题的 ~ 313
    等式约束优化问题的 ~ 296
    凸问题的 ~ 303
    一般约束优化问题的 ~ 300
整数规划 140
正则化 80
支撑超平面 46
支撑超平面定理 46
支撑函数 55, 58
支持向量机 91
中心路径 318
    ~ 方程 318
    ~ 邻域 318
主成分分析 99
锥
    二次 ~ 44
    范数 ~ 44
    凸 ~ 42
锥包 191
锥组合 42
字典学习 102, 369, 376
自动微分 35
自对偶锥 167
最大割问题
    ~ 的对偶 172
    ~ 的非凸松弛 198, 377
    ~ 的凸松弛 135, 197
    ~ 的原始形式 134
    ~ 的最优性条件 198
最大似然估计 82
最小二乘法 80
最小二乘问题 122
    非线性 ~ 122, 266
    线性 ~ 122, 123

郑重声明

高等教育出版社依法对本书享有专有出版权。任何未经许可的复制、销售行为均违反《中华人民共和国著作权法》，其行为人将承担相应的民事责任和行政责任；构成犯罪的，将被依法追究刑事责任。为了维护市场秩序，保护读者的合法权益，避免读者误用盗版书造成不良后果，我社将配合行政执法部门和司法机关对违法犯罪的单位和个人进行严厉打击。社会各界人士如发现上述侵权行为，希望及时举报，我社将奖励举报有功人员。

反盗版举报电话　（010）58581999　58582371
反盗版举报邮箱　dd@hep.com.cn
通信地址　北京市西城区德外大街4号　高等教育出版社法律事务部
邮政编码　100120

读者意见反馈

为收集对教材的意见建议，进一步完善教材编写并做好服务工作，读者可将对本教材的意见建议通过如下渠道反馈至我社。

咨询电话　400-810-0598
反馈邮箱　hepsci@pub.hep.cn
通信地址　北京市朝阳区惠新东街4号富盛大厦1座
　　　　　高等教育出版社理科事业部
邮政编码　100029